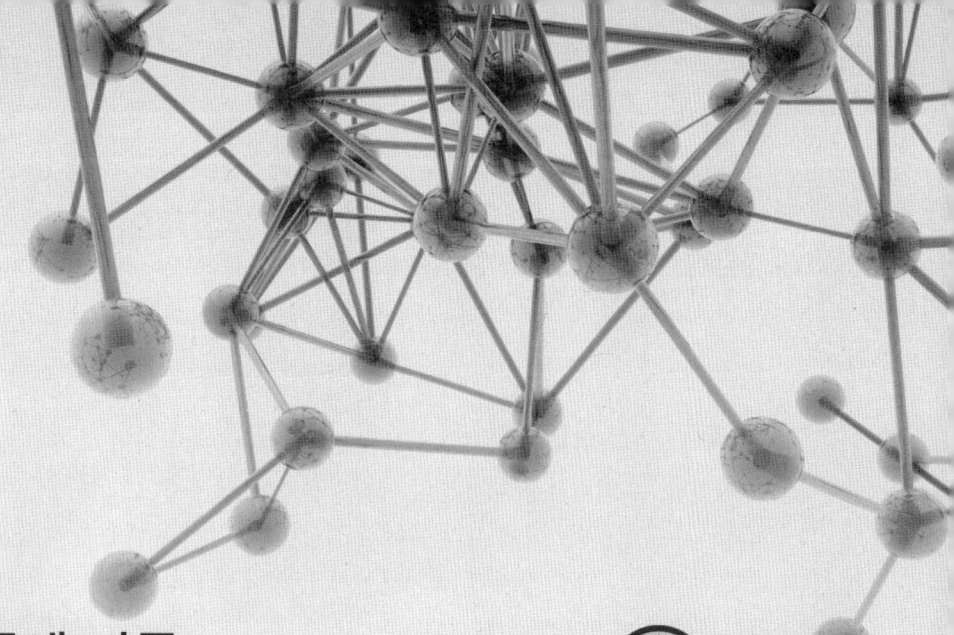

새 출제기준에 따른
에너지관리
기능장 실기

서상희 저

동일
출판사

머리말 PREFACE

　산업이 발전하면서 에너지를 사용하는 산업시설이 많아지고 에너지 소비도 급격히 증가하고 있지만, 우리나라는 대부분의 에너지를 외국에서 수입하여 사용하는 해외의존도가 세계 최고의 수준입니다. 이에 따라 에너지 절약 및 온실가스 배출을 감축시키는 것이 범국가적인 과제가 되었고, 관련 장치 및 설비분야가 급속히 발전하면서 에너지 분야에 대한 관심과 기술인력 수요가 증가하고 있습니다.

　이에 따라 보일러와 에너지분야로 이원화되어 있던 국가기술자격시험이 2014년부터 "에너지관리"로 일원화하여 시행하고 있고, 보일러기능장도 에너지관리기능장으로 자격명칭이 변경되어 시행되고 있습니다.

　이에 저자는 수험생들의 효과적인 공부와 짧은 시간동안 실기시험 준비를 할 수 있도록 관련 자료를 준비하고 정리하여 에너지관리기능장 실기 교재를 아래와 같은 부분에 중점을 두어 출간하게 되었습니다.

첫　째　에너지관리기능장 실기시험 출제기준에 맞추어 단원별 핵심적인 이론내용 정리와 최근 출제문제를 분석하여 예상문제를 자세한 해설과 함께 수록하였습니다.
둘　째　2005년 37회부터 최근 시행된 실기문제를 모두 수록하였습니다.
셋　째　배관 작업형 이론내용과 예상문제 도면을 수록하여 작업형 시험을 대비할 수 있도록 하였습니다.
넷　째　저자가 직접 카페를 개설, 관리하여 온라인상으로 질문 및 답변과 함께 수험정보를 공유할 수 있는 공간을 마련하였습니다.

　끝으로 이 책으로 에너지관리기능장 실기시험을 준비하는 수험생 여러분들께 합격의 영광이 함께 하길 바라며, 교재가 출판될 때까지 많은 도움과 지원을 주신분들과 동일출판사에 감사를 드립니다.

저자 씀

〈저자 카페〉
• 네이버 – 자격증을 공부하는 모임(cafe.naver.com/gas21)

에너지관리기능장 검정현황

연도	필기			실기		
	응시	합격	합격률(%)	응시	합격	합격률(%)
2024	1969	959	48.7%	1741	618	35.5%
2023	1839	960	52.2%	1695	553	32.6%
2022	1589	826	52%	1428	410	28.7%
2021	1478	863	58.4%	1308	446	34.1%
2020	939	558	59.4%	1128	345	30.6%
2019	1172	720	61.4%	1101	330	30%
2018	1190	630	52.9%	977	295	30.2%
2017	1025	554	54%	1080	447	41.4%
2016	1117	662	59.3%	972	344	35.4%
2015	867	490	56.5%	832	276	33.2%
2014	1,023	496	48.5%	922	305	33.1%
2013	768	462	60.2%	723	249	34.4%
2012	557	265	47.6%	383	68	17.8%
2011	402	241	60%	444	217	48.9%
2010	395	259	65.6%	433	99	22.9%
2009	291	188	64.6%	317	81	25.6%
2008	209	130	62.2%	265	71	26.8%
2007	176	128	72.7%	257	48	18.7%
2006	201	95	47.3%	196	44	22.4%
1982~2005	1947	957	49.2%	1535	587	38.2%
소계	19154	10443	54.5%	17737	5833	32.9%

차례 CONTENTS

제1편 보일러취급 실무

제1장 열 및 증기 ···················· 2
- 1.1 열에 대한 기초이론 ··············· 2
  - 1. 온도(temperature) ············· 2
  - 2. 압력(pressure) ················ 2
  - 3. 열량 ························· 3
  - 4. 비열 및 열용량 ················ 3
  - 5. 현열과 잠열 ··················· 4
  - 6. 열 에너지 ···················· 4
  - 7. 동력 ························· 5
  - 8. 비중, 밀도, 비체적 ············ 5
  - 9. 기체의 상태 ··················· 5
  - 10. 열역학 법칙 ·················· 6
- 1.2 증기에 대한 기초이론 ············· 7
  - 1. 증기의 성질 ··················· 7
  - 2. 포화증기와 과열증기 ············ 8
  - 3. 증기의 엔탈피 ················· 9
- 예상문제 ·························· 10

제2장 보일러의 종류 및 특징 ········ 18
- 2.1 보일러의 분류 ·················· 18
  - 1. 보일러의 구성 ················ 18
  - 2. 보일러의 분류 ················ 18
- 2.2 보일러 종류 및 특징 ············· 20
  - 1. 원통형 보일러 ················ 20
  - 2. 수관식(water tube) 보일러 ····· 23
  - 3. 주철제 보일러 ················ 26
  - 4. 특수 보일러 ·················· 27
  - 5. 소형 보일러 ·················· 28
  - 6. 전열면적 계산 ················ 31
- 예상문제 ·························· 33

제3장 부속장치 일반 ··············· 42
- 3.1 급수장치의 종류 및 특성 ········· 42
  - 1. 급수펌프 ····················· 42
  - 2. 인젝터(injector) ·············· 43
  - 3. 급수내관(distributing pipe) ··· 45
  - 4. 자동 급수 조정장치 ············ 45
  - 5. 급수밸브 및 체크밸브 ·········· 46
- 3.2 안전장치의 종류 및 특성 ········· 46
  - 1. 안전밸브(safety valve) ······· 46
  - 2. 방출밸브 ····················· 47
  - 3. 가용전(fusible plug) 및 방폭문 · 48
  - 4. 화염검출기 ··················· 48
  - 5. 증기압력 제한기 및 증기압력 조절기 · 49
  - 6. 저수위 안전장치(저수위 경보장치) ···· 49
- 3.3 송기장치의 종류 및 특성 ········· 50
  - 1. 증기내관 ····················· 50
  - 2. 주증기 밸브, 감압밸브 및 증기헤더 ··· 50
  - 3. 신축이음(expansion joint) ···· 51
  - 4. 증기트랩(steam trap) ········· 52
  - 5. 증기 축열기 및 응축수 회수기 ······ 53
- 3.4 분출장치의 종류 및 특성 ········· 53
  - 1. 분출장치 종류 ················ 53
  - 2. 설치 목적 ···················· 54
  - 3. 분출 방법 ···················· 54
- 3.5 교환장치의 종류 및 특성 ········· 55
  - 1. 과열기 및 재열기 ·············· 55
  - 2. 급수예열기(economizer) ······· 56
  - 3. 공기 예열기(air preheater) ···· 57
  - 4. 열교환기 ····················· 58
- 3.6 지시장치의 종류 및 특성 ········· 59
  - 1. 압력계 ······················· 59
  - 2. 수면 측정 장치 ················ 60
  - 3. 온도계 ······················· 61
  - 4. 유량계 ······················· 61
  - 5. 슈트 블로워(soot blower) ······ 62
- 예상문제 ·························· 63

제4장 연료 및 연소계산 ············ 82
- 4.1 연료의 종류 및 특성 ············· 82
  - 1. 연료(燃料) ··················· 82
  - 2. 연료의 종류 및 특성 ··········· 83
- 4.2 연소 및 연소장치 ················ 89
  - 1. 연소(燃燒) ··················· 89
  - 2. 연소방법 ····················· 90
- 4.3 연소장치 ······················· 91
  - 1. 고체 연료 연소장치 ············ 91
  - 2. 액체 연료 연소장치 ············ 93
  - 3. 기체 연료 연소장치 ············ 98
- 4.4 통풍장치 ······················ 101
  - 1. 통풍방식 ···················· 101
  - 2. 통풍장치 ···················· 104
- 4.5 연 및 집진장치 ················· 106
  - 1. 매연(煤煙) ·················· 106
  - 2. 집진장치 ···················· 106
- 4.6 연소 계산 ····················· 108
  - 1. 연료 중 가연성분 ············· 108
  - 2. 완전연소 반응식 ·············· 108

3. 이론산소량 계산 ·········· 109
4. 이론공기량 계산 ·········· 111
5. 공기비 및 실제공기량 계산 ·········· 112
6. 이론 연소가스량 계산 ·········· 114
7. 실제 연소가스량 계산 ·········· 116
8. 최대 탄산가스율(CO_2max) 계산 ·········· 117
9. 연소가스 성분계산 ·········· 118
10. 저위발열량과 이론공기량, 이론 습배기가스량과의 관계 ·········· 119
11. 발열량 계산 ·········· 120
12. 연소온도 계산 ·········· 121
예상문제 ·········· 122

제 5 장 열정산 및 성능계산 ·········· 144
5.1 보일러 열정산 방식 ·········· 144
　1. 적용범위 ·········· 144
　2. 열정산의 조건 ·········· 144
5.2 보일러 용량 및 성능계산 ·········· 146
　1. 보일러 용량 ·········· 146
　2. 상당 증발량 및 보일러 마력 ·········· 147
　3. 보일러 성능계산 ·········· 148
5.3 보일러 열효율 ·········· 149
　1. 보일러 종류별 효율 계산 ·········· 149
　2. 보일러 효율 계산 ·········· 150
예상문제 ·········· 152

제 6 장 보일러 급수 ·········· 164
6.1 보일러 급수관리 ·········· 164
　1. 보일러 급수의 개요 ·········· 164
　2. 보일러 급수 관리 ·········· 165
6.2 보일러 급수 처리 ·········· 167
　1. 보일러 급수 처리의 목적 및 방법 ·········· 167
　2. 외처리 방법 및 특징 ·········· 168
　3. 내처리 방법 및 특징 ·········· 169
예상문제 ·········· 171

제 7 장 계측기기 일반 ·········· 178
7.1 연소가스 분석기기 ·········· 178
　1. 연소가스 분석기기 분류 ·········· 178
　2. 시료채취 ·········· 178
　3. 가스분석기 ·········· 179
7.2 계측기기 ·········· 182
　1. 압력계 ·········· 182
　2. 유량계 ·········· 184
　3. 온도계 ·········· 187
예상문제 ·········· 190

제 8 장 보일러 자동제어 ·········· 198
8.1 자동제어의 개요 ·········· 198
　1. 자동제어의 개요 ·········· 198
　2. 신호전달 방식 ·········· 199

8.2 보일러 자동제어 ·········· 200
　1. 인터록(Interlock) ·········· 200
　2. 보일러 각부의 자동제어 ·········· 201
　3. 온수보일러 자동제어 장치 ·········· 204
예상문제 ·········· 207

제 9 장 보일러 안전관리 ·········· 213
9.1 보일러 가동 전 점검 ·········· 213
　1. 신설 보일러 ·········· 213
　2. 사용 및 장기 휴지 중인 보일러 ·········· 214
9.2 보일러 운전 중 점검 및 조작 ·········· 215
　1. 점화 및 운전 중의 취급 ·········· 215
　2. 증기압력 상승시의 운전관리 ·········· 216
9.3 보일러 정지시의 취급 ·········· 217
　1. 정상 정지시의 취급 ·········· 217
　2. 비상 정지시의 취급 ·········· 218
9.4 연소 및 연소장치의 안전관리 ·········· 219
　1. 이상연소의 원인과 대책 ·········· 219
　2. 연소 중 이상 현상의 원인과 대책 ·········· 222
9.5 보일러 손상과 방지대책 ·········· 224
　1. 과열 및 보일러 판의 손상 ·········· 224
　2. 부식의 종류 및 특징 ·········· 226
9.6 보일러 사고 및 방지대책 ·········· 228
　1. 보일러 사고의 종류 ·········· 228
　2. 보일러 사고 방지 대책 ·········· 228
9.7 보일러 보존 ·········· 230
　1. 보일러 청소 ·········· 230
　2. 보일러 보존법 ·········· 232
예상문제 ·········· 235

제 2 편 　보일러시공 실무

제 1 장 난방부하 및 난방설비 ·········· 250
1.1 난방부하 계산 ·········· 250
　1. 난방부하 계산 시 고려사항 ·········· 250
　2. 난방부하 계산 ·········· 250
　3. 온수보일러 용량 결정 ·········· 252
1.2 난방설비 설계 ·········· 254
　1. 증기난방(蒸氣暖房) ·········· 254
　2. 온수난방(溫水暖房) ·········· 260
　3. 복사난방(輻射暖房) ·········· 266
　4. 지역난방(地域暖房) ·········· 269
1.3 난방기기(방열기) ·········· 270
　1. 방열기의 종류 및 특징 ·········· 270
　2. 방열기 호칭법 및 도시법 ·········· 271
　3. 방열량 계산 ·········· 272
예상문제 ·········· 274

제 2 장 보일러 시공도면 작성 및 해독 …… 297
2.1 보일러 시공도면 작성 …… 297
1. 배관제도의 기초 …… 297
2. 투상법 및 입체도 …… 301
3. 보일러 시공도면의 작성 …… 302
2.2 보일러 시공도면 해독 …… 304
1. 강제 보일러 …… 304
2. 온수 보일러 …… 314
예상문제 …… 316

제 3 장 배관재료의 종류 …… 337
3.1 관 및 관 이음쇠의 종류 및 특징 …… 337
1. 관의 종류 및 특징 …… 337
2. 관 이음쇠의 종류 및 특징 …… 341
3. 관의 이음(접합) 방법 …… 343
3.2 밸브 및 배관 지지기구 …… 347
1. 밸브(valve) …… 347
2. 신축이음(expansion joint) …… 350
3. 배관지지기구 …… 351
3.3 패킹재 및 도료 …… 354
1. 패킹재료의 종류 및 특징 …… 354
2. 방청도료의 종류 및 특징 …… 355
예상문제 …… 357

제 4 장 시공재료의 열전달 …… 370
4.1 보온재(保溫材) …… 370
1. 보온재의 개요 …… 370
2. 보온재의 종류 및 특징 …… 371
3. 배관의 보온효율 계산 …… 373
4.2 열전달 …… 374
1. 열의 이동 방법 …… 374
2. 열의 이동 계산 …… 374
예상문제 …… 377

제 5 장 보일러시공 공구 및 장비 …… 385
5.1 보일러시공 공구의 취급 …… 385
1. 강관용 공구 …… 385
2. 동관용 공구 …… 388
5.2 보일러시공 장비의 취급 …… 389
1. 관 절단용 기계 …… 389
2. 동력 나사 절삭기 …… 390
3. 관 벤딩용 기계 …… 391
예상문제 …… 393

제 6 장 보일러 설치, 검사기준 …… 398
6.1 보일러 설치, 시공 기준 …… 398
1. 총칙 …… 398
2. 설치 장소 …… 399
3. 급수장치 …… 401
4. 압력방출장치 …… 403
5. 수면계 …… 406
6. 계측기 …… 407
7. 스톱밸브 및 분출밸브 …… 410
8. 운전 성능 …… 412
6.2 보일러 설치 검사 기준 …… 413
1. 검사의 신청 및 준비 …… 413
2. 검사 …… 414
3. 검사의 특례 …… 417
예상문제 …… 419

제 3 편 작업형 시험

제 1 장 수험자 유의사항 …… 428
1.1 작업형 시험 수험자 유의사항 …… 428
1. 요구사항 …… 428
2. 수험자 유의사항 …… 428
1.2 작업형 시험 채점표(참고용) …… 429
1.3 수험자 지참 준비물 …… 430

제 2 장 배관작업 기초 이론 …… 431
2.1 배관작업 …… 431
1. 배관작업의 분류 …… 431
2. 배관의 실제길이 계산 …… 431

제 3 장 작업형 예상도면 …… 435
3.1 출제 도면 …… 435
3.2 공개 예상 도면 …… 446
1. 요구사항 …… 446
2. 수험자 유의사항 …… 446
3. 도면 …… 448
4. 지급 재료 목록 …… 457

제 4 편 필답형 과년도 문제

제37회 실기 필답형 문제 (2005년 5월 22일 시행) …… 460
제38회 실기 필답형 문제 (2005년 8월 28일 시행) …… 464
제39회 실기 필답형 문제 (2006년 5월 21일 시행) …… 469
제40회 실기 필답형 문제 (2006년 8월 27일 시행) …… 473
제41회 실기 필답형 문제 (2007년 5월 20일 시행) …… 477
제42회 실기 필답형 문제 (2007년 8월 26일 시행) …… 481
제43회 실기 필답형 문제 (2008년 5월 18일 시행) …… 485
제44회 실기 필답형 문제 (2008년 8월 24일 시행) …… 490
제45회 실기 필답형 문제 (2009년 5월 17일 시행) …… 495
제46회 실기 필답형 문제 (2009년 8월 23일 시행) …… 499
제47회 실기 필답형 문제 (2010년 5월 16일 시행) …… 503
제48회 실기 필답형 문제 (2010년 8월 22일 시행) …… 507
제49회 실기 필답형 문제 (2011년 5월 29일 시행) …… 511
제50회 실기 필답형 문제 (2011년 9월 25일 시행) …… 515
제51회 실기 필답형 문제 (2012년 5월 27일 시행) …… 519

제52회 실기 필답형 문제 (2012년 9월 8일 시행) …… 523
제53회 실기 필답형 문제 (2013년 5월 26일 시행) …… 527
제54회 실기 필답형 문제 (2013년 9월 1일 시행) …… 531
제55회 실기 필답형 문제 (2014년 5월 25일 시행) …… 534
제56회 실기 필답형 문제 (2014년 9월 14일 시행) …… 538
제57회 실기 필답형 문제 (2015년 5월 23일 시행) …… 542
제58회 실기 필답형 문제 (2015년 9월 6일 시행) …… 546
제59회 실기 필답형 문제 (2016년 5월 21일 시행) …… 551
제60회 실기 필답형 문제 (2016년 8월 28일 시행) …… 555
제61회 실기 필답형 문제 (2017년 4월 15일 시행) …… 559
제62회 실기 필답형 문제 (2017년 9월 9일 시행) …… 563
제63회 실기 필답형 문제 (2018년 5월 26일 시행) …… 567
제64회 실기 필답형 문제 (2018년 8월 25일 시행) …… 571
제65회 실기 필답형 문제 (2019년 4월 14일 시행) …… 575
제66회 실기 필답형 문제 (2019년 8월 24일 시행) …… 580
제67회 실기 필답형 문제 (2020년 6월 14일 시행) …… 586
제68회 실기 필답형 문제 (2020년 8월 29일 시행) …… 591
제69회 실기 필답형 문제 (2021년 4월 3일 시행) …… 595
제70회 실기 필답형 문제 (2021년 8월 22일 시행) …… 599
제71회 실기 필답형 문제 (2022년 5월 7일 시행) …… 603
제72회 실기 필답형 문제 (2022년 8월 14일 시행) …… 608
제73회 실기 필답형 문제 (2023년 3월 26일 시행) …… 615
제74회 실기 필답형 문제 (2023년 8월 12일 시행) …… 621
제75회 실기 필답형 문제 (2024년 3월 16일 시행) …… 627
제76회 실기 필답형 문제 (2024년 8월 18일 시행) …… 632
제77회 실기 필답형 문제 (2025년 3월 16일 시행) …… 637
제78회 실기 필답형 문제 (2025년 8월 30일 시행) …… 643

출제기준(실기)

직무분야	환경 에너지	중직무분야	에너지 기상	자격종목	에너지관리기능장	적용기간	2026.1.1 ~ 2028.12.31

▶ 직무내용 : 건물용 및 산업용 보일러의 시공, 취급 및 에너지관리에 관한 숙련기술을 가지고 현장에서 작업관리, 소속 기능인력의 지도, 감독, 현장훈련, 안전·환경관리, 경영층과 생산계층을 유기적으로 연계시켜 주는 현장관리 등 을 수행하는 직무이다.

▶ 수행준거 : 1. 열부하에 맞는 보일러를 선정하고 관리를 할 수 있다.
　　　　　　 2. 보일러 및 부대설비의 도면을 작성, 해독하고 적산할 수 있다.
　　　　　　 3. 보일러를 설치 시공할 수 있고, 지도 및 관리 감독할 수 있다.
　　　　　　 4. 보일러 점검, 조작 및 고장원인을 진단하고 사고예방 및 유지관리를 할 수 있다.

실기검정방법	복합형	시험시간	필답형 : 2시간, 작업형 : 5시간 정도

실기과목명	주요항목	세부항목	
보일러 시공, 취급 실무	1. 보일러 시공 실무	1. 난방 및 급탕부하 설계하기	
	2. 시운전	1. 급·배수설비 시운전하기	
	3. 자동제어설비설치	1. 보일러제어설비 설치하기	2. 급·배수제어설비 설치하기
	4. 열원설비설치	1. 급수설비 설치하기 3. 통풍장치 설치하기 5. 에너지절약장치 설치하기 7. 난방설비 설치하기	2. 연료설비 설치하기 4. 송기장치 설치하기 6. 증기설비 설치하기 8. 급탕설비 설치하기
	5. 에너지관리	1. 단열성능 관리하기	2. 에너지사용량 분석하기
	6. 유지보수공사	1. 보일러설비 유지보수공사하기 3. 덕트설비 유지보수공사하기	2. 배관설비 유지보수공사하기 4. 정비·세관작업하기
	7. 유지보수 안전관리	1. 안전작업하기	
	8. 열원설비운영	1. 보일러 관리하기 3. 보일러 가동 전 점검하기 5. 보일러 가동 후 점검하기 7. 증기설비 관리하기 9. 연료장치 관리하기	2. 부속장비 점검하기 4. 보일러 가동 중 점검하기 6. 보일러 고장 시 조치하기 8. 수처리 관리하기

수험자 유의사항

| 일반사항 | 1. 시험문제를 받은 즉시 응시하고자 하는 종목의 문제지가 맞는지 여부를 확인하여야 합니다.
2. 시험문제지의 총면수, 문제번호 순서, 인쇄상태 등을 확인하고, 수험번호 및 성명을 답안지에 기재하여야 합니다.
3. 부정 또는 불공정한 방법(시험문제 내용과 관련된 메모지사용 등)으로 시험을 치른 자는 부정행위자로 처리되어 당해 시험을 중지 또는 무효로 하고, 3년간 국가기술자격검정의 응시자격이 정지됩니다.
4. 저장용량이 큰 전자계산기 및 유사 전자제품 사용시에는 반드시 저장된 메모리를 초기화한 후 사용하여야 하며, 시험위원이 초기화 여부를 확인할 시 협조하여야 합니다. 초기화되지 않은 전자계산기 및 유사 전자제품을 사용하여 적발시에는 부정행위로 간주합니다.
5. 시험 중에는 통신기기 및 전자기기(휴대용 전화기 및 스마트워치 등)을 지참하거나 사용할 수 없습니다.
6. 문제 및 답안(지), 채점기준은 공개하지 않습니다.
7. 복합형 시험의 경우 시험의 전 과정(필답형, 작업형)을 응시하지 않은 경우 채점대상에서 제외합니다.
8. 국가기술자격 시험문제는 일부 또는 전부가 저작권법상 보호되는 저작물이고, 저작권자는 한국산업인력공단입니다. 문제의 일부 또는 전부를 무단 복제, 배포, 출판, 전자출판 하는 등 저작권을 침해하는 일체의 행위를 금합니다. |
|---|---|
| 채점사항 | 1. 수험자 인적사항 및 계산식을 포함한 답안작성은 흑색 필기구만 사용해야 하며, 그 외 연필류, 빨간색, 청색 등 필기구 및 수정테이프(액)를 사용해 작성한 답안은 0점 처리되오니 불이익을 당하지 않도록 유의해 주기 바랍니다.
2. 답란에는 문제와 관련 없는 불필요한 낙서나 특이한 기록사항 등을 기재하여서는 안 되며, 답안지의 인적사항 기재란 외의 부분에 답안과 관련 없는 특수한 표시를 하거나 특정인임을 암시하는 경우 답안지 전체를 0점 처리합니다.
3. 계산문제는 반드시 「계산과정」과 「답」란에 기재하여야 하며, 계산과정이 틀리거나 없는 경우 0점 처리됩니다.
4. 계산문제는 최종 결과 값(답)에서 소수 셋째자리에서 반올림하여 둘째자리까지 구하여야 하나 개별문제에 소수 처리에 대한 요구사항이 있을 경우 그 요구사항에 따라야 합니다.
5. 답에 단위가 없으면 오답으로 처리됩니다. (단, 문제의 요구사항에 단위가 주어졌을 경우는 생략되어도 무방합니다.)
6. 문제에서 요구한 가지 수(항수) 이상을 답란에 표기한 경우에는 답란기재 순으로 요구한 가지 수(항수)만 채점하고 한 항에 여러 가지를 기재하더라도 한 가지로 보며 그 중 정답과 오답이 함께 기재되어 있을 경우 오답으로 처리됩니다.
7. 답안 정정 시에는 두 줄(=) 긋고 다시 기재 가능하며, 수정테이프(액)을 사용했을 경우 채점상의 불이익을 받을 수 있으므로 사용하지 마시기 바랍니다. |

※ 수험자 유의사항 미준수로 인한 채점상의 불이익은 수험자 본인에게 책임이 있습니다.

Memo

제 1 편

보일러취급 실무

제1장 열 및 증기 002
제2장 보일러의 종류 및 특징 018
제3장 부속장치 일반 042
제4장 연료 및 연소계산 082
제5장 열정산 및 성능계산 144
제6장 보일러 급수 164
제7장 계측기기 일반 178
제8장 보일러 자동제어 198
제9장 보일러 안전관리 213

제1장 열 및 증기

1.1 열에 대한 기초이론

1. 온도(temperature)

(1) 섭씨온도

표준 대기압 하에서 물의 어는점(氷點)을 0[℃], 끓는점(沸點)을 100[℃]로 정하고, 이 사이를 100등분하여 하나의 눈금을 1[℃]로 표시하는 온도이다.

(2) 화씨온도

표준 대기압 하에서 물의 어는점(氷點)을 32[℉], 끓는점(沸點)을 212[℉]로 정하고, 이 사이를 180등분하여 하나의 눈금을 1[℉]로 표시하는 온도이다.

(3) 섭씨온도와 화씨온도의 관계

(개) $℃ = \dfrac{5}{9}(℉ - 32)$

(내) $℉ = \dfrac{9}{5}℃ + 32$

(4) 절대온도

기체의 압력이 0이 되어 기체 분자의 운동이 정지되는 온도로 자연계에서는 그 이하의 온도로 내릴 수 없는 최저의 온도를 절대온도라 한다.

(개) 켈빈온도(K)= ℃ + 273 $K = \dfrac{t\,℉ + 460}{1.8} = \dfrac{℉R}{1.8}$

(내) 랭킨온도(℉R)= ℉ + 460 $℉R = 1.8(t℃ + 273) = 1.8 \cdot K$

2. 압력(pressure)

(1) 표준대기압(atmospheric)

0[℃], 위도 45° 해수면, 중력가속도 9.80665[m/s^2]을 기준으로 수은주의 높이가 760[mm]일 때의 압력으로 1[atm]으로 표시한다.

$$1\,[\text{atm}] = 760[\text{mmHg}] = 76[\text{cmHg}] = 0.76[\text{mHg}] = 29.9[\text{inHg}] = 760[\text{torr}]$$
$$= 10332[\text{kgf/m}^2] = 1.0332[\text{kgf/cm}^2] = 10.332[\text{mH}_2\text{O}] = 10332[\text{mmH}_2\text{O}]$$
$$= 101325[\text{N/m}^2] = 101325[\text{Pa}] = 101.325[\text{kPa}] = 0.101325[\text{MPa}]$$
$$= 1.01325[\text{bar}] = 1013.25[\text{mbar}] = 14.7[\text{lb/in}^2] = 14.7[\text{psi}]$$

(2) **게이지압력** : 대기압을 기준으로 압력계에 지시된 압력이다.

(3) **진공압력** : 대기압을 기준으로 대기압 이하의 압력이다.

(4) **절대압력** : 절대진공(완전진공)을 기준으로 한 압력이다.

　　※ 절대압력 = 대기압 + 게이지압력
　　　　　　　 = 대기압 − 진공압력

> ※ 공학 단위와 SI 단위의 관계
> $1\,[\text{MPa}] = 10.1968[\text{kgf/cm}^2] ≒ 10[\text{kgf/cm}^2]$
> $1\,[\text{kPa}] = 101.968[\text{mmH}_2\text{O}] ≒ 100[\text{mmH}_2\text{O}]$

3. 열량

(1) **kcal** : 물 1[kg]을 1[℃] 상승시키는 데 소요되는 열량

(2) **BTU** : 물 1[lb](파운드)를 1[℉] 상승시키는 데 소요되는 열량

(3) **CHU** : 물 1[lb]를 1[℃] 상승시키는 데 소요되는 열량

4. 비열 및 열용량

(1) **비열** : 어떤 물질 1[kg]을 온도 1[℃] 상승시키는 데 소요되는 열량이다.

　㈎ 정압비열(C_p) : 압력이 항상 일정한 상태에서 측정된 비열
　㈏ 정적비열(C_v) : 체적이 항상 일정한 상태에서 측정된 비열
　　※ 비열이 큰 물질은 온도를 상승시키기 어렵고, 반대로 상승된 온도는 잘 내려가지 않는다.

(2) **비열비** : 정압비열과 정적비열의 비

$$k = \frac{C_p}{C_v} > 1 \quad (C_p > C_v\text{이기 때문에 비열비}(k)\text{는 항상 1보다 크다.})$$

(3) 열용량 : 어떤 물질의 온도를 1[℃] 상승시키는데 소요되는 열량을 말하며, 단위는 [kcal/℃], [cal/℃]로 표시된다.

$$열용량 = G \cdot C_p$$

여기서, G : 중량[kgf], C_p : 정압비열[kcal/kgf·℃]

5. 현열과 잠열

(1) 현열(감열) : 물질이 상태변화는 없이 온도변화에 총 소요된 열량

$$Q = G \cdot C \cdot \Delta t$$

여기서, Q : 현열[kcal], G : 물체의 중량[kgf]
C : 비열[kcal/kgf·℃], Δt : 온도변화[℃]

(2) 잠열(숨은열) : 물질이 온도변화는 없이 상태변화에 총 소요된 열량

$$Q = G \cdot r$$

여기서, Q : 잠열[kcal], G : 물체의 중량[kgf], r : 잠열량[kcal/kgf]

㈎ 물의 증발잠열 : 539[kcal/kgf]

㈏ 얼음의 융해잠열 : 79.68[kcal/kgf]

6. 열 에너지

(1) 내부에너지 : 물체가 감열과 잠열로서 열을 비축하고 있는 것을 내부에너지라 한다.

(2) 엔탈피 : 어떤 물체가 갖는 내부에너지와 외부에너지의 합으로 단위중량당의 열량으로 표시한다.

㈎ SI 단위

$$h = U + P \cdot v$$

여기서, h : 엔탈피[kJ/kg], U : 내부에너지[kJ/kg]
P : 압력[kPa], v : 비체적[m³/kg]

㈏ 공학단위

$$h = U + A \cdot P \cdot v$$

여기서, h : 엔탈피[kcal/kgf],　　U : 내부에너지[kcal/kgf]

A : 일의 열당량 ($\frac{1}{427}$[kcal/kgf·m])

P : 압력[kgf/m^2],　　v : 비체적[m^3/kgf]

7. 동력

(1) 1[PS] = 75[kgf·m/s] = 632.2[kcal/h] = 0.735[kW] = 2646[kJ/h]

(2) 1[kW] = 102[kgf·m/s] = 860[kcal/h] = 1.36[PS] = 3600[kJ/h]

(3) 1[HP] = 76[kgf·m/s] = 640.75[kcal/h] = 2685[kJ/h]

8. 비중, 밀도, 비체적

(1) 비중

⑦ 기체 비중 : 표준상태에서 공기와의 질량비이다.

$$기체비중 = \frac{기체분자량(질량)}{공기의 \ 평균분자량(29)}$$

※ 비중이 1보다 크면 공기보다 무겁고, 1보다 작으면 공기보다 가벼운 것이다.

④ 액체 비중 : 4[℃] 물과의 밀도비이다.

$$액체비중 = \frac{t[℃]의 \ 물질의 \ 밀도}{4[℃]의 \ 물의 \ 밀도}$$

(2) 기체 밀도 : 단위 체적당 기체의 질량이다.

$$기체 \ 밀도[g/L, \ kg/m^3] = \frac{분자량}{22.4}$$

(3) 기체 비체적 : 단위 질량당 기체의 체적 또는 밀도의 역수이다.

$$기체 \ 비체적[L/g, \ m^3/kg] = \frac{22.4}{분자량} = \frac{1}{밀도}$$

9. 기체의 상태

(1) 보일의 법칙

온도가 일정한 상태에서 일정량의 기체가 차지하는 부피는 압력에 반비례한다.

$$P_1 \cdot V_1 = P_2 \cdot V_2$$

(2) 샤를의 법칙

압력이 일정한 상태에서 일정량의 기체가 차지하는 부피는 절대온도에 비례한다.

$$\frac{V_1}{T_1} = \frac{V_2}{T_2}$$

(3) 보일-샤를의 법칙

일정량의 기체가 차지하는 부피는 압력에 반비례하고, 절대온도에 비례한다.

$$\frac{P_1 \cdot V_1}{T_1} = \frac{P_2 \cdot V_2}{T_2}$$

여기서, P_1 : 변하기 전의 절대압력, P_2 : 변한 후의 절대압력
V_1 : 변하기 전의 부피, V_2 : 변한 후의 부피
T_1 : 변하기 전의 절대온도[K], T_1 : 변한 후의 절대온도[K]

10. 열역학 법칙

(1) 열역학 제0법칙

온도가 서로 다른 물질이 접촉하면 고온은 저온이 되고, 저온은 고온이 되어서 결국 시간이 흐르면 두 물질의 온도는 같게 된다. 이것을 열평형이 되었다고 하며, 열평형의 법칙이라 한다.

$$t_m = \frac{G_1 \cdot C_1 \cdot t_1 + G_2 \cdot C_2 \cdot t_2}{G_1 \cdot C_1 + G_2 \cdot C_2}$$

여기서, t_m : 열평형 온도[℃], G_1, G_2 : 각 물질의 중량[kgf]
C_1, C_2 : 각 물질의 비열[kcal/kgf·℃]
t_1, t_2 : 각 물질의 온도[℃]

(2) 열역학 제1법칙

기계적 일이 열로 변하거나, 열이 기계적 일로 변할 때 이들의 비는 일정한 관계가 성립되며, 에너지 보존의 법칙이라 한다.

$$Q = A \cdot W, \quad W = J \cdot Q$$

여기서, Q : 열량[kcal], W : 일량[kgf·m]

A : 일의 열당량($\frac{1}{427}$[kcal/kgf·m])

J : 열의 일당량(427[kgf·m/kcal])

(3) 열역학 제2법칙

열은 고온도의 물질로부터 저온도의 물질로 옮겨질 수 있지만, 그 자체는 저온도의 물질로부터 고온도의 물질로 옮겨갈 수 없다. 또 일이 열로 바뀌는 것은 쉽지만 반대로 열이 일로 바뀌는 것은 힘을 빌리지 않는 한 불가능한 일이다. 이와 같이 에너지 변환의 방향성을 명시한 것으로 열역학 제2법칙을 방향성의 법칙이라 한다.

(4) 열역학 제3법칙

어느 열기관에서나 절대온도 0도로 이루게 할 수 없다. 그러므로 100[%]의 열효율을 가진 기관은 불가능하다.

1.2 증기에 대한 기초이론

1. 증기의 성질

(1) 증기(steam)

포화온도에 달한 포화수가 외부에서 열을 받아 증발하여 보일러 및 용기 내면에 작용하는 힘의 크기를 증기압력이라 한다. 증기압력이 높아지면 증기와 포화수간의 비중량차가 작아져 증기 속에는 많은 수분이 포함된 습포화 증기가 되므로 이를 증기와 수분을 분리시키지 않으면 증기의 손실과 증기기관의 열효율이 낮게 된다.

(2) 임계점

포화수가 증발현상 없이 증기로 변화할 때의 상태점을 임계점이라고 하며, 이 때의 온도를 임계온도, 압력을 임계압력이라고 한다.

㈎ 임계점의 특징

㉮ 증기와 포화수간의 비중량이 같다.

㉯ 증발현상이 없다.

㉰ 증발잠열은 0이 된다.

(나) 물의 임계온도, 임계압력
    ㉮ 임계온도 : 374.15[℃]
    ㉯ 임계압력 : 225.65[kgf/cm^2·a]

2. 포화증기와 과열증기

(1) **포화온도** : 어느 압력상태에서 물을 가열하면 그 이상 온도는 오르지 않는 상태점에 도달할 때의 온도를 말한다.

(2) **포화수** : 포화온도에 도달해 있는 물이며, 포화수에 도달하면 심하게 요동치는 현상이 일어난다.

(3) **포화압력** : 포화온도에 대응하는 힘을 포화압력이라 한다.

(4) **비점** : 비등점이라 하며, 포화온도에 도달한 온도를 말한다.

(5) **포화증기** : 포화온도에 도달한 포화수가 증발하여 증기가 생성되는 것을 포화증기라 하며, 증기 속에 수분이 포함된 것이 습포화증기, 수분이 전혀 없는 건포화증기가 된다.

㈎ 건조도 : 증기 속에 함유되어 있는 물방울의 혼용률(증기 1[kg]안에 건조증기 x[kg] 있다고 할 때 나머지는 수분이므로 수분은 $(1-x)$[kg]이 된다. 이때의 x를 건도 또는 건조도라 하고 $(1-x)$를 습도라 한다.

㈏ 건조도를 향상시키는 방법
    ㉮ 기수분리기, 비수방지관을 설치한다.
    ㉯ 증기관 내의 드레인을 제거한다.
    ㉰ 고압의 증기를 저압으로 감압하여 사용한다.
    ㉱ 증기 내에 있는 공기를 제거한다.

㈐ 증기 속의 수분의 영향
    ㉮ 건조도(x) 저하   ㉯ 증기 손실 증가
    ㉰ 배관 및 장치 부식 초래   ㉱ 증기 엔탈피 감소
    ㉲ 수격작용 발생   ㉳ 증기기관 열효율 저하

(6) **과열증기** : 습포화증기를 가열하여 건조증기가 된 건증기를 다시 가열할 때 압력은 오르지 않고 온도만 상승되는 증기이다.

㈎ 과열도 = 과열증기 온도 − 포화증기 온도

㈏ 과열증기의 특징
    ㉮ 증기의 마찰손실이 적다.
    ㉯ 같은 압력의 포화증기에 비해 보유열량이 많다.

㉓ 증기 소비량이 적어도 된다.
㉔ 과열증기로 피가열물을 가열할 경우 가열 표면의 온도가 불균일해진다.
(과열증기와 포화증기가 열전달을 하기 때문에)
㉕ 가열장치에 큰 열응력이 발생한다.
(다) 증기 압력이 상승할 때 나타나는 현상
㉮ 포화수의 온도가 상승한다.
㉯ 포화수의 부피가 증가한다.
㉰ 포화수의 비중이 감소한다.
㉱ 물의 현열이 증가하고, 증기의 잠열이 감소한다.
㉲ 건포화증기 엔탈피가 증가한다.
㉳ 증기의 비체적이 증가한다.

3. 증기의 엔탈피

(1) 포화증기 엔탈피 $h'' = h' + \gamma$

(2) 습포화증기 엔탈피 $h_2 = h' + \gamma x = h' + (h'' - h')x$

(3) 과열증기 엔탈피 $h_3 = h'' + C(t_2 - t_1)$

여기서, h' : 포화수 엔탈피[kcal/kg], h'' : 포화증기 엔탈피[kcal/kg]
h_2 : 습포화증기 엔탈피[kcal/kg], γ : 증발잠열[kcal/kg]
x : 건조도, C : 과열증기 평균비열[kcal/kg·℃]
t_2 : 과열증기 온도[℃], t_1 : 포화증기 온도[℃]

※ 1[atm], 100[℃]에서의 건포화증기 엔탈피 = 100 + 539 = 639[kcal/kg]

예 | 상 | 문 | 제

문제 01 35[℃]는 화씨온도로 몇 [°F]인가?

풀이• $°F = \frac{9}{5}[℃] + 32 = \frac{9}{5} \times 35 + 32 = 95[°F]$

해답 95[°F]

문제 02 표준대기압 하에서 물이 끓는 온도를 절대온도[K]로 바르게 나타낸 것은?

풀이• 표준대기압 하에서 물이 끓는 온도는 100[℃]이다.
∴ $K = t[℃] + 273 = 100 + 273 = 373K$

해답 373 K

문제 03 섭씨온도[℃]의 눈금과 일치하는 화씨온도[°F]는 얼마인가?

풀이• $°F = \frac{9}{5}℃ + 32$ 에서 °F와 ℃가 같으므로 x로 놓으면 $x = \frac{9}{5}x + 32$ 가 된다.

∴ $x - \frac{9}{5}x = 32$, $x\left(1 - \frac{9}{5}\right) = 32$

∴ $x = \frac{32}{1 - \frac{9}{5}} = -40$

해답 −40 [°F]

문제 04 열역학 제2법칙에 따라 정해진 온도로 이론상 생각할 수 있는 최저온도를 기준으로 하는 온도를 무엇이라 하는가?

해답 절대온도

문제 05 대기압 상태를 0으로 기준하여 압력계에서 측정한 압력은?

해답 게이지 압력

문제 06 다음 ( ) 안에 알맞은 말을 넣으시오.

> 절대압력 = 대기압 + (①)
> = 대기압 − (②)

해답 ① 게이지 압력   ② 진공압력

문제 07 대기압이 730[mmHg], 게이지압력이 5[kgf/cm²]일 때 절대압력은 몇 [kgf/cm²]인가?

풀이 절대압력 = 대기압 + 게이지압력
$$= \left(\frac{730}{760} \times 1.0332\right) + 5 = 5.992 ≒ 5.99 [kgf/cm^2 \cdot a]$$

해답 5.99[kgf/cm² · a]

문제 08 대기압이 750[mmHg]일 때 어느 탱크의 압력계가 0.95[MPa]를 가리키고 있다면, 이 탱크의 절대압력은 약 몇 [kPa]인가?

풀이 절대압력 = 대기압 + 게이지압력
$$= \left(\frac{750}{760} \times 101.325\right) + (0.95 \times 10^3) = 1049.991 ≒ 1049.99[kPa \cdot a]$$

해답 1049.99[kPa · a]

해설 1[atm] = 760[mmHg] = 1.0332[kgf/cm²] = 10.332[mAq] = 10332[mmAq]
= 101325[Pa] = 101.325[kPa] = 0.101325[MPa] = 14.7[psi]

문제 09 대기압이 760[mmHg]일 때 진공도가 40[%]라면 절대압력은 몇 [mmHg]인가?

풀이 진공도 = $\frac{진공압}{표준대기압} \times 100$에서 진공압 = 표준대기압 × 진공도 이다.

∴ 절대압력 = 대기압 − 진공압 = 대기압 − (표준대기압 × 진공도)
= 760 − (760 × 0.4) = 456[mmHg · a]

해답 456[mmHg · a]

문제 10 물질 상태의 변화 없이 온도가 변화하는데 필요한 열량은 무엇인가?

해답 현열(감열)

해설 ① 현열(감열) : 물질이 상태변화는 없이 온도변화에 총 소요된 열량
② 잠열 : 물질이 온도변화는 없이 상태변화에 총 소요된 열량

문제 11 표준상태에서 물의 증발잠열[kcal/kg]과 얼음의 융해잠열[kcal/kg]은 각각 얼마인가?

해답 ① 물의 증발잠열 : 539[kcal/kg]
② 얼음의 융해잠열 : 79.68[kcal/kg]

문제 12 온도가 20[℃] 물 140[kg]이 있다. 이 물의 온도를 90[℃]까지 가열하려면 소요되는 열량은 몇 [kcal]인가? (단, 물의 평균비열은 1[kcal/kg · ℃]이다.)

풀이 $Q = G \cdot C \cdot \Delta t = 140 \times 1 \times (90 - 20) = 9800[kcal]$

해답 9800[kcal]

문제 13 급수량이 310[kg/h]인 곳에서 20[℃]의 물을 80[℃]까지 가열하는데 필요한 열량 [kcal/h]은 얼마인가? (단, 물의 비열은 1 [kcal/kg · ℃] 이다.)

풀이 $Q = G \cdot C \cdot \Delta t = 310 \times 1 \times (80 - 20) = 18600$[kcal/h]

해답 18600[kcal/h]

문제 14 25[℃]의 물 5[kg]을 1기압, 100[℃]의 건조포화증기로 만들 때 필요한 열량[kcal]을 계산하시오. (단, 1기압에서 물의 증발잠열은 539[kcal/kg]이다.)

풀이 ① 현열량 계산 : 25[℃] 물 → 100[℃] 물
$Q_1 = G \cdot C \cdot \Delta t = 5 \times 1 \times (100 - 25) = 375$[kcal]
② 잠열량 계산 : 100[℃] 물 → 100[℃] 증기
$Q_2 = G \cdot \gamma = 5 \times 539 = 2695$[kcal]
③ 합계열량 계산
$Q = Q_1 + Q_2 = 375 + 2695 = 3070$[kcal]

해답 3070[kcal]

문제 15 열의 평형과 관계되는 열역학 법칙은?

해답 열역학 제0법칙

해설 열역학 제0법칙 : 열평형의 법칙

문제 16 10[℃]의 물 400[kg]과 90[℃]의 물 100[kg]을 혼합하면 혼합 후의 물의 온도는 몇 [℃]인가?

풀이 $t_m = \dfrac{G_1 C_1 t_1 + G_2 C_2 t_2}{G_1 C_1 + G_2 C_2} = \dfrac{400 \times 1 \times 10 + 100 \times 1 \times 90}{400 \times 1 + 100 \times 1} = 26$[℃]

해답 26[℃]

문제 17 15[℃] 물 160[kg]과 75[℃] 물 몇 [kg]을 혼합하면 40[℃]의 온수가 되는지 계산하시오. (단, 열손실은 없는 것으로 가정한다.)

풀이 $t_m = \dfrac{G_1 \cdot C_1 \cdot t_1 + G_2 \cdot C_2 \cdot t_2}{G_1 \cdot C_1 + G_2 \cdot C_2}$ 에서

$\therefore G_2 = \dfrac{t_m \cdot G_1 \cdot C_1 - G_1 \cdot C_1 \cdot t_1}{C_2 \cdot t_2 - t_m \cdot C_2} = \dfrac{40 \times 160 \times 1 - 160 \times 1 \times 15}{1 \times 75 - 40 \times 1}$

$= 114.285 \fallingdotseq 114.29$[kg]

해답 114.29[kg]

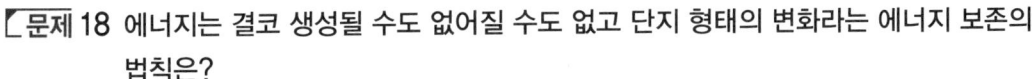

문제 18 에너지는 결코 생성될 수도 없어질 수도 없고 단지 형태의 변화라는 에너지 보존의 법칙은?

해답 열역학 제1법칙

문제 19 일의 열당량(熱當量) 값 및 단위를 쓰시오.

해답 1/427[kcal/kgf·m]

해설 ① 일의 열당량(熱當量) : 1/427[kcal/kgf·m]
② 열의 일당량 : 427[kgf·m/kcal]

문제 20 30마력(PS)인 기관이 1시간 동안 행한 일량을 열량으로 환산하면 약 몇 [kcal]인가? (단, 이 과정에서 행한 일량은 모두 열량으로 변환된다고 가정한다.)

풀이 $Q = A \cdot W = \dfrac{1}{427} \times 30 \times 75 \times 3600 = 18969.555 ≒ 18969.56[kcal/h]$

해답 18969.56[kcal/h]

문제 21 500[kcal/h]의 열량을 일 [kgf·m/s]로 환산하면 얼마가 되겠는가?

풀이 $W = J \cdot Q = 427 \times 500 \times \dfrac{1}{3600} = 59.305 ≒ 59.31[kgf·m/s]$

해답 59.31[kgf·m/s]

문제 22 1칼로리[cal]를 주울[joule] 단위로 환산하면 얼마인가?

풀이 ① 열량[cal]을 일량[kgf·m]으로 계산
∴ $W = J \cdot Q = 427[kgf·m/kcal] \times 1 \times 10^{-3}[kcal] = 427 \times 10^{-3}[kgf·m]$
② 공학단위 일량(kgf·m)을 절대단위 주울(J)로 환산
∴ $427 \times 10^{-3}[kg·m] \times 9.8[m/s^2] = 4.184[kg·m·m/s^2] = 4.184[N·m] ≒ 4.18[J]$

해답 4.18[J]

참고 1[cal] ≒ 4.2[J], 1[J] ≒ 0.24[cal]

문제 23 "열은 스스로 다른 물체에 아무런 변화도 주지 않고 저온 물체에서 고온 물체로 이동하지 않는다." 라고 표현되는 법칙은?

해답 열역학 제2법칙

문제 24 "어떠한 방법으로라도 어떤 계를 절대온도 0도에 이르게 할 수 없다"는 열역학 몇 법칙인가?

해답 열역학 제3법칙

문제 25 "일정량의 기체의 체적은 압력에 반비례하고 절대온도에 비례한다."는 법칙은?

해답 보일-샤를의 법칙

해설
① 보일의 법칙 : 일정온도 하에서 일정량의 기체가 차지하는 부피는 압력에 반비례한다.
② 샤를의 법칙 : 일정압력 하에서 일정량의 기체가 차지하는 부피는 절대온도에 비례한다.
③ 보일-샤를의 법칙 : 일정량의 기체가 차지하는 부피는 압력에 반비례하고, 절대온도에 비례한다.

문제 26 완전기체(perfect gas)가 일정한 압력 하에서의 부피가 2배가 되려면 초기온도가 27[℃]인 기체는 몇 [℃]가 되어야 하는가?

풀이 $\dfrac{P_1 V_1}{T_1} = \dfrac{P_2 V_2}{T_2}$ 에서 $P_1 = P_2$ 이므로

$$\therefore T_2 = \dfrac{T_1 V_2}{V_1} = \dfrac{(273+27) \times 2 V_1}{V_1} = 600\,K - 273 = 327[℃]$$

해답 327[℃]

문제 27 포화액점과 건포화 증기점이 겹치는 점으로 증발과정 없이 포화액으로 됨과 동시에 건포화 증기로 변하여 증발열이 필요 없게 되는 점을 무엇이라 하는가?

해답 임계점

문제 28 포화수가 증발현상 없이 증기로 변화할 때의 상태점을 임계점이라고 하며, 이때의 온도를 임계온도, 압력을 임계압력이라고 한다. 이때 임계점의 특징 3가지를 쓰시오.

해답
① 증기와 포화수간의 비중량이 같다.
② 증발현상이 없다.
③ 증발잠열은 0이 된다.

문제 29 물의 임계압력은 절대압력으로 몇 [kgf/cm²]인가?

해답 225.65[kgf/cm²]

해설 물의 임계온도, 임계압력
① 임계온도 : 374.15[℃]
② 임계압력 : 225.65[kgf/cm² · a]

문제 30 증기의 건도가 0인 상태는?

해답 포화수

해설 건조도[건도](x) : 증기 속에 함유되어 있는 물방울의 혼용률
① 건조도(x)가 1인 경우 : 건포화증기

② 건조도(x)가 0인 경우 : 포화수
③ 건조도(x)가 $0 < x < 1$인 경우 : 습증기

문제 31 1[kg]의 습포화증기 속에 증기상(蒸氣相)이 x[kg], 액상(液相)이 $(1-x)$[kg] 포함되어 있을 때 습도는 얼마인가?

해답 $1-x$

해설 증기 1[kg] 안에 건조증기 x[kg] 있다고 할 때 나머지는 수분이므로 수분은 $(1-x)$[kg]이 된다. 이때의 x를 건도 또는 건조도라 하고 $(1-x)$를 습도라 한다.

문제 32 증기보일러에서 증기의 건조도를 향상시키는 방법 4가지를 쓰시오.

해답 ① 기수분리기, 비수방지관을 설치한다.
② 증기관 내의 드레인을 제거한다.
③ 고압의 증기를 저압으로 감압하여 사용한다.
④ 증기 내에 있는 공기를 제거한다.

문제 33 증기 속에 수분이 많을 때의 영향 4가지를 쓰시오.

해답 ① 건조도(x) 저하 ② 증기 손실 증가
③ 배관 및 장치 부식 초래 ④ 증기 엔탈피 감소
⑤ 수격작용 발생 ⑥ 증기기관 열효율 저하

문제 34 과열증기의 특징 4가지를 쓰시오.

해답 ① 증기의 마찰손실이 적어진다.
② 같은 압력의 포화증기에 비해 보유열량이 많다.
③ 증기 소비량이 적어도 된다.
④ 가열 표면의 온도가 불균일해 진다.

문제 35 어느 과열증기의 온도가 450[℃]일 때 과열도는? (단, 이 증기의 포화온도는 573[K] 이다.)

풀이 과열도 = 과열증기 온도 − 포화증기 온도 = $450 - (573 - 273) = 150$[℃]

해답 150[℃]

문제 36 포화증기의 온도가 485[K]일 때 과열도가 30[℃]라면 이 증기의 실제 온도는 몇 [℃]인가?

풀이 과열도 = 과열증기온도 − 포화온도
∴ 과열증기온도 = 과열도 + 포화온도 = $30 + (485 - 273) = 242$[℃]

해답 242[℃]

문제 37 물에 대하여 압력이 증가할 때 포화온도 및 증발열은 어떻게 변하는지 간단히 설명하시오.

해답 포화온도는 올라가고, 증발열은 감소한다.

문제 38 증기의 압력이 상승할 때 나타나는 현상 4가지를 쓰시오.

해답 ① 포화수의 온도가 상승한다.
② 포화수의 부피가 증가한다.
③ 포화수의 비중이 감소한다.
④ 물의 현열이 증가하고, 증기의 잠열이 감소한다.
⑤ 건포화증기 엔탈피가 증가한다.
⑥ 증기의 비체적이 증가한다.

문제 39 보일러가 고압으로 될수록 보일러 물 순환이 둔화되는 이유를 설명하시오.

해답 증기와 포화수간의 비중량차가 작아지기 때문에

문제 40 건포화 증기 100[℃]의 엔탈피[kcal/kg]는 얼마인가?

풀이 $h'' = h' + \gamma = 100 + 539 = 639$[kcal/kg]

해답 639[kcal/kg]

해설 h'' : 건포화증기 엔탈피[kcal/kg], h' : 포화수 엔탈피[kcal/kg], γ : 증발잠열[kcal/kg]

문제 41 압력 10[kgf/cm²], 건도가 0.95인 수증기 1[kg]의 엔탈피는 얼마인가 계산하시오. (단, 10[kgf/cm²]에서 포화수의 엔탈피는 181.2[kcal/kg], 포화증기의 엔탈피는 662.9[kcal/kg]이다.)

풀이 $h_2 = h' + (h'' - h')x = 181.2 + \{(662.9 - 181.2) \times 0.95\} = 638.815 ≒ 638.82$[kcal/kg]

해답 638.82[kcal/kg]

해설 h_2 : 습포화증기 엔탈피[kcal/kg], h' : 포화수 엔탈피[kcal/kg]
h'' : 포화증기 엔탈피[kcal/kg], x : 건조도

문제 42 압력이 100[kgf/cm²]인 습증기가 있다. 포화수의 엔탈피가 334[kcal/kg]이고, 건조포화증기 엔탈피는 652[kcal/kg], 건조도가 80[%]일 때 이 습증기의 엔탈피는?

풀이 $h_2 = h' + (h'' - h')x = 334 + \{(652 - 334) \times 0.8\} = 588.4$[kcal/kg]

해답 588.4[kcal/kg]

문제 43 압력 100[kgf/cm²]인 포화증기 100[kg]을 450[℃]까지 과열하는데 필요한 열량 [kcal]을 구하면 약 몇 [kcal]인가? (단, 압력 100[kgf/cm²]의 포화증기 엔탈피 652.3[kcal]이며 압력 100[kgf/cm²] 450[℃]의 엔탈피 775.4[kcal]이다.

풀이 Q = 포화증기량 × (과열증기 엔탈피 − 포화증기 엔탈피)
$= 100 \times (775.4 - 652.3) = 12310 [kcal]$

해답 12310[kcal]

문제 44 2[MPa]의 고압 증기를 0.12[MPa]로 감압하여 사용하고자 한다. 감압 밸브 입구에서의 건도가 0.9라고 할 때 감압 후의 건도는 얼마인가? (단, 감압과정을 교축 과정으로 보며, 압력에 따른 엔탈피는 표와 같다.)

압력[MPa]	포화수의 엔탈피[kJ/kg]	포화증기의 엔탈피[kJ/kg]
0.12	439.362	2683.4
2	908.588	2797.2

풀이 ① 감압전의 습포화증기 엔탈피량 계산
$h_2 = h' + (h'' - h')x = 908.588 + (2797.2 - 908.588) \times 0.9$
$= 2608.338 ≒ 2608.34 [kcal/kg]$
② 감압후의 건도 계산 : 감압밸브 전후의 과정이 교축과정이므로 엔탈피 변화가 없다.
$x = \dfrac{h_2 - h'}{h'' - h'} = \dfrac{2608.34 - 439.362}{2683.4 - 439.362} = 0.966 ≒ 0.97$

해답 0.97

제2장 보일러의 종류 및 특징

2.1 보일러의 분류

1. 보일러의 구성

(1) 본체

연료의 연소열을 이용하여 일정압력의 증기 및 온수를 발생시키는 부분으로 동(drum) 내부의 2/3~4/5 정도 물이 채워지는 수부와 증기부로 구성된다.

(2) 연소장치

연소실에 공급되는 연료를 연소시키기 위한 장치로써, 고체연료를 사용하는 보일러에서는 화격자, 액체 및 기체연료를 사용하는 보일러에서는 버너가 사용된다.

(3) 부속장치 및 기기 : 보일러를 안전하고 경제적인 운전을 하기 위한 장치 및 기기이다.

- ㈎ 안전장치 : 안전밸브, 저수위 경보기, 방폭문, 가용전, 화염검출기, 증기압력 제한기, 전자밸브 등
- ㈏ 급수장치 : 급수펌프, 급수관, 급수밸브, 인젝터, 급수내관 등
- ㈐ 분출장치 : 분출관, 분출 밸브 및 분출 콕 등
- ㈑ 송기장치 : 증기내관, 비수방지관, 기수분리기, 주증기 밸브, 감압 밸브, 증기헤더, 신축이음 등
- ㈒ 폐열회수장치 : 과열기, 재열기, 절탄기, 공기예열기 등
- ㈓ 통풍장치 : 송풍기, 댐퍼, 연도, 연돌, 통풍계통 등
- ㈔ 자동제어 장치 : 부하에 따른 연료, 공기량 및 급수량을 제어하는 장치
- ㈕ 기타 장치 : 급수처리 장치, 집진장치, 매연취출장치 등

2. 보일러의 분류

(1) 사용 재질에 따른 종류

- ㈎ 강철제 보일러 : 보일러 재질을 탄소강재로 제작한 보일러이다.

㈏ 주철제 보일러 : 주철로 제작한 보일러로 난방용의 저압 증기발생용, 온수보일러에 사용된다.

(2) 구조에 따른 종류

㈎ 원통형 보일러 : 보일러 본체가 동(胴)으로 구성되어 있으며 이곳에서 증기를 발생시킨다.
  ㉮ 직립형 보일러 : 직립 횡관식 보일러, 직립 연관식 보일러, 코크란 보일러
  ㉰ 수평형 보일러 : 노통 보일러, 연관 보일러, 노통 연관 보일러
㈏ 수관식 보일러 : 자연 순환식 보일러, 강제 순환식 보일러, 관류 보일러
㈐ 특수 보일러 : 주철제 보일러, 특수 열매체 보일러, 폐열 보일러, 간접 가열식 보일러, 특수 연료 보일러

(3) 연소실의 위치에 따른 종류

㈎ 내분식 보일러 : 연소실이 동체 내부에 위치한 형식으로 직립형 보일러, 코르니쉬 보일러 등이 있다.
㈏ 외분식 보일러 : 연소실이 동체 밖에 있는 형식으로 수관식 보일러, 수평 연관 보일러 등이 있다.

(4) 사용매체에 따른 종류

㈎ 증기 보일러 : 증기(steam)를 발생시키는 것으로 대부분의 보일러가 여기에 해당된다.
㈏ 온수 보일러 : 온수를 발생시켜 난방 및 급탕용으로 사용되는 보일러이다.
㈐ 열매체 보일러 : 포화온도가 높은 유기열매체를 이용한 것으로 고온에서 가열, 증류, 건조 등을 하는 공정에 사용된다.

(5) 사용연료에 따른 종류

㈎ 석탄 보일러 : 석탄(무연탄)을 연료로 사용하는 보일러이다.
㈏ 유류 보일러 : 중유(B-C유), 경유, 등유 등 오일(기름)을 연료로 사용하는 보일러이다.
㈐ 가스 보일러 : 도시가스, LNG 등 가스를 연료로 사용하는 보일러이다.
㈑ 목재 보일러 : 폐목재 등 나무를 연료로 사용하는 보일러이다.
㈒ 폐열 보일러 : 가열로, 용해로 등에서 배출되는 고온의 폐가스를 이용하는 보일러이다.
㈓ 특수연료 보일러 : 산업 폐기물 등을 연료로 사용하는 보일러이다.

(6) 보일러 본체 구조에 따른 종류

⑦ 노통(爐筒) 보일러 : 동체 내에 노통만 있는 보일러로 코르니쉬, 랭커셔 보일러 등이 있다.

⑭ 연관(燃管) 보일러 : 동체 내에 노통에 관계없이 여러 개의 연관으로 구성되는 보일러이다.

(7) 증기의 사용처(용도)에 따른 종류

⑦ 동력용 보일러 : 발생 증기를 터빈 등의 동력발생장치용에 사용하는 보일러이다.
⑭ 난방용 보일러 : 실내의 난방용 열원으로 사용하는 보일러이다.
⑮ 가열용 보일러 : 발생 증기의 잠열을 이용하여 장치의 가열원으로 사용하는 보일러이다.
㉻ 온수용 보일러 : 급탕용 온수를 만드는데 사용하는 보일러이다.

(8) 순환방식에 따른 종류

⑦ 자연 순환식 보일러 : 가열에 따른 포화수와 포화증기의 비중량차에 의하여 관수가 순환되는 보일러이다.
⑭ 강제 순환식 보일러 : 펌프를 이용하여 관수를 강제로 순환시키는 보일러이다.

(9) 사용 장소에 따른 종류

⑦ 육용(陸用) 보일러 : 육지에 설치하여 사용하는 보일러로 육상용 보일러라고 불린다.
⑭ 박용(舶用) 보일러 : 선박(船舶)에 설치하여 사용하는 보일러로 해상용 보일러라고 불린다.

2.2 보일러 종류 및 특징

1. 원통형 보일러

(1) **직립형(vertical type) 보일러** : 본체가 세워져 있고 연소실이 아래에 위치한 보일러이다.

⑦ 특징
㉮ 설치면적이 적어 설치가 간단하다.

④ 전열면적이 작아 효율이 낮다.
④ 증기부가 적고, 건조증기를 얻기가 어렵다.
④ 내부청소 및 점검이 불편하다.

(나) 종류
㉮ 직립 수평관식 보일러 : 연소실 천정부에 수평관(횡관)을 2~3개 부착하여 전열면적과 강도를 증가시키고, 보일러 수(水) 순환을 양호하게 한 보일러이다.
㉯ 직립 연관식 보일러 : 여러 개의 연관을 이용하여 연소실 천장판과 상부 관판을 연결한 보일러이다.
㉰ 코크란 보일러 : 여러 개의 수평 연관을 설치한 보일러로 선박용으로 사용되었다.

(2) 수평형(horizontal type) 보일러

㉮ 노통(flue tube) 보일러 : 원통형 드럼과 양면을 막는 경판으로 구성되며 그 내부에 노통을 설치한 보일러이다. 노통을 한쪽 방향으로 기울어지게 설치하여 물의 순환을 양호하게 한다.

㉮ 특징
ⓐ 구조가 간단하고, 제작 및 수리가 용이하다.
ⓑ 내부청소, 점검이 간단하다.
ⓒ 급수처리가 까다롭지 않다.
ⓓ 증발이 늦고, 열효율이 낮다.
ⓔ 보유수량이 많아 폭발 시 피해가 크다.
ⓕ 고압 대용량에 부적당하다.

㉯ 종류
ⓐ 코르니쉬(Cornish) 보일러 : 노통이 1개
ⓑ 랭커셔(Lancashire) 보일러 : 노통이 2개

㉰ 노통의 종류
ⓐ 평형 노통 : 원통형 구조의 노통으로 저압 보일러에 적합하다.
ⓑ 파형 노통 : 원통형의 노통 표면을 파형으로 제작하여 전열면적 증가와 노통의 신축을 흡수할 수 있다. 종류에는 모리슨형, 파브스(폭스)형, 브라운형이 있다.

㉱ 브리징 스페이스(breathing space) : 고온에 의한 노통의 신축작용으로 응력이 발생하고 이로 인하여 평형 경판이 손상되는 것을 방지하기 위하여 가셋트 스테이(gusset stay) 하단부와 노통의 상단부와의 거리로 최소 230[mm] 이상

을 유지한다.
- ⑮ 아담슨 조인트(Adamson joint) : 평형 노통을 일체형으로 제작하면 강도가 약해지는 결점을 보완하기 위하여 노통을 여러 개로 분할 제작하여 플랜지형으로 연결한 것으로 이 이음부를 아담슨 조인트라 한다.
- ⑯ 겔로웨이 관(galloway tube) : 노통에 직각으로 2~3개 정도 설치한 관으로 전열면적을 증가시키며 보일러 수(水)의 순환을 좋게 하고 노통을 보강하는 역할을 한다.
- ⑰ 버팀(stay) : 강도가 약한 부분(주로 경판)의 강도를 보강하기 위하여 사용되는 이음부분으로 다음의 종류가 있다.
  - ⓐ 가셋트 버팀(gusset stay) : 보강판(gusset)을 동판과 경판을 연결하여 경판의 강도를 보강한다.
  - ⓑ 관 버팀(tube stay) : 연관을 설치한 보일러에 사용되며 연관보다 두께가 두꺼운 관을 이용하여 연관 역할과 버팀 역할 동시에 할 수 있는 것으로 관판(管板)을 보강한다.
  - ⓒ 경사 버팀(oblique stay) : 봉으로 된 것을 동판과 경판에 경사지게 부착시켜 경판, 화실 천장판의 강도를 보강한다.
  - ⓓ 나사 버팀(bolt stay) : 동판과 화실 측벽을 연결하여 화실벽 강도를 보강하는 것으로 기관차형 보일러 등에서 사용한다.
  - ⓔ 천장 버팀(girder stay) : 직립형 보일러 등에서 화실 천장판과 경판을 연결하여 화실 천장판의 강도를 보강한다.
  - ⓕ 봉 버팀(bar stay) : 관 버팀에서 사용하는 관 대신에 연강재 봉을 사용하는 방법이다.
  - ⓖ 도그 버팀(dog stay) : 맨홀, 소제구 등을 보강하는데 사용된다.
- ㈏ 연관식(smoke tube type) 보일러 : 보일러 동 수부에 다수의 연관을 설치하여 연소가스를 통과시켜 전열면적을 증가시킨 것으로 수평식과 수직형, 연소실 위치에 따라 외분식과 내분식이 있다.
  - ㉮ 특징
    - ⓐ 전열면적이 크고, 노통 보일러보다 효율이 좋다.
    - ⓑ 전열면적당 보유수량이 적어 증기발생 소요시간이 짧다.
    - ⓒ 내부 구조가 복잡하여 청소, 검사, 수리가 어렵고 고장이 많다.
    - ⓓ 외분식일 경우 연소실 설계가 자유롭고, 연료 선택범위가 넓다.
  - ㉯ 종류 : 기관차 보일러, 케와니 보일러

ⓒ 횡연관식 보일러 : 원통형 보일러 중 유일한 외분식 보일러로 동 내부에 다수의 연관을 설치한 것으로 스케일 부착이 많은 동 하부에 고온이 접촉하므로 과열의 우려가 있고, 외분식이라 연료의 선택 범위가 넓다.

㈐ 노통 연관(flue smoke tube) 보일러 : 보일러 동체에 노통과 연관을 혼합 설치한 것으로 효율이 80~90[%] 정도이다.

㉮ 특징

ⓐ 노통 보일러에 비하여 열효율이 높다.
ⓑ 패키지 형태로 운반, 설치가 용이하다.
ⓒ 구조가 복잡하여 청소, 검사, 수리가 어렵다.
ⓓ 증발속도가 빨라 스케일이 부착되기 쉽다.
ⓔ 양질의 급수를 요한다.
ⓕ 구조상 고압, 대용량 제작이 어렵다.

㉯ 종류 : 스코치 보일러(선박용에 사용), 하우덴 존슨 보일러, 노통 연관 패키지형 보일러

2. 수관식(water tube) 보일러

(1) 수관 보일러의 개요

㈎ 구조 : 다수의 수관과 드럼으로 구성된 것으로 효율이 좋아 고압, 대용량에 사용된다.

㈏ 특징

㉮ 증기 발생시간이 빠르며, 고압 대용량에 적합하다.
㉯ 외분식이므로 연료 선택범위가 넓고, 연소상태가 양호하다.
㉰ 전열면적이 크고, 열효율이 높다.
㉱ 수관의 배열이 용이하고, 패키지형으로 제작이 가능하다.
㉲ 관수처리에 주의에 요한다.
㉳ 구조가 복잡하여 청소, 검사, 수리가 어렵고 스케일 부착이 쉽다.
㉴ 부하변동에 따른 압력 및 수위변동이 심하다.

㈐ 분류

㉮ 관수의 순환에 의한 분류 : 자연 순환식, 강제 순환식
㉯ 관의 배열 형태에 의한 분류 : 직관식, 곡관식
㉰ 관의 경사도에 의한 분류 : 수평관식, 경사관식, 수직관식
㉱ 동(drum)의 개수에 의한 분류 : 무동형, 단동형(1동형), 2동형, 3동형

(라) 수관(water tube)의 종류
  ㉮ 강수관 : 상부에 설치된 기수(氣水) 드럼(drum)의 물이 하부의 수(水) 드럼(drum) 쪽으로 내려오는 관으로 직접 연소가스에 접촉되지 않도록 하여 가열을 피하여 관수 순환을 잘되도록 하며, 강수관을 승수관과 함께 2중관으로 이루어지도록 한다.
  ㉯ 승수관 : 하부의 수(水) 드럼(drum)에서 상부 기수 드럼으로 올라가는 관으로 직접 연소가스에 접촉하여 물이 가열되기 때문에 관내 물의 비중이 작게 되어 보일러수를 순환시킨다.
(마) 수냉노벽의 설치 목적
  ㉮ 전열면적의 증가로 증발량이 많아진다.
  ㉯ 연소실내의 복사열을 흡수한다.
  ㉰ 연소실 노벽을 보호한다.
  ㉱ 연소실 열부하를 높인다.
  ㉲ 노벽의 무게를 경감시키기 위하여

(2) 자연순환식 수관 보일러

가열에 따른 포화수와 포화증기의 비중량차에 의하여 관수가 자연순환되는 보일러이다.

(가) 자연순환이 양호하게 될 조건
  ㉮ 강수관이 가열되지 않도록 한다.
  ㉯ 큰 지름의 수관을 사용한다.
  ㉰ 수관의 배열을 수직으로 설치한다.
(나) 종류
  ㉮ 바브콕(babcock) 보일러 : 수평수관식 보일러라 불리며 상부에 기수드럼 1개와 드럼 아래 연소실 부분에 관모음 헤더를 설치하고 수관을 15°로 배치한 구조로 이루어진 보일러이다. 연소실내에 방해벽(baffle plate)을 설치하여 연소가스의 흐름을 조정하여 열회수와 보일러수의 순환을 양호하게 한다.
  ㉯ 다쿠마(dakuma) 보일러 : 상부 기수드럼과 하부 수(水)드럼 사이에 수관을 45°로 경사지게 배열한 보일러이다. 상부드럼은 고정하는데 반하여 하부드럼은 고정하지 않고 어느 정도 간격을 두어 온도변화에 의한 열팽창을 흡수할 수 있게 하였다.
  ㉰ 스털링(stirling) 보일러 : 기수드럼 2~3개와 수드럼 1~2개를 갖고 있으며, 곡관이므로 열팽창에 대한 신축이 자유롭고 기수드럼과 수드럼이 거의 수직으로 설치되는 보일러로 물의 순환이 양호하다.

㈑ 스네기찌 보일러 : 기수드럼과 수드럼의 길이가 짧게 되어 있으며, 수관의 경사는 30°로 경판에 부착되어 있다. 4t/h 이하의 소형 난방용에 주로 사용된다.
㈒ 야로우(yarrow) 보일러 : 기수드럼 1개와 수드럼 2개를 좌우 대칭형으로 설치하고 수관도 45° 정도 경사지게 배열한 보일러이다.
㈓ 2동 D형 보일러 : 기수드럼과 수드럼으로 이루어진 것으로 수관배열을 영문자 "D"자 모양으로 배열한 것으로 산업용으로 많이 사용되고 있는 보일러이다.
　ⓐ 수관이 곡관형으로 관의 신축에 의한 영향이 적다.
　ⓑ 연소실 크기를 자유롭게 할 수 있다.
　ⓒ 관수 순환방향이 일정하고 증발속도가 빠르다.
　ⓓ 복사열 흡수량이 많고, 효율이 양호하다.
　ⓔ 구조가 복잡하여 청소, 검사, 수리가 어렵다.
　ⓕ 급수처리가 잘 이루어진 양질의 급수가 필요하다.

(3) 강제순환식 수관 보일러

보일러의 압력이 임계압력에 가까워지면 관수의 비중량과 증기의 비중량 차이가 감소하여 자연 순환이 어렵게 되므로 순환펌프를 설치하여 관수를 강제로 순환시키는 보일러이다.

㈎ 특징
　㉮ 동일한 증발량에 대해 소형 경량으로 제작할 수 있다.
　㉯ 순환펌프를 사용하므로 열전달이 높고 기동이 빠르다.
　㉰ 수관군의 배열에 신경 쓸 필요가 없으므로 자유로운 설계를 할 수 있다.
　㉱ 자연순환에 비해 유속이 빠르므로 스케일 부착의 우려가 적다.
　㉲ 취급이 어렵고, 급수처리를 철저히 하여야 한다.
　㉳ 순환용 펌프가 있어야 하므로 설비비, 유지비가 많이 소요된다.
　㉴ 수관의 과열방지를 위해서 각 수관에 물이 균일하게 흘러야 한다.

㈏ 순환비 : 발생 증기량에 대한 순환수량과의 비이다.

$$\therefore 순환비 = \frac{순환수량}{발생 증기량}$$

㈐ 종류
　㉮ 라몽트(lamont) 보일러 : 순환비를 4~10 정도로 하여 압력, 관 배열의 경사, 순서에 제한을 받지 않도록 한 것으로 강제순환식 수관보일러의 대표적인 보일러이다. 펌프의 소요동력을 보일러 출력의 1[%] 이하를 취하며 라몽트 노즐을 설치하여 송수량을 조절한다.

㉯ 베록스(velox) 보일러 : 순환비가 10~15 정도로 가압연소(2.5~3[kgf/cm²])에 의하여 연소가스의 유속을 200~300[m/s] 정도 유지시켜 열전달을 증가시킨 것이다. 시동시간이 6~7분 정도로 짧고 효율이 90[%] 이상으로 높다.

(4) 관류(단관식) 보일러

급수펌프에 의해 급수를 압입하여 하나로 된 관에서 가열, 증발, 과열시켜 과열증기를 얻는 보일러로 드럼이 없는 강제 순환식 보일러이다.

㈎ 특징
  ㉮ 전열면적에 비하여 보유수량이 적으므로 가동시간이 짧다.
  ㉯ 고압 보일러에 적합하다.
  ㉰ 관을 자유로이 배치할 수 있어 구조가 콤팩트하다.
  ㉱ 완벽한 급수처리를 요한다.
  ㉲ 정확한 자동제어 장치를 설치하여야 한다.
  ㉳ 순환비가 1이므로 드럼이 필요 없다.

㈏ 종류
  ㉮ 벤슨(benson) 보일러 : 지름 20~30[mm] 정도의 수관을 병렬로 배열한 것으로 수관 내에 관수가 균일하게 흘러야 하며 복사 증발부에서 85[%] 정도 물이 증발한다.
  ㉯ 슐쳐(sulzer) 보일러 : 원리는 벤슨 보일러와 비슷한 것으로 1개의 긴 연속관으로 이루어지며 증발부에서 95[%] 정도 물이 증발하고 증발부 끝 부분에 기수분리기가 설치되어 있다.
  ㉰ 소형 관류 보일러 : 증발량 200~300[kg/h]에서 수 [ton/h]에 이르기까지 사용되며 효율이 80~90[%] 정도로 높고 급수량, 연료량이 자동 조절되어 공장용, 난방용 등에 사용된다.

3. 주철제 보일러

(1) 개요

주물로 제작한 섹션(section)을 조립한 것으로 주로 난방용이나 급탕용으로 사용된다.

㈎ 증기 보일러 : 최고사용압력이 0.1[MPa] 이하
㈏ 온수 보일러 : 최고사용 수두압이 0.5[kPa](50[mmH$_2$O]) 이하, 온수온도 120[℃] 이하

(2) 특징

(가) 장점

① 주물로 제작하기 때문에 복잡한 구조도 제작이 가능하다.

② 전열면적이 크고, 효율이 좋다.

③ 내식성, 내열성이 우수하다.

④ 섹션의 증감으로 용량조절이 가능하다.

⑤ 조립식이므로 반입 및 해체작업이 용이하다.

(나) 단점

① 내압강도가 떨어진다.

② 구조가 복잡하여 청소, 검사, 수리가 어렵다.

③ 부동팽창이 발생하기 쉽다.

④ 대용량, 고압에는 부적합하다.

4. 특수 보일러

(1) 폐열 보일러

용광로(고로), 제강로, 가열로 등에서 발생한 연소가스의 폐열을 이용한 보일러로 하이네 보일러, 리 보일러 등이 있다.

(가) 분진 등에 의한 전열면의 오손이 심한 경우가 있다.

(나) 가스의 흐름, 수관의 피치, 노벽의 구조, 매연 분출기의 배치 등을 적절히 할 필요가 있다.

(다) 연료와 연소장치가 필요하지 않다.

(라) 폐열을 이용하므로 연료비가 적게 소요된다.

(2) 특수 연료 보일러

(가) 버개스(bagasse) 보일러 : 사탕수수를 짠 찌꺼기 사용

(나) 바크(bark) 보일러 : 펄프 등 나무껍질 사용

(다) 흑액 : 펄프 폐액 사용

(3) 특수 열매체 보일러

다우섬(dowtherm), 수은, 서큐리티 53, 모빌섬, 카네크롤 등을 사용하여 저압에서 고온의 증기를 얻기 위하여 사용되는 보일러이다. 석유공업, 화학공업 등에서 주로 사용되고 있다.

(4) 간접가열 보일러

급수처리를 하지 않은 물을 사용하여도 스케일 부착에 의한 불순물 장해가 없도록 고안된 보일러로 슈미트 보일러, 레플러 보일러 등이 있다.

(5) 전기보일러 : 전기식 축열보일러 등이 있다.

5. 소형 보일러

(1) 소형 보일러의 종류

㈎ 소형 온수보일러 : 최고사용압력 0.35[MPa] 이하로서 전열면적 14[m^2] 이하의 온수보일러를 말한다.

㈏ 소형 강철제보일러 : 강철제보일러 중 최고사용압력이 0.1[MPa] 이하이고, 전열면적이 5[m^2] 이하인 증기보일러를 말한다.

㈐ 축열식 전기보일러 : 난방용 열원이나 온수사용을 목적으로 전기를 이용하여 온수를 발생시켜 축열조에 저장하는 구조로 정격소비전력이 30[kW] 이하이며, 최고사용압력이 0.35[MPa] 이하인 전기보일러를 말한다.

㈑ 대기개방형 온수보일러 : 보일러 본체와 연결된 부분이 적어도 한 개소 이상 대기에 개방되고, 그 개방위치가 보일러 최하부에서 5[m] 이하인 보일러를 말한다.

㈒ 진공식 온수보일러 : 보일러 본체에 작용하는 압력이 대기압 미만인 진공식 온수보일러를 말한다.

(2) 소형 온수보일러의 구조 및 특징

㈎ 형식에 의한 분류
- ㉮ 원통형 보일러 : 직립형, 연관식, 노통연관식
- ㉯ 수관식 보일러 : 자연순환식, 강제순환식, 관류보일러
- ㉰ 기타 : 섹션보일러, 특수 보일러

㈏ 사용 연료에 의한 분류 : 유류용, 가스용, 석탄용, 목재용, 폐열용, 특수연료용, 겸용(2종류 이상의 연료를 개별 연소시킬 수 있는 구조), 혼소용(연료를 혼합 사용하는 것)

㈐ 가열방법에 따른 분류
- ㉮ 1회로식 : 보일러 본체에 보일러수를 저장하거나 통과시켜서 직접 가열하는 보일러
- ㉯ 2회로식 : 1회로식 보일러의 본체 내부 또는 본체와 접속하여 다시 별개의 간접

가열부를 설치하여 가열하는 방법
- (라) 연소방식에 따른 분류
    - ㉮ 유류용 보일러
        - ⓐ 압력분무식 : 연료 또는 공기 등을 가압하여 노즐로부터 분무, 연소시키는 방식
        - ⓑ 회전분무식 : 연료를 회전체의 원심력으로 비산시켜 분무하여 연소시키는 방식
        - ⓒ 기화식 : 연료를 예열하여 기화시켜 기화된 가스를 노즐로 분무하여 연소시키는 방식
    - ㉯ 가스용 보일러
        - ⓐ 확산 연소식 : 연료와 공기를 각각 연소실에 공급하여 연소실에서 연료와 공기가 혼합되면서 연소하는 방식
        - ⓑ 예혼합 연소식 : 연료와 공기를 미리 혼합한 혼합기를 연소실에 공급하여 연소하는 방식
        - ⓒ 부분예혼합 연소식 : 연료와 공기를 미리 혼합한 혼합기를 연소실에 공급하고, 나머지 공기를 연소실에 함께 공급하여 연소하는 방식

(3) 소형 온수보일러의 구조

- (가) 일반사항
    - ㉮ 보일러에 온도조절장치를 붙여서 온수의 온도를 조절할 수 있는 구조이어야 한다.
    - ㉯ 보일러 본체는 아래 부분의 물을 배출할 수 있는 구조이어야 한다. 이때 배수구는 급수구(난방환수구)와 겸할 수 없다.
    - ㉰ 보일러의 온수온도가 상한값 이상으로 상승하였을 때 최고사용압력 이하에서 작동하는 릴리프밸브를 설치하든가 또는 전열면적에 따라 방출관을 연결시킬 수 있는 구조이어야 한다.

전열면적	방출관 안지름
10[m^2] 미만	25[mm] 이상
10[m^2] 이상	30[mm] 이상

    - ㉱ 2회로식의 간접가열부는 내부의 압력이 상승하였을 때에 최고사용압력 이하에서 작동하는 릴리프밸브를 설치하든가 또는 방출관을 연결할 수 있는 구조이어야 한다.

⑭ 유류용 또는 가스용 보일러는 온도조절기가 고장 등으로 이상이 있을 때 373[K] 미만에서 작동하는 수동복귀의 온도식 안전장치가 작동하여 연소를 차단하든가 또는 파일럿 연소가 되는 구조이어야 한다.

⑮ 유류용 또는 가스용 보일러는 보일러에 물을 넣지 않고 운전하였을 때 확실하게 버너가 시동불능이 되든가 또는 수동복귀의 온도식 안전장치가 작동하여 위험이 생기기 전에 연소가 차단되든가 또는 파일럿 연소가 되는 구조이어야 한다.

⑯ 온수보일러는 사용 중에 정전되었을 경우에 연소를 차단하든가 또는 파일럿 연소가 되어야 하며, 다시 전기가 들어왔을 때에 위험이 따르지 않는 구조이어야 한다.

⑰ 보일러 전기부품 기준
  ⓐ 정격전압의 상하 10[%]의 변화가 있을 때에도 사용상 지장이 없는 것일 것
  ⓑ 금속부분을 관통하는 위치의 전선류는 전선피복이 손상되지 않도록 보호조치를 할 것
  ⓒ 사용온도에 충분히 견딜 수 있는 것일 것
  ⓓ 보일러의 정격전압은 110[V] 전용이어서는 안 된다.

⑱ 유류용 보일러의 연료배관
  ⓐ 접속부는 확실히 부착되어 기름이 새지 않아야 하며 분리할 수 있을 것
  ⓑ 연료배관 및 접속부는 용이하게 변형되거나 분리 염려가 없을 것
  ⓒ 기름탱크와 버너사이의 연료배관에는 분리가능한 오일필터를 설치할 것

⑲ 본체에 부착되어 있는 기름탱크 구조
  ⓐ 기름탱크는 KS B 8009(석유연소 기구용 기름탱크)의 구조일반 및 가공방법에 적합 또는 이와 동등 이상의 것일 것
  ⓑ 기름탱크 사용량은 90[L] 이하로 하고 내용적은 100[L]를 초과하지 않을 것
  ⓒ 버너보다 기름탱크가 위에 있는 것은 연소 중에도 연료의 공급을 정지시킬 수 있는 밸브를 부착할 것
  ⓓ 급유구는 사용 중 실온보다 25[℃] 이상 높아질 가능성이 있는 부분에 설치하지 않을 것

(나) 본체의 구조
  ㉮ 보일러 본체의 이음은 강판 재질성능에 적합한 용접으로 하여야 한다.
  ㉯ 보일러 본체의 배관 접속구는 나사체결식의 경우 확실하게 나사냄이 되어 있으며 다듬질이 양호하여야 한다.

㉓ 배관 연결구의 장치는 보일러 본체 측에 대하여 수평 또는 수직이어야 한다.
㉔ 각부의 다듬질은 양호하여야 한다.
㉕ 연소가스 통과부분은 용이하게 청소할 수 있고 연소가스가 정체되지 않는 구조이어야 한다.
㉖ 연소가스 통로에 칸막이판(baffle plate)을 설치하는 경우에는 연소가스에 의해 칸막이판이 변형, 열화되지 않는 구조이어야 한다.
㉗ 연소실 내부 중 수실관이 전열이 이루어지지 않는 부위에는 적절한 단열처리를 하여야 한다.

6. 전열면적 계산

(1) 직립보일러(횡관식)

$$A = \pi D (H + dn)$$

여기서, A : 전열면적[m²], D : 연소실의 안지름[m]
H : 연소실 저부에서 연소실 천정판까지의 높이[m]
d : 횡관의 바깥지름[m], n : 횡관의 수

(2) 직립보일러(다관식)

$$A = \frac{1}{4} \pi D (4H + D) + S \cdot n$$

여기서, A : 전열면적[m²], H : 연소실의 높이[m]
S : 연관의 내측 표면적[m²], n : 연관의 수

(3) 횡형 연관보일러

$$A = \pi l \left(\frac{D}{2} + d \cdot n \right) + D^2$$

여기서, A : 전열면적[m²], D : 동체의 바깥지름[m]
l : 동체의 길이[m], d : 연관의 바깥지름[m], n : 연관의 수

(4) 코르니쉬 보일러

$$A = \pi D l$$

여기서, A : 전열면적[m²], D : 동체의 바깥지름[m]

l : 동체의 길이[m]

(5) 랭커셔 보일러

$$A = 4Dl$$

여기서, A : 전열면적[m²], D : 동체의 바깥지름[m]
l : 동체의 길이[m]

예 | 상 | 문 | 제

문제 01 보일러의 3대 구성요소에 해당하는 것 3가지를 쓰시오.

해답 ① 보일러 본체 ② 연소장치 ③ 부속장치 및 설비

문제 02 보일러 본체를 구성하는 부분의 명칭 2가지를 쓰시오.

해답 ① 수부 ② 증기부

문제 03 일반적으로 보일러 동(드럼) 내부에는 물을 어느 정도로 채워야 하는가?

해답 $\frac{2}{3} \sim \frac{4}{5}$

문제 04 보일러 부속장치의 종류 4가지를 쓰시오.

해답 ① 안전장치 ② 급수장치 ③ 분출장치 ④ 송기장치 ⑤ 폐열회수장치
⑥ 통풍장치 ⑦ 자동제어장치 ⑧ 기타장치(급수처리장치, 집진장치, 매연취출장치) 등

문제 05 외부에서 전해진 열을 물과 증기에 전하는 보일러 부위의 명칭은?

해답 전열면

문제 06 보일러의 연관과 수관에 대하여 각각 설명하시오.

해답 ① 연관 : 관의 내부에는 연소가스가 흐르고 외부로는 물이 차있는 관
② 수관 : 관 내부의 물이 외부의 연소가스에 의해 가열되는 관

문제 07 보일러 연소실에서 발생한 연소가스가 굴뚝까지 이르는 통로는?

해답 연도

문제 08 보일러 본체에서 수부가 클 경우의 특징 4가지를 쓰시오.

해답 ① 부하변동에 대한 압력변화가 완만하다.
② 증기 발생시간이 길어진다.
③ 열효율이 낮아진다.
④ 보유 수량이 많으므로 파열시 피해가 크다.

문제 09 보일러에서 원통 보일러의 특징 4가지를 쓰시오.

해답
① 구조가 간단하고 취급이 용이하다.
② 설비비가 저렴하다.
③ 고압이나 대용량에는 부적합하다.
④ 기동으로부터 증기 발생까지는 시간이 걸리지만 부하의 변동에 따른 압력변동이 적다.
⑤ 보유수량이 많으며 파열의 경우 피해가 크다.

문제 10 직립형(입형) 보일러의 특징을 3가지 쓰시오.

해답
① 설치면적이 적어 설치가 간단하다.
② 전열면적이 적아 효율이 낮다.
③ 증기부가 적고, 건조증기를 얻기가 어렵다.
④ 내부청소 및 점검이 불편하다.

문제 11 직립 수평관식 보일러에서 연소실 천정부에 수평관(횡관)을 설치하였을 때의 장점을 3가지 쓰시오.

해답
① 전열 면적이 증가한다.
② 보일러 수(水) 순환을 양호하게 한다.
③ 연소실 벽과 천장판의 강도를 증가시킨다.

문제 12 노통 보일러의 특징을 4가지 쓰시오.

해답
① 구조가 간단하고, 제작 및 수리가 용이하다.
② 내부청소, 검검이 간단하다.
③ 급수처리가 까다롭지 않다.
④ 증발이 늦고, 열효율이 낮다.
⑤ 보유수량이 많아 폭발 시 피해가 크다.
⑥ 고압 대용량에 부적당하다.

문제 13 보일러를 본체 구조에 따라 분류하면 노통 보일러와 연관 보일러로 크게 나눌 수 있다. 이때 노통 보일러 종류를 2가지 쓰시오.

해답 ① 코르니쉬(Cornish) 보일러 ② 랭커셔(Lancashire) 보일러

문제 14 노통 보일러에 대한 설명 중 ( ) 안에 적당한 용어 및 숫자를 쓰시오.

노통 보일러 중에서 (①) 보일러는 노통이 (②)개이므로 교대로 운전이 가능하며, 노통이 (③)개인 (④) 보일러보다 전열면적이 크다.

해답 ① 랭커셔 ② 2 ③ 1 ④ 코르니쉬

문제 15 코르니쉬 보일러(cornish boiler)에서 노통을 보일러 동체에 대하여 편심으로 설치하는 가장 중요한 이유는 무엇인가?

해답 보일러수의 순환을 양호하게 하기 위하여

문제 16 평형노통과 비교한 파형노통의 특징 4가지 쓰시오.

해답 ① 열에 의한 신축 탄력성이 크다. ② 외압에 대하여 강도가 크다.
③ 평형노통보다 전열면적이 크다. ④ 내부 청소 및 검사가 어렵다.
⑤ 평형노통에 비하여 통풍저항이 크다. ⑥ 스케일이 부착하기 쉽다.
⑦ 제작이 어려우며, 가격이 비싸다.

문제 17 파형 노통의 종류 3가지를 쓰시오.

해답 ① 모리슨형   ② 파브스(폭스)형   ③ 브라운형

문제 18 고온에 의한 노통의 신축작용으로 응력이 발생하고 이로 인하여 평형 경판이 손상되는 것을 방지하기 위하여 가셋트 스테이(gusset stay) 하단부와 노통의 상단부와의 거리를 의미하는 것은?

해답 브리징 스페이스(breathing space)

해설 노통 보일러의 완충 폭(breathing space)

경판의 두께 [mm]	완충 폭
13[mm] 이하	230[mm] 이상
15[mm] 이하	260[mm] 이상
17[mm] 이하	280[mm] 이상
19[mm] 이하	300[mm] 이상
19[mm] 초과	320[mm] 이상

문제 19 보일러에서 노통의 약한 단점을 보완하기 위해 설치하는 약 1m 정도의 노통이음을 무엇이라고 하는가?

해답 아담슨 조인트

해설 아담슨 조인트(Adamson joint) : 평형 노통을 일체형으로 제작하면 강도가 약해지는 결점을 보완하기 위하여 노통을 여러 개로 분할 제작하여 플랜지형으로 연결한 것으로 이 이음부를 아담슨 조인트라 한다.

문제 20 평형 노통에 아담슨 조인트(Adamson joint)를 설치하는 이유를 2가지 설명하시오.

해답 ① 노통의 이음부 강도를 높일 수 있다.
② 열 영향에 의한 신축을 완화시킬 수 있다.

문제 21 노통에 직각으로 설치하여 전열면적을 증가시키고, 이로 인한 강도보강, 관수순환을 양호하게 하는 역할을 하는 것의 명칭은 무엇인가?

해답 겔로웨이 관(galloway tube)

문제 22 노통에 겔로웨이관(galloway tube)을 설치하였을 때의 장점을 3가지 쓰시오.

해답 ① 전열면적이 증가된다.
② 노통이 보강된다.
③ 동내부의 물 순환이 좋아진다.

문제 23 보일러에 사용되는 버팀(stay)에 관한 다음 물음에 답하시오.
(1) 버팀(stay)의 설치목적을 설명하시오.
(2) 버팀(stay)의 종류를 5가지 쓰시오.

해답 (1) 강도가 약한 부분(주로 경판)의 강도를 보강하고 변형을 방지하기 위하여 설치한다.
(2) ① 가셋트 버팀(gusset stay) ② 관 버팀(tube stay) ③ 경사 버팀(oblique stay)
④ 나사 버팀(bolt stay) ⑤ 천장 버팀(girder stay) ⑥ 봉 버팀(bar stay)
⑦ 도그 버팀(dog stay)

문제 24 연관식 보일러의 특징을 4가지 쓰시오.

해답 ① 전열면적이 크고, 노통 보일러보다 효율이 좋다.
② 전열면적당 보유수량이 적어 증기발생 소요시간이 짧다.
③ 내부 구조가 복잡하여 청소, 검사, 수리가 어렵고 고장이 많다.
④ 외분식일 경우 연소실 설계가 자유롭고, 연료 선택범위가 넓다.

해설 연관식(smoke tube type) 보일러 : 보일러 동 수부에 다수의 연관을 설치하여 연소가스를 통과시켜 전열면적을 증가시킨 것이다.

문제 25 원통 보일러 중 외분식 보일러에 해당하는 것은?

해답 횡연관 보일러

해설 횡연관식 보일러 : 원통형 보일러 중 유일한 외분식 보일러로 동 내부에 다수의 연관을 설치한 것으로 스케일 부착이 많은 동 하부에 고온이 접촉하므로 과열의 우려가 있고, 외분식이라 연료의 선택 범위가 넓다.

문제 26 노통 연관 보일러의 특징을 4가지 쓰시오.

해답 ① 노통 보일러에 비하여 열효율이 높다.
② 패키지 형태로 운반, 설치가 용이하다.
③ 구조가 복잡하여 청소, 검사, 수리가 어렵다.
④ 증발속도가 빨라 스케일이 부착되기 쉽다.
⑤ 양질의 급수를 요한다.
⑥ 구조상 고압, 대용량 제작이 어렵다.

해설 • 노통 연관(flue smoke tube) 보일러 : 보일러 동체에 노통과 연관을 혼합 설치한 것으로 효율이 80~90[%] 정도이다.

문제 27 노통연관 보일러 및 수평 노통 보일러의 상용수위는 동체 중심선에서부터 동체 반지름의 몇 [%] 이하로 정하고 있는가?

해답 65[%] 이하

문제 28 수관식 보일러의 장점을 5가지 쓰시오.

해답 ① 증기 발생시간이 빠르며, 고압 대용량에 적합하다.
② 외분식이므로 연료 선택범위가 넓고, 연소상태가 양호하다.
③ 전열면적이 크고, 열효율이 높다.
④ 수관의 배열이 용이하고, 패키지형으로 제작이 가능하다.
⑤ 과열기, 공기예열기 설치가 쉽다.

해설 • 수관식 보일러의 단점
① 관수처리에 주의에 요한다.
② 구조가 복잡하여 청소, 검사, 수리가 어렵고 스케일 부착이 쉽다.
③ 부하변동에 따른 압력 및 수위변동이 심하다.
④ 압력이 높아지면 비중량차가 적어져 순환이 나쁘다.

문제 29 수관식 보일러를 관수의 순환방식에 의해 분류하였을 때 종류를 2가지 쓰시오.

해답 ① 자연 순환식 ② 강제 순환식

문제 30 수관보일러 중 강제 순환식 보일러의 종류를 2가지 쓰시오.

해답 ① 베록스 보일러 ② 라몬트 보일러

해설 • 수관 보일러의 분류 및 종류
① 자연 순환식 : 바브콕 보일러, 다쿠마 보일러, 스네기찌 보일러, 야로우 보일러, 2동 D형 보일러
② 강제 순환식 : 베록스 보일러, 라몬트 보일러
③ 관류 보일러 : 벤슨 보일러, 슐쳐 보일러, 소형 관류 보일러

문제 31 수관보일러에서 강수관과 승수관이 있는데 강수관을 가장 저온부에 설치하고, 관의 주위에 단열재 등으로 피복해 주는 이유는 무엇인가 설명하시오.

해답 직접 연소가스에 접촉되지 않도록 하여 가열을 피하여 관수 순환을 잘되도록 하기 위하여

문제 32 수관식 보일러의 연소실 벽면에 설치하는 수냉노벽의 설치 목적을 4가지 쓰시오.

해답 ① 전열면적의 증가로 증발량이 많아진다.
② 연소실내의 복사열을 흡수한다.

③ 연소실 노벽을 보호한다.
④ 연소실 열부하를 높인다.
⑤ 노벽의 무게를 경감시키기 위하여

문제 33 수관식 보일러의 연소실 수냉노벽을 구조에 따른 종류 4가지를 쓰시오.

해답) ① 탄젠샬 배열 ② 스페이스드 배열 ③ 스킨 케이싱 배열 ④ 핀 패널식 케이싱

문제 34 자연 순환식 수관보일러에서 물의 순환력을 크게 하여 자연순환이 양호하게 하기 위한 사항을 3가지 쓰시오.

해답) ① 강수관이 가열되지 않도록 한다.
② 큰 지름의 수관을 사용한다.
③ 수관의 배열을 수직으로 설치한다.
④ 방해판(baffle plate)을 적당한 위치에 설치하여 열가스와 수관군의 접촉을 알맞게 한다.

문제 35 수관식 보일러 연소실에 배플판(baffle plate)을 설치하는 이유를 설명하시오.

해답) 연소가스의 흐름을 조정하여 열회수와 보일러수의 순환을 양호하게 한다.

문제 36 수관식 보일러에서 직관식에 비하여 곡관식 수관보일러의 특징을 3가지 쓰시오.

해답) ① 관수의 순환이 양호하다.
② 관의 배치를 자유롭게 할 수 있다.
③ 관의 열팽창에 의한 신축을 흡수할 수 있다.

문제 37 수관보일러의 상부드럼은 고정하는데 반하여 하부드럼은 고정하지 않고 어느 정도 간격을 두는 이유를 설명하시오.

해답) 온도변화에 의한 열팽창을 흡수하기 위하여

문제 38 강제순환식 수관보일러의 특징 4가지를 쓰시오.

해답) ① 동일한 증발량에 대해 소형 경량으로 제작할 수 있다.
② 순환펌프를 사용하므로 열전달이 높고 기동이 빠르다.
③ 수관군의 배열에 신경 쓸 필요가 없으므로 자유로운 설계를 할 수 있다.
④ 자연순환에 비해 유속이 빠르므로 스케일 부착의 우려가 적다.
⑤ 취급이 어렵고, 급수처리를 철저히 하여야 한다.
⑥ 순환용 펌프가 있어야 하므로 설비비, 유지비가 많이 소요된다.
⑦ 수관의 과열방지를 위해서 각 수관에 물이 균일하게 흘러야 한다.

문제 39 강제순환 수관보일러에서 순환수량과 증기발생량의 비를 무엇이라 하는가?

해답) 순환비

해설 ● 강제순환 수관보일러에서 순환비는 발생증기량에 대한 순환수량과의 비율을 나타내는 것이다.

$$\therefore 순환비 = \frac{순환수량}{발생\ 증기량}$$

문제 40 보일러수의 가열, 증발, 과열이 1개의 긴 관에서 이루어지며 드럼(drum)이 없는 보일러는?

해답 관류보일러

해설 ● 관류보일러의 종류 : 벤슨 보일러, 슐쳐 보일러, 소형 관류 보일러

문제 41 관류 보일러에 대한 설명에서 ( )안에 알맞은 용어를 쓰시오.

> 관류 보일러는 긴 관의 한쪽 끝에서 급수를 압입하여 차례로 (①), (②), (③)시켜 과열 증기를 얻는 보일러이다.

해답 ① 가열   ② 증발   ③ 과열

문제 42 수관식 보일러 중 관류보일러의 특징을 3가지 쓰시오.

해답
① 전열면적에 비하여 보유수량이 적으므로 가동시간이 짧다.
② 고압 보일러에 적합하다.
③ 관을 자유로이 배치할 수 있어 구조가 콤팩트하다.
④ 완벽한 급수처리를 요한다.
⑤ 정확한 자동제어 장치를 설치하여야 한다.
⑥ 순환비가 1이므로 드럼이 필요 없다.

문제 43 보일러수의 예열, 증발, 과열이 1개의 긴 관에서 이루어지며 드럼(drum)이 없는 보일러는?

해답 슐쳐 보일러

해설 ● 슐쳐(sulzer) 보일러 : 원리는 벤슨 보일러와 비슷한 것으로 1개의 긴 연속관으로 이루어지며 증발부에서 95[%] 정도 물이 증발하고 증발부 끝 부분에 기수분리기가 설치되어 있다.

문제 44 주철제 보일러의 장점을 4가지 쓰시오.

해답
① 주물로 제작하기 때문에 복잡한 구조도 제작이 가능하다.
② 전열면적이 크고, 효율이 좋다.
③ 내식성, 내열성이 우수하다.
④ 섹션의 증감으로 용량조절이 가능하다.
⑤ 조립식이므로 반입 및 해체작업이 용이하다.

해설 • 주철제 보일러의 단점
① 내압강도가 떨어진다.
② 구조가 복잡하여 청소, 검사, 수리가 어렵다.
③ 부동팽창이 발생하기 쉽다.
④ 대용량, 고압에는 부적합하다.

문제 45 주철제 보일러 섹셔널의 일반적인 조합방법 3가지를 쓰시오.

해답 ① 전후조합 ② 좌우조합 ③ 맛세움조합

문제 46 특수 연료 보일러에 사용하는 연료 종류를 3가지 설명하시오.

해답 ① 버개스(bagasse) 보일러 : 사탕수수를 짠 찌꺼기 사용
② 바크(bark) 보일러 : 펄프 등 나무껍질 사용
③ 흑액 : 펄프 폐액 사용

문제 47 특수 열매체 보일러에 사용하는 열매체의 종류를 3가지 쓰시오.

해답 ① 다우섬(dowtherm) ② 카네크롤액 ③ 모빌섬 ④ 서큐리티 54

문제 48 다우섬(dowtherm)을 사용하는 보일러의 안전밸브 특징을 설명하시오.

해답 다우섬(dowtherm)은 인화성 및 자극성이 강한 기체이기 때문에 안전밸브는 밀폐식 구조로 하든가 또는 안전밸브로부터의 배기를 보일러실 밖의 안전한 장소에 방출시키도록 한다.

문제 49 대형 증기 소비처에서 급수처리에 문제가 있어 1차 보일러에서 발생된 증기를 이용하여 드럽 내의 물을 증발시키기 때문에 연소가스에 의한 직접 가열부분이 없어 급수처리를 하지 않은 물을 사용하여도 스케일 부착에 의한 불순물 장해가 없도록 고안된 보일러를 무엇이라 하는가?

해답 간접가열 보일러

문제 50 다음 보일러는 보일러 분류상 어느 보일러에 해당되는지 [보기]에서 번호를 찾아 쓰시오.

[보기] ① 자연 순환식 수관보일러 ② 강제 순환식 보일러
③ 노통 연관 보일러 ④ 입형 보일러
⑤ 간접 가열식 보일러

(1) 슈미트 보일러 :   (2) 코크란 보일러 :
(3) 스코치 보일러 :   (4) 다쿠마 보일러 :
(5) 벨록스 보일러 :

해답 (1) ⑤ (2) ④ (3) ③ (4) ① (5) ②

문제 51 코르니쉬 보일러의 노통 길이가 4500[mm]이고, 바깥지름이 3000[mm], 두께가 10 [mm]일 때 전열면적은 몇 [m²]인가?

풀이 $A = \pi DL = \pi \times 3 \times 4.5 = 42.411 ≒ 42.41 [\text{m}^2]$

해답 42.41[m²]

제3장 부속장치 일반

3.1 급수장치의 종류 및 특성

1. 급수펌프

(1) 펌프의 구비조건

- ㈎ 고온, 고압에 견딜 것
- ㈏ 작동이 확실하고 조작이 간단할 것
- ㈐ 부하변동에 대응할 수 있을 것
- ㈑ 저부하에도 효율이 좋을 것
- ㈒ 병렬운전에 지장이 없을 것
- ㈓ 회전식은 고속회전에 안전할 것

(2) 급수펌프의 종류

㈎ 원심펌프(centrifugal pump) : 한 개 또는 여러 개의 임펠러를 밀폐된 케이싱 내에서 회전시켜 발생하는 원심력을 이용하여 액체를 이송하거나 압력을 상승시켜 축과 직각방향으로 토출된다. 용량에 비하여 소형이고 설치면적이 작으며, 기동 시 펌프내부에 유체를 충분히 채워야 한다. (프라이밍 작업) 볼류트 펌프(volute pump)와 터빈 펌프(turbine pump)가 있다.

- ㈎ 볼류트(volute) 펌프 : 임펠러 바깥둘레에 안내깃(베인)이 없고 바깥둘레에 바로 접하여 와류실이 있는 펌프로 일반적으로 임펠러 1단이 발생하는 양정(揚程)이 낮은 것에 사용된다.
- ㈏ 터빈(turbine) 펌프 : 임펠러 바깥둘레에 안내깃(베인)이 있는 것으로 양정(揚程)이 높은 곳에 사용된다.

㈏ 왕복펌프 : 실린더 내의 피스톤 또는 플런저가 왕복 운동으로 액체에 압력을 가해 이송하는 펌프로 송출이 단속적이라 맥동현상이 있고 회전수가 변하여도 토출압력의 변화는 적다.

- ㈎ 워싱턴 펌프(worthington pump) : 보일러 증기압을 이용하여 증기 피스톤을 작동시켜 물쪽 실린더의 피스톤을 왕복 운동시켜 급수하는 펌프이다.
- ㈏ 플런저 펌프(plunger pump) : 플런저의 좌우 왕복운동으로 급수하는 것으로 증기를 이용하는 방식과 동력을 이용하는 방식이 있다.
- ㈐ 웨어(wear) 펌프 : 워싱턴 펌프와 구조가 비슷하며 동력이 필요 없고 전동펌프의 보조용으로 사용된다.

(3) 축동력 계산

$$PS = \frac{\gamma \cdot Q \cdot H}{75\eta} \qquad KW = \frac{\gamma \cdot Q \cdot H}{102\eta}$$

여기서, γ : 액체의 비중량[kgf/m³], Q : 유량[m³/s]
H : 전양정[m], η : 효율

(4) 원심펌프의 상사법칙

㈎ 유량 $Q_2 = Q_1 \times \left(\dfrac{N_2}{N_1}\right) \times \left(\dfrac{D_2}{D_1}\right)^3$

㈏ 양정 $H_2 = H_1 \times \left(\dfrac{N_2}{N_1}\right)^2 \times \left(\dfrac{D_2}{D_1}\right)^2$

㈐ 동력 $L_2 = L_1 \times \left(\dfrac{N_2}{N_1}\right)^3 \times \left(\dfrac{D_2}{D_1}\right)^5$

여기서, Q_1, Q_2 : 변경 전, 후의 유량
H_1, H_2 : 변경 전, 후의 양정
L_1, L_2 : 변경 전, 후의 동력
N_1, N_2 : 변경 전, 후의 임펠러 회전수
D_1, D_2 : 변경 전, 후의 임펠러 지름

(5) 원심펌프에서 발생하는 이상 현상

㈎ 캐비테이션(cavitation) 현상 : 유수 중에 그 수온의 증기압력보다 낮은 부분이 생기면 물이 증발을 일으키고 기포를 다수 발생하는 현상

㈏ 수격작용(water hammering) : 펌프에서 물을 압송하고 있을 때 정전 등으로 펌프가 급히 멈춘 경우 관내의 유속이 급변하면 물에 심한 압력변화가 생기는 현상이다.

㈐ 서징(surging) 현상 : 맥동현상이라 하며 펌프 운전 중에 주기적으로 운동, 양정, 토출량이 규칙적으로 변동하는 현상으로 압력계의 지침이 일정범위 내에서 움직인다.

2. 인젝터(injector)

(1) **개요** : 예비 급수장치로서 증기가 보유하고 있는 열에너지를 속도에너지로 전환시키고 다시 압력에너지로 바꾸어 급수하는 장치이다.

(2) 종류

㈎ 메트로폴리탄(metropolitan)형 : 급수온도 65[℃] 이하
㈏ 그레샴(gresham)형 : 급수온도 50[℃] 이하

(3) 특징

㈎ 장점
    ㉮ 구조가 간단하고, 가격이 저렴하다.
    ㉯ 급수가 예열되고, 열효율이 좋아진다.
    ㉰ 설치 장소가 적게 필요하다.
    ㉱ 별도의 동력원이 필요 없다.

㈏ 단점
    ㉮ 흡입양정이 작고, 효율이 낮다.
    ㉯ 급수 온도가 높으면 급수 불량이 발생한다.
    ㉰ 증기압력이 너무 높거나 낮으면 급수 불량이 발생한다.
    ㉱ 급수량 조절이 어렵다.

(4) 작동불량(급수불량) 원인

㈎ 급수온도가 너무 높은 경우(50[℃] 이상)
㈏ 증기압력($2[kgf/cm^2]$ 이하)이 낮은 경우
㈐ 부품이 마모되어 있는 경우
㈑ 내부노즐에 이물질이 부착되어 있는 경우
㈒ 흡입관로 및 밸브로부터 공기유입이 있는 경우
㈓ 체크밸브가 고장 난 경우
㈔ 증기가 너무 건조하거나, 수분이 많은 경우
㈕ 인젝터 자체가 과열되었을 때

(5) 작동순서

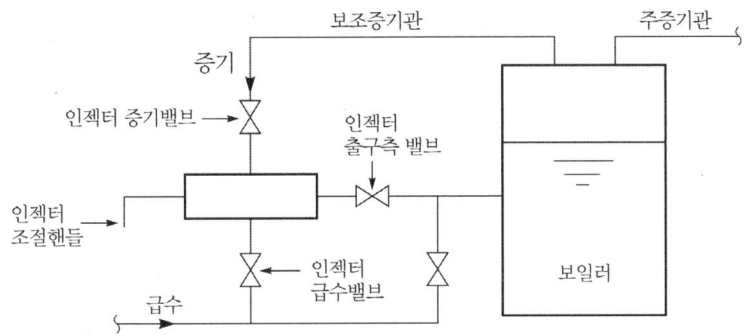

㈎ 급수개시 순서
　㉮ 인젝터 출구측 밸브를 연다.　　㉯ 인젝터 급수밸브를 연다.
　㉰ 인젝터 증기밸브를 연다.　　　㉱ 인젝터 조절핸들을 연다.

㈏ 급수정지 순서
　㉮ 인젝터 조절핸들을 닫는다.　　㉯ 인젝터 증기밸브를 닫는다.
　㉰ 인젝터 급수밸브를 닫는다.　　㉱ 인젝터 출구측 밸브를 닫는다.

3. 급수내관(distributing pipe)

(1) **개요** : 보일러 급수 시 동판의 국부적 냉각으로 인한 부동팽창의 영향을 줄이기 위하여 동 내부에 설치하는 관이다.

(2) **설치목적**
　㈎ 온도차에 의한 부동팽창 방지　　㈏ 보일러 급수의 예열
　㈐ 관내온도의 급격한 변화 방지　　㈑ 관수 순환의 교란 방지

(3) **설치위치** : 안전저수위 50[mm] 아래
　㈎ 설치위치가 높을 때 : 수격작용 발생
　㈏ 설치위치가 낮을 때 : 동체 아래 부분의 냉각, 관수 순환 저해

4. 자동 급수 조정장치

보일러 부하에 따라 급수량을 자동적으로 조절하여 수위를 안전저수위 이상으로 유지하는 장치로 저수위 안전장치(저수위 경보장치)에 기능이 부가된 것이다.

5. 급수밸브 및 체크밸브

(1) **설치위치** : 급수관에는 보일러 가까이에 급수밸브를 설치하고, 급수밸브 가까이에 체크밸브를 설치한다.

(2) **급수밸브의 종류** : 글로브 밸브(스톱 밸브), 앵글 밸브, 게이트 밸브 등

(3) **체크밸브의 종류** : 스윙식, 리프트식

3.2 안전장치의 종류 및 특성

1. 안전밸브(safety valve)

(1) **안전밸브 개요** : 보일러의 증기압이 이상 상승 시 증기압을 외부로 분출하여 보일러 파열사고를 사전에 방지하기 위한 장치이다.

(2) **분류**

　(가) 작동원리에 의한 분류 : 스프링식, 중추식, 지렛대식
　(나) 용도에 의한 분류 : 안전밸브, 릴리프 밸브
　　㉮ 스프링식 안전밸브 : 증기 또는 가스장치에 사용
　　㉯ 릴리프 밸브 : 액체 배관에 사용

(3) **구비조건**

　(가) 밸브 개폐 동작이 신속하고 자유로울 것
　(나) 밸브의 지름과 양정이 충분할 것
　(다) 밸브의 작동이 확실하고 증기 누설이 없을 것
　(라) 증기압력이 정상으로 되면 작동이 정지될 것
　(마) 밸브의 분출용량이 충분할 것

(4) **안전밸브의 누설 원인**

　(가) 작동압력이 낮게 조정되었을 때　　(나) 스프링의 장력이 약할 때
　(다) 밸브 시트에 이물질이 있을 때　　(라) 밸브 시트가 불량일 때
　(마) 밸브 축이 이완되었을 때

(5) 스프링식 안전밸브의 분류

⑦ 밸브 양정에 따른 분류

㉮ 저양정식 : 양정이 밸브시트 지름의 1/40 이상 1/15 미만인 것

㉯ 고양정식 : 양정이 밸브시트 지름의 1/15 이상 1/7 미만인 것

㉰ 전양정식 : 양정이 밸브시트 지름의 1/7 이상인 것

㉱ 전량식 : 밸브시트 증기통로 면적은 목부분 면적의 1.05배 이상인 것

㉯ 단면적 계산식

㉮ 저양정식 : $A = \dfrac{22\,E}{1.03\,P + 1}$ ㉯ 고양정식 : $A = \dfrac{10\,E}{1.03\,P + 1}$

㉰ 전양정식 : $A = \dfrac{5\,E}{1.03\,P + 1}$ ㉱ 전량식 : $S = \dfrac{2.5\,E}{1.03\,P + 1}$

여기서, A : 단면적[mm^2], P : 안전밸브 분출압력[kgf/cm^2]
E : 증발량 또는 최대 연속증발량[kg/h], S : 목부 단면적[mm^2]

※ 안전밸브 시트 단면적은 분출압력에 반비례하고 증발량에 비례한다.

㉰ 분출용량 계산식

㉮ 저양정식 : $W = \dfrac{1.03\,P + 1}{22} \cdot A \cdot C$ ㉯ 고양정식 : $W = \dfrac{1.03\,P + 1}{10} \cdot A \cdot C$

㉰ 전양정식 : $W = \dfrac{1.03\,P + 1}{5} \cdot A \cdot C$ ㉱ 전량식 : $W = \dfrac{1.03\,P + 1}{2.5} \cdot S \cdot C$

여기서, W : 안전밸브 분출용량[kg/h]
P : 분출압력[kgf/cm^2]

A : 안전밸브 단면적[mm^2], $\left(A = \dfrac{\pi}{4} \cdot D^2\right)$

S : 안전밸브 목부 단면적[mm^2]

C : 상수(증기압력 120[kgf/cm^2] 이하, 증기온도 280[℃] 이하일 경우 1로 하며, 그 밖의 경우에는 표에 의해 결정한다.)

2. 방출밸브

(1) 방출밸브 개요

압력 릴리프밸브라 하며 온수발생 보일러에서 압력이 보일러의 최고사용압력(열매체 보일러의 경우에는 최고사용압력 및 최고사용온도)에 달하면 즉시 작동하는 안전밸브 대신 사용하는 것으로 반드시 방출관을 설치하여야 한다.

(2) 방출밸브의 구조 : 직접 스프링식

(3) 온수발생 보일러의 방출밸브 크기

㈎ 액상식 열매체 보일러 및 온도 393[K](120[℃]) 이하의 온수발생 보일러에는 방출밸브를 설치
㈏ 방출밸브 지름 : 20[mm] 이상
㈐ 보일러 최고사용압력에 10[%](그 값이 0.035[MPa] 미만인 경우 0.035[MPa]로 한다.)를 더한 값을 초과하지 않도록 지름과 개수를 정함

(4) 방출관 크기

전열면적	방출관 안지름
10[m²] 미만	25[mm] 이상
10[m²] 이상 15[m²] 미만	30[mm] 이상
15[m²] 이상 20[m²] 미만	40[mm] 이상
20[m²] 이상	50[mm] 이상

3. 가용전(fusible plug) 및 방폭문

(1) **가용전(fusible plug)** : 주석(Sn)과 납(Pb)의 합금으로 노통 또는 화실 천장부에 나사를 조립하여 관수의 이상감수 시 과열로 인한 동체의 파열사고를 방지한다.

주석(Sn)과 납(Pb)의 비율에 따른 용융온도

주석(Sn)	납(Pb)	용융온도
10	3	150[℃]
3	3	200[℃]
3	10	250[℃]

(2) **방폭문(폭발문)** : 연소실내의 미연소 가스의 폭발 및 역화 시 그 내부압력을 외부로 방출시켜 동체의 파열사고를 방지하는 장치로 개방식(스윙식)과 밀폐식(스프링식)이 있다.

4. 화염검출기

(1) **화염검출기 개요** : 연소실내의 연소상태를 감시하여 실화 및 소화 시 연료 전자밸브를 차단하여 미연소 가스로 인한 폭발사고를 방지하기 위한 장치이다.

(2) 종류

㉮ 플레임 아이(flame eye) : 화염의 발광체를 이용
  ㉮ 황화카드뮴(CdS) 셀 : 경유 버너에 사용
  ㉯ 황화납(PbS) 셀 : 오일, 가스에 사용
  ㉰ 적외선 광전관 : 적외선을 이용
  ㉱ 자외선 광전관 : 오일, 가스에 사용
㉯ 플레임 로드(flame lod) : 화염의 이온화 현상에 의한 전기 전도성을 이용한 것으로 가스 점화 버너에 사용
㉰ 스택 스위치(stack switch) : 연도에 바이메탈을 설치하여 연소가스의 발열체를 이용한 것

5. 증기압력 제한기 및 증기압력 조절기

(1) 증기압력 제한기 : 증기 압력이 일정압력(최고사용압력) 도달 시 전기적 신호를 보내어 전자밸브를 작동시켜 연료를 차단하여 보일러를 보호하는 장치로서 증기 압력 조절기와 연동시켜 사용한다.

(2) 증기압력 조절기 : 증기 압력을 검출하여 압력변화에 따라 벨로즈가 신축함으로써 와이퍼의 움직임에 따라 전기저항을 변화시켜 연료량과 함께 공기량을 조절하는 컨트롤 모터를 작동시키는 것이다.

6. 저수위 안전장치(저수위 경보장치)

(1) 저수위 안전장치(저수위 경보장치) 개요 : 동내 수위가 안전저수위가 되기 전에 자동적으로 경보(연료차단 전 50~100초간)를 발하고, 연료 공급을 차단시켜 이상감수로 인한 안전사고를 방지한다.

(2) 종류

㉮ 기계식 : 플로트(float)의 위치 변위를 이용하여 밸브를 작동시켜 경보가 울린다.
㉯ 전기식
  ㉮ 플로트식 : 플로트의 위치 변화에 따라 수은 스위치를 작동시키는 맥도널식과 플로트의 위치 변화에 따라 자석의 위치 변위로 수은 스위치를 작동시키는 마그네틱식이 있다.

㈏ 전극식 : 보일러 수(水)의 전기 전도성을 이용한 것이다.

3.3 송기장치의 종류 및 특성

1. 증기내관

(1) **증기내관 개요** : 프라이밍, 포밍 현상 발생으로 증기 속에 수분이 함유되어 배출되는 것을 방지하는 장치이다.

(2) **종류**

㈎ 비수 방지관 : 원통형 보일러 동체 내부의 증기 취출구에 설치하여 캐리오버 현상을 방지한다. 비수 방지관에 뚫린 구멍의 총면적은 증기 취출구 증기관 면적의 1.5배 이상으로 한다.

㈏ 기수 분리기 : 수관식 보일러의 기수드럼에 부착하여 승수관을 통하여 상승하는 증기 중에 혼입된 수분을 분리하기 위한 장치로 다음의 종류가 있다.
  ㉮ 사이클론형 : 원심 분리기를 사용
  ㉯ 스크러버형 : 파형의 다수 강판을 조합한 것
  ㉰ 건조 스크린형 : 금속망판을 이용한 것
  ㉱ 배플형 : 급격한 방향 전환을 이용한 것

(3) **증기내관 설치 시 장점**

㈎ 건조증기 공급   ㈏ 수격작용(water hammer) 방지
㈐ 캐리오버(carry over) 방지   ㈑ 관내 부식 방지
㈒ 열손실 방지   ㈓ 마찰저항 감소

2. 주증기 밸브, 감압밸브 및 증기헤더

(1) **주증기 밸브 개요** : 발생증기를 송기 및 정지하기 위하여 보일러 증기부 상단에 설치하는 것으로 글로브 밸브와 앵글밸브를 사용한다.

(2) **감압밸브** : 보일러에서 발생된 증기의 압력을 내리기 위하여 사용하는 밸브이다.

㈎ 설치 목적

㉮ 고압의 증기를 저압의 증기로 만들기 위하여
㉯ 부하측의 압력을 일정하게 유지하기 위하여
㉰ 부하 변동에 따른 증기의 소비량을 절감하기 위하여
㈏ 저압증기를 이용할 경우 장점
㉮ 에너지 절약   ㉯ 증기의 건도 향상
㉰ 배관설비의 절감   ㉱ 특정 온도를 정확히 유지
㉲ 생산성 향상
㈐ 종류
㉮ 작동방법에 따른 분류 : 피스톤식, 다이어프램식, 벨로즈식
㉯ 구조에 따른 분류 : 스프링식, 추식
㉰ 제어방식에 따른 분류 : 자력식(직동식과 파일럿 작동식으로 분류), 타력식
㈑ 감압밸브 설치 시 필요 부속품
㉮ 1차(고압) 측 : 여과기(strainer), 정지밸브, 압력계
㉯ 2차(저압) 측 : 안전밸브, 정지밸브, 압력계

(3) 증기 헤더(steam header) : 보일러 주증기관과 사용측 증기관 사이에 설치하여 사용처에 증기를 공급해 주는 압력용기이다.

㈎ 장점
㉮ 증기 사용처에 증기 공급 및 차단이 용이하다.
㉯ 증기 수요에 대응하기 쉽다.
㉰ 불필요한 배관에 증기가 공급하지 않기 때문에 열손실을 방지할 수 있다.
㈏ 크기 : 증기 헤더에 부착되는 지름이 가장 큰 배관의 2배가 되도록 한다.

3. 신축이음(expansion joint)

(1) 신축이음(expansion joint) 장치 개요 : 열팽창으로 인한 배관의 신축을 흡수 완화시켜 장치 파손 및 고장을 방지하기 위하여 배관 중에 설치하는 기기로 종류는 다음과 같다.

(2) 종류

㈎ 루프형(loop type) : 강관을 원형으로 성형하여 원형부분에서 배관의 신축을 흡수하는 것으로 신축곡관이라고도 한다.
㈏ 슬리브형(sleeve type) : 슬리브와 본체 사이에 패킹을 넣어 저압증기 배관 및 온수배관의 신축을 흡수하는데 사용하는 것으로 단식과 복식이 있고, 50[A] 이하의 것

은 나사 이음, 65[A] 이상의 것은 플랜지 이음 방식으로 사용한다.
- (다) 벨로즈형(bellows type) : 온도 변화에 따른 배관의 신축을 주름통(bellows)에서 흡수하는 것으로 일명 팩리스형(packless type) 이라고도 한다.
- (라) 스위블(swivel) 이음 : 2개 이상의 엘보를 사용하여 이음부 나사의 회전을 이용하여 배관의 신축을 흡수하는 것으로 증기 및 온수난방용 배관에 사용되나, 누설의 우려가 크다. 회전이음, 지웰이음 또는 지블이음이라고도 한다.
- (마) 상온스프링(cold spring) : 배관의 자유팽창량을 미리 계산하여 자유팽창량의 1/2 만큼 짧게 절단하여 강제배관을 하여 신축을 흡수하는 방법이다.
- (바) 볼 조인트(ball joint) : 설치공간이 적고, 평면상의 변위뿐만 아니라 입체적인 변위까지도 안전하게 흡수하므로 어떤 현상에 의한 신축에도 배관이 안전하다.

4. 증기트랩(steam trap)

(1) 증기트랩 개요 : 증기 사용설비 및 배관내의 응축수를 제거하여 증기의 잠열을 유효하게 이용할 수 있도록 하고, 수격작용을 방지하는 역할을 한다.

(2) 작동 원리에 의한 분류

구 분	작동원리	종 류
기계식 트랩	증기와 응축수의 비중차 이용 (플로트 또는 버킷의 부력 이용)	상향 버킷식, 하향 버킷식, 레버 플로트식, 자유 플로트식
온도조절식 트랩	증기와 응축수의 온도차 이용 (금속의 신축성을 이용)	바이메탈식, 벨로즈식
열역학적 트랩	증기와 응축수의 열역학적, 유체역학적 특성차 이용	오리피스식, 디스크식

(3) 구비조건
- (가) 마찰저항이 적을 것
- (나) 내식성, 내구성이 좋을 것
- (다) 공기를 빼내기 좋을 것
- (라) 응축수의 연속 배출이 용이할 것
- (마) 압력과 유량에 따른 작동이 확실할 것

(4) 증기 트랩 사용 시 장점
- (가) 수격작용(water hammer) 방지
- (나) 장치 내 부식 방지
- (다) 열효율 저하 방지
- (라) 관내 마찰저항 감소

(5) 설치 시 주의사항

㈎ 트랩 입구측에 여과기(strainer)를 설치할 것
㈏ 바이패스 라인을 설치하여 고장에 대비할 것
㈐ 증기사용설비와 트랩의 거리는 최단거리를 유지할 것
㈑ 트랩의 위치는 설비의 배수위치보다 낮을 것
㈒ 적당한 배관을 선택하고, 곡선부는 가능한 한 짧게 할 것

(6) 트랩의 배압 허용도

$$배압\ 허용도[\%] = \frac{트랩의\ 최고\ 허용배압[kgf/cm^2]}{트랩\ 입구압력[kgf/cm^2]} \times 100$$

5. 증기 축열기 및 응축수 회수기

(1) 증기 축열기 개요(steam accumulator)

보일러에서 과잉 발생한 증기를 저장하고 부하가 증가하면 증기를 공급하여 증기 부족을 해소하는 장치이다.

㈎ 변압식 : 고압 증기를 물에 통과시키고 응축시켜 저장하고, 부하가 증가하면 저압의 증기상태로 하여 이용하는 형식으로 증기측에 설치한다.
㈏ 정압식 : 부하 감소 시 여분의 관수나 증기로 급수를 예열하고 부하가 증가하면 급수하여 연소량은 일정한 상태가 유지되면서 다량의 고압증기를 얻는 방식으로 급수측에 설치한다.

(2) 응축수 회수기

고온의 응축수를 온도강하 없이 보일러에 급수할 수 있는 장치로서 연료절감, 수처리 비용절감, 급수용의 용수 절감 등의 효과를 얻을 수 있다.

3.4 분출장치의 종류 및 특성

1. 분출장치 종류

(1) 수면 분출장치(연속 분출장치)
안전 저수위 선상에 설치하여 유지분, 부유물을 제거하여 프라이밍, 포밍 현상을 방지한다.

(2) 수저 분출장치(단속 분출장치) : 동체 아래 부분에 있는 스케일이나 침전물, 농축된 물 등을 외부로 배출시켜 제거한다.

2. 설치 목적

(1) 슬러지 생성 및 스케일 방지   (2) 보일러수의 pH 조절
(3) 프라이밍, 포밍 현상을 방지   (4) 보일러수의 농축방지 및 순환을 양호하게 유지
(5) 고수위 방지   (6) 세관작업을 후 폐액을 배출시키기 위하여

3. 분출 방법

(1) 분출을 행하는 시기

㈎ 부하가 가장 가벼울 때   ㈏ 보일러 가동 전
㈐ 프라이밍, 포밍 현상이 발생할 때   ㈑ 고수위일 때

(2) 분출 방법 및 주의사항

㈎ 2인 1조가 되어 분출작업을 할 것
㈏ 분출량이 많아도 안전저수위 이하로 하지 않을 것
㈐ 2대의 보일러를 동시에 분출시키지 않을 것
㈑ 밸브 및 콕은 신속히 개방할 것
㈒ 분출량은 농도 측정에 의하여 결정할 것
㈓ 분출 도중 다른 작업을 하지 않을 것

(3) 분출조작 순서

㈎ 보일러 동체 가까이 설치된 1차 급개 밸브(콕)를 완전히 개방한다.
㈏ 2차 밸브를 서서히 개방하고, 수면계의 수고 15[mm] 정도까지 분출할 경우 밸브를 1/2 정도 개방하고, 대량의 분출일 경우는 완전히 개방한다.
㈐ 닫는 순서는 2차 밸브를 먼저 닫고, 1차 급개 밸브(콕)를 나중에 닫는다.

(4) 분출량 계산

㈎ 1일 분출량 $X = \dfrac{W(1-R)d}{\gamma - d}$

㈏ 응축수 회수율 $R = \dfrac{응축수\ 회수량}{실제\ 증발량} \times 100$

(다) 분출률[%] = $\dfrac{d}{\gamma - d} \times 100$

여기서, X : 1일 분출량[kg/day], W : 1일 급수량[kg/day]
R : 응축수 회수율[%], d : 급수 중의 허용 고형분[ppm]
γ : 관수의 고형분[ppm]

3.5 교환장치의 종류 및 특성

1. 과열기 및 재열기

(1) 과열기(super heater)

㉮ 과열기의 역할 : 보일러에서 발생한 습포화증기의 압력을 일정하게 유지하면서 온도만을 높여 과열증기를 만드는 장치이다.

㉯ 종류

  ㉠ 열 가스 접촉(전열방식, 설치장소)에 의한 분류

  ⓐ 접촉 과열기(대류형) : 연도에 설치하여 연소가스의 대류열을 이용한 것으로 보일러 증발률 증가와 함께 과열도가 증가하는 경향이 있다.

  ⓑ 복사 과열기(복사형) : 연소실 측벽에 설치하여 복사열을 이용한 것으로 보일러 증발률 증가와 함께 과열도가 감소하는 경향이 있다.

  ⓒ 복사 접촉 과열기(양자병용형) : 연소실 출구 근처에 설치하여 복사열과 대류열을 동시에 이용한 것으로 균일한 과열도를 얻는 것을 목적으로 설치된다.

  ㉡ 증기와 연소가스 흐름에 의한 분류

  ⓐ 병류식 : 증기와 연소가스의 흐름방향이 같으며, 연소가스에 의한 관의 손상이 적으나 효율이 낮다.

  ⓑ 향류식 : 증기와 연소가스의 흐름방향이 반대이며, 효율이 좋으나 연소가스에 의한 관의 손상이 크다.

  ⓒ 혼류식 : 병류식과 향류식의 혼합형으로 효율도 좋고, 연소가스에 의한 관의 손상도 적다.

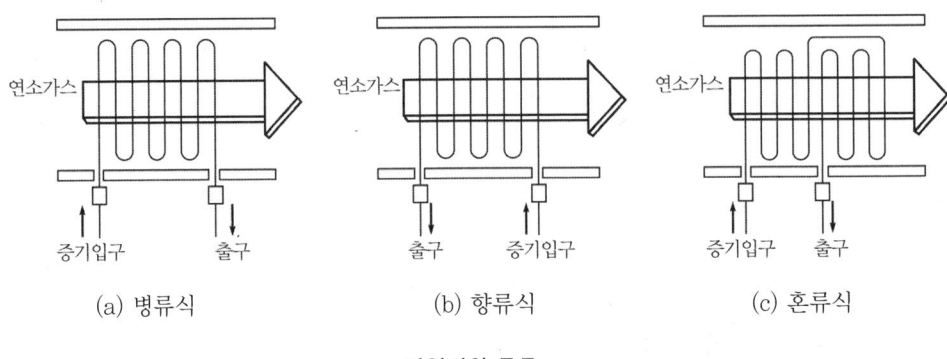

과열기의 종류

㈐ 과열기 사용 시 특징
　㉮ 장점
　　ⓐ 열효율 증가　　　　　　　　ⓑ 수격작용 방지
　　ⓒ 관내 마찰저항 감소　　　　　ⓓ 장치 내 부식 방지
　　ⓔ 적은 증기로 많은 열을 얻는다.
　㉯ 단점
　　ⓐ 가열 표면의 일정온도 유지 곤란
　　ⓑ 가열장치에 큰 열응력 발생　　ⓒ 직접 가열 시 열손실 증가
　　ⓓ 제품의 손상 우려　　　　　　ⓔ 과열기 표면에 고온부식 발생
㈑ 과열증기 온도 조절 방법
　㉮ 연소가스량을 가감하는 방법　　㉯ 과열 저감기를 사용하는 방법
　㉰ 저온가스를 재순환시키는 방법　㉱ 화염의 위치를 바꾸는 방법
※ **과열 저감기** : 과열증기 일부를 급수와 열교환 시키거나, 과열기 속에 물을 무상으로 분무시키는 장치이다.

(2) 재열기(reheater)의 역할

고압 증기터빈에서 일정한 팽창을 하고 포화상태에 가까워진 증기를 모두 회수하여 재차 열을 가하여 과열증기로 만들어 저압 터빈에서 팽창하도록 하는 장치이다.

2. 급수예열기(economizer)

(1) 급수예열기 개요

보일러 급수를 연소가스 여열(餘熱)을 이용하여 예열시키는 장치로 절탄기(節炭器)라 한다.

(2) 분류

㈎ 설치방법에 의한 분류 : 부속식, 집중식
㈏ 재질에 의한 분류 : 강관제, 주철제
㈐ 전열면의 위치에 의한 분류 : 고정식, 회전식
㈑ 급수의 가열도에 의한 분류 : 증발식, 비증발식

(3) 특징

㈎ 장점
  ㉮ 열효율 향상
  ㉯ 열응력 발생 방지
  ㉰ 급수 중 불순물의 일부 제거
  ㉱ 연료소비량 감소
㈏ 단점
  ㉮ 통풍저항 증가
  ㉯ 연돌의 통풍력 저하
  ㉰ 저온부식의 원인
  ㉱ 연도의 청소, 검사, 점검 곤란

(4) 취급상 주의사항

㈎ 열응력을 방지하기 위하여 연소가스 온도와 절탄기 입구의 급수온도차를 적게 한다.
㈏ 저온부식을 방지하기 위하여 절탄기 출구측 연소가스를 170[℃] 이상 유지시킨다.
㈐ 절탄기 과열을 방지하기 위하여 내부의 물의 유동상태를 확인한다.
㈑ 가스에 의한 부식을 방지하기 위하여 절탄기 급수 중의 공기 및 불응축가스를 제거한 후 공급한다.

3. 공기 예열기(air preheater)

(1) **공기예열기 개요** : 연소가스의 여열을 이용하여 연소실에 공급되는 2차 공기를 예열하는 장치이다.

(2) **종류**

㈎ 증기식 : 연소가스 대신 증기를 이용하여 2차 공기를 예열하는 것으로 부식의 우려가 없다.
㈏ 전열식 : 열교환기를 이용한 것으로 관형(管形) 공기예열기와 판형(板形) 공기예열기가 있다.
  ㉮ 관형 공기예열기 : 강관이나 주철관을 사용하여 연소가스가 접촉하는 관의 열전도로 공기를 가열하는 형식으로 강도가 약하고 제작이 어렵지만 설치공간을 적게 차지한다.

㈏ 판형 공기예열기 : 두께 2~4[mm] 정도의 얇은 강판을 이용하여 연소가스와 공기가 서로 교차하게 흐르게 한 것으로 구조가 튼튼하고 전열면적이 크지만 보수가 어렵다.

㈐ 재생식 : 축열식이라 불리며 연소가스를 통과 시켜 열을 축적한 후 이곳에 2차 공기를 통과시켜 공기를 예열하는 방식으로 회전식, 고정식, 이동식으로 분류된다.

㈑ 히트파이프식 : 배관 표면에 알루미늄 핀튜브를 부착시키고 진공으로 된 배관 내부에 열매체인 증류수를 넣어 봉입한 것을 경사지게 설치한 것이다. 히트파이프 내의 증류수는 배기가스의 열을 흡수하여 증발되어 경사면을 따라 응축부로 이동되고 송풍기에서 공급되는 연소용 공기와 열교환하여 응축되어 증발부로 되돌아오는 과정을 반복하여 배기가스 온도를 낮추고 연소용 공기를 예열하는 장치이다.

(3) 공기예열기 사용 시 특징

㈎ 공기예열기 사용 시 장점
- ㉮ 전열효율, 연소효율 향상
- ㉯ 예열공기의 공급으로 불완전 연소가 감소된다.
- ㉰ 보일러 열효율 향상
- ㉱ 품질이 낮은 연료도 사용할 수 있다.

㈏ 공기예열기 사용 시 단점
- ㉮ 통풍저항 증가
- ㉯ 연돌의 통풍력 저하
- ㉰ 저온부식의 원인
- ㉱ 연도의 청소, 검사, 점검 곤란

(4) 취급상 주의사항

㈎ 저온부식을 방지하기 위하여 공기예열기 출구측 연소가스를 150[℃] 이상 유지시킨다.

㈏ 공기예열기 과열을 방지하기 위하여 입구측 연소가스 온도를 500[℃] 이하로 유지시킨다.

㈐ 부연도를 설치하여 점화초기 및 저부하 운전 시에 사용한다.

㈑ 전열면에 부착한 그을음 청소를 수시로 할 것

㈒ 재생식 중 회전식은 점화전에 가동시켜 국부적인 과열을 방지할 것

4. 열교환기

(1) 열교환기(heat exchange)의 역할

유체에 대한 냉각, 응축, 가열, 증발 및 폐열 회수 등에 사용되는 것으로 보일러에서는 가열장치에 사용하고 있으며 배기가스 여열회수장치인 과열기, 급수예열기, 공기예열기와 중유가열기(oil preheater), 급탕탱크의 온수가열기 등이 해당된다.

(2) 열교환기의 구조별 분류

㉮ 다관식(쉘 앤 튜브식[shell and tube type]) : 둥그런 원통형의 쉘(shell) 안쪽에 튜브를 배치하고 쉘 내부에는(튜브 바깥쪽) 저온의 물질을, 튜브내부에는 고온물질을 통과시켜 열교환하는 형식으로 일반적으로 광범위하게 사용된다. 종류에는 고정관판형, 유동두형, U자관형, 케플형 등이 있다.

㉯ 단관식 : 하나의 관으로 이루어진 형식으로 트롬본형, 탱크형, 스파이럴형이 있다.

㉰ 이중관식 : 이중관으로 만들어 각각에 유체를 통과시켜 열교환하는 형식으로 구조가 간단하고 전열면적 증감이 용이하며, 고압용으로 제작이 가능하다.

㉱ 판형(plate type)형 : 얇은 판으로 만들어진 것을 조립하여 열교환하는 형식이다.

3.6 지시장치의 종류 및 특성

1. 압력계

(1) 부르동관 압력계의 크기와 눈금 범위

㉮ 크기 : 눈금판 바깥지름 100[mm] 이상

㉯ 최고눈금 범위 : 최고 사용압력의 1.5배 이상 3배 이하

(2) 압력계 연결관

㉮ 황동관 및 동관 : 안지름 6.5[mm] 이상
 (증기온도가 210[℃]를 넘을 때에는 사용 금지)

㉯ 강관 : 안지름 12.7[mm] 이상

㉰ 사이펀관 : 안지름 6.5[mm] 이상

(3) 압력계 검사 시기

㉮ 2개의 압력계가 서로 다르게 지시될 때

㉯ 보일러 운전 중에 포밍, 프라이밍 현상이 발생하는 때

㉰ 압력계의 지시가 정확하지 않다고 판단될 때

㉱ 점화전이나 압력계 교체 후

㉲ 신설 보일러인 경우 압력이 상승하기 전에

㉳ 부르동관이 높은 열을 받았을 때

2. 수면 측정 장치

(1) 수면 측정 장치(수면계[水面計]) 개요 : 증기보일러에 설치하는 것으로 동체 내부의 수위를 지시하는 계기이다.

(2) 종류

㈎ 원형 유리수면계 : 최고사용압력 10[kgf/cm^2] 이하에 사용

㈏ 평형 반사식 수면계 : 최고사용압력 25[kgf/cm^2] 이하에 사용

㈐ 평형 투시식 수면계 : 최고사용압력 45[kgf/cm^2]용, 75[kgf/cm^2]용이 있고 원형과 타원형이 있다.

㈑ 2색식 수면계 : 평형 투시식과 같으며 증기부는 적색, 수부는 녹색을 나타낸다.

㈒ 멀티 포트식 : 210[kgf/cm^2]까지의 초고압용에 사용

(3) 부착위치 및 설치수

㈎ 위치 : 수면계 유리관의 최하부가 안전저수위와 일치하도록 설치

㈏ 설치수 : 유리관식 수면계를 2개 이상 부착

㈐ 부착 방법

   ㉮ 주철제 보일러 : 직접 부착

   ㉯ 강제 보일러 : 수주관을 이용하여 부착

㈑ 수주관 : 고온의 증기 및 보일러 수로부터 수면계를 보호하고, 수위 교란으로 인한 수위를 잘못 인식하는 것을 방지하기 위하여 설치

㈒ 점검 시기 : 1일 1회 이상

(4) 수면계의 기능시험 시기

㈎ 보일러를 가동하기 전과 압력이 상승하기 시작했을 때

㈏ 2개의 수면계의 수위에 차이가 발생할 때

㈐ 수위의 움직임이 없고, 수위 지시가 정확하지 않다고 판단될 때

㈑ 보일러 운전 중에 포밍, 프라이밍 현상이 발생하는 때

(5) 수면계의 기능시험 방법

㈎ 수면계 상하 밸브를 닫고, 드레인 밸브를 열고 수면계 내의 물을 드레인 시킨다.

㈏ 물 밸브를 열어 관수를 분출시킨 후에 닫는다.

㈐ 증기밸브를 열어 증기를 분출시킨 후에 닫는다.

㈑ 드레인 밸브를 닫고, 증기밸브를 서서히 연다.

㈐ 물 밸브를 열어 수위 상태를 확인한다.

(6) 수면계의 파손 원인

㈎ 상하 조임너트를 무리하게 조였을 때
㈏ 외부로부터 충격을 받았을 때
㈐ 장기간 사용으로 노후 되었을 때
㈑ 상하의 바탕쇠 중심선이 일치하지 않았을 때

[참고] 보일러 안전저수위

보일러의 종류	안 전 저 수 위
직립형 보일러	연소실 천장판 최고부위 75[mm] 상방
직립 연관 보일러	연소실 천장판 최고부위에서 연관길이의 1/3 지점
수평 연관 보일러	연관 최고부위 75[mm] 상방
노통 보일러	노통 최고부위 100[mm] 상방
노통 연관 보일러	연관이 노통보다 높을 경우 : 연관 최고부위 75[mm] 상방 노통이 연관보다 높을 경우 : 노통 최고부위 100[mm] 상방

3. 온도계

(1) 공업용 바이메탈식 온도계(KS B 5320) 또는 이와 동등 이상의 성능을 가진 온도계를 설치

(2) 온도계 설치 장소

㈎ 급수 입구의 급수온도계
㈏ 버너 입구의 급유온도계
㈐ 절탄기 또는 공기예열기가 설치된 경우 각 유체의 전후 온도를 측정할 수 있는 온도계
㈑ 보일러 본체 배기가스 온도계(단, ㈐항의 규정에 의한 온도계가 있는 경우 생략)
㈒ 과열기 또는 재열기가 있는 경우 그 출구 온도계
㈓ 유량계를 통과하는 온도를 측정할 수 있는 온도계

4. 유량계

(1) 유량계 설치 대상 : 용량 1[톤/h] 이상의 보일러

(2) 종류

㉮ 급수 유량계 : 보일러 급수관에 설치
㉯ 급유량계 : 기름용 보일러에서 연료의 사용량을 측정
㉰ 가스미터 : 가스용 보일러에서 가스의 사용량을 측정

5. 슈트 블로워(soot blower)

(1) 기능(역할) : 전열면 외측 또는 수관 주위의 그을음이나 재를 불어 제거하는 장치이다.

(2) 분류

㉮ 분무매체별 구별 : 증기분사식, 공기분사식
㉯ 종류
  ㉮ 장발형(long retractable type) 슈트 블로워 : 과열기와 같이 고온의 열가스가 통하는 부분에 사용하는 것으로 사용할 때는 분출관을 넣고, 사용하지 않을 때에는 빼어두는 형식이다.
  ㉯ 단발형(short retractable type) 슈트 블로워 : 분사관이 짧으며 1개의 노즐을 설치하여 연소로벽에 부착되어 있는 이물질을 제거하는데 사용한다.
  ㉰ 정치 회전형(로터리형) : 전열면이나 절탄기에 고정 설치하여 매연을 제거하는 것으로 정지된 상태로 회전하는 분사관에 다수의 구멍이 뚫려 있고 이곳으로 증기가 분사된다.
  ㉱ 공기예열기 크리너 : 관형 공기예열기에 사용하는 것으로 자동식과 수동식이 있다.
  ㉲ 건타입 : 보일러의 연소로벽 등에 부착하는 타고 남은 찌꺼기를 제거하는데 적합하며 특히, 미분탄 연소 보일러 및 폐열보일러 같은 타고 남은 연재가 많이 부착하는 보일러에 사용한다.

(3) 사용 시 주의사항

㉮ 부하가 50[%] 이하일 때, 소화 후에는 사용을 금지한다.
㉯ 댐퍼를 완전히 열고 통풍력을 크게 한다.
㉰ 그을음 제거를 하기 전에 분출기 내부의 응축수를 제거한다.
㉱ 그을음 불어내기 관을 동일 장소에서 오래 동안 작용시키지 않는다.
㉲ 흡입통풍기가 있을 경우 흡입통풍을 늘려서 한다.

예 | 상 | 문 | 제

문제 01 보일러 급수펌프의 구비조건 4가지를 쓰시오.

해답
① 고온, 고압에 견딜 것
② 작동이 확실하고 조작이 간단할 것
③ 부하변동에 대응할 수 있을 것
④ 저부하에도 효율이 좋을 것
⑤ 병렬운전에 지장이 없을 것
⑥ 회전식은 고속회전에 안전할 것

문제 02 원심펌프(centrifugal pump)에 대한 물음에 답하시오.
(1) 원심펌프의 특징을 3가지 쓰시오.
(2) 원심펌프의 종류를 2가지 쓰시오.

해답 (1) ① 원심력에 의하여 유체를 압송한다.
② 용량에 비하여 소형이고 설치면적이 작다.
③ 흡입, 토출밸브가 없고 액의 맥동이 없다.
④ 기동 시 펌프 내부에 유체를 충분히 채워야 한다.
⑤ 고양정에 적합하다.
⑥ 서징 현상 캐비테이션현상이 발생하기 쉽다.
(2) ① 볼류트 펌프 ② 터빈 펌프

문제 03 원심펌프에서 프라이밍이란 무엇인지 설명하시오.

해답 펌프를 가동하기 전에 케이싱 내에 물을 충만시키는 작업

문제 04 보일러 급수펌프 중 왕복식 펌프에 관한 다음 물음에 답하시오.
(1) 왕복식 펌프의 특징을 3가지 쓰시오.
(2) 왕복식 펌프의 종류를 3가지 쓰시오.

해답 (1) ① 고압에 적당하다.
② 용량조정이 용이하다.
③ 고점도 유체 이송이 가능하다.
④ 맥동현상이 발생한다.
(2) ① 워싱턴 펌프 ② 플런저 펌프 ③ 피스톤 펌프 ④ 웨어 펌프

문제 05 대기압 하에서 펌프의 최대 흡입 양정(揚程)은 이론상 몇 [m] 정도인가?

해답 10[m]

해설 • 실제 흡입 양정 : 6~8[m]

문제 06 시간당 송출 유량이 420[m³]이고 전양정이 10[m], 효율이 80[%]인 펌프의 축동력은 몇 [kW]인가?

풀이 $kW = \dfrac{\gamma \cdot Q \cdot H}{102\eta} = \dfrac{1000 \times 420 \times 10}{102 \times 0.8 \times 3600} = 14.297 ≒ 14.30[kW]$

해답 14.3[kW]

문제 07 [보기]와 같은 조건의 펌프 동력[kW]을 계산하시오.

- 유량 : 0.96[m³/min]
- 펌프에서 필요 높이 : 14[m]
- 펌프의 효율 : 80[%]
- 펌프에서 수면까지의 높이 : 5[m]
- 감쇠 높이 : 2[m]

풀이 $kW = \dfrac{\gamma \cdot Q \cdot H}{102\eta} = \dfrac{1000 \times 0.96 \times (5+14+2)}{102 \times 0.8 \times 60} = 4.117 ≒ 4.12[kW]$

해답 4.12[kW]

문제 08 급수펌프로 보일러에 2[kgf/cm²] 압력으로 매분 0.18[m³]의 물을 공급할 때 펌프 축마력[PS]은? (단, 펌프의 효율은 80[%]이다.)

풀이 $PS = \dfrac{\gamma QH}{75\eta} = \dfrac{PQ}{75\eta} = \dfrac{2 \times 10^4 \times 0.18}{75 \times 0.8 \times 60} = 1[PS]$

해답 1[PS]

문제 09 소요전력이 40[kW]이고, 효율이 80[%], 흡입양정이 6[m], 토출양정이 20[m]인 보일러 급수펌프의 송출량[m³/min]을 계산하시오.

풀이 $kW = \dfrac{\gamma \cdot Q \cdot H}{102\eta}$ 에서

$\therefore Q = \dfrac{102 \cdot kW \cdot \eta}{\gamma \cdot H} = \dfrac{102 \times 40 \times 0.8 \times 60}{1000 \times (6+20)} = 7.532 ≒ 7.53[m^3/min]$

해답 7.53[m³/min]

문제 10 안지름 250[mm], 길이 50[m]인 배관에 물이 흐르고 있다. 배관 내 물의 평균속도가 9.5[m/s]일 때 마찰손실수두는 몇 [m]인가? (단, 마찰손실계수는 0.016이다.)

풀이 $h_f = f \times \dfrac{L}{D} \times \dfrac{V^2}{2g} = 0.016 \times \dfrac{50}{0.25} \times \dfrac{9.5^2}{2 \times 9.8} = 14.734 ≒ 14.73[mH_2O]$

해답 14.73[mH₂O]

문제 11 원심펌프에서 회전수를 1500[rpm]에서 1800[rpm]으로 변경 시 소요동력은 얼마인가? (단, 1500[rpm]에서 소요동력은 7.5[kW]이다.)

풀이 $L_2 = L_1 \times \left(\dfrac{N_2}{N_1}\right)^3 = 7.5 \times \left(\dfrac{1800}{1500}\right)^3 = 12.96[kW]$

해답 12.96[kW]

해설 원심펌프 상사의 법칙

① 유량 $\quad Q_2 = Q_1 \times \left(\dfrac{N_2}{N_1}\right) \times \left(\dfrac{D_2}{D_1}\right)^3$

② 양정 $\quad H_2 = H_1 \times \left(\dfrac{N_2}{N_1}\right)^2 \times \left(\dfrac{D_2}{D_1}\right)^2$

③ 동력 $\quad L_2 = L_1 \times \left(\dfrac{N_2}{N_1}\right)^3 \times \left(\dfrac{D_2}{D_1}\right)^5$

문제 12 급수펌프에서 흡입양정이 너무 클 때 또는 관내 유체의 이상흐름에 의해 기포가 분리, 진동, 소음을 발생하는 현상을 무엇이라 하는가?

해답 공동(cavitation) 현상

해설 캐비테이션(cavitation) 현상
유수 중에 그 수온의 증기압력보다 낮은 부분이 생기면 물이 증발을 일으키고 기포를 다수 발생하는 현상
(1) 발생조건
　① 흡입양정이 지나치게 클 경우
　② 흡입관의 저항이 증대될 경우
　③ 과속으로 유량이 증대될 경우
　④ 관로내의 온도가 상승될 경우
(2) 일어나는 현상
　① 소음과 진동이 발생한다.
　② 깃(임펠러)에 대한 침식이 발생한다.
　③ 토출량, 양정, 효율이 점차 감소한다.
　④ 심하면 양수 불능상태가 된다.
(3) 방지법
　① 펌프의 위치를 낮춰 흡입양정을 짧게 한다.
　② 수직축 펌프를 사용하여 회전차(임펠러)를 수중에 완전히 잠기게 한다.
　③ 양흡입 펌프를 사용한다.
　④ 펌프의 회전수를 낮춘다.
　⑤ 두 대 이상의 펌프를 사용한다.

문제 13 펌프에서 물을 압송하고 있을 때 정전 등으로 급히 펌프를 멈추거나 조절밸브를 급격히 개폐 시 유속이 급속히 변화하여 물에 의한 압력변화가 생기는 현상은 무엇인가?

해답 수격작용

해설 (1) 수격작용 발생원인
① 밸브의 급격한 개폐
② 펌프의 급격한 정지
③ 유속이 급변할 때
(2) 수격작용 방지법
① 관지름이 큰 배관을 사용하여 배관 내부의 유속을 낮춘다.
② 배관에 조압수조(調壓水槽 : surge tank)를 설치한다.
③ 펌프에 플라이휠(flywheel)을 설치한다.
④ 밸브를 송출구 가까이 설치하고 적당히 제어한다.

문제 14 원심펌프의 이상 현상으로 관내에서 발생된 기포가 유체에 충격을 가하여 진동을 일으키는 현상을 무엇이라 하는가?

해답 서징(surging) 현상

해설 서징(surging) 현상
맥동현상이라 하며 펌프 운전 중에 주기적으로 운동, 양정, 토출량이 규칙적으로 변동하는 현상으로 압력계의 지침이 일정범위 내에서 움직인다.
(1) 발생원인
① 펌프의 양정곡선이 산고 곡선이고 곡선의 최상부에서 운전했을 때
② 유량조절 밸브가 탱크 뒤쪽에 있을 때
③ 배관 중에 물탱크나 공기탱크가 있을 때
(2) 방지법
① 임펠러, 가이드 베인의 형상 및 치수를 변경하여 특성을 변화시킨다.
② 방출밸브를 사용하여 서징 현상이 발생할 때의 양수량 이상으로 유량을 증가시킨다.
③ 임펠러의 회전수를 변경시킨다.
④ 배관 중에 있는 불필요한 공기탱크를 제거한다.

문제 15 예비 급수장치로서 증기가 보유하고 있는 열에너지를 속도에너지로 전환시키고 다시 압력에너지로 바꾸어 급수하는 장치의 명칭은 무엇인가?

해답 인젝터(injector)

문제 16 인젝터(injector) 사용 시 장점을 4가지 쓰시오.

해답 ① 구조가 간단하고, 가격이 저렴하다.
② 급수가 예열되고, 열효율이 좋아진다.
③ 설치 장소가 적게 필요하다.
④ 별도의 동력원이 필요 없다.

해설 • 단점
① 흡입양정이 작고, 효율이 낮다.
② 급수 온도가 높으면 급수 불량이 발생한다.
③ 증기압력이 너무 높거나 낮으면 급수 불량이 발생한다.
④ 급수량 조절이 어렵다.

문제 17 인젝터로 급수 시 급수 불량 원인에 대하여 4가지 쓰시오.

해답 ① 급수온도가 너무 높은 경우(50[℃] 이상)
② 증기압력(2[kgf/cm^2] 이하)이 낮은 경우
③ 부품이 마모되어 있는 경우
④ 내부노즐에 이물질이 부착되어 있는 경우
⑤ 흡입관로 및 밸브로부터 공기유입이 있는 경우
⑥ 체크밸브가 고장 난 경우
⑦ 증기가 너무 건조하거나, 수분이 많은 경우
⑧ 인젝터 자체가 과열되었을 때

문제 18 다음 그림은 인젝터 주변 배관도이다. 인젝터에 의한 급수를 개시할 때 밸브 또는 핸들(① ~ ④)의 조작순서를 차례로 쓰시오.

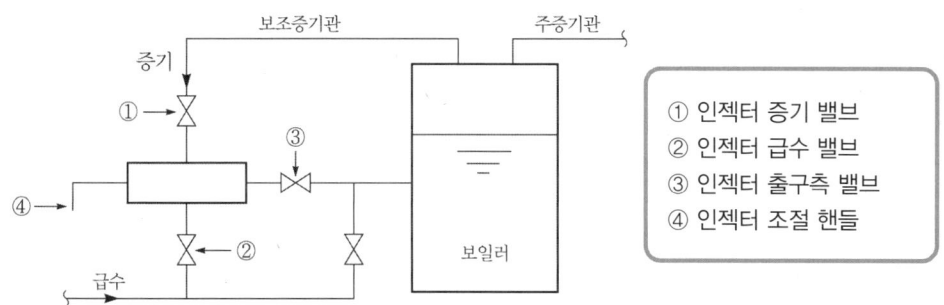

① 인젝터 증기 밸브
② 인젝터 급수 밸브
③ 인젝터 출구측 밸브
④ 인젝터 조절 핸들

해답 ③ → ② → ① → ④

해설 • 급수정지 순서
① 인젝터 조절핸들을 닫는다. ② 인젝터 증기밸브를 닫는다.
③ 인젝터 급수밸브를 닫는다. ④ 인젝터 출구측 밸브를 닫는다.

문제 19 급수원리가 보일러의 증기압력과 자체의 수두압에 의하여 급수되는 급수장치의 명칭을 쓰시오.

해답 환원기

해설 • 환원기의 설치 위치는 보일러 상부에서 1m 이상 높게 설치하여야 한다.

문제 20 보일러 급수장치 중 동력을 사용하지 않고 증기를 이용하여 급수하는 장치를 3가지 쓰시오.

해답 ① 워싱턴 펌프 ② 인젝터 ③ 환원기

문제 21 급수내관(distributing pipe)의 설치 이점을 3가지 쓰시오.

해답 ① 온도차에 의한 부동팽창을 방지한다.
② 보일러 급수의 예열이 가능하다.
③ 관내온도의 급격한 변화를 방지한다.
④ 관수 순환의 교란 방지

문제 22 급수내관의 설치 위치는 안전 저수위를 기준으로 할 때 어느 위치에 설치하여야 하는가?

해답 안전 저수위 50[mm] 아래

해설 설치 위치가 잘못되었을 때 나타나는 현상
① 높을 때 : 수격작용 발생
② 낮을 때 : 동체 아래 부분의 냉각, 관수 순환 저해

문제 23 보일러 급수관에 설치하는 밸브에 대한 다음 물음에 답하시오.
(1) 급수관에 설치하는 밸브 종류 2가지를 쓰시오.
(2) 보일러 가까이 설치하는 밸브는?

해답 (1) ① 급수밸브 ② 체크밸브
(2) 급수밸브

문제 24 보일러 급수관에 체크밸브를 설치하는 이유를 설명하시오.

해답 보일러수의 역류를 방지하기 위하여

문제 25 보일러에 설치되는 안전장치의 종류를 4가지 쓰시오.

해답 ① 안전밸브 ② 가용전 ③ 방폭문 ④ 화염검출기
⑤ 증기압력 제한기 ⑥ 저수위 안전장치(저수위 경보장치)

문제 26 보일러에 안전밸브를 설치하는 목적을 설명하시오.

해답 보일러의 증기압이 이상 상승 시 증기압을 외부로 분출하여 보일러 파열사고를 사전에 방지하기 위하여

문제 27 안전밸브의 구비조건을 4가지 쓰시오.

해답 ① 밸브 개폐 동작이 신속하고 자유로울 것
② 밸브의 지름과 양정이 충분할 것
③ 밸브의 작동이 확실하고 증기 누설이 없을 것
④ 증기압력이 정상으로 되면 작동이 정지될 것
⑤ 밸브의 분출용량이 충분할 것

문제 28 보일러 안전밸브의 증기 누설 원인을 4가지 쓰시오.

해답 ① 작동압력이 낮게 조정되었을 때
② 스프링의 장력이 약할 때
③ 밸브 디스크와 밸브 시트에 이물질이 있을 때
④ 밸브 시트가 불량일 때
⑤ 밸브 축이 이완되었을 때

문제 29 보일러에서 가장 많이 사용하는 안전밸브의 명칭과 종류를 4가지 쓰시오.

해답 ① 명칭 : 스프링식 안전밸브
② 종류 : 저양정식, 고양정식, 전양정식, 전량식

문제 30 증발량이 일정한 조건하에서 보일러 안전밸브의 시트 단면적은 고압일수록 저압일 때보다 어떻게 되어야 하는가?

해답 좁아야 한다.

해설 • 안전밸브 시트 단면적은 분출압력에 반비례하고, 증발량에 비례한다.

문제 31 온수 보일러에 설치하는 방출밸브와 안전밸브의 설치 구분은 온수온도 몇 [℃]를 기준으로 하는가?

해답 120[℃]

문제 32 보일러 수위가 낮을 때 작동하는 안전장치의 명칭은 무엇인가?

해답 가용전(fusible plug)

문제 33 가용전은 노통 또는 화실 천장부에 조립하여 관수의 이상감수 시 과열로 인한 동체의 파열사고를 방지하는 안전장치이다. 가용전의 재료를 2가지 쓰시오.

해답 ① 주석(Sn)   ② 납(Pb)

문제 34 가용전 설치에 있어 다음 온도에 따른 주석과 납의 합금비율을 적으시오.

번호	용융온도	주석(Sn)	납(Pb)
(1)	150[℃]		
(2)	200[℃]		
(3)	250[℃]		

[해답] (1) 10 : 3   (2) 3 : 3   (3) 3 : 10

문제 35 보일러에서 노내 미연소가스의 폭발 및 역화 시 그 내부압력을 외부로 방출시켜 보일러 손상 및 안전사고를 방지하는 장치의 명칭은 무엇인가?

[해답] 방폭문

문제 36 보일러 방폭문에 관한 다음 물음에 답하시오.
(1) 방폭문의 종류 2가지를 쓰시오.
(2) 방폭문이 설치되는 위치로 가장 적합한 곳은?

[해답] (1) ① 개방식(스윙식)   ② 밀폐식(스프링식)
(2) 연소실 후부 또는 좌, 우측

문제 37 화염 검출기의 설치목적을 쓰시오.

[해답] 연소실내의 연소상태를 감시하여 실화 및 소화 시 연료 전자밸브를 차단하여 미연소 가스로 인한 폭발사고를 방지하기 위하여

문제 38 다음 설명하는 화염 검출기의 명칭을 쓰시오.
(1) 화염 중에는 양성자와 중성자가 전리되어 있음을 알고 버너에 그랜드 로드를 부착하여 화염 중에 삽입하여 전기적 신호를 전자밸브에 보내어 화염을 검출한다.
(2) 연소 중에 발생되는 연소가스의 열에 의하여 바이메탈의 신축작용으로 전기적 신호를 만들어 전자밸브로 그 신호를 보내면서 화염을 검출한다.
(3) 연소 중에 발생하는 화염 빛을 검지부에서 전기적 신호로 바꾸어 화염 유무를 검출한다.

[해답] (1) 플레임 로드   (2) 스택 스위치   (3) 플레임 아이

[해설] 화염 검출기의 원리
① 플레임 아이(flame eye) : 화염의 발광체 이용
② 플레임 로드(flame lod) : 화염의 이온화 현상 이용
③ 스택 스위치(stack switch) : 발열체 이용

문제 39 화염 검출기에 대한 다음 설명의 (   )안에 알맞은 말을 넣으시오.

> 화염 검출기란 연소실의 화염상태를 감시하는 장치로서 그 종류에는 (①), (②), (③) 등이 있으며, 화염의 상태가 고르지 못하거나 화염이 실화되었을 경우 (④)밸브에 연락하여 연료의 공급을 차단한다.

해답 ① 플레임 아이   ② 플레임 로드   ③ 스택 스위치   ④ 전자

문제 40 보일러 연소 시 화염의 유무를 검출하는 연소안전장치인 플레임아이에 사용되는 검출 소자의 종류를 3가지 쓰시오.

해답 ① 황화카드뮴(CdS) 셀   ② 황화납(PbS) 셀
③ 적외선 광전관   ④ 자외선 광전관

문제 41 화염 검출기의 종류 중 화염의 이온화에 의한 전기 전도성을 이용한 것으로 가스 점화 버너에 주로 사용되는 것은?

해답 플레임 로드(flame lod)

문제 42 열적 검출방식으로 화염의 발열 현상을 이용한 것으로 연소온도에 의해 화염의 유무를 검출하고 감온부는 바이메탈을 사용한 검출기 명칭을 쓰시오.

해답 스택 스위치(stack switch)

문제 43 증기보일러에서 증기압력 조절기의 설치 목적과 압력 검출방식을 2가지 쓰시오.

해답 ① 설치 목적 : 발생증기 압력을 검출하여 압력변화에 따라 연료량과 함께 공기량을 조절하여 안정적이고 효율적인 연소 관리를 하기 위하여
② 압력검출 방식 : 벨로즈식, 부르동관식

문제 44 저수위 안전장치(저수위 경보장치)는 연료차단 얼마 전에 경보를 울리는가?

해답 50~100초 전

문제 45 주증기 밸브로 사용되는 밸브 종류를 3가지 쓰시오.

해답 ① 글로브 밸브   ② 앵글 밸브   ③ 슬루스 밸브

문제 46 증기 속에 수분이 섞여 나가는 것을 방지하기 위하여 설치하는 장치 명칭은 무엇인가?

해답 증기내관

문제 47 프라이밍을 방지하기 위해 드럼 윗면에 다수의 구멍을 뚫은 대형 관을 증기실 꼭대기에 부착하여 상부로부터 증기를 평균적으로 인출하고, 증기속의 물방울은 하부에 뚫린 구멍으로부터 보일러수 속으로 떨어지도록 한 장치 명칭을 쓰시오.

해답 비수방지관

해설 • 비수 방지관에 뚫린 구멍의 총면적은 증기 취출구 증기관 면적의 1.5배 이상으로 한다.

문제 48 고압 수관식 보일러에서 기수드럼에 부착하여 승수관을 통하여 상승하는 증기 중에 혼입된 수분을 분리하기 위한 장치 명칭을 쓰시오.

해답 기수분리기

문제 49 기수분리기의 종류를 4가지 쓰시오.

해답 ① 사이클론형 ② 스크러버형 ③ 건조 스크린형 ④ 배플형

해설 • 기수분리기의 종류 및 원리
① 사이클론형 : 원심 분리기를 사용
② 스크러버형 : 파형의 다수 강판을 조합한 것
③ 건조 스크린형 : 금속망판을 이용한 것
④ 배플형 : 급격한 방향 전환을 이용한 것

문제 50 보일러 내부에 증기내관을 설치하였을 때의 장점을 4가지 쓰시오.

해답 ① 건조증기 공급 ② 수격작용(water hammer) 방지
③ 캐리오버(carry over) 방지 ④ 관내 부식 방지
⑤ 열손실 방지 ⑥ 마찰저항 감소

문제 51 보일러에서 송기 시 발생되는 이상 현상을 3가지 쓰시오.

해답 ① 기수공발(carry over) ② 프라이밍(priming) 현상
③ 포밍(foaming) 현상 ④ 수격작용(water hammer)

문제 52 보일러에서 발생하는 프라이밍, 포밍 현상에 대하여 설명하시오.

해답 ① 프라이밍(priming) 현상 : 급격한 증발현상으로 동 수면에서 작은 입자의 물방울이 증기와 혼입하여 튀어 오르는 현상
② 포밍(foaming) 현상 : 동 저부에서 작은 기포들이 수면상으로 오르면서 물거품이 발생하여 수면에 달걀 모양의 기포가 덮이는 현상

문제 53 캐리오버(carry over)의 방지 대책 3가를 쓰시오.

해답 ① 비수방지관을 설치한다. ② 주증기 밸브를 서서히 연다.
③ 관수중에 불순물, 농축수 제거 ④ 수위를 고수위로 하지 않는다.

문제 54
고압과 저압 배관사이에 부착하여 고압 측의 압력변화 및 증기 소비량 변화에 관계 없이 저압 측의 압력을 일정하게 유지시켜 주는 밸브 명칭을 쓰시오.

해답 감압밸브

해설 감압밸브의 설치 목적
① 고압의 증기를 저압의 증기로 만들기 위하여
② 부하측의 압력을 일정하게 유지하기 위하여
③ 부하 변동에 따른 증기의 소비량을 절감하기 위하여

문제 55
보일러 설비 중 감압밸브를 이용하여 고압의 증기를 저압의 증기로 감압하여 이용할 경우 장점을 4가지 쓰시오.

해답
① 에너지 절약
② 증기의 건도 향상
③ 배관설비의 절감
④ 특정 온도를 정확히 유지
⑤ 생산성 향상

문제 56
증기 감압밸브를 작동방법에 따른 종류를 3가지 쓰시오.

해답 ① 피스톤식 ② 다이어프램식 ③ 벨로즈식

해설 감압밸브의 종류
① 작동방법에 따른 분류 : 피스톤식, 다이어프램식, 벨로즈식
② 구조에 따른 분류 : 스프링식, 추식
③ 제어방식에 따른 분류 : 자력식(직동식과 파일럿 작동식으로 분류), 타력식

문제 57
증기헤더를 설치하였을 때의 장점을 3가지 쓰시오.

해답
① 증기 사용처에 증기 공급 및 차단이 용이하다.
② 증기 수요에 대응하기 쉽다.
③ 불필요한 배관에 증기가 공급하지 않기 때문에 열손실을 방지할 수 있다.

문제 58
주증기관에 신축이음을 설치하는 이유를 설명하시오.

해답 증기의 온도에 의한 열팽창을 허용(흡수)하기 위하여

문제 59
신축이음(expansion joint)의 종류를 4가지 쓰시오.

해답
① 루프형(loop type)
② 슬리브형(sleeve type)
③ 벨로즈형(bellows type)
④ 스위블형(swivel type)

문제 60
증기 사용설비 및 배관내의 응축수를 제거하여 증기의 잠열을 유효하게 이용할 수 있도록 하고, 수격작용을 방지하는 역할을 하는 기기 명칭은?

해답 증기트랩(steam trap)

문제 61 증기트랩을 작동 원리에 따라 3가지로 분류하고 그 종류를 1가지씩 쓰시오.

해답
① 기계식 트랩 : 버킷식, 플로트식
② 온조절식 트랩 : 바이메탈식, 벨로즈식
③ 열역학적 트랩 : 오리피스식, 디스크식

해설 • 작동원리에 의한 증기 트랩의 분류 및 종류

구 분	작 동 원 리	종 류
기계식 트랩	증기와 응축수의 비중차 이용 (플로트 또는 버킷의 부력 이용)	상향 버킷식, 하향 버킷식, 레버 플로트식, 자유 플로트식
온도조절식 트랩	증기와 응축수의 온도차 이용 (금속의 신축성을 이용)	바이메탈식, 벨로즈식
열역학적 트랩	증기와 응축수의 열역학적, 유체역학적 특성차 이용	오리피스식, 디스크식

문제 62 증기트랩의 구비조건을 4가지 쓰시오.

해답
① 마찰저항이 적을 것
② 내식성, 내구성이 좋을 것
③ 공기를 빼내기 좋을 것
④ 응축수의 연속 배출이 용이할 것
⑤ 압력과 유량에 따른 작동이 확실할 것

문제 63 증기트랩을 사용하였을 때의 장점을 4가지 쓰시오.

해답
① 수격작용(water hammer) 방지
② 장치 내 부식 방지
③ 열효율 저하 방지
④ 관내 마찰저항 감소

문제 64 증기트랩 설치 시 주의사항을 4가지 쓰시오.

해답
① 트랩 입구측에 여과기(strainer)를 설치할 것
② 바이패스 라인을 설치하여 고장에 대비할 것
③ 증기사용설비와 트랩의 거리는 최단거리를 유지할 것
④ 트랩의 위치는 설비의 배수위치보다 낮을 것
⑤ 적당한 배관을 선택하고, 곡선부는 가능한 한 짧게 할 것

문제 65 다음과 같은 특징을 갖고 있는 증기트랩의 명칭을 쓰시오.

① 부력을 이용한다.
② 응축수를 증기압력에 의하여 밀어 올릴 수 있다.
③ 고압과 중압의 증기관에 적합하다.
④ 형식은 상향식과 하향식이 있다.

해답 버킷 트랩

문제 66 부하변동에 적응성이 좋으며 응축수를 연속적으로 배출하고 자동공기배출이 이루어지나 겨울철에는 응축수의 잔류로 동파의 위험이 있는 트랩은 무엇인가?

해답 플로트 트랩(float trap)

문제 67 보일러 증기압력(트랩 입구압력)이 15[kgf/cm²], 트랩의 최고 허용배압이 12[kgf/cm²] 일 때 트랩의 배압 허용도는 몇 [%]인가?

풀이
$$\text{배압 허용도[\%]} = \frac{\text{트랩의 최고 허용배압 [kgf/cm}^2\text{]}}{\text{트랩 입구압력 [kgf/cm}^2\text{]}} \times 100 = \frac{12}{15} \times 100 = 80[\%]$$

해답 80[%]

문제 68 열설비에 다량의 응축수가 공기장애(에어 바인팅)로 배출되지 않는 경우가 있다. 이것을 방지하기 위한 배관시공은 어떻게 하여야 하는가?

해답 트랩입구 배관을 가능한 한 굵고 짧게 한다.

문제 69 보일러의 연소량을 일정하게 하고 과잉열을 물에 저장하므로 과부하시에는 증기를 방출하여 증기부족을 보충시키는 장치는?

해답 증기 축열기(steam accumulator)

문제 70 보일러 동 내부 안전저수위보다 약간 높게 설치하여 유지분, 부유물 등을 제거하는 장치로서 연속분출장치에 해당되는 것은?

해답 수면분출장치

해설 분출장치의 종류
① 수면 분출장치(연속 분출장치) : 안전 저수위 선상에 설치하여 유지분, 부유물을 제거하여 프라이밍, 포밍 현상을 방지한다.
② 수저 분출장치(단속 분출장치) : 동체 아래 부분에 있는 스케일이나 침전물, 농축된 물 등을 외부로 배출시켜 제거한다.

문제 71 보일러에서 보일러수의 분출 목적을 4가지 쓰시오.

해답 ① 슬러지 생성 및 스케일 방지 ② 보일러수의 pH 조절
③ 프라이밍, 포밍 현상을 방지 ④ 보일러수의 농축방지 및 순환을 양호하게 유지
⑤ 고수위 방지 ⑥ 세관작업을 후 폐액을 배출시키기 위하여

문제 72 분출을 하여야하는 시기를 4가지 쓰시오.

해답 ① 부하가 가장 가벼울 때 ② 보일러 가동 전
③ 프라이밍, 포밍 현상이 발생할 때 ④ 고수위 일 때

문제 73 보일러의 분출시 주의사항을 4가지 쓰시오.

해답 ① 2인 1조가 되어 분출작업을 할 것
② 분출량이 많아도 안전저수위 이하로 하지 않을 것
③ 2대의 보일러를 동시에 분출시키지 않을 것
④ 밸브 및 콕은 신속히 개방할 것
⑤ 분출량은 농도 측정에 의하여 결정할 것
⑥ 분출 도중 다른 작업을 하지 않을 것

문제 74 1일 가동시간 8시간인 보일러의 관수농도가 3000[ppm], 급수속의 고형물 30[ppm], 시간당 급수량이 1000[L], 시간당 응축수 회수량 340[L]이다. 1일 분출량[kg]은 얼마인가 계산하시오.

풀이 ① 응축수 회수율 계산
$$\therefore R = \frac{\text{응축수 회수량}}{\text{실제 증발량(급수량)}} = \frac{340}{1000} = 0.34$$
② 1일 분출량 계산
$$\therefore X = \frac{W(1-R)d}{\gamma - d} = \frac{1000 \times 8 \times (1-0.34) \times 30}{3000 - 30} = 53.333 ≒ 53.33[\text{kg/day}]$$

해답 53.33[kg/day]

문제 75 어떤 보일러의 급수량이 2000[L/h], 관수 중의 허용 고형분이 1100[ppm], 급수 중의 고형분이 200[ppm]일 때 분출률은 몇 [%]인가?

풀이 분출률 $= \frac{d}{\gamma - d} \times 100 = \frac{200}{1100 - 200} \times 100 = 22.222 ≒ 22.22[\%]$

해답 22.22[%]

문제 76 보일러의 열효율을 증대시키기 위하여 설치하는 폐열회수장치를 4가지 쓰시오.

해답 ① 과열기 ② 재열기 ③ 급수예열기(절탄기) ④ 공기예열기

해설 설치 순서
과열기 → 재열기 → 급수예열기(절탄기) → 공기예열기

문제 77 포화증기를 가열하여 온도를 올라가게 하는 장치는?

해답 과열기(super heater)

문제 78 다음은 과열기에 대한 다음 물음에 답하시오.
(1) 전열방식에 따른 종류 3가지를 쓰시오.
(2) 증기와 연소가스의 흐름에 의한 종류 3가지를 쓰시오.

해답 (1) ① 대류형 ② 방사형 ③ 방사 대류형
(2) ① 병류식 ② 향류식 ③ 혼류식

문제 79 다음 그림은 증기와 연소가스의 흐름에 따른 과열기 종류를 나타낸 것이다. 각각의 명칭을 쓰시오.

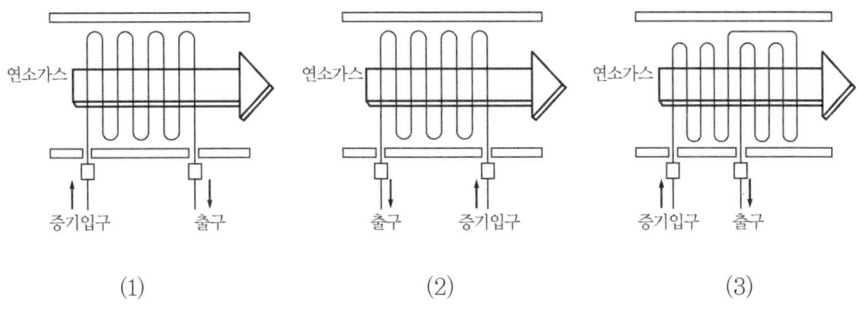

해답 (1) 병류식 (2) 향류식 (3) 혼류식

문제 80 과열증기 온도 조절방법을 3가지 쓰시오.

해답
① 연소가스량을 가감하는 방법
② 과열 저감기를 사용하는 방법
③ 저온가스를 재순환시키는 방법
④ 화염의 위치를 바꾸는 방법

문제 81 과열기 사용 시 장점을 4가지 쓰시오.

해답
① 열효율 증가
② 수격작용 방지
③ 관내 마찰저항 감소
④ 장치 내 부식 방지
⑤ 적은 증기로 많은 열을 얻는다.

해설 • 과열기 사용 시 단점
① 가열 표면의 일정온도 유지 곤란
② 가열장치에 큰 열응력 발생
③ 직접 가열 시 열손실 증가
④ 제품의 손상 우려
⑤ 과열기 표면에 고온부식 발생

문제 82 보일러 부속장치 중 고온부식이 유발될 수 있는 장치는?

해답 과열기

해설 • 열효율 증대장치의 부식 현상
① 저온부식 발생 : 절탄기, 공기예열기
② 고온부식 발생 : 과열기

문제 83 연소가스의 여열을 이용하여 급수를 가열하는 장치는?

해답 급수예열기(절탄기)

문제 84 급수예열기(절탄기)를 설치 사용함으로서 얻을 수 있는 장점을 4가지 쓰시오.

해답
① 열효율 향상
② 열응력 발생 방지
③ 급수 중 불순물의 일부 제거
④ 연료소비량 감소

해설 • 절탄기 사용 시 단점
① 통풍저항 증가 ② 연돌의 통풍력 저하
③ 저온부식의 원인 ④ 연도의 청소, 검사, 점검 곤란

문제 85 공기예열장치(air preheater) 종류를 3가지 쓰시오.

해답 ① 증기식 ② 전열식 ③ 재생식

문제 86 공기예열기를 사용할 때의 장점을 4가지 쓰시오.

해답 ① 전열효율, 연소효율 향상 ② 예열공기의 공급으로 불완전 연소가 감소된다.
③ 보일러 열효율 향상 ④ 품질이 낮은 연료도 사용할 수 있다.

해설 • 공기예열기 사용 시 단점
① 통풍저항 증가 ② 연돌의 통풍력 저하
③ 저온부식의 원인 ④ 연도의 청소, 검사, 점검 곤란

문제 87 공기예열기와 관련된 각 물음에 알맞은 답을 쓰시오.
(1) 공기예열기와 같은 저온부에서 발생하기 쉬운 부식의 명칭
(2) 저온부에서 수분과 반응하여 부식을 촉진하는 물질명
(3) 전도식(전열식) 공기예열기의 구조에 따른 종류 2가지

해답 (1) 저온부식
(2) 아황산가스(SO_2)
(3) ① 관형 공기예열기 ② 판형 공기예열기

문제 88 다음은 보일러에 설치되는 장치들이다. 급수에서부터 증기가 통과하는 장치의 순서를 번호로 나열하시오.

[보기] ① 과열증기 ② 대류 과열기 ③ 복사 과열기
④ 절탄기 ⑤ 증발기 ⑥ 기수 분리기

해답 ④ → ⑤ → ⑥ → ③ → ② → ①

문제 89 스파이럴 튜브(spiral tube)를 사용한 열교환기의 특징 3가지를 쓰시오.

해답 ① 전열효율이 양호하다.
② 크기가 작아 설치공간을 적게 차지한다.
③ 튜브 내에서 유체의 난류현상으로 스케일이 부착하지 않는다.

문제 90 보일러에 사용하는 부르동관 압력계의 최고 눈금범위는 얼마인가?

해답 최고 사용압력의 1.5배 이상 3배 이하

문제 91 압력계를 검사하여야 할 시기를 4가지 쓰시오.

해답
① 2개의 압력계가 서로 다르게 지시될 때
② 보일러 운전 중에 포밍, 프라이밍 현상이 발생하는 때
③ 압력계의 지시가 정확하지 않다고 판단될 때
④ 점화전이나 압력계 교체 후
⑤ 신설 보일러인 경우 압력이 상승하기 전에
⑥ 부르동관이 높은 열을 받았을 때

문제 92 강제 보일러에 수면계를 부착할 때 주의할 사항을 2가지 쓰시오.

해답
① 동체에 직접 부착하지 않고 수주에 부착한다.
② 수면계 최하단부는 보일러의 안전저수위와 일치하도록 한다.

문제 93 보일러에 수면계를 부착할 때 수주를 설치하는 목적을 2가지 설명하시오.

해답
① 고온의 증기 및 보일러 수로부터 수면계를 보호하기 위하여
② 수위 교란으로 인한 수위를 잘못 인식하는 것을 방지하기 위하여

문제 94 보일러 운전 중 수면계에 고장이 발생하면 큰 위험을 초래하게 되는데, 수면계의 중요성을 감안하여 수시로 검사를 하여야 한다. 이때 수면계를 점검해야할 시기를 5가지 쓰시오.

해답
① 보일러를 가동하기 전
② 압력이 상승하기 시작할 때
③ 2개의 수면계의 수위에 차이가 발생할 때
④ 수면계의 수위가 의심스러울 때
⑤ 보일러 운전 중에 포밍, 프라이밍 현상이 발생할 때

문제 95 다음 [보기]에 주어진 수면계 점검 방법을 순서대로 번호를 쓰시오.

① 물 콕을 닫고 증기 콕을 열고 통기관을 확인한다.
② 물 콕을 열어 통수관을 확인한다.
③ 물 콕, 증기 콕을 닫고 배수 콕을 연다.
④ 배수 콕을 닫고 증기 콕을 서서히 연다.
⑤ 물 콕을 열어 수면계 수위가 정상으로 올라가는지 확인한다.

해답 ③ → ② → ① → ④ → ⑤

문제 96 수면계의 파손 원인을 4가지 쓰시오.

해답 ① 상하 조임너트를 무리하게 조였을 때
② 외부로부터 충격을 받았을 때
③ 장기간 사용으로 노후 되었을 때
④ 상하의 바탕쇠 중심선이 일치하지 않았을 때

문제 97 다음은 보일러 종류 별 수면계의 부착위치를 나타낸 것이다. ( ) 안에 맞는 숫자를 쓰시오.

보일러 종류	수면계 부착 위치
직립 보일러	연소실 천장판 최고부(플랜지부를 제외) 위 (①)[mm]
직립 연관 보일러	연소실 천장판 최고부 위 연관길이의 (②)
수평 연관 보일러	연관의 최고부 위 (③)[mm]
노통 연관 보일러	연관의 최고부 위 75[mm], 다만, 연관의 최고부보다 노통 윗면이 높은 것은 노통 최고부(플랜지부를 제외) 위 (④)[mm]
노통 보일러	노통 최고부(플랜지부를 제외) 위 (⑤)[mm]

해답 ① 75   ② 1/3   ③ 75   ④ 100   ⑤ 100

문제 98 보일러에 온도계를 부착하는 위치를 4개소 쓰시오.

해답 ① 급수 입구의 급수온도계
② 버너 입구의 급유온도계
③ 절탄기, 공기예열기의 입출구 온도계
④ 보일러 본체 배기가스 온도계
⑤ 과열기, 재열기의 출구 온도계
⑥ 유량계를 통과하는 온도를 측정할 수 있는 온도계

문제 99 보일러 전열면에 부착된 그을음이나 재를 제거하는 장치는?

해답 슈트 블로워(soot blower)

문제 100 슈트 블로워(soot blower)는 보일러 전열면 외측 또는 수관 주위의 그을음이나 재를 불어 제거하는 장치로 분무매체별로 구별하면 (①), (②)이 있다.

해답 ① 증기분사식   ② 공기분사식

문제 101 슈트 블로워(soot blower) 종류를 3가지 쓰시오.

해답 ① 장발형 슈트 블로워   ② 단발형 슈트 블로워
③ 정치 회전형(로터리형)   ④ 공기예열기 클리너

문제 102 슈트 블로워(soot blower) 사용 시 주의사항을 4가지 쓰시오.

해답 ① 부하가 50[%] 이하일 때, 소화 후에는 사용을 금지한다.
② 댐퍼를 완전히 열고 통풍력을 크게 한다.
③ 그을음 제거를 하기 전에 반드시 응축수를 제거한다.
④ 그을음 불어내기 관을 동일 장소에서 오랫 동안 작용시키지 않는다.
⑤ 흡입통풍기가 있을 경우 흡입통풍을 늘려서 한다.

제4장 연료 및 연소계산

4.1 연료의 종류 및 특성

1. 연료(燃料)

공기 또는 산소 중에서 지속적으로 산화반응을 일으켜 빛과 열을 발생시키고, 이때 발생된 빛과 열을 경제적으로 이용할 수 있는 물질을 말한다.

(1) 연료의 구비조건

⑺ 공기 중에서 연소하기 쉬울 것
⑷ 저장 및 취급이 용이할 것
⑸ 발열량이 클 것
⑹ 구입하기 쉽고 경제적일 것
⑺ 인체에 유해성이 없을 것
⑻ 휘발성이 좋고 내한성이 우수할 것

(2) 연료의 분류

⑺ 산출형태에 의한 분류 : 1차 연료(천연산), 2차 연료(합성연료)
⑷ 성상에 의한 분류 : 고체연료, 액체연료, 기체연료, 특수연료
⑸ 용도에 의한 분류 : 산업용, 운수용, 발전용, 가정용

(3) 연료의 조성

연료의 주성분은 탄소(C), 수소(H), 산소(O)이며 질소(N), 유황(S), 수분(W), 회분(A)이 소량 포함되어 있다.
⑺ 가연성분(원소) : 탄소(C), 수소(H), 유황(S)
⑷ 불순물 : 산소(O), 질소(N), 황(S), 수분(W), 회분(A) 등

(4) 연료 사용의 원칙

⑺ 사용연료를 완전연소 시킬 것
⑷ 연소 시 발생한 연소열을 최대한으로 이용할 것
⑸ 연소열의 손실은 최소한으로 할 것

㈑ 잔염(殘炎), 여열(餘熱)을 최대한으로 이용할 것

2. 연료의 종류 및 특성

(1) 고체연료 : 고체상태의 연료로 목재, 석탄, 코크스, 목탄 등이 있다.

㈎ 분류
  ㉮ 1차 연료 : 무연탄, 역청탄, 갈탄, 목재 등
  ㉯ 2차 연료 : 코크스, 미분탄, 목탄(숯) 등

㈏ 특징
  ㉮ 장점
    ⓐ 노천 야적이 가능하다.
    ⓑ 저장 및 취급이 편리하다.
    ⓒ 구입이 쉽고, 가격이 저렴하다.
    ⓓ 연소장치가 간단하고, 특수목적에 이용된다.
  ㉯ 단점
    ⓐ 완전연소가 곤란하다.
    ⓑ 연소효율이 낮고 고온을 얻기 곤란하다.
    ⓒ 회분이 많고 처리가 곤란하다.
    ⓓ 착화 및 소화가 어렵다.
    ⓔ 연소조절이 어렵다.

㈐ 석탄
  ㉮ 석탄의 분류 : 발열량(탄화도), 점결성, 입도, 연료비
  ㉯ 석탄의 탄화도 : 석탄의 성분이 변화되는 진행정도(이탄 → 갈탄(아탄) → 역청탄(유연탄) → 무연탄 → 흑연)를 말하며 탄화도가 증가함에 따라 수분, 휘발분이 감소하고 고정탄소의 성분이 증가한다. 탄화도 증가에 따른 석탄의 일반적인 특성은 다음과 같다.
    ⓐ 발열량이 증가한다.   ⓑ 연료비가 증가한다.
    ⓒ 열전도율이 증가한다.   ⓓ 비열이 감소한다.
    ⓔ 연소속도가 늦어진다.   ⓕ 인화점, 착화온도가 높아진다.
    ⓖ 수분, 휘발분이 감소한다.
  ㉰ 휘발분 : 시료를 로(爐)에 넣어 공기와 차단하고 $925 \pm 5[℃]$에서 7분간 가열했을 때 감소량
  ㉱ 고정탄소 = 100 − (수분 + 회분 + 휘발분)

㈑ 연료비 : 고정탄소와 휘발분의 비

$$연료비 = \frac{고정탄소[\%]}{휘발분[\%]}$$

㈐ 코크스(cokes) : 역청탄(점결탄)을 1000[℃] 내외에서 건류하여 만들어지는 2차 연료로 제조방법에 따라 다음과 같이 분류된다.
  ㉮ 제사 코크스 : 코크스 제조가 목적으로 고온 건류로 만들어지며, 제철공업용 및 주물용으로 사용한다.
  ㉯ 반성 코크스 : 타르 제조목적으로 저온 건류로 만들어지며 휘발분을 10[%] 정도 함유하고 있다.
  ㉰ 가스 코크스 : 연료용으로 사용할 수 가스를 제조하는 것을 목적으로 하는 것이다.

㈑ 목탄(숯) : 목재를 건류하여 얻는 것으로 고정탄소분이 많이 포함되어 있다.

㈒ 석탄의 저장법
  ㉮ 탄층 내부온도를 60[℃] 이하로 유지시켜 자연발화를 방지한다.
  ㉯ 신탄과 구탄을 분리하여 저장한다.
  ㉰ 높이는 4[m] 이하로 하고, 최상부는 평평하게 한다.
  ㉱ 배수가 용이하도록 바닥의 경사를 1/100~1/150 정도로 한다.
  ㉲ 통풍이 잘되게 하고, 직사광선을 피한다.
  ㉳ 탄종류, 채탄시기, 인수시기, 입도별로 구분하여 쌓는다.

(2) 액체연료 : 액체상태의 연료로 석유류(가솔린, 등유, 경유, 중유 등)가 대표적이다.

㈎ 분류
  ㉮ 1차 연료 : 원유, 오일샌드, 유모혈암 등
  ㉯ 2차 연료 : 가솔린, 등유, 경유, 중유 등

㈏ 특징
  ㉮ 장점
    ⓐ 완전연소가 가능하고 발열량이 높다.
    ⓑ 연소효율이 높고 고온을 얻기 쉽다.
    ⓒ 연소조절이 용이하고 회분이 적다.
    ⓓ 품질이 균일하고 저장, 취급이 편리하다.
    ⓔ 파이프라인을 통한 수송이 용이하다.
  ㉯ 단점
    ⓐ 연소온도가 높아 국부과열의 위험이 크다.

ⓑ 화재, 역화의 위험성이 높다.
ⓒ 일반적으로 황성분을 많이 함유하고 있다.
ⓓ 버너의 종류에 따라 연소 시 소음이 발생한다.

㈐ 가솔린(gasoline) : 비점 150[℃] 이하의 탄화수소($C_8 \sim C_{11}$) 혼합물로 휘발성액체이다. 액체는 물보다 가볍고, 증기는 공기보다 무거우며 인화점 $-20[℃] \sim -43[℃]$, 착화온도 300[℃] 정도이다.

㈑ 등유(kerosene) : 비점 150~300[℃] 정도의 탄화수소($C_9 \sim C_{18}$) 혼합물로 인화점 40[℃]~70[℃], 착화온도 220[℃] 전후이다. 연료용(백등유, 다등유)으로 사용된다.

㈒ 경유(diesel oil) : 비점 200~350[℃] 정도의 탄화수소($C_{15} \sim C_{20}$) 혼합물로 인화점 50~70[℃], 착화점 약 220[℃] 전후로 디젤기관의 연료로 사용된다.

㈓ 중유(heavy oil) : 비점 300[℃] 이상인 갈색 또는 암갈색의 액체로 다음과 같이 분류된다.

⑦ 정제과정에 의한 분류 : 직류 중유, 분해 중유
④ 점도에 의한 분류 : A중유, B중유, C중유
④ 유황분 함량에 의한 분류 : A급(1호, 2호), B급·C급(1호, 2호, 3호, 4호)의 7종으로 구분
② 유동점은 응고점보다 2.5[℃] 높게, 예열온도는 인화점보다 5[℃] 낮게 조정한다.
⑤ 중유 첨가제의 종류
　ⓐ 연소 촉진제 : 분무를 양호하게 하여 연소를 촉진시킨다.
　ⓑ 안정제(슬러지 분산제) : 슬러지 생성을 방지한다.
　ⓒ 탈수제 : 연료속의 수분을 분리 제거한다.
　ⓓ 회분 개질제 : 재(회분)의 융점을 높여 고온부식을 방지한다.
　ⓔ 유동점 강하제 : 유동점을 낮추어 저온에서도 유동성을 양호하게 한다.
⑥ 중유 중의 함유 성분의 영향
　ⓐ 바나듐(V) : 연소 중에 오산화바나듐(V_2O_5)으로 되어 고온의 전열면에 부착하여 고온부식의 원인이 된다.
　ⓑ 황(S) : 황(S)성분이 연소하여 아황산가스(SO_2)가 되고, 일부는 산화해서 무수황산(SO_3)으로 되고 이것이 수분과 반응하여 황산(H_2SO_4)으로 되어 저온 전열면에 부착하여 저온부식의 원인이 된다.
　ⓒ 수분(W) : 발열량을 감소시키고, 진동 연소의 원인이 되며 저온 부식을 촉진시킨다.

ⓓ 회분 : 발열량이 감소하며 분진발생으로 공해문제를 유발한다.
(사) 저장방법 : 옥외, 옥내, 지하에 저장탱크를 설치하여 보관하며, 저장탱크는 위험물 안전관리법의 저장탱크설치 기준을 준용하여 설치한다.
㉮ 저장탱크는 보일러 운전에 지장을 주지 않는 용량으로 한다.
㉯ 저장탱크에는 유량을 확인할 수 있는 액면계(유면계)를 설치하여야 한다.
㉰ 저장탱크에는 경보장치를 설치하여 내부 유량이 정상적인 양보다 초과 또는 부족하지 않도록 하여야 한다.
㉱ 저장탱크 하부에 체류하는 수분이나 슬러지 등 이물질을 배출할 수 있는 드레인 밸브를 설치한다.
㉲ 저장탱크에서 보일러로 공급되는 배관에는 여과기(strainer)를 설치하여야 한다.
㉳ 저장탱크에 가열장치를 설치할 경우 다음의 조치를 한다.
ⓐ 연료유 온도조절장치를 설치한다.
ⓑ 열원은 증기, 온수, 전기를 사용한다.
ⓒ 전기식 가열장치에는 과열방지조치를 한다.
ⓓ 온수, 증기를 사용하는 경우 겨울철 동결우려가 있을 때 동결방지조치를 한다.
ⓔ 유출구 관에는 온도계를 설치한다.

(3) 기체연료 : 기체상태의 연료로 액화석유가스, 도시가스 등이 있다.
㈎ 분류
㉮ 1차 연료 : 천연가스(NG)
㉯ 2차 연료 : LPG, LNG, 고로가스, 발생로 가스, 석탄가스, 수성가스 등
㈏ 특징
㉮ 장점
ⓐ 연소효율이 높고 연소제어가 용이하다.
ⓑ 회분 및 황성분이 없어 전열면 오손이 없다.
ⓒ 적은 공기비로 완전연소가 가능하다.
ⓓ 저발열량의 연료로 고온을 얻을 수 있다.
ⓔ 완전연소가 가능하여 공해문제가 없다.
㉯ 단점
ⓐ 저장 및 수송이 어렵다.
ⓑ 가격이 비싸고 시설비가 많이 소요된다.

ⓒ 누설 시 화재, 폭발의 위험이 크다.
(다) 액화석유가스
  ㉮ LP가스의 정의 : Liquefied Petroleum Gas의 약자이다.
  ㉯ LP가스의 조성 : 석유계 저급탄화수소의 혼합물로 탄소 수가 3개에서 5개 이하의 것으로 프로판(C_3H_8), 부탄(C_4H_{10}), 프로필렌(C_3H_6), 부틸렌(C_4H_8), 부타디엔(C_4H_6) 등이 포함되어 있다.
  ㉰ 제조법
    ⓐ 습성천연가스 및 원유에서 회수 : 압축냉각법(농후한 가스에 적용), 흡수유에 의한 흡수법, 활성탄에 의한 흡착법(희박한 가스에 적용)
    ⓑ 제유소 가스에서 회수 : 원유 정제공정에서 발생하는 가스에서 회수
    ⓒ 나프타 분해 생성물에서 회수 : 나프타를 이용하여 에틸렌 제조 시 회수
    ⓓ 나프타의 수소화 분해 : 나프타를 이용하여 LPG 생산이 주목적
  ㉱ LP가스의 일반특징
    ⓐ LP가스는 공기보다 무겁다.
    ⓑ 액상의 LP가스는 물보다 가볍다.
    ⓒ 액화, 기화가 쉽다.
    ⓓ 기화하면 체적이 커진다.
    ⓔ 기화열(증발잠열)이 크다.
    ⓕ 무색, 무취, 무미하다.
    ⓖ 용해성이 있다.
    ⓗ 정전기 발생이 쉽다.
  ㉲ LP가스의 연소특징
    ⓐ 타 연료와 비교하여 발열량이 크다.
    ⓑ 연소 시 공기량이 많이 필요하다.
    ⓒ 폭발범위(연소범위)가 좁다.
    ⓓ 연소속도가 느리다.
    ⓔ 발화온도가 높다.
(라) 도시가스 : 도시가스의 원료로 사용되는 것의 종류 및 특징은 다음과 같다.
  ㉮ 천연가스(NG : Natural Gas) : 지하에서 발생하는 탄화수소를 주성분으로 하는 가연성가스이다. 메탄(CH_4), 에탄(C_2H_6), 프로판(C_3H_8), 부탄(C_4H_{10}) 등의 저급탄화수소가 주성분이나 질소(N_2), 탄산가스(CO_2), 황화수소(H_2S)를 포함하고 있으며, 유전가스에서 생산되는 천연가스에는 수분(H_2O)을 포함하고 있

다. 황화수소(H_2S)는 연소에 의해 유독한 아황산가스(SO_2)를 생성하기 때문에 탈황시설에서 제거하여야 하며, 탄산가스(CO_2)는 수분 존재 시에 배관을 부식시키므로 탈황공정에서 동시에 제거한다. 특징으로는 다음과 같다.

ⓐ 도시가스 원료 : C/H 비가 3이므로 그대로 도시가스로 공급할 수 있고 일반적으로 가스제조 장치는 필요 없다. 천연가스 발열량보다 낮은 저발열량의 도시가스로 공급하는 경우 공기와 혼합 또는 개질장치에 의해 발열량을 조정하여 공급하여야 한다.

ⓑ 정제 : 제진, 탈유, 탈탄산, 탈황, 탈습 등 전처리 공정에 해당하는 정제설비가 필요하다.

ⓒ 공해 : 사전에 불순물이 제거된 상태이기 때문에 대기오염, 수질오염 등 환경문제 영향이 적다.

ⓓ 저장 : 천연가스는 상온에서 기체이므로 가스홀더 등에 저장하여야 한다.

㉯ 액화천연가스(LNG : Liquefied Natural Gas) : 지하에서 생산된 천연가스를 $-161.5[℃]$까지 냉각, 액화한 것이다. 액화 전에 황화수소(H_2S), 탄산가스(CO_2), 중질 탄화수소 등이 정제 제거되었기 때문에 LNG에는 불순물을 전혀 포함하지 않는 청정가스이다. 천연가스의 주성분인 메탄(CH_4)은 액화하면 체적이 약 1/600 로 감소하며, 액화된 천연가스는 선박을 이용하여 대량으로 수송할 수 있다. 특징으로는 다음과 같다.

ⓐ 불순물이 제거된 청정연료로 환경문제가 없다.

ⓑ LNG 수입기지에 저온 저장설비 및 기화장치가 필요하다.

ⓒ 불순물을 제거하기 위한 정제설비는 필요하지 않다.

ⓓ 초저온 액체로 설비재료의 선택과 취급에 주의를 요한다.

ⓔ 냉열이용이 가능하다.

㉰ 나프타(Naphtha : 납사) : 나프타란 일반적으로 시판되는 석유 제품명이 아니고, 원유를 상압에서 증류할 때 얻어지는 비점이 $200[℃]$ 이하인 유분(액체성분)으로 경질의 것을 라이트 나프타, 중질의 것을 헤비 나프타라 부른다. 나프타가 도시가스원료로서의 특징은 다음과 같다.

ⓐ 나프타는 가스화가 용이하기 때문에 높은 가스화 효율을 얻을 수 있다.

ⓑ 타르, 카본 등 부산물이 거의 생성되지 않는다.

ⓒ 가스 중에는 불순물이 적어서 정제설비를 필요로 하지 않는 경우가 많다. (단, 헤비 나프타의 경우 정제설비가 필요할 수 있다.)

ⓓ 대기오염, 수질오염의 환경문제가 적다.

ⓔ 취급과 저장이 모두 용이하다.

㉣ 기타

ⓐ 석탄가스 : 석탄을 1000[℃] 내외로 건류할 때 얻어지는 가스로 메탄(CH_4)과 수소(H_2)가 주성분이며, 발열량이 5000[$kcal/m^3$] 정도이다.

ⓑ 고로가스 : 용광로에서 얻어지는 부산물 가스로 다량의 질소와 일산화탄소(CO)로 구성되며, 발열량이 900[$kcal/m^3$]로 낮다.

ⓒ 수성가스 : 고온의 코크스에 수증기를 작용시켜 제조되는 가스로 일산화탄소(CO)와 수소(H_2)가 주성분이며, 발열량이 2700[$kcal/m^3$] 정도이다.

ⓓ 증열 수성가스 : 수성가스에 석유를 열분해하여 만든 발열량이 높은 가스를 혼합하여 발열량을 증가시킨 것으로 발열량이 5000[$kcal/m^3$] 정도이다.

ⓔ 발생로가스 : 적열상태로 가열한 탄소분이 많은 고체연료에 공기나 산소를 공급하여 불완전연소로 얻은 가스로 질소함유량이 높고, 발열량이 1100[$kcal/m^3$] 정도이다.

4.2 연소 및 연소장치

1. 연소(燃燒)

(1) 연소의 정의 : 연소란 가연성 물질이 공기 중의 산소와 반응하여 빛과 열을 발생하는 화학반응을 말한다.

(2) 연소의 3요소 : 가연성 물질, 산소 공급원, 점화원

㈎ 가연성 물질 : 산화(연소)하기 쉬운 물질로서 일반적으로 연료로 사용하는 것이다.

㈏ 산소 공급원 : 연소를 도와주거나 촉진시켜 주는 조연성 물질로 공기, 자기연소성 물질, 산화제등이 있다.

㈐ 점화원 : 가연물에 활성화 에너지를 주는 것으로 점화원의 종류에는 전기불꽃(아크), 정전기, 단열압축, 마찰 및 충격불꽃 등이 있다.

(3) 연소의 형태

㈎ 표면연소 : 고체 가연물이 열분해나 증발을 하지 않고 표면에서 산소와 반응하여

연소하는 것으로 목탄(숯), 코크스 등의 연소가 이에 해당된다.
- (나) 분해연소 : 충분한 착화에너지를 주어 가열분해에 의해 연소하며 휘발분이 있는 고체연료(종이, 석탄, 목재 등) 또는 증발이 일어나기 어려운 액체연료(중유 등)가 이에 해당된다.
- (다) 증발연소 : 가연성 액체의 표면에서 기화되는 가연성 증기가 착화되어 화염을 형성하고 이 화염의 온도에 의해 액체표면이 가열되어 액체의 기화를 촉진시켜 연소를 계속하는 것으로 가솔린, 등유, 경유, 알코올, 양초 등이 이에 해당된다.
- (라) 확산연소 : 가연성 기체를 대기 중에 분출 확산시켜 연소하는 것으로 기체연료의 연소가 이에 해당된다.
- (마) 자기연소 : 가연성 고체가 자체 내에 산소를 함유하고 있어 공기 중의 산소를 필요로 하지 않고 그 자체의 산소로 연소하는 것으로 셀룰로이드류, 질산에스테르류, 히드라진 등 제5류 위험물이 이에 해당된다.

(4) 인화점 및 발화점

- (가) 인화점(인화온도) : 가연성 물질이 공기 중에서 점화원에 의하여 연소할 수 있는 최저의 온도로 위험성의 척도이다.
- (나) 발화점(발화온도) : 가연성 물질이 공기 중에서 온도를 상승시킬 때 점화원 없이 스스로 연소를 개시할 수 있는 최저의 온도로 착화점, 착화온도라 한다.

2. 연소방법

(1) 고체연료

- (가) 표면연소(surface combustion) : 공기 중의 산소가 고체연료 표면에서 연소반응을 일으키는 것으로 목탄, 코크스 등이 있다.
- (나) 증발연소(evaporating combustion) : 융점이 낮은 고체연료가 액상으로 용융되어 액체연료와 같이 증발하여 연소하는 것으로 증발온도가 열분해 온도보다 낮은 양초, 파라핀, 유황, 나프탈렌 등이 있다.
- (다) 연기연소(smolder combustion) : 열분해를 일으키기 쉬운 불안정한 물질로 열분해로 발생한 휘발분이 점화되지 않으면 다량의 연기를 발생하며 표면반응을 일으키면서 연소하는 것

(2) 액체연료

- (가) 액면연소(pool burning) : 액체연료의 표면에서 연소하는 것으로 화염의 복사열 및 대류로 연료가 가열되어 발생된 증기가 공기와 혼합하여 연소하는 방법으로 경

계층 연소, 전파연소, 포트연소(port burning)가 있다.

㈏ 등심연소(심지연소 : wick combustion) : 연료를 심지로 빨아올려 대류나 복사열에 의하여 발생한 증기가 등심(심지)의 상부나 측면에서 연소하는 것으로 공급되는 공기의 유속이 낮을수록, 온도가 높을수록 화염의 높이는 높아진다.

㈐ 분무연소(spray combustion) : 액체연료를 노즐에서 고속으로 분출, 무화(霧化)시켜 표면적을 크게 하여 공기나 산소와의 혼합을 좋게 하여 연소시키는 것으로 공업적으로 많이 사용되는 방법이다.

㈑ 증발연소(evaporating combustion) : 액체연료를 증발관 등에서 미리 증발시켜 기체연료와 같은 형태로 연소시키는 방법으로 형성된 화염은 확산화염이다.

(3) 기체 연료

㈎ 예혼합연소(premixed combustion) : 기체연료와 연소에 필요한 공기 또는 산소를 미리 혼합한 혼합기를 연소시키는 방법으로 화염면이라고 하는 고온의 반응면이 형성되어 자력으로 전파해나가는 특징이 있는 내부 혼합방식이다.

㈏ 확산연소(diffusion combustion) : 공기(또는 산소)와 기체연료를 각각 연소실에 공급하고, 연료와 공기의 경계면에서 자연확산으로 연소할 수 있는 적당한 혼합기를 형성한 부분에서 연소가 일어나는 외부 혼합형이다.

4.3 연소장치

1. 고체 연료 연소장치

(1) **화격자 연소장치** : 수분과 기계분으로 구분하며 대규모 연소시설에 사용하는 자동연소 장치를 스토커(stoker) 연소라 한다.

㈎ 수분 : 다수의 틈이 있는 화격자 위에 고체연료를 고르게 깔고 연소용 공기를 불어넣어 연소시키는 것으로 연료공급을 인력으로 하는 것이다.
  ㉮ 종류 : 고정 수평 화격자, 계단 화격자, 가동 화격자, 중공(中空) 화격자 등
  ㉯ 특징
    ⓐ 소규모 설비에 적당하다.
    ⓑ 연소효율이 낮고 고온을 얻기 어렵다.
    ⓒ 노의 구조가 간단하고 취급이 쉽다.
    ⓓ 적당한 공기 공급이 어렵다.

(나) 기계분 : 스토커(stoker) 연소장치라 하며 석탄의 공급과 재처리를 기계적으로 한 형태로서 화격자 면적을 크게 할 수 있으므로 대용량 보일러에 적당하다.
  ㉮ 스토커의 종류 : 살포식(상입식) 스토커, 쇄상식 스토커, 하입식 스토커, 계단식 스토커 등
  ㉯ 특징
    ⓐ 연소효율이 높다.
    ⓑ 대용량에 적당하고 취급에 기술을 요한다.
    ⓒ 완전 자동화가 가능하다.
    ⓓ 저질연료 사용이 가능하고, 매연발생이 적다.
    ⓔ 부하변동에 대응하기 어렵다.
    ⓕ 동력이 필요하고 설비비, 유지비가 많이 소요된다.

(2) 미분탄(米粉炭) 연소장치 : 석탄을 200 메쉬(mesh) 이하로 분쇄하여 연소 표면적을 넓혀 1차 공기와 함께 연소하는 방법으로 연소효율이 높다.

  ㉮ 미분탄 버너의 종류
    ㉮ 편평류(扁平流) 버너 : 직류형과 교류형으로 구분되며 화염이 길게 형성되고 수관보일러에서 사용된다.
    ㉯ 선회류(旋回流) 버너 : 버너 선단에서 미분탄과 1차 공기가 선회류를 형성하며 혼합하고 2차 공기가 공급되면서 연소하는 것으로 중유와 병용해서 사용할 수 있다.
  ㉯ 특징
    ㉮ 적은 공기비로 완전연소가 가능하다.
    ㉯ 점화, 소화가 쉽고 부하변동에 대응하기 쉽다.
    ㉰ 대용량에 적당하고, 사용연료 범위가 넓다.
    ㉱ 설비비, 유지비가 많이 소요된다.
    ㉲ 집진장치가 필요하다.
    ㉳ 연소실 면적이 크고, 폭발의 위험성이 있다.
  ㉰ 연소방법
    ㉮ U자형 연소 : 편평류 버너를 사용하여 연소로의 상부로부터 2차 공기와 같이 분사, 연소한다.
    ㉯ L자형 연소 : 선회류 버너를 사용하여 연소로의 측벽에서 분사, 연소한다.
    ㉰ 모서리 버너 연소 : 장방형의 연소로 네 모퉁이에서 분사, 연소한다.
    ㉱ 슬래그 탭 연소 : 1차 연소로와 2차 연소로를 설치하여 연소한다.
  ㉱ 미분탄 제조 공정 : 연료탄 → 쇄탄 → 자기분리기(철편제거) → 건조 → 미분쇄 →

이송 → 버너

㈐ 분쇄기(mill)의 종류 : 충격식, 원심력식, 중력식, 스프링식

(3) 유동층 연소 : 위 두 연소방식의 중간 형태로 화격자 하부에서 강한 공기를 송풍기로 불어넣어 화격자 위의 탄층을 유동층에 가까운 상태로 형성하면서 700~900[℃] 정도의 저온에서 연소시키는 방법이다.

2. 액체 연료 연소장치

(1) 무화(霧化) 연소 : 액체연료를 노즐에서 고속으로 분출, 무화(霧化)시켜 표면적을 크게 하여 공기나 산소와의 혼합을 좋게 하여 연소시키는 것으로 공업적으로 많이 사용되는 방법이다.

㈎ 무화의 목적
  ㉮ 단위 중량당 표면적을 크게 한다. ㉯ 주위 공기와 혼합을 양호하게 한다.
  ㉰ 연소효율을 향상시킨다. ㉱ 연소실을 고부하로 유지한다.

㈏ 무화 방법
  ㉮ 유압 무화식 : 연료 자체에 압력을 주어 무화시키는 방법
  ㉯ 이류체 무화식 : 증기, 공기를 이용하여 무화시키는 방법
  ㉰ 회전 이류체 무화식 : 원심력을 이용하여 무화시키는 방법
  ㉱ 충돌 무화식 : 연료끼리 혹은 금속판에 충돌시켜 무화시키는 방법
  ㉲ 진동 무화식 : 초음파에 의하여 무화시키는 방법
  ㉳ 정전기 무화식 : 고압 정전기를 이용하여 무화시키는 방법

(2) 오일 버너의 종류 및 특징

㈎ 오일 버너 선정 시 고려할 사항
  ㉮ 버너 용량이 보일러 용량에 적합할 것
  ㉯ 부하변동에 대한 유량 조절범위를 고려할 것
  ㉰ 자동제어 방식에 적합한 버너형식을 고려할 것
  ㉱ 가열조건과 연소실 구조에 적합할 것

㈏ 유압식 버너 : 연료유를 가압하여 노즐을 이용, 고속 분사하여 무화시키는 방식이다.
  ㉮ 종류 : 환류형, 비환류형
  ㉯ 부하변동에 적응성이 적다.
  ㉰ 대용량에 적합하다.

㉣ 유량은 유압의 제곱근에 비례한다.
㉤ 분사 각도 : 40~90°
㉥ 사용 유압 : 5~20[kgf/cm^2]
㉦ 유량 조절 범위 : 환류식(1:3), 비환류식(1:6)

㈐ 저압 기류식 : 저압의 공기를 이용하여 무화시키는 방식이다.
㉮ 종류
  ⓐ 연동형 : 공기와 연료비를 비례 조절(1:6)
  ⓑ 비연동형 : 공기와 연료비 별도 조절(1:5)
㉯ 공기 압력 : 400~2000[mmHg]
㉰ 연료 유압 : 0.02~0.2[kgf/cm^2] 정도
㉱ 분무 각도 : 30~60°
㉲ 유량 조절 범위는 1:5~1:6 이다.
㉳ 소형 설비에 사용한다.
㉴ 분무용 공기량은 이론공기량의 30~50[%] 정도이다.

㈑ 고압 기류식 : 고압의 공기, 증기를 이용하여 무화시키는 방식이다.
㉮ 종류 : 증기 분무식, 내부 혼합식, 외부 혼합식, 중간 혼합식
㉯ 분무 매체 : 공기, 증기(2~7[kgf/cm^2])
㉰ 연료 유압 : 0.3~6[kgf/cm^2]
㉱ 분무 각도 : 30°
㉲ 유량 조절 범위는 1:10 이다.
㉳ 고점도 연료도 무화가 가능하다.
㉴ 연소 시 소음 발생이 심하다.
㉵ 부하 변동이 큰 곳에 적당하다.

㈒ 회전분무식 : 분무컵을 고속으로 회전시켜 연료를 분출하고, 1차 공기를 이용하여 무화시키는 방식이다.
㉮ 종류 : 직결식, 벨트식
㉯ 분무 각도 : 30~80°
㉰ 유량 조절 범위는 1:5 이다.
㉱ 회전수
  ⓐ 직결식 : 3000~3500[rpm]
  ⓑ 벨트식 : 7000~10000[rpm]
㉲ 설비가 간단하고 자동화가 쉽다.
㉳ 고점도 연료는 예열이 필요하다.

㉔ 청소, 점검, 수리가 간편하다.
㈑ 건타입 버너 : 유압식과 공기분무식을 혼합한 것으로 소형으로 만들 수 있고 연소 상태가 양호하다.
  ㉮ 사용 연료 : 등유, 경유
  ㉯ 연료 유압 : 7[kgf/cm^2] 이상
  ㉰ 소형으로 전자동이 가능하다.
  ㉱ 공기와 연료의 혼합을 촉진한다.
㈒ 증발식 버너
  ㉮ 사용 연료 : 등유, 경유로 제한
  ㉯ 종류 : 포트형, 심지형, 월 플레임형
  ㉰ 난방용 온수 보일러 등에 사용한다.
  ㉱ 유량 조절 범위는 1 : 4 정도이다.
  ㉲ 연료 소비량 : 1~10[L/h] 정도이다.

(3) 연료 계통의 구성

㈎ 급유계통(이송순서) : 저장탱크(storage tank) → 여과기 → 연료 이송펌프 → 서비스 탱크(service tank) → 유수분리기 → 유예열기 → 급유펌프 → 급유 온도계 → 유량계 → 전자밸브 → 버너

㈏ 저장탱크 : 저장탱크를 지상 또는 지하에 설치하여 1~3주 정도 사용할 수 있는 양을 저장한다.

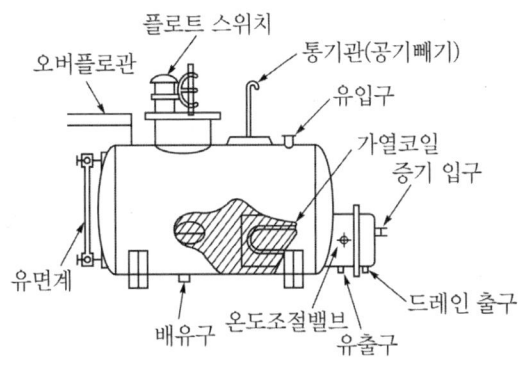

서비스 탱크의 구조

㈐ 서비스 탱크(service tank) : 최대 연료소비량의 2~3시간 정도의 연료를 저장할 수 있는 탱크로 보일러로부터 2[m] 이상, 버너 하단부에서 1.5[m] 이상 높이로 설

치된다. 탱크 용량이 적어 오버플로우(over flow)될 수 있으므로 경보장치 및 자동 차단장치를 설치하여야 한다.

㈑ 급유펌프 : 연료의 이송, 분무압을 높이기 위하여 설치한다.

 ㉮ 급유펌프는 점성을 가진 기름을 이송하므로 기어펌프나 스크루펌프 등을 주로 사용한다.

 ㉯ 급유펌프의 용량은 서비스탱크를 1시간 내에 급유할 수 있는 것으로 한다.

 ㉰ 펌프 구동용 전동기는 작동유의 점도를 고려하여 30[%] 정도 여유를 주어 선정한다.

 ㉱ 종류

  ⓐ 수송펌프(supply pump) : 저장탱크에서 서비스 탱크까지 연료유를 공급하는 펌프이다.

  ⓑ 분연펌프(feeding pump) : 서비스 탱크에서 버너까지 연료유를 공급하는 펌프로 버너 용량의 1.2~1.5배로 한다.

㈒ 여과기(strainer) : 연료 공급관 중에 설치된 기기의 입구에 설치하여 연료 중에 혼합되어 있는 불순물을 제거하여 유량계, 펌프 등의 기기를 보호하고, 분무효과를 높여 연소를 양호하게 한다. 연료 펌프의 흡입 및 토출측에 일반적으로 설치되며 흡입측 여과기는 펌프를 보호하고 토출측 여과기는 유량계 및 버너 등을 보호하는 역할을 한다.

 ㉮ 종류 : Y형 여과기, U형 여과기, V형 여과기

 ㉯ 여과망 크기

  ⓐ 중유용 : 흡입측(20~60[mesh]), 토출측(60~120[mesh])

  ⓑ 경유, 등유용 : 흡입측(80~120[mesh]), 토출측(100~250[mesh])

 ㉰ 여과기 설치

  ⓐ 여과기 전·후에 압력계를 설치한다.

  ⓑ 압력계의 눈금은 0.02[MPa] 이하의 압력을 구별할 수 있는 것으로 설치한다.

  ⓒ 여과기는 사용압력의 1.5배 이상의 압력에 견딜 수 있는 것으로 설치한다.

  ⓓ 여과기는 입구와 출구의 압력차가 0.02[MPa] 이상일 때 여과망을 점검(청소)해 주어야 한다.

㈓ 유예열기(oil preheater) : 중유를 예열하여 점도를 낮추어 유동성과 무화를 양호하게 하여 버너의 연소효율을 좋게 하는 장치이다.

 ㉮ 열원에 의한 분류 : 증기 또는 온수식, 전기식, 전기 및 증기 혼합식

⑭ 사용목적(연료 예열 목적)
ⓐ 점도를 낮춰 유동성을 높인다.　　ⓑ 무화(분무)를 양호하게 유지
ⓒ 연료 이송을 양호하게 유지　　ⓓ 점화효율 및 연소효율 증대

㈐ 예열 온도 : 인화점보다 5[℃] 낮게(90±5[℃])

㈑ 예열온도에 따라 나타나는 현상
ⓐ 높을 때 : 관 내부에서 기름의 분해 및 분무상태, 분사각도가 불량해 진다.
ⓑ 낮을 때 : 불길이 한 쪽으로 치우치고 그을음, 분진이 발생하고 무화상태가 불량해진다.

㈒ 전기식 유예열기 용량 계산식

$$\mathrm{kWh} = \frac{G_f \cdot C_f \cdot \Delta t}{860 \cdot \eta}$$

여기서, G_f : 연료사용량[kg/h], C_f : 연료의 비열[kcal/kg·℃]
Δt : 유예열기 입출구 온도차[℃], η : 유예열기 효율[%]

㈓ 전자밸브(solenoid valve) : 화염 검출기, 증기 압력제한기, 저수위 경보기, 송풍기와 연결하여 이상 감수, 실화 및 과부하 시 연료를 차단하여 안전사고를 방지한다.

(4) 보염장치 : 연료와 공기와의 혼합을 양호하게 하고, 확실한 착화와 화염의 안정을 도모하기 위하여 설치하는 장치이다.

㈎ 보염장치의 설치 목적
㉮ 화염의 형상 조절　　㉯ 안정된 착화도모
㉰ 전열효율 촉진　　㉱ 공기와 연료의 혼합 촉진

㈏ 종류
㉮ 윈드박스(wind box) : 압입통풍방식에서 버너를 장치하는 벽면에 설치되어 연소용 공기를 공급하는 밀폐된 상자로서 풍도(風道)에서 공기를 흡입하여 동압의 대부분을 정압으로 노내에 유입시키는 역할을 하여 연료와 공기와의 혼합을 촉진시키는 것으로 내부에 다수의 안내날개(guide vane)가 설치되어 있다.
㉯ 보염기(保炎器) : 버너 팁 선단에 부착하여 착화를 원활하게 하고, 화염의 안정된 연소를 도모하는 장치로 선회기를 설치하여 연소용 공기에 선회운동을 주어 원추상으로 분사시켜 내측에 저압부분의 형성으로 저속영역을 만들어 착화를 쉽게 하는 것으로 선회기 방식, 스태빌라이저(stabilizer), 콤버스터(combuster)가 있다.
㉰ 버너 타일(burner tile) : 연료와 공기를 노내에 분사하기 위하여 노벽에 설치한 목(burner throat)을 구성하는 내화재로 착화와 화염이 안정되도록 한다.

(5) 점화장치 : 점화 트랜스를 이용하여 10000~15000[V]의 전압에 의한 전기 스파크를 이용한 점화장치가 사용되며, 점화용 연료는 경유 또는 LPG가 사용된다.

3. 기체 연료 연소장치

(1) 가스버너의 특징

㈎ 연소성능이 좋고, 고부하 연소가 가능하다.
㈏ 연소량 조절이 간단하고, 그 범위가 넓다.
㈐ 정확한 온도제어가 가능하다.
㈑ 버너 구조가 간단하며, 보수가 용이하다.
㈒ 배기가스 중 유해물질이 적어 공해 대책에 유리하다.

(2) 연소용 공기의 공급방식에 의한 분류

㈎ 유도혼합식 버너 : 가스분출에 의한 흡인력 및 연소가스와 외기와의 온도차에 의한 통풍력으로 연소용 공기가 공급되는 버너이다.
  ㉮ 적화식 버너 : 연소에 필요한 공기를 모두 2차 공기로 취하는 형식으로 확산화염을 형성하여 연소되므로 역화나 소화음이 없고 공기량을 조절할 필요가 없다. 버너의 종류에는 파이프 버너, 어미식 버너, 충염버너 등이 있다.
  ㉯ 분젠식 버너 : 노즐에서 가스를 일정압력으로 분출시켜 공기구멍에서 연소용 공기(1차 공기)를 흡인하고 혼합관내에서 혼합된 후 이 혼합기를 염공에서 분출시켜 연소하는 방식이다. 버너종류에는 링(ring) 버너, 슬리트(slit) 버너 등이 있다.
  ㉰ 전1차 공기식 : 연소에 필요한 공기를 모두 1차 공기를 취하는 방식으로 적외선 버너, 중압분젠버너 등이 있다.
  ㉱ 세미분젠식 : 분젠식과 전1차 공기식을 혼합한 것으로 1차 공기량을 40[%] 이하로 취하는 방식이다.
㈏ 강제혼합식 버너 : 송풍기에 의하여 연소용 공기가 압입되는 것으로 산업용 가스보일러용 버너로 사용된다.
  ㉮ 내부혼합식 : 가스와 공기를 미리 강제 혼합하는 방식으로 예혼합화염이 형성되며 고부하 연소에 적합하고 화염의 크기가 작아지는 경향이 있는 반면 역화의 위험성이 있어 버너 상류 측에 역방지장치가 설치되어야 한다. 버너의 종류에는 고압버너, 표면연소버너, 리본(ribon) 버너 등이 있다.

④ 외부혼합식 버너 : 가스와 연소용 공기가 버너출구에서 혼합을 개시하는 형식으로 역화의 위험이 없고 연소조절범위가 넓으며 연소용 공기를 예열하여 사용할 수 있지만 고부하 연소를 하기 어렵다. 버너의 종류에는 고속버너, 라디언드 튜브(radiant tube) 버너, 액중연소버너, 휘염버너, 혼소버너, 산업용 보일러 버너 등이 있다.
④ 부분혼합식 버너 : 가스와 연소용 공기 일부를 혼합하여 버너에서 분출하고 나머지는 노즐 출구에서 혼합하는 형식이다.

(2) 확산연소방식(외부혼합식)

㉮ 종류
　㉮ 포트형(port type) : 가스와 공기를 고온으로 예열할 수 있고 가스를 노즐을 통해 연소실내로 확산하면서 공기와 혼합하여 연소하는 형식이다.
　㉯ 버너형(burner type) : 안내날개에 의해 가스와 공기를 혼합시켜 연소실로 확산시키는 버너로 선회 버너와 방사형 버너로 구분된다.

㉯ 특징
　㉮ 조작범위가 넓으며 역화의 위험성이 없다.
　㉯ 가스와 공기를 예열할 수 있고 화염이 길다.
　㉰ 탄화수소가 적은 연료에 적당하다.

㉰ 보일러용 연소장치의 종류
　㉮ 건타입(gun type) 버너 : 센터파이어형(center fire type)이라 하며 파이프 끝에 다수의 분사구를 갖는 가스 분사관을 공기노즐 중심에 설치한 것으로 가스 압력이 높은 경우에 사용한다.
　㉯ 링타입(ring type) 버너 : 노벽의 버너 입구의 내측 주변에 원형의 연료관을 두고 다수의 분사구멍을 만들어 유입되는 공기 기류 속에 가스를 분사시켜 연소한다.
　㉰ 스크롤형(scroll type) 버너 : 비교적 구멍이 큰 노즐이 방사형으로 되어 있기 때문에 가스공급압력이 낮은 경우나 발열량이 낮은 가스의 대량연소에 적합하다. 유류와 가스의 동시 연소가 가능하다.
　㉱ 다분기관형(multi spot type) 버너 : 다수의 분기관을 설치하여 가스압력이 낮은 경우에도 공기와 혼합이 양호하며 유류와 병용하여 사용할 수 있다.

㉱ 로(爐)용 연소장치의 종류
　㉮ 직접가열 방식 : 대류 전열을 이용한 것으로 종류에는 고온 로(爐)용 가스버너(제철용 가열로에 사용), 바리에블 플레임 버너(워킹범식 가열로에 사용), 고속 가스버너(강제 가열용), 흡인식 가스버너(석유 정제용 가열로에 사용) 등이

있다.
  ④ 간접가열 방식 : 복사열을 이용한 것으로 종류에는 루프 가스버너(스파이널 버너), 라디언 튜브 방식 버너 등이 있다.

(3) 예혼합 연소방식(내부혼합식)

㈎ 특징
  ㉮ 가스와 공기의 사전 혼합형이다.
  ㉯ 화염이 짧으며, 고온의 화염을 얻을 수 있다.
  ㉰ 연소부하가 크고, 역화의 위험성이 크다.
  ㉱ 조작범위가 좁고, 조작이 어렵다.

㈏ 부분 예혼합형 연소장치의 종류
  ㉮ 저압 버너 : 분젠식 버너라 하며 가스를 노즐로부터 분출시켜 주위의 공기를 1차 공기로 흡입하는 방식으로 연소속도가 빠르고, 선화현상 및 소화음, 연소음이 발생한다. 일반가스기구에 사용된다. 1차 공기량을 40[%] 이하 취하는 방식을 세미분젠식이라 한다.
  ㉯ 고압 버너 : LPG, 부탄가스 등과 공기를 혼합하여 사용하는 버너로 가스압력을 0.2[MPa] 이상으로 한다.
  ㉰ 송풍 버너 : 연소용 공기를 가압하여 연소하는 형식의 버너로 고압 버너와 마찬가지로 공기를 노즐로 분사함과 동시에 가스를 흡인 혼합하여 연소하는 형식이다.

㈐ 완전 예혼합형 연소장치의 종류
  ㉮ 리텐션(retention) 가스버너 : 버너 선단에 리텐션 링(retention ring)을 설치하여 파일럿 화염을 보호하며 화염안정범위를 넓게 한다.
  ㉯ 링 리텐션(ring retention) 가스버너 : 가스 유량이 많을 경우나 공간의 분포가 균일하여야 할 경우에 사용가스 노즐이 여러 개가 있어 균일온도를 얻을 수 있다.

(4) 가스연소 시 발생되는 이상 현상

㈎ 역화(back fire) : 가스의 연소속도가 염공에서의 가스 유출속도보다 크게 됐을 때 불꽃은 염공에서 버너 내부에 침입하여 노즐의 선단에서 연소하는 현상으로 원인은 다음과 같다.
  ㉮ 염공이 크게 되었을 때   ㉯ 노즐의 구멍이 너무 크게 된 경우
  ㉰ 콕이 충분히 개방되지 않은 경우   ㉱ 가스의 공급압력이 저하되었을 때
  ㉲ 버너가 과열된 경우

㈏ 선화(lifting) : 염공에서의 가스의 유출속도가 연소속도보다 커서 염공에 접하여 연소하지 않고 염공을 떠나 공간에서 연소하는 현상으로 원인은 다음과 같다.
  ㉮ 염공이 작아졌을 때
  ㉯ 공급압력이 지나치게 높을 경우
  ㉰ 배기 또는 환기가 불충분할 때 (2차 공기량 부족)
  ㉱ 공기 조절장치를 지나치게 개방하였을 때 (1차 공기량 과다)
㈐ 불로 오프(blow off) : 불꽃 주변 기류에 의하여 불꽃이 염공에서 떨어져 연소하는 현상
㈑ 엘로 팁(yellow tip) : 불꽃의 끝이 적황색으로 되어 연소하는 현상으로 연소반응이 충분한 속도로 진행되지 않을 때, 1차 공기량이 부족하여 불완전연소가 될 때 발생한다.

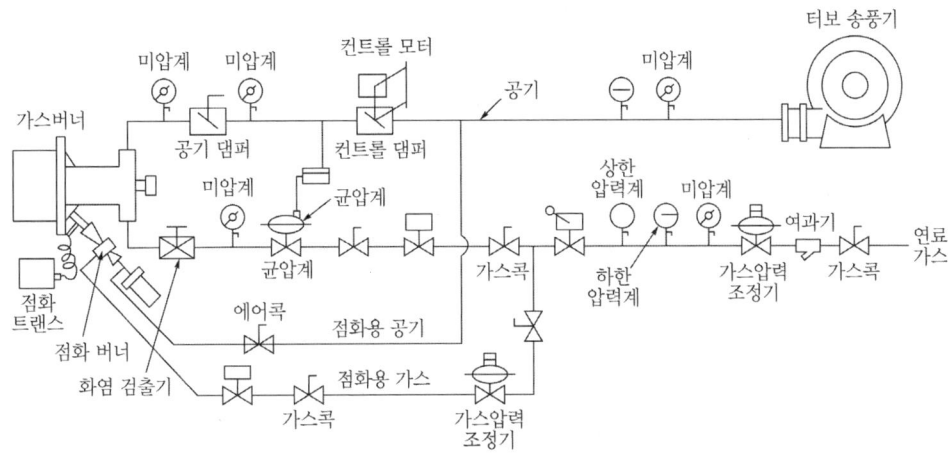

가스보일러용 연소 계통도

4.4 통풍장치

1. 통풍방식

(1) 통풍방법의 종류 및 특징

㈎ 자연통풍 : 연돌에 의한 통풍방식으로 배기가스와 외부공기와의 비중량차에 의해서 통풍력이 발생되는 것이다.
  ㉮ 통풍력은 연돌의 높이, 배기가스의 온도, 외기온도 및 습도의 영향을 받는다.

㉯ 노내 압력이 부압으로 형성된다.
㉰ 통풍력이 약해 구조가 복잡한 보일러는 부적당하다.
㉱ 배기가스 유속이 3~4[m/s] 정도이다.
㈏ 강제통풍 : 송풍기를 이용하는 것으로 통풍력이 자유로이 가감되고 배기가스 온도에 영향을 받지 않으므로 연도에 폐열회수 장치를 설치하여 보일러 효율을 증가시킬 수 있는 방법으로 압입, 흡입, 평형통풍의 3종류로 분류할 수 있다.
 ㉮ 압입 통풍 : 송풍기를 연소실 앞에 두고 연소용 공기를 대기압 이상의 압력으로 연소실에 밀어 넣는 방식이다.
  ⓐ 연소실 내의 압력이 정압으로 유지된다.
  ⓑ 연소용 공기를 예열할 수 있다.
  ⓒ 송풍기 고장이 적고, 점검 및 보수가 쉽다.
  ⓓ 동력소비가 흡입 통풍식보다 적다.
  ⓔ 배기가스 유속은 8[m/s] 이하이다.
 ㉯ 흡입 통풍 : 송풍기를 연도 중에 설치하여 연소 배기가스를 직접 흡입하여 강제로 배출시키는 방식이다.
  ⓐ 연소실 내의 압력이 부압으로 유지된다.
  ⓑ 연소용 공기를 예열하여 사용하기 부적당하다.
  ⓒ 송풍기의 수명이 짧고 점검 보수가 어렵다.
  ⓓ 송풍기 소요 동력이 크다.
  ⓔ 배기가스 유속은 8~10[m/s] 정도이다.
 ㉰ 평형 통풍 : 압입통풍과 흡입통풍을 병행하는 방식이다.
  ⓐ 연소실 내의 압력을 정압이나 부압으로 조절할 수 있다.
  ⓑ 동력소비가 커 유지비가 많이 소요된다.
  ⓒ 초기 설비비가 많이 소요된다.
  ⓓ 강한 통풍력을 얻을 수 있다.
  ⓔ 배기가스 유속은 10[m/s] 이상이다.

(2) 연돌의 통풍력 계산

㈎ 연돌의 통풍력이 증가되는 경우
 ㉮ 연돌의 높이가 높을수록   ㉯ 연돌의 단면적이 클수록
 ㉰ 연돌의 굴곡부가 적을수록   ㉱ 배기가스 온도가 높을수록
 ㉲ 외기온도가 낮을수록

㈏ 이론통풍력 계산 : 연돌의 이론 통풍력은 배기가스와 대기의 비중량차에 의하여 다음과 같은 식으로 계산할 수 있다.

$$Z = H(\gamma_a - \gamma_g) = 273 H\left(\frac{\gamma_a}{T_a} - \frac{\gamma_g}{T_g}\right) = H\left(\frac{353}{T_a} - \frac{367}{T_g}\right)$$

여기서, Z : 이론 통풍력[mmH$_2$O], H : 연돌의 높이[m]
γ_a : 대기 비중량[kgf/m^3], γ_g : 배기가스 비중량[kgf/m^3]
T_a : 대기 절대온도[K], T_g : 배기가스 절대온도[K]

㉮ 이론 통풍력 약식
ⓐ 배기가스 비중량을 대기에 대한 비중량으로 주어지는 경우 : 대기(공기)의 비중량을 1로 놓고 배기가스 비중량을 대기의 몇 배 값으로 주어지는 경우

$$Z = 353 H\left(\frac{1}{T_a} - \frac{\gamma_g}{T_g}\right)$$

ⓑ 표준상태(STP 상태 : 0[℃], 1기압)에서 대기의 비중량은 1.294[kgf/Nm^3], 배기가스 비중량은 액체연료가 1.34[kgf/Nm^3], 기체연료가 1.25[kgf/Nm^3]가 된다. 여기서, 배기가스의 평균 비중량을 1.3[kgf/Nm^3]으로 가정하면 1.3× 273 = 355가 된다.

$$\therefore Z = 355 H\left(\frac{1}{T_a} - \frac{1}{T_g}\right)$$

㉯ 연돌내의 배기가스 온도는 연도길이 또는 연돌높이 1[m]당 0.3~0.5[℃] 정도의 온도강하가 있다.
㉰ 일반적으로 연돌 높이는 주위 건물높이의 2.5배 이상으로 한다.
㈐ 실제 통풍력 계산 : 연돌에서의 실제 통풍력은 이론 통풍력으로부터 연도 및 연돌내의 마찰저항, 곡부저항, 온도강하로 인한 통풍력이 감소된다. 이때 발생되는 통풍력 손실을 제외한 통풍력이 실제 통풍력이 되며 이론 통풍력의 80[%] 정도이다.
㈑ 통풍력 손실의 원인
㉮ 연도의 굴곡부가 많을 때
㉯ 연도의 단면적이 급격히 변할 때
㉰ 연돌 및 연돌 벽면에 의한 마찰저항이 증가할 때
㉱ 연도 및 연돌에 틈이 생겨서 외기가 침입할 때

(3) 연돌의 높이 및 단면적 계산

⑺ 연돌 높이 : 통풍력을 계산하는 공식으로부터 계산하면 된다.

$$H = \frac{Z}{\gamma_a - \gamma_g} = \frac{Z}{273\left(\dfrac{\gamma_a}{T_a} - \dfrac{\gamma_g}{T_g}\right)} = \frac{Z}{\left(\dfrac{353}{T_a} - \dfrac{367}{T_g}\right)}$$

⑷ 연돌의 상부 단면적 계산 : 연돌의 지름이 작으면 연돌 내의 배기가스 속도가 크게 되며 마찰저항이 증가된다. 반대로 연돌의 지름이 너무 크면 바람이 강할 때 연돌 내로 역류하는 현상이 발생하므로 연돌의 단면적은 적절히 결정하여야 한다.

$$F = \frac{G(1 + 0.0037\,t)\left(\dfrac{760}{P_g}\right)}{3600\,W}$$

여기서, F : 연돌의 상부 단면적[m^2], G : 배기가스량[Nm^3/h]

t : 배기가스의 온도[℃], P_g : 배기가스 압력[mmHg]

W : 배기가스의 유속[m/s]

2. 통풍장치

(1) 송풍기의 종류

⑺ 원심식 송풍기 : 임펠러의 회전에 의한 원심력으로 공기를 공급하는 형식으로 터보형, 다익형(실리코형), 플레이트형으로 분류된다.

  ㉮ 터보형 : 후향 날개를 16~24개 정도 설치한 형식
   ⓐ 효율이 높다. ⓑ 소요 동력이 적다.
   ⓒ 높은 풍압을 얻을 수 있다. ⓓ 형상이 크고 가격이 비싸다.
   ⓔ 주로 압입송풍기로 사용된다.

  ㉯ 실로코형 : 전향날개를 많이 설치한 형식
   ⓐ 풍량이 많다. ⓑ 풍압이 낮다.
   ⓒ 소요 동력이 많이 필요하다. ⓓ 효율이 낮다.
   ⓔ 제작비가 저렴하다.

  ㉰ 플레이트형 : 방사형 날개를 6~12개 정도 설치한 형식
   ⓐ 풍압이 비교적 낮은 편이다. ⓑ 효율은 비교적 높다.
   ⓒ 플레이트의 교체가 용이하다. ⓓ 흡입 송풍기로 적당하다.

⑷ 축류식 송풍기 : 프로펠러형으로 축 방향으로 공기가 유입되고, 송출되는 형식이다.

㉮ 환기용, 배기용으로 적당하다. ㉯ 풍압이 낮다.
㉰ 소음 발생이 심하다. ㉱ 흡입 송풍기로 적당하다.

㈐ 소요동력 계산

$$PS = \frac{P \cdot Q}{75\eta} \qquad kW = \frac{P \cdot Q}{102\eta}$$

여기서, P : 풍압([mmAq], [kgf/m^2]), Q : 풍량[m^3/s]
η : 송풍기 효율[%]

㈑ 원심식 송풍기의 풍량 조절법
㉮ 회전수 제어에 의한 방법
㉯ 토출 베인 각도조절에 의한 방법
㉰ 흡입 베인 각도조절에 의한 방법
㉱ 베인 컨트롤에 의한 방법
㉲ 바이패스에 의한 방법

㈒ 원심식 송풍기 상사의 법칙 : 회전수 변화 및 임펠러 지름의 변화에 따른 풍량(Q), 풍압(P), 동력(L)의 변화관계를 나타낸 것이다.

㉮ 풍량 $Q_2 = Q_1 \times \left(\dfrac{N_2}{N_1}\right) \times \left(\dfrac{D_2}{D_1}\right)^3$

㉯ 풍압 $P_2 = P_1 \times \left(\dfrac{N_2}{N_1}\right)^2 \times \left(\dfrac{D_2}{D_1}\right)^2$

㉰ 동력 $L_2 = L_1 \times \left(\dfrac{N_2}{N_1}\right)^3 \times \left(\dfrac{D_2}{D_1}\right)^5$

여기서, Q_1, Q_2 : 변화 전후의 풍량[m^3/s]
P_1, P_2 : 변화 전후의 풍압[mmAq]
L_1, L_2 : 변화 전후의 동력([PS], [kW])

(2) 댐퍼(damper)

㈎ 설치목적
㉮ 통풍력을 조절하여 연소효율을 상승시킨다.
㉯ 배기가스의 흐름을 조절한다.
㉰ 배기가스의 흐름방향을 전환한다.

㈏ 종류
㉮ 작동상태에 의한 분류 : 회전식 댐퍼, 승강식 댐퍼
㉯ 형상에 의한 분류 : 버터플라이 댐퍼, 다익 댐퍼, 스플릿 댐퍼

4.5 매연 및 집진장치

1. 매연(煤煙)

(1) 매연 발생원인

㈎ 통풍이 부족하거나 과대할 때
㈏ 무리한 연소를 할 때
㈐ 연소실 온도가 낮을 때
㈑ 연소실 용적이 적을 때
㈒ 연소장치와 연료가 맞지 않을 때
㈓ 연소장치가 불량한 때
㈔ 공기비가 맞지 않을 때
㈕ 취급자의 취급이 잘못되었을 때

(2) 매연 측정방법

㈎ 링겔만(Ringelmann) 농도표에 의한 측정 : 링겔만 매연 농도표는 $No.$ 0~5번 까지 6종으로 구분하고 번호 1의 증가에 따라 매연농도는 20[%]씩 증가한다.

$$농도율[\%] = \frac{총\ 매연값 \times 20}{측정시간}$$

㈏ 바카라치 스모그 테스터(bacharach smoke tester) : 일정면적을 갖는 여과지에 연도가스를 흡입펌프를 사용하여 통과시켜서 여과지 표면에 부착된 부유탄소입자 들의 색농도를 육안(또는 광도계를 사용)으로 표준번호를 붙인 색농도표와 비교하여 매연 농도번호를 표시하는 방법으로 보일러 운전 중 매연농도는 스모크 스케일 4이하 이다.

㈐ 광학식 매연 농도계 : 연돌 한 쪽에 광원을 놓고 반대쪽에 광원으로부터의 광량변화를 측정하는 광전관, 광전지 등을 놓고 빛의 투과율을 측정하여 매연 농도를 측정하는 방법이다.

2. 집진장치

(1) 집진장치 선정 시 고려사항

㈎ 분진의 입도 및 분포
㈏ 집진기의 처리효율
㈐ 집진장치에 의한 압력손실
㈑ 제거하여야 할 분진의 양
㈒ 집진시설 관리 및 유지비
㈓ 집진 후 폐기물의 처리문제

(2) 건식 집진장치의 종류 및 특징

(가) 중력식
⑦ 원리 : 중력에 의하여 배기가스 중의 입자를 자연 침강에 의하여 분리, 포집하는 방식이다.
④ 종류 : 중력 침강식, 다단 침강식

(나) 관성력 집진장치
⑦ 원리 : 기류에 급격한 방향 전환을 주어 배기가스 중의 함진 입자의 관성력에 의하여 분리하는 방식이다.
④ 종류
  ⓐ 집진방법에 의한 분류 : 충돌식, 반전식
  ⓑ 방해판 수에 의한 분류 : 일단형, 다단형
  ⓒ 형식에 의한 분류 : 곡관형, 루버형, 포켓형

(다) 원심력 집진장치
⑦ 원리 : 함진가스에 선회운동을 주어 입자에 원심력을 작용시켜 입자를 분리하는 방식이다.
④ 종류
  ⓐ 사이클론식, 멀티클론식(멀티론)
  ⓑ 접선유입식, 축류식

(라) 여과 집진장치
⑦ 원리 : 함진가스를 여과재(filter)에 통과시켜 입자를 분리, 포집하는 방식이다.
④ 종류 : 원통식, 평판식, 역기류 분사형

(3) 습식 집진장치의 종류 및 특징

(가) 세정식
⑦ 원리 : 분진이 포함된 배기가스를 세정액이나 액막 등에 충돌시키거나 접촉시켜 액체에 의해 포집하는 방식이다.
④ 종류
  ⓐ 유수식 : S형, 임펠러형, 회전형, 분수형 및 나선 가이드베인형
  ⓑ 가압수식 : 벤투리 스크러버, 제트 스크러버, 사이클론 스크러버, 충전탑(세정탑)
  ⓒ 회전식 : 타이젠 와셔, 충격식 스크러버

(나) 가압수식 집진장치의 종류 및 특징

㉮ 벤투리 스크러버 : 함진가스를 벤투리관의 목부분에서 유속을 60~90[m/s] 정도로 빠르게 하여 주변의 노즐을 통하여 물이 흡입, 분사되게 하여 액적과 입자가 충돌하여 포집하는 방식이다.

㉯ 사이클론 스크러버 : 가압한 물을 원심력에 의해 노즐에 분무하여 함진가스 내로 통과시켜 집진하는 방식이다.

㉰ 제트 스크러버 : 이젝터(ejector)를 사용하여 물을 고압으로 분무시켜 먼지를 물방울 속에 접촉 포집하는 방식이다.

(4) 전기 집진장치

㉮ 원리 : 양전극 사이에 코로나 방전이 일어나 방전극 주위의 기체는 이온화되고, −이온화된 가스입자는 강한 전장의 작용으로 +극을 향하여 운동하고, 그 사이를 흐르는 가스 속의 고체 분진은 −로 대전되어 집진극에 모여 표면에 퇴적한다.

㉯ 특징

㉮ 제진효율이 가장 높다. (집진효율 : 90~99.9[%])
㉯ 압력손실이 적고, 미세한 입자 제거에 용이하다.
㉰ 대량의 가스를 취급할 수 있다.
㉱ 보수비, 운전비가 적다.
㉲ 설치 소요면적이 크고, 설비비가 많이 소요된다.
㉳ 부하변동에 적응이 어렵다.

4.6 연소 계산

1. 연료 중 가연성분

연료 성분 중 가연성분은 탄소(C), 수소(H), 황(S) 이며 불순물(불연성물질)로는 회분(A), 수분(W) 등이 포함되어 있다. 가연물질로는 탄소(C), 수소(H)가 해당되며 황(S) 성분은 연소 시 황화합물을 생성하여 악영향을 미치므로 제거한다.

2. 완전연소 반응식

완전연소 반응식은 표준상태(STP 상태 : 0[℃], 1기압)에서 가연성 물질이 산소(공기)와 반응하여 완전연소 하는 것으로 가정하여 계산한다.

(1) 고체 및 액체 연료

  ㈎ 탄소(C) : $C + O_2 \rightarrow CO_2$

  ㈏ 수소(H_2) : $H_2 + \dfrac{1}{2}O_2 \rightarrow H_2O$

  ㈐ 유황(S) : $S + O_2 \rightarrow SO_2$

(2) 기체 연료(탄화수소)

  ㈎ 프로판(C_3H_8) : $C_3H_8 + 5O_2 \rightarrow 3CO_2 + 4H_2O$

  ㈏ 부탄(C_4H_{10}) : $C_4H_{10} + 6.5O_2 \rightarrow 4CO_2 + 5H_2O$

  ㈐ 메탄(CH_4) : $CH_4 + 2O_2 \rightarrow CO_2 + 2H_2O$

> ※ 탄화수소(C_mH_n)의 완전연소 반응식
>
> $$C_mH_n + \left(m + \dfrac{n}{4}\right)O_2 \rightarrow mCO_2 + \dfrac{n}{2}H_2O$$

(3) 완전연소의 조건

  ㈎ 적절한 공기 공급과 혼합을 잘 시킬 것
  ㈏ 연소실 온도를 착화온도 이상으로 유지할 것
  ㈐ 연소실을 고온으로 유지할 것
  ㈑ 연소에 충분한 연소실과 시간을 유지할 것

3. 이론산소량 계산

(1) 고체 및 액체연료

  ㈎ 연료 1[kg]당 이론산소량(O_0) 계산

   ㉮ O_0(산소 Nm^3/연료 kg) $= 1.867C + 5.6\left(H - \dfrac{O}{8}\right) + 0.7S$
              $= 1.867C + 5.6H - 0.7(O - S)$

   ㉯ O_0(산소 kg/연료 kg) $= 2.67C + 8\left(H - \dfrac{O}{8}\right) + S$
             $= 2.67C + 8H - (O - S)$

● ※ 참고

① C, H, S, O는 연료 1[kg]당 비율[%]이므로 계산 시 $\dfrac{x\%}{100}$으로 계산한다.

② $\left(H-\dfrac{O}{8}\right)$: 연료 속에 산소가 함유되어 있을 경우에는 수소중의 일부는 이 산소와 반응하여 결합수(H_2O)를 생성하므로 수소의 전부가 연소하지 않고 이 산소의 상당량만큼의 수소 $\left(\dfrac{1}{8}O\text{배}\right)$가 연소하지 않는다.

(2) 기체연료

$$O_0[\text{Nm}^3/\text{Nm}^3] = 0.5H_2 + 0.5CO + 2CH_4 + 3C_2H_4 + 5C_3H_8 + \cdots$$
$$+ \left(m + \dfrac{n}{4}\right)C_mH_n - O_2$$

(가) 프로판(C_3H_8) 1[kg]당 이론산소량[kg] 계산

$$C_3H_8 + 5O_2 \rightarrow 3CO_2 + 4H_2O$$
$$44[\text{kg}] : 5 \times 32[\text{kg}] = 1[\text{kg}] : x(O_0)[\text{kg}]$$

∴ 이론산소량(O_0) 계산 : $x = \dfrac{1 \times 5 \times 32}{44} = 3.636[\text{kg/kg}]$

(나) 프로판(C_3H_8) 1[kg]당 이론산소량[Nm^3] 계산

$$C_3H_8 + 5O_2 \rightarrow 3CO_2 + 4H_2O$$
$$44[\text{kg}] : 5 \times 22.4[\text{Nm}^3] = 1[\text{kg}] : x(O_0)[\text{Nm}^3]$$

∴ 이론산소량(O_0) 계산 : $x(O_0) = \dfrac{1 \times 5 \times 22.4}{44} = 2.545[\text{Nm}^3/\text{kg}]$

(다) 프로판(C_3H_8) 1[Nm^3]당 이론산소량[kg] 계산

$$C_3H_8 + 5O_2 \rightarrow 3CO_2 + 4H_2O$$
$$22.4[\text{Nm}^3] : 5 \times 32[\text{kg}] = 1[\text{Nm}^3] : x(O_0)[\text{kg}]$$

∴ 이론산소량(O_0) 계산 : $x[\text{kg/Nm}^3] = \dfrac{1 \times 5 \times 32}{22.4} = 7.143[\text{kg/Nm}^3]$

(라) 프로판(C_3H_8) 1[Nm^3]당 이론산소량[Nm^3] 계산

$$C_3H_8 + 5O_2 \rightarrow 3CO_2 + 4H_2O$$
$$22.4[\text{Nm}^3] : 5 \times 22.4[\text{Nm}^3] = 1[\text{Nm}^3] : x(O_0)[\text{Nm}^3]$$

∴ 이론산소량(O_0) 계산 : $x[\text{Nm}^3/\text{Nm}^3] = \dfrac{1 \times 5 \times 22.4}{22.4} = 5[\text{Nm}^3/\text{Nm}^3]$

4. 이론공기량 계산

공기 중 산소는 체적[Nm^3]으로 21[%], 질량[kg]으로 23.2[%] 존재하므로 완전연소 반응식에서 이론산소량(O_0)에 체적 및 질량 비율로 나누어주면 이론공기량(A_0)이 계산된다.

(1) 고체 및 액체연료

㉮ A_0(공기 Nm^3/연료 kg) $= \dfrac{O_0}{0.21} = 8.89\,C + 26.67\left(H - \dfrac{O}{8}\right) + 3.33\,S$

㉯ A_0(공기 kg/연료 kg) $= \dfrac{O_0}{0.232} = 11.49\,C + 34.5\left(H - \dfrac{O}{8}\right) + 4.31\,S$

(2) 기체연료

$A_0[Nm^3/Nm^3] = 2.38\,(H_2 + CO) + 9.52\,CH_4 + 14.3\,C_2H_4 + 23.8\,C_3H_8 + \cdots - 4.76\,O_2$

㉮ 프로판(C_3H_8) 1[kg]당 이론공기량[kg] 계산

$C_3H_8 \;+\; 5O_2 \;\rightarrow\; 3CO_2 \;+\; 4H_2O$

$44[kg] : 5 \times 32[kg] = 1[kg] : x(O_0)[kg]$

∴ 이론공기량(A_0) 계산 : $A_0[kg/kg] = \dfrac{O_0}{0.232} = \dfrac{1 \times 5 \times 32}{44 \times 0.232} = 15.672[kg/kg]$

㉯ 프로판(C_3H_8) 1[kg]당 이론공기량[Nm^3] 계산

$C_3H_8 \;+\; 5O_2 \;\rightarrow\; 3CO_2 \;+\; 4H_2O$

$44[kg] : 5 \times 22.4[Nm^3] = 1[kg] : x(O_0)[Nm^3]$

∴ 이론공기량(A_0) 계산 : $A_0[Nm^3/kg] = \dfrac{O_0}{0.21} = \dfrac{1 \times 5 \times 22.4}{44 \times 0.21} = 12.12[Nm^3/kg]$

㉰ 프로판(C_3H_8) 1[Nm^3]당 이론공기량[kg] 계산

$C_3H_8 \;+\; 5O_2 \;\rightarrow\; 3CO_2 \;+\; 4H_2O$

$22.4[Nm^3] : 5 \times 32[kg] = 1[Nm^3] : x(O_0)[kg]$

∴ 이론공기량(A_0) 계산 : $A_0[kg/Nm^3] = \dfrac{O_0}{0.232} = \dfrac{1 \times 5 \times 32}{22.4 \times 0.232}$
$= 30.79[kg/Nm^3]$

㉱ 프로판(C_3H_8) 1[Nm^3]당 이론공기량[Nm^3] 계산

$C_3H_8 \;+\; 5O_2 \;\rightarrow\; 3CO_2 \;+\; 4H_2O$

$22.4[Nm^3] : 5 \times 22.4[Nm^3] = 1[Nm^3] : x(O_0)[Nm^3]$

∴ 이론공기량(A_0) 계산 : $A_0[\text{Nm}^3/\text{Nm}^3] = \dfrac{O_0}{0.21} = \dfrac{1 \times 5 \times 22.4}{22.4 \times 0.21}$
$$= 23.81[\text{Nm}^3/\text{Nm}^3]$$

(3) 저위발열량에 의한 이론공기량(A_0) 간이식

㈎ 로진(Rosin)의 식

$$A_0 = a \times \dfrac{H_l}{1000} + b$$

구 분	a	b
고체연료	1.01	0.5
액체연료	0.85	2.0
기체연료	0.875	1.1

㈏ 보이의 식

㉮ 석탄 : $A_0[\text{Nm}^3/\text{kg}] = 1.01 \times \dfrac{H_l + 550}{1000}$

㉯ 액체(중유) : $A_0[\text{Nm}^3/\text{kg}] = 12.38 \times \dfrac{H_l - 1100}{10000}$

㉰ 기체($H_l > 3500[\text{kcal/Nm}^3]$) : $A_0[\text{Nm}^3/\text{kg}] = 11.05 \times \dfrac{H_l}{10000} + 0.2$

(4) 함습 이론공기량(A_{0w})

연소용 공기 속에는 대기 중에 포함되어 있는 수분[Nm^3/Nm^3]이 있으므로 보정할 필요가 있는데 이 보정된 이론공기량을 말하며 정미(正味) 이론 공기량이라 한다.

$$A_{0w} = A_0 \times \dfrac{100}{100 - \text{습분}\%}$$

단위 – 고체 및 액체 : [Nm^3/kg]
　　　– 기체 : [Nm^3/Nm^3]

5. 공기비 및 실제공기량 계산

(1) 공기비

실제 연료의 연소 시 연료의 가연성분과 공기 중 산소와의 접촉이 원활하게 이루어지지 못하기 때문에 이론공기량만으로는 완전연소가 어렵다. 따라서 이론공기량보다 더 많은 공기를 공급하여 가연성분과 공기 중 산소와의 접촉이 원활하게 이루어지도록 해야 한다. 즉, 실제연소에 있어서 연료를 완전연소 시키기 위해 실제적으로 공급하는 공기량을 실제공기량(A)이라 하며, 실제공기량(A)과 이론공기량(A_0)의 비를 공기비(m) 또는 과잉공기계수라 하며 다음과 같은 식이 성립된다.

$$m = \frac{A}{A_0} = \frac{A_0 + B}{A_0} = 1 + \frac{B}{A_0}$$

$$\therefore A = m \cdot A_0$$

여기서, m : 공기비(과잉공기계수), A : 실제공기량
A_0 : 이론공기량, B : 과잉공기량

㈎ 배기가스 분석에 의한 공기비 계산
  ㉮ 완전연소의 경우 : 배기가스 중 일산화탄소(CO)가 포함되어 있지 않다.

  $$m = \frac{N_2}{N_2 - 3.76 O_2}$$

  ㉯ 불완전연소의 경우 : 배기가스 중 일산화탄소(CO)가 포함되어 있다.

  $$m = \frac{N_2}{N_2 - 3.76(O_2 - 0.5 CO)}$$

  여기서, N_2 : 배기가스 중 질소 함유율[%]
  O_2 : 배기가스 중 산소 함유율[%]
  CO : 배기가스 중 일산화탄소 함유율[%]

  ㉰ $CO_2 max$[%]에 의한 방법

  $$m = \frac{CO_2 max\,[\%]}{CO_2\,[\%]}$$

㈏ 공기비와 관계된 사항
  ㉮ 공기비(m) : 실제공기량과 이론공기량의 비

  $$\therefore m = \frac{A}{A_0} = \frac{A_0 + B}{A_0} = 1 + \frac{B}{A_0}$$

  ㉯ 과잉공기량(B) : 실제공기량과 이론공기량의 차

  $$\therefore B = A - A_0 = (m - 1) A_0$$

  ㉰ 과잉공기율(%) : 과잉공기량과 이론공기량의 비율[%]

  $$\therefore 과잉공기율(\%) = \frac{B}{A_0} \times 100 = \frac{A - A_0}{A_0} \times 100 = (m - 1) \times 100$$

㉔ 과잉공기비 : 과잉공기량과 이론공기량의 비

$$\therefore \text{과잉공기비} = \frac{B}{A_0} = \frac{A - A_0}{A_0} = (m - 1)$$

㈐ 연료에 따른 공기비
  ㉮ 기체연료 : 1.1~1.3
  ㉯ 액체연료 : 1.2~1.4 (미분탄 포함)
  ㉰ 고체연료 : 1.5~2.0 (수분식), 1.4~1.7 (기계식)

㈑ 공기비의 특성
  ㉮ 공기비가 클 경우
    ⓐ 연소실내의 온도가 낮아진다.
    ⓑ 배기가스로 인한 열손실이 증가한다.
    ⓒ 연료 소비량이 증가한다.
    ⓓ 배기가스 중 질소화합물(NOx)이 많아져 대기오염을 초래한다.
  ㉯ 공기비가 작을 경우
    ⓐ 불완전연소가 발생하기 쉽다.
      (고체 및 액체연료 : 매연발생, 기체연료 : CO 발생)
    ⓑ 연소효율이 감소한다.
    ⓒ 열손실이 증가한다.
    ⓓ 미연소 가스로 인한 역화의 위험이 있다.

(2) 실제 공기량 계산

실제연소에 있어서 연료를 완전연소 시키기 위해 실제적으로 공급하는 공기량을 실제공기량(A)이라 하며 이론공기량(A_0)에다 과잉공기량(B)을 합한 것이다.

$$\therefore A = m \cdot A_0 = A_0 + B$$

※ 실제공기량(A) 계산에 절대온도(T)의 보정

$$A = m \cdot A_0 + 1.61\, T \cdot m \cdot A_0$$

6. 이론 연소가스량 계산

이론 연소 가스량은 이론공기량으로 연료를 완전 연소할 때 발생하는 연소 가스량으로 가연성분이 연소 시 공급되는 공기 중에는 질소가 포함되어 있다. 그러나 질소 성분은 불연성 성질의 기체로 공기와 함께 연소실에 들어가 아무런 반응 없이 그대로 배기가스와 함께 배출된다. 공기 속의 산소와 질소의 체적비[%]는 21 : 79이므로 연소가스 속의

질소량은 산소량의 79/21배, 3.76배를 함유하게 된다.

(1) 이론 건연소 가스량(G_0) : 이론 연소 가스 중 수증기가 포함되지 않은 가스량이다.

 ㈎ 고체 및 액체연료

  ㉮ $G_0[\text{Nm}^3/\text{kg}] = G_{0W} - 1.244(9H + W)$

  ㉯ $G_0[\text{kg/kg}] = G_{0W} - (9H + W)$

   여기서, G_{0W} : 이론 습배기 가스량, H : 연료 중의 수소량

     W : 연료 중의 수분

 ㈏ 기체연료

  ㉮ 프로판(C_3H_8) 1[kg]당 이론 건연소 가스량[Nm³] 계산

   $C_3H_8 \ + \ 5O_2 \ + \ (N_2) \ \rightarrow \ 3CO_2 \ + \ 4H_2O \ + \ (N_2)$

   $44[\text{kg}] : (3 \times 22.4 + 5 \times 22.4 \times 3.76)[\text{Nm}^3] = 1[\text{kg}] : x[\text{Nm}^3]$

   $\therefore \ x = \dfrac{1 \times (3 \times 22.4 + 5 \times 22.4 \times 3.76)}{44} = 11.1[\text{Nm}^3/\text{kg}]$

  ㉯ 프로판(C_3H_8) 1[Nm³]당 이론 건연소 가스량[Nm³] 계산

   $C_3H_8 \ + \ 5O_2 \ + \ (N_2) \ \rightarrow \ 3CO_2 \ + \ 4H_2O \ + \ (N_2)$

   $22.4[\text{Nm}^3] : (3 \times 22.4 + 5 \times 22.4 \times 3.76)[\text{Nm}^3] = 1[\text{Nm}^3] : x[\text{Nm}^3]$

   $\therefore \ x = \dfrac{1 \times (3 \times 22.4 + 5 \times 22.4 \times 3.76)}{22.4} = 21.8[\text{Nm}^3/\text{Nm}^3]$

(2) 이론 습연소 가스량(G_{0w}) : 이론 연소 가스 중 수증기가 포함된 가스량이다.

 ㈎ 고체 및 액체 연료

  ㉮ $G_{0w}[\text{Nm}^3/\text{kg}] = 8.89\text{C} + 32.3\text{H} - 2.63\text{O} + 3.33\text{S} + 0.8\text{N} + 1.244\text{W}$

  ㉯ $G_{0w}[\text{kg/kg}] = 12.49\text{C} + 35.5\text{H} - 3.31\text{O} + 5.31\text{S} + \text{N} + \text{W}$

  ㉰ (생성가스량 + 질소량)에 의한 방법

   ⓐ $G_{0w}[\text{Nm}^3/\text{kg}]$

     $= (1 - 0.21)A_0 + 1.867\text{C} + 11.2\text{H} + 0.7\text{S} + 0.8\text{N} + 1.244\text{W}$

   ⓑ $G_{0w}[\text{kg/kg}] = (1 - 0.232)A_0 + 3.667\text{C} + 9\text{H} + 2\text{S} + \text{N} + \text{W}$

 ㈏ 발열량에 의한 이론 습연소 가스량 구하는 간이식

  ⓐ 로진(Rosin)의 공식 $G_{0w} = a \times \dfrac{H_l}{1000} + b$

구 분	a	b
고체연료	0.89	1.5
액체연료	1.11	0
기체연료	0.725	1

ⓑ 보이공식

㉠ 고체연료 : $G_{0w}[\text{Nm}^3/\text{kg}] = 0.905 \times \dfrac{H_l + 550}{10000} + 1.17$

㉡ 액체연료 : $G_{0w}[\text{Nm}^3/\text{kg}] = 15.75 \times \dfrac{H_l + 550}{10000} + 1.17$

㉢ 기체연료 : $G_{0w}[\text{Nm}^3/\text{Nm}^3] = 11.9 \times \dfrac{H_l}{10000} + 0.5$

⑷ 기체연료

㉮ 프로판(C_3H_8) 1[kg]당 이론 습연소 가스량[Nm^3] 계산

$$C_3H_8 + 5O_2 + (N_2) \rightarrow 3CO_2 + 4H_2O + (N_2)$$

$44[\text{kg}] : (3 \times 22.4 + 4 \times 22.4 + 5 \times 22.4 \times 3.76)[\text{Nm}^3] = 1[\text{kg}] : x[\text{Nm}^3]$

$$\therefore x = \dfrac{1 \times (3 \times 22.4 + 4 \times 22.4 + 5 \times 22.4 \times 3.76)}{44} = 13.13[\text{Nm}^3/\text{kg}]$$

㉯ 프로판(C_3H_8) 1[Nm^3]당 이론 습연소 가스량[Nm^3] 계산

$$C_3H_8 + 5O_2 + (N_2) \rightarrow 3CO_2 + 4H_2O + (N_2)$$

$22.4[\text{Nm}^3] : (3 \times 22.4 + 4 \times 22.4 + 5 \times 22.4 \times 3.76)[\text{Nm}^3] = 1[\text{Nm}^3] : x[\text{Nm}^3]$

$$\therefore x = \dfrac{1 \times (3 \times 22.4 + 4 \times 22.4 + 5 \times 22.4 \times 3.76)}{22.4} = 25.8[\text{Nm}^3/\text{Nm}^3]$$

7. 실제 연소가스량 계산

실제 연소 가스량은 실제공기량으로 연료를 완전 연소할 때 발생하는 연소 가스량으로 이론 연소가스량에 과잉공기량이 포함된 상태이다.

(1) 실제 건연소 가스량(G_d) 계산

⑺ 고체 및 액체 연료

㉮ $G_d[\text{Nm}^3/\text{kg}] = (m - 0.21)A_0 + 1.867C + 0.7S + 0.8N$

$\qquad\qquad\quad = m \cdot A_0 - 5.6H + 0.7S + 0.8N$

$\qquad\qquad\quad = G_w - (11.2H + 1.244W)$

㉯ $G_d[\text{kg}/\text{kg}] = (m - 0.232)A_0 + 3.667C + 2S + N$

㉰ 배기가스 분석에 의한 방법
 ⓐ 연소가스 중에 CO_2가 함유될 경우
$$G_d[\text{Nm}^3/\text{kg}] = \frac{1.867\,C}{CO_2}$$
 ⓑ 오르사트 분석기를 사용하여 성분원소로 계산할 경우
$$G_d = \frac{1.867\,C + 0.7\,S}{CO_2}$$
 ⓒ 연소가스 중에 CO가 있을 경우
$$G_d = \frac{1.867\,C + 0.7\,S}{CO_2 + CO}$$

㈏ 기체연료
 ㉮ 실제 건연소 가스량(G_D) = 이론 건연소 가스량 + 과잉공기량
$$= \text{이론 건연소 가스량} + \{(m-1) \cdot A_0\}$$

(2) 실제 습연소 가스량(G_w) 계산

㈎ 고체 및 액체 연료
 ㉮ $G_w[\text{Nm}^3/\text{kg}] = (m - 0.21)A_0 + 1.867C + 11.2H + 0.7S + 0.8N + 1.244W$
$$= mA_0 + 5.6H + 0.7O + 0.8N + 1.244W$$
 ㉯ $G_w[\text{kg/kg}] = (m - 0.232)A_0 + 3.667C + 9H + 2S + N + W$

㈏ 기체 연료
 ㉮ 실제 습연소 가스량(G_w) = 이론 습연소 가스량 + 과잉공기량
$$= \text{이론 습연소 가스량} + \{(m-1) \cdot A_0\}$$

8. 최대 탄산가스율(CO_2max) 계산

(1) 이론 건연소가스량에 대한 탄산가스량의 비율

$$CO_2\text{max}[\%] = \frac{CO_2\text{량}}{\text{이론 건배기 가스량}(G_0)} \times 100$$
$$= \frac{1.867\,C + 0.7\,S}{8.89\,C + 21.1\,H - 2.63\,O + 3.33\,S + 0.8\,N} \times 100$$

(2) 배기가스 조성[%]으로부터 계산

⑺ 완전연소 시

$$CO_2 max = \frac{21\,CO_2}{21 - O_2} = m \cdot CO_2$$

⑻ 불완전연소 시

$$CO_2 max = \frac{21\,(CO_2 + CO)}{21 - O_2 + 0.395\,CO}$$

9. 연소가스 성분계산

(1) 고체 및 액체연료의 연소가스 성분비율

⑺ 실제 건연소가스량(G_d)에 의한 비율

㉮ $O_2[\%] = \dfrac{0.21\,(m-1)\,A_0}{G_d} \times 100$

㉯ $CO_2[\%] = \dfrac{1.867\,C + 0.7\,S}{G_d} \times 100$

㉰ $N_2[\%] = 100 - (CO_2[\%] + O_2[\%])$

㉱ 불완전연소에 의한 CO가 있을 경우

$$CO_2 + CO[\%] = \frac{1.867\,C + 0.7\,S}{G_d} \times 100$$

⑻ 실제 습연소가스량(G_w)에 의한 비율

㉮ $O_2[\%] = \dfrac{0.21\,(m-1)\,A_0}{G_w} \times 100$

㉯ $CO_2[\%] = \dfrac{1.867\,C + 0.7\,S}{G_w} \times 100$

㉰ $SO_2[\%] = \dfrac{0.7\,S}{G_w} \times 100$

㉱ $H_2O[\%] = \dfrac{1.244\,(9H + W)}{G_w} \times 100$

㉲ $N_2[\%] = \dfrac{0.79\,m \cdot A_0 + 0.8\,N}{G_w} \times 100$

$\quad\quad = 100 - (O_2[\%] + CO_2[\%] + SO_2[\%] + H_2O[\%])$

(2) 기체연료의 연소가스 성분비율

(가) 실제 건연소가스량(G_d)에 의한 비율

㉮ $O_2[\%] = \dfrac{0.21(m-1)A_0}{G_d} \times 100$

㉯ $CO_2[\%] = \dfrac{CO + CO_2 + CH_4 + 2C_2H_4 + \cdots + m(C_mH_n)}{G_d} \times 100$

㉰ $N_2[\%] = 100 - [O_2 + CO_2]$

(나) 실제 습연소가스량(G_w)에 의한 비율

㉮ $O_2[\%] = \dfrac{0.21(m-1)A_0}{G_w} \times 100$

㉯ $CO_2[\%] = \dfrac{CO + CO_2 + CH_4 + 2C_2H_4 + \cdots + m(C_mH_n)}{G_w} \times 100$

㉰ $H_2O[\%] = \dfrac{H_2 + 2CH_4 + 2C_2H_4 + \cdots + mC_mH_n}{G_w} \times 100$

㉱ $N_2[\%] = 100 - (O_2 + CO_2 + H_2O)$

10. 저위발열량(H_l)과 이론공기량(A_0), 이론 습배기가스량(G_{0w})과의 관계

(1) 고체연료

(가) 이론공기량

$$A_0[\text{Nm}^3/\text{kg}] = \dfrac{1.01(H_l + 550)}{1000}$$

(나) 이론 습배기 가스량

$$G_{0w}[\text{Nm}^3/\text{kg}] = \dfrac{0.905(H_l + 550)}{1000} + 1.17$$

(2) 액체연료

(가) 이론공기량

$$A_0[\text{Nm}^3/\text{kg}] = \dfrac{12.38(H_l - 1100)}{10000}$$

(나) 이론 습배기 가스량

$$G_{0w}[\text{Nm}^3/\text{kg}] = \dfrac{15.75(H_l - 1100)}{10000} - 2.18$$

(3) 기체연료

(가) 이론공기량

$$A_0[\text{Nm}^3/\text{Nm}^3] = 11.05 \times \frac{H_l}{10000} + 0.2$$

(나) 이론 습배기 가스량

$$G_{0w}[\text{Nm}^3/\text{Nm}^3] = 11.9 \times \frac{H_l}{10000} + 0.5$$

11. 발열량 계산

연료의 단위질량[kg] 또는 단위체적[m³]당 연료가 연소할 때 발생하는 열량을 말한다. 고위 발열량은 수증기의 증발잠열을 포함한 것이고, 저위 발열량은 수증기의 증발잠열을 제외한 것이다.

(1) 고체 및 액체 연료(단위 : kcal/kg)

(가) 연료의 성분으로부터 계산(원소분석에 의한 방법)

㉮ 고위 발열량(총 발열량)

$$H_h = 8100\,C + 34000\left(H - \frac{O}{8}\right) + 2500\,S$$

㉯ 저위 발열량(진 발열량, 참 발열량)

$$H_l = 8100\,C + 28800\left(H - \frac{O}{8}\right) + 2500\,S - 600\,W$$

(나) 간이식으로부터 계산

㉮ 고위 발열량(총 발열량)

$$H_h = H_l + 600\,(9H + W)$$

㉯ 저위 발열량(진 발열량, 참 발열량)

$$H_l = H_l - 600\,(9H + W)$$

(2) 기체연료 : 프로판(C_3H_8)의 발열량 계산

$$C_3H_8 + 5O_2 \rightarrow 3CO_2 + 4H_2O + 530[\text{kcal/mol}]$$

(가) 1[Nm³]당 발열량 계산

$$22.4[\text{Nm}^3] : 530 \times 1000[\text{kcal}] = 1[\text{Nm}^3] : x[\text{kcal}]$$

$$\therefore x = \frac{1 \times 530 \times 1000}{22.4} = 23660[\text{kcal/Nm}^3] \fallingdotseq 24000[\text{kcal/Nm}^3]$$

(나) 1[kg]당 발열량 계산

44[kg] : 530 × 1000[kcal] = 1[kg] : x[kcal]

∴ $x = \dfrac{1 \times 530 \times 1000}{44}$ = 12045[kcal/kg] ≒ 12000[kcal/kg]

12. 연소온도 계산

(1) 이론 연소온도 계산 : 연료를 연소 시 이론공기량만을 공급하여 완전 연소시킬 때의 최고온도를 말한다.

$$H_l = G \times C_p \times t \text{ 에서}$$

$$\therefore t = \dfrac{H_l}{G \times C_p}$$

여기서, H_l : 연료의 저위발열량[kcal], G : 이론 연소가스량[Nm^3]

C_p : 연소가스의 정압비열[kcal/Nm^3·℃]

t : 이론 연소온도[℃]

(2) 실제 연소온도 : 연료를 연소 시 실제공기량으로 연소할 때의 최고 온도를 말한다.

$$t_2 = \dfrac{H_l + \text{공기현열} - \text{손실열량}}{G_S \times C_p} + t_1$$

여기서, t_2 : 실제연소온도[℃], G_S : 실제 연소가스량[Nm^3]

C_p : 연소가스의 정압비열[kcal/Nm^3·℃]

t_1 : 기준온도[℃]

(3) 연소온도를 높이는 방법

(가) 발열량이 높은 연료를 사용한다.

(나) 연료를 완전 연소시킨다.

(다) 가능한 한 적은 과잉공기를 사용한다.

(라) 연료, 공기를 예열하여 사용한다.

(마) 복사 전열을 감소시키기 위해 연소속도를 빨리 할 것

예 | 상 | 문 | 제

문제 01 연료의 구비조건을 4가지 쓰시오.

해답) ① 공기 중에서 연소하기 쉬울 것 ② 저장 및 취급이 용이할 것
③ 발열량이 클 것 ④ 구입하기 쉽고 경제적일 것
⑤ 인체에 유해성이 없을 것 ⑥ 휘발성이 좋고 내한성이 우수할 것

문제 02 연료의 가연성 원소를 3가지 쓰시오.

해답) ① 탄소(C) ② 수소(H) ③ 유황(S)

문제 03 보일러 취급자가 연료를 사용할 때 지켜야 할 원칙을 4가지 쓰시오.

해답) ① 사용연료를 완전연소 시킬 것
② 연소 시 발생한 연소열을 최대한으로 이용할 것
③ 연소열의 손실은 최소한으로 할 것
④ 잔염(殘炎), 여열(餘熱)을 최대한으로 이용할 것

문제 04 고체 연료를 가공법에 따라 1차 연료와 2차 연료로 구분할 수 있는데 그 종류를 각각 2가지씩 쓰시오.

해답) ① 1차 연료 : 무연탄, 역청탄, 갈탄, 목재 등
② 2차 연료 : 코크스, 미분탄, 목탄(炭) 등

문제 05 고체연료의 장점을 4가지 쓰시오.

해답) ① 노천 야적이 가능하다.
② 저장 및 취급이 편리하다.
③ 구입이 쉽고, 가격이 저렴하다.
④ 연소장치가 간단하고, 특수목적에 이용된다.

해설) • 고체연료의 단점
① 완전연소가 곤란하다.
② 연소효율이 낮고 고온을 얻기 곤란하다.
③ 회분이 많고 처리가 곤란하다.
④ 착화 및 소화가 어렵다.
⑤ 연소조절이 어렵다.

문제 06 탄화도 증가에 따른 석탄의 일반적인 특징을 4가지 쓰시오.

해답) ① 발열량이 증가한다. ② 연료비가 증가한다.
③ 열전도율이 증가한다. ④ 비열이 감소한다.
⑤ 연소속도가 늦어진다. ⑥ 인화점, 착화온도가 높아진다.
⑦ 수분, 휘발분이 감소한다.

제4장 연료 및 연소계산

문제 07 석탄을 간이 분석하여 회분 27[%], 휘발분 33[%], 수분 3[%]라는 결과를 얻었다. 고정탄소는 몇 [%]인가?

풀이 고정탄소 = 100 − (수분 + 회분 + 휘발분)
 = 100 − (3 + 27 + 33) = 37[%]

해답 37[%]

문제 08 석탄을 분류하는 방법 중에서 연료비를 구하는 공식을 완성하시오.

$$연료비 = \frac{(\text{①})}{(\text{②})}$$

해답 ① 고정탄소 ② 휘발분

문제 09 역청탄(점결탄)을 주성분으로 하는 원료석탄을 1000[℃] 내외에서 건류하여 만들어지는 2차 연료의 명칭은 무엇인가?

해답 코크스(cokes)

문제 10 석탄을 저장하는 방법을 4가지 쓰시오.

해답 ① 탄층 내부온도를 60[℃] 이하로 유지시켜 자연발화를 방지한다.
② 신탄과 구탄을 분리하여 저장한다.
③ 높이는 4[m] 이하로 하고, 최상부는 평평하게 한다.
④ 배수가 용이하도록 바닥의 경사를 1/100~1/150 정도로 한다.
⑤ 통풍이 잘되게 하고, 직사광선을 피한다.
⑥ 탄종류, 채탄시기, 인수시기, 입도별로 구분하여 쌓는다.

문제 11 액체 연료의 장점을 4가지 쓰시오.

해답 ① 완전연소가 가능하고 발열량이 높다.
② 연소효율이 높고 고온을 얻기 쉽다.
③ 연소조절이 용이하고 회분이 적다.
④ 품질이 균일하고 저장, 취급이 편리하다.
⑤ 파이프라인을 통한 수송이 용이하다.

해설 액체 연료의 단점
① 연소온도가 높아 국부과열의 위험이 크다.
② 화재, 역화의 위험성이 높다.
③ 일반적으로 황성분을 많이 함유하고 있다.
④ 버너의 종류에 따라 연소 시 소음이 발생한다.

문제 12 A, B, C용 중유는 무엇을 기준으로 분류한 것인가?

해답 ▶ 점도

문제 13 액체 연료인 중유의 유동점은 응고점 보다 몇 [℃] 정도 더 높은가?

해답 ▶ 2.5[℃]

해설 ▶ 중유의 유동점 및 예열온도
① 유동점 : 응고점보다 2.5[℃] 높다.
② 예열온도 : 인화점보다 5[℃] 낮게 조정

문제 14 중유의 점도가 높은 경우 나타나는 현상을 4가지 쓰시오.

해답 ▶ ① 오일 공급(송유)이 곤란하다.
② 무화불량으로 불완전연소 발생
③ 버너 선단에 카본이 부착한다.
④ 연소상태가 불량하다.
⑤ 화염에 스파크가 발생한다.

해설 ▶ 점도가 낮은 경우 나타나는 현상
① 연료소비량 증가 ② 불완전 연소 발생 ③ 역화의 원인

문제 15 다음은 중유 첨가제를 나열한 것이다. 이들 첨가제의 기능을 설명하시오.
(1) 연소 촉진제 :   (2) 안정제 :
(3) 탈수제 :   (4) 회분 개질제 :
(5) 유동점 강하제 :

해답 ▶ (1) 분무를 양호하게 하여 연소를 촉진시킨다.
(2) 슬러지 분산제라 하며 슬러지 생성을 방지한다.
(3) 연료속의 수분을 분리 제거한다.
(4) 재(회분)의 융점을 높여 고온부식을 방지한다.
(5) 유동점을 낮추어 저온에서도 유동성을 양호하게 한다.

문제 16 중유 속에 수분이 있을 때 미치는 영향을 4가지 쓰시오.

해답 ▶ ① 발열량 감소 ② 저온부식 촉진 ③ 진동연소의 원인 ④ 퇴적물 생성

문제 17 보일러용 유류탱크는 통기관을 설치하도록 되어 있다. 다음 물음에 답하시오.
(1) 통기관의 지름 :
(2) 지상으로부터 통기관 개구부의 높이 :
(3) 개구부의 굽힘각 :

해답 ▶ (1) 30[mm] 이상 (2) 4[m] 이상 (3) 45° 이상

문제 18 보일러 연료로서 기체 연료를 사용할 경우의 장점을 3가지 쓰시오.

해답 ① 연소효율이 높고 연소제어가 용이하다.
② 회분 및 황성분이 없어 전열면 오손이 없다.
③ 적은 공기비로 완전연소가 가능하다.
④ 저발열량의 연료로 고온을 얻을 수 있다.
⑤ 완전연소가 가능하여 공해문제가 없다.

해설 기체연료의 단점
① 저장 및 수송이 어렵다.   ② 가격이 비싸다.
③ 시설비가 많이 소요된다.   ④ 누설 시 화재, 폭발의 위험이 크다.

문제 19 기체연료 중 석유계 연료의 종류 4가지를 쓰시오.

해답 ① 액화석유가스   ② LPG 변성가스   ③ 나프타 분해가스
④ 오일 가스   ⑤ 대체천연가스

문제 20 액화석유가스(LPG)의 특징을 5가지 쓰시오.

해답 ① LP가스는 공기보다 무겁다.   ② 액상의 LP가스는 물보다 가볍다.
③ 액화, 기화가 쉽고 기화하면 체적이 커진다.   ④ 기화열(증발잠열)이 크다.
⑤ 연소 시 공기량이 많이 필요하다.   ⑥ 폭발범위(연소범위)가 좁다.
⑦ 무색, 무취, 무미하다.

문제 21 액화천연가스(LNG)의 주성분은 무엇인가?

해답 메탄(CH_4)

해설 액화천연가스(LNG)의 주성분은 메탄(CH_4)으로 공기보다 가볍고 비점이 −161.5[℃] 이다.

문제 22 LNG 및 LPG 성분에 대한 설명이다. ( )안에 들어갈 내용을 쓰시오.

> 메탄가스의 액화온도는 (①)℃ 이며, 액화천연가스(LNG)의 주성분은 (②)이고, 액화석유가스(LPG)의 주성분은 (③)과 (④)이다.

해답 ① −161.5   ② 메탄(CH_4)   ③ 프로판(C_3H_8)   ④ 부탄(C_4H_{10})

문제 23 LNG의 기화장치 종류를 3가지 쓰시오.

해답 ① 오픈랙(open rack) 기화법
② 중간 매체법
③ 서브머지드(submerged)법

문제 24 가스홀더는 LPG, LNG 등을 기화시켜 도시가스로 공급하기 전에 저장하는 탱크로 가스의 압력을 일정하게 유지한다. 가스홀더의 종류를 3가지 쓰시오.

해답 ① 유수식   ② 무수식   ③ 고압식(구형 가스홀더)

문제 25 연소의 3대 요소를 쓰시오.

해답 ① 가연성 물질   ② 산소 공급원   ③ 점화원

문제 26 점화원의 종류 4가지를 쓰시오.

해답 ① 전기불꽃(아크)   ② 정전기   ③ 단열압축   ④ 충격 및 마찰 불꽃

문제 27 연료의 연소형태를 5가지로 분류하고 여기에 해당하는 연료 및 물질을 2가지씩 각각 쓰시오.

해답 ① 표면연소 : 목탄(숯), 코크스
② 분해연소 : 종이, 석탄, 목재
③ 증발연소 : 가솔린, 등유, 경유, 알코올, 양초
④ 확산연소 : 프로판, 부탄
⑤ 자기연소 : 셀롤로이드류, 질산에스테르류, 히드라진

문제 28 연료의 연소가 지속될 수 있는 최저온도는?

해답 인화점

문제 29 인화점(인화온도)과 발화점(발화온도)를 각각 설명하시오.

해답 ① 인화점(인화온도) : 가연성 물질이 공기 중에서 점화원에 의하여 연소할 수 있는 최저의 온도로 위험성의 척도이다.
② 발화점(발화온도) : 가연성 물질이 공기 중에서 온도를 상승시킬 때 점화원 없이 스스로 연소를 개시할 수 있는 최저의 온도로 착화점, 착화온도라 한다.

문제 30 미분탄 연소의 특징을 4가지 쓰시오.

해답 ① 적은 공기비로 완전 연소가 가능하다.
② 점화, 소화가 쉽고 부하 변동에 대응하기 쉽다.
③ 대용량에 적당하고, 사용 연료 범위가 넓다.
④ 설비비, 유지비가 많이 소요된다.
⑤ 집진 장치가 필요하다.
⑥ 연소실 면적이 크고, 폭발의 위험성이 있다.

문제 31 미분탄을 연소시키는 방법을 4가지 쓰시오.

해답 ① U자형 연소   ② L자형 연소   ③ 모서리 버너 연소   ④ 슬래그 탭 연소

문제 32 액체연료 연소에서 연료를 무화시키는 목적을 4가지 쓰시오.

해답 ① 단위 중량당 표면적을 크게 한다.
② 주위 공기와 혼합을 양호하게 한다.
③ 연소효율을 향상시킨다.
④ 연소실을 고부하로 유지한다.

문제 33 액체 연료를 무화시키는 방법을 4가지 쓰고 설명하시오.

해답 ① 유압 무화식 : 연료 자체에 압력을 주어 무화시키는 방법
② 이류체 무화식 : 증기, 공기를 이용하여 무화시키는 방법
③ 회전 이류체 무화식 : 원심력을 이용하여 무화시키는 방법
④ 충돌 무화식 : 연료끼리 혹은 금속판에 충돌시켜 무화시키는 방법
⑤ 진동 무화식 : 초음파에 의하여 무화시키는 방법
⑥ 정전기 무화식 : 고압 정전기를 이용하여 무화시키는 방법

문제 34 오일 버너 선정 시 고려하여야 할 사항을 4가지 쓰시오.

해답 ① 버너 용량이 보일러 용량에 적합할 것
② 부하 변동에 대한 유량 조절 범위를 고려할 것
③ 자동 제어 방식에 적합한 버너 형식을 고려할 것
④ 가열 조건과 연소실 구조에 적합할 것

문제 35 유압식 버너의 특징을 4가지 쓰시오.

해답 ① 부하 변동에 적응성이 적다.
② 대용량에 적합하다.
③ 유량은 유압의 제곱근에 비례한다.
④ 고점도의 연료는 무화가 곤란하다.

문제 36 2유체 버너라고도 하며, 유류 버너 중 유량의 조절 범위가 가장 큰 것의 명칭을 쓰시오.

해답 고압기류식 버너

문제 37 구조가 간단하고 자동화에 용이하며 고속으로 회전하는 분무 컵으로 연료를 비산, 무화시키는 버너의 명칭을 쓰시오.

해답 회전식 버너

문제 38 다음 설명에 해당하는 버너의 명칭을 쓰시오.
(1) 유량은 유압의 제곱근에 비례하는 버너로 유량을 1/2로 감소시키려면 압력을 1/4 이하로 조정하여야 한다.
(2) 고속으로 회전하는 분무컵에 송입되는 연료를 원심력을 이용해 분사하는 버너
(3) 고압의 증기나 공기로 연료를 분사하는 버너

해답 (1) 유압식 버너 (2) 회전식 버너 (3) 기류식 버너

문제 39 유압식과 기류식을 혼합한 것으로 소형으로 만들고 연소상태가 양호한 버너의 명칭은?

해답 건타입 버너

문제 40 증발(기화)식 버너에 적합한 연료 2가지를 쓰시오.

해답 ① 등유 ② 경유

문제 41 보일러 연료 저장탱크에서부터 버너까지 연료가 이송되는 과정을 나타낸 것으로 ( ) 안에 알맞은 명칭을 쓰시오.

> 저장탱크(storage tank) → 여과기 → (①) → 서비스 탱크(service tank) → 유수분리기 → 유예열기 → (②) → 급유 온도계 → 유량계 → (③) → 버너

해답 ① 연료 이송펌프 ② 급유펌프 ③ 전자밸브

문제 42 오일 저장탱크(storage tank)와 오일 서비스 탱크(service tank)의 저장용량은 일반적으로 어느 정도이어야 하는가?

해답 ① 저장탱크 : 1~3주 정도
② 서비스 탱크 : 2~3시간 정도

문제 43 오일 서비스 탱크에 부착되는 부속설비를 5가지 쓰시오.

해답 ① 유면계 ② 통기관 ③ 온도계 ④ 플로트 스위치 ⑤ 송유관

문제 44 연료 이송용으로 사용하는 펌프의 종류를 3가지 쓰시오.

해답 ① 기어펌프 ② 스크류 펌프 ③ 플런저 펌프

문제 45 중유 배관 라인 중에 여과기(strainer)를 설치하여야 하는 장소 3개소를 쓰시오.

해답 ① 펌프 앞 ② 유량계 앞 ③ 버너 앞

문제 46 오일 여과기(oil strainer)에 대한 물음에 답하시오.
(1) 여과기 전후에 설치하여야 할 것은?
(2) 여과기는 사용압력의 몇 배 이상에서 견딜 수 있어야 하는가?
(3) 여과기는 입구와 출구의 압력차가 몇 [MPa] 이상일 때 여과기를 점검(청소)해 주어야 하는가?

해답 (1) 압력계   (2) 1.5   (3) 0.02[MPa]

문제 47 중유를 사용하는 보일러에서 유예열기를 사용하여 연료를 예열하는 이유를 4가지 쓰시오.

해답 ① 한랭 시 연료의 동결방지   ② 연료의 무화를 양호하게 유지
③ 연료 이송을 양호하게 유지   ④ 점화효율 증대

문제 48 시간당 120[kg]의 연료(중유)를 사용하는 버너 앞쪽에 오일 프리히터를 설치하려고 한다. 히터 입구 쪽의 연료 온도가 40[℃]이고, 히터 출구의 온도가 85[℃]가 되도록 하려면 히터의 용량은 몇 [kW·h]가 되어야 하는지 계산하시오. (단, 연료의 평균비열은 0.45[kcal/kg·℃]이고 히터 효율은 75[%]이다.)

풀이 $kW \cdot h = \dfrac{G_f \cdot C_f \cdot \Delta t}{860 \eta} = \dfrac{120 \times 0.45 \times (85-40)}{860 \times 0.75} = 3.767 ≒ 3.77[kW \cdot h]$

해답 3.77[kW·h]

문제 49 보일러 급유계통에서 보일러 가동 중 연소의 소화, 압력초과 등 이상 현상 발생 시 긴급히 연료를 차단하는 장치의 명칭은 무엇인가?

해답 전자 밸브

문제 50 보염(保炎) 장치에 관한 물음에 답하시오.
(1) 보염 장치를 설명하시오.
(2) 보염 장치의 설치목적을 4가지 쓰시오.

해답 (1) 연료와 공기와의 혼합을 양호하게 하고, 확실한 착화와 화염의 안정을 도모하기 위하여 설치하는 장치이다.
(2) ① 화염의 형상 조절   ② 안정된 착화도모
③ 전열효율 촉진   ④ 공기와 연료의 혼합 촉진

문제 51 연료와 공기와의 혼합을 양호하게 하고, 확실한 착화와 화염의 안정을 도모하기 위하여 설치하는 보염장치 종류를 3가지 쓰시오.

해답 ① 윈드박스　② 보염기　③ 버너 타일

문제 52 유류연소용 보일러의 연소실 입구에 설치되는 공기조절장치의 각 부분에 대한 설명이다. 각각 어떤 부품인지 그 명칭을 쓰시오.
(1) 압입통풍의 경우 버너를 장치하는 벽면에 설치되는 밀폐된 상자로서 풍도에서 공기를 흡입하여 동압의 대부분을 정압으로 노내에 유입시키는 역할을 하는 것
(2) 착화를 원활하게 하고 화염의 안정을 도모하는 것이며, 선회기를 설치하여 연소용 공기에 선회운동을 주어 원추상으로 분사시켜 내측에 저압부분의 형성으로 저속영역을 만들어 착화를 쉽게 하는 것
(3) 노벽에 설치한 버너 슬롯를 구성하는 내화재로 착화와 화염에 안정을 주는 역할을 하는 것

해답 (1) 윈드박스(wind box)
　　　(2) 보염기(스테빌라이저)
　　　(3) 버너 타일

문제 53 보일러 연소장치에서 연소효과를 향상시키기 위해 보염장치를 사용한다. 보염장치 중 버너타일의 역할을 3가지 쓰시오.

해답 ① 화염을 안정시킨다.
　　　② 분무입자와 연소용 공기의 혼합을 촉진한다.
　　　③ 연료의 무화를 촉진시킨다.
　　　④ 노벽의 방사열로부터 버너를 보호한다.

문제 54 다음은 액체 연료용 보일러의 부하조절에 관한 내용이다. ( ) 안에 알맞은 용어나 숫자를 쓰시오.
(1) 연소량을 감소시킬 때는 먼저 (①)을[를] 감소시키고 난 다음 (②)을[를] 감소시킨다.
(2) 연소량을 증가시킬 때는 먼저 (①)을[를] 증가시키고 난 다음 (②)을[를] 증가시킨다.
(3) 1개 버너의 연소량은 그 버너의 최대용량의 (　) 이하로 감소하면 안 된다.
(4) 연소량 조정은 버너수의 (　)에 의하는 것이 좋다.

해답 (1) ① 연료량　② 공기량
　　　(2) ① 공기량　② 연료량
　　　(3) 1/3
　　　(4) 증감

문제 55 가스버너의 특징을 4가지 쓰시오.

해답 ① 연소성능이 좋고, 고부하 연소가 가능하다.
② 연소량 조절이 간단하고, 그 범위가 넓다.
③ 정확한 온도제어가 가능하다.
④ 버너 구조가 간단하며, 보수가 용이하다.
⑤ 배기가스 중 유해물질이 적어 공해 대책에 유리하다.

문제 56 기체 연료의 연소방식 중 부하의 조정범위가 넓고 역화의 위험성이 적으며 가스와 공기를 예열할 수 있는 외부혼합형의 명칭은 무엇인가?

해답 확산 연소방식

문제 57 가스연료를 사용하는 버너로 외부 혼합형 버너 중 다음에 설명하는 버너의 명칭을 쓰시오.

(1) 노벽의 버너 입구의 내측 주변에 둥근 형상의 연료관을 두고 다수의 분사 구멍을 만들어 유입되는 공기 기류 속에 가스를 분사시켜 연소하는 방식
(2) 선단에 다수의 분사구를 갖는 가스 분사관을 공기 노즐 중심에 설치한 것으로 보통 가스압력이 높을 경우에 사용하는 방식
(3) 다수의 분기관을 설치하여 가스압력이 낮은 경우에도 공기와 혼합이 양호하며 기름 버너와 병용하여 사용할 수 있는 방식

해답 (1) 링타입 버너
(2) 건타입 버너(센터 파이형)
(3) 다분기관형(multi spot) 버너

문제 58 기체 연료의 연소방식 중 화염이 짧으며 고온의 화염을 얻을 수 있으나 연소부하가 크고 역화의 위험성이 있는 내부혼합형의 명칭은 무엇인가?

해답 예혼합 연소방식

문제 59 보일러에서 연료를 연소할 때 화염의 형태 및 불빛으로 연소공기의 과부족을 판단할 수 있다. 다음의 공기량별 불빛 색(화염의 색)을 쓰시오.
(1) 공기량이 많은 경우 :
(2) 공기량이 적은 경우 :
(3) 공기량이 적당한 경우 :

해답 (1) 회백색
(2) 암적색
(3) 엷은 주황색(오렌지색)

문제 60 자연통풍의 특징을 4가지 쓰시오.

해답 ① 통풍력은 연돌의 높이, 배기가스의 온도, 외기온도 및 습도의 영향을 받는다.
② 노내 압력이 부압으로 형성된다.
③ 통풍력이 약해 구조가 복잡한 보일러는 부적당하다.
④ 배기가스 유속이 3~4[m/s] 정도이다.

문제 61 자연 통풍력을 증가시키는 방법을 4가지 쓰시오.

해답 ① 연돌의 높이를 높게 한다.   ② 연돌의 단면적을 크게 한다.
③ 배기가스의 온도를 높게 한다.   ④ 연돌의 굴곡부를 적게 한다.

문제 62 보일러 통풍방식 중 강제 통풍방식의 종류를 3가지 쓰시오.

해답 ① 압입통풍   ② 흡입통풍   ③ 평형통풍

문제 63 다음 통풍방법에 관한 설명에서 (   ) 안에 알맞은 용어를 쓰시오.

> 통풍방식에는 굴뚝의 통풍력에만 의존하는 (①)과 기계적인 방법에 의하는 강제통풍이 있으며 강제통풍에는 (②), 흡입통풍, (③) 등이 있다.

해답 ① 자연통풍   ② 압입통풍   ③ 평형통풍

문제 64 강제통풍 방법 중 압입통풍의 특징을 4가지 쓰시오.

해답 ① 연소실 내의 압력이 정압으로 유지된다.
② 연소용 공기를 예열할 수 있다.
③ 송풍기 고장이 적고, 점검 및 보수가 쉽다.
④ 동력소비가 흡입 통풍식보다 적다.
⑤ 배기가스 유속은 8[m/s] 이하이다.

문제 65 다음과 같은 특징을 갖고 있는 통풍방식의 명칭을 쓰시오.

> ① 연도의 끝이나 연돌하부에 송풍기를 설치한다.
> ② 연도내의 압력은 대기압보다 낮게 유지된다.
> ③ 매연이나 부식성이 강한 배기가스가 통과하므로 송풍기의 고장이 자주 발생한다.

해답 흡입통풍

문제 66 평형통풍의 특징을 4가지 쓰시오.

해답
① 연소실 내의 압력을 정압이나 부압으로 조절할 수 있다.
② 동력소비가 커 유지비가 많이 소요된다.
③ 초기 설비비가 많이 소요된다.
④ 강한 통풍력을 얻을 수 있다.
⑤ 배기가스 유속은 10[m/s] 이상이다.

문제 67 다음은 보일러의 통풍력에 대한 내용이다. ( ) 안에 알맞은 용어를 쓰시오.

(1) 연돌의 높이가 (   )수록 통풍력은 증가한다.
(2) 통풍력은 연돌의 (   )이 클수록 증가한다.
(3) 통풍력은 (   )의 온도가 높을수록 증가한다.
(4) 통풍력은 (   )의 온도가 낮을수록 증가한다.
(5) 통풍력은 (①)의 비중량과 연돌 내부의 (②)의 비중량의 차이와 (③)의 곱으로 나타낸다.

해답 (1) 높을 (2) 단면적 (3) 배기가스 (4) 외기
(5) ① 외기 ② 배기가스 ③ 연돌높이

문제 68 통풍력에 대한 사항이다. ( ) 안에 "크다", "작다"를 쓰시오.

(1) 통풍력은 겨울철보다 여름철이 (   )
(2) 통풍력은 배기가스의 온도가 높을수록 (   )
(3) 통풍력은 단면적이 적을수록 (   )
(4) 통풍력은 연돌의 높이가 높을수록 (   )
(5) 통풍력은 외기온도가 높을수록 (   )
(6) 통풍력은 습도가 낮을수록 (   )

해답 (1) 작다. (2) 크다. (3) 작다. (4) 크다. (5) 작다. (6) 크다.

문제 69 연돌의 높이가 20[m], 배기가스 평균온도가 300[℃], 비중량이 1.34[kgf/m³], 외기의 온도가 10[℃], 비중량이 1.29[kgf/m³]인 경우 자연통풍력은 몇 [mmAq]인지 계산하시오.

풀이
$$Z = 273 H \left(\frac{\gamma_a}{T_a} - \frac{\gamma_g}{T_g} \right) = 273 \times 20 \times \left(\frac{1.29}{273 + 10} - \frac{1.34}{273 + 300} \right)$$
$$= 12.119 ≒ 12.12 [mmAq]$$

해답 12.12[mmAq]

문제 70 어느 건물에 있어서 굴뚝의 지름이 80[cm], 높이 30[m], 외기온도 15[℃], 배기가스 평균온도 300[℃]일 때 굴뚝의 자연통풍력[mmAq]은 얼마인가?

풀이 $Z = H\left(\dfrac{353}{T_a} - \dfrac{367}{T_g}\right) = 30 \times \left(\dfrac{353}{273+15} - \dfrac{367}{273+300}\right) = 17.556 ≒ 17.56[\text{mmAq}]$

해답 17.56[mmAq]

문제 71 굴뚝높이 100[m], 배기가스의 평균온도 200[℃], 외기온도 27[℃], 굴뚝 내 가스의 외기에 대한 비중을 1.05라 할 때 통풍력[mmAq]은 얼마인가?

풀이 $Z = 353 H\left(\dfrac{1}{T_a} - \dfrac{\gamma_g}{T_g}\right) = 353 \times 100 \times \left(\dfrac{1}{273+27} - \dfrac{1.05}{273+200}\right)$
$= 39.305 ≒ 39.31[\text{mmAq}]$

해답 39.31[mmAq]

문제 72 연돌의 높이가 50[m]이고 외기의 비중량이 1.24[kgf/m³], 배기가스의 비중량이 0.87[kgf/m³]일 때 실제 통풍력[mmH₂O]을 계산하시오.

풀이 $Z' = H(\gamma_a - \gamma_g) \times 0.8 = 50 \times (1.24 - 0.87) \times 0.8 = 14.8[\text{mmH}_2\text{O}]$

해답 14.8[mmH₂O]

문제 73 보일러의 통풍력을 측정하였더니 3[mmH₂O]였다. 연돌의 높이를 구하시오. (단, 배기온도 150[℃], 외기온도 0[℃], 실제 통풍력은 이론 통풍력의 80[%]이다.)

풀이 $Z = 0.8 H\left(\dfrac{353}{T_a} - \dfrac{367}{T_g}\right)$ 에서

$\therefore H = \dfrac{Z}{0.8 \times \left(\dfrac{353}{T_a} - \dfrac{367}{T_g}\right)} = \dfrac{3}{0.8 \times \left(\dfrac{353}{273} - \dfrac{367}{273+150}\right)} = 8.814 ≒ 8.81[\text{m}]$

해답 8.81[m]

문제 74 어느 보일러의 시간당 연료 사용량이 300[kg], 배기가스의 유속이 4[m/s], 연돌 출구의 배기가스 평균온도가 250[℃], 연돌내의 가스압력이 780[mmHg]일 때 연돌의 상부 단면적[m²]을 계산하시오. (단, 연료 1[kg] 연소 시 배기가스량은 20[Nm³]이다.)

풀이 $F = \dfrac{G(1+0.0037t) \times \left(\dfrac{760}{P_g}\right)}{3600\, W} = \dfrac{300 \times 20 \times (1+0.0037 \times 250) \times \left(\dfrac{760}{780}\right)}{3600 \times 4}$
$= 0.781 ≒ 0.78[\text{m}^2]$

해답 0.78[m²]

문제 75 5[톤/h]인 수관식 보일러에서 연돌로 배출되는 배기가스가 9100[Nm³/h]이며, 연돌로 배출되는 배기가스 평균온도가 250[℃]이다. 연돌 상부 최소단면적이 0.7[m²]일 때 배기가스 유속은 몇 [m/s]인가?

풀이 $F = \dfrac{G(1+0.0037t)\left(\dfrac{760}{P_g}\right)}{3600\,W}$ 에서 압력(P_g)은 무시하면

$\therefore W = \dfrac{G(1+0.0037t)}{3600\,F} = \dfrac{9100 \times (1+0.0037 \times 250)}{3600 \times 0.7} = 6.951 ≒ 6.95[m/s]$

해답 6.95[m/s]

문제 76 보일러에서 사용되는 원심식 송풍기 종류를 3가지 쓰시오.

해답 ① 터보형 ② 실로코형 ③ 플레이트형

문제 77 후향 날개 형식으로 된 송풍기로 효율이 60~75[%] 정도로 좋으며, 고압 대용량에 적합하고 작은 동력으로도 운전할 수 있는 송풍기 명칭은?

해답 터보형 송풍기

문제 78 송풍기에서 전향날개의 대표적인 형태로 실로코형 송풍기라고도 하며 원심송풍기로서 회전차의 지름이 작고 소형, 경량인 송풍기 명칭은?

해답 다익 송풍기

문제 79 어떤 보일러 송풍기의 풍량이 3600[m³/min], 송풍압력이 35[mmAq], 효율이 0.62이면 이 송풍기의 소요동력은 몇 [kW]인가?

풀이 $kW = \dfrac{PQ}{102\,\eta} = \dfrac{35 \times 3600}{102 \times 0.62 \times 60} = 33.206 ≒ 33.21[kW]$

해답 33.21[kW]

문제 80 통풍압 50[mmAq], 풍량 500[m³/min]이고 통풍기의 효율은 0.5라고 하면 소요동력은 몇 [PS]인가?

풀이 $PS = \dfrac{PQ}{75\,\eta} = \dfrac{50 \times 500}{75 \times 0.5 \times 60} = 11.111 ≒ 11.11[PS]$

해답 11.11[PS]

문제 81
어느 통풍기에서 공기가 10[Nm³/s]이고 공기의 온도가 150[℃]일 때 풍압이 100[mmAq]이다. 송풍기의 효율이 65[%]일 때 소요동력은 몇 [kW]인가?

풀이
① STP(0[℃], 1기압) 상태의 공기를 150[℃], 100[mmAq] 상태의 체적으로 계산

$$\frac{P_1 V_1}{T_1} = \frac{P_2 V_2}{T_2}$$ 에서

$$\therefore V_2 = \frac{P_1 V_1 T_2}{P_2 T_1} = \frac{10332 \times 10 \times (273+150)}{(10332+100) \times 273} = 15.345 \fallingdotseq 15.35\,[\mathrm{m^3/s}]$$

② 소요동력 계산

$$\therefore \mathrm{kW} = \frac{PQ}{102\eta} = \frac{100 \times 15.35}{102 \times 0.65} = 23.152 \fallingdotseq 23.15[\mathrm{kW}]$$

해답 23.15[kW]

문제 82
보일러에 사용되는 원심식 송풍기에 대한 다음 글의 ( ) 안에 들어갈 적합한 용어를 쓰시오.

> 풍압은 송풍기 회전수 증가의 (①)승에 비례하며, 풍량은 송풍기 회전수 증가의 (②)승에 비례하고, 풍마력은 송풍기 회전수 증가의 (③)승에 비례한다.

해답 ① 2 ② 1 ③ 3

해설 원심식 송풍기 상사의 법칙
풍량은 회전수 변화량에 비례하고, 풍압은 회전수 변화량의 2승에 비례하고, 동력은 회전수 변화량의 3승에 비례한다.

① 풍량 $Q_2 = Q_1 \times \left(\frac{N_2}{N_1}\right) \times \left(\frac{D_2}{D_1}\right)^3$

② 풍압 $P_2 = P_1 \times \left(\frac{N_2}{N_1}\right)^2 \times \left(\frac{D_2}{D_1}\right)^2$

③ 동력 $L_2 = L_1 \times \left(\frac{N_2}{N_1}\right)^3 \times \left(\frac{D_2}{D_1}\right)^5$

문제 83
연도에 댐퍼를 설치하는 목적을 3가지 쓰시오.

해답
① 통풍력을 조절하여 연소효율을 상승시킨다.
② 배기가스의 흐름을 조절한다.
③ 배기가스의 흐름방향을 전환한다.

문제 84
보일러에서 매연 발생 원인을 5가지 쓰시오.

해답
① 통풍이 부족하거나 과대할 때
② 무리한 연소를 할 때
③ 연소실 온도가 낮을 때
④ 공기비가 맞지 않을 때
⑤ 연소장치와 연료가 맞지 않을 때
⑥ 연소실 온도가 낮을 때
⑦ 연소장치가 불량일 때
⑧ 연소실 용적이 적을 경우

문제 85 굴뚝에서 나오는 배기가스의 농도를 측정하는데 쓰이는 농도표로서 굵기가 다른 흑선을 0도에서 5도까지 6종류로 구분하여 연소상황의 좋고 나쁨을 측정할 수 있는 농도표는 무엇인가?

해답) 링겔만 농도표

문제 86 링겔만 농도표로 매연 측정 시 주의사항을 4가지 쓰시오.

해답) ① 태양을 정면으로 받지 않을 것
② 배경이 밝은 위치에서 관측할 것
③ 개인오차가 없도록 여러 사람이 측정할 것
④ 배기가스 흐름의 직각에서 역광선이 아닌 위치에 선다.

문제 87 보일러 배기가스의 매연농도를 측정하는 장치 3가지를 쓰시오.

해답) ① 링겔만 매연농도표 ② 바카라치 스모그 테스터 ③ 광학식 매연농도계

문제 88 배기가스 채취에서 아스피레이터를 이용한 장치를 사용하였다. 1차 필터와 2차 필터로 사용하는 재료를 각각 2가지씩 쓰시오.

해답) ① 1차 필터 : 소결금속, 카보런덤   ② 2차 필터 : 유리솜, 솜

문제 89 집진장치 선정 시 고려하여야 할 사항을 4가지 쓰시오.

해답) ① 분진의 입도 및 분포   ② 집진기의 처리효율
③ 집진장치에 의한 압력손실   ④ 제거하여야 할 분진의 양
⑤ 집진시설 관리 및 유지비   ⑥ 집진 후 폐기물의 처리문제

문제 90 건식 집진장치의 종류를 4가지 쓰시오.

해답) ① 중력 집진장치   ② 관성력 집진장치
③ 원심력 집진장치   ④ 여과 집진장치

문제 91 고온 가스의 처리가 간단하여 굴뚝 또는 배관 내에 장착하고 지름이 100[μm]인 입자의 집진에 이용되며 집진효율이 50~70[%]인 장치로 구조가 간단한 함진 가스의 집진장치 명칭은?

해답) 관성력식 집진장치

문제 92 함진 배기가스를 액방울이나 액막에 충돌시켜 매진을 포집, 분리하는 집진장치 명칭은 무엇인가?

해답) 세정식 집진장치

해설• 세정식 집진장치 종류
① 유수식 : S형, 임펠러형, 회전형, 분수형 및 나선 가이드베인형
② 가압수식 : 벤투리 스크러버, 제트 스크러버, 사이클론 스크러버, 충전탑(세정탑)
③ 회전식 : 타이젠 와셔, 충격식 스크러버

문제 93 가압수식 집진장치의 종류를 3가지 쓰시오.

해답 ① 벤투리 스크러버 ② 제트 스크러버 ③ 사이클론 스크러버 ④ 충전탑

문제 94 집진장치 중 압력손실이 낮고, 집진효율이 가장 좋으나, 설비비 및 부하변동에 대응하기 어려운 장치의 명칭은 무엇인가?

해답 전기 집진장치

문제 95 탄소 5[kg]을 완전 연소시키는데 필요한 산소량은 약 몇 [kg]인가?

풀이• 탄소(C)의 완전연소 반응식 $C + O_2 \rightarrow CO_2$에서
12[kg] : 32[kg] = 5[kg] : $x(O_0)$[kg]
$$\therefore O_0 = \frac{5 \times 32}{12} = 13.333 ≒ 13.33[kg]$$

해답 13.33[kg]

문제 96 수소 1[kg]을 연소시키는 데 필요한 산소량은 체적으로 몇 [Nm^3]인가?

풀이• 수소(H_2)의 완전연소반응식
$$H_2 + \frac{1}{2}O_2 \rightarrow H_2O$$
2[kg] : $\frac{1}{2} \times 22.4$[Nm^3] = 1[kg] : $x(O_0)$[Nm^3]
$$\therefore x(O_0) = \frac{\frac{1}{2} \times 22.4 \times 1}{2} = 5.6[\text{Nm}^3]$$

해답 5.6[Nm^3]

문제 97 수소 1[kg]을 완전 연소시키는데 필요한 공기량[kg]은? (단, 공기 중의 산소 중량 백분율은 23.2[%]이다.)

풀이• 수소(H_2)의 완전연소반응식
$$H_2 + \frac{1}{2}O_2 \rightarrow H_2O$$
2[kg] : $\frac{1}{2} \times 32$[kg] = 1[kg] : $x(O_0)$[kg]

$$\therefore A_0 = \frac{O_0}{0.232} = \frac{1 \times \frac{1}{2} \times 32}{2 \times 0.232} = 34.482 ≒ 34.48[kg]$$

[해답] 34.48[kg]

문제 98 탄소 2[kg]을 완전연소 시키는데 필요한 이론공기량[Nm³]은 얼마인가?

[풀이] $C + O_2 \rightarrow CO_2$
　　　　$12[kg] : 22.4[Nm^3] = 2[kg] : x(O_0)[Nm^3]$

$$\therefore A_0 = \frac{O_0}{0.21} = \frac{2 \times 22.4}{12 \times 0.21} = 17.777 ≒ 17.78[Nm^3]$$

[해답] 17.78[Nm³]

문제 99 탄소(C) 10[kg]을 완전연소 시킬 때의 물음에 답하시오.
(1) 이론산소량을 중량[kg]으로 계산하면 얼마인가?
(2) 이론산소량을 체적[Nm³]으로 계산하면 얼마인가?

[풀이] (1) 이론산소량 중량[kg] 계산
　　　　$C + O_2 \rightarrow CO_2$
　　　　$12[kg] : 32[kg] = 10[kg] : x(O_0)[kg]$

$$\therefore O_0[kg] = \frac{10 \times 32}{12} = 26.666 ≒ 26.67[kg]$$

(2) 이론산소량 체적(Nm³) 계산
　　$C + O_2 \rightarrow CO_2$
　　$12[kg] : 22.4[Nm^3] = 10[kg] : y(O_0)[Nm^3]$

$$\therefore O_0[Nm^3] = \frac{10 \times 22.4}{12} = 18.666 ≒ 18.67[Nm^3]$$

[해답] (1) 26.67[kg]　(2) 18.67[Nm³]

문제 100 다음은 프로판(C_3H_8)과 부탄(C_4H_{10})의 완전연소 반응식이다. ( ) 안에 알맞은 숫자를 넣으시오.

$$C_3H_8 + 5O_2 \rightarrow (\text{①})CO_2 + (\text{②})H_2O$$
$$C_4H_{10} + 6.5O_2 \rightarrow (\text{③})CO_2 + (\text{④})H_2O$$

[해답] ① 3　② 4　③ 4　④ 5

[해설] 탄화수소(C_mH_n)의 완전연소 반응식
$$C_mH_n + \left(m + \frac{n}{4}\right)O_2 \rightarrow mCO_2 + \frac{n}{2}H_2O$$

문제 101 부탄(C_4H_{10}) 1[Sm^3]를 완전 연소시키는 데는 필요한 산소량은 몇 [Sm^3]인가?

풀이 • 부탄(C_4H_{10})의 완전연소 반응식
$$C_4H_{10} + 6.5O_2 \rightarrow 4CO_2 + 5H_2O$$
$$22.4[Sm^3] : 6.5 \times 22.4[Sm^3] = 1[Sm^3] : x(O_0)[Sm^3]$$
$$\therefore O_0 = \frac{1 \times 6.5 \times 22.4}{22.4} = 6.5[Sm^3]$$

해답 6.5[Sm^3]

해설 • Sm^3는 표준상태(0[℃], 1기압)의 체적을 나타낸다.

문제 102 프로판(C_3H_8) 10[Nm^3]를 완전 연소시키는데 필요한 이론산소량[Nm^3]을 계산하시오.

풀이 • 프로판(C_3H_8)의 완전연소 반응식
$$C_3H_8 + 5O_2 \rightarrow 3CO_2 + 4H_2O$$
$$22.4[Nm^3] : 5 \times 22.4[Nm^3] = 10[Nm^3] : x(O_0)[Nm^3]$$
$$\therefore O_0 = \frac{10 \times 5 \times 22.4}{22.4} = 50[Nm^3]$$

해답 50[Nm^3]

문제 103 프로판(C_3H_8) 1[kg]이 완전 연소하는 경우 필요한 이론 산소량은 약 몇 [Nm^3]인가?

풀이 •
$$C_3H_8 + 5O_2 \rightarrow 3CO_2 + 4H_2O$$
$$44[kg] : 5 \times 22.4[Nm^3] = 1[kg] : x(O_0)[Nm^3]$$
$$\therefore x(O_0) = \frac{1 \times 5 \times 22.4}{44} = 2.545 ≒ 2.55[Nm^3]$$

해답 2.55[Nm^3]

문제 104 탄화수소(C_mH_n) 1[Nm^3]가 완전연소 할 때 이론공기량[Nm^3/Nm^3]을 구하는 식을 완성하시오.

풀이 • ① 탄화수소(C_mH_n)의 완전연소 반응식
$$C_mH_n + \left(m + \frac{n}{4}\right)O_2 \rightarrow mCO_2 + \frac{n}{2}H_2O$$
② 이론공기량[Nm^3/Nm^3] 계산식
$$\therefore A_0[Nm^3/Nm^3] = \frac{O_0}{0.21} = \frac{m + \frac{n}{4}}{0.21} = \frac{m}{0.21} + \frac{\frac{n}{4}}{0.21} = \frac{1}{0.21}m + \frac{\frac{1}{4}}{0.21}n$$
$$= 4.761m + 1.190n ≒ 4.76m + 1.19n$$

해답 $4.76m + 1.19n$

문제 105 탄소(C) 5[kg]을 완전 연소시킬 때 다음 물음에 답하시오.
(1) 이론공기량을 중량[kg]으로 계산하면 얼마인가?
(2) 이론공기량을 체적[Nm³]으로 계산하면 얼마인가?

풀이 (1) 이론공기량 중량[kg] 계산
$$C + O_2 \rightarrow CO_2$$
$$12[kg] : 32[kg] = 5[kg] : x(O_0)[kg]$$
$$\therefore A_0[kg] = \frac{O_0}{0.232} = \frac{5 \times 32}{12 \times 0.232} = 57.471 \fallingdotseq 57.47[kg]$$

(2) 이론공기량 체적[Nm³] 계산
$$C + O_2 \rightarrow CO_2$$
$$12[kg] : 22.4[Nm^3] = 5[kg] : y(O_0)[Nm^3]$$
$$\therefore A_0[Nm^3] = \frac{O_0}{0.21} = \frac{5 \times 22.4}{12 \times 0.21} = 44.444 \fallingdotseq 44.44[Nm^3]$$

해답 (1) 57.47[kg] (2) 44.44[Nm³]

문제 106 연료의 원소분석에서 C의 함유량이 80[%], H의 함유량이 15[%], S의 함유량이 5[%]일 때 이론 공기량[Nm³/kg]을 구하시오.

풀이
$$A_0[Nm^3/kg] = \frac{O_0}{0.21} = \frac{1.867C + 5.6\left(H - \frac{O}{8}\right) + 0.7S}{0.21}$$
$$= \frac{1.867 \times 0.8 + 5.6 \times 0.15 + 0.7 \times 0.05}{0.21} = 11.279 \fallingdotseq 11.28[Nm^3/kg]$$

해답 11.28[Nm³/kg]

문제 107 프로판 1[kg]을 완전 연소시킬 경우 이론 공기량[Nm³/kg]은 얼마인가?

풀이
$$C_3H_8 + 5O_2 \rightarrow 3CO_2 + 4H_2O$$
$$44[kg] : 5 \times 22.4[Nm^3] = 1[kg] : x(O_0)$$
$$\therefore A_0 = \frac{O_0}{0.21} = \frac{1 \times 5 \times 22.4}{44 \times 0.21} = 12.121 \fallingdotseq 12.12[Nm^3/kg]$$

해답 12.12[Nm³/kg]

문제 108 어떤 액체 연료를 완전 연소시키기 위한 이론 공기량이 10.5[Nm³/kg]이고, 공기비가 1.4인 경우 실제 공기량[Nm³/kg]은 얼마인가?

해설 $A = mA_0 = 1.4 \times 10.5 = 14.7[Nm^3/kg]$

해답 14.7[Nm³/kg]

문제 109 탄소(C) 12[kg]이 공기비(m) 1.2로 완전 연소할 때 실제 공기량[Nm³]을 구하시오. (단, 공기 중 산소는 21 vol%이다.)

풀이 (1) 탄소(C)의 완전 연소반응식
$$C + O_2 \rightarrow CO_2$$
② 실제 공기량[Nm³] 계산
$$A = m \cdot A_0 = m \times \frac{O_0}{0.21} = 1.2 \times \frac{22.4}{0.21} = 128[\text{Nm}^3]$$

해답 128[Nm³]

문제 110 액체 연료의 성분이 C 80[%], H 10[%], O 5[%], S 5[%] 이었다. 이 연료를 연소시키는데 실제공기량이 13[Nm³/kg]이라면 공기비는 얼마인가?

풀이 ① 이론공기량 계산
$$A_0 = \frac{O_0}{0.21} = \frac{1.867C + 5.6\left(H - \frac{O}{8}\right) + 0.7S}{0.21}$$
$$= \frac{1.867 \times 0.8 + 5.6 \times \left(0.1 - \frac{0.05}{8}\right) + 0.7 \times 0.05}{0.21} = 9.779 \fallingdotseq 9.78[\text{Nm}^3/\text{kg}]$$

② 공기비 계산
$$m = \frac{A}{A_0} = \frac{13}{9.78} = 1.329 \fallingdotseq 1.33$$

해답 1.33

문제 111 보일러 배기가스를 분석한 결과 CO_2 14%, O_2 6%, N_2 80% 이었다. 완전연소라 할 때 공기비는 얼마인가 계산하시오.

풀이 $m = \dfrac{N_2}{N_2 - 3.76 O_2} = \dfrac{80}{80 - 3.76 \times 6} = 1.392 \fallingdotseq 1.39$

해답 1.39

문제 112 완전 연소된 배기가스 중 산소농도가 2%인 보일러의 공기비는 얼마인가?

풀이 $m = \dfrac{21}{21 - O_2} = \dfrac{21}{21 - 2} = 1.105 \fallingdotseq 1.11$

해답 1.11

문제 113 보일러 연소에서 공기비가 클 때 나타나는 현상 4가지를 쓰시오.

해답 ① 연소실내의 온도가 낮아진다.
② 배기가스로 인한 손실열이 증가한다.
③ 연료 소비량이 증가한다.

④ 배기가스 중 질소화합물(NOx)이 많아져 대기오염을 초래한다.

해설 공기비가 작을 경우 나타나는 현상
① 불완전연소가 발생하기 쉽다.　　② 연소효율이 감소한다.
③ 열손실이 증가한다.　　　　　　④ 미연소 가스로 인한 역화의 위험이 있다.

문제 114 부탄가스(C_4H_{10}) 1[Nm^3]을 완전 연소시킬 경우 H_2O는 몇 [Nm^3]가 생성되는가?

풀이 부탄(C_4H_{10})의 완전연소 반응식
$C_4H_{10} + 6.5O_2 \rightarrow 4CO_2 + 5H_2O$
$22.4[Nm^3] : 5 \times 22.4[Nm^3] = 1[Nm^3] : x(H_2O)[Nm^3]$
$\therefore x(H_2O) = \dfrac{1 \times 5 \times 22.4}{22.4} = 5[Nm^3]$

해답 5[Nm^3]

문제 115 수소 12[%], 수분 0.4[%]인 중유의 저위발열량이 9850[kcal/kg]이다. 이 중유의 고위발열량은 약 몇 [kcal/kg]인가?

풀이 $H_h = H_l + 600 \times (9H + W) = 9850 + \{600 \times (9 \times 0.12 + 0.004)\} = 10500.4[kcal/kg]$

해답 10500.4[kcal/kg]

문제 116 수소 15[%], 수분 0.5[%]인 중유의 고위발열량이 10000[kcal/kg]이다. 이 중유의 저위발열량은 몇 [kcal/kg]인가?

풀이 $H_l = H_h - 600 \times (9H + W) = 10000 - \{600 \times (9 \times 0.15 + 0.005)\} = 9187[kcal/kg]$

해답 9187[kcal/kg]

문제 117 보일러 연료로 사용하는 중유를 분석한 결과 W 0.4[%], C 86.4[%], H 11.2[%], O 1.2[%], S 0.8[%]이었다. 중유의 총발열량이 10250[kcal/kg]일 때 저위 발열량 [kcal/kg]을 계산하시오.

풀이 $H_l = H_h - 600 \times (9H + W) = 10250 - \{600 \times (9 \times 0.112 + 0.004)\} = 9642.8[kcal/kg]$

해답 9642.8[kcal/kg]

문제 118 연료의 저위발열량이 7700[kcal/kg]이고 배기가스의 비열이 0.35[kcal/$Nm^3 \cdot °C$], 이론 연소 배기가스량이 22[Nm^3/kg]일 때 이론 연소온도는 몇 [°C]인가?

풀이 $t = \dfrac{H_l}{G \cdot C} = \dfrac{7700}{22 \times 0.35} = 1000[°C]$

해답 1000[°C]

제 5 장 열정산 및 성능계산

5.1 보일러 열정산 방식

1. 적용범위

고체, 액체 및 기체 연료를 사용하는 보일러(온수보일러 및 열매체 보일러도 포함) 및 폐열 보일러의 실용적인 시험에 있어서의 열출력과 열정산의 일반적 방식에 대하여 규정

2. 열정산의 조건

(1) 보일러의 열정산은 원칙적으로 정격부하 이상에서 정상상태로 적어도 2시간 이상의 운전 결과에 따라 한다. 다만, 액체 또는 기체 연료를 사용하는 소형 보일러에서는 인수, 인도 당사자 간의 협정에 따라 시험시간을 1시간 이상으로 할 수 있다. 시험부하는 원칙적으로 정격부하 이상으로 하고, 필요에 따라 3/4, 2/4, 1/4 등의 부하로 한다. 최대 출열량을 시험할 경우에는 반드시 정격부하에서 시험을 한다. 측정결과의 정밀도를 유지하기 위하여 급수량과 증기 배출량을 조절하여 증발량과 연료의 공급량이 일정한 상태에서 시험을 하도록 최대한 노력하고 급수량과 연료 공급량의 변동이 불가피한 경우에는 가능한 한 그 변동량이 작은 상태에서 시험을 한다.

(2) 보일러의 열정산 시험은 미리 보일러 각부를 점검하고, 연료, 증기 또는 물의 누설이 없는가를 확인하고, 시험 중 실제 사용상 지장이 없는 경우 블로다운(blow down), 그을음 불어내기(soot blowing) 등은 하지 않으며, 또한 안전밸브는 열지 않은 운전 상태에서 한다. 안전밸브가 열린 때는 시험을 다시 한다.

(3) 시험은 시험 보일러를 다른 보일러와 무관한 상태로 하여 실시한다.

(4) 열정산 시험시의 연료 단위량, 즉 고체 및 액체 연료의 경우 1[kg], 기체 연료의 경우는 표준상태(온도 0[℃], 압력 101.3[kPa])로 환산한 1[Nm^3]에 대하여 열정산을 하는 것으로 하고, 단위 시간당 총 입열량(총 출열량, 총 손실 열량)에 대하여 열정산을 하는 경우에는 그 단위를 명확히 표시한다. 혼소(混燒) 보일러 및 폐열 보일러의 경우에는 단위시간당 총 입열량에 대하여 실시한다.

(5) 발열량은 원칙적으로 사용 시 연료의 고발열량(총 발열량)으로 한다. 저발열량(진발열량)을 사용하는 경우에는 기준 발열량을 분명하게 명기해야 한다.

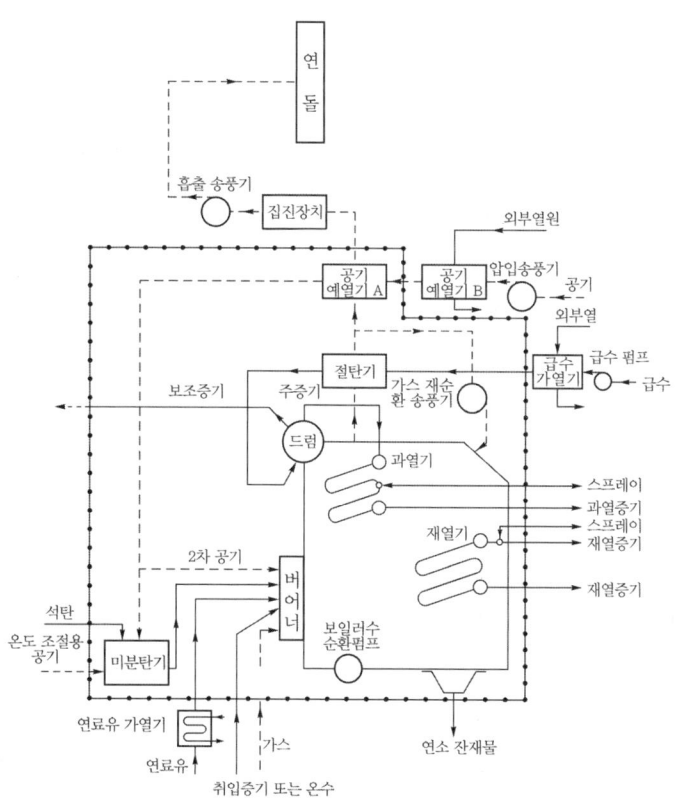

보일러의 표준범위

(6) 열정산의 기준온도는 시험시의 외기온도를 기준으로 하나, 필요에 따라 주위 온도 또는 압입 송풍기 출구 등의 공기 온도로 할 수 있다.

(7) 열정산을 하는 보일러의 표준적인 범위는 다음 그림과 같다. 과열기, 재열기, 급수예열기(절탄기) 및 공기예열기를 갖는 보일러는 이들을 그 보일러에 포함시킨다. 다만, 인수, 인도 당사자간의 협정에 의해 이 범위를 변경할 수 있다.

(8) 이 표준에서 공기란 수증기를 포함하는 습공기로 하며, 또한 연소가스란 수증기를 포함하지 않은 건조 가스로 하는 경우와 연소에 의하여 발생한 수증기를 포함한 습가스로 하는 경우가 있다. 이들의 단위량은 어느 것이나 연료 1[kg](또는 [Nm^3])당으로 한다.

(9) 증기의 건도는 98[%] 이상인 경우에 시험함을 원칙으로 한다. (건도가 98[%] 이하인 경우에는 수위 및 부하를 조절하여 건도를 98[%] 이상으로 유지한다.)

(10) 보일러 효율의 산정 방식은 다음의 방법에 따른다.

　㈎ 입출열법

$$\eta_1 = \frac{Q_s}{H_h + Q} \times 100$$

여기서, η_1 : 입출열법에 따른 보일러 효율[%]

Q_s : 유효 출열, $H_h + Q$: 입열 합계

(나) 열손실법

$$\eta_2 = \left(1 - \frac{L_h}{H_h + Q}\right) \times 100$$

여기서, η_2 : 열손실법에 따른 보일러 효율[%]

L_h : 열손실 합계

(다) 보일러의 효율 산정방식은 입출열법과 열손실법으로 실시하고, 이 두 방법에 의한 효율의 차가 과대한 경우에는 시험을 다시 실시한다. 다만, 입출열법과 열손실법 중 어느 하나의 방법에 의하여 효율을 측정할 수밖에 없는 경우에는 그 이유를 분명하게 명기한다.

(11) 온수 보일러 및 열매체 보일러의 열정산은 증기 보일러의 경우에 준하여 실시하되, 불필요한 항목(예를 들면 증기의 건도 등)은 고려하지 않는다.

(12) 폐열 보일러의 열정산은 증기 보일러의 경우에 준하여 실시하되, 입열량을 보일러에 들어오는 폐열과 보조 연료의 화학 에너지로 하고, 단위시간당 총 입열량(총 출열량, 총 손실 열량)에 대하여 실시한다.

(13) 전기에너지는 1[kW]당 860[kcal/h]로 환산한다.

(14) 증기 보일러 열출력 평가의 경우, 시험 압력은 보일러 설계 압력의 80[%] 이상에서 실시한다. 온수 보일러 및 열매체 보일러의 열출력 평가시에는 보일러 입구 온도와 출구 온도의 차에 민감하기 때문에 설계 온도와의 차를 ±1[℃] 이하로 조절하고 시험을 실시한다. 이 조건을 만족하지 못하는 경우에는 그 이유를 명기한다.

5.2 보일러 용량 및 성능계산

1. 보일러 용량

(1) 보일러 용량 : 정격 증발량(시간당 상당증발량)으로 나타낸다.

(가) 정격용량 : 보일러 최고사용압력, 과열증기온도, 급수온도, 사용연료성상 등이 소

정 조건하에서 양호한 상태로 발생할 수 있는 최대의 연속증발량이다.

㈐ 정제용량 : 보일러가 최대효율에 달하여 있을 때의 증발량으로 정격용량의 80% 정도이다.

(2) 보일러 용량 표시방법

㈎ 시간당 최대증발량 : [kg/h], [ton/h]

㈏ 상당(환산) 증발량 : [kg/h]

㈐ 최고 사용압력 : [kgf/cm^2], [MPa]

㈑ 보일러 마력

㈒ 전열면적 : [m^2]

㈓ 과열증기온도 : [℃]

2. 상당 증발량 및 보일러 마력

(1) 증발량

㈎ 실제 증발량 : 압력과 온도에 관계없이 급수량에 정비례한 증발량

㈏ 상당 증발량(환산 증발량) : 실제 증발량을 기준 증발량으로 환산하였을 때의 증발량. 즉, 100[℃]의 포화수를 100[℃]의 건조포화증기로 발생시킬 수 있는 증발량

$$G_e = \frac{G_a(h_2 - h_1)}{539}$$

여기서, G_e : 상당 증발량[kg/h] , G_a : 실제 증발량[kg/h]
h_2 : 습포화증기 엔탈피[kcal/kg], h_1 : 급수 엔탈피[kcal/kg]

(2) 보일러 마력

1 보일러 마력이란 1시간에 15.65[kg]의 상당 증발량을 갖는 보일러의 동력. 즉, 100[℃] 물 15.65[kg]을 1시간에 같은 온도의 증기로 변화시킬 수 있는 능력이며, 약 8435[kcal/h]이 열을 흡수하여 증기를 발생할 수 있는 능력이다.

$$보일러\ 마력 = \frac{G_e}{15.65} = \frac{G_a(h_2 - h_1)}{539 \times 15.65}$$

3. 보일러 성능계산

(1) 전열면 증발률

㈎ 전열면 증발률 : 1시간 동안 보일러 전열면적 $1[m^2]$ 대한 실제 발생 증기량과의 비

$$\text{전열면 증발률}[kg/h \cdot m^2] = \frac{G_a}{F}$$

㈏ 전열면 환산 증발률 : 1시간 동안 보일러 전열면적 $1[m^2]$ 대한 상당 증발량과의 비

$$R_e[kg/h \cdot m^2] = \frac{G_e}{F} = \frac{G_a(h_2 - h_1)}{539 \cdot F}$$

여기서, G_e : 상당 증발량[kg/h], G_a : 실제 증발량[kg/h]
F : 전열면적$[m^2]$, h_2 : 포화증기 엔탈피[kcal/kg]
h_1 : 급수 엔탈피[kcal/kg]

(2) 전열면 열부하[kcal/h · m²] : 1시간 동안 보일러 전열면적 $1[m^2]$ 대한 증기 발생에 소요된 열량과의 비

$$H_b = \frac{G_a(h_2 - h_1)}{F}$$

(3) 매시 연료소비량[kg/h] : 1시간 동안 소비된 연료량

$$G_f = \frac{\text{전연료 소비량}}{\text{시험시간}}$$

(4) 증발계수 : 상당 증발량과 실제 증발량의 비

$$\text{증발계수} = \frac{G_e}{G_a} = \frac{h_2 - h_1}{539}$$

(5) 증발배수

㈎ 실제 증발배수 : 1시간 동안 실제 증발량(G_a)과 연료 소비량(G_f)의 비

$$\text{실제 증발배수} = \frac{G_a}{G_f}$$

(나) 환산 증발배수 : 1시간 동안 환산 증발량(G_e : 상당증발량)과 연료 소비량(G_f)의 비

$$\text{환산 증발배수} = \frac{G_e}{G_f}$$

(6) 보일러 부하율 : 1시간 동안 연료의 연소에 의해서 실제로 발생되는 증발량과 최대 연속 증발량과의 비

$$\text{보일러 부하율}[\%] = \frac{\text{실제 증발량}}{\text{최대 연속 증발량}} \times 100$$

(7) 연소실 열부하(열발생률) : 1시간 동안 발생되는 열량과 연소실 체적 1[m³]의 비

$$\text{연소실 열부하}[\text{kcal/h} \cdot \text{m}^3] = \frac{G_f \times (H_l + Q_1 + Q_2)}{\text{연소실 체적}}$$

여기서, G_f : 시간당 연료사용량[kg/h], H_l : 연료의 저위발열량[kcal/kg]
Q_1 : 연료의 현열[kcal/kg], Q_2 : 공기의 현열[kcal/kg]

5.3 보일러 열효율

1. 보일러 종류별 효율 계산

(1) 증기 보일러 효율

$$\eta = \frac{G_a(h_2 - h_1)}{G_f \cdot H_l} \times 100 = \frac{539 \cdot G_e}{G_f \cdot H_l} \times 100 = \text{연소효율} \times \text{전열효율}$$

(2) 온수 보일러 효율

$$\eta = \frac{G_w \cdot C \cdot \Delta t}{G_f \cdot H_l} \times 100$$

(3) 열경제 효율

$$\eta = \frac{G_a(h_2 - h_1)}{G_f \cdot H_h} \times 100 = \frac{539 \cdot G_e}{G_f \cdot H_h} \times 100$$

여기서, G_a : 실제 증발량[kg/h], G_e : 상당 증발량[kg/h]
G_f : 연료소비량[kg/h], G_w : 온수 발생량[kg/h]
H_l : 연료의 저위발열량[kcal/kg], H_h : 연료의 고위발열량[kcal/kg]
h_2 : 포화증기 엔탈피[kcal/kg], h_1 : 급수 엔탈피[kcal/kg]

2. 보일러 효율 계산

(1) 연소효율(η_e) : 연료 1[kg]에 대하여 완전연소를 기준으로 한 이론상의 발열량에 대한 실제 연소했을 때의 발열량과의 비율

$$\eta_e = \frac{Q_r}{H_l} \times 100 = \frac{H_l - (L_e + L_i)}{H_l} \times 100$$

여기서, H_l : 연료의 저위발열량[kcal/kg]
Q_r : 실제 발생열량[kcal/kg]
L_e : 미연탄소에 의한 손실열[kcal/kg]
L_i : 불완전 연소에 의한 손실열[kcal/kg]

(2) 전열효율(η_f) : 실제 연소된 연료의 연소열에 대한 전열면을 통하여 유효하게 이용된 열과의 비율

$$\eta_f = \frac{Q_e}{Q_r} \times 100 = \frac{H_l - (L_e + L_i + L_1 + L_5)}{H_l - (L_e + L_i)} \times 100$$

여기서, Q_e : 유효열[kcal/kg]
Q_r : 실제 발생열량[kcal/kg]
H_l : 연료의 저위발열량[kcal/kg]
L_e : 미연탄소에 의한 손실열[kcal/kg]
L_i : 불완전 연소에 의한 손실열[kcal/kg]
L_1 : 배기가스에 의한 열손실[kcal/kg]
L_5 : 방산열에 의한 열손실[kcal/kg]

(3) 열효율(η_t) : 장치 및 기기에 투입된 총열량에 대한 실제로 장치 및 기기에 사용된 열량의 비

$$\eta_t = \frac{Q_e}{H_l} \times 100 = \frac{H_l - (L_e + L_i + L_1 + L_5)}{H_l} \times 100 = \eta_e \times \eta_f$$

(4) 열효율 향상 대책

㈎ 손실열을 최대한 줄인다.
㈏ 장치에 맞는 설계조건과 운전조건을 선택한다.
㈐ 연소실내의 온도를 고온으로 유지하여 연료를 완전 연소시킨다.
㈑ 단속 조업에 따른 열손실을 방지하기 위하여 연속조업을 실시한다.
㈒ 장치에 적당한 연료와 작동법을 채택한다.

예 | 상 | 문 | 제

문제 01 보일러의 열정산 목적 4가지를 쓰시오.

해답 ① 열의 손실을 파악하기 위하여 ② 열의 이동 상태를 파악하기 위하여
③ 열 분포상태를 파악하기 위하여 ④ 열설비의 성능을 파악하기 위하여

문제 02 열정산에 대한 물음에 답하시오.

(1) 부하상태의 기준이 되는 것은?
(2) 발열량의 기준이 되는 것은?
(3) 기준이 되는 온도는?
(4) 증기의 건도는 얼마인가?

해답 (1) 정격부하 (2) 고위발열량(또는 총발열량) (3) 외기온도 (4) 98[%] 이상

문제 03 열정산 시 보일러 효율 산정방법을 2가지 쓰시오.

해답 ① 입출열법 ② 열손실법

문제 04 보일러 열정산 시 액체 연료 사용량 측정에 관한 물음에 답하시오.

(1) 유량계 종류를 2가지 쓰시오.
(2) 측정 허용 오차는 원칙적으로 몇 %로 하는가?

해답 (1) ① 중량 탱크식 ② 용적식 유량계
(2) ±1.0[%]

문제 05 열정산 할 때 기체연료 사용량 측정에 관한 물음에 답하시오.

(1) 사용량을 측정하는 유량계 종류를 2가지 쓰시오.
(2) 사용량 측정의 허용 오차는 원칙적으로 몇 [%]로 하는가?
(3) 용적 유량환산의 온도, 압력의 기준에 대하여 설명하시오.

해답 (1) ① 용적식 유량계 ② 오리피스식 유량계
(2) ±1.6[%]
(3) 표준상태 : 0[℃], 101.3[kPa]

문제 06 보일러 열효율 정산방법에서 열정산을 위한 급수량을 측정할 때에 대한 물음에 답하시오.

(1) 급수량 측정 유량계 종류를 2가지 쓰시오.
(2) 측정 오차는 일반적으로 몇 %로 하여야 하는가?
(3) 급수온도의 측정 위치는? (단, 절탄기가 없는 경우이다.)

해답 (1) ① 중량 탱크식   ② 용량 탱크식   ③ 용적식 유량계   ④ 오리피스
(2) ±1.0[%]
(3) 보일러 몸체 입구 (절탄기가 있는 경우 : 절탄기 입구)

문제 07 열정산 시 배기가스(연소가스) 온도 측정은 어디에서 하는가?

해답 보일러의 최종 가열기 출구

문제 08 보일러 배기가스 성분 분석에 사용하는 대표적인 분석기 명칭은?

해답 오르사트 분석기

문제 09 열정산 시 측정값의 변동 범위는 얼마인가?
(1) 발생 증기량의 변동 범위 값은 평균값의 몇 [%]인가?
(2) 압력 및 온도의 변동 범위 값은 평균값의 몇 [%]인가?

해답 (1) ±10[%]   (2) ±6[%]

문제 10 보일러 열정산시 입열(入熱)에 해당하는 항목을 4가지 쓰시오.

해답 ① 연료의 발열량   ② 연료의 현열
③ 공기의 현열   ④ 노내 취입 증기 또는 온수에 의한 입열

문제 11 보일러 공기예열기로 아래 조건과 같이 공기를 예열하여 연소한 경우 단위시간당 공기의 현열은 몇 [kcal/h]인지 계산하시오.

- 연료소비량 : 50[kg/h]
- 공기온도 : 20[℃]
- 공기소비량 : 8[Nm³/kg·연료]
- 공기의 예열온도 : 55[℃]
- 공기의 평균비열 : 5[kcal/Nm³·℃]

풀이 $Q = G \cdot C \cdot \Delta t = (50 \times 8) \times 5 \times (55 - 20) = 70000$[kcal/h]

해답 70000[kcal/h]

문제 12 보일러 열정산 시 출열 항목 2가지를 쓰시오.

해답 ① 배기가스 보유열량   ② 증기의 보유열량
③ 불완전연소에 의한 열손실   ④ 미연분에 의한 열손실
⑤ 노벽의 흡수열량   ⑥ 재의 현열

문제 13 일반적으로 보일러의 열손실 중 최대인 것은?

해답 배기가스에 의한 열손실

문제 14 증기 보일러의 용량을 표시하는 것 중 일반적으로 가장 많이 사용되는 것으로 정격 부하의 상태에서 표시하는 것은 무엇인가?

해답 매시간당 증발량

문제 15 보일러 연도로 배기되는 연소 가스량이 300[kg/h]이며, 배기가스 온도가 260[℃], 배기가스의 평균비열이 0.35[kcal/kg·℃]이고, 외기 온도가 12[℃]라면 배기가스에 의한 손실 열량은 몇 [kcal/h]인지 계산하시오.

풀이 $Q = G \cdot C \cdot \Delta t = 300 \times 0.35 \times (260 - 12) = 26040 [kcal/h]$

해답 260400[kcal/h]

문제 16 연료의 저위발열량이 9750[kcal/kg]인 중유를 연소시켰더니 배기가스량이 3000[m³/h] 발생되었을 때 배기가스에 의한 손실 열량[kcal/h]을 계산하시오. (단, 배기가스의 평균 비열 0.33[kcal/m³], 배기가스 평균 온도 180[℃], 외기온도 20[℃]이다.)

풀이 $Q = G \cdot C \cdot \Delta t = 3000 \times 0.33 \times (180 - 20) = 158400 [kcal/h]$

해답 158400[kcal/h]

문제 17 시간당 350[L/h]의 중유를 사용하는 보일러에서 배기가스에 의한 손실열량[kcal/h]을 계산하시오. (단, 중유의 비중은 0.967, 배기가스의 평균비열은 0.33[kcal/m³·℃], 배기가스량은 0.377[m³/kg], 배기가스 평균 온도는 350[℃], 실내 온도는 25[℃], 외기 온도는 10[℃]이다.)

풀이 $Q = G \cdot C \cdot \Delta t$
$= (350 \times 0.967 \times 0.377) \times 0.33 \times (350 - 10) = 14316.231 ≒ 14316.23 [kcal/h]$

해답 14316.23[kcal/h]

문제 18 보일러의 용량을 나타내는 방법 3가지를 쓰시오.

해답 ① 시간당 최대증발량[kg/h, ton/h]　② 상당(환산) 증발량[kg/h]
③ 최고 사용압력[kgf/cm², MPa]　④ 보일러 마력
⑤ 전열면적[m²]　⑥ 과열증기온도[℃]

문제 19 1기압 하에서 100[℃]의 포화수를 같은 온도의 포화증기로 몇 [kg]을 변화할 수 있느냐 하는 기준 값으로 환산한 것을 무엇이라 하는가?

해답 상당증발량

문제 20 급수온도 21[℃]에서 압력 14[kgf/cm²], 온도 250[℃]의 증기를 1시간당 14000[kg]을 발생하는 경우의 상당증발량은 몇 [kg/h]인가?
(단, 발생증기의 엔탈피는 635[kcal/kg]이다.)

풀이 $G_e = \dfrac{G_a(h_2 - h_1)}{539} = \dfrac{14000 \times (635 - 21)}{539} = 15948.051 ≒ 15948.05[kg/h]$

해답 15948.05[kg/h]

문제 21 실제 증기 발생량이 3000[kg/h]이고, 급수온도가 10[℃], 발생증기의 엔탈피가 653[kcal/kg]인 경우 환산증발량[kg/h]은 얼마인가?

풀이 $G_e = \dfrac{G_a(h_2 - h_1)}{539} = \dfrac{3000 \times (653 - 10)}{539} = 3578.849 ≒ 3578.85[kg/h]$

해답 3578.85[kg/h]

문제 22 절대압력 5[kgf/cm²]인 상태로 운전되는 보일러의 증발량이 시간당 5000[kg]이었다면 이 보일러의 상당증발량[kg/h]을 계산하시오. (단, 이때 급수온도는 30[℃]이었고, 발생증기의 건도는 98[%]이었으며 증기표 값은 다음과 같다.)

증기압(절대) [kgf/cm²]	포화수엔탈피[kcal/kg]	포화증기엔탈피[kcal/kg]
5	152.1	656

풀이 ① 습포화증기 엔탈피 계산
$h_2 = h' + (h'' - h')x = 152.1 + (656.0 - 152.1) \times 0.98 = 645.922 ≒ 645.92[kcal/kg]$
② 상당증발량 계산
$G_e = \dfrac{G_a(h_2 - h_1)}{539} = \dfrac{5000 \times (645.92 - 30)}{539} = 5713.543 ≒ 5713.54[kg/h]$

해답 5713.54[kg/h]

문제 23 보일러의 상당증발량이 1000[kg/h], 급수온도가 20[℃], 발생증기의 엔탈피가 659[kcal/kg]일 때 실제 증발량은 약 몇 [kg/h]인가?

풀이 $G_e = \dfrac{G_a(h_2 - h_1)}{539}$ 에서

$$\therefore G_a = \frac{539\,G_e}{h_2 - h_1} = \frac{539 \times 1000}{659 - 20} = 843.505 \fallingdotseq 843.51[\text{kg/h}]$$

해답 843.51[kg/h]

문제 24 1보일러 마력에 대한 설명에서 괄호 안에 들어갈 숫자를 쓰시오.

> 표준상태에서 한 시간에 (　)[kg]의 상당증발량을 나타낼 수 있는 능력이다.

해답 15.65

해설 • 보일러 마력
1시간에 15.65[kg]의 상당 증발량을 갖는 보일러의 동력. 즉, 100[℃] 물 15.65[kg]을 1시간에 같은 온도의 증기로 변화시킬 수 있는 능력이며, 약 8435[kcal/h]의 열을 흡수하여 증기를 발생할 수 있는 능력이다.

$$\therefore \text{보일러 마력} = \frac{G_e}{15.65} = \frac{G_a(h_2 - h_1)}{539 \times 15.65}$$

문제 25 1보일러 마력을 시간당 발생 열량[kcal]으로 환산하면 얼마인가?

풀이 • $Q = 15.65 \times 539 = 8435.35[\text{kcal/h}]$

해답 8435.35[kcal/h]

문제 26 어떤 보일러의 상당증발량이 1800[kg/h]일 때 이 보일러의 보일러 마력을 계산하시오.

풀이 •
$$\text{보일러 마력} = \frac{G_e}{15.65} = \frac{1800}{15.65} = 115.015 \fallingdotseq 115.02[\text{보일러 마력}]$$

해답 115.02[보일러 마력]

문제 27 20[℃]의 물을 보일러에 급수하여 압력 0.35[MPa]의 증기를 5390[kg/h] 발생시키는 보일러의 마력은 얼마인가? (단, 발생증기 엔탈피는 660[kcal/kg]이다.)

풀이 •
$$\text{보일러 마력} = \frac{G_a(h_2 - h_1)}{539 \times 15.65} = \frac{5390 \times (660 - 20)}{539 \times 15.65} = 408.945 \fallingdotseq 408.95[\text{보일러 마력}]$$

해답 408.95 [보일러 마력]

문제 28 어떤 보일러의 증발량이 50[t/h]이고, 보일러 본체의 전열면적이 730[m²]일 때 보일러 전열면 증발률[kg/h·m²]은 얼마인가?

풀이
$$Be_1 = \frac{매시\ 실제증기발생량}{전열면적} = \frac{50 \times 1000}{730} = 68.493 ≒ 68.49[kg/h \cdot m^2]$$

해답 68.49[kg/h·m²]

문제 29 실제 증발량 1300[kg/h], 급수온도 35[℃], 전열면적 50[m²]인 연관식 보일러의 전열면 환산 증발률[kg/h·m²]은 얼마인가? (단, 발생 증기 엔탈피는 659.7[kcal/kg]이다.)

풀이
$$R_e = \frac{G_a(h_2 - h_1)}{539F} = \frac{1300 \times (659.7 - 35)}{539 \times 50} = 30.133 ≒ 30.13[kg/h \cdot m^2]$$

해답 30.13[kg/h·m²]

문제 30 보일러의 증발압력이 5[kg/cm²]이고, 급수 온도가 60[℃]일 때 증발 계수를 계산하시오. (단, 1시간당 증발량 2000[kg], 발생증기 엔탈피 642.1[kcal/kg]이다.)

풀이
$$증발계수 = \frac{G_e}{G_a} = \frac{h_2 - h_1}{539} = \frac{642.1 - 60}{539} = 1.079 ≒ 1.08$$

해답 1.08

해설 증발계수 : 상당증발량과 실제증발량의 비

$$∴ 증발계수 = \frac{G_e}{G_a} = \frac{h_2 - h_1}{539}$$

G_e : 상당 증발량[kg/h] G_a : 실제 증발량[kg/h]
h_2 : 포화증기 엔탈피[kcal/kg] h_1 : 급수 엔탈피[kcal/kg]

문제 31 어떤 보일러에서 포화증기엔탈피가 632[kcal/kg]인 증기를 매시 150[kg]을 발생하며, 급수엔탈피가 22[kcal/kg], 매시연료소비량이 800[kg]이라면 이때의 증발계수는 얼마인가?

풀이
$$증발계수 = \frac{G_e}{G_a} = \frac{h_2 - h_1}{539} = \frac{632 - 22}{539} = 1.131 ≒ 1.13$$

해답 1.13

문제 33 보일러 실제 증발량이 7000[kg/h]이고, 최대연속 증발량이 8[t/h]일 때, 이 보일러 부하율은 몇 [%]인가?

풀이
$$\text{보일러 부하율}[\%] = \frac{\text{실제 증발량}}{\text{최대 연속 증발량}} \times 100 = \frac{7000}{8000} \times 100 = 87.5[\%]$$

해답 87.5[%]

문제 34 보일러의 성능에서 실제 증발배수와 환산 증발배수를 각각 설명하시오.

해답
① 실제 증발배수 : 시간당 실제 증발량(G_a)과 연료 소비량(G_f)과의 비이다.
$$\therefore \text{실제 증발배수} = \frac{G_a}{G_f}$$
② 환산 증발배수 : 시간당 환산 증발량(G_e : 상당증발량)과 연료 소비량(G_f)과의 비이다.
$$\therefore \text{환산 증발배수} = \frac{G_e}{G_f} = \frac{G_a(h_2 - h_1)}{539 G_f}$$

문제 35 어떤 보일러의 매시 연료사용량이 150[kg/h]이고, 연소실 체적이 30[m³]일 때 연소실 열발생률은 몇 [kcal/h·m³]인가? (단, 연료의 저위발열량은 9800[kcal/kg]이고, 공기 및 연료의 현열은 무시한다.)

풀이
$$\text{연소실 열발생률} = \frac{G_f \times (H_l + Q_1 + Q_2)}{\text{연소실 체적}} = \frac{150 \times 9800}{30} = 49000[\text{kcal/h} \cdot \text{m}^3]$$

해답 49000[kcal/h·m³]

문제 36 연소실 용적이 2.5[m³], 전열면적이 49.8[m2]인 보일러를 가동하였을 때 연료 사용량이 197[kg/h], 사용 연료의 발열량이 9800[kcal/kg], 실제 증발량이 2500[kg/h], 급수온도 40[℃], 발생증기 엔탈피가 662.4[kcal/kg]일 때의 물음에 답하시오.
(1) 연소실 열발생률[kcal/h·m³]을 계산하시오.
(2) 환산 증발배수를 계산하시오.

풀이
(1) 연소실 열발생률 $= \dfrac{G_f \times H_l}{\text{연소실 용적}} = \dfrac{197 \times 9800}{2.5} = 772240[\text{kcal/h} \cdot \text{m}^3]$

(2) 환산 증발배수 $= \dfrac{G_e}{G_f} = \dfrac{G_a(h_2 - h_1)}{539 G_f} = \dfrac{2500 \times (662.4 - 40)}{539 \times 197} = 14.653 ≒ 14.65$

해답
(1) 772240[kcal/h·m³]
(2) 14.65

문제 37 저위발열량이 9750[kcal/kg], 기름 80[kg/h]를 사용하는 보일러에서 급수사용량 800[kg/h], 급수온도 60[℃], 증기엔탈피가 650[kcal/kg]일 때 보일러 효율[%]은 얼마인가?

풀이
$$\eta = \frac{G_a(h_2 - h_1)}{G_f \cdot H_l} \times 100 = \frac{800 \times (650 - 60)}{80 \times 9750} \times 100 = 60.512 ≒ 60.51\,[\%]$$

해답 60.51[%]

문제 38 [보기]와 같은 조건으로 가동되는 보일러의 효율을 계산하시오.

[보기]
- 급수 엔탈피 : 50[kcal/kg]   - 발생 증기 엔탈피 : 600[kcal/kg]
- 시간당 증기 발생량 : 150[kg]   - 시간당 연료 사용량 : 200[kg]
- 연료의 저위 발열량 : 1000[kcal/kg]

풀이
$$\eta = \frac{G_a(h_2 - h_1)}{G_f \cdot H_l} \times 100 = \frac{150 \times (600 - 50)}{200 \times 1000} \times 100 = 41.25\,[\%]$$

해답 41.25[%]

문제 38 다음과 같은 조건에서 가동되는 보일러의 효율을 계산하시오.

- 연료 발열량 : 10000[kcal/kg]   - 시간당 연료 사용량 : 2[kg]
- 발생 증기 엔탈피 : 646.1[kcal/kg] - 발생 증기량 : 20[kg/h]
- 급수 온도 : 10[℃]

풀이
$$\eta = \frac{G_a(h_2 - h_1)}{G_f \cdot H_l} \times 100 = \frac{20 \times (646.1 - 10)}{2 \times 10000} \times 100 = 63.61\,[\%]$$

해답 63.61[%]

문제 39 과열기가 설치된 보일러에서 50분간의 증발량은 37500[kg]이었고, LNG는 시간당 3075[kg] 소비되었다. 이 때 보일러의 효율[%]을 계산하시오. (단, 급수온도는 120[℃], 과열증기 온도 290[℃], 증기 엔탈피 720[kcal/kg], 연료의 저위발열량 9540 [kcal/kg]이다.)

풀이
$$\eta = \frac{G_a(h_2 - h_1)}{G_f \cdot H_l} \times 100 = \frac{\left(37500 \times \frac{60}{50}\right) \times (720 - 120)}{3075 \times 9540} \times 100 = 92.038 \fallingdotseq 92.04[\%]$$

해답 92.04[%]

문제 40 연료 사용량 200[kg/h], 연료의 발열량 10000[kcal/kg], 시간당 급수 사용량이 30[톤]이며, 온수 온도는 80[℃], 급수온도는 20[℃]일 때 온수 보일러의 효율[%]을 계산하시오.

풀이
$$\eta = \frac{G_w \cdot C \cdot \Delta t}{G_f \cdot H_l} \times 100 = \frac{30 \times 10^3 \times 1 \times (80 - 20)}{200 \times 10000} \times 100 = 90[\%]$$

해답 90[%]

문제 41 시간당 증발량이 400[kg]인 보일러가 저위 발열량 10000[kcal/kg]인 연료를 사용하여 효율 80[%]로 운전되는 경우 연료 소비량[kg/h]은 얼마인가 계산하시오.
(단, 발생증기 엔탈피는 670[kcal/kg], 급수 온도는 20[℃]이다.)

풀이
$$\eta = \frac{G_a(h_2 - h_1)}{G_f \cdot H_l} \times 100 \text{ 에서}$$
$$\therefore G_f = \frac{G_a(h_2 - h_1)}{H_l \eta} = \frac{400 \times (670 - 20)}{10000 \times 0.8} = 32.5[kg/h]$$

해답 32.5[kg/h]

문제 42 보일러의 상당 증발량이 2000[kg/h], 연료 저위 발열량 10000[kcal/kg], 효율 80[%]로 운전되는 경우 연료 소비량[kg/h]을 계산하시오.

풀이
$$\eta = \frac{539\,G_e}{G_f \cdot H_l} \times 100 \text{ 에서}$$
$$G_f = \frac{539\,G_e}{H_l \eta} = \frac{539 \times 2000}{10000 \times 0.8} = 134.75[kg/h]$$

해답 134.75[kg/h]

문제 43 상당증발량이 2000[kg/h]인 보일러를 가동할 때, 저위 발열량 9500[kcal/kg]의 경유를 연소시킬 경우 필요한 버너의 연소용량[L/h]은 얼마인가? (단, 경유의 비중은 0.9, 연소효율 90[%]이다.)

풀이
$$\eta = \frac{539\,G_e}{G_f \cdot H_l} \times 100 \text{ 에서}$$

$$\therefore G_f = \frac{539\,G_e}{H_l \eta} = \frac{539 \times 2000}{9500 \times 0.9 \times 0.9} = 140.090 \fallingdotseq 140.09[L/h]$$

※ 여기서, 액체 연료의 체적(L)=$\dfrac{\text{액체 무게[kg]}}{\text{액체의 비중}}$

해답 140.09[L/h]

문제 44 보일러의 정격출력이 7500[kcal/h], 보일러 효율이 85[%], 연료의 저위발열량이 9500[kcal/kg]인 경우 시간당 연료소모량은 몇 [kg/h]인가?

풀이
$$G_f = \frac{H_m}{H_l \times \eta} = \frac{7500}{9500 \times 0.85} = 0.928 \fallingdotseq 0.93[kg/h]$$

해답 0.93[kg/h]

문제 45 어떤 보일러가 저위발열량 9500[kcal/kg]인 연료를 매시 200[kg]씩 연소시킬 때 상당증발량은 몇 [kg/h]인가? (단, 이 보일러의 효율은 84[%]이다.)

풀이
$$\eta = \frac{G_a(h_2 - h_1)}{G_f \cdot H_l} \times 100 = \frac{539\,G_e}{G_f \cdot H_l} \times 100 \text{에서}$$

$$\therefore G_e = \frac{G_f \cdot H_l \cdot \eta}{539} = \frac{200 \times 9500 \times 0.84}{539} = 2961.038 \fallingdotseq 2961.04[kg/h]$$

해답 2961.04[kg/h]

문제 45 어떤 연료 3[kg]으로 2070[kg]의 물을 가열시켰더니 온도가 10[℃]에서 20[℃]로 되었다. 이 연료의 발열량은 얼마인가? (단, 가열장치의 열효율은 80[%]이다.)

풀이
$$\eta = \frac{G \cdot C \cdot \Delta t}{G_f \cdot H_l} \times 100 \text{ 에서}$$

$$\therefore H_l = \frac{G \cdot C \cdot \Delta t}{G_f \cdot \eta} = \frac{2070 \times 1 \times (20 - 10)}{3 \times 0.8} = 8625[kcal/kg]$$

해답 8625[kcal/kg]

문제 46 보일러 연소 중 실제 연소열량과 완전 연소열량의 비를 무엇이라 하는가?

해답 연소효율

문제 47 보일러의 연소효율을 η_c, 전열효율을 η_f라 할 때 보일러 열효율 η는 어떻게 나타내는지 쓰시오.

해답 $\eta = \eta_c \times \eta_f$

문제 48 어느 보일러에서 저위 발열량이 9700[kcal/h]인 중유를 연소시킨 결과 연소실에서 발생된 열량이 9000[kcal/kg]이고, 증기 발생에 이용된 열량이 8000[kcal/kg]일 때 연소효율과 보일러 열효율을 계산하시오.

풀이
① 연소 효율(η_c) 계산
$$\eta = \frac{\text{실제 발생 열량}}{\text{연료의 저위 발열량}} \times 100 = \frac{9000}{9700} \times 100 = 92.783 ≒ 92.78\,[\%]$$
② 보일러 열효율(η) 계산
$$\therefore \eta = \frac{\text{유효하게 사용된 열량}}{\text{연료의 저위 발열량}} \times 100 = \frac{8000}{9700} \times 100 = 82.474 ≒ 82.47\,[\%]$$

해답 ① 연소효율 : 92.78[%] ② 열효율 : 82.47[%]

문제 49 어떤 보일러의 연소효율이 92[%], 전열효율이 85[%]이면 보일러 효율[%]은 얼마인가?

풀이
보일러 효율 = (연소효율 × 전열효율) × 100
= (0.92 × 0.85) × 100 = 78.2[%]

해답 78.2[%]

문제 50 효율이 82[%]인 보일러로 발열량 9800[kcal/kg]의 연료를 15[kg] 연소시키는 경우의 손실 열량은 몇 [kcal]인가?

풀이 손실열량 = $(1-\eta) \times$ 공급열량 = $(1 - 0.82) \times 15 \times 9800 = 26460\,[kcal]$

해답 26460[kcal]

문제 51 열효율 73.6[%]인 보일러를 열효율 86.7[%]로 개선하였다면 약 몇 [%]의 연료가 절약되는가?

풀이
연료 절감률 = $\dfrac{\eta_2 - \eta_1}{\eta_2} \times 100 = \dfrac{86.7 - 73.6}{86.7} \times 100 = 15.109 ≒ 15.11\,[\%]$

해답 15.11[%]

문제 52 어떤 수관식 증기보일러의 증발량이 5000[kg/h], 보일러 효율이 80[%], 연소효율이 95[%]이다. 발열량이 9700[kcal/kg]인 기름을 370[kg] 연소시켰을 때 손실열은 몇 [kcal]이며, 전열 효율은 몇 [%]인가?

풀이
① 손실열[kcal] 계산
$\eta = 1 - \dfrac{\text{손실열}}{\text{입열}}$ 이므로
$\therefore$ 손실열 = $(1-\eta) \times$ 입열 = $(1 - 0.8) \times 9700 \times 370 = 767800\,[kcal]$

② 전열 효율[%] 계산

보일러 효율 = 연소효율 × 전열효율 이므로

∴ 전열효율 = $\dfrac{\text{보일러 효율}}{\text{연소 효율}} \times 100 = \dfrac{0.80}{0.95} \times 100 = 84.210 \fallingdotseq 84.21[\%]$

[해답] ① 손실열 : 767800[kcal]   ② 전열 효율 : 84.21[%]

문제 53 저위발열량이 10500[kcal/kg]인 연료를 연소시키는 보일러에서 연소 가스량이 12[Nm³/kg], 연소가스의 비열이 0.33[kcal/Nm³·℃], 외기온도 5[℃], 배기가스온도 300[℃]일 때 이 보일러 효율은 얼마인가? (단, 기타 입열 및 출열은 없고 연료는 완전 연소하였다.)

[풀이] $\eta = \left(1 - \dfrac{\text{손실열}}{\text{입열}}\right) \times 100 = \left(1 - \dfrac{12 \times 0.33 \times (300-5)}{10500}\right) \times 100 = 88.874 \fallingdotseq 88.87[\%]$

[해답] 88.87[%]

문제 54 보일러 연도로 배기되는 연소 가스량이 300[kg/h]이며, 배기가스의 온도가 260[℃], 가스의 평균비열이 0.35[kcal/kg·℃]이고, 외기온도가 12[℃] 이라면 배기가스에 의한 손실열량은 몇 [kcal/h]인지 계산하시오.

[풀이] $Q = G \cdot C \cdot \Delta t = 300 \times 0.35 \times (260 - 12) = 26040[\text{kcal/h}]$

[해답] 26040[kcal/h]

제6장 보일러 급수

6.1 보일러 급수관리

1. 보일러 급수의 개요

(1) 보일러 급수의 종류

㈎ 천연수
  ㉮ 지표수 : 광물질 용해량은 적으나 가스분, 유기물 및 협잡물이 함유될 수 있다.
  ㉯ 지하수 : 지표수에 비하여 용해물질이 많고, 지역에 따라 수질변화가 있다.
㈏ 상수도수 : 불순물 함유량이 비교적 적어 보일러에 일반적으로 사용된다.
㈐ 증류수 : 보일러 급수로 가장 이상적이지만 생산원가가 비싸 비경제적이다.
㈑ 보일러용 처리수 : 보일러 외부에서 천연수 및 지하수 등을 급수 처리하여 보일러에 공급하는 용수이다.

(2) 수질에 관한 용어

㈎ pH(수소이온지수) : 수중의 수소이온(H^+)과 수산이온(OH^-)의 양에 따라 수용액이 산성인지, 알칼리성인지를 판단하는 기준으로 사용한다.
㈏ 알칼리도 : 수중에 녹아 있는 염기성 물질을 중화시키는데 필요한 산의 양을 나타내는 것이다.
  ㉮ P-알칼리도 : 수용액의 pH를 9.0보다도 높게 하고 있는 물질의 농도
  ㉯ M-알칼리도(전알칼리도) : 수용액의 pH를 4.8보다도 높게 하고 있는 물질의 농도
㈐ 경도 : 수중에 용존되어 있는 칼슘(Ca) 및 마그네슘(Mg) 이온의 농도를 나타내는 것이다.
  ㉮ 탄산칼슘($CaCO_3$) 경도 : 수중의 칼슘(Ca)과 마그네슘(Mg)의 양을 탄산칼슘($CaCO_3$)으로 환산하여 ppm 단위로 나타낸다.
  ㉯ 독일경도(dH) : 수중의 칼슘(Ca)과 마그네슘(Mg) 이온의 양을 산화칼슘(CaO)의 양으로 환산해서 나타내는 것으로 물 100[cc] 중 CaO가 1[mg] 포함된 것을 1°dH라고 한다.
㈑ 탁도 : 물의 흐린 정도를 나타내는 것으로 증류수 1[L] 중에 고령토(kaolin) 1[mg]

함유하는 것을 탁도 1도로 한다.
- ⑪ 색도 : 물의 착색정도를 나타내는 것으로 물 1[L] 중에 백금 1[mg], 코발트 0.5[mg]이 함유되었을 때를 색도 1도로 한다.
- ⑫ 경수, 적수 및 연수
    - ㉮ 경수 : 경도 10.5 이상의 센물로, 일시경수와 영구경수로 분류된다.
    - ㉯ 적수 : 경도 9.5 이상 10.5 이하에 놓인 물을 말한다.
    - ㉰ 연수 : 경도 9.5 이하로서 단물을 말한다.

2. 보일러 급수 관리

(1) 불순물의 종류 및 영향

- ㉮ 용존가스 : 산소(O_2), 탄산가스(CO_2), 암모니아(NH_3) 등으로 점식의 원인이 된다.
- ㉯ 염류 : 칼슘(Ca), 마그네슘(Mg) 등 염류를 말하며 농축되어 스케일이나 슬러지 생성이 되고 부식의 발생 원인이 된다.
    - ㉮ 중탄산칼슘[$Ca(HCO_3)_2$] : 급수 용존 염류 중 가장 일반적인 슬러지 성분으로 온도가 낮은 상태에서 발생한다.
    - ㉯ 중탄산마그네슘[$Mg(HCO_3)_2$] : 보일러수 중에 열분해되어 탄산마그네슘, 수산화마그네슘 슬러지가 된다.
    - ㉰ 황산칼슘($CaSO_4$) : 고온에서 석출하므로 주로 증발관에서 스케일화 되는 것으로 보일러 내처리가 불충분한 경우에 생성되기 쉽고 대단히 악질 스케일이 된다.
    - ㉱ 황산마그네슘($MgSO_4$) : 용해도가 커서 그 자체로는 스케일 생성이 잘 안되나 탄산칼슘과 작용해서 황산칼슘과 수산화마그네슘의 경질 스케일이 발생한다.
    - ㉲ 염화마그네슘($MgCl_2$) : 보일러수가 적당한 pH로 유지되는 경우 가수분해에 의해 수산화마그네슘의 슬러지가 되며, 블로다운시에 배출시킬 수 있다.
    - ㉳ 기타 : 염화칼슘($CaCl_2$), 규산염($CaSiO_3$, $MgSiO_3$, $NaSiO_3$) 등이 스케일 생성의 원인이 된다.
- ㉰ 실리카(SiO_2)의 영향
    - ㉮ 칼슘 및 알루미늄 등과 결합하여 스케일을 형성한다.
    - ㉯ 저압 보일러에서는 알칼리도를 높여 스케일화를 방지할 수 있다.
    - ㉰ 보일러수에 실리카가 다량으로 용해되어 있으면 캐리오버 등으로 터빈날개 등을 부식한다.
    - ㉱ 실리카 함유량이 많은 스케일은 경질이기 때문에 기계적 및 화학적 방법으로 제거하기가 곤란하다.

㈃ 고형 협잡물 : 흙탕, 유지분 및 규산염 등으로 프라이밍, 포밍 발생의 원인

㈄ 기타 : 산분, 알칼리분, 유지분, 가스분 등

(2) 불순물 장해

㈎ 스케일(scale) 생성 : 보일러 수중의 용해고형물로부터 생성되어 증발관, 관벽, 드럼, 기타 전열면에 부착해서 단단하게 굳어지는 관석이다.

  ㉮ 스케일의 피해
  ⓐ 전열면에 부착하여 전열을 방해한다.
  ⓑ 보일러 효율이 저하하고, 연료소비량이 증가한다.
  ⓒ 전열면의 국부과열로 인한 파열사고의 우려가 있다.
  ⓓ 보일러수의 순환을 방해하고, 수면계 등 연락관을 폐쇄시킨다.

  ㉯ 스케일 방지 대책
  ⓐ 급수 중의 염류, 불순물을 되도록 제거한다.
  ⓑ 보일러 수의 농축을 방지하기 위하여 적절히 분출시킨다.
  ⓒ 보일러 수에 약품을 넣어서 스케일 성분이 고착하지 않도록 한다.
  ⓓ 수질분석을 하여 급수 한계치를 유지하도록 한다.

㈏ 슬러지(sludge) 생성 : 부착되지 않고 드럼, 헤더 등의 밑바닥에 침적되어 있는 연질의 침전물로 보일러수의 순환을 방해하고 보일러 효율을 저하한다.

㈐ 부유물(현탁물) : 보일러 수중에 부유되어 있는 불용성의 현탁물로 캐리오버 발생의 원인이 된다.

㈑ 가성취화의 원인 : 보일러 수중에서 분해되어 생긴 가성소다($NaOH$)가 과도하게 농축되면 수산이온(OH^-)이 많아져서 알칼리도가 높아진다. 이것이 강재와 작용해서 생기는 나트륨(Na)이 강재의 결정입계를 침해하여 재질을 열화 시킨다.

㈒ 캐리오버 발생 : 관수 농축 시 프라이밍, 포밍현상을 일으켜 증기 중에 물방울이 섞여서 운반되는 현상의 발생 원인이 된다.

(3) 보일러 수질관리 목적

㈎ 급수

  ㉮ pH : 급수계통의 부식을 방지하는 것을 주목적으로 한다.
  ⓐ 원통형 보일러 : pH 7.0~9.0
  ⓑ 수관식 보일러 : 최고사용압력에 따라 다르게 적용 됨(최고사용압력이 1[MPa] 이하의 경우 연화수를 보급수로 사용하는 경우 pH 7.0~9.0 이다.)

  ㉯ 경도 : 스케일 생성 및 슬러지 침전을 방지하기 위하여 관리한다.

㉰ 유지류 : 포밍의 원인이 되고, 전열면에 스케일 생성의 원인이 되기 때문에 관리한다.
㉱ 용존산소 : 부식 중 공식의 원인이 되므로 급수단계에서 제한한다.
㉲ 탈산소제 : 탈기기에서 누설되는 용존산소를 히드라진을 이용하여 제거하는 경우에 잔류하는 히드라진이 열분해하여 암모니아를 생성하여 동 및 동합금을 부식시키므로 급수 중의 히드라진 상한농도를 관리한다.

(나) 보일러 수(水)
㉮ pH : 보일러 내부의 부식 방지 및 캐리오버를 방지하기 위하여 일정수준을 유지시킨다.
  ⓐ 원통형 보일러 : pH 11.0~11.8
  ⓑ 수관식 보일러 : 최고사용압력에 따라 다르게 적용 됨(최고사용압력이 1 [MPa] 이하의 경우 알칼리 처리를 한 경우는 pH 11.0~11.8 이다.)
㉯ P-알칼리도 및 M-알칼리도 : P-알칼리도가 높으면 실리카 스케일 생성이 억제되고, 급수 중 M-알칼리도가 높으면 보일러수의 pH가 높게 되어 캐리오버가 억제된다.
㉰ 전 고형물(증발 잔류물) : 부식이 방지되고 캐리오버가 억제되므로 상한농도를 관리한다.
㉱ 염화물 이온 : 부식 방지와 전 고형물 농도를 측정하기 위하여 상한농도를 관리한다.
㉲ 인산 이온 : 보일러수 pH 조절과 스케일 방지를 위하여 조절, 관리한다.
㉳ 실리카 이온 : 실리카 스케일 생성방지 및 캐리오버를 방지하기 위하여 농도를 관리한다.
㉴ 아황산 이온 : 아황산염은 열분해하여 SO_2 가스를 발생시켜 응축수의 pH를 저하시킨다.

6.2 보일러 급수 처리

1. 보일러 급수 처리의 목적 및 방법

(1) 급수처리의 목적

(가) 스케일, 슬러지가 고착되는 것을 방지하기 위하여
(나) 보일러수가 농축되는 것을 방지하기 위하여

㈐ 보일러 부식을 방지하기 위하여
㈑ 가성취화현상을 방지하기 위하여
㈒ 캐리오버현상을 방지하기 위하여

(2) 급수 처리 방법

㈎ 외처리(1차 처리) : 급수 중에 포함되어 있는 고체 협잡물, 용해 고형물, 용존 가스 등을 보일러 외부에서 처리하는 방법이다.

㈏ 내처리(2차 처리) : 내처리제(청관제)를 급수에 첨가하거나 보일러 드럼 내의 물에 첨가하여 보일러수 중에 포함되어 있는 불순물로 인한 장해를 방지하는 방법과 같이 보일러 내에서 행하여지는 방법이다.

2. 외처리 방법 및 특징

(1) 고체 협잡물 처리

㈎ 침강법(침전법) : 물보다 비중이 크고 지름이 0.1[mm] 이상의 고형물이 혼합된 물을 침전지에서 일정기간 체류시키면 비중차에 의하여 고형물이 바닥에 침전, 분리시키는 방법으로 자연 침강법과 기계적 침강법이 있다.

㈏ 여과법 : 모래, 자갈, 활성탄소 등으로 이루어진 여과제 층으로 급수를 통과시켜 불순물을 제거하는 방법이다.

㈐ 응집법 : 침강법이나 여과법 등으로 분리가 되지 않는 미세한 입자를 응집제(황산알루미늄, 폴리 염화알루미늄)를 주입하여 불용성의 수산화알루미늄의 플록(flock)에 미세입자를 흡착 응집시켜 슬러리로 만들어 제거하는 방법이다.

(2) 용해 고형물 처리

㈎ 이온교환 수지법 : 이온교환수지를 이용하여 급수가 가지는 이온을 수지의 이온과 교환시켜 처리하는 방법으로 용해 고형물을 제거하는데 가장 효과적인 방법이다.
  ㉮ 이온교환수지를 이용한 수처리 방법 분류
    ⓐ 단순연화(경수연화) : Na^+ 이외의 양이온을 Na^+로 이온 교환한다.
    ⓑ 탈 알칼리연화 : 양이온의 이온교환은 단순연화와 동일하지만, 그 외의 알칼리도 성분(중탄산염)의 대부분을 제거한다.
    ⓒ 탈염 : 실리카 이외의 모든 전해질을 제거한다.
    ⓓ 순수제조 : 모든 전해질(이온상 실리카까지)을 제거한다.
  ㉯ 이온교환처리장치 운전공정
    ⓐ 역세 : 수지탑의 아래에서 위로 물을 흐르게 하여 압축된 수지를 느슨하게

해주고 수지층에 괴여있는 현탁물을 제거하여 주는 공정
ⓑ 통약(재생) : 부하공정에서 흡착된 흡착이온을 용출시키고 부하목적에 맞는 이온을 흡착시키기 위하여 재생액을 수지탑의 위에서 아래로 흘러내리는 공정으로 좁은 의미의 재생이라 함
ⓒ 압출(치환) : 통약 후 수지층에 남아 있는 재생액을 통약공정과 같은 방향으로 천천히 압출시키는 공정
ⓓ 수세(세정) : 수지층에 남아 있는 재생제를 완전히 씻어 내리는 공정
ⓔ 통수(부하) : 재생탑에 원수를 통과시켜 수중의 일부 또는 전부의 이온을 이온교환 또는 제거시키는 공정

(나) 증류법 : 물을 가열하여 발생된 수증기를 냉각시켜 응축수로 만드는 방법으로 경제성이 높지 않아 일반적인 보일러에서는 사용되지 않고, 선박용 보일러에 사용되는 방법이다.

(다) 약품처리법(약품첨가법) : 급수에 소석회[$Ca(OH)_2$], 가성소다($NaOH$), 탄산소다($NaCO_3$) 등을 첨가해서 칼슘(Ca), 마그네슘(Mg)과 같은 경도성분을 불용성 화합물로 만들어 침전시켜 제거하는 방법이다.

(3) 용존 가스 처리

(가) 기폭법(폭기법) : 헨리의 법칙을 이용한 것으로 급수 중에 포함되어 장해를 일으키는 탄산가스(CO_2), 황화수소(H_2S) 등의 기체성분과 철(Fe), 망간(Mn) 등을 제거하는 방법으로 공기 중에서 물을 아래로 뿌려 내리는 강수방식과 급수 중에 공기를 흡입하는 방법이 있다. (기폭법으로 암모니아(NH_3)도 제거된다.)

(나) 탈기법 : 탈기기(deaerator)를 이용하여 급수 중의 산소(O_2), 탄산가스(CO_2) 등의 용존가스를 제거하는 방법으로 진공 탈기법과 가열 탈기법이 있다.

3. 내처리 방법 및 특징

(1) 내처리제(청관제) 개요

(가) 내처리제 선정 시 주의사항
㉮ 수질을 정확히 분석, 파악한다.
㉯ 스케일의 화학적 조성을 분석한다.
㉰ 내처리제의 주요 성분을 파악한다.
㉱ 가열 후 슬러지 생성을 파악한다.
㉲ pH 변화 측정, 인산염 농도를 측정한다.

⑭ 관석을 함께 첨가, 용해현상을 검토한다.
(나) 청관제의 역할
⑦ 보일러수의 pH 조정
⑭ 보일러수의 연화
⑮ 슬러지의 조정
⑯ 보일러수의 탈산소
⑰ 가성취화 방지
⑱ 포밍(foaming) 방지

(2) 내처리제의 종류와 작용

⑦ pH 및 알칼리 조정제 : 급수 및 보일러수의 pH 및 알칼리도를 조절하여 스케일 부착을 방지하고 부식을 방지한다.
⑭ 연화제 : 보일러수 중의 경도성분을 불용성으로 침전시켜 슬러지로 하여 스케일 부착을 방지한다.
⑮ 슬러지 조정제 : 슬러지가 보일러의 전열면에 부착하여 스케일로 되는 것을 방지하기 위하여 보일러수 중에 분산, 현탁시켜 분출에 의해 쉽게 배출할 수 있도록 하는 것이다.
⑯ 탈산소제 : 급수 중의 용존산소를 제거하여 부식(점식)을 방지하기 위한 것이다.
⑰ 가성취화 방지제 : 가성취화 현상을 방지하기 위하여 사용하는 것이다.
⑱ 기포방지제(포밍 방지제) : 포밍현상을 방지하기 위한 것이다.

내처리제의 종류와 사용약품 종류

내처리제 종류	사용약품의 종류
pH 및 알칼리 조정제	수산화나트륨(가성소다 : NaOH), 탄산나트륨(Na_2CO_3), 인산나트륨(Na_3PO_4), 인산(H_3PO_4), 암모니아(NH_3)
연화제	수산화나트륨(NaOH), 탄산나트륨(Na_2CO_3), 인산나트륨(Na_3PO_4)
슬러지 조정제	탄닌($C_{76}H_{52}O_{46}$), 리그린, 전분($C_6H_{10}O_5$)
탈산소제	아황산나트륨(Na_2SO_3), 히드라진(N_2H_4), 탄닌
가성취화 방지제	황산나트륨(Na_2SO_4), 인산나트륨(Na_3PO_4), 질산나트륨, 탄닌, 리그린
기포방지제(포밍 방지제)	고급 지방산 폴리아민, 고급 지방산 폴리알콜

예 | 상 | 문 | 제

문제 01 보일러 용수의 종류를 3가지 쓰시오.

해답 ① 천연수   ② 상수도수   ③ 증류수   ④ 보일러용 처리수

문제 02 보일러 급수로 가장 이상적인 것은?

해답 증류수

문제 03 보일러 급수에 있어 pH 농도에 따라 산성, 알칼리성으로 구분된다. 산성, 알칼리성이 아닌 중성을 나타내는 농도를 표시한 값은 얼마인가?

해답 pH 7

해설
① 산성은 pH7 이하이다.
② 알칼리성은 pH7 이상이다.
③ 보일러 급수는 알칼리성을 사용한다.

문제 04 다음은 보일러 급수의 수질에 대한 용어 설명이다. 각 설명에 적합한 용어를 쓰시오.
(1) 점토 등의 현탁성 물질에 의해 물이 탁해진 정도를 나타내는 값
(2) 수중에 함유하고 있는 칼슘(Ca) 및 마그네슘(Mg)의 농도를 나타낼 때의 척도로서 편의상 ppm으로 환산하여 나타낸 값
(3) 수중에 함유하고 있는 수소(H^+)의 농도지수를 나타내는 것으로 물이 산성인지 알칼리성인지를 나타내는 척도
(4) 수중에 함유하고 있는 강산, 탄산, 유기산 등의 산분을 중화하는 알칼리분을 epm 또는 이것이 대응하는 탄산칼슘 ppm으로 표시한 값
(5) 수중에 녹아있는 탄산수소염, 탄산염, 수산화물 및 그의 알칼리성염을 중화시키는데 필요한 산의 소비량을 epm 또는 탄산칼슘 ppm으로 표시한 값

해답 (1) 탁도   (2) 경도   (3) 수소이온지수   (4) 알칼리도   (5) 산도

문제 05 1°dH(독일경도)에 대하여 설명하시오.

해답 수중의 칼슘(Ca)과 마그네슘(Mg) 이온의 양을 산화칼슘(CaO)의 양으로 환산해서 나타내는 것으로 물 100[cc]중 CaO가 1[mg] 포함된 것을 1°dH라고 한다.

문제 06 보일러용 급수 1[L]를 분석한 결과 탄산칼슘이 2[mg]이 포함되어 있다. 이 급수의 탄산칼슘($CaCO_3$) 경도는 몇 [ppm]인가?

해답 ▶ 탄산칼슘($CaCO_3$) 경도는 수중의 칼슘(Ca)과 마그네슘(Mg)의 양을 탄산칼슘($CaCO_3$)으로 환산하여 [ppm] 단위로 나타내는 것으로 1[ppm]은 물 1[L] 속에 탄산칼슘($CaCO_3$) 1[mg]이 포함된 경우이다. 그러므로 보일러용 급수 1[L]에 탄산칼슘이 2[mg] 포함된 것은 2[ppm]에 해당된다.

문제 07 보일러수 100[cc] 중에 CaO 이 2[mg], MgO 이 2[mg] 존재할 경우 독일경도는 얼마인가?

해답 ▶ 독일경도($°dH$)는 수중의 칼슘(Ca)과 마그네슘(Mg) 이온의 양을 산화칼슘(CaO)의 양으로 환산해서 나타내는 것으로, 산화마그네슘(MgO)을 산화칼슘(CaO)으로 환산할 때는 1.4를 하여 계산한다.
∴ 독일경도($°dH$) = 산화칼슘(CaO) + 산화마그네슘(MgO) × 1.4
= 2 + 2 × 1.4 = 4.8[$°dH$]

문제 08 원통형 보일러의 pH(수소이온농도 지수) 값은 얼마인가?
 (1) 급수 : (2) 보일러 수 :

해답 ▶ (1) 7.0~9.0 (2) 11.0~11.8

문제 09 급수 중에 함유되어 있는 불순물의 종류 5가지와 이것이 미치는 영향을 간단히 설명하시오.

해답 ▶ ① 용존가스 : 부식 ② 염류 : 스케일 생성 및 과열
③ 유지류 : 과열 및 포밍 ④ 알칼리 성분 : 가성취화 및 크랙
⑤ 산류 : 부식

문제 10 보일러 수에 함유되어 있는 물질 중 스케일 생성 성분을 4가지 쓰시오.

해답 ▶ ① 중탄산칼슘[$Ca(HCO_3)_2$], 중탄산마그네슘[$Mg(HCO_3)_2$]
② 황산칼슘($CaSO_4$), 황산마그네슘($MgSO_4$)
③ 규산염($CaSiO_3$, $MgSiO_3$, $NaSiO_3$)
④ 염화칼슘($CaCl_2$), 염화마그네슘($MgCl_2$)

문제 11 다음은 스케일 특성을 설명한 것이다. 설명을 읽고 해당되는 스케일 원인물질을 [보기]에서 찾아 쓰시오.

[보기] ① 황산칼슘 ② 실리카 ③ 황산마그네슘
④ 중탄산마그네슘 ⑤ 중탄산칼슘

(1) 고온에서 석출하므로 주로 증발관에서 스케일화 되는 것으로 보일러 내처리가 불충분한 경우에 생성되기 쉽고 대단히 악질 스케일이 된다.

(2) 급수 용존염류 중 가장 일반적인 슬러지 성분으로 온도가 낮은 상태에서 발생한다.
(3) 보일러수 중에 열분해 되어 탄산마그네슘, 수산화마그네슘 슬러지가 된다.
(4) 용해도가 커서 그 자체로는 스케일 생성이 잘 안되나 탄산칼슘과 작용해서 황산칼슘과 수산화마그네슘의 경질 스케일이 발생한다.
(5) 급수 중의 칼슘성분과 결합하여 규산칼슘을 생성하고 알루미늄이온과 결합해서 여러 가지 형태의 스케일을 생성하고, 이것의 함유량이 많은 스케일은 아주 단단한 경질이다.

해답 (1) 황산칼슘 (2) 중탄산칼슘 (3) 중탄산마그네슘 (4) 황산마그네슘 (5) 실리카

문제 12 보일러수중에 포함된 실리카(SiO_2)의 영향 4가지를 설명하시오.

해답
① 칼슘 및 알루미늄 등과 결합하여 스케일을 형성한다.
② 저압 보일러에서는 알칼리도를 높여 스케일화를 방지할 수 있다.
③ 보일러수에 실리카가 다량으로 용해되어 있으면 캐리오버 등으로 터빈날개 등을 부식한다.
④ 실리카 함유량이 많은 스케일은 경질이기 때문에 기계적 및 화학적 방법으로 제거하기가 곤란하다.

문제 13 보일러 내부에 스케일 및 슬러지의 부착에 따른 영향 4가지 쓰시오.

해답
① 전열면에 부착하여 전열을 방해한다.
② 보일러 효율이 저하하고, 연료소비량이 증가한다.
③ 전열면의 국부과열로 인한 파열사고의 우려가 있다.
④ 보일러수의 순환을 방해하고, 수면계 등 연락관을 폐쇄시킨다.

문제 14 보일러 스케일 생성의 방지대책을 4가지 쓰시오.

해답
① 급수 중의 염류, 불순물을 되도록 제거한다.
② 전처리된 용수를 사용한다.
③ 관수 분출작업을 적절히 한다.
④ 청관제를 적절히 사용한다.

문제 15 보일러 급수탱크의 수위조절기 종류 4가지를 쓰시오.

해답 ① 플로트식 ② 부력형 ③ 수은스위치 ④ 전극형

해설 보일러 급수탱크 수위 조절기 종류 및 특징
(1) 플로트식
① 기계적으로 작동이 확실하다.
② 수면의 변화에 좌우된다.
③ 플로트의 침수 가능성이 있다.
(2) 부력형

① 내식성이 강하다.
② 물의 움직임에 영향을 받는다.
(3) 수은 스위치
① 내식성이 있다.
② 수면의 유동에서 영향을 받는다.
(4) 전극형
① on, off의 스팬이 긴 경우는 적합하지 않다.
② 스팬의 조절이 곤란하다.

문제 16 급수처리의 목적을 4가지 쓰시오.

해답
① 스케일, 슬러지가 고착되는 것을 방지하기 위하여
② 보일러수가 농축되는 것을 방지하기 위하여
③ 보일러 부식을 방지하기 위하여
④ 가성취화현상을 방지하기 위하여
⑤ 캐리오버현상을 방지하기 위하여

문제 17 보일러 급수의 외처리 방법 중 물리적 처리 방법을 3가지 쓰시오.

해답 ① 여과법 ② 침강법 ③ 기폭법 ④ 탈기법

해설 외처리 방법 분류
① 물리적 방법 : 여과법, 침강법, 기폭법, 탈기법
② 화학적 방법 : 약제 첨가법, 이온교환법, 응집법

문제 18 보일러 급수처리에 대한 다음 물음에 답하시오.

(1) 고체 협잡물(현탁물) 처리방법을 3가지 쓰시오.
(2) 용해 고형물 처리방법을 3가지 쓰시오.

해답 (1) ① 침강법(침전법) ② 여과법 ③ 응집법
(2) ① 이온교환수지법 ② 증류법 ③ 약품첨가법

문제 19 급수의 외처리 방법 중 응집법에서 사용하는 응집제의 종류를 2가지 쓰시오.

해답 ① 황산알루미늄 ② 폴리 염화알루미늄

해설 응집법
침강법이나 여과법 등으로 분리가 되지 않는 미세한 입자를 응집제(황산알루미늄, 폴리 염화알루미늄)를 주입하여 불용성의 수산화알루미늄의 플록(flock)에 미세입자를 흡착 응집시켜 슬러리로 만들어 제거하는 방법이다.

문제 20 급수 중에 녹아있는 고형물을 제거하는 방법으로 이온교환법이 주로 활용되고 있다. 이온교환에 의한 처리방법 분류(종류)에 대해 3가지를 쓰시오.

해답 ① 단순연화(경수연화) ② 탈알칼리연화 ③ 탈염 ④ 순수제조

문제 21 이온교환처리 장치에서 이온교환 수지의 재생을 위한 운전공정을 [보기]에서 찾아 순서대로 나열하시오.

[보기] 역세, 통수, 재생, 압출, 수세

해답 역세 – 재생 – 압출 – 수세 – 통수

문제 22 용해 고형물을 제거하는 방법 중의 하나인 이온 교환법에서 사용하는 재생제의 종류를 2가지 쓰시오.

해답 ① 수산화나트륨(NaOH) ② 염화나트륨(NaCl)

문제 23 보일러 급수처리 방법 중 5000[ppm] 이하의 고형물 농도에서는 비경제적이므로 사용하지 않으며 선박용 보일러에 사용하는 급수를 얻을 때 사용하는 법은?

해답 증류법

문제 24 보일러 급수 중에 용해염류(Ca, Mg)가 다량 있을 때 가장 적절한 수처리 방법은?

해답 약품 첨가법

문제 25 보일러 급수 처리 방법 중 용해 고형분을 처리하기 위한 약품 첨가법에 사용하는 약품 종류를 3가지 쓰시오.

해답 ① 소석회[$Ca(OH)_2$] ② 가성소다(NaOH) ③ 탄산소다($NaCO_3$)

문제 26 보일러 급수 중의 용존가스(O_2, CO_2)를 제거하는 방법 2가지를 쓰시오.

해답 ① 기폭법(폭기법) ② 탈기법

문제 27 보일러수의 외처리 방법 중 폭기법(기폭법)으로 제거될 수 있는 물질 3가지를 다음 [보기]에서 골라 쓰시오.

[보기] – 탄산가스 – 산소 – 질소 – 망간
        – 암모니아 – 철(Fe) – 실리카(SiO_2)

해답 ① 탄산가스 ② 암모니아 ③ 철(Fe) ④ 망간

문제 28 탈기기(deaerator)를 이용하여 급수 중의 산소(O_2), 탄산가스(CO_2) 등의 용존가스를 제거하는 방법의 명칭은 무엇인가?

해답 ▶ 탈기법

문제 29 보일러의 수처리에서 진공탈기기의 감압장치로 쓰이는 것 2가지를 쓰시오.

해답 ▶ ① 진공펌프 ② 공기 이젝터

문제 30 청관제 선정 시 고려하여야 할 사항을 4가지 쓰시오.

해답 ▶ ① 수질을 정확히 분석, 파악한다.
② 스케일의 화학적 조성을 분석한다.
③ 내처리제의 주요 성분을 파악한다.
④ 가열 후 슬러지 생성을 파악한다.
⑤ pH 변화 측정, 인산염 농도를 측정한다.
⑥ 관석을 함께 첨가, 용해현상을 검토한다.

문제 31 보일러 수 내처리 방법 중 청관제의 역할을 4가지 쓰시오.

해답 ▶ ① 보일러수의 pH 조정   ② 보일러수의 연화   ③ 슬러지의 조정
④ 보일러수의 탈산소   ⑤ 가성취화 방지   ⑥ 포밍(foaming) 방지

문제 32 보일러수 내처리제 중 연화제에 관한 다음 물음에 답하시오.

(1) 연화제의 기능(역할)을 쓰시오.
(2) 연화제의 종류 2가지를 쓰시오.

해답 ▶ (1) 용수 중의 경도성분을 슬러지화 하여 경질 스케일 부착을 방지한다.
(2) ① 탄산나트륨(Na_2CO_3)
② 인산나트륨(Na_3PO_4)
③ 수산화나트륨(NaOH)

문제 33 보일러 수의 내처리제 중 슬러지 조정제의 역할과 종류 3가지를 쓰시오.

해답 ▶ ① 역할 : 슬러지가 보일러의 전열면에 부착하여 스케일로 되는 것을 방지하기 위하여 보일러수 중에 분산, 현탁시켜 분출에 의해 쉽게 배출할 수 있도록 하는 것
② 종류 : 탄닌($C_{76}H_{52}O_{46}$), 리그린, 전분($C_6H_{10}O_5$)

문제 34 보일러 청관제 중 탈산소제의 종류 3가지를 쓰시오.

해답 ▶ ① 아황산나트륨(Na_2SO_3)
② 히드라진(N_2H_4)
③ 탄닌

문제 35 다음은 보일러 내처리용 청관제이다. 각 항에 해당하는 청관제의 역할과 종류를 각각 2가지씩 쓰시오.

(1) pH 및 알칼리 조정제 :   (2) 연화제 :
(3) 슬러지 조정제 :   (4) 탈산소제 :
(5) 가성취화 방지제 :   (6) 기포 방지제(포밍 방지제) :

해답
(1) ① 역할 : 급수 및 보일러수의 pH 및 알칼리도를 조절하여 스케일 부착을 방지하고 부식을 방지한다.
   ② 종류 : 수산화나트륨(가성소다 : NaOH), 탄산나트륨(Na_2CO_3), 인산나트륨(Na_3PO_4), 인산(H_3PO_4), 암모니아(NH_3)
(2) ① 역할 : 보일러수 중의 경도성분을 불용성으로 침전시켜 슬러지로 하여 스케일 부착을 방지한다.
   ② 종류 : 수산화나트륨(NaOH), 탄산나트륨(Na_2CO_3), 인산나트륨(Na_3PO_4)
(3) ① 역할 : 슬러지가 보일러의 전열면에 부착하여 스케일로 되는 것을 방지하기 위하여 보일러수 중에 분산, 현탁시켜 분출에 의해 쉽게 배출할 수 있도록 한다.
   ② 종류 : 탄닌($C_{76}H_{52}O_{46}$), 리그린, 전분($C_6H_{10}O_5$)
(4) ① 역할 : 급수 중의 용존산소를 제거하여 부식(점식)을 방지한다.
   ② 종류 : 아황산나트륨(Na_2SO_3), 히드라진(N_2H_4), 탄닌
(5) ① 역할 : 가성취화 현상을 방지하기 위하여 사용한다.
   ② 종류 : 황산나트륨(Na_2SO_4), 인산나트륨(Na_3PO_4), 질산나트륨, 탄닌, 리그린
(6) ① 역할 : 포밍현상을 방지하기 위하여 사용한다.
   ② 종류 : 고급 지방산 폴리아민, 고급 지방산 폴리알콜

문제 36 보일러 급수할 때의 순서에 맞는 용어를 [보기]에서 찾아 쓰시오.

(①) → (②) → (③) → (④) → (⑤) → 보일러

[보기] 급수펌프, 역지밸브, 급수 수위 조절기, 절탄기, 정지밸브

해답 ① 급수 수위 조절기 ② 급수펌프 ③ 절탄기 ④ 역지밸브 ⑤ 정지밸브

제7장 계측기기 일반

7.1 연소가스 분석기기

1. 연소가스 분석기기 분류

(1) **화학적 분석기기** : 연속 측정 및 정확한 측정이 가능하고, 자동제어 장치와 연결하여 사용할 수 있으며 종류는 다음과 같다.

　㈎ 용액 흡수제를 이용한 것
　㈏ 고체 흡수제를 이용한 것
　㈐ 연소열을 이용한 것

(2) **물리적 분석기기** : 화학적 분석기기보다 정도가 낮지만, 자동제어 장치와 연결이 용이하고 단일 가스 성분을 분석하는데 많이 이용되고 취급이 비교적 간단하며, 종류는 다음과 같다.

　㈎ 가스의 열전도율을 이용한 것
　㈏ 가스의 밀도, 점성을 이용한 것
　㈐ 빛(光)의 간섭을 이용한 것
　㈑ 가스의 자기적 성질을 이용한 것
　㈒ 가스의 반응성을 이용한 것
　㈓ 적외선 흡수를 이용한 것
　㈔ 흡수 용액의 전기 전도도를 이용한 것

2. 시료채취

(1) **장치 구성**

　㈎ 흡수병 또는 포집병을 사용할 때 : 채취관 → 도입관 → 포집부
　㈏ 연속 분석기기를 사용할 때 : 채취관 → 도입관 → 연속 분석기기

(2) **여과제의 종류**

　㈎ 1차 필터용(고온 접촉부) : 소결금속, 카보런덤

㈏ 2차 필터용(분석계 입구) : 유리솜, 솜

(3) 시료채취 방법 : 불량가스의 채취는 분석기기의 작동불량, 오차 발생 등의 원인이 되므로 항상 평균 시료를 채취할 수 있도록 하여야 한다.

(4) 시료 채취 위치 : 연도의 굴곡부분이나 단면의 형상이 급격히 변화하는 부분(수축부분)을 피하여 배기가스 흐름이 안정되고, 유속변동이 적은 곳을 선택하여야 한다.

(5) 시료채취 장치 취급 시 주의사항

㈎ 시료가스 채취구 위치에 주의해야 한다.
㈏ 공기 유입방지 및 연도 중심부의 시료 채취가 필요하다.
㈐ 가스성분과 반응하는 배관은 사용을 금지해야 한다.
㈑ 장치 내에서 시료가스의 시간지연을 적게 하고 배관은 짧게 한다.
㈒ 배관에는 경사를 두고 최하단에는 드레인 장치가 필요하다.
㈓ 보수가 용이한 장소에 설치해야 한다.

3. 가스분석기

(1) 흡수분석법 : 흡수 분석법은 채취된 시료기체를 분석기 내부의 성분 흡수제에 흡수시켜 체적변화를 측정하는 방식이다.

㈎ 오르사트(Orsat)법 : 연소 배기가스 중에 함유되어 있는 탄산가스(CO_2), 산소(O_2), 일산화탄소(CO) 3가지 성분을 이 순서대로 측정하는 방법이다. 흡수제의 종류는 다음과 같다.

⑦ CO_2 : 수산화칼륨(KOH) 30[%] 수용액
④ O_2 : 알칼리성 피로갈롤 용액
⑤ CO : 암모니아성 염화제1구리($CuCl_2$) 용액
⑥ N_2 : 전부 흡수되고 남는 것을 질소로 계산한다.

㈏ 헴펠(Hempel)법 : 시료 가스를 순서대로 규정의 흡수액에 접촉시켜 탄산가스(CO_2), 중탄화수소(C_mH_n), 산소(O_2), 일산화탄소(CO)의 순서로 각 성분을 흡수 분리하고 각각 흡수 전후의 체적 변화로부터 조성을 구하는 방법이다. 잔류가스에 공기 또는 산소를 혼합하여 연소시켜 연소전후의 체적 변화 및 이산화탄소의 생성량으로부터 수소 및 메탄을 정량하고 나머지 성분을 질소로 한다.

⑦ CO_2 : 수산화칼륨(KOH) 30[%] 수용액
④ C_mH_n : 무수황산을 25[%] 포함한 발연황산

㉰ O_2 : 알칼리성 피로갈롤 용액

㉱ CO : 암모니아성 염화제1구리($CuCl_2$) 용액

㈐ 게겔(Gockel)법 : 저급 탄화수소의 분석용에 사용한다.

㉮ CO_2 : 33[%] KOH 수용액

㉯ 아세틸렌 : 요오드수은(옥소수은) 칼륨 용액

㉰ 프로필렌, n-C_4H_8 : 87[%] H_2SO_4

㉱ 에틸렌 : 취화수소(HBr) 수용액

㉲ O_2 : 알칼리성 피로갈롤 용액

㉳ CO : 암모니아성 염화 제1구리 용액

(2) 자동화학식 CO_2계 : 오르사트 가스 분석계의 조작을 자동화한 것으로 CO_2를 흡수액에 흡수시켜 이것에 시료가스의 용적감소를 측정하여 CO_2 농도를 지시하는 것이다.

(3) 연소식 O_2계(과잉공기계) : 일정량의 시료가스와 H_2 등의 가연성 가스를 혼합하여 촉매반응에 의하여 연소시켜 이때 발생한 연소열이 산소농도에 따라 변화하는 것을 이용하여 O_2 농도를 측정한다.

(4) 연소열법(미연소 가스계) : 연소식 O_2계와 같은 원리로서 연소반응에 의한 미연성분, H_2, CO를 측정한다.

(5) 가스 크로마토그래피(gas chromatography)의 측정원리 : 흡착제를 충전한 관속에 혼합시료를 넣고, 용제를 유동시켜 흡수력 차이(시료의 확산속도)에 따라 성분의 분리가 일어나는 것을 이용한 것이다.

㈎ 특징

㉮ 여러 종류의 가스분석이 가능하다.

㉯ 선택성이 좋고 고감도로 측정한다.

㉰ 미량성분의 분석이 가능하다.

㉱ 응답속도가 늦으나 분리 능력이 좋다.

㉲ 동일가스의 연속측정이 불가능하다.

㈏ 장치 구성요소 : 캐리어가스, 압력조정기, 유량조절밸브, 압력계, 분리관(컬럼), 검출기, 기록계 등

㉮ 3대 구성요소 : 분리관(column), 검출기, 기록계

㉯ 캐리어가스(전개제)의 종류 : 수소(H_2), 헬륨(He), 아르곤(Ar), 질소(N_2)

㈐ 검출기의 종류
- ㉮ 열전도형 검출기(TCD : Thermal Conductivity Detector) : 캐리어가스(H_2, He)와 시료성분 가스의 열전도도차를 금속 필라멘트 또는 서미스터의 저항변화로 검출한다.
- ㉯ 수소염 이온화 검출기(FID : Flame Ionization Detector) : 불꽃속에 탄화수소가 들어가면 시료 성분이 이온화됨으로써 불꽃 중에 놓여 진 전극간의 전기전도도가 증대하는 것을 이용한 것이다.
- ㉰ 전자포획 이온화 검출기(ECD : Electron Capture Detector) : 방사선 동위원소로부터 방출되는 β선으로 캐리어가스가 이온화되어 생긴 자유전자를 시료 성분이 포획하면 이온전류가 감소하는 것을 이용한 것이다.
- ㉱ 염광 광도형 검출기(FPD : Flame Photometric Detector) : 수소염에 의하여 시료성분을 연소시키고 이때 발생하는 광도를 측정하여 인 또는 유황화합물을 선택적으로 검출할 수 있다.
- ㉲ 알칼리성 이온화 검출기(FTD : Flame Thermionic Detector) : FID에 알칼리 또는 알칼리토 금속염 튜브를 부착한 것으로 유기질소 화합물 및 유기인 화합물을 선택적으로 검출 할 수 있다. 불꽃 열 이온화 검출기라고도 불린다.
- ㉳ 기타 검출기 : 방전이온화 검출기(DID), 원자방출 검출기(AED), 열이온 검출기(TID)

(6) **열전도형 CO_2계** : CO_2는 공기보다 열전도율이 낮다는 것을 이용하여 분석하는 것이다.

(7) **밀도식 CO_2계** : CO_2는 공기에 비하여 밀도가 크다는 것을 이용한 것으로 비중식 CO_2계라 한다.

(8) **적외선 가스 분석계** : 각 가스마다 적외선 흡수 스펙트럼의 차이를 이용하여 분석하는 것이다.

(9) **자기식 O_2계** : O_2가 다른 가스에 비하여 강한 상자성체이기 때문에 자장에 대하여 흡입되는 특성을 이용한 것이다.

(10) **세라믹 CO_2계(지르코니아식 CO_2계)** : 지르코니아(ZrO_2)를 주원료로 한 특수 세라믹은 850[℃] 이상에서 산소이온만 통과시키는 특수한 성질을 이용한 것이다.

7.2 계측기기

1. 압력계

(1) 1차 압력계

⑦ 1차 압력계의 종류

㉮ 액주식 압력계(manometer) : 단관식 압력계, U자관식 압력계, 경사관식 압력계 등

㉯ 침종식 압력계 : 아르키메데스의 원리 이용한 것, 단종식과 복종식으로 구분

㉰ 자유 피스톤형 압력계 : 부르동관 압력계의 교정용으로 사용

㉯ 액주식 액체의 구비조건

㉮ 점성이 적을 것
㉯ 열팽창 계수가 적을 것
㉰ 항상 액면은 수평을 만들 것
㉱ 온도에 따라서 밀도 변화가 적을 것
㉲ 증기에 대한 밀도 변화가 적을 것
㉳ 모세관 현상 및 표면장력이 적을 것
㉴ 화학적으로 안정할 것
㉵ 휘발성 및 흡수성이 적을 것
㉶ 액주의 높이를 정확히 읽을 수 있을 것

㉰ 특징

㉮ U자관 압력계

ⓐ 가장 간단한 기준 압력계이다.

ⓑ 액주의 높이 차에 의한 압력 또는 차압을 측정한다.

ⓒ 압력은 다음의 식에 의하여 계산한다.

$$P_2 = P_1 + \gamma \cdot h$$

여기서 P_2 : 측정 절대압력[mmAq, kgf/m²], P_1 : 대기압[mmAq, kgf/m²]
γ : 액체의 비중량[kgf/m³], h : 액주 높이[m]

㉯ 단관식 압력계

ⓐ U자관 압력계의 변형용으로 상형 압력계라고 한다.

ⓑ 기준 압력계로 각종 압력 측정 및 차압계로 사용된다.

㉰ 경사관식 압력계

ⓐ 단관식의 원리를 이용한 것으로 단면적이 작은 관을 비스듬히 경사지게 한 것이다.

ⓑ 작은 압력을 정확하게 측정할 수 있어 실험실 등에서 사용된다.

ⓒ 압력은 다음의 식에 의하여 계산한다.

$$P_2 = P_1 + \gamma x \sin\theta$$

여기서 P_2 : 측정 절대압력[mmAq, kgf/m^2], P_1 : 대기압[mmAq, kgf/m^2]

γ : 액체의 비중량[kgf/m^3], x : 경사관 액주 길이[m]

θ : 관의 경사각

㉔ 자유 피스톤형 압력계 : 탄성식 압력계의 교정에 사용되는 것으로 램, 실린더, 기름탱크, 가압펌프 등으로 구성된다.

ⓐ 사용유체에 따른 측정범위

㉠ 경유 : 40~100[kgf/cm^2]

㉡ 스핀들유, 피마자유 : 100~1000[kgf/cm^2]

㉢ 모빌유 : 3000[kgf/cm^2] 이상

㉣ 점도가 큰 오일을 사용하면 5000[kgf/cm^2]까지도 측정이 가능하다.

ⓑ 압력은 다음의 식에 의하여 계산한다.

$$P_2 = \left(\frac{W + W'}{a}\right) + P_1$$

여기서, P_2 : 측정 절대압력[kgf/cm^2·a], P_1 : 대기압[kgf/cm^2]

W : 추의 무게[kg], W' : 피스톤의 무게[kg]

a : 피스톤의 단면적[cm^2]

(2) 2차 압력계

㉮ 2차 압력계의 종류

㉠ 탄성 압력계 : 부르동관 압력계, 벨로즈식 압력계, 다이어프램압력계, 캡슐식

㉡ 전기식 압력계 : 전기저항 압력계, 피에조 전기 압력계, 스트레인 게이지

㉯ 특징

㉠ 부르동관(Bourdon tube) 압력계 : 부르동관에 압력이 가해지면 곡률 반지름이 증대되고, 반대로 압력이 낮아지면 수축하는 원리를 이용한 것으로 2차 압력계 중 대표적인 것이다. 부르동관 종류에는 C자형, 스파이럴형(spiral type), 헬리컬형(helical type), 버튼형(torque-tube type)이 있다.

ⓐ 항상 검사를 받고 지시의 정확성을 확인할 것

ⓑ 진동, 충격, 온도 변화가 적은 장소에 설치할 것

ⓒ 안전장치(사이펀관, 스톱 밸브)를 사용할 것

ⓓ 압력계에 가스를 넣거나 빼낼 때는 조작을 서서히 할 것

ⓔ 측정범위는 3000[kgf/cm^2]까지이다.

㉯ 다이어프램식 압력계 : 탄성이 강한 얇은 판 양쪽의 압력이 서로 다르면 압력이 낮은 쪽으로 판이 굽는다. 이때 굽는 판의 크기는 압력차에 비례하므로 그 변위를 이용하여 압력을 측정한다.
ⓐ 응답속도가 빠르나, 온도의 영향을 받는다.
ⓑ 극히 미세한 압력 측정에 적당하다.
ⓒ 부식성 유체의 측정이 가능하다.
ⓓ 압력계가 파손되어도 위험이 적다.
ⓔ 연소로의 통풍계(draft gauge)로 사용한다.
ⓕ 측정범위는 20~5000[mmAq]이다.

㉰ 벨로즈(bellows)식 압력계 : 얇은 금속판으로 만들어진 원형의 주름통(벨로즈)의 탄성을 이용하여 압력을 측정하는 것으로 벨로즈의 재질은 인청동, 스테인리스강을 사용한다. 압력 측정범위가 0.1~1000[kPa] 정도이고, 진공압 및 차압측정용으로 주로 사용된다.

㉱ 전기 저항 압력계 : 금속의 전기저항이 압력에 의해 변화하는 것을 이용한 것으로 초고압 측정에 적합하다.

㉲ 피에조 전기 압력계 : 가스 폭발이나 급격한 압력변화 측정에 사용한다.

㉳ 스트레인 게이지 : 급격한 압력변화 측정에 사용한다.

2. 유량계

(1) 유량의 측정 방법

㉮ 직접법 : 유체의 부피나 질량을 직접 측정하는 방법
㉯ 간접법 : 유속을 측정하여 유량을 계산하는 방법 등으로 베르누이방정식을 응용한 것이다.

㉠ 체적 유량 : $Q = AV$
㉡ 질량 유량 : $M = \rho Q = \rho AV$
㉢ 중량 유량 : $G = \gamma Q = \gamma AV$

여기서, Q : 체적 유량[m³/s], M : 질량 유량[kg/s]
G : 중량 유량[kgf/s], ρ : 유체의 밀도[kg/m³]
γ : 유체의 비중량[kgf/m³], A : 단면적[m²]
V : 유속[m/s]

(2) 직접식 유량계

⑺ 종류 : 오벌 기어식, 루츠식, 로터리 피스톤식, 로터리 베인식, 습식 가스미터

⑷ 특징

 ㉮ 정도가 높아 상거래용으로 사용된다.
 ㉯ 고점도 유체나 점도 변화가 있는 유체의 측정에 적합하다.
 ㉰ 맥동의 영향을 적게 받는다.
 ㉱ 이물질의 유입을 차단하기 위하여 입구측에 여과기를 설치한다.
 ㉲ 회전자의 재질은 포금, 주철, 스테인리스강이 사용된다.

(3) 간접식 유량계

⑺ 차압식 유량계(조리개 기구식)

 ㉮ 측정원리 : 베르누이 방정식
 ㉯ 종류 : 오리피스미터, 플로어노즐, 벤투리미터
 ㉰ 특징
  ⓐ 유체의 압력손실이 크고, 저유량 측정은 곤란하다.
  ⓑ 유량계 전후에 동일한 지름의 직관이 필요하다.
  ⓒ 고온 고압의 액체, 기체, 증기의 측정에 적합하다.
  ⓓ 규격품으로 정도가 높다.
 ㉱ 유량 계산

$$Q = CA\sqrt{\frac{2g}{1-m^4} \times \frac{P_1 - P_2}{\gamma}} = CA\sqrt{\frac{2gh}{1-m^4} \times \frac{\gamma_m - \gamma}{\gamma}}$$

여기서 Q : 유량[m³/s], C : 유량 계수
 A : 단면적[m²], g : 중력 가속도(9.8[m/s²])
 h : 액주계 높이차[m], P_1 : 조리개 입구측 압력[kgf/m²]
 P_2 : 조리개 출구측 압력[kgf/m²], γ_m : 액주계 액체 비중량[kgf/m³]
 γ : 유체의 비중량[kgf/m³], m : 교축비$(D_2/D_1)^2$

⑷ 면적식 유량계

 ㉮ 종류 : 부자식(플로트식), 로터미터
 ㉯ 특징
  ⓐ 고점도 유체나 작은 유체에 대해서도 측정이 가능하다.
  ⓑ 차압이 일정하면 오차의 발생이 적다.
  ⓒ 압력손실이 적다.

(다) 유속식 유량계
  ㉮ 피토관 유량계 : 전압과 정압의 차, 즉 동압을 측정하여 유속을 구하고 그 값에 관 단면적을 곱하여 유량을 계산한다.
    ⓐ 피토관을 유체의 흐름 방향과 평행하게 설치한다.
    ⓑ 유속이 5[m/s] 이하인 유체에는 측정이 불가능하다.
    ⓒ 슬러지, 분진 등 불순물이 많은 유체에는 측정이 불가능하다.
    ⓓ 피토관은 유체의 압력에 대한 충분한 강도를 가져야 한다.
    ⓔ 비행기의 속도 측정, 수력 발전소의 수량 측정, 송풍기의 풍량 측정에 사용한다.
    ⓕ 유량 계산

$$Q = CA\sqrt{2g \times \frac{P_t - P_s}{\gamma}} = CA\sqrt{2gh \times \frac{\gamma_m - \gamma}{\gamma}}$$

  여기서, Q : 유량[m³/s], C : 유량 계수
    A : 단면적[m²], g : 중력 가속도(9.8[m/s²])
    P_t : 전압[kgf/m²], P_s : 정압[kgf/m²]
    h : 액주계 높이차[m], γ_m : 액주계 액체 비중량[kgf/m³]
    γ : 유체의 비중량[kgf/m³]

  ㉯ 임펠러식 유량계 : 관로에 임펠러를 설치하여 유속변화를 이용한 것으로 접선식(수도미터)과 축류식(터빈식 가스미터)이 있다.
  ㉰ 열선식 유량계 : 관로에 전열선을 설치하여 유체의 유속변화에 따른 온도변화로 순간유량을 측정한다.
(라) 기타 유량계
  ㉮ 전자식 유량계 : 패러데이의 전자유도법칙을 이용한 것으로 도전성 액체의 유량을 측정
  ㉯ 와류(vortex)식 유량계 : 와류(소용돌이)를 발생시켜 그 주파수의 특성이 유속과 비례관계를 유지하는 것을 이용한 것으로 슬러리가 많은 유체에는 사용이 불가능하다.
  ㉰ 초음파 유량계 : 도플러 효과를 이용한 것이다.

3. 온도계

(1) 측정원리(방법)에 의한 온도계의 분류

⑦ 접촉식 온도계
　㉮ 열팽창 이용 : 유리제 봉입식 온도계, 비이메탈 온도계, 압력식 온도계
　㉯ 저항 변화 이용 : 저항 온도계, 서미스터
　㉰ 열기전력 이용 : 열전대 온도계
　㉱ 상태 변화 이용 : 제게르콘, 서머 컬러

⑭ 비접촉식 온도계
　㉮ 단파장 에너지 이용 : 광고 온도계, 광전관 온도계, 색 온도계
　㉯ 전 방사 에너지 이용 : 방사 온도계

(2) 접촉식 온도계

⑦ 유리제 봉입식 온도계
　㉮ 수은 온도계 : 모세관 내의 수은의 열팽창을 이용한 것으로 측정 범위는 −35[℃]~350[℃]이다.
　㉯ 알코올 유리온도계 : 주로 저온용에 사용하며, 측정 범위는 −100[℃]~200[℃]이다.
　㉰ 베크만 온도계 : 모세관에 남은 수은의 양을 조절하여 측정하며, 미소한 범위의 온도 변화를 정밀하게 측정할 수 있다.
　㉱ 유점 온도계 : 수은이 온도상승 시 유점을 통과하지만 내려올 때에는 유점에 막혀 내려오는 것이 차단되는 것으로 체온계로 사용한다.

⑭ 바이메탈 온도계 : 열팽창률이 서로 다른 2종의 얇은 금속판을 밀착시킨 것이다.
　㉮ 유리 온도계보다 내구성이 양호하다.
　㉯ 구조가 간단하고, 보수가 용이하다.
　㉰ 히스테리시스(hysteresis) 오차가 발생되기 쉽다.
　㉱ 온도조절 스위치나 자동기록 장치에 사용된다.
　㉲ 측정 범위는 −50[℃]~500[℃]이다.

㉰ 압력식 온도계 : 일정한 부피의 액체나 기체를 관속에 봉입하고 온도상승에 따라 체적이 팽창하면 압력상승으로 변환하는 것을 이용하여 온도를 측정하는 것으로 감온부, 도압부, 감압부로 구성된다.
　㉮ 액체 압력식 온도계 : 감온부에 액체(수은, 알코올, 아닐린)를 봉입하여 온도변화에 따른 체적팽창을 도압부로 유도하여 감압부에서 온도를 지시하는 것이다.

- ㉯ 기체 압력식 온도계 : 감온부에 질소 및 헬륨, 네온 등 불활성 기체를 봉입하고 온도변화에 따른 체적변화가 비례하는 것을 이용한 것이다.
- ㉰ 증기 압력식 온도계 : 프레온, 에틸에테르, 염화메틸, 톨루엔, 아닐린 등을 사용

㉣ 저항 온도계 : 온도가 올라가면 금속제의 전기저항 증가하는 원리를 이용한 것이다.

- ㉮ 측온 저항체의 종류 및 측정범위
  - ⓐ 백금(Pt) 측온 저항체 : $-200[℃] \sim 500[℃]$
  - ⓑ 니켈(Ni) 측온 저항체 : $-50[℃] \sim 150[℃]$
  - ⓒ 동(Cu) 측온 저항체 : $0[℃] \sim 120[℃]$
- ㉯ 특징
  - ⓐ 원격 측정에 적합하고 자동제어, 기록, 조절이 가능하다.
  - ⓑ 비교적 낮은 온도($500[℃]$ 이하)의 정밀측정에 적합다.
  - ⓒ 검출시간이 지연될 수 있다.
  - ⓓ 측온 저항체가 가늘어($\phi 0.035$) 진동에 단선되기 쉽다.
  - ⓔ 구조가 복잡하고 취급이 어려워 숙련이 필요하다.
  - ⓕ 정밀한 온도 측정에는 백금 저항온도계가 사용된다.
  - ⓖ 측온 저항체에 전류가 흐르기 때문에 자기가열에 의한 오차가 발생한다.
  - ⓗ 저항체는 저항온도계수가 커야 한다.

㉤ 서미스터(thermister) : 온도변화에 따라 저항값이 변하는 반도체를 이용한 것으로 측정범위는 $-100[℃] \sim 300[℃]$이다.
  - ㉮ 감도가 크고 응답성이 빨라 온도변화가 작은 부분 측정에 적합하다.
  - ㉯ 온도가 상승함에 따라 저항값이 감소한다.
  - ㉰ 소형으로 협소한 장소의 측정에 유리하다.
  - ㉱ 소자의 균일성 및 재현성이 없다.
  - ㉲ 흡습에 의한 열화가 발생할 수 있다.

㉥ 열전대 온도계
  - ㉮ 측정 원리 : 제베크(Seebeck) 효과
  - ㉯ 열전대의 구비조건
    - ⓐ 열기전력이 크고, 온도상승에 따라 연속적으로 상승할 것
    - ⓑ 열기전력의 특성이 안정되고 장시간 사용해도 변형이 없을 것
    - ⓒ 기계적 강도가 크고 내열성, 내식성이 있을 것
    - ⓓ 재생도가 크고 가공이 용이할 것

ⓔ 전기저항 온도계수와 열전도율이 낮을 것
ⓕ 재료의 구입이 쉽고(경제적이고) 내구성이 있을 것

㈐ 열전대의 종류

종류 및 약호	사용금속		측정범위
	+ 극	− 극	
R형 : P-R 열전대 (백금-백금로듐)	Pt : 87[%] Rh : 13[%]	Pt(백금)	0~1600[℃]
K형 : C-A 열전대 (크로멜-알루멜)	크로멜 Ni : 90[%] Cr : 10[%]	알루멜 Ni : 94[%], Al : 3[%] Mn : 2[%], Si : 1[%]	−20~1200[℃]
J형 : I-C 열전대 (철-콘스탄탄)	순철(Fe)	콘스탄탄 Cu : 5[%], Ni : 45[%]	−20~800[℃]
T형 : C-C 열전대 (동-콘스탄탄)	순구리(Cu)	콘스탄탄	−180~350[℃]

㈑ 기타 온도계

㉮ 제게르 콘(Seger cone) 온도계 : 점토, 규석질 등 내연성의 금속산화물로 만든 것으로 벽돌의 내화도 측정에 사용

㉯ 서모컬러(thermo color) : 온도 변화에 따른 색이 변하는 성질을 이용

(3) 비접촉식 온도계

㉮ 광고온도계 : 측정대상 물체에서 방사되는 빛과 표준전구에서 나오는 필라멘트의 휘도를 같게 하여 표준전구의 전류 또는 저항을 측정하여 온도를 측정하는 것이다.

㉯ 광전관식 온도계 : 사람 눈 대신 광전지 혹은 광전관을 사용하여 자동으로 측정(광고온도계를 자동화 시킨 것)하는 것이다.

㉰ 방사 온도계 : 스테판 볼츠만 법칙 이용한 것으로 측정범위가 50~3000[℃] 정도이고 측정시간 지연이 적고, 연속 측정, 기록, 제어가 가능하다.

㉱ 색 온도계 : 물체가 가열로 인하여 발생하는 빛의 밝고 어두움을 이용하여 온도를 측정하는 것이다.

예 | 상 | 문 | 제

문제 01 가스분석계 중 화학적 가스분석기의 종류를 3가지 쓰시오.

해답
① 흡수분석법　　　　　　② 자동화학식 CO_2계
③ 연소식 O_2계(과잉공기계)　④ 연소열법(미연소 가스계)

문제 02 물리적 가스분석기 종류 5가지를 쓰시오.

해답
① 가스 크로마토그래피　② 열전도형 CO_2계　③ 밀도식 CO_2계
④ 적외선 가스분석계　　⑤ 자기식 O_2계　　　⑥ 세라믹 O_2계

문제 03 연소 배기가스를 분석하는 목적을 4가지 쓰시오.

해답
① 연소상태를 파악하기 위해서
② 연소가스의 조성을 파악하기 위해서
③ 열정산의 기초 자료로 활용하기 위해서
④ 공기비를 알기 위해서

문제 04 배기가스 채취에서 아스피레이터를 이용한 장치를 사용하였다. 1차 필터와 2차 필터로 사용하는 재료를 각각 2가지씩 쓰시오.

해답
① 1차 필터 : 소결금속, 카보런덤
② 2차 필터 : 유리솜, 솜

문제 05 배기가스 시료 채취장치 취급 시 주의사항을 4가지 쓰시오.

해답
① 시료가스 채취구 위치에 주의해야 한다.
② 공기 유입방지 및 연도 중심부의 시료 채취가 필요하다.
③ 가스성분과 반응하는 배관은 사용을 금지해야 한다.
④ 장치 내에서 시료가스의 시간지연을 적게 하고 배관은 짧게 한다.
⑤ 배관에는 경사를 두고 최하단에는 드레인 장치가 필요하다.
⑥ 보수가 용이한 장소에 설치해야 한다.

문제 06 가스분석법 중 흡수분석법의 종류를 3가지 쓰시오.

해답
① 오르사트법　② 헴펠법　③ 게겔법

문제 07 오르사트 분석법에 대한 다음 물음에 답하시오.
(1) 분석순서를 나열하시오.
(2) 각 가스의 흡수제를 쓰시오.

해답
(1) 이산화탄소(CO_2) → 산소(O_2) → 일산화탄소(CO)
(2) ① 이산화탄소(CO_2) : KOH 30[%] 수용액

② 산소(O_2) : 알칼리성 피로갈롤 용액
③ 일산화탄소(CO) : 암모니아성 염화 제1구리 용액

문제 08 배기가스를 100[cc] 채취하여 KOH 30[%] 용액에 통과한 후 흡수된 양이 15[cc]이 었고, 이것을 알칼리성 피로갈롤 용액에 통과한 후 70[cc]가 남았으며, 암모니아성 염화 제1구리에 흡수된 양은 1[cc]이었다. 이때 가스 중 CO_2, O_2, CO의 성분비율은 얼마인가 계산하시오.

[풀이] 오르사트 분석법에서 성분계산 : 성분율[%] = $\dfrac{\text{흡수된 가스량}}{\text{시료 가스량}} \times 100$

① 이산화탄소(CO_2) 성분율 계산 : 시료가스 100[cc] 중 KOH 30[%] 용액에 흡수된 양이 15[cc]이다.

∴ CO_2 성분율 = $\dfrac{15}{100} \times 100 = 15 [\%]$

② 산소(O_2) 성분율 계산 : KOH 30[%] 수용액에 통과한 후 흡수된 양이 15[cc] 이었으므로 남은 시료량은 85[cc]이다. 이것을 알칼리성 피로갈롤 용액에 통과한 후 70[cc]가 남았으므로 흡수된 양은 15[cc]가 된다.

∴ O_2 성분율 = $\dfrac{85-70}{100} \times 100 = 15 [\%]$

③ 일산화탄소(CO) 성분율 계산 : 암모니아성 염화 제1구리 용액에 흡수된 양은 1[cc]이다.

∴ CO 성분율 = $\dfrac{1}{100} \times 100 = 1 [\%]$

[해답] ① CO_2 : 15[%] ② O_2 : 15[%] ③ CO : 1[%]

문제 09 가스보일러의 배기가스에서 시료 50[mL]를 채취하여 오르사트 분석기의 흡수 피펫을 통과한 후 남은 시료 부피는 각각 CO_2 40[mL], O_2 20[mL], CO 17[mL] 이었다. 이 가스 중 N_2의 조성비[%]를 계산하시오.

[풀이] 시료 50[mL]가 CO_2 흡수 피펫을 통과한 후 남은 양이 40[mL]이므로 흡수된 시료는 10[mL] 이다. 시료 40[mL]가 O_2 흡수 피펫을 통과한 후 남은 양이 20[mL]이므로 흡수된 시료는 20[mL]이다. 시료 20[mL]가 CO 흡수 피펫을 통과한 후 남은 양이 17[mL]이므로 흡수된 시료는 3[mL]가 된다.

∴ 조성[%] = $\dfrac{\text{시료 채취량} - \text{체적감량}}{\text{시료 채취량}} \times 100 = \dfrac{50-(10+20+3)}{50} \times 100 = 34 [\%]$

[해답] 34[%]

문제 10 가스크로마토그래피의 특징을 4가지 쓰시오.

[해답] ① 여러 종류의 가스분석이 가능하다.
② 선택성이 좋고 고감도로 측정한다.
③ 미량성분의 분석이 가능하다.
④ 응답속도가 늦으나 분리 능력이 좋다.
⑤ 동일가스의 연속측정이 불가능하다.

문제 11 가스크로마토그래피의 3대 구성요소를 쓰시오.

[해답] ① 분리관(컬럼)　② 검출기　③ 기록계

문제 12 가스크로마토그래피의 운반기체(carrier gas) 종류를 4가지 쓰시오.

[해답] ① 수소(H_2)　② 헬륨(He)　③ 아르곤(Ar)　④ 질소(N_2)

문제 13 가스크로마토그래피에서 사용되는 검출기 종류를 3가지 쓰시오.

[해답] ① 열전도형 검출기(TCD)　② 수소염 이온화 검출기(FID)
③ 전자포획 이온화 검출기(ECD)　④ 염광 광도형 검출기(FPD)
⑤ 알칼리성 이온화 검출기(FTD)

문제 14 적외선 가스분석기로 측정할 수 없는 가스를 3가지 쓰시오.

[해답] ① 수소(H_2)　② 산소(O_2)　③ 질소(N_2)　④ 염소(Cl_2)

[해설] 단원자 분자(He, Ne, Ar 등) 및 대칭 2원자 분자(H_2, O_2, N_2, Cl_2 등)는 적외선을 흡수하지 않으므로 분석할 수 없다.

문제 15 다음 설명에 알맞은 가스 분석기의 명칭을 쓰시오.

(1) 지르코니아(ZrO_2)를 주원료로 한 특수세라믹은 850[℃] 이상에서 산소이온만 통과시키는 성질을 이용한 것으로 기전력을 측정하여 가스를 분석한다.
(2) 가스들은 강알칼리에 흡수가 잘되는 점을 이용한 것으로 가스 분석순서는 CO_2, O_2, CO 순으로 한다.
(3) O_2가 다른 가스에 비하여 강한 상자성체이기 때문에 자장에 대하여 끌리는 특성을 이용한 것이다.
(4) CO_2는 공기보다 열전도율이 낮다는 점을 이용하여 분석한다.

[해답] (1) 세라믹 O_2계　(2) 오르사트 가스 분석기
(3) 자기식 O_2계　(4) 열전도형 CO_2계

문제 16 1차 압력계의 종류를 3가지 쓰시오.

[해답] ① 액주식 압력계　② 침종식 압력계　③ 자유 피스톤식 압력계

문제 17 액주식 압력계의 종류를 3가지 쓰시오.

[해답] ① U자관 압력계　② 단관식 압력계
③ 경사관식 압력계　④ 2액 마노미터

문제 18 보일러에 일반적으로 가장 많이 사용되는 압력계의 명칭은?

해답 부르동관식 압력계

문제 19 부르동관 압력계에 U자형의 곡관 또는 사이펀관(siphon tube)을 설치하는데, 이 관 속에 넣는 물질 및 관의 설치목적을 설명하시오.

해답 ① 물질 : 물
② 설치목적 : 증기가 직접 부르동관에 들어감으로써 부르동관의 파손이나 변형을 방지하기 위하여 설치

문제 20 2차 압력계 중에서 탄성체의 변형을 이용한 압력계의 종류를 3가지 쓰시오.

해답 ① 부르동관식 압력계   ② 다이어프램식 압력계
③ 벨로즈식 압력계   ④ 캡슐식 압력계

문제 21 전기식 압력계의 장점 3가지를 쓰시오.

해답 ① 초고압 측정에 사용된다.
② 가스폭발 압력을 측정할 수 있다.
③ 급격한 압력 변화 측정에 사용된다.

해설 • 전기식 압력계의 종류 : 전기저항 압력계, 피에조 전기압력계, 스트레인 게이지

문제 22 수정이나 전기석 또는 로셀염 등의 결정체의 특정 방향에 압력을 가하면 기전력이 발생하고 발생한 전기량은 압력에 비례하는 현상을 이용하는 현상을 무엇이라 하며, 이 현상을 이용한 전기식 압력계의 명칭을 쓰시오.

해답 ① 현상 : 압전현상   ② 명칭 : 전기저항 압력계

문제 23 다음 압력계에 관한 물음에 답하시오.
(1) 2차 압력계 중 탄성식 압력계의 교정용에 사용되는 압력계의 명칭은?
(2) 연소로의 드래프트 게이지(draft gauge)에 사용되는 압력계 명칭은?
(3) 급격한 압력변화 측정에 사용되는 압력계 명칭은?

해답 (1) 자유 피스톤식 압력계
(2) 다이어프램식 압력계
(3) 피에조 전기 압력계

문제 24 지름 20[cm]인 원관속을 속도 7.3[m/s]로 유체가 흐를 때 유량[m³/s]을 계산하시오.

풀이 • $Q = A \cdot V = \dfrac{\pi}{4} \times 0.2^2 \times 7.3 = 0.229 ≒ 0.23 [\text{m}^3/\text{s}]$

해답 $0.23 [\text{m}^3/\text{s}]$

문제 25 유량이 5000[L/min], 관지름이 10[cm]일 때 유속[m/s]은 얼마인가?

풀이 $Q = A \cdot V$ 에서

$$V = \frac{Q}{A} = \frac{Q}{\frac{\pi}{4}D^2} = \frac{5}{\frac{\pi}{4} \times 0.1^2 \times 60} = 10.610 \fallingdotseq 10.61 [m/s]$$

해답 10.61[m/s]

문제 26 가동 중인 보일러의 연돌 내 연소가스의 속도를 4.3[m/s]로 하고, 유량을 18[m³/s]이라 하면, 이 경우 연돌(굴뚝)의 지름은 몇 [m]로 하면 되는가?

풀이 $Q = A \cdot V = \frac{\pi}{4} \cdot D^2 \cdot V$ 에서

$$\therefore D = \sqrt{\frac{4Q}{\pi \cdot V}} = \sqrt{\frac{4 \times 18}{\pi \times 4.3}} = 2.308 \fallingdotseq 2.31[m]$$

해답 2.31[m]

문제 27 평균유속이 5[m/s]인 원형관에서 20[kg/s]의 물이 흐르도록 하려면 관의 지름[mm]은 얼마로 하여야 하는지 계산하시오.

풀이 $M = \rho \cdot A \cdot V = \rho \cdot \frac{\pi}{4} \cdot D^2 \cdot V$ 에서 물의 밀도에 대한 언급이 없으므로 1000[kg/m³]을 대입하여 계산한다.

$$\therefore D = \sqrt{\frac{4M}{\pi \cdot \rho \cdot V}} = \sqrt{\frac{4 \times 20}{\pi \times 1000 \times 5}} \times 1000 = 71.364 \fallingdotseq 71.36[mm]$$

해답 71.36[mm]

문제 28 용적식(직접식) 유량계의 종류를 4가지 쓰시오.

해답 ① 오벌 기어식 ② 루츠식 ③ 로터리 피스톤식
④ 로터리 베인식 ⑤ 습식 가스미터 ⑥ 왕복피스톤식

문제 29 용적식 유량계의 특징을 4가지 쓰시오.

해답 ① 정도가 높아 상거래용으로 사용된다.
② 고점도 유체나 점도 변화가 있는 유체의 측정에 적합하다.
③ 맥동의 영향을 적게 받는다.
④ 이물질의 유입을 차단하기 위하여 입구측에 여과기를 설치한다.
⑤ 회전자의 재질로 포금, 주철, 스테인리스강이 사용된다.

문제 30 차압식 유량계의 측정원리는?

해답 베르누이 방정식

제7장 계측기기 일반

문제 31 차압식 유량계의 종류를 3가지 쓰시오.

해답 ① 오리피스 미터 ② 플로어 노즐 ③ 벤투리 미터

문제 32 벤투리 미터에서 조건이 [보기]와 같을 때 실제 유량[m³/s]을 계산하시오.

> [보기] – 목부분의 단면적 : 0.15[m²] – 교축 전후의 면적비 : 0.2
> – 유량계수 : 0.98 – 교축 전후의 압력차 : 25[m]
> – 중력가속도 : 9.8[m/s²]

풀이
$$Q = CA\sqrt{\frac{2g}{1-m^4} \times \frac{P_1-P_2}{\gamma}} = 0.98 \times 0.15 \times \sqrt{\frac{2 \times 9.8}{1-0.2^4} \times 25} = 3.256 \fallingdotseq 3.26[\text{m}^3/\text{s}]$$

여기서, $\dfrac{P_1-P_2}{\gamma}$ 는 액주계의 높이(h)차에 해당된다.

해답 3.26[m³/s]

문제 33 차압식 유량계에서 차압이 18972[Pa]일 때 유량이 22[m³/h]이었다. 차압이 10035[Pa]로 변할 때 유량[m³/h]은 얼마인가 계산하시오.

풀이 차압식 유량계에서 유량은 차압의 평방근에 비례한다.

$$\therefore Q_2 = \sqrt{\frac{\Delta P_2}{\Delta P_1}} \times Q_1 = \sqrt{\frac{10035}{18972}} \times 22 = 16[\text{m}^3/\text{h}]$$

해답 16[m³/h]

문제 34 다음은 유량계에 관한 사항이다. ( ) 안에 알맞은 용어 또는 숫자를 쓰시오.

> 차압식 유량계에서 유량은 차압의 (①)에 비례하며, 피토관식 유량계는 관로 내를 흐르는 유체의 (②)을 측정하고 그 값에 관로의 (③)을 곱하여 유량을 측정한다.

해답 ① 평방근(제곱근) ② 유속 ③ 단면적

문제 35 유속이 일정한 장소에 설치하여 유체의 전압과 정압의 차이를 측정하고 그 값으로 속도 수두 및 유량을 계산하는 것은?

해답 피토관식 유량계

해설 피토관(Pitot tube)식 유량계 : 관로 중의 유체의 전압과 정압과의 차, 즉 동압을 측정하여 유속을 구하여 그 값에 관로 면적을 곱하여 유량을 측정하는 것이다.

문제 36 관로 속에 15[℃] 101.325[kPa]로 공기가 흐르고, 이 속에 피토관을 설치하여 유속을 측정하였더니 U자관 수은주의 차가 100[mm]가 되었을 때 공기의 속도[m/s]를 계산하시오. (단, 15[℃], 101.325[kPa]에서 공기의 밀도는 1.223[kg/m³]이다.)

풀이●
$$V = \sqrt{2gh \times \frac{\gamma_m - \gamma}{\gamma}} = \sqrt{2 \times 9.8 \times 0.1 \times \frac{13600 - 1.223}{1.223}} = 147.626 ≒ 147.63 [m/s]$$

해답》 147.63[m/s]

문제 37 다음은 유량계의 측정원리 설명이다. 해당되는 유량계를 [보기]에서 찾아 쓰시오.

[보기] - 차압식 유량계   - 임펠러식 유량계   - 면적식 유량계
       - 전자식 유량계   - 용적식 유량계   - 초음파 유량계

(1) 일정 용적을 유량을 적산에 의하여 측정하는 유량계
(2) 조리개 기구를 설치하여 그 전후의 압력차를 이용하는 유량을 측정하는 유량계
(3) 페러데이(Faraday)의 전자유도법칙을 이용한 유량계
(4) 차압을 일정하게 유지하면서 조리개의 면적을 변화시켜 유량을 측정하는 유량계
(5) 도플러 효과를 이용한 유량계

해답》 (1) 용적식 유량계   (2) 차압식 유량계   (3) 전자식 유량계
       (4) 면적식 유량계   (5) 초음파 유량계

문제 38 유리제 봉입식 온도계의 종류를 4가지 쓰시오.

해답》 ① 수은 온도계   ② 알코올 온도계   ③ 베크만 온도계   ④ 유점 온도계

문제 39 선팽창계수가 다른 2종의 금속을 결합시켜 온도변화에 따라 굽히는 정도가 다른 점을 이용한 온도계 명칭은?

해답》 바이메탈 온도계

문제 40 금속이나 반도체의 전기저항은 온도에 따라 변화하는 것을 이용한 온도계의 측온저항체의 종류를 3가지 쓰시오.

해답》 ① 백금 측온 저항체   ② 니켈 측온 저항체   ③ 동 측온 저항체

문제 41 2종의 금속선 양 끝에 접점을 만들어 주어 온도차를 주면 기전력이 발생하는데 이 기전력을 이용하여 온도를 표시하는 온도계 명칭은?

해답》 열전대 온도계

해설● 열전대 온도계의 측정원리: 제베크(Seebeck) 효과

문제 42 고온 측정에 주로 사용하는 열전대의 약호를 쓰시오.
(1) 백금 – 백금·로듐 :   (2) 크로멜 – 알루멜 :
(3) 철 – 콘스탄탄 :   (4) 동 – 콘스탄탄 :

해답 (1) P-R 열전대 (2) C-A 열전대 (3) I-C 열전대 (4) C-C 열전대

문제 43 열기전력이 작으며, 산화성 분위기에 강하나 환원성 분위기에는 약하고, 고온 측정에 적당한 열전대 온도계의 명칭은?

해답 백금-백금·로듐(P-R) 열전대

문제 44 열전대 온도계의 취급상 주의할 점을 4가지 쓰시오.

해답 ① 충격을 피하고 습기, 먼지, 직사광선 등에 주의할 것
② 온도계 사용 한계에 주의할 것
③ 사용 전에 지시계로서 도선 접촉선에 영점보정을 할 것
④ 표준계기와 정기적으로 비교 검정하여 지시차를 교정할 것
⑤ 눈금을 읽을 때 시차에 유의할 것

문제 45 물질의 상태변화를 이용하여 내화물의 내화도 측정에 사용되는 온도계의 명칭은?

해답 제게르콘(Seger cone)

문제 46 다음은 온도계를 설명한 것이다. [보기]에서 해당되는 온도계를 찾아 명칭을 쓰시오.

[보기] – 바이메탈 온도계   – 압력식 온도계   – 광고 온도계
– 열전대 온도계   – 저항 온도계

(1) 서로 다른 2종의 금속판을 서로 밀착시켜 온도에 따라 팽창률 변화가 다른 점을 이용한 온도계
(2) 제베크(seebeck) 효과를 이용한 것으로 열전대를 측온체로 사용하여 열기전력을 직류 밀리볼트(mV)계 또는 전위차계로 온도를 표시한 온도계
(3) 금속이나 반도체의 전기저항은 온도에 따라 변화하는 것을 이용한 온도계
(4) 감온부, 도압부, 감압부로 구성되어 있으며 감온통에 봉입되어 있는 감온물이 온도변화에 따라 생기는 체적팽창을 이용하여 온도를 측정하는 온도계

해답 (1) 바이메탈 온도계 (2) 열전대 온도계 (3) 저항 온도계 (4) 압력식 온도계

문제 47 스테판 볼츠만(Stefan-Boltzmann) 법칙을 이용한 온도계는 어느 것인가?

해답 방사 온도계

해설 스테판 볼츠만 법칙 : 단위 표면적당 복사되는 에너지는 절대온도의 4승에 비례한다.

제 8 장 보일러 자동제어

8.1 자동제어의 개요

1. 자동제어의 개요

(1) 자동제어의 구분

㈎ 피드백 제어(feedback control : 폐[閉]회로) : 제어량의 크기와 목표값을 비교하여 그 값이 일치하도록 되돌림 신호(피드백 신호)를 보내어 수정동작을 하는 제어방식이다.

㈏ 시퀀스 제어(sequence control : 개[開]회로) : 미리 순서에 입각해서 다음 동작이 연속 이루어지는 제어로 자동판매기, 보일러의 점화 등이 있다.

(2) 자동제어의 블록선도 : 제어신호의 전달경로를 블록과 화살표를 이용하여 표시한 것이다.

(3) 자동제어의 구성

㈎ 제어대상 : 제어를 행하려는 대상물이다.

㈏ 제어량 : 제어를 받는 제어계의 출력량으로서 제어대상에 속하는 양이다.

㈐ 제어장치 : 제어량이 목표값과 일치하도록 어떠한 조작을 가하는 장치이다.

㈑ 목표값 : 입력이라고 하며 제어장치에서 제어량이 그 값에 맞도록 제어계의 외부로부터 주어지는 값이다.

㈒ 조작량 : 제어량을 조절하기 위하여 제어장치(조작부)가 제어대상에 가하는 신호이다.

㈓ 외란 : 제어계의 상태를 혼란시키는 외적작용(잡음)이다.

㈔ 잔류편차(off set) : 정상상태로 되고 난 다음에 남는 제어동작이다.

㈕ 기준입력 : 제어계를 동작시키는 기준으로서 직접 폐회로에 가해지는 입력신호이다.

㈖ 주피드백량 : 제어량의 값을 목표값과 비교하기 위한 피드백 신호로 검출에서 발생시킨다.

㈗ 동작신호 : 기준입력과 제어량과의 차이로 제어동작을 일으키는 신호로 편차라고 한다.

㈎ 검출부 : 제어량을 검출하고 이것을 기준입력과 비교할 수 있는 물리량(주피드백 신호)을 만드는 부분이다.
㈏ 조절부 : 제어편차에 따라 일정한 신호를 조작요소에 보내는 부분이다.
㈐ 조작부 : 제어대상에 대하여 작용을 걸어오는 부분으로 조작신호를 받아 이것을 조작량으로 바꾸는 부분이다.

(4) 제어계의 구성요소

㈎ 검출부 : 제어대상을 계측기를 사용하여 검출하는 과정이다.
㈏ 조절부 : 2차 변환기, 비교기, 조절기 등의 기능 및 지시기록 기구를 구비한 계기이다.
㈐ 비교부 : 기준입력과 주피드백량과의 차를 구하는 부분으로서 제어량의 현재값이 목표치와 얼마만큼 차이가 나는가를 판단하는 기구
㈑ 조작부 : 조작량을 제어하여 제어량을 설정치와 같도록 유지하는 기구이다.

2. 신호전달 방식

(1) 공기압식
출력신호에 공기압을 이용하여 신호를 보내는 방식으로 분사식과 노즐 플래식이 있다.

㈎ 전송거리 : 100~150[m] 정도
㈏ 공기압 : 0.2~1.0[kgf/cm^2] 정도
㈐ 장점
   ㉮ 배관이 용이하다.
   ㉯ 위험성이 없다.
   ㉰ 보수가 비교적 용이하다.
   ㉱ 자동제어에 용이하다.
㈑ 단점
   ㉮ 관로 저항으로 전송이 지연된다.
   ㉯ 조작에 지연이 있다.
   ㉰ 희망특성을 살리기 어렵다.

(2) 유압식
유압을 이용하여 각 제어계에 신호로 사용되며 파일럿 밸브식과 분사관식이 있다.

㈎ 전송거리 : 300[m] 정도
㈏ 장점
   ㉮ 조작 속도가 크다.
   ㉯ 조작력이 강하다.
   ㉰ 희망특성의 것을 만들기 쉽다.
   ㉱ 녹이 발생하지 않는다.

(다) 단점
    ㉮ 인화의 위험성이 따른다.
    ㉯ 주위온도 영향을 받는다.
    ㉰ 유압원을 필요로 한다.
    ㉱ 기름의 유동 저항을 고려하여야 한다.

(2) **전기식** : 제어장치에서 대부분의 신호전달 방식은 전기식이며, 전기식에는 "ON", "OFF" 동작을 행하는 압력스위치, 브리지나 전위차계 회로에 의한 것, 전자관 자동 평형계기를 이용한 것 등 여러 가지가 있다.

㉮ 전송거리 : 300[m]~10[km]까지 가능
㉯ 장점
    ㉮ 배선설치가 용이하다.   ㉯ 신호 전달에 시간 지연이 없다.
    ㉰ 복잡한 신호에 용이하다.   ㉱ 변수간의 계산이 용이하다.
㉰ 단점
    ㉮ 조작속도가 빠른 비례 조작부를 만들기가 곤란하다.
    ㉯ 보수 및 취급에 기술을 요한다.
    ㉰ 가격이 비싸다.
    ㉱ 고온, 다습한 곳은 설치가 곤란하다.

8.2 보일러 자동제어

1. 인터록(Interlock)

(1) **인터록** : 어떤 일정한 조건이 충족되지 않으면 다음 단계의 동작이 작동하지 못하도록 저지하는 것으로 보일러의 안전한 운전을 위하여 반드시 필요한 것이다.

(2) **보일러 인터록의 종류**
    ㉮ 압력초과 인터록 : 증기압력이 일정압력에 도달할 때 전자밸브를 닫아 보일러의 가동을 정지시키는 것으로 증기압력 제한기가 해당된다.
    ㉯ 저수위 인터록 : 보일러 수위가 안전 저수위에 도달할 때 전자밸브를 닫아 보일러 가동을 정지시키는 것으로 저수위 경보기가 해당된다.

㈐ 불착화 인터록 : 버너 착화 시 점화되지 않거나 운전 중 실화가 될 경우 전자밸브를 달아 연료 공급을 중지하여 보일러 가동을 정지시키는 것으로 화염검출기가 해당된다.

㈑ 저연소 인터록 : 보일러 운전 중 연소상태가 불량하거나 저연소 상태로 유량조절밸브가 조절되지 않으면 전자밸브를 달아 보일러 가동을 정지시킨다.

㈒ 프리퍼지 인터록 : 점화 전 일정시간 동안 송풍기가 작동되지 않으면 전자밸브가 열리지 않아 점화가 되지 않는다.

2. 보일러 각부의 자동제어

(1) 보일러 자동제어의 명칭

㈎ A · B · C(automatic boiler control) : 보일러 자동제어
㈏ A · C · C(automatic combustion control) : 자동 연소제어
㈐ F · W · C(feed water control) : 급수제어
㈑ S · T · C(steam temperature control) : 증기 온도제어

보일러 자동제어

명 칭	제 어 량	조 작 량
자동연소제어(ACC)	증기압력, 노내압	공기량, 연료량, 연소가스량
급수제어(FWC)	보일러 수위	급수량
증기온도제어(STC)	증기온도	전열량
증기압력제어(SPC)	증기압력	연료공급량, 연소용 공기량

(2) **수위제어 장치** : 보일러 급수를 일정량씩 단속 또는 연속 공급하여 드럼 내의 수위를 항상 일정하게 유지하도록 하는 제어장치이다.

㈎ 제어방법의 종류

㉮ 단요소식(1 요소식) : 가장 간단한 수위제어 방식으로 보일러 드럼 내의 수위만을 검출하고 그 변화에 대하여 급수량을 조절하는 방식으로 잔류편차(off set)가 발생된다.

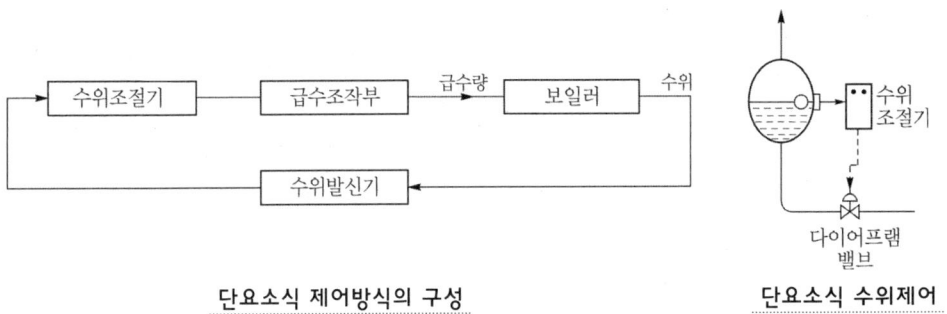

단요소식 제어방식의 구성   단요소식 수위제어

㈏ 2 요소식 : 드럼 내의 수위 외에 증기 유량을 검출하여 부하변동이 없어도 급수 조절밸브의 개도를 조절하여 잔류편차(off set)를 줄이는 방법이다.

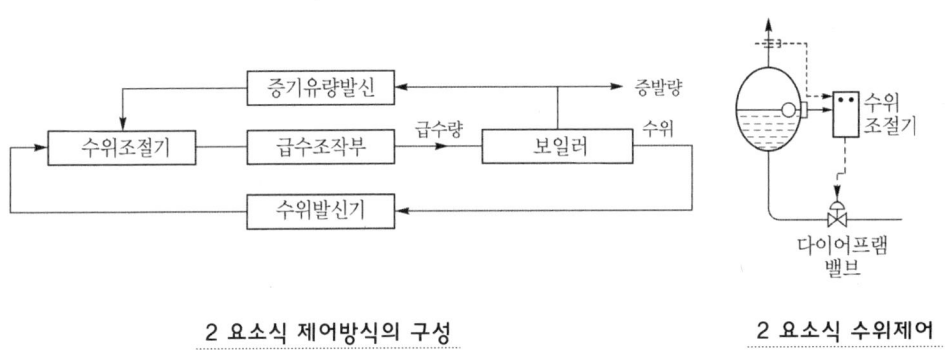

2 요소식 제어방식의 구성   2 요소식 수위제어

㈐ 3 요소식 : 드럼 내의 수위, 증기 유량 이외에 급수량을 검출하여 목표치에 대한 편차에 따른 동작신호를 연산 조절하는 방식이나 구성이 복잡하고 보전관리에 기술을 요구함으로 고온, 고압, 대용량 보일러 이외에는 사용되지 않는다.

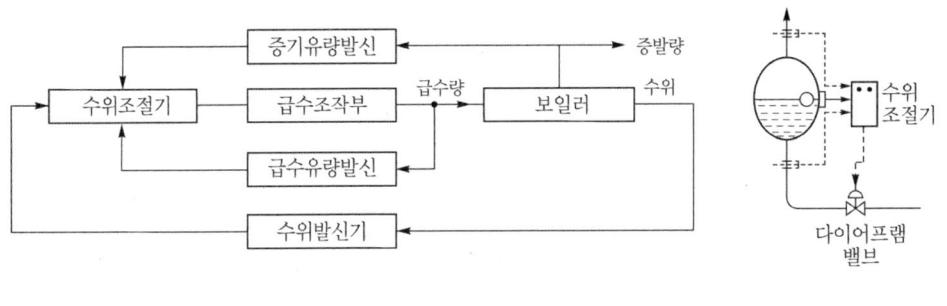

3 요소식 제어방식의 구성   3 요소식 수위제어

(나) 수위 검출기의 종류
  ㉮ 부자식(플로트식) : 부자실(float chamber) 상부는 증기부에, 하부는 수부에 연결하고 부자가 보일러 수위의 상승, 하강에 따라 상, 하로 움직여 수은 스위치를 작동시켜 수위를 감시, 조절하며 맥도널식, 자석식 등이 있다.
  ㉯ 전극식 : 물이 전기가 통하는 전도성을 이용한 것으로 전극봉을 수중에 삽입하고 전극에 흐르는 전류의 유무에 따라서 수위를 감시하고 수위를 조절하는 것이다.
  ㉰ 열팽창관식 : 금속관 온도의 변화에 의한 신축을 이용한 것으로 코프스식 자동급수 조절장치가 있으며, 전기 등 동력을 사용하지 않아 자력식 제어장치라 한다.

(3) 화염검출 장치 : 연소실내의 연소상태를 감시하여 화염의 유무를 전기적인 신호로 바꾸어 프로텍터 릴레이(protect relay)로 전송하는 역할을 하며, 실화 및 소화 시 연료 전자밸브를 차단하여 미연소 가스로 인한 폭발사고를 방지하는 장치이다.

  ㉮ 플레임 아이(flame eye) : 화염의 발광체를 이용
  ㉯ 플레임 로드(flame lod) : 화염의 이온화 현상을 이용한 것으로 가스 점화 버너에 사용
  ㉰ 스택 스위치(stack switch) : 연도에 바이메탈을 설치하여 연소가스의 발열체를 이용한 것

(4) 연료차단장치 : 버너 가까이에 설치된 밸브로 압력상승, 저수위, 불착화 및 실화 등 정상적인 상태가 유지되지 않을 때 밸브를 차단하여 사고를 사전에 방지하는 장치이다.

  ㉮ 종류 : 전동식 밸브, 전자밸브(solenoid valve)
  ㉯ 연료차단장치가 작동되는 경우
    ㉮ 버너의 연소상태가 정상이 아닌 경우
    ㉯ 저수위 안전장치가 작동하였을 때
    ㉰ 증기압력제한기가 작동하였을 때
    ㉱ 액체연료의 공급압력이 낮을 때
    ㉲ 관류보일러, 가스용 보일러에서 급수가 부족한 경우
    ㉳ 송풍기가 작동되지 않을 때

(5) 공연비 제어장치 : 보일러 부하변동에 따라 공기와 연료량을 조절하여 적정공기비가 유지될 수 있도록 하는 장치이다.

(6) **연소제어장치** : 발생증기의 압력에 따라 공급 연료의 양을 조절하고, 이와 함께 공연비제어도 함께 이루어지도록 한 장치이다.

   (개) 제어방법

      ㉮ 위치제어 : 2위치 제어(on-off 제어), 3위치 제어(high-low-off)

      ㉯ 전자식 : 비례제어, PID제어, 피드포워드(feed forward) 제어

   (내) 모듈레이팅(modulating) 제어 : 공기와 연료비 조절기를 이용하여 적절한 공연비를 유지하는 시스템으로 연소용 공기 덕트에 설치된 유량계에 의해 유량을 측정한 후 부하변동에 맞추어 공기 조절기를 제어한다. 부하가 증가할 때 연료조절밸브는 공기량에 맞추어 연료량을 제어하며, 부하가 감소하면 반대로 연료량에 따라 공기량을 맞춘다.

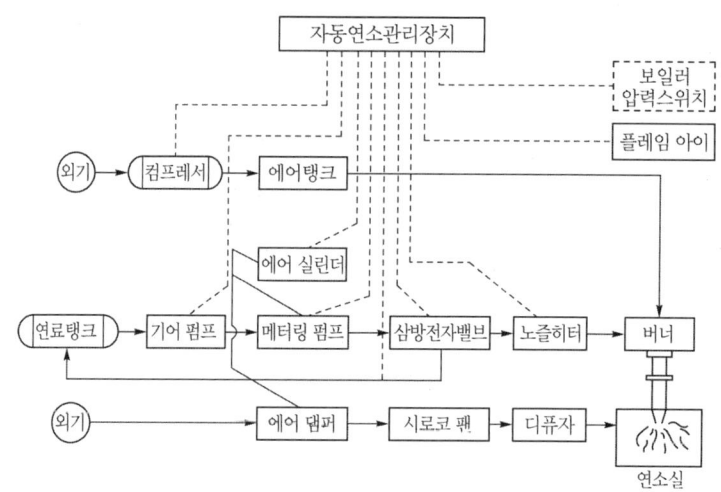

보일러 자동연소 제어장치 계통도

3. 온수보일러 자동제어 장치

(1) **프로텍터 릴레이(protector relay)** : 오일 버너 주안전 제어장치

   (개) 설치 위치 : 버너

   (내) 종류 : 전자식, 기계식

   (대) 점화방법 : 순간 점화식, 계속 점화식

   (래) 프리퍼지 시간 : 16~24초

(2) 아쿠아스탯(aqua stat) : 스택 릴레이와 프로텍터 릴레이를 함께 사용하는 자동온도 조절기로 하이리미트 컨트롤이라 한다.

   ㈎ 종류
      ㉮ 자연 순환식 배관용(2 단자식) : 고온 차단용
      ㉯ 강제 순환식 배관용(3 단자식) : 저온 차단 및 순환펌프 작동
   ㈏ 구조 : 감온부, 도입부, 감압부, 마이크로 스위치, 온도 조절부로 구성
   ㈐ 설치 시 주의사항 : 본체에 감온부 삽입 시 웰(well)을 설치 후 삽입한다.

(3) 콤비네이션 릴레이(combination relay) : 버너 주 안전 제어장치로 프로텍터 릴레이와 아쿠아 스탯 기능을 합한 제어장치이다.

   ㈎ 설치 위치 : 보일러 본체
   ㈏ 구조 : 제어기 내부에 하이(high), 로(low) 설정기가 장치되어 있어 고온차단, 저온점화, 순환펌프를 제어한다.
   ㈐ 기능 : 순환펌프는 로(low) 온도 이상이면 계속 작동되고 버너는 하이(high) 온도 이하에서 계속 작동된다. 단 난방, 급탕 겸용식은 실내온도 조절 스위치에 의하여 순환펌프가 작동된다.

(4) 화염 검출기 : 연소상태를 감시하여 소화 및 실화에 의한 폭발사고를 방지한다.

   ㈎ 플레임 아이(flame eye) : 버너 몸체에 설치하여 화염의 변화를 전기저항으로 바꾸어 프로텍터 릴레이, 콤비네이션 릴레이에 전달하여 버너의 기동 및 정지를 시킨다.
   ㈏ 스택 릴레이(stack relay) : 보일러 연소가스 배출구 300[mm] 상단의 연도에 부착되어 연소가스 열에 의하여 신축되는 바이메탈의 접점을 이용하여 버너의 작동 및 정지를 시킨다. 연소가스와 직접 접촉하므로 바이메탈이 손상되기 쉽고 280[℃] 이상의 온도에는 사용이 불가능하다.

(5) 인터널 서모스탯 : 버너 모터 과열로 인한 소손을 방지하는 과열 보호 장치이다.

   ㈎ 설치 위치 : 버너 모터 내부
   ㈏ 형식 : 바이메탈식
   ㈐ 재기동 시 리셋 버튼을 수동으로 복귀시켜야 한다.

(6) 과열방지기 : 관수 부족 및 오동작 등 보일러 이상으로 본체가 과열 시 연소를 자동차단하여 보일러를 보호하는 것으로 작동온도는 $95 \pm 5[℃]$이다.

(7) 저수위 차단기 : 보일러 본체 내부에 관수가 부족한 경우에 보일러 가동을 정지시켜 과열을 방지하는 장치이다.

(8) 저온 동결 방지기 : 겨울철 비가동 시, 장기간 외출 시 보일러 관수 온도가 4[℃] 이하가 되면 저온 동결 방지기가 작동하여 순환펌프가 가동되어 난방수를 순환시켜 동파를 방지한다.

(9) 실내온도 조절기(room thermostat) : 주 안전 제어기와 연결되어 버너의 기동 및 정지를 제어함으로써 난방온도를 일정하게 유지한다.

 ㉮ 설치 시 주의사항
  ㉠ 직사광선을 피할 것
  ㉡ 바닥에서 1.5[m] 위치에 설치할 것
  ㉢ 방열기 상단, 현관입구 등을 피하여 설치할 것
  ㉣ 실내온도가 표준이 될 수 있는 장소에 설치할 것
 ㉯ 종류
  ㉠ 바이메탈 스위치식
  ㉡ 바이메탈 머큐리 스위치식
  ㉢ 다이어프램 팽창식

예 | 상 | 문 | 제

문제 01 보일러 자동제어에서 미리 정해진 순서에 따라 순차적으로 제어의 각 단계가 진행되는 제어방식으로 작동명령이 타이머나 릴레이에 의해서 행해지는 제어의 명칭을 쓰시오.

해답 시퀀스 제어

문제 02 자동제어의 종류 중 주어진 목표값과 조작된 결과의 제어량을 비교하여 그 차를 제거하기 위하여, 출력측의 신호를 입력측으로 되돌려 제어하는 것의 명칭은?

해답 피드백 제어

문제 03 자동제어에서 장치와 제어신호의 전달경로를 블록(block)과 화살표로 표시하는 것을 무엇이라 하는가?

해답 블록선도

문제 04 다음은 보일러 자동제어에 대한 내용이다. ( )안에 알맞은 말을 쓰시오.

> 보일러 자동제어의 기본 제어방식은 출력측의 신호를 입력측으로 되돌려 제어량의 값을 (①)와[과] 비교하여 일치시키는 (②)제어와, 미리 정해진 제어동작의 순서에 따라 순차적으로 다음 동작이 이루어지도록 되어 있는 (③)제어가 있다. 또한 제어결과에 따라 현재 진행 중인 제어동작을 다음 단계로 옮겨가지 못하도록 차단하는 장치를 (④)이라 한다. 그리고 제어계의 상태를 변화시키는 외적작용을 (⑤)이라 한다.

해답 ① 목표값 ② 피드백 ③ 시퀀스 ④ 인터록(inter lock) ⑤ 외란

문제 05 보일러 자동제어에 대한 다음 설명에서 ( )에 들어갈 용어를 쓰시오.

> 보일러 자동제어는 제어순서에 따라 제어단계가 진행되는 (①)제어와, 한 쪽 조건이 충족되지 않으면 다음 단계의 동작(제어)이 정지되는 (②)제어의 결합으로 이루어진다.

해답 ① 시퀀스(sequence) ② 인터록(inter lock)

문제 06 보일러 자동제어에서 신호전달 방식 종류를 3가지 쓰시오.

해답 ① 공기압식 ② 유압식 ③ 전기식

문제 07 다음은 보일러 자동제어 시스템의 신호 전송 방법의 특성을 설명한 것이다. 각 설명에 해당되는 전송 방식을 쓰시오.

(1) 관로의 저항으로 전송이 지연될 수 있으며, 자동제어에는 용이하나 원거리 전송이 곤란하다.
(2) 신호전달 지연이 거의 없으며, 원거리 전송이 용이하나 가격이 비싸다.
(3) 신호전달 지연이 적으나 인화의 위험성이 있으며, 조작력이 강하고 응답이 빠르다.

해답 (1) 공기압식   (2) 전기식   (3) 유압식

문제 08 자동제어 신호전달방식은 공기식, 유압식, 전기식으로 구분된다. 이 중 전기식의 장점을 4가지 쓰시오.

해답
① 배선 설치가 용이하다.   ② 신호전달에 시간지연이 없다.
③ 복잡한 신호에 용이하다.   ④ 변수 간의 계산이 용이하다.

문제 09 제어결과에 따라 현재 진행 중인 제어동작을 다음 단계로 옮겨가지 못하도록 차단하는 인터록의 종류를 4가지 쓰시오.

해답
① 저수위 인터록   ② 저연소 인터록   ③ 불착화 인터록
④ 프리퍼지 인터록   ⑤ 압력초과 인터록

문제 10 다음은 보일러 자동제어에 대한 약호이다. 각각 어떤 제어인지 쓰시오.

(1) ACC :   (2) STC :   (3) FWC :

해답 (1) 자동연소제어   (2) 증기온도제어   (3) 급수제어

문제 11 보일러 자동제어의 조작량과 제어량에 해당되는 용어를 ( )속에 쓰시오.

제어의 분류	조작량	제어량
연소제어	연료량, (①)량, 연소가스량	증기압, (②)
급수제어	(③)	수위
과열증기 온도제어	전열량	(④)

해답 ① 공기량   ② 노내압   ③ 급수량   ④ 증기온도

문제 12 보일러 자동제어에 대한 다음 물음에 답하시오.

(1) 자동연소제어에서 제어량 2가지를 쓰시오.
(2) 증기압력을 제어할 때 조작하여야 하는 것 2가지를 쓰시오.

해답 (1) ① 증기압력   ② 노내압력   (2) ① 연료량   ② 공기량

문제 13 보일러 급수제어 방식 중 2요소식의 검출대상 2가지는?

해답 ① 수위 ② 증기량

해설 급수제어방법의 종류 및 검출대상(요소)

명 칭	검출대상
1요소식	수위
2요소식	수위, 증기량
3요소식	수위, 증기량, 급수유량

문제 14 다음 보일러 수위 제어 방식에서 검출요소를 쓰시오.
(1) 1 요소식 :   (2) 2 요소식 :   (3) 3 요소식 :

해답 (1) 수위 (2) 수위, 증기량 (3) 수위, 증기량, 급수량

문제 15 보일러 자동제어 방식 중 보일러 드럼 내부의 수위를 일정 범위 내에 위치하도록 급수량을 제어하는 방법에는 단요소식, 2요소식, 3요소식의 3가지 방법이 있다. 각각의 방식에 대하여 보일러 드럼, 수위조절기, 다이어프램 밸브 등이 어떻게 연결되는지 아래 그림에 점선으로 표시하시오.

(1) 단요소식   (2) 2요소식   (3) 3요소식

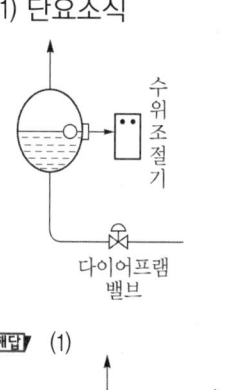
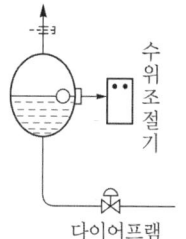
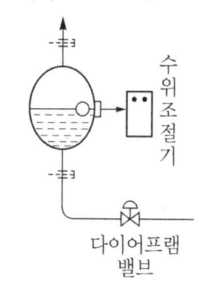

해답 (1)   (2)   (3)

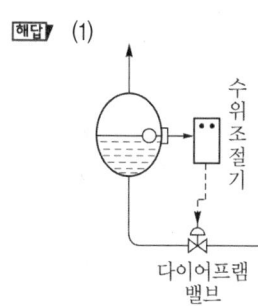
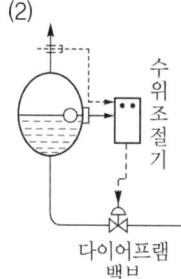
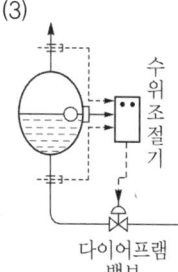

문제 16 다음 설명하는 화염검출기의 명칭을 쓰시오.

(1) 화염 중에는 양성자와 중성자가 전리되어 있음을 알고 버너에 그랜드로드를 부착하여 화염 중에 삽입하여 전기적 신호를 전자밸브에 보내어 화염을 검출한다.
(2) 연소 중에 발생되는 연소가스의 열에 의하여 바이메탈의 신축작용으로 전기적 신호를 만들어 전자밸브로 그 신호를 보내면서 화염을 검출한다.
(3) 연소 중에 발생하는 화염 빛을 검지부에서 전기적 신호로 바꾸어 화염 유무를 검출한다.

해답
(1) 플레임 로드
(2) 스택 스위치
(3) 플레임 아이

문제 17 버너 입구의 가장 인접한 위치에 설치하는 전자기적 특성에 의해 밸브가 개폐되는 전자밸브(solenoid valve)는 어떤 경우에 연료공급 차단 동작을 하는지 3가지를 쓰시오.

해답
① 버너의 연소상태가 정상이 아닌 경우
② 저수위 안전장치가 작동하였을 때
③ 증기압력제한기가 작동하였을 때
④ 액체연료의 공급압력이 낮을 때
⑤ 관류보일러, 가스용 보일러에서 급수가 부족한 경우
⑥ 송풍기가 작동되지 않을 때

문제 18 다음은 보일러 자동연소 제어장치에 대한 설명이다. ( ) 안에 가장 적합한 용어를 쓰시오.

> 모듈레이팅(modulating) 연소제어 시스템은 공기와 연료비 조절기를 이용하여 적절한 (①)을[를] 유지한다. 이 시스템은 연소용 공기 덕트에 설치된 유량계에 의해 유량을 측정한 후 (②)에 맞추어 공기 조절기를 제어한다. 부하가 증가할 때 연료조절밸브는 (③)에 맞추어 (④)을[를] 제어하여, 부하가 감소하면 반대로 (⑤)에 따라 공기량을 맞춘다.

해답
① 공연비 ② 부하변동 ③ 공기량
④ 연료량 ⑤ 연료량

문제 19 다음은 보일러 자동연소제어 장치의 계통도이다. ①~⑤에 알맞은 기기를 [보기]에서 찾아 쓰시오.

[보기] – 기어펌프   – 노즐히터   – 삼방전자밸브
       – 에어탱크   – 시로코팬

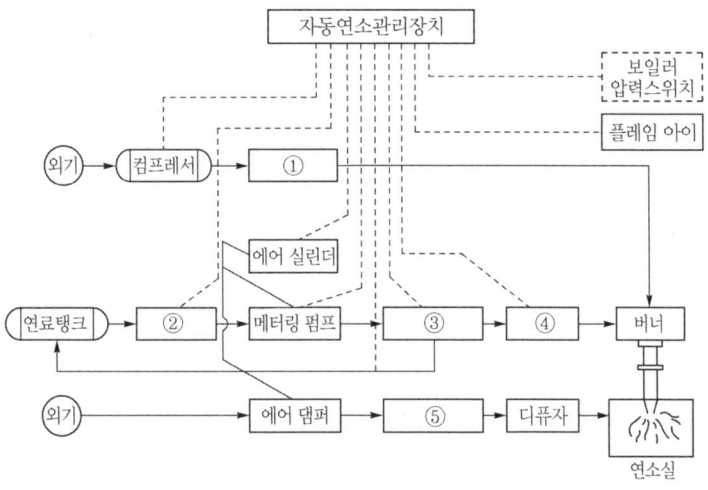

해답 ① 에어탱크   ② 기어펌프   ③ 삼방전자밸브   ④ 노즐히터   ⑤ 시로코팬

문제 20 다음은 가정용 유류연소 온수보일러의 자동제어 장치 부품이다. 이들 부품들이 [보기]의 어느 장치에 부착하는지 그 번호를 각각 쓰시오.

[보기] ① 버너   ② 보일러 본체   ③ 연도

(1) 콤비네이션 릴레이 :
(2) 프로텍터 릴레이 :
(3) 스택 릴레이 :

해답 (1) ②   (2) ①   (3) ③

문제 21 난방, 급탕용 기름 온수보일러의 자동제어 장치로 콤비네이션 릴레이를 보일러 본체에 설치하여 사용한다. 이 장치에 적용되는 버너 주 안전 제어기능을 2가지 쓰시오.

해답 ① 프로텍터 릴레이와 아쿠아 스탯 기능을 합한 제어장치이다.
     ② 제어기 내부에 하이(high), 로(low) 설정기가 장치되어 있어 고온차단, 저온점화, 순환펌프를 제어한다.
     ③ 순환펌프는 로(low) 온도 이상이면 계속 작동되고, 버너는 하이(high) 온도 이하에서 계속 작동되도록 제어한다.

문제 22 다음 ( ) 안에 알맞은 용어를 쓰시오.

> 온수보일러 (①)에 설치한 콤비네이션 릴레이의 특징은 (②)릴레이와 아쿠아 스탯의 기능을 합한 것으로 (③) 주 안전제어장치로 (④)차단, (⑤)점화, (⑥)회로가 한 개의 제어기로 만들어진 제어장치이다.

해답 ① 본체   ② 프로텍터   ③ 버너   ④ 고온   ⑤ 저온   ⑥ 순환펌프

문제 23 온수보일러의 실내온도 조절기 설치 시 주의사항을 4가지 쓰시오.

해답 ① 직사광선을 피할 것
　　　② 방열기 상단, 현관 입구 등을 피하여 설치할 것
　　　③ 바닥에서 1.5[m] 위치에 설치할 것
　　　④ 실내온도가 표준이 될 수 있는 장소에 설치할 것

제9장 보일러 안전관리

9.1 보일러 가동 전 점검

1. 신설 보일러

(1) 동 내부 점검

⑦ 내부의 비수방지관, 기수분리기 등 기기의 부착상태를 점검하고 공구나 기타 물건 등이 남아 있는지 확인한다.
⑪ 맨홀, 청소구, 검사구 등을 점검하고 개방되어 있는 것은 뚜껑을 닫고 밀폐시킨다.
⑬ 급수를 하면서 저수위경보기, 연료차단장치 등의 인터록이 정상 작동하는지 확인한다.
㉴ 만수 후 정상사용압력보다 10[%] 이상의 수압을 가하여 누설유무를 확인한다.

(2) 연소실 및 연도 점검

⑦ 연소실, 연도, 노벽 등에 불필요한 물건 등이 남아 있는지 확인한다.
⑪ 연소용 공기 및 연도의 댐퍼 개폐 및 작동상태를 점검한다.
⑬ 매연제거 장치의 이상유무를 점검한다.

(3) 노벽 및 내화재 건조 상태 점검 : 자연건조 시에는 10~15일 정도, 화염에 의한 건조 시에는 약한 불로 72시간 정도 건조시킨다.

(4) 플러싱 : 알칼리 세정과 소다 끓이기를 하기 전의 처리방법으로, 물이나 히드라진 100[ppm] 정도를 첨가한 세정수로 펌핑하는 것이다.

(5) 소다 끓이기(soda boiling) : 제작 시에 내부에 부착된 유지분, 페인트류, 녹 등을 제거하기 위한 것으로 저압보일러에서는 0.2~0.3[MPa]의 압력을 유지하면서 2~3일간 끓인 다음 취출과 급수를 반복적으로 실시하면서 서서히 냉각시킨다. 완전히 냉각된 후 블로다운을 실시하면서 깨끗한 물로 내부를 충분히 세척한 후 정상수위까지 급수를 한다.

보일러수 1000[kg]에 대한 약품 사용량

사용약품	사용량 [kg]
제3 인산나트륨(Na_3PO_4)	2~5
탄산나트륨(Na_2CO_3)	2
가성소다(NaOH)	2
계면활성제	0.1

(6) **외부 점검** : 급수를 행하면서 저수위 경보기, 연료차단장치 등 인터록 장치의 작동상태와 급수장치, 연소 보조계통, 통풍장치, 계측기 및 밸브 상태를 점검한다.

2. 사용 및 장기 휴지 중인 보일러

(1) 사용 중인 보일러

㈎ 수면계 수위를 점검한다.
㈏ 수면계, 압력계 및 각종 계기류와 자동제어장치를 점검한다.
㈐ 연료 계통 및 급수 계통을 점검한다.
㈑ 중유 연소의 경우 연료 펌프 및 유예열기를 작동시킨다.
㈒ 각 밸브의 개폐상태를 확인 점검한다.
㈓ 댐퍼를 완전히 개방하고 프리퍼지를 행한다.

(2) 장기 휴지 중인 보일러

㈎ 기름탱크의 유량, 가스압력을 확인하여 연료공급에 이상이 없도록 한다.
㈏ 연료배관에서 누설된 부분이 없는지 점검하고 연료밸브를 열어 놓는다.
㈐ 화염검출기를 점검하고 유리면의 오염부분을 깨끗이 닦는다.
㈑ 연도 댐퍼가 점검하고 댐퍼를 열어 놓는다.
㈒ 급수탱크의 수위, 배관에서의 누수, 밸브의 개폐상태를 점검한다.
㈓ 급수펌프의 정상작동 여부를 점검한다.
㈔ 경수연화장치 및 청관제 주입장치 등을 점검한다.
㈕ 수면계, 압력계 등 지시장치의 정상작동 여부를 점검한다.
㈖ 안전밸브, 분출밸브 등을 점검한다.
㈗ 보일러실 환기상태를 점검한다.

9.2 보일러 운전 중 점검 및 조작

1. 점화 및 운전 중의 취급

(1) 점화 전 점검사항

⑴ 급수계통의 점검
  ㉮ 보일러 수위 확인 및 조정
  ㉯ 급수장치의 점검
  ㉰ 분출장치의 점검
  ㉱ 공기빼기 밸브의 점검

⑵ 연소계통의 점검
  ㉮ 연소실 및 연도내의 환기의 실시
  ㉯ 연소장치의 점검

⑶ 계측 및 제어장치의 점검
  ㉮ 압력계의 점검
  ㉯ 자동제어장치의 점검

(2) 보일러의 점화

⑴ 유류 보일러의 점화

  ㉮ 자동점화 : 점화전의 점검사항을 확인한 후 보일러 제어반의 전화스위치를 자동(auto)으로 설정하고 기동 메인 스위치를 작동시키면 시퀀스 제어와 인터로크에 의하여 자동적으로 착화가 되며 순서는 다음과 같다.

  ▶ 송풍기 기동 → 연료펌프 기동 → 노내 환기(프리퍼지) → 노내압 조정 → 점화용 버너 착화 → 화염 검출 → 전자밸브 열림 → 주버너 착화 → 공기 댐퍼 작동 → 저 연소 → 고 연소

  ㉯ 수동 점화
   ⓐ 프리퍼지를 정확히 실시하여 연소실내의 미연소 가스를 배출한다.
   ⓑ 댐퍼 개도치를 낮추어 노내압을 조절한다.
   ⓒ 점화봉에 불을 붙여 연소실내 버너 끝의 전방하부 10[cm] 정도에 둔다.
   ⓓ 연료압력을 확인한다.
   ⓔ 버너의 기동 스위치를 넣는다.
   ⓕ 투시구로 점화상태를 확인하며, 연료밸브를 서서히 개방시킨다.
   ⓖ 공기 댐퍼 개도치를 증가 시킨 후 연료량을 증가시키는 방법으로 저연소에

서 고연소로 조정해 나간다.

(내) 가스보일러의 점화 : 점화전의 준비사항, 점화방법은 유류 보일러와 동일하지만 가스보일러는 폭발의 위험성이 크므로 다음 사항을 주의하여야 한다.

㉮ 가스배관 계통에 누설유무를 비눗물을 이용하여 점검한다.
㉯ 연소실 내의 용적 4배 이상의 공기로 충분한 프리퍼지를 행한다. 이때 댐퍼는 완전히 개방하고 행하여야 한다.
㉰ 화력이 좋은 가스를 이용하여 점화는 1회로 착화될 수 있도록 한다.
㉱ 갑작스런 실화 시에는 연료 공급을 즉시 차단하고 원인을 조사한다.
㉲ 긴급차단밸브의 작동이 불량하면 점화시의 역화 또는 가스 폭발의 원인이 되므로 사전 점검을 철저히 한다.
㉳ 점화용 버너의 스파크는 정상인가 확인하며 이물질(카본) 부착 시에는 청소를 행한다.
㉴ 공급 가스압력이 적당한가를 확인한다.

2. 증기압력 상승시의 운전관리

(1) 연소 초기의 취급

㉮ 보일러에 불을 붙일 때는 어떠한 이유가 있어도 연소량을 급격히 증가시키지 않아야 한다.
㉯ 급격한 연소는 보일러 본체의 부동팽창을 일으켜 보일러와 벽돌 쌓은 접촉부에 틈을 증가시키고 벽돌사이에 벌어짐이 생길 수 있다.
㉰ 급격한 연소는 전열면의 부동팽창, 내화물의 스폴링 현상, 그루빙 및 균열의 원인이 된다. 특히 주철제 보일러는 급냉·급열 시에 쉽게 갈라질 수 있다.
㉱ 압력상승에 필요한 시간은 보일러 본체에 큰 온도차와 국부적 과열이 되지 않도록 충분한 시간을 갖고 연소시킨다.
㉲ 찬물을 가열할 경우에는 일반적으로 최저 1~2시간 정도로 서서히 가열하여 정상 압력에 도달하도록 한다.

(2) 증기압이 오르기 시작할 때의 취급

㉮ 공기빼기 밸브에서 증기가 나오기 시작하면 공기빼기 밸브를 닫는다.
㉯ 수면계, 압력계, 분출장치, 부속품 연결부에서 누설을 확인한 후 완벽하게 더 조인다.
㉰ 맨홀, 청소구, 검사구 등 뚜껑설치부분은 누설유무에 관계없이 완벽하게 더 조인다.

(라) 압력계의 감시와 압력상승 정도에 따라 연소상태를 조정한다.
(마) 보일러 수위가 정상수위를 유지하는지 확인한다.
(바) 급수장치, 급수밸브, 급수체크밸브의 기능을 확인한다.
(사) 분출장치의 기능을 확인한다.
(아) 급수예열기, 공기예열기는 부연도를 이용한다.

(3) 증기압이 올랐을 때의 취급

(가) 증기압력이 75[%] 이상 될 때 안전밸브 분출 시험을 한다.
(나) 보일러 수위를 일정하게 유지, 관리한다.
(다) 보일러내의 압력을 일정하게 유지, 관리한다.
(라) 연소상태를 확인하여 정상적인 연소가 이루어지도록 한다.
(마) 분출밸브, 수면계, 드레인 밸브의 누설유무를 확인한다.
(바) 자동제어 장치의 작동상태를 점검한다.

(4) 송기시의 취급

(가) 캐리오버, 수격작용이 발생하지 않도록 한다.
(나) 송기하기 전 주증기 밸브 등의 드레인을 제거한다.
(다) 주증기관 내에 소량의 증기를 보내어 관을 따뜻하게 예열한다.
(라) 주증기 밸브는 3분 이상 단계적으로 서서히 개방하여 완전히 열었다가 다시 조금 되돌려 놓는다.
(마) 항상 일정한 압력을 유지하고, 부하측의 압력이 정상적으로 유지되고 있는지 확인한다.
(바) 연소상태를 확인하여 정상적인 연소가 이루어지도록 한다.

9.3 보일러 정지시의 취급

1. 정상 정지시의 취급

(1) 정상 정지시의 일반사항

(가) 증기 사용처에 확인을 하여 작업 종료 시 까지 필요한 증기를 남기고 운전을 정지한다.
(나) 벽돌을 쌓은 부분이 많은 보일러는 벽돌에 남은 열로 인한 증기 압력 상승을 확인하

고 주증기 밸브를 폐쇄한다.
(다) 노벽 및 전열면의 급냉을 방지할 수 있는 조치를 한다.
(라) 보일러의 압력을 급격히 내려가지 않도록 조치를 한다.
(마) 보일러 수위는 정상수위보다 약간 높게 급수시켜 놓는다. 급수 후에는 급수밸브, 주증기 밸브를 폐쇄하고 주증기관 및 증기 헤더에 설치된 드레인 밸브를 개방하여 놓는다.
(바) 다른 보일러와 증기관이 연결되어 있는 경우에는 그 연결밸브를 폐쇄하여 놓는다.
(사) 정지 후에는 노내 환기를 충분히 한 후 댐퍼를 닫는다.

(2) 일반적인 운전정지 순서

(가) 연료 공급을 정지한다.
(나) 공기 공급을 정지한다.
(다) 급수를 행하고, 압력을 떨어뜨리며 급수밸브를 닫고 급수펌프를 정지시킨다.
(라) 주증기 밸브를 닫고 드레인(배수) 밸브를 개방시킨다.
(마) 댐퍼를 닫는다.

(3) 정지 후의 조치사항

(가) 버너 팁의 이물질을 제거한다.
(나) 각종 밸브의 누설 유무를 점검한다.
(다) 노벽의 열로 인한 압력 상승은 없는지 확인한다.
(라) 보일러 수위를 확인한다.
(마) 각종 배관의 누설 유무를 확인한다.

2. 비상 정지시의 취급

(1) 비상정지에 해당되는 사항

보일러 가동 중에 갑작스런 이상사태가 발생하여 운전을 정지하여야 하는 경우이다.
(가) 보일러 수위에 이상 감수가 발생한 경우
(나) 전열면에 과열이 발생한 경우
(다) 정전이 발생한 경우
(라) 지진 등 천재지변이 발생한 경우

(2) 비상 정지 순서

(가) 연료 공급을 정지한다.
(나) 공기 공급을 정지한다.

(다) 서서히 급수를 행한다.
(라) 다른 보일러와 연락을 차단한다.
(마) 자연적으로 냉각된 후 사고 원인을 조사한다.
(바) 전열면을 확인하여 변형 유무를 조사한다.
(사) 이상이 없으면 급수 후 재 점화하여 사용한다.

9.4 연소 및 연소장치의 안전관리

1. 이상연소의 원인과 대책

(1) 점화 불량의 원인

(가) 연료가 분사되지 않는 경우
(나) 배관 속에 물, 슬러지가 유입되는 경우
(다) 연료의 온도가 너무 높거나 낮은 경우
(라) 연료의 점도가 너무 높은 경우
(마) 버너 유압이 맞지 않는 경우
(바) 버너 노즐이 폐쇄된 경우
(사) 1차 공기압력이 과대한 경우
(아) 점화용 트랜스의 전기 스파크가 불량할 때

(2) 가마울림의 원인

(가) 연소실 온도가 낮을 때
(나) 버너의 조립이 불량한 때
(다) 통풍력이 부적당할 때
(라) 노내압이 너무 높을 때
(마) 버너타일 형상이 맞지 않을 때
(바) 연도 이음부분이 불량한 때
(사) 연료 속에 수분이 많은 경우

(3) 맥동연소(진동연소)의 원인

(가) 연료 중에 수분이 많은 경우
(나) 연도 단면의 변화가 큰 경우
(다) 2차 연소를 일으킨 경우

⑷ 연소량이 일정하지 않은 경우
⑸ 연료와 공기와의 혼합불량으로 연소속도가 느린 경우
⑹ 공급공기량에 심한 과부족이 생긴 경우
⑺ 무리한 연소를 하는 경우
⑻ 연소실이나 연도 등의 틈 사이에서 공기가 새는 경우
⑼ 송풍기에서 서징현상이 발생하는 경우

(4) 매연발생의 원인

㈎ 통풍력이 과대, 과소할 때
㈏ 무리한 연소를 할 때
㈐ 연소실의 온도가 낮을 때
㈑ 연소실의 크기가 작을 때
㈒ 연료의 조성이 맞지 않을 때
㈓ 연소장치가 불량할 때
㈔ 운전 기술이 미숙할 때

(5) 연소실 내에서 불안정한 연소의 원인

㈎ 연료 중 이물질의 혼입
㈏ 연료의 점도가 너무 높을 때
㈐ 분무량이 과대할 때
㈑ 공기와 연료의 압력이 불안정할 때
㈒ 오일 배관 속에 공기, 증기가 혼입
㈓ 오일 예열온도가 높을 때

(6) 역화 현상

㈎ 점화 시의 역화 원인
  ㉮ 프리퍼지가 불충분한 경우
  ㉯ 점화 시 착화시간이 지연된 경우
  ㉰ 점화원을 사용하지 않고 노 내의 잔열로 점화한 경우
  ㉱ 연료 공급밸브를 필요 이상 급개하여 다량으로 분무한 경우
  ㉲ 점화원을 사용하기 전에 연료를 분무해 버린 경우
㈏ 연소 중의 역화 원인
  ㉮ 연도 댐퍼의 고장으로 닫힌 경우 및 개도가 너무 적은 경우
  ㉯ 연소량을 증가시킬 때 공기보다 연료를 먼저 공급한 경우
  ㉰ 통풍압력이 부적합한 경우

(압입통풍의 경우 너무 강한 경우, 흡입통풍의 경우 부족한 경우)

㉣ 평형통풍의 경우 통풍 밸런스가 유지되지 못하는 경우

㉤ 무리한 연소를 하는 경우

㉥ 연료 분무량이 급격히 증가하는 경우

㈐ 연도에 의한 역화 원인

㉮ 연도에 굴곡부분이 많은 경우

㉯ 연도의 길이가 너무 긴 경우

㉰ 연도에 가스포켓이 만들어 지는 경우

㉱ 연도에 습기가 체류하기 쉬운 경우

㈑ 연료 및 공기에 의한 역화 원인

㉮ 연료의 인화점이 낮은 경우

㉯ 연료에 수분 등 불순물이 많은 경우 및 공기가 포함되어 있는 경우

㉰ 유압이 과대하게 공급되는 경우

㉱ 1차 공기압력이 부족할 때 또는 불안정할 경우

(7) 노내 가스폭발

㈎ 원인

㉮ 심한 불완전 연소를 하는 경우

㉯ 연소정지 중에 연료가 노내에 유입된 경우

㉰ 연도의 굴곡이 심한 경우

㉱ 점화조작에 실패한 경우

㉲ 연소 중에 실화가 되었을 때

㉳ 노내에 다량의 그을음이 쌓여 있는 경우

㉴ 연도가 너무 긴 경우

㉵ 연도가 낮아서 습기가 잘 생기는 경우

㈏ 방지 방법

㉮ 프리퍼지를 충분히 한다.

㉯ 포스트퍼지를 충분히 한다.

㉰ 연료 속의 수분이나 슬러지 등은 충분히 배출한다.

㉱ 배관이나 밸브의 개폐상태가 정상인가 확인한다.

㉲ 점화 시에 5초 이내에 착화가 되지 않으면 연료밸브를 차단하고 원인을 조사한다.

㉳ 연소량을 증가시킬 경우에는 먼저 공기 공급량을 증가시킨 후에 연료량을 증가시키며, 반대로 연소량을 감소시킬 경우에는 먼저 연료량을 줄이고 공기 공급

량을 감소시킨다.
ⓐ 급격한 부하변동을 피할 것
ⓐ 전열면에 그을음 부착 및 퇴적을 방지하기 위하여 적절히 슈트블로를 실시할 것

2. 연소 중 이상 현상의 원인과 대책

(1) 이상 저수위

㈎ 원인
- ㉮ 급수장치의 능력 및 기능저하
- ㉯ 급수탱크 내 수량이 부족한 경우 및 급수온도가 너무 높은 경우
- ㉰ 수면계의 지시 불량으로 수위를 오판한 경우
- ㉱ 수위제어장치의 기능 불량
- ㉲ 분출장치 및 보일러 연결부에서 누출이 되는 경우
- ㉳ 급수밸브나 급수 체크밸브의 고장 등으로 보일러 수가 역류한 경우
- ㉴ 증기 취출량이 과대한 경우
- ㉵ 캐리오버 등으로 보일러수가 증기와 함께 취출되는 경우

㈏ 조치 방법
- ㉮ 연료 공급을 차단한다.
- ㉯ 연소용 공기의 공급을 정지한다.
- ㉰ 주증기 밸브를 차단한다.
- ㉱ 보일러 수위를 유지, 확인한다.
- ㉲ 댐퍼를 개방한 상태로 강제 통풍을 실시한다.

(2) 이상 증발

㈎ 원인
- ㉮ 주증기 밸브를 급개한 경우
- ㉯ 고수위로 운전할 때
- ㉰ 증기소비량이 급격히 증가한 경우
- ㉱ 보일러수에 불순물이 다량 함유되었을 때
- ㉲ 보일러수가 농축된 경우
- ㉳ 증기압력을 급격히 강하시킨 경우

㈏ 영향
- ㉮ 수면계 수위 확인이 곤란해진다.
- ㉯ 안전밸브 오염의 원인이 된다.

㉰ 증기의 오염 및 과열도 저하
㉱ 수격작용(water hammer)의 원인
㉲ 저수위 사고의 원인

(3) 기수공발(carry over)

프라이밍(priming), 포밍(foaming)에 의하여 발생된 물방울이 증기 속에 섞여 관내를 흐르는 현상으로 비수현상이라 한다.

㈎ 프라이밍(priming), 포밍(foaming) 현상
  ㉮ 프라이밍(priming) 현상 : 급격한 증발현상으로 동수면에서 작은 입자의 물방울이 증기와 혼입하여 튀어 오르는 현상으로 물리적인 원인에 의하여 주로 발생한다.
  ㉯ 포밍(foaming) 현상 : 동저부에서 작은 기포들이 수면상으로 오르면서 물거품이 발생하여 수면에 달걀 모양의 기포가 덮이는 현상으로 화학적인 원인에 의하여 주로 발생한다.

㈏ 발생원인
  ㉮ 보일러 관수의 농축
  ㉯ 유지분, 알칼리분, 부유물 함유
  ㉰ 주증기 밸브의 급격한 개방
  ㉱ 부하의 급격한 변화
  ㉲ 증기발생 속도가 빠를 때
  ㉳ 청관제 사용이 부적합
  ㉴ 보일러 수위가 높음

㈐ 피해
  ㉮ 수위 오인으로 저수위 사고
  ㉯ 계기류 연락관의 막힘
  ㉰ 송기되는 증기의 불순
  ㉱ 증기의 열량 감소
  ㉲ 배관의 부식 초래
  ㉳ 배관, 기관 내에서 수격작용 발생

㈑ 방지방법
  ㉮ 비수 방지관을 설치한다.
  ㉯ 주증기 밸브를 서서히 연다.
  ㉰ 관수 중에 불순물, 농축수 제거
  ㉱ 수위를 고수위로 하지 않는다.

㈒ 기수공발(carry over) 발생 시 조치
  ㉮ 연료를 차단(줄인다.)
  ㉯ 공기를 차단(줄인다.)
  ㉰ 주증기 밸브를 닫고, 수위를 안정시킴
  ㉱ 급수 및 분출작업 반복
  ㉲ 계기류 점검

(4) 수격작용(water hammer)

배관 내부에 체류하는 응축수가 송기시에 고온 고압의 증기에 의해 배관을 심하게 타격하여 소음을 발생하는 현상으로 배관 및 밸브류가 파손될 수 있다.

(가) 발생원인
    ㉮ 기수공발(carry over) 현상 발생 시
    ㉯ 주증기 밸브를 급개(急開)할 때
    ㉰ 배관에서의 손실열량이 과대할 때
    ㉱ 배관 구배(기울기) 선정이 잘못되었을 때
    ㉲ 부하변동이 심할 때

(나) 방지법
    ㉮ 기수공발(carry over) 현상 발생을 방지할 것
    ㉯ 주증기 밸브를 서서히 개방할 것
    ㉰ 증기배관의 보온을 철저히 할 것
    ㉱ 응축수가 체류하는 곳에 증기트랩을 설치할 것
    ㉲ 드레인 빼기를 철저히 할 것
    ㉳ 송기 전에 소량의 증기로 배관을 예열할 것

9.5 보일러 손상과 방지대책

1. 과열 및 보일러 판의 손상

(1) 과열

(가) 과열의 원인
    ㉮ 이상 감수 현상이 발생하였을 때
    ㉯ 동 내면에 스케일이 생성되어 전열이 불량한 경우
    ㉰ 보일러 수가 농축되어 순환이 불량한 때
    ㉱ 전열면에 국부적으로 심한 열을 받았을 때
    ㉲ 연소실 열부하가 지나치게 큰 경우

(나) 과열의 방지 대책
    ㉮ 적정 보일러수위를 유지한다.
    ㉯ 동 내면에 스케일 생성을 방지하고 고착되지 않도록 한다.
    ㉰ 보일러 수가 농축되지 않도록 하고, 순환을 교란시키지 않도록 한다.

㈑ 전열면에 국부적인 과열을 방지한다.
㈒ 연소실 열부하가 너무 높지 않도록 한다.
㈐ 팽출 및 압궤 : 370[℃] 이상 과열이 되었을 때 강도가 약해져 발생하는 현상이다.
　㈎ 팽출(bulge) : 동체, 수관, 겔로웨이관 등과 같이 인장응력을 받는 부분이 압력에 견디지 못하고 바깥쪽으로 부풀어 나오는 현상이다.
　㈏ 압궤(collapse) : 노통, 연소실, 연관, 관판 등과 같이 압축응력을 받는 부분이 압력에 견디지 못하고 안쪽으로 들어가는 현상이다.

(2) 보일러 판의 손상

㈎ 균열(crack) : 보일러는 증기압력과 온도에 의하여 수축과 팽창이 반복적으로 일어나며, 이와 같은 부분에는 반복응력이 지속적으로 발생하여 금이 발생하거나 갈라지는 현상을 말한다.
　㈎ 균열이 발생하기 쉬운 부분 : 이음부분, 리벳의 구멍부분, 스테이를 갖고 있는 부분
　㈏ 심 립스(seam lips) : 리벳이음에서 리벳구멍에서 다음 리벳구멍으로 연속해서 균열이 생기는 현상

㈏ 라미네이션(lamination) 및 블리스터(blister) : 압연 강판이나 관의 두께 내부에 가스가 존재한 상태로 가공을 하였을 때 판이나 관이 2장의 층을 형성하며 분리되는 현상을 라미네이션(lamination)이라 하며 이 부분이 가열로 인하여 부풀어 오르는 현상을 블리스터(blister)라 한다.

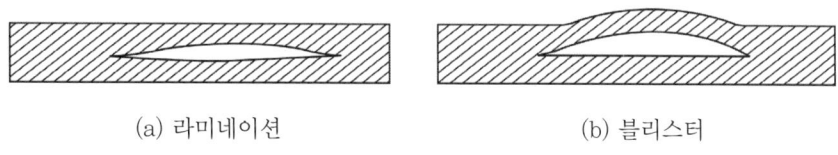

(a) 라미네이션　　　　　　　　(b) 블리스터

라미네이션 및 블리스터

㈐ 가성취화 : 보일러 수중에서 분해되어 생긴 가성소다(NaOH)가 과도하게 농축되면 수산이온(OH^-)이 많아져서 알칼리도가 높아진다. 이것이 강재와 작용해서 생기는 나트륨(Na)이 강재의 결정입계를 침해하여 재질을 열화, 취화 시키는 것으로 보일러판의 국부 리벳 연결부 등에서 발생하며, 균열이 발생하는 것으로 알 수 있다.

2. 부식의 종류 및 특징

(1) 외부 부식

㈎ 부식의 종류

㉮ 고온부식(vanadium attack) : 중유를 연소하는 보일러에서 중유 중에 포함되어 있는 바나듐(V)이 연소용 공기 중의 산소와 반응하여 오산화바나듐(V_2O_5)을 생성하고, 이것이 고온의 전열면에 부착하여 부식작용을 일으키는 현상이다.

㉯ 저온부식(sulfar attack) : 황성분이 많은 연료가 연소되어 아황산가스(SO_2)가 되고, 일부는 과잉공기와 반응하여 무수황산(SO_3)으로 된다. 이 무수황산은 다시 연소가스 중의 수증기(H_2O)와 반응하여 황산(H_2SO_4)이 되어 저온의 전열면 등에 응축되어 심한 부식을 일으키는 현상이다.

※ 반응식 : $S + O_2 \rightarrow SO_2$

$2SO_2 + O_2 \rightarrow 2SO_3$

$SO_3 + H_2O \rightarrow H_2SO_4$

㉰ 산화부식 : 보일러를 구성하는 금속재료와 연소가스가 반응하여 표면에 산화피막을 형성하는 것으로 금속재료의 표면온도가 높을수록, 금속재료의 표면이 거칠수록 크게 나타난다.

㈏ 외부부식의 원인

㉮ 연소가스 속의 부식성 가스(아황산가스) 및 수증기에 의한 경우

㉯ 증기나 보일러수 등의 누출로 인한 습기나 수분에 의한 경우

㉰ 재나 회분 속에 있는 부식성 물질(바나듐)에 의한 경우

㉱ 빗물, 지하수 등에 의한 습기나 수분에 의한 경우

(2) 내부 부식

㈎ 부식의 형태

㉮ 점식(點蝕 : pitting) : 보일러수가 접하는 내면에 좁쌀알, 살알, 콩알 크기의 점상태(點狀態)로 생기는 부식으로 공식 또는 점형부식이라 한다.

㉯ 국부부식(局部腐蝕) : 내면이나 외면에 얼룩 모양으로 생기는 국부적인 부식을 말한다.

㉰ 전면부식 : 표면적이 넓은 부분 전체에 같은 모양으로 발생하는 부식을 말한다.

㉱ 구상부식(grooving) : 구식이라 하며, 단면의 형상이 U자형, V자형으로 홈이 깊게 파인 것과 같이 선형으로 부식되는 현상을 말한다. 노통의 애덤슨 조인트

의 플랜지 부분이나 평경판의 가셋트 스테이(gusset stay) 부분에 많이 발생한다.

㉰ 알칼리부식 : 보일러 급수 중에 알카리(NaOH)의 농도가 너무 높아지면 $Fe(OH)_2$가 용해되고 강은 알칼리에 의해서 부식되는 현상이다.

㈏ 부식이 발생하기 쉬운 장소
  ㉮ 물에 접촉하는 수면 및 수면 이하의 곳
  ㉯ 침전물이 퇴적하기 쉬운 곳
  ㉰ 과열이 발생하기 쉬운 곳
  ㉱ 점검 및 청소가 곤란한 곳
  ㉲ 반복 응력을 많이 받는 곳
  ㉳ 산화피막이 파괴된 곳
  ㉴ 강재표면이 불균일한 곳

㈐ 내부부식의 원인
  ㉮ 급수 중에 유지류, 산류, 탄산가스, 염류 등의 불순물을 함유하는 경우
  ㉯ 일반 전기배선에서의 누전으로 인하여 전류가 장시간 흐르는 경우
  ㉰ 강재의 수측 표면에 녹이 생겨서 국부적으로 전위차가 발생하여 전류가 흐르는 경우
  ㉱ 강재 속에 함유된 유황(S) 성분이나 인(P) 성분이 온도상승과 함께 산화되거나 녹이 생긴 경우
  ㉲ 국부적으로 전위차가 발생하여 전류가 흐르는 경우
  ㉳ 보일러 재료에 부분적인 온도차로 고열부가 양극이 되어 열전류가 발생하는 경우

(3) 부식 방지 대책

㈎ 외부부식 방지대책
  ㉮ 고온부식 방지대책
    ⓐ 연료를 전처리하여 바나듐 성분을 제거할 것
    ⓑ 전열면의 온도가 높아지지 않도록 설계할 것
    ⓒ 전열면의 표면에 보호피막 형성 또는 내식성 재료를 사용한다.
    ⓓ 연료에 첨가제를 사용하여 바나듐의 융점을 높인다.
    ⓔ 부착물의 성상을 바꾸어 전열면에 부착하지 못하도록 한다.
  ㉯ 저온부식 방지 대책
    ⓐ 연료 중의 황분(S)을 제거한다.
    ⓑ 연료에 첨가제를 사용하여 노점온도를 낮춘다.

ⓒ 무수황산을 다른 생성물로 변경시킨다.
ⓓ 배기가스의 온도를 노점온도 이상으로 유지한다.
ⓔ 배기가스 온도가 황산증기의 노점까지 저하되기 전에 배출시킨다.
ⓕ 연료가 완전 연소할 수 있도록 연소방법을 개선한다.

(나) 내부부식 방지대책

㉮ 보일러수 중의 용존산소, 탄산가스를 제거한다.
㉯ 보일러 내면에 보호피막, 방청도장을 한다.
㉰ 보일러수 중에 아연판을 설치한다.
㉱ 약한 전류를 통전시킨다.

9.6 보일러 사고 및 방지대책

1. 보일러 사고의 종류

(1) 사고의 종류

㉮ 동체나 드럼의 폭발 및 파열
㉯ 노통, 연소실판, 수관, 연관 등의 파열
㉰ 전열면의 팽출 및 압궤
㉱ 부속장치 및 부속기기 등의 파열
㉲ 벽돌 쌓음의 붕괴 및 파손
㉳ 노내부 및 연도에서의 가스폭발
㉴ 역화(back fire)

(2) 사고의 원인

㉮ 제작상의 원인 : 재료불량, 강도부족, 설계불량, 구조불량, 부속기기 설비의 미비, 용접불량 등
㉯ 취급상의 원인 : 압력초과, 저수위, 급수처리불량, 부식, 과열, 미연소가스 폭발사고, 부속기기 정비불량 등

2. 보일러 사고 방지 대책

(1) 설비의 구입

제조업 허가를 받은 사업장에서 형식승인을 취득하고 제조된 것이어야 하며, 검사기

관으로부터 검사를 받은 후에 구입하여야 하고, 설치자는 설치검사를 받은 후에 사용하여야 한다.

(2) 연소 관리

㈎ 연료의 점도는 적정 점도를 유지할 수 있도록 연료의 예열온도를 유지하고, 연료는 일정유량이 계속적으로 공급되도록 한다.

㈏ 프리퍼지와 포스트 퍼지를 행하고 송풍기를 조작할 때에는 댐퍼 조작순서와 열림에 주의하여야 한다.

㈐ 점화 후에는 화염감시를 철저히 한다. 소화현상이 있는 경우는 반드시 그 원인을 제거한 후 다시 점화한다.

㈑ 저수위 현상이 있다고 판단될 때에는 즉시 연소를 중지한다.

㈒ 연소량의 급격한 증대와 감소의 가동은 억제한다.

㈓ 점화, 소화작업의 빈도가 적게 가동을 한다.

(3) 수위 관리

㈎ 한 번에 많은 양의 급수를 피하고 연속적으로 일정량씩 급수를 하여 일정 수위를 유지시키고, 수면계 수위가 50~60[%] 정도 되게 한다.

㈏ 급수장치 및 급수 조절장치 기능을 완전하게 유지한다.

㈐ 수면계와 압력계는 항상 감시의 대상이 되어야 하고 2개의 수면계 수위 또는 압력계 지시도가 다른 경우가 생긴다면 즉시 그 원인을 제거한다.

㈑ 관수 분출작업과 저수위 경보장치 계통의 장애물 제거, 분출 작업시는 각종 밸브의 조작에 주의한다.

㈒ 관수 분출작업은 2인이 동시에 실시하되, 1인은 전면의 수위를 감시한다.

㈓ 연소기 및 연소상태의 음향, 송풍기 및 급수펌프의 작동음에 이상이 있다면 그 원인을 찾아 제거한다.

㈔ 부하변동은 사용처와 사전에 연락이 되도록 한다.

㈕ 자동장치에 의존하여 조종자가 정위치에서 이탈해서는 안 된다.

(4) 용수 관리
보일러 급수는 순수 혹은 연수로 처리된 처리수를 사용하여야 하며, 불순물 농도를 허용농도 이하로 유지하도록 수질검사 및 점검을 하고 적당한 시기에 적정량의 관수와 분출작업을 행한다.

(5) 급수와 관수 한계치 유지
보일러 종류 및 사용압력별 급수와 관수의 허용한계치를 유지시킨다.

(6) 정기 점검실시 : 급수계통, 연소계통, 안전장치 계통의 점검을 실시하고 그 결과를 기록 유지한다.

9.7 보일러 보존

1. 보일러 청소

(1) 보일러 청소의 목적

- ㈎ 전열효율 저하 방지
- ㈏ 과열원인 제거 및 부식 방지
- ㈐ 관수 순환 저해 방지
- ㈑ 보일러 수명 연장
- ㈒ 통풍 저항 방지
- ㈓ 연료 절감 및 열효율 향상

(2) 내부 청소방법 : 보일러수(水) 및 증기가 접촉되는 부분의 스케일 등을 청소하는 방법으로 기계적인 방법과 화학적인 방법이 있다.

- ㈎ 기계적 청소법(mechanical cleaning method) : 청소용 공구를 사용하여 수(手)작업으로 하는 방법과 튜브 클리너 등 기계를 사용하여 내면의 부착물을 제거하는 청소방법으로 다음과 같은 주의가 필요하다.
  - ㈎ 맨홀 등을 개방할 때에는 내부 상태에 주의하여야 한다.
  - ㈏ 동 내부에 적절한 환기상태를 유지하여야 한다.
  - ㈐ 다른 보일러와 연결된 배관의 밸브 등은 확실히 폐쇄시킬 것
  - ㈑ 조명등 등은 안전장치를 갖추고, 누전에 주의할 것
  - ㈒ 외부에는 감시인을 두어 안전사고를 방지할 것
  - ㈓ 관이 오손되지 않도록 주의할 것
- ㈏ 화학적 세관법(chemical cleaning method) : 보일러 내면의 부착물을 기계적 청소법으로 제거하기 곤란할 때 화학약품을 사용하여 부착물을 용해 제거하는 방법으로 산(酸)세관, 알칼리세관, 유기산 세관이 있다.
  - ㈎ 산세관(acid cleaning) : 내면의 스케일과 산과의 화학반응에 의해 스케일을 용해 제거하는 방법으로 일반적으로 5~10[%] 염산 수용액을 사용한다. 부식을 방지하기 위해 부식억제제(inhibiter)를 적당량(0.2~0.6[%]) 첨가한다.
    - ⓐ 산의 종류 : 염산(HCl), 황산(H_2SO_4), 인산(H_3PO_4), 설파민산(NH_2SO_3H)
    - ⓑ 보일러수의 온도 : $60 \pm 5[℃]$

ⓒ 중화 방청제 종류 : 가성소다(NaOH), 암모니아(NH_3), 탄산나트륨(Na_2CO_3), 인산나트륨(Na_3PO_4), 히드라진(N_2H_4)

ⓓ 처리공정

전처리 → 수세 → 산 세척 → 산액처리 → 수세 → 중화방청 처리

ⓔ 염산의 특징

㉠ 위험성이 적고 취급이 용이하다.

㉡ 스케일 용해 능력이 크다.

㉢ 가격이 저렴하다.

㉣ 물에 대한 용해도가 크기 때문에 세척이 용이하다.

㉤ 부식억제제의 종류가 다양하다.

㉯ 알칼리 세관 : 보일러 제조 후 내면의 유지류, 규산계 스케일(실리카) 제거에 사용하는 방법이다.

ⓐ 알칼리 종류 : 가성소다(NaOH), 암모니아(NH_3), 탄산나트륨(Na_2CO_3), 인산나트륨(Na_3PO_4)

ⓑ 알칼리 농도 : 0.1~0.5[%]

ⓒ 보일러수의 온도 : 약 70[℃]

ⓓ 가성취화 방지제 : 질산나트륨($NaNO_3$), 인산나트륨(Na_3PO_4) 등을 첨가

㉰ 유기산 세관 : 오스테나이트계 스테인리스강이나 동 및 동합금 세관에 사용하며 유기산은 유기물이므로 보일러 운전 시 고온에서 분해하여 산이 남아 있어도 부식될 가능성이 희박하다.

ⓐ 종류 : 구연산, 개미산

ⓑ 구연산의 농도 : 3[%] 정도

ⓒ 보일러수의 온도 : 90 ± 5[℃]

㉱ 부식억제제(inhibiter) : 산세관시에 산과 금속재료가 직접 접촉하여 부식이 발생하는 방지 및 억제하는 것이다.

ⓐ 구비조건

㉠ 부식억제 능력이 클 것

㉡ 점식이 발생되지 않을 것

㉢ 세관액의 온도, 농도에 대한 영향이 적을 것

㉣ 물에 대한 용해도가 크고, 화학적으로 안정할 것

ⓑ 종류 : 수지계 물질, 알코올류, 알데히드류, 케톤류, 아민유도체, 함질소 유기화합물

ⓒ 부식억제제 농도 : 0.3~0.5[%] 정도

(3) 외부 청소방법 : 화염 및 연소가스가 접촉되는 노통이나 연관을 청소하는 방법이다.

㈎ 수공구 사용법 : 스크래퍼(scraper), 와이어 브러시(wire brush) 등 사용
㈏ 그을음 불어내기(soot blower) : 전열면 외측 또는 수관 주위의 그을음이나 재를 불어 제거하는 방법이다.
  ㉮ 분무매체별 구별 : 증기분사식, 공기분사식
  ㉯ 종류 : 장발형(long retractable type) 슈트 블로어,
       단발형(short retractable type) 슈트 블로어,
       정치 회전형(로터리형), 에어히터 클리너, 건타입
  ㉰ 사용 시 주의사항
    ⓐ 부하가 50[%] 이하일 때, 소화 후에는 사용을 금지한다.
    ⓑ 댐퍼를 완전히 열고 통풍력을 크게 한다.
    ⓒ 그을음 제거를 하기 전 분출기 내부의 응축수를 제거한다.
    ⓓ 그을음 불어내기 관을 동일 장소에서 오래 동안 작용시키지 않는다.
    ⓔ 흡입통풍기가 있을 경우 흡입통풍을 늘려서 한다.
㈐ 샌드 블라스트(sand blast) : 압축공기로 모래를 전열면의 그을음에 불어 날려서 제거하는 방법이다.
㈑ 스팀 소킹(steam soaking)법 : 증기로 그을음 층에 습기를 주어 제거하는 방법이다.
㈒ 워터 소킹(water soaking)법 : 분무수로 그을음 층에 뿌려서 물기를 포함시켜서 제거하는 방법이다.
㈓ 수세(washing)법 : pH 8~9의 물을 대량으로 사용하는 방법이다.
㈔ 스틸 숏 클리닝(steel shot cleaning)법 : 강으로 된 구슬을 이용하는 방법이다.

2. 보일러 보존법

(1) 보일러 보존 필요성

보일러 가동을 중지하고 일정기간 방치하면 내외부에서 부식이 발생되어 안전성 저하, 수명단축 등의 악영향을 미친다. 이러한 영향을 줄이기 위하여 보일러 중지 목적, 보일러의 구조 및 종류, 중지 기간, 장소, 계절 등을 고려하여 적절한 보존방법을 강구하여야 한다.

(2) 보존 방법의 구분

⑦ 보존기간에 의한 구분
  ㉮ 장기 보존법 : 휴지기간이 2~3개월 이상 되는 경우로 석회밀폐건조법, 질소가스봉입법, 기화성 부식 억제제(VCI) 투입 보존법, 소다만수보존법이 있다.
  ㉯ 단기 보존법 : 휴지기간이 2주일에서 1개월 이내인 경우로 가열건조법과 보통만수보존법이 있다.
㉯ 보존휴지 중 보일러수의 유무에 의한 구분
  ㉮ 건조 보존법(건식 보존법) : 보일러 내부에 보일러수가 없는 상태로 보존하는 방식
  ㉯ 만수 보존법(습식 보존법) : 보일러 내부에 보일러수가 있는 상태로 보존하는 방식

(3) 건조 보존법

보존 기간이 6개월 이상으로 보일러수를 완전히 배출한 후 동 내부를 완전히 건조시킨 후 흡습제, 산화방지제, 기화성 방청제 등을 넣고 밀폐시켜 보존하는 방법으로, 다음과 같은 방법이 있다.

⑦ 석회 밀폐건조법 : 보일러 내·외부를 청소한 다음 완전히 건조시킨 후 생석회나 실리카겔 등의 흡습제(건조제)를 내부에 넣은 후 밀폐시켜 보존하는 방법이다.
  ㉮ 흡습제의 종류 : 생석회, 실리카겔, 염화칼슘, 활성알루미나, 오산화인 등
  ㉯ 보일러 내용적 1[m^3] 당 흡습제의 양
    ⓐ 생석회 : 0.25[kg]
    ⓑ 실리카겔, 염화칼슘, 활성알루미나 : 1~1.3[kg]
㉯ 질소가스 봉입법 : 고압 대용량 보일러에 적합하며, 질소가스를 0.06[MPa] 정도로 압입하여 보일러 내부의 산소를 배제시켜 부식을 방지하는 방법이다. 질소가스의 압력이 0.015[MPa] 이하가 되면 질소가스를 압입하여 0.06[MPa] 정도의 압력을 유지시켜야 한다.
㉰ 기화성 부식 억제제(VCI : volatile corrosion inhibitor) 투입법 : 보일러 내부를 건조시킨 후 기화성 부식억제제를 투입하고 밀폐시켜 보존하는 방법이다.

(4) 만수(滿水) 보존법

보존 기간이 보통 2~3개월 정도인 경우에 적용하는 방법으로 보일러 구조상 건식 보존법이 곤란한 경우, 동결의 우려가 없는 경우에 보일러 내부에 관수를 충만시켜 보존하는 방법으로 다음과 같은 방법이 있다.

⑦ 보통 만수 보존법 : 보일러 내부를 청소한 후 보일러수를 만수로 한 후에 압력이 약간 오를 정도로 관수를 비등시켜 공기와 탄산가스를 제거한 후 서서히 냉각시켜 보존시키는 방법이다.

㈏ 소다 만수 보존법 : 관수를 배출한 후 보일러 내·외부를 청소한 후에 가성소다($NaOH$), 아황산소다(Na_2SO_4) 등의 알칼리성 물로 채우고 보존시키는 방법이다.

예 | 상 | 문 | 제

문제 01 신설보일러의 사용 전 내부점검 사항을 4가지 쓰시오.

해답 ① 기수분리기, 기타 부품의 부착상황을 확인하고 공구나 볼트, 너트, 헝겊조각 등이 보일러에 들어 있는지 점검한다.
② 내부에 이상이 없는지 확인하고 맨홀, 검사구 등에 수압시험에 사용한 맹판 등이 제거되어 있는지 각 구멍을 점검한 후 개방되어 있는 것은 뚜껑을 닫고 밀폐시킨다.
③ 내부의 공기를 빼고 밸브를 열어 놓은 상태로 급수하고 수위가 상승할 때 저수위 경보기 또는 연료차단장치 등의 인터로크가 정확하게 작동하는지 확인한다.
④ 만수시킨 후 공기가 완전히 빠졌는지 확인한 뒤 공기빼기 밸브를 닫고 정상사용압력보다 10[%] 이상의 수압을 가하여 각부가 새지 않는지 확인한다.

문제 02 신설 보일러에서 알칼리 세정과 소다 끓임을 하기 전의 처리방법으로, 물이나 히드라진 100[ppm] 정도를 첨가한 세정수로 펌핑하는 것을 무엇이라 하는가?

해답 플러싱

문제 03 신설 보일러에서 내부에 부착된 유지분, 페인트류, 녹 등을 제거하기 위하여 실시하는 작업을 무엇이라 하는가?

해답 소다 끓이기 (소다 보링)

문제 04 신설 보일러의 청정화를 도모할 목적으로 행하는 소다 끓이기(soda boiling)에서 사용하는 약품 종류를 3가지 쓰시오.

해답 ① 가성소다(NaOH) ② 제3 인산나트륨(Na_3PO_4) ③ 탄산나트륨(Na_2CO_3)

문제 05 사용 중인 보일러의 점화 전 일반적인 점검사항 5가지를 쓰시오.

해답 ① 수면계 수위를 점검한다.
② 수면계, 압력계 및 각종 계기류와 자동제어장치를 점검한다.
③ 연료 계통 및 급수 계통을 점검한다.
④ 중유 연소의 경우 연료 펌프 및 유예열기를 작동시킨다.
⑤ 각 밸브의 개폐상태를 확인 점검한다.
⑥ 댐퍼를 완전히 개방하고 프리퍼지를 행한다.

문제 06 장기 휴지보일러의 사용 전 준비사항으로 연소계통의 점검 사항을 4가지 쓰시오.

해답 ① 기름탱크의 유량, 가스압력을 확인하여 연료공급에 차질이 생기지 않도록 한다.
② 연료배관은 연료가 누설되지 않은지 점검하고 연료밸브를 열어 놓는다.
③ 화염검출기의 오염 여부를 확인하고 유리면을 깨끗이 닦는다.
④ 연도 댐퍼가 잠겨 있는지 확인하고 열어 놓는다.

문제 07 유류보일러의 자동장치 점화방법의 순서이다. ( ) 안에 알맞은 용어를 쓰시오.

> 송풍기 기동 → 연료펌프 기동 → (①) → 노내압 조정 → (②) → 화염 검출 → (③) → 주 버너 착화 → 공기 댐퍼 작동 → (④) → 고 연소

해답 ① 프리퍼지 ② 점화용 버너 착화 ③ 전자밸브 열림 ④ 저연소

문제 08 가스보일러 점화 시 주의사항이다. ( ) 안에 알맞은 용어 및 숫자를 쓰시오.

> 가스보일러 점화 시 연소실 내의 체적 (①)배 이상의 공기로 충분한 프리퍼지를 행한다. 이때, 댐퍼는 (②) 행하여야 한다.

해답 ① 4 ② 완전히 열고

문제 09 포스트 퍼지(post purge)와 프리퍼지(pre-purge)에 대하여 각각 설명하시오.

해답
① 포스트 퍼지(post purge) : 보일러 운전이 끝난 후, 노 내와 연도에 체류하고 있는 가연성 가스를 배출시키는 작업
② 프리퍼지(pre-purge) : 보일러를 가동하기 전에 노 내와 연도에 체류하고 있는 가연성 가스를 배출시키는 작업

문제 10 점화 시 급격히 압력을 증가시키면 안 되는 이유를 2가지 쓰시오.

해답
① 전열면의 부동팽창의 원인
② 내화물의 스폴링 현상의 원인
③ 그루빙 및 균열의 원인

문제 11 보일러 운전 시 증기압이 오르기 시작할 때의 공기빼기 밸브의 점검 사항을 설명하시오.

해답 증기가 발생하기 전까지 공기빼기 밸브를 열어 놓아 내부의 공기를 배제한 후 증기가 나오기 시작하면 닫아야 한다.

문제 12 보일러에서 발생한 증기를 송기할 때의 주의사항을 4가지 쓰시오.

해답
① 캐리오버, 수격작용이 발생하지 않도록 한다.
② 주증기 밸브는 3분 이상 서서히 개방할 것
③ 항상 일정한 압력을 유지하고, 부하측의 압력이 정상적으로 유지되고 있는지 확인한다.
④ 연소상태를 확인하여 정상적인 연소가 이루어지도록 한다.

문제 13 [보기]는 일반적으로 사용 중인 증기 보일러 운전 작업을 종료할 때 행하는 사항이다. 가장 적합한 정지순서 대로 해당번호를 쓰시오.

> [보기] ① 댐퍼를 닫는다.
> ② 공기 공급을 정지한다.
> ③ 증기 밸브를 닫고 드레인 시킨다.
> ④ 급수를 행하고, 압력을 떨어뜨리며 급수밸브를 닫고 급수펌프를 정지시킨다.
> ⑤ 연료의 공급을 정지한다.

해답 ⑤ → ② → ④ → ③ → ①

문제 14 보일러의 이상 저수위, 과열 등이 발생할 때 비상조치를 행하는 사항이다. 순서대로 해당번호를 나열하시오.

> ① 연소용 공기를 차단한다. ② 연료를 차단한다.
> ③ 주버너를 정지시킨다. ④ 서서히 급수한다.

해답 ② → ① → ③ → ④

해설 • 비상정지 시의 조치사항
① 연료 공급을 정지한다.
② 공기 공급을 정지한다.
③ 서서히 급수를 행한다.
④ 다른 보일러와 연락을 차단한다.
⑤ 자연적으로 냉각된 후 사고 원인을 조사한다.
⑥ 전열면을 확인하여 변형 유무를 조사한다.
⑦ 이상이 없으면 급수 후 재 점화하여 사용한다.

문제 15 보일러 점화불량의 원인 4가지를 쓰시오.

해설 • ① 연료가 분사되지 않는 경우
② 배관 속에 물, 슬러지가 유입되는 경우
③ 연료의 온도가 너무 높거나 낮은 경우
④ 연료의 점도가 너무 높은 경우
⑤ 버너 유압이 맞지 않는 경우
⑥ 버너 노즐이 폐쇄된 경우
⑦ 1차 공기압력이 과대한 경우
⑧ 점화용 트랜스의 전기 스파크가 불량할 때

문제 16 노통보일러, 횡연관식 보일러 등에서 발생하는 가마울림 현상의 원인 3가지를 쓰시오.

해답 ① 연소실 온도가 낮을 때 ② 버너의 조립이 불량한 때
③ 통풍력이 부적당할 때 ④ 노내압이 너무 높을 때
⑤ 버너타일 형상이 맞지 않을 때 ⑥ 연도 이음부분이 불량한 때
⑦ 연료 속에 수분이 많은 경우

문제 17 연소 중의 보일러가 노내나 연도 내에 심한 소리를 내면서 공명하면 보일러 전체가 진동하기도 하며 경우에 따라서는 보일러실까지도 공명하여 유리창이 진동할 때도 있다. 이러한 현상을 맥동연소 또는 진동연소라 하는데 그 발생원인 4가지를 쓰시오.

해답 ① 연료 중에 수분이 많은 경우
② 연도 단면의 변화가 큰 경우
③ 2차 연소를 일으킨 경우
④ 연소량이 일정하지 않은 경우
⑤ 연료와 공기와의 혼합불량으로 연소속도가 느린 경우
⑥ 공급공기량에 심한 과부족이 생긴 경우
⑦ 무리한 연소를 하는 경우
⑧ 연소실이나 연도 등의 틈 사이에서 공기가 새는 경우
⑨ 송풍기에서 서징현상이 발생하는 경우

문제 18 보일러에서 매연 발생 원인을 5가지 쓰시오.

해답 ① 통풍이 부족하거나 과대할 때 ② 무리한 연소를 할 때
③ 연소실 온도가 낮을 때 ④ 공기비가 맞지 않을 때
⑤ 연소장치와 연료가 맞지 않을 때 ⑥ 연소실 온도가 낮을 때
⑦ 연소장치가 불량일 때 ⑧ 연소실 용적이 적을 경우

문제 19 보일러에서 역화(逆火)의 원인을 4가지 쓰시오.

해답 ① 프리퍼지가 불충분한 경우 ② 점화 시 착화시간이 지연된 경우
③ 댐퍼의 개도가 너무 적은 경우 ④ 공기보다 연료가 먼저 공급된 경우
⑤ 연료의 인화점이 낮을 때 ⑥ 1차 공기압력이 부족할 때
⑦ 유압이 과대할 때

문제 20 보일러 사용 시 이상 저수위의 원인 4가지를 쓰시오.

해답 ① 급수탱크 내 급수온도가 너무 높은 경우
② 보일러 연결부에서 누출이 되는 경우
③ 급수장치가 증발능력에 비해 과소한 경우
④ 급수탱크 내 급수량이 부족한 경우
⑤ 증기 취출량이 과대한 경우
⑥ 급수장치의 고장이나 이상으로 급수능력의 저하 또는 급수가 되지 않을 때
⑦ 급수밸브나 급수 역지밸브의 고장 등으로 보일러 수가 급수 배관이나 급수탱크로 역류한 경우

⑧ 수면계 지시불량으로 수위를 오인한 경우
⑨ 자동급수제어장치의 고장이나 오동작이 생긴 경우
⑩ 캐리오버 현상 등으로 보일러수가 증기와 함께 취출되는 경우

문제 21 보일러에서 이상증발을 초래하는 원인 중 운전방법에 따른 이상증발의 원인을 4가지 쓰시오.

[해답] ① 주증기 밸브를 급개할 때
② 고수위 운전 시
③ 증기 부하가 과대할 때
④ 보일러수에 불순물 다량 함유 시
⑤ 보일러수의 농축 시
⑥ 증기압력을 급격히 강하시킨 경우

문제 22 보일러 운전 시 이상증발을 발생시킬 수 있는 보일러의 구조적 및 설계적인 문제점을 4가지 쓰시오.

[해답] ① 보일러의 증발능력에 비해 보일러 수면의 면적이 작은 경우
② 표준수위와 증기 배출구의 거리가 너무 가까운 경우
③ 보일러 능력에 비해 연소장치의 능력이 너무 큰 경우
④ 비수방지장치가 잘못 설치되었거나 불충분한 경우
⑤ 보일러수의 순환이 불량한 경우

문제 23 보일러의 압력초과의 원인 4가지를 쓰시오.

[해설] ① 안전장치(안전밸브, 압력제한기 등)의 작동불량 또는 불능인 경우
② 압력계 등 지시장치의 고장으로 보일러압력과 지시압력이 다를 경우
③ 안전밸브의 분출능력이 부족한 경우
④ 보일러 용량에 비해 연소장치가 과대한 경우

문제 24 캐리오버(carry over)에는 선택적 캐리오버(selective carry over)와 기계적 캐리오버(machine carry over)로 구분할 수 있다. 각각을 설명하시오.

[해답] ① 선택적 캐리오버 : 증기 속에 용해되어 있던 실리카(무수규산) 성분이 증기와 함께 송출되어지는 현상
② 기계적 캐리오버 : 작은 물방울(액적) 또는 거품이 증기와 함께 송출되는 현상

문제 25 보일러에서 발생하는 프라이밍, 포밍현상에 대하여 각각 설명하시오.

[해답] ① 프라이밍(priming) 현상 : 급격한 증발현상으로 동수면에서 작은 입자의 물방울이 증기와 혼입하여 튀어 오르는 현상
② 포밍(foaming) 현상 : 동저부에서 작은 기포들이 수면상으로 오르면서 물거품이 발생하여 수면에 달걀 모양의 기포가 덮이는 현상

문제 26 프라이밍의 발생원인 4가지를 쓰시오.

해답
① 보일러 관수의 농축　　　　　② 보일러 수위가 높음
③ 주증기 밸브의 급격한 개방　　④ 부하의 급격한 변화
⑤ 증기발생 속도가 빠를 때
⑥ 증발능력에 비하여 보일러수의 표면적이 작을 때
⑦ 수면과 증기 송출구의 거리가 가까울

문제 27 보일러수 속의 유지류, 용해 고형물, 부유물 등의 농도가 높아지면 드럼 수면에 안정한 거품이 발생하고, 또한 거품이 증가하여 드럼의 기실에 전체로 확대되는 현상을 무엇인가?

해답 포밍

문제 28 보일러에서 포밍이 발생하는 원인 4가지를 쓰시오.

해설
① 보일러 관수의 농축　　　　　② 유지분, 알칼리분, 부유물 함유
③ 주증기 밸브의 급격한 개방　　④ 부하의 급격한 변화
⑤ 증기발생 속도가 빠를 때　　　⑥ 청관제 사용이 부적합
⑦ 보일러 수위가 높음

문제 29 기수공발(carry over)의 원인을 4가지 쓰시오.

해답
① 보일러 관수의 농축　　　　　② 유지분, 알칼리분, 부유물 함유
③ 주증기 밸브의 급격한 개방　　④ 부하의 급격한 변화
⑤ 증기발생 속도가 빠를 때　　　⑥ 청관제 사용이 부적합
⑦ 보일러 관수 수위가 높음

문제 30 기수공발(carry over)의 방지 방법을 4가지 쓰시오.

해답
① 비수 방지관을 설치한다.　　　② 주증기 밸브를 서서히 연다.
③ 관수 중에 불순물, 농축수 제거　④ 수위를 고수위로 하지 않는다.

문제 31 캐리오버(carry over)가 발생하였을 때 피해의 종류 5가지를 쓰시오.

해답
① 수위 오인으로 저수위 사고　　② 계기류 연락관의 막힘
③ 송기되는 증기의 불순　　　　④ 증기의 열량 감소
⑤ 배관의 부식 초래　　　　　　⑥ 배관, 기관 내에서 수격작용 발생

문제 32 기수공발(carry over)이 발생하였을 때 조치하여야 할 사항을 4가지 쓰시오.

해답
① 연료를 차단(줄인다.)　　　　② 공기를 차단(줄인다.)
③ 주증기 밸브를 닫고, 수위를 안정시킴
④ 급수 및 분출작업 반복　　　　⑤ 계기류 점검

문제 33 수격작용(water hammer)의 발생 원인을 4가지 쓰시오.

해답
① 기수공발(carry over) 현상 발생 시
② 주증기 밸브를 급개(急開)할 때
③ 배관에서의 손실열량이 과대할 때
④ 배관 구배(기울기) 선정의 잘못
⑤ 부하변동이 심할 때

문제 34 수격작용(water hammer) 방지 대책을 3가지 쓰시오.

해답
① 기수공발(carry over) 현상 발생을 방지할 것
② 주증기 밸브를 서서히 개방할 것
③ 증기배관의 보온을 철저히 할 것
④ 응축수가 체류하는 곳에 증기트랩을 설치할 것
⑤ 드레인 빼기를 철저히 할 것
⑥ 송기 전에 소량의 증기로 배관을 예열할 것

문제 35 보일러 과열의 원인을 3가지 쓰시오.

해답
① 이상 감수 현상이 발생하였을 때
② 동 내면에 스케일이 생성되어 전열이 불량한 경우
③ 보일러 수가 농축되어 순환이 불량한 때
④ 전열면에 국부적으로 심한 열을 받았을 때
⑤ 연소실 열부하가 지나치게 큰 경우

해설 과열의 방지 대책
① 적정 보일러수위를 유지한다.
② 동 내면에 스케일 생성을 방지하고 고착되지 않도록 한다.
③ 보일러 수가 농축되지 않도록 하고, 순환을 교란시키지 않도록 한다.
④ 전열면에 국부적인 과열을 방지한다.
⑤ 연소실 열부하가 너무 높지 않도록 한다.

문제 36 보일러가 과열되었을 때 강도가 약해져 발생하는 이상 현상 중 팽출(bulge)이 발생하는 부분을 3곳 쓰시오.

해답 ① 동체 ② 수관 ③ 겔로웨이관

해설 팽출(bulge) : 동체, 수관, 겔로웨이관 등과 같이 인장응력을 받는 부분이 압력에 견디지 못하고 바깥쪽으로 부풀어 나오는 현상이다.

문제 37 보일러의 노통이나 화실과 같은 원통이 외측에서의 압력에 의해 함몰되는 현상을 무엇이라 하는가?

해답 압궤

해설 압궤(collapse) : 노통, 연소실, 연관, 관판 등과 같이 압축응력을 받는 부분이 압력에 견디지 못하고 안쪽으로 들어가는 현상이다.

문제 38 보일러 강판이나 강관을 제조할 때 재질 내부에 가스체 등이 함유되어 두 장의 층을 형성하고 있는 상태의 결함을 무엇이라 하는가?

해답) 라미네이션

문제 39 보일러 판에서 발생하는 현상 중 라미네이션과 블리스터에 대하여 설명하시오.

해답) ① 라미네이션(lamination) : 압연 강판이나 관의 두께 내부에 가스가 존재한 상태로 가공을 하였을 때 판이나 관이 2장의 층을 형성하며 분리되는 현상
② 블리스터(blister) : 라미네이션 부분이 가열로 인하여 부풀어 오르는 현상

문제 40 가성취화에 대하여 설명하시오.

해답) 보일러 수중에서 분해되어 생긴 가성소다(NaOH)가 과도하게 농축되면 수산이온(OH^-)이 많아져서 알칼리도가 높아진다. 이것이 강재와 작용해서 생기는 나트륨(Na)이 강재의 결정입계를 침해하여 재질을 열화, 취화 시키는 것으로 보일러판의 국부 리벳 연결부 등에서 발생하며, 균열이 발생하는 것으로 알 수 있다.

문제 41 다음은 외부부식에 관한 설명이다. ( ) 안에 알맞은 용어를 쓰시오.
(1) 고온부식이란 중유를 연소하는 보일러에서 중유 중에 포함되어 있는 (①)이 연소용 공기 중의 (②)와 반응하여 (③)을 생성하고, 이것이 (④)의 전열면에 부착하여 부식작용을 일으키는 현상이다.
(2) 저온부식은 (①)성분이 많은 연료가 연소되어 (②)가 되고, 일부는 과잉공기와 반응하여 (③)으로 된다. 이것이 다시 연소가스 중의 (④)와 반응하여 (⑤)이 되어 (⑥)의 전열면 등에 응축되어 심한 부식을 일으키는 현상이다.

해답) (1) ① 바나듐(V) ② 산소 ③ 오산화바나듐(V_2O_5) ④ 고온
(2) ① 황(S) ② 아황산가스(SO_2) ③ 무수황산(SO_3)
④ 수증기(H_2O) ⑤ 황산(H_2SO_4) ⑥ 저온

문제 42 보일러에서 고온 부식을 일으키는 연료 중의 성분은?

해답) 바나듐(V)

해설) 외부부식의 원인 성분
① 고온부식 : 바나듐(V)
② 저온부식 : 황(S)

문제 43 보일러의 과열기 온도가 일반적으로 약 몇 도 이상이 되면 바나듐에 의한 고온부식이 발생하는가?

해답) 500[℃] 이상

문제 44 고온부식의 방지대책을 4가지 쓰시오.

해답
① 연료를 전처리하여 바나듐 성분을 제거할 것
② 전열면의 온도가 높아지지 않도록 설계할 것
③ 전열면의 표면에 보호피막 형성 또는 내식성 재료를 사용한다.
④ 연료에 첨가제를 사용하여 바나듐의 융점을 높인다.
⑤ 부착물의 성상을 바꾸어 전열면에 부착하지 못하도록 한다.

문제 45 저온부식의 방지대책을 4가지 쓰시오.

해답
① 연료 중의 황분(S)을 제거한다.
② 연료에 첨가제를 사용하여 노점온도를 낮춘다.
③ 무수황산을 다른 생성물로 변경시킨다.
④ 배기가스의 온도를 노점온도 이상으로 유지한다.
⑤ 배기가스 온도가 황산증기의 노점까지 저하되기 전에 배출시킨다.
⑥ 연료가 완전 연소할 수 있도록 연소방법을 개선한다.

문제 46 보일러 내부부식이 발생하기 쉬운 장소를 4가지 쓰시오.

해답
① 물에 접촉하는 수면 및 수면 이하의 곳
② 침전물이 퇴적하기 쉬운 곳   ③ 과열이 발생하기 쉬운 곳
④ 점검 및 청소가 곤란한 곳   ⑤ 반복 응력을 많이 받는 곳
⑥ 산화피막이 파괴된 곳   ⑦ 강재표면이 불균일한 곳

문제 47 보일러 내에 아연판을 설치하는 목적은?

해답 보일러 내부 부식방지

문제 48 보일러수 중에 염화물이온과 산소(O)가 다량 용해되어 있을 경우 발생하며 개방된 표면에서 구멍형태로 깊게 침식하는 부식의 일종은?

해답 점식

문제 49 보일러 및 각 부속기기에 발생하는 부식 종류에 대한 다음 물음에 답하시오.

(1) 내부부식의 종류를 3가지 쓰시오.
(2) 외부부식의 종류를 2가지 쓰시오.

해답 (1) ① 점식 ② 국부부식 ③ 전면부식 ④ 구상부식(grooving) ⑤ 알칼리부식
(2) ① 고온부식 ② 저온부식

문제 50 보일러에서 그루빙(grooving)은 어느 부분에 많이 발생하는가?

해답
① 노통의 아담슨 조인트의 플랜지 부분
② 평경판의 가셋트 스테이(gusset stay) 부분

해설 • 구상부식(grorving) : 단면의 형상이 U자형, V자형으로 홈이 깊게 파인 것과 같이 선형으로 부식되는 현상을 말한다. 노통의 아담슨 조인트의 플랜지 부분이나 평경판의 가셋트 스테이(gusset stay) 부분에 많이 발생하며 구식이라 한다.

문제 51 그루빙 발생 방지법을 3가지 쓰시오.

해답 ① 열응력을 적게 한다.
② 만곡부의 반지름을 크게 한다.
③ 브리징 스페이스를 설치한다.

문제 52 보일러의 부식속도 측정 방법을 3가지 쓰시오.

해답 ① Tafel 외삽법 ② 선형 분극법 ③ 임피던스법
④ 무게 감량법 ⑤ 용액 분석법

해설 • 부식속도 측정법
① 전기 화학적인 방법 : 자연전위 근처에서는 전위와 전류사이에 선형적인 관계가 존재하는 분극특성을 이용하여 분극량을 조정하여 전류의 크기를 측정하는 방법으로 Tafel 외삽법, 선형 분극법, 임피던스법이 있다.
② 비전기 화학적 방법 : 금속을 부식매체 속에 일정시간 동안 방치한 후에 금속의 무게감량이나 용액 속으로 용출된 금속이온의 양을 정량하는 방법이 있다.

문제 53 보일러 사고의 원인 중 구조적 원인을 3가지 쓰시오.

해답 ① 재료불량 ② 구조 및 설계불량 ③ 제작 및 가공 불량 ④ 용접불량

문제 54 보일러 사고의 원인 중 보일러 취급상의 사고 원인을 3가지 쓰시오.

해답 ① 사용압력초과 운전 ② 저수위 운전
③ 급수처리 불량 ④ 과열 ⑤ 연소조작, 운전조작의 미숙

문제 55 보일러 분출사고 시 긴급조치 사항을 5가지 쓰시오.

해답 ① 보일러 부근에 있는 사람을 우선 안전한 곳으로 긴급히 대피시켜야 한다.
② 연도 댐퍼를 전개한다.
③ 연소를 정지시킨다.
④ 압입 통풍기를 정지시킨다.
⑤ 다른 보일러와 증기관이 연결되어 있는 경우에는 증기밸브를 닫고 증기관의 연결을 끊는다.
⑥ 급수를 계속하여 수위의 저하를 막고 보일러의 수위유지에 노력한다.
⑦ 노내나 보일러의 자연냉각을 기다려 원인을 조사해서 그 사후 대책을 강구한다.
⑧ 찢어진 부위가 커서 분출하는 기수로 인하여 인명의 위험이 염려되는 경우에는 급수를 정지하는 동시에 동체 하부의 분출밸브를 열어 보일러수를 배출시켜야 한다.

문제 56 노 내 가스폭발원인중 가연성가스와 미연소가스가 노 내에 발생하는 경우를 4가지 쓰시오.

해답
① 심한 불완전 연소를 하는 경우
② 연소정지 중에 연료가 노 내에 유입된 경우
③ 점화조작에 실패한 경우
④ 노 내에 다량의 그을음이 쌓여 있는 경우
⑤ 연소 중에 실화가 되었을 때

해설 • 미연소가스가 노 내에 정체하거나 정체하기 쉬운 경우
① 연소실이나 연도 내에 가스가 흐르지 않고 체류되는 가스포켓이 있는 경우
② 연도 내에 화교(fire bridge), 내화 충전물의 파손 등으로 연소가스가 단락되는 경우
③ 연도의 굴곡이 심한 경우
④ 연도가 너무 긴 경우
⑤ 연도가 낮아서 습기가 잘 생기는 경우

문제 57 보일러 내부 청소 중 화학적 세관의 특징을 4가지 쓰시오.

해답
① 기계적 청소법으로 청소가 불가능한 곳의 청소가 가능하다.
② 기계적 세관에 비하여 청소시간이 짧다.
③ 마무리 작업이 불완전하면 부식의 우려가 있다.
④ 스케일 등의 화학분석을 사전에 하여야 한다.

문제 58 다음은 화학세관 방법 중 산(酸)세관에 대한 설명이다. ( ) 안에 알맞은 용어를 쓰시오.

화학세관에는 일반적으로 산세관을 사용한다. 산(酸) 종류는 무기산과 유기산으로 구분되며 무기산에는 염산 (①), (②), (③) 등이 있고, 이중에서 (④)이 가장 널리 사용되고 있다.

해답
① 황산(H_2SO_4) ② 인산(H_3PO_4)
③ 설파민산(NH_2SO_3H) ④ 염산(HCl)

해설 • 유기산
① 종류 : 구연산, 개미산
② 용도 : 오스테나이트계 스테인리스강, 동 및 동합금

문제 59 보일러에서 산세관을 하는 경우 일반적으로 염산을 사용하는데 염산의 특징을 4가지 쓰시오.

해답
① 가격이 싸서 경제적이다. ② 물에 대한 용해도가 크다.
③ 스케일 용해 능력이 크다. ④ 취급상 위험성이 비교적 적다.

문제 60 다음 [보기]는 보일러 산세척을 하는 공정이다. 처리공정을 순서로 나열하시오.
(단, 수세는 2회 하는 것으로 한다.)

[보기] ① 수세 ② 산 세척 ③ 전처리 ④ 중화방청처리 ⑤ 산액처리

해답 ③ → ① → ② → ⑤ → ① → ④

문제 61 알칼리 세관에 사용되는 약품 종류 3가지를 쓰시오.

해답 ① 가성소다(NaOH) ② 암모니아(NH_3)
③ 탄산나트륨(Na_2CO_3) ④ 인산나트륨(Na_3PO_4)

문제 62 산(酸)세관에 대한 다음 물음에 답하시오.
(1) 산세관에 사용되는 약품 4가지를 쓰시오.
(2) 산세관시 사용되는 부식억제제의 종류 4가지를 쓰시오.

해답 (1) ① 염산(HCl) ② 황산(H_2SO_4) ③ 인산(H_3PO_4) ④ 설파민산(NH_2SO_3H)
(2) ① 수지계 물질 ② 알코올류 ③ 알데히드류
④ 케톤류 ⑤ 아민유도체 ⑥ 함질소 유기화합물

문제 63 부식억제제(inhibiter)의 구비조건을 4가지 쓰시오.

해답 ① 부식억제 능력이 클 것
② 점식이 발생되지 않을 것
③ 세관액의 온도, 농도에 대한 영향이 적을 것
④ 물에 대한 용해도가 크고, 화학적으로 안정할 것

문제 64 보일러의 외부청소 방법을 4가지 쓰시오.

해답 ① 슈트 블로(soot blow) ② 샌드 블라스트(sand blast)
③ 스팀 소킹(steam soacking)법 ④ 워터 소킹(water soaking)법
⑤ 수세(washing)법 ⑥ 스틸 숏 클리닝(steel shot cleaning)법

문제 65 수관식 보일러에서 연소가 연소할 때 발생하는 그을음이 전열면 외측에 부착하면 증기를 고속 분사시켜 그을음이나 재 등을 불어 제거하는 장치 명칭은?

해답 그을음 불어내기(soot blower)

문제 66 슈트 블로워(soot blower)는 보일러 전열면 외측 또는 수관 주위의 그을음이나 재를 불어 제거하는 장치로 분무매체별로 구별하면 (①), (②)이 있다.

해답 ① 증기분사식 ② 공기분사식

문제 67 슈트 블로워(soot blower)의 종류 3가지를 쓰시오.

해답
① 장발형 슈트 블로어 ② 단발형 슈트 블로어
③ 정치 회전형(로터리형) ④ 공기예열기 클리너

문제 68 슈트 블로워(soot blower) 사용 시 주의사항 4가지를 쓰시오.

해답
① 부하가 50% 이하일 때, 소화 후에는 사용을 금지한다.
② 댐퍼를 완전히 열고 통풍력을 크게 한다.
③ 그을음 제거를 하기 전에 반드시 응축수를 제거한다.
④ 그을음 불어내기 관을 동일 장소에서 오래 동안 작용시키지 않는다.
⑤ 흡입통풍기가 있을 경우 흡입통풍을 늘려서 한다.

문제 69 보일러를 6개월 이상 장기간 휴지하는 경우 어떤 보존 방법이 좋은가?

해답 건조 보존법

문제 70 보일러 보존법 중 건조 보존법의 종류를 2가지를 쓰시오.

해답
① 석회 밀폐건조법
② 질소가스 봉입법
③ 기화성 부식억제제(VCI) 투입법

문제 71 보일러 건조 보존 시에 흡습제로 사용할 수 있는 물질 종류 3가지를 쓰시오.

해답 ① 생석회 ② 실리카겔 ③ 염화칼슘 ④ 활성알루미나 ⑤ 오산화인

문제 72 보일러를 건식 보존할 때 보일러 채워 두는 가스로 가장 적합한 것은?

해답 질소(N_2)

문제 73 보일러의 건조보존법에서 질소가스를 사용할 때 보존 압력은?

해답 0.06[MPa]

해설 질소가스 봉입법 : 고압 대용량 보일러에 적합하며, 질소가스를 0.06[MPa] 정도로 압입하여 보일러 내부의 산소를 배제시켜 부식을 방지하는 방법이다. 질소가스의 압력이 0.015[MPa] 이하가 되면 질소가스를 압입하여 0.06 [MPa] 정도의 압력을 유지시켜야 한다.

문제 74 보일러 만수(滿水) 보존법 중 소다 만수 보존법에 사용되는 약품 종류를 2가지 쓰시오.

해답
① 가성소다(NaOH)
② 아황산소다(Na_2SO_4)

제 2 편

보일러시공 실무

제 1 장	난방부하 및 난방설비	250
제 2 장	보일러 시공도면 작성 및 해독	297
제 3 장	배관재료의 종류	337
제 4 장	시공재료의 열전달	370
제 5 장	보일러시공 공구 및 장비	385
제 6 장	보일러 설치, 검사기준	398

제1장 난방부하 및 난방설비

1.1 난방부하 계산

1. 난방부하 계산 시 고려사항

(1) 건축물 조건

⑦ 건물의 위치 : 건물의 방위, 인근 건물, 지형·지물의 차폐 또는 반사에 의한 영향
⑭ 천장 높이 : 실내바닥에서 천장까지의 높이
⑮ 건축구조 : 벽, 지붕, 천장, 바닥, 칸막이벽 등의 두께 및 보온상태, 이들 상호간의 배치관계
㉠ 주위 환경조건 : 벽, 지붕 등의 색상, 주위의 열 발생원의 존재 여부
㉡ 유리창 및 문 : 크기, 위치 및 사용재료와 사용빈도 수
㉢ 공간 : 마루, 계단 및 기타 공간의 난방유무

(2) 온도조건

⑦ 실내온도 : 바닥에서 1[m], 외벽으로부터 1[m] 이상 떨어진 장소
⑭ 외기온도 : 해당 지방의 최저온도의 평균온도보다 약간 높은 온도
 (일반적으로 현재 외기온도를 기준)
⑮ 천장 높이에 따른 온도 : 천장 높이가 3[m] 이상일 때 실내평균온도(Δt_m)를 적용

$$\Delta t_m = 호흡선\ 실내온도 + (0.5H + 2)$$

여기서, Δt_m : 실내평균온도[℃], H : 실내의 천장 높이[m]

㉠ 지중온도 : 지하실의 난방부하 계산 때 지표면 10[m] 아래 지중온도를 적용

2. 난방부하 계산

(1) 난방부하 : 실내를 적당한 온도로 유지하기 위하여 공급되는 열량으로 벽체, 천장, 바닥이나 환기로 인하여 손실되는 열량만큼 계속적으로 공급하여야 하며, 이렇게 공급하여야 하는 열량, 즉 손실열량이 바로 난방부하가 되는 것이다.

(2) 난방부하 계산 방법

㈎ 방열기 방열량으로부터 계산 : 손실되는 열량만큼 공급하여 주는 열량이 난방부하이므로, 공급열량은 방열기에서 방출되는 열량과 같게 된다.

$$\therefore \text{난방부하(방열기 방열량)} = \text{EDR} \times \text{방열기 표준 방열량}$$
$$= \text{방열기 소요면적} \times \text{방열기 방열량}$$
$$= \text{방열기 방열계수} \times \text{평균온도차}$$
$$= \text{방열량 보정계수} \times \text{표준 방열량}$$

여기서, 평균온도차 $= \dfrac{\text{방열기 입구온도} + \text{출구온도}}{2} - \text{실내온도}$

> ※ **상당방열면적(EDR : equivalent direct radiation)**
> 표준 방열량(온수 : 450[kcal/h·m²], 증기 : 650[kcal/h·m²]을 방열하는 방열기 1[m²]를 1 EDR이라 한다.

㈏ 열손실 열량으로부터 계산 : 벽체, 천장, 바닥, 유리창, 중간벽 및 환기 등에 의한 총열손실을 난방부하라 보고 계산한다.

㉮ 벽체를 통한 열손실 계산

ⓐ 벽면(벽, 천장, 바닥 등)으로부터 외부로 손실되는 열량

$$H_l = K_l \cdot F_l \cdot \Delta t \cdot Z$$

여기서, H_l : 벽면의 손실열량 [kcal/h]

K_l : 외벽, 천장, 바닥의 열관류율 [kcal/h·m²·℃]

F_l : 외벽, 천장, 바닥의 방열면적[m²]

Δt : 실내와 외기 온도차[℃], Z : 방위계수

ⓑ 지면에 접하는 바닥의 손실열량

$$H_e = K_e \cdot F_e \cdot \Delta t$$

여기서, H_e : 지면의 손실열량 [kcal/h]

K_e : 바닥에 접하는 면적 [m²]

Δt : 온수온도(평균 50[℃])와 지하 1[m]의 지중온도차[℃]

ⓒ 중간벽인 경우의 열손실

$$H_i = K_i \cdot F_i \cdot \dfrac{\Delta t}{2}$$

여기서, H_i : 중간벽의 열손실[kcal/h]

F_i : 난방 되지 않는 실내와 접하는 면적[m²]

Δt : 난방 되지 않는 실내와 외기 온도차[℃]

㉰ 환기에 의한 열손실 계산 : 1시간당 환기횟수에 따른 열손실은 다음과 같다.

$$H_d = V \cdot n \cdot C_a \cdot \Delta t$$

여기서, H_d : 환기에 의한 손실열량[kcal/h]

V : 환기량[m³/h]

n : 환기횟수

C_a : 공기비열[kcal/Nm³·℃]

Δt : 실내와 외기 온도차[℃]

⑷ 간이식으로부터 계산

$$H_1 = u \cdot A_h$$

여기서, H_1 : 난방부하 [kcal/h], u : 열손실 지수 [kcal/h·m²]

A_h : 난방면적[m²]

3. 온수보일러 용량 결정

(1) 온수 보일러 용량 계산 : 온수 보일러 용량은 난방부하(H_1)를 기준으로, 급탕부하 (H_2), 배관부하(H_3), 예열부하(H_4) 등을 고려하여 보일러 용량을 결정하여야 한다.

(2) 각 부하계산

㉮ 난방부하 계산 : 난방부하계산 내용 참조

㉯ 급탕부하 계산 : 급탕 및 온수를 가열하는 데 소요되는 열량

$$H_2 = G \cdot C \cdot (t_2 - t_1)$$

여기서 G : 시간당 급탕량[kg/h], C : 온수의 비열[kcal/kg·℃]

t_2 : 급탕온도[℃] t_1 : 급수온도[℃]

※ 급탕온도, 급수온도가 없을 경우에는 급탕량 1[L]에 대하여 60[kcal/h]로 계산한다.

㉰ 배관부하 : 난방 및 급탕배관의 손실열

$$H_3 = K_1 \cdot F_1 \cdot \Delta t \cdot (1 - \eta) = Q_1 (1 - \eta)$$

여기서, K_1 : 나관(裸管)의 열관류율[kcal/h·m^2·℃]

F_1 : 나관의 표면적[m^2]

Δt : 관내 온수온도와 관에 접한 외기의 온도차[℃]

Q_1 : 나관의 손실열량[kcal/h]

η : 보온효율[%]

※ 배관부하는 일반적으로 방열기 용량의 20[%] 정도를 취한다.

$$\therefore H_3 = (H_1 + H_2) \times 0.2$$

㈑ 예열부하(시동부하) : 보일러에 관련된 장치(본체, 방열기, 방열관, 배관 등)를 운전온도까지 가열 및 보일러수 예열에 필요한 열량

$$H_4 = (G \cdot C_1 + W \cdot C_2) \cdot \Delta t$$

여기서 G : 장치 내 전철량[kg], W : 장치 내 전수량[kg]

C_1 : 철의 비열 [kcal/kg·℃], C_2 : 물의 비열[kcal/kg·℃]

Δt : 운전 전후의 온도차[℃]

※ 예열부하(시동부하)는 보일러 상용부하의 25[%] 정도를 취한다.

$$\therefore H_4 = 상용부하 \times 0.25 = (H_1 + H_2 + H_3) \times 0.25$$

㈐ 하나의 식으로부터 계산

$$H_m = \frac{(H_1 + H_2) \times (1 + \alpha) \times \beta}{k}$$

여기서 H_1 : 난방부하[kcal/h], H_2 : 급탕 및 취사부하[kcal/h]

α : 배관부하율(0.25~0.35), β : 여력계수(시동부하)

k : 출력저하계수(석탄의 경우에 적용되며, 액체연료의 경우 1이다.)

㈒ 예열에 필요한 시간

$$예열시간 = \frac{H_4}{H_m - \frac{1}{2}(H_1 + H_3)}$$

여기서, $\frac{1}{2}(H_1 + H_3)$는 예열시간 중 평균 열손실을 말한다.

1.2 난방설비 설계

1. 증기난방(蒸氣暖房)

(1) 증기난방의 개요 : 증기가 갖는 잠열을 방열기 내에서 방출시켜 실내의 난방을 하는 방법이다. 방열기에서 방출된 잠열은 대류작용에 의하여 실내공기 전체의 온도를 높이고, 발생된 응축수는 환수배관을 통하여 응축수 탱크에 모아 보일러에 재사용한다.

(2) 특징

⑺ 장점
  ㉮ 예열시간이 온수난방에 비하여 짧고, 증기순환이 빠르다.
  ㉯ 방열면적을 온수난방에 비하여 적게 할 수 있고, 배관이 가늘어도 된다.
  ㉰ 열의 운반능력이 크고, 유지와 시설비가 저렴하다.
  ㉱ 건물 높이에 제한이 없고, 대규모 건물에 적합하다.

⑻ 단점
  ㉮ 초기통기 시 주관 내 응축수를 배수할 때 열이 손실된다.
  ㉯ 소음이 발생하고, 실내의 방열량을 조절하기 어렵다.
  ㉰ 보일러 취급이 어렵고, 환수관에 부식의 우려가 있다.
  ㉱ 방열기 표면온도가 높아 화상의 우려가 있고, 실내 쾌감도가 낮다.

(3) 분류

⑺ 증기압력에 의한 분류
  ㉮ 저압식 : 증기압력 $0.15 \sim 0.35[kgf/cm^2]$ 정도로서, 일반건물에 사용된다.
  ㉯ 고압식 : 증기압력 $1[kgf/cm^2]$ 이상이고 공장건물, 지역난방에 사용된다.

⑻ 배관방식에 의한 분류
  ㉮ 단관식 : 응축수와 증기가 동일관 속을 흐르는 방식으로 기울기를 잘못하면 수격현상이 발생되는 문제로 소규모 난방에서만 사용되는 방식이다.
  ㉯ 복관식 : 송수와 환수를 각각 배관하는 방식으로 단관식에 비해 배관길이가 길어지며 관지름이 작다.

⑼ 공급방식에 의한 분류
  ㉮ 상향 공급식 : 증기주관이 최하부에 있고, 증기관을 위로 세워 올려서 각 방열기에 공급하는 방식이다.
  ㉯ 하향 공급식 : 증기주관을 최상부에 배관하고, 증기관을 아래로 내려서 각 방열

기에 공급하는 방식이다.

㈑ 환수관의 배관방식에 의한 분류

㉮ 건식 환수관식 : 환수주관의 위치가 보일러 수면보다 높게 배관하는 방식으로 생증기의 유출을 방지하기 위하여 반드시 증기트랩을 설치하여야 한다.

㉯ 습식 환수관식 : 환수주관의 위치가 보일러 수면보다 아래에 있고, 응축수가 관 내를 만수(滿水) 상태로 흐른다.

㈒ 응축수 환수방법에 의한 분류

㉮ 중력 환수식 : 환수관 내의 응축수를 중력에 의해 보일러로 환수시키는 방식으로 저압 보일러에 주로 사용한다.

㉯ 기계 환수식 : 중력에 의하여 환수된 응축수를 일단 탱크에 모아서 펌프로 보일러에 보내는 방식으로 응축수 탱크는 가장 낮은 방열기보다도 낮은 곳에 설치하여야 한다.

㉰ 진공 환수관식 : 환수관 마지막 끝부분에 진공펌프를 설치하고, 이에 의해 방열기 및 배관내의 공기를 흡입하여 응축수를 환수시키는 방식이다. 진공펌프는 일정한 진공도(100~250mmHgV)를 유지함과 동시에 탱크 속의 수위상승에 따라 자동적으로 급수펌프가 작동하여 응축수를 환수시킨다. 배관이 보일러 수위보다 낮아도 무방하고 도중에 낮은 수직관을 세워도 환수가 가능하다.

ⓐ 다른 방법과 비교하여 증기의 순환이 빠르다.

ⓑ 방열기 설치장소에 제한을 받지 않는다.

ⓒ 환수관의 지름을 작게 할 수 있다.

ⓓ 방열기 방열량 조절을 광범위하게 할 수 있다.

ⓔ 배관 기울기(구배)에 큰 제한이 없다.

(4) 증기난방의 설계

㈎ 필요 방열면적 : 각실의 난방부하(손실열량)를 계산하고 각 실마다 필요로 하는 방열면적을 구한다.

$$A = \frac{H_1}{650}$$

여기서, A : 필요 방열면적[m^2] H_1 : 난방부하 [kcal/h]

㈏ 배관방법을 결정하고 실내의 창밑, 기타 열손실이 많은 벽면에 방열기를 배치하고, 방열면적 'A'를 각 방열기에 배분한다. 이때 방열기 1개의 방열면적은 10[m^2] 이하가 되도록 한다.

㈐ 각 배관에 흐르는 증기량을 구한다.

$$G = \frac{650 \cdot A}{539}$$

여기서, G : 필요 증기량[kg/h], A : 방열면적[m²]
  650 : 방열기 표준 방열량 [kcal/h·m²]
  539 : 증기의 응축잠열 [kcal/kg]

㈑ ㈐의 증기량이 배관을 통과할 때 생기는 마찰저항손실이 배관의 허용손실(허용압력강하) 이하가 되도록 관지름 계산한다.

$$H_f = \lambda \cdot \frac{L}{D} \cdot \frac{V^2}{2g} \cdot \rho$$

여기서 H_f : 허용압력강하[mmH$_2$O], λ : 마찰저항계수
  D : 관지름[m], L : 배관길이[m]
  g : 중력가속도(9.8[m/s²]), V : 유속[m/s]
  ρ : 증기의 밀도[kg/m³]

㈒ 배관 각 부분에 신축이음, 공기빼기 밸브, 감압밸브, 관말 트랩, 리프트 이음 등의 취부 위치를 정하여 용량을 결정한다.
㈓ 보일러 용량을 결정하고, 굴뚝의 크기를 결정한다.
㈔ 응축수 펌프 또는 진공펌프의 용량과 설치방법을 결정한다.

(5) 증기난방의 시공

㈎ 배관 구배 및 시공
  ㉮ 단관 중력 환수관식에서 상향 공급식은 1/100~1/200, 하향 공급식은 1/50~1/100 정도의 하향 구배로 한다.
  ㉯ 복관 중력 환수관식에서 건식은 1/200 정도의 하향 구배로 보일러까지 배관한다.
  ㉰ 진공 환수 방식의 증기 주관은 1/200~1/300 정도의 하향 구배로 한다.
  ㉱ 증기지관을 분기할 때는 수직 또는 45° 이상으로 분기한다.
  ㉲ 지름이 다른 관 접합시에는 편심리듀서를 사용하여 응축수가 고이는 것을 방지한다.
  ㉳ 콘크리트 매설 배관은 가급적 피하고, 부득이 할 때는 표면에 내산도료를 바르든가, 슬리브를 사용하여 매설한다.
  ㉴ 암거 내 배관 시에 기기는 맨홀 근처에 집결시키고 습기에 의한 관 부식에 주의한다.

㉠ 벽, 마루 등의 관통 배관에는 강관제 슬리브를 미리 끼워 그 속에 관통시켜 배관 신축에 적응하며 나중에 관 교체, 수리 등에 편리하게 해준다.
㉡ 증기관의 고정 지지물 : 신축 이음이 있을 때에는 배관의 양끝을, 없을 때는 중앙부를 고정하며 주관에 분기관이 접속되었을 때는 그 분기점을 고정한다.

(나) 보일러 주변의 배관

㉮ 하트포드 연결법(hartford connection) : 저압증기 난방장치에 있어서 환수주관을 보일러 하단에 직접 접속하면 보일러 내의 수면이 안전저수위 이하로 내려간다. 또 환수관의 일부가 파손하여 누수 될 때에 보일러 내의 물이 유출하여 안전저수위 이하가 되어 보일러는 빈 상태가 된다. 이와 같은 위험을 방지하기 위하여 그림과 같이 증기관과 환수관사이에 밸런스관(균형관)을 설치하여 안전저수면 보다 높은 위치에 환수관을 접속하는 배관방법을 말한다.

㉯ 특징 : 보일러수의 역류를 방지할 수 있으며, 환수주관 내에 침전된 찌꺼기를 보일러에 유입시키지 않는다.

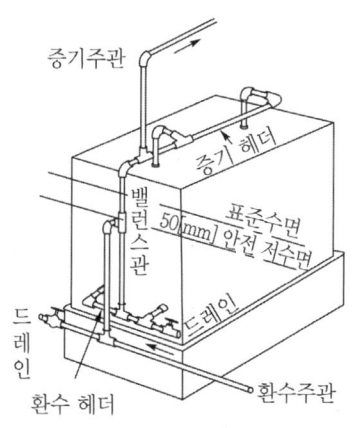

하트포드 연결법

㉰ 리프트 이음(lift fitting) : 진공 환수관식에서 보일러 보다 방열기가 아래쪽에 설치되는 경우 설치하는 이음방법으로 수직 입상관은 환수주관보다 1~2 단계 낮은 관을 사용하며 1단의 최고 흡상 높이는 1.5m 이내로 한다. 흡상 높이가 높은 경우에는 여러 개를 조합하여 설치할 수 있다.

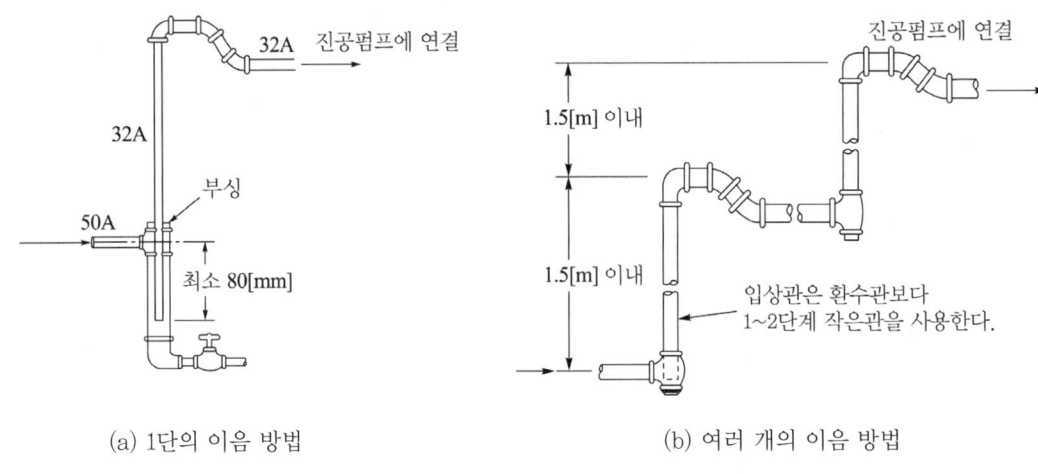

(a) 1단의 이음 방법 (b) 여러 개의 이음 방법

리프트 이음 배관

㉣ 증기트랩의 설치 : 방열기에서 열교환후 발생된 응축수를 배출하기 위하여 설치되는 것으로 증기 공급관의 마지막 부분에서 분기된 이후부터 트랩에 이르는 배관에는 다음 배관도와 같이 여분의 증기가 충분히 냉각되어 응축수가 될 수 있도록 보온을 하지 않는 냉각 레그(cooling leg)를 1.5m 이상 설치하여야 한다.

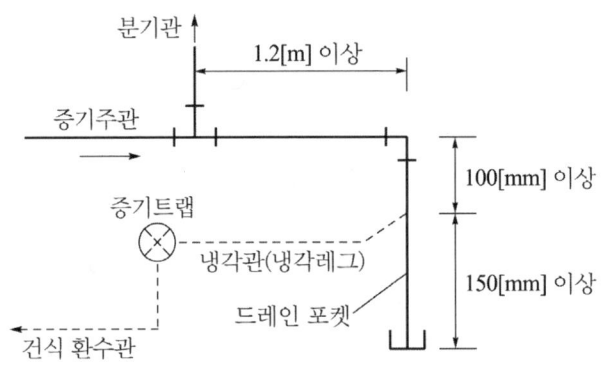

관말 트랩 주위 배관도

㉤ 장애물 넘기 배관(루프형 배관) : 증기 공급관 및 환수관이 설치 될 때 장애물이 있어 배관을 하기 곤란할 경우에는 다음 그림과 같이 루프 배관을 하여 위로는 공기, 아래는 응축수가 흐르게 배관한다.

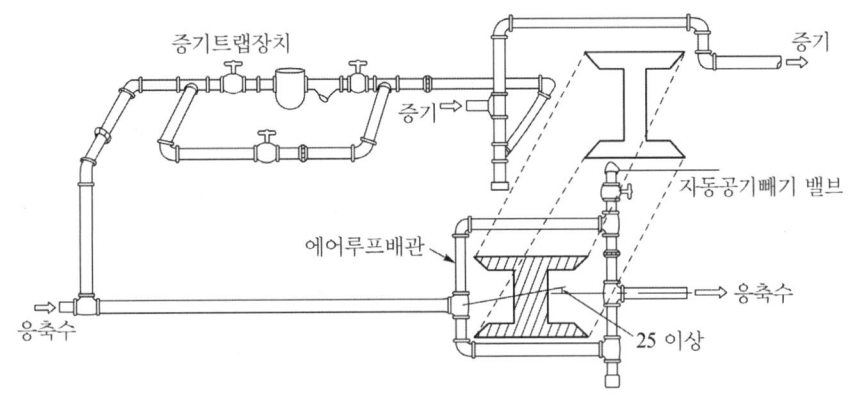

장애물 넘기 배관 방법

(바) 증발탱크 설치 : 환수관 내부에 재 증발되는 양이 많은 경우에 그림과 같이 재 증발 증기를 분리하여 사용하는 증발탱크를 설치한다.

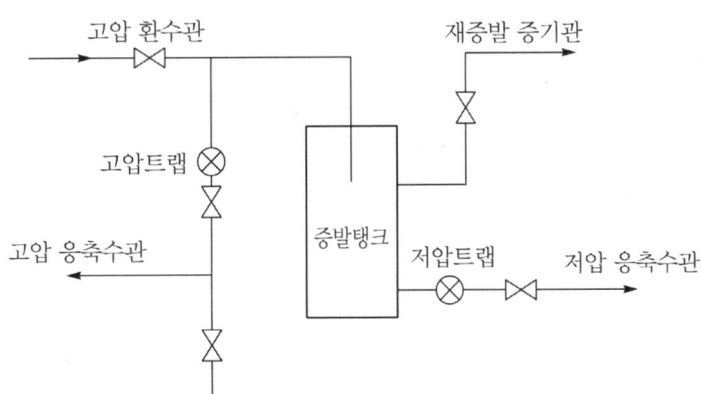

증발탱크 주위 배관도

(사) 방열기 주변의 배관
  ㉮ 열팽창에 의한 배관의 신축이 방열기에 전달되지 않도록 신축흡수장치를 설치한다.
  ㉯ 증기의 유입과 응축수의 유출에 대한 배관 구배의 방향이 합리적일 것
  ㉰ 방열기 출구측 상단 가장 높은 곳에 공기빼기밸브를 부착한다.
  ㉱ 응축수의 배출을 용이하게 하기 위하여 관말 트랩을 설치한다.

(아) 감압밸브 설치

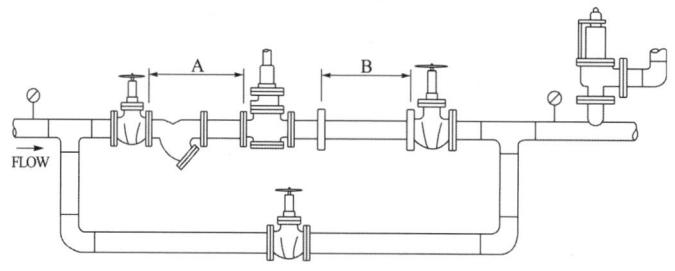

배관호칭	직관부 길이[mm]	
	A	B
15A~40A	400	900
50A~100A	900	1500
125A~200A	1200	2500

감압밸브의 설치 방법

㉮ 감압밸브 본체의 화살표 방향과 유체방향을 일치시켜 수평으로 설치한다.
㉯ 바이패스 배관을 설치하여 고장시를 대비한다.
㉰ 배관을 보온하여 응결수 발생을 최소로 하고, 장기간 사용하지 않을 때에는 응결수를 제거하여 부식 및 동파를 방지하여야 한다.
㉱ 감압밸브 전·후에 압력계를 설치하여 작동상태를 확인할 수 있어야 한다.
㉲ 감압밸브 전·후에 충분한 직관부를 유지하여 유체의 난류현상을 방지한다.
㉳ 2차측에 안전밸브를 설치하여 감압밸브의 오동작으로 인한 기기 및 배관을 보호할 수 있게 한다.
㉴ 비체적을 계산하여 저압 측(2차 측) 배관을 고압 측(1차 측) 배관보다 크게 한다.

2. 온수난방(溫水暖房)

(1) 온수난방의 개요 : 온수 보일러 또는 열교환기에서 가열된 온수를 순환하여 온수가 갖는 현열을 방열기 내에서 방출시켜 실내의 난방을 하는 방법이다.

(2) 특징

㈎ 장점
㉮ 난방부하의 변동에 대응하기 쉽다.
㉯ 가열시간은 길지만 잘 식지 않으므로 증기난방에 비해 배관의 동결우려가 적다.

㉰ 방열기의 표면온도가 낮으므로 실내 쾌감도가 높고 화상의 위험이 없다.
㉱ 온수보일러 취급이 용이하며, 소규모 주택 등에 적당하다.
㈏ 단점
㉮ 한랭지역에서는 동결의 위험이 있다.
㉯ 방열면적과 배관지름이 커져 시설비가 증가한다.
㉰ 예열시간이 길어 예열부하가 크다.

(3) 분류

㈎ 온수 온도에 의한 분류
㉮ 저온수식 : 60~90[℃]의 온수를 사용하고, 개방식 팽창탱크를 사용한다.
㉯ 보통온수식 : 85~90[℃]의 온수를 사용하고, 개방식 팽창탱크를 사용한다.
㉰ 고온수식 : 100~150[℃]의 온수를 사용하고, 밀폐식 팽창탱크를 사용한다.

㈏ 온수 순환방법에 의한 분류
㉮ 중력 순환식 : 온수의 온도차(밀도차)에 의한 대류작용의 순환력을 이용하여 자연 순환시키는 방법이다.
㉯ 강제 순환식 : 관내 온수를 순환펌프를 이용하여 강제적으로 순환시키는 방법이다.

㈐ 배관 방식에 의한 분류
㉮ 단관식 : 송수관과 환수관이 하나의 관으로 이루어지는 방식이다.
㉯ 복관식 : 송수관과 환수관이 각각인 방식으로 운전이 확실하고 온도변화의 불확실성이 없다.

㈑ 온수 공급 방법에 의한 분류
㉮ 상향 순환식 : 송수주관을 방열기 아래쪽에 배관하고 여기서 상향 기울기로 배관하는 방식이다.
㉯ 하향 순환식 : 송수주관을 최상부층까지 입상 배관하여 주관을 방열기보다 높은 쪽에 오게 하여 온수를 하향으로 공급하는 방식이다.

㈒ 온수 환수방법에 의한 분류
㉮ 직접 환수방식(direct return system) : 방열기에서 열교환한 온수가 순차적으로 보일러로 귀환되는 방식으로 보일러에 가까운 방열기는 온수순환이 잘 이루어지는 반면, 먼 쪽의 방열기는 온수순환이 잘 이루어지지 않는다.
㉯ 역 귀환방식(reversed return system) : 각 방열기에 공급되는 온수의 양을 일정하게 배분하기 위하여 공급 및 환수관의 길이가 같도록 배관하는 방식으로 환수관의 길이가 길어지는 단점이 있다.

(4) 온수난방 설계

㈎ 난방부하를 결정한다.
㈏ 온수의 순환방법을 결정한다.
㈐ 방열기의 입출구 온도차를 결정하고 방열량 및 온수 순환량을 계산한다.
㈑ 각 실마다 소요방열면적을 구하고 방열기를 실내에 배치한다.
㈒ 배관방법을 결정하고 순환수두를 구한다.
㈓ 배관의 허용압력강하(마찰손실수두)를 계산한다.
㈔ 온수 순환량과 허용압력강하를 사용하여 강관 관지름표에서 관지름을 결정한다.
㈕ 각 구간에서 온수 순환량과 관지름으로부터 계산한 순환수두와 전체 마찰손실의 합계가 일치하도록 관지름을 보정한다.
㈖ 팽창탱크의 용량을 결정하고 동절기에 동파되지 않도록 조치한다.
㈗ 보일러 용량을 결정하고 부속기기를 결정한다.

(5) 온수난방의 시공

㈎ 관지름 결정 : 온수난방에 있어서 배관은 관내를 흐르는 온수를 원활히 순환시키고, 각 방열기에 필요한 온수량을 순환시키는 것이다. 따라서 배관 내 마찰저항은 중력순환식에 있어서는 자연순환수두와 같고, 강제순환식의 경우에는 순환펌프의 수두와 동일하게 하여야 한다.

㈏ 온수 순환량 계산

$$G = \frac{Q_r}{C \cdot (t_2 - t_1)}$$

여기서, G : 온수 순환량[kg/h], Q_r : 방열기 방열량[kcal/h]
　　　　C : 온수의 비열[kcal/kg·℃], t_2 : 방열기 입구 온수온도[℃]
　　　　t_1 : 방열기 출구 온수온도[℃]

㈐ 배관저항(허용압력강하)

$$R = \frac{H_w}{l \cdot (1+k)} = \frac{H_w}{l+l'}$$

여기서 R : 배관저항[mmAq]
　　　　H_w : 이용할 수 있는 순환수두[mmAq]
　　　　l : 보일러에서 가장 멀리 있는 방열기까지의 왕복배관길이[m]
　　　　l' : 왕복배관에 있는 국부저항 상당관 길이[m]
　　　　k : 국부저항과 직관의 비(주택, 소형 건축물 : 1.0~1.5,
　　　　　사무소건축, 기타 건축 : 0.5~1.9, 지역난방 : 0.2~0.5)

⑦ 순환수두 : 중력식 온수난방에 있어서 순환수두 H_w[mmAq]는 다음과 같이 계산한다.

$$H_w = (\gamma_c - \gamma_h) \times h$$

여기서, γ_c : 방열기 출구 온수의 비중량[kgf/m³]
γ_h : 방열기 입구 온수의 비중량[kgf/m³]
h : 보일러 중심에서 방열기 중심까지의 높이[m]

㉯ 관 상당장(관 상등관장) : 밸브 및 배관부속의 저항을 동일지름의 직관 길이로 환산한 것이다.

㉰ 관 마찰저항 : 온수가 관내부를 흐를 때 마찰에 의한 손실이 발생하는데 다음의 식에 의하여 계산한다.

$$H_f = \lambda \cdot \frac{L}{D} \cdot \frac{V^2}{2g}$$

여기서, H_f : 허용압력강하[mAq], λ : 마찰저항계수
D : 관지름[m], L : 배관길이[m]
g : 중력가속도(9.8[m/s²]), V : 유속[m/s]

(6) 팽창탱크

㈎ 설치목적
　㉮ 운전 중 장치내의 온도상승에 의한 체적팽창 및 그 압력을 흡수한다.
　㉯ 팽창된 온수의 넘침을 방지하여 열손실을 방지한다.
　㉰ 운전 중 장치내의 압력을 소정의 압력으로 유지하고, 온수온도를 유지한다.
　㉱ 장치 내 보충수 공급 및 공기침입을 방지한다.

㈏ 팽창탱크의 종류
　㉮ 개방식 : 대기에 개방된 통기관을 팽창탱크 상부에 부착하여 팽창압력을 대기로 직접 배출하는 형식으로 저온수 난방의 일반주택에 주로 사용한다.
　㉯ 밀폐식 : 주로 고온수 난방에 사용되며 설치위치에 관계없지만 팽창압력을 압축공기, 질소 등으로 흡수해야 하므로 부대시설이 필요하다.

㈐ 팽창탱크 용량
　㉮ 온수 보일러 시공 기준 : 보일러 및 배관내의 보유수량 200[L]까지는 20[L], 보유수량이 200[L]를 초과하는 경우 그 초과량 100[L]마다 10[L]씩 가산한 용량 이상이어야 한다.

$$\therefore \text{팽창탱크 용량}(L) = \text{보유수량} \times 0.1 \geq 20L$$

㉯ 온수 팽창량 계산에 의한 방법 : 가열전후의 전수량 차이를 온수팽창량이라 하고, 이 팽창량에 안전율을 감안하여 탱크용량을 계산한다.

$$\Delta V = \left(\frac{1}{\rho_h} - \frac{1}{\rho_c}\right) \times V = \alpha \cdot V \cdot \Delta t$$

여기서, ΔV : 온수 팽창량[L], V : 전수량[L]
ρ_h : 가열 후의 물의 밀도[kg/m^3]
ρ_c : 가열 전의 물의 밀도[kg/m^3]
α : 물의 체적 팽창계수($0.5 \times 10^{-3}/℃$)
Δt : 가열전후의 온도차[℃]

ⓐ 개방식 팽창탱크 용량 계산

$$ET[L] = \Delta V \times 안전율$$

ⓑ 밀폐식 팽창탱크 용량 계산

$$ET[L] = \frac{\Delta V}{\dfrac{P_a}{P_a - 0.1h} - \dfrac{P_a}{P_t}}$$

여기서, ET : 팽창탱크 용량[L], ΔV : 온수 팽창량[L]
P_a : 대기압[kgf/cm$^2 \cdot$ a]
P_t : 보일러 최고 허용압력[kgf/cm$^2 \cdot$ a]
h : 팽창탱크로부터 최고부위까지의 높이[m]

㈑ 팽창탱크 설치 시 주의사항

㉮ 100[℃]의 온수에도 충분히 견딜 수 있으며 수위를 쉽게 알아볼 수 있어야 한다.
㉯ 밀폐식의 경우 배관계통내의 압력이 제한압력 이상으로 되면 자동적으로 과잉수를 배출시킬 수 있도록 방출밸브를 설치하여야 한다.
㉰ 개방식의 경우 팽창탱크의 높이는 방열면보다 1[m] 이상 높은 곳에 설치하여야 하며, 동파되지 않도록 적절한 보온을 하여야 한다.
㉱ 팽창탱크의 용량은 규정량 이상으로 하여야 한다.
㉲ 팽창관의 끝부분은 팽창탱크 바닥면보다 25[mm] 정도 높게 배관되어야 한다.
㉳ 팽창탱크에 물이 부족할 때 이를 자동적으로 보충할 수 있는 장치를 하여야 한다.
㉴ 팽창탱크에는 물의 팽창 등에 대비하여 오버 플로워관을 설치하여야 한다.
㉵ 팽창탱크 상부에는 통기관을 설치하여야 한다.
㉶ 수도관, 급수관이 보일러 배관 등에 직결되지 않도록 한다.

(다) 팽창관 및 방출관 설치 시 주의사항
  ㉮ 팽창관은 팽창된 내부의 물을 팽창탱크에 전달하는 관으로 환수주관에 설치하고, 방출관은 보일러 최상부 또는 송수주관에 설치한다.
  ㉯ 다음의 조건에 만족하는 팽창관 및 방출관을 설치한다. (소형온수보일러 기준)

전열면적 기준

구 분	전열면적	배관 규격
방출관	10[m²] 미만	안지름 25[mm] 이상
방출관	10[m²] 이상	안지름 30[mm] 이상
팽창관	5[m²] 미만	호칭 25[A] 이상
팽창관	5[m²] 이상	호칭 30[A] 이상

용량 기준

용량[kcal/h]	팽창관 및 방출관의 크기
30000 이하	호칭지름 15[mm] 이상
30000 초과 150000 이하	호칭지름 25[mm] 이상
150000 초과	호칭지름 30[mm] 이상

  ㉰ 팽창관 및 방출관에는 물 또는 발생증기의 흐름을 차단하는 장치(밸브, 체크밸브)가 있어서는 안 된다.
  ㉱ 팽창관은 가능한 한 굽힘이 없고 동결을 방지할 수 있는 조치(보온조치 등)를 한다.
  ㉲ 강제 순환식의 경우 팽창관 및 방출관의 설치위치는 순환펌프에 의하여 폐쇄 또는 차단되지 않는 위치에 설치한다.
  ㉳ 팽창관을 탱크에 접속할 때 수평부분은 상향 기울기로 한다.
(바) 팽창탱크의 구조

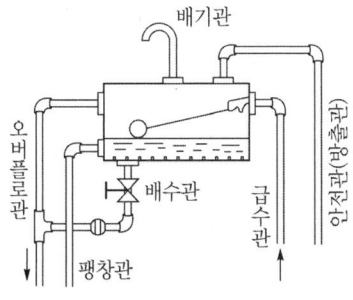 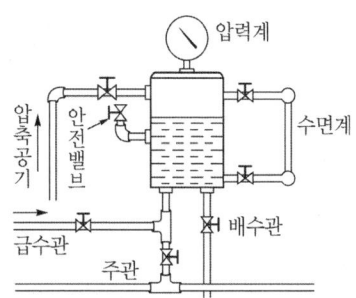

개방식 팽창탱크   밀폐식 팽창탱크

(7) 순환 펌프 설치 시 주의사항

⑦ 순환펌프는 보일러 본체, 연도 등에 의해 영향을 받을 우려가 없는 곳에 설치한다.
㉯ 순환펌프에는 바이패스회로를 설치하여 고장 시에 대비한다.
㉰ 순환펌프와 전원 콘센트 간의 거리는 가능한 최소로 하고, 누전 등의 위험이 없도록 한다.
㉱ 순환펌프의 흡입측에는 여과기(strainer)를 설치하며, 펌프 전후에는 밸브를 설치한다.
㉲ 순환펌프는 팽창관 및 방출관의 작용을 방해하거나 차단하여서는 안되며, 환수주관에 설치함을 원칙으로 한다.
㉳ 순환펌프의 모터 부분은 수평으로 설치한다.

(8) 배관 시공법

㉮ 배관 구배(기울기) : 온수 난방의 배관 구배는 일반적으로 1/250 이상으로 한다.
㉯ 배관 방법
  ⑦ 배관 중의 저항을 적게 하기 위하여 관절단면에 생기는 거스러미를 제거한다.
  ㉯ 수평배관(횡주관)에서 관지름을 변경할 때는 편심 리듀서를 사용한다.
  ㉰ 밸브는 게이트 밸브(슬루스 밸브)를 사용한다.
  ㉱ 배관 중 적당한 간격으로 신축이음(expansion joint)을 한다.
  ㉲ 열손실 및 동파를 방지하기 위하여 보온을 철저히 한다.
  ㉳ 배관 중간에 공기가 체류할 부분에는 공기빼기 밸브(air vent valve)를 설치한다.
㉰ 보일러 주변의 배관 : 온수 보일러에서 팽창탱크에 이르는 팽창관, 방출관에는 원칙적으로 체크밸브나 스톱밸브를 설치하여서는 안 된다. 강제 순환에 있어서는 팽창관 접속위치는 순환 펌프 출구측 가까이 설치한다.

3. 복사난방(輻射暖房)

(1) **복사난방의 개요** : 실내의 바닥, 천장 또는 벽면에 증기나 온수가 통과하는 패널(pannel)을 매설하여 이곳에서 발생되는 복사열을 이용하여 난방 하는 방법이다.

(2) **특징**

㉮ 장점
  ⑦ 실내온도 분포가 균등하여 쾌감도가 높다.

㈏ 방열기가 필요하지 않으므로 바닥면의 이용도가 높다.
㈐ 공기대류가 적으므로 바닥면 먼지 상승이 없다.
㈑ 방이 개방상태에서도 난방효과가 있다.
㈒ 손실열량이 비교적 적다.

⑷ 단점
㈎ 외기온도 급변에 따른 방열량 조절이 어렵다.
㈏ 초기 시설비가 많이 소요된다.
㈐ 시공, 수리, 방의 모양을 변경하기가 어렵다.
㈑ 고장(누수 등)을 발견하기가 어렵다.
㈒ 열손실을 차단하기 위한 단열층이 필요하다.

(3) 복사난방의 분류

㈎ 열매에 의한 분류
  ㈎ 온수식 : 매입관에 35~50[℃]의 온수를 순환시켜 난방하는 방법이다.
  ㈏ 증기식 : 노출된 배관에 증기를 통과시켜 난방하는 방법이다.
  ㈐ 전기식 : 전기 열선을 매입하여 적외선을 방출시켜 난방하는 방법이다.

㈏ 방열면(패널)의 위치에 의한 분류
  ㈎ 천장 패널식 : 천장부에 난방용 코일을 매입하여 난방하는 방법이다.
  ㈏ 벽 패널식 : 벽면에 난방용 코일을 매입하여 난방하는 방식으로 다른 방법의 보조용으로 사용된다.
  ㈐ 바닥 패널식 : 바닥면에 난방용 코일을 매입하여 난방하는 방식으로 온수온돌 난방이 대표적이다.

㈐ 방열면(패널)의 형식에 의한 분류
  ㈎ 코일의 배관 방식에 의한 분류
    ⓐ 그리드 코일 : 난방용 코일을 사다리 형태로 배열한 것으로 균등한 유량분배로 각 코일의 온도가 거의 같도록 할 수 있다.
    ⓑ 밴드 코일 : 난방용 코일을 일정간격으로 배열하는 방식으로 관로의 저항이 많아 길이가 길어질 경우 전·후방부의 온도차가 많이 발생한다.
    ⓒ 달팽이형 코일 : 난방용 코일을 중앙부에서부터 둥그런 원형모양으로 배열하는 방식으로 온수온돌 배관에 주로 사용되는 방식이다.
  ㈏ 덕트방식 : 2중으로 된 구조체 사이에 온풍을 통과시켜 난방을 행하는 방식이다.

(4) 온수 온돌난방

㈎ 특징

㉮ 장점
ⓐ 실내온도 분포가 균등하다.
ⓑ 열원이 낮아도 난방이 가능하다.
ⓒ 실내의 활용도가 높다.
ⓓ 시설유지 관리비가 적게 사용된다.

㉯ 단점
ⓐ 온수관의 누수, 점검, 수리가 어렵다.
ⓑ 설치 시공비가 비싸다.
ⓒ 시설의 공동 이용이 불가능하다.
ⓓ 단열시공이 우수한 주택에서는 과다한 열량이 방사된다.

㈏ 분류

㉮ 난방 방식에 의한 분류
ⓐ 중앙 집중식 : 보일러를 일정한 장소에 설치하고 전체를 난방 하는 방식이다.
ⓑ 개별식 : 긱 세대마다 보일러를 실치하어 난방 하는 방식이다.

㉯ 온수 순환방법에 의한 분류
ⓐ 자연 순환식 : 온수 온도차(밀도차)를 이용하여 온수를 순환시키는 방식이다.
ⓑ 강제 순환식 : 순환 펌프를 설치하여 강제적으로 온수를 순환시키는 방식이다.

㉰ 온수 순환방향에 의한 분류
ⓐ 상향 순환식 : 송수주관을 상향 구배로 하고, 방열면을 보일러 설치 기준면보다 높게 하여 온수의 순환이 상향으로 송수되어 환수하는 방식이다.
ⓑ 하향 순환식 : 송수주관을 수직으로 배관하여 팽창관 및 방출관을 설치하고 온수를 하향으로 흐르게 하는 방식이다.

㉱ 배관 방식에 의한 분류
ⓐ 직렬식 : 방열관을 1개의 관으로 시공하는 방식으로 관로저항이 크므로 난방면적 10[m^2] 이하에 적당하다.
ⓑ 병렬식 : 환수주관의 배관방법에 따라 분리주관식과 인접주관식으로 구분하며, 관로저항이 적고 배관비용이 적당하여 가장 많이 사용하는 방식이다.

ⓒ 사다리꼴식 : 배관형태가 사다리 모양으로 배열한 방식으로 동일한 규격의 방이 많은 아파트, 공동 주택 등에서 적당한 방식이다.

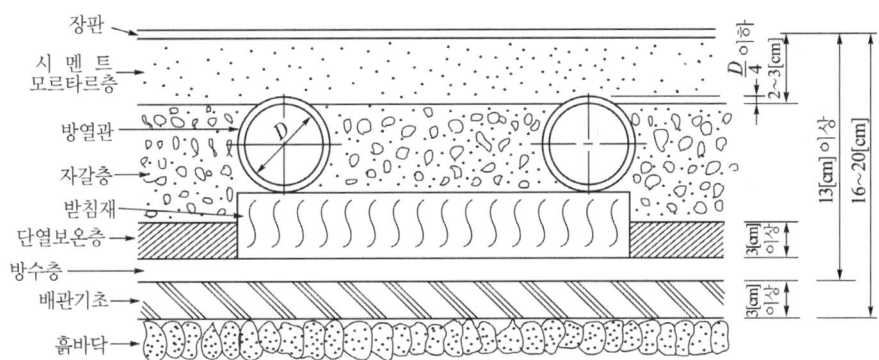

온수 온돌 시공층 단면도

4. 지역난방(地域暖房)

(1) 지역난방의 개요 : 일정지역에서 다량의 고압 증기 또는 고온수를 만들어 대단위의 지역에 공급하여 난방 하는 방식이다.

(2) 특징

 ㈎ 연료비와 인건비를 줄일 수 있다.
 ㈏ 설비의 고도화에 따른 도시 대기오염을 감소시킬 수 있다.
 ㈐ 각 건물에 위험물을 취급하지 않으므로 화재의 위험이 적다.
 ㈑ 각 건물에 보일러를 설치하는 경우에 비해 건물의 유효면적이 증대된다.
 ㈒ 각 건물에 보일러를 설치하는 경우에 비해 열효율이 좋다.
 ㈓ 열매체는 온수보다 증기를 사용하는 것이 관내저항 손실이 적으므로 주로 증기를 사용한다.
 ㈔ 시설이 대규모라 초기시설비가 많이 소요된다.

(3) 열매체

 ㈎ 증기 : 0.1~1.5[MPa] 정도의 증기 사용
 ㈏ 온수 : 100[℃] 이상의 고온수 사용

1.3 난방기기(방열기)

1. 방열기의 종류 및 특징

(1) **방열기(radiator)** : 실내에 설치하여 증기 또는 온수를 통과시켜 복사, 대류에 의해 실내온도를 높여 난방의 목적을 달성하는 기기이다.

(2) **방열기의 종류**

　(가) 열매에 의한 분류 : 증기용, 온수용
　(나) 재료에 의한 분류 : 주철제, 강판제, 알루미늄 등
　(다) 형상에 의한 분류 : 주형, 벽걸이형, 길드형, 대류형, 관 방열기, 베이스보드 방열기 등

(3) **각 방열기의 특징**

　(가) 주형(柱形) 방열기(column radiator) : 기둥의 수와 크기에 따라 2주형, 3주형, 3세주형, 5세주형이 있고, 3세주형과 5세주형이 많이 사용된다.
　(나) 벽걸이형 방열기(wall radiator) : 주철제로 수평형과 수직형이 있으며 수평형의 폭은 540[mm], 수직형은 360[mm], 설치수는 15쪽까지 조립하여 사용한다.
　(다) 길드 방열기(gilled radiator) : 길이 1[m] 정도의 주철관에 많은 핀(pin)을 부착시켜 공기와 접촉하는 면적을 넓혀 방열량이 많게 하고 양쪽 끝에 플랜지가 붙어 있다.
　(라) 강판제 방열기 : 외형이 주철제 방열기와 비슷하고 2주, 3주, 4주의 종류가 있고 프레스로 성형하여 용접으로 제작한다.
　(마) 강관제 방열기 : 고압 증기에도 사용이 가능하며, 강관을 조립하여 사용한다.
　(바) 알루미늄 방열기 : 알루미늄으로 제작된 섹션을 조립하므로 외관이 미려하고 경량이므로 최근에 가장 많이 사용되어지고 있다.
　(사) 대류 방열기(convector) : 강판제 케이싱 속에 튜브 등의 가열기를 설치한 것으로 공기는 하부로 유입되어 가열되고, 상부로 토출되어 자연 대류에 의해 난방하는 방열기로 콘벡터 또는 캐비넷 히터라 한다.

2. 방열기 호칭법 및 도시법

(1) 방열기 기호 및 호칭법

㈎ 방열기 기호

구 분	종 별	도시기호
주 형	2주형	II
	3주형	III
	3세주형	3
	5세주형	5
벽걸이형(W)	수평형	H
	수직형	V

㈏ 방열기 호칭법 : 종별 − 형 × 쪽수

(2) 방열기 도시법(圖示法)

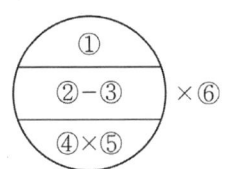

㉮ ① − 쪽수(섹션수)
㉯ ② − 종별(벽걸이형은 'W'로 표시)
㉰ ③ − 형(치수, 높이) (벽걸이형은 'H' 또는 'V'로 표시)
㉱ ④ − 유입관 지름
㉲ ⑤ − 유출관 지름
㉳ ⑥ − 설치수

● [참고] 방열기 도시법의 예

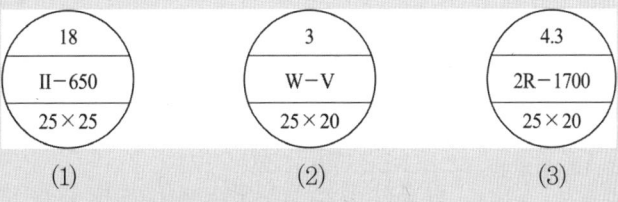

(1)   (2)   (3)

[설명]
(1) 섹션수 18쪽, 2주형 방열기로 높이 650[mm], 유입, 유출관지름이 25[A]이다.
(2) 섹션수 3쪽인 벽걸이 방열기 수직형이고, 유입관 지름이 25[A], 유출관지름이 20[A]이다.
(3) 상당방열면적이 4.3[m²]인 콘벡터로서, 2열, 유효길이 1.7[m]이고 유입관지름이 25[A], 유출관지름이 20[A]이다.

(3) 방열기 설치위치 : 방열기를 설치할 때는 열손실이 가장 많은 곳, 즉 외기에 접한 창 아래쪽에 설치하며 주형 방열기의 경우 벽에서 50~60[mm] 떨어져 설치하고, 벽걸 이형 방열기는 바닥에서 보통 150[mm] 정도 높게 설치하고, 대류 방열기(콘벡터)는 바닥면으로부터 케이싱 하부까지의 높이를 최저 90[mm] 이상 높게 설치한다.

3. 방열량 계산

(1) 표준 방열량과 상당방열면적

㈎ 표준 방열량

구분	방열기내 평균온도[℃]	난방온도 [℃]	온도차 [℃]	방열계수 [kcal/h·m²·℃]	표준 방열량 [kcal/h·m²]
증기	102	18.5	83.5	7.78	650
온수	80	18.5	61.5	7.31	450

㈏ 상당방열면적(EDR) : 방열기 1[m²] 당 표준 방열량을 내는 방열면적을 상당 방열 면적(equivalent direct radiation)이라 하고, 기호는 EDR로 표시한다.

㈐ 방열기 방열량 계산

$$Q_r = K \cdot \Delta t_m$$

여기서, Q_r : 방열기 방열량[kcal/h·m²]

K : 방열기 방열계수[kcal/h·m²·℃],

Δt_m : 평균온도차[℃]

$$\left(\Delta t_m = \frac{방열기\ 입구온도 + 출구온도}{2} - 실내온도 \right)$$

㈑ 방열기 소요 방열면적 계산

㉮ 소요 방열면적 = $\dfrac{난방부하[kcal/h]}{방열기\ 방열량[kcal/h \cdot m^2]}$

㉯ 상당 방열면적 = $\dfrac{난방부하[kcal/h]}{방열기\ 표분\ 방열량[kcal/h \cdot m^2]}$

(2) 방열기 쪽수 계산

㈎ 증기난방

$$N_s = \frac{H_1}{650 \cdot a}$$

여기서, N_s : 증기 방열기 쪽수(개, 쪽), H_1 : 난방부하[kcal/h]

(나) 온수난방

$$N_w = \frac{H_1}{450 \cdot a}$$

여기서, N_w : 온수 방열기 쪽수(개, 쪽), a : 방열기 쪽당 방열면적[m²]

(3) 응축수량 계산

(가) 방열기 응축수량 계산 : 방열기에서 증기의 잠열을 이용하여 난방을 할 때 발생하는 응축수량을 계산할 때 사용된다.

$$Q_c = \frac{Q_r}{\gamma} \quad (단, 관방열기는 Q_{c_1} = \frac{Q_1}{\gamma})$$

여기서, Q_c : 방열기내 응축수량[kg/h·m²]

Q_{c_1} : 관 방열기 응축수량[kg/h·m²]

Q_r : 방열기 방열량[kcal/h·m²]

Q_1 : 관 길이 1[m]당 방열량[kcal/h·m]

γ : 증기의 응축잠열(539[kcal/kg])

(나) 전 응축수량 계산 : 방열기 및 배관 내에서 발생되는 응축수량을 계산할 때 이용되며, 배관 내에서 발생되는 응축수량은 방열기에서 발생되는 응축수량의 30[%]로 계산한다.

$$Q_c = \frac{650}{539} \times 1.3 \times EDR$$

여기서, Q_c : 전 응축수량[kg/h]

650 : 증기 방열기 표준 방열량[kg/h·m²]

539 : 증기의 응축잠열[kcal/kg]

EDR : 상당 방열 면적[kcal/h·m²]

(다) 응축수 펌프 용량 : 응축수 펌프 용량은 발생 응축수량의 3배로 한다.

$$Q_p = \frac{Q_c}{60} \times 3$$

여기서, Q_p : 응축수 펌프 용량[kg/min], Q_c : 전 응축수량[kg/h]

(라) 응축수 탱크의 용량 : 응축수 탱크 용량은 응축수 펌프 용량의 2배로 한다.

$$Q_t = Q_p \times 2 = Q_c \times 0.1$$

여기서, Q_t : 응축수 탱크의 용량[kg]

예 | 상 | 문 | 제

문제 01 지하실 또는 어느 일정한 장소에 보일러를 설치하여 각 난방 소요처에 증기, 온수 또는 열기 등을 공급하는 방식을 중앙식 난방법이라 한다. 이 중앙식 난방법의 종류 3가지를 쓰시오.

해답 ① 직접 난방법   ② 간접 난방법   ③ 복사 난방법

문제 02 난방부하를 계산할 때 고려하여야 하는 사항을 4가지 쓰시오.

해답 ① 건물의 위치   ② 천장 높이
③ 건축구조   ④ 주위 환경조건
⑤ 유리창 및 문의 크기, 위치   ⑥ 마루, 계단 및 기타 공간의 난방유무

문제 03 실내의 천장높이가 12[m]인 극장에 대한 증기난방 설비를 설계하고자 한다. 이때의 난방부하계산을 위한 실내 평균온도는 약 몇 [℃]인가? (단, 호흡선 1.5[m]에서의 실내온도는 18[℃]이다.)

풀이 Δt_m = 호흡선 실내온도 + $(0.5H+2)$ = $18 + (0.5 \times 12 + 2) = 26[℃]$

해답 26[℃]

문제 04 난방면적이 50[m²]인 주택에 온수보일러를 설치하려고 한다. 창문, 문을 포함한 벽체 면적은 40[m²], 외기온도 −8[℃], 실내온도 20[℃], 벽체의 열관류율이 6[kcal/h·m²·℃]일 때 벽체를 통하여 손실되는 열량[kcal/h]은 얼마인가? (단, 방위계수는 1.15이다.)

풀이 $H = K \cdot F \cdot \Delta t \cdot Z = 6 \times 40 \times (20+8) \times 1.15 = 7728[kcal/h]$

해답 7728[kcal/h]

문제 05 어느 건물의 벽체 면적이 4×28[m]이고 벽체의 열손실지수 2.9[kcal/h·m²·℃] 이고, 벽체 중에 2.2×3.0[m]인 유리창이 4개가 포함되어 있으며 유리창의 열손실 지수는 5.5 [kcal/h·m²·℃]이다. 실내온도 18[℃], 외기온도 3[℃]일 때 벽면 전체를 통하여 손실되는 열량[kcal/h]을 구하시오. (단, 방위에 따른 부가계수는 1.1 이다.)

풀이 ① 벽체를 통한 손실열량 계산
$Q_1 = K \cdot F \cdot \Delta t \cdot Z$
$= 2.9 \times \{(4 \times 28) - (2.2 \times 3.0) \times 4\} \times (18-3) \times 1.1 = 4095.96[kcal/h]$

② 유리창을 통한 손실열량 계산
$$Q_2 = K_2 \cdot F_2 \cdot \Delta t \cdot Z$$
$$= 5.5 \times (2.2 \times 3.0 \times 4) \times (18-3) \times 1.1 = 2395.8 [kcal/h]$$
③ 합계 손실열량 계산
$$Q = Q_1 + Q_2 = 4095.96 + 2395.8 = 6491.76 [kcal/h]$$

해답 6491.76[kcal/h]

문제 06 난방면적이 100[m²], 열손실지수 90[kcal/h·m²], 온수온도 80[℃], 실내온도 20[℃]일 때 난방부하[kcal/h]는 얼마인가 계산하시오.

풀이 $H_1 = u \cdot A_h = 90 \times 100 = 9000 [kcal/h]$

해답 9000[kcal/h]

문제 07 다음은 온수보일러 정격출력[kcal/h] 계산식을 나타낸 것이다. 이 식에서 각각의 기호는 어떤 부하를 나타내는지 설명하시오. (단, H_m은 보일러 정격출력이다.)

$$H_m = H_1 + H_2 + H_3 + H_4$$

해답 ① H_1 : 난방부하[kcal/h] – 실내를 적당한 온도로 유지하기 위하여 공급되는 열량
② H_2 : 급탕부하[kcal/h] – 급탕 및 취사용으로 사용되는 온수를 가열시켜주는데 소모되는 열량
③ H_3 : 배관부하[kcal/h] – 난방 또는 급탕을 위하여 설치된 배관에서의 손실열량
④ H_4 : 시동부하[kcal/h] – 보일러 가동 시 전 장치를 운전온도까지 가열 및 보일러수 예열에 필요한 열량

문제 08 증기난방에서 방열기 면적이 400[m²], 급탕량이 600[L/h], 배관부하가 0.2이며, 급탕은 10[℃]에서 70[℃]로 가열하고, 예열부하는 0.25이고, 보일러는 경유를 연료로 사용할 때 다음 물음에 답하시오.
(1) 방열기 용량(방열기 방열량 및 급탕부하)은 몇 [kcal/h]인가?
    (단, 방열기의 방열량은 표준방열량으로 한다.
(2) 보일러 상용출력은 몇 [kcal/h]인가?
(3) 보일러 정격출력은 몇 [kcal/h]인가?

풀이 (1) $Q_r = H_1 + H_2 = (400 \times 650) + \{600 \times 1 \times (70-10)\} = 296000 [kcal/h]$
(2) 상용출력 $= (H_1 + H_2) \times (1 + \alpha) = 296000 \times (1 + 0.2) = 355200 [kcal/h]$
(3) $H_m = (H_1 + H_2) \times (1 + \alpha) \times \beta = 355200 \times (1 + 0.25) = 444000 [kcal/h]$

해답 (1) 296000[kcal/h]
(2) 355200[kcal/h]
(3) 444000[kcal/h]

문제 09 난방부하가 3200[kcal/h], 급탕부하가 1300[kcal/h]이다. 배관부하를 15[%]로 하는 경우 배관부하[kcal/h]를 계산하시오.

풀이 $H_3 = (H_1 + H_2) \times \alpha = (3200 + 1300) \times 0.15 = 675$[kcal/h]

해답 675[kcal/h]

문제 10 어느 주택에서 1일 당 부하를 측정한 결과 난방부하가 216000[kcal/day], 시동부하가 38400[kcal/day], 배관부하 50400[kcal/day] 및 급탕부하 7200[kcal/day] 이었다. 이 주택에 온수 보일러를 설치할 때 보일러 용량[kcal/h]은 얼마인가?

풀이 $H_m = H_1 + H_2 + H_3 + H_4 = \dfrac{216000 + 7200 + 50400 + 38400}{24} = 13000$[kcal/h]

해답 13000[kcal/h]

문제 11 방열기 총 발열면적이 40[m²]이고, 급탕량 120[kg/h]에 사용할 수 있는 주철제 온수보일러의 용량[kcal/h]은 얼마인가? (단, 급수온도 10[℃], 출탕온도 60[℃], 배관부하 0.25, 예열부하 1.5, 출력저하계수 1, 방열기 1[m²] 당 방열량 600[kcal/h]이다.)

풀이
① 난방부하 계산
  $H_1 = $ 방열면적 × 방열기 방열량 $= 40 \times 600 = 24000$[kcal/h]
② 급탕부하 계산
  $H_2 = G \cdot C \cdot \Delta t = 120 \times 1 \times (60 - 10) = 6000$[kcal/h]
③ 보일러 용량 계산
  $H_m = \dfrac{(H_1 + H_2)(1+\alpha)\beta}{k} = \dfrac{(24000 + 6000) \times (1 + 0.25) \times 1.5}{1} = 56250$[kcal/h]

해답 56250[kcal/h]

문제 12 증기 방열기의 전 방열면적이 450[m²]이고, 급탕량이 600[L/h]일 때 사용하여 할 보일러의 정격출력[kcal/h]을 구하시오. (단, 급수온도 10[℃], 출탕온도 70[℃], 배관부하(α) 25[%], 보일러 예열부하(β) 1.40, 출력저하계수(k) 0.75이고, 방열기의 방열량은 650[kcal/h · m²]이다.)

풀이
$H_m = \dfrac{(H_1 + H_2) \cdot (1+\alpha)\beta}{k}$
$= \dfrac{\{450 \times 650 + 600 \times 1 \times (70 - 10)\} \times (1 + 0.25) \times 1.40}{0.75} = 766500$[kcal/h]

해답 766500[kcal/h]

문제 13
급탕량이 시간당 1500[L], 증기방열기의 전체 방열면적이 450[m²], 배관부하가 30[%], 예열부하가 45[%], 급탕입구온도 20[℃], 출탕온도 75[℃], 출력저하계수가 0.69일 경우 이 보일러의 정격출력[kcal/h]을 계산하시오.

풀이
$$H_m = \frac{(H_1 + H_2) \cdot (1+\alpha)\beta}{k}$$
$$= \frac{\{450 \times 650 + 1500 \times 1 \times (75-20)\} \times (1+0.3) \times 1.45}{0.69}$$
$$= 1024456.522 \fallingdotseq 1024456.52[\text{kcal/h}]$$

해답 1024456.52[kcal/h]

문제 14
난방부하가 100000[kcal/h], 급탕부하 30000[kcal/h], 배관부하율 25[%], 예열부하 20[%]인 온수보일러의 정격 출력[kcal/h]을 구하시오. (단, 출력저하계수는 1이다.)

풀이
$$H_m = \frac{(H_1 + H_2) \cdot (1+\alpha)\beta}{k}$$
$$= \frac{(100000 + 30000) \times (1+0.25) \times 1.2}{1} = 195000[\text{kcal/h}]$$

해답 195000[kcal/h]

문제 15
어떤 온수보일러의 난방부하가 15000[kcal/h], 급탕부하가 1000[kcal/h], 배관부하가 2000[kcal/h], 예열부하가 5000[kcal/h]인 경우 예열에 필요한 시간은 얼마인가?

풀이
① 정격출력[kcal/h] 계산
$$H_m = H_1 + H_2 + H_3 + H_4 = 15000 + 1000 + 2000 + 5000 = 23000[\text{kcal/h}]$$
② 예열에 필요한 시간 계산
$$h = \frac{H_4}{H_m - \frac{1}{2}(H_1 + H_3)} = \frac{5000}{23000 - \frac{1}{2} \times (15000 + 2000)} = 0.344 \fallingdotseq 0.34[\text{h}]$$

해답 0.34 시간

문제 16
난방부하가 24000[kcal/h]인 아파트에 효율이 80[%]인 유류 보일러로 난방을 하는 경우 연료의 소모량은 약 몇 [kg/h]인가? (단, 유류의 저위 발열량은 9750[kcal/kg]이다.)

풀이
$$G_f = \frac{H_1}{H_l \times \eta} = \frac{24000}{9750 \times 0.8} = 3.076 \fallingdotseq 3.08[\text{kg/h}]$$

해답 3.08[kg/h]

문제 17 증기난방의 장점을 4가지 쓰시오.

해답 ① 예열시간이 온수난방에 비하여 짧고, 증기순환이 빠르다.
② 방열면적을 온수난방에 비하여 적게 할 수 있고, 배관이 가늘어도 된다.
③ 열의 운반능력이 크고, 유지와 시설비가 저렴하다.
④ 대규모 건물에 적합하다.

해설 • 단점
① 초기통기 시 주관 내 응축수를 배수할 때 열이 손실된다.
② 소음이 발생하고, 실내의 방열량을 조절하기 어렵다.
③ 보일러 취급이 어렵고, 환수관에 부식의 우려가 있다.
④ 방열기 표면온도가 높아 화상의 우려가 있고, 실내 쾌감도가 낮다.

문제 18 다음은 증기난방 방식에 대한 그림이다. 배관방법에 따라 구분할 때 각 그림은 어떤 배관방식인지 쓰시오.

(1)   (2)

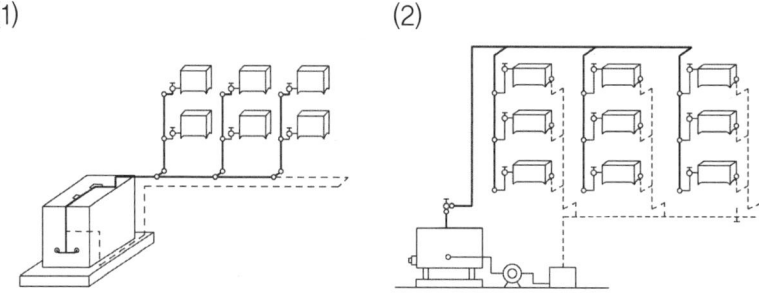

해답 (1) 단관식   (2) 복관식

해설 • 증기난방의 분류
① 증기압력에 의한 분류 : 저압식, 고압식
② 배관방식에 의한 분류 : 단관식, 복관식
③ 공급방식에 의한 분류 : 상향 공급식, 하향 공급식
④ 환수관의 배관방식에 의한 분류 : 건식 환수관식, 습식 환수관식
⑤ 응축수 환수방법에 의한 분류 : 중력 환수식, 기계 환수식, 진공 환수식

문제 19 환수관내 유속이 타 방식에 비하여 빠르고 방열기 내의 공기도 배제할 수 있을 뿐만 아니라 방열량을 광범위하게 조절할 수 있어서 대규모 난방에 많이 채택되는 증기난방법 명칭은 무엇인가?

해답 진공 환수식

문제 20 중력 환수식 응축수 환수 방법과 대비하여 진공환수식 응축수 환수방법에 대한 특징을 4가지 쓰시오.

해답 ① 다른 방법과 비교하여 증기의 순환이 빠르다.
② 방열기 설치장소에 제한이 없다.

③ 환수관의 지름을 작게 할 수 있다.
④ 방열기 방열량을 광범위하게 조절할 수 있다.
⑤ 배관 기울기(구배)에 큰 제한이 없다.

문제 21 진공환수식 증기 난방법에 대한 다음 물음에 답하시오.
(1) 진공펌프의 설치 위치는?
(2) 방열기 출구에 설치하는 밸브는 어떤 것을 사용하는가?
(3) 환수관의 진공도는 어느 정도로 유지되는가?

해답> (1) 환수주관 말단 보일러 바로 앞
(2) 팩리스 밸브(열동식 트랩)
(3) 100~250[mmHg · v]

문제 22 증기난방 배관 시공에서 지름이 다른 관 접합 시에 사용하여 응축수가 고이는 것을 방지하여야 하는 부속명칭은 무엇인가?

해답> 편심리듀서

문제 23 증기난방 배관에서 보일러 주변 배관방법인 하트포드 접속법(hartford connection)에 대하여 설명하시오.

해답> 저압증기 난방장치에 있어서 환수주관을 보일러 하단에 직접 접속하면 보일러 내의 수면이 안전저수위 이하로 내려간다. 또 환수관의 일부가 파손하여 누수 될 때에 보일러 내의 물이 유출하여 안전저수위 이하가 되어 보일러는 빈 상태가 된다. 이와 같은 위험을 방지하기 위하여 증기관과 환수관사이에 밸런스관을 설치하여 안전저수면 보다 높은 위치에 환수관을 접속하는 배관방법을 말한다.

문제 24 저압 증기 난방장치에서 보일러 주변 배관을 하트포드 배관방식으로 하는 목적을 2가지 쓰시오.

해답> ① 보일러수의 역류를 방지한다.
② 환수주관 내에 침전된 찌꺼기를 보일러에 유입시키지 않는다.

문제 25 다음 그림은 저압 증기 보일러 주위의 하트포드(hartford) 배관을 나타낸 것이다. 물음에 답하시오.
(1) 그림의 ①~④의 명칭을 쓰시오.
(2) ⑤의 표준수면에서 안전저수면의 간격[mm]은 얼마인가?

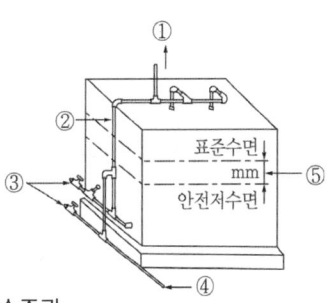

해답> (1) ① 증기주관 ② 밸런스관 ③ 드레인 밸브 ④ 환수주관
(2) 50[mm]

문제 26 다음 그림은 진공환수식 증기난방법에서 응축수를 환수시키는 장치이다. 이 명칭은 무엇인가?

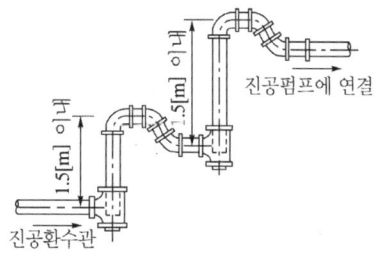

해답 리프트 이음(lift fitting)

문제 27 리프트 이음(lift fitting)에서 1단의 최고 흡상 높이는 몇 m 이내로 하여야 하는가?

해답 1.5[m]

문제 28 다음은 냉각 레그에 대한 설명이다. (   )안에 알맞은 숫자를 넣으시오.

> 증기관의 맨 끝을 같은 지름으로 (①)[mm] 이상 세워 내리고, 다시 하부를 연장하여 (②)[mm] 이상의 드레인 포켓(drain pocket)을 만들어 준다. 또 고온의 응축수가 트랩을 통과하면 압력강하에 의해 재증발하여 트랩이 기능저하 하기 때문에 트랩 앞 (③)[m] 이상 떨어진 곳 까지 나관으로 배관하여야 한다.

해답 ① 100   ② 150   ③ 1.5

문제 29 다음 그림은 증기주관 관말 트랩의 주위 배관도이다. (1)~(6)까지 적합한 치수 및 명칭을 쓰시오.

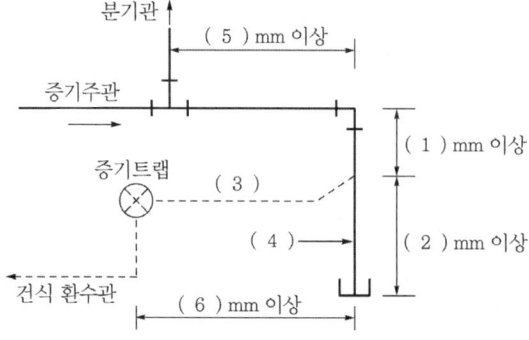

해답 (1) 100 (2) 150 (3) 냉각관(냉각레그) (4) 드레인 포켓 (5) 1200 (6) 1500

문제 30 다음은 증발탱크(flash tank) 주위 배관도이다. ①, ④ 부품 명칭과 ②, ③, ⑤의 관 명칭을 쓰시오.

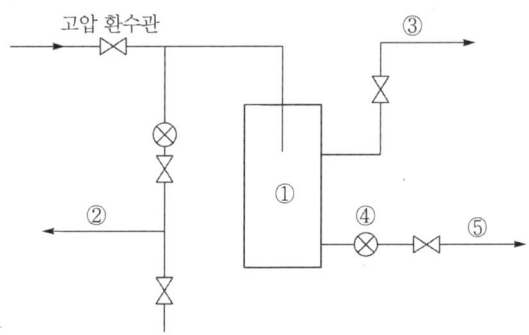

해답 ① 증발탱크   ② 고압 응축수관   ③ 재증발 증기관   ④ 저압트랩
② 저압응축수관

문제 31 증기 감압밸브를 설치 시공할 때 필요한 장치 5가지를 쓰시오. (단, 이음쇠 종류는 제외한다.)

해답 ① 감압밸브   ② 스트레이너   ③ 안전밸브   ④ 압력계
⑤ 게이트밸브   ⑥ 글로브 밸브

문제 32 증기난방에 시설에 감압밸브 설치 시 고려해야 할 사항 5가지를 쓰시오.

해답 ① 감압밸브 본체의 화살표 방향과 유체방향을 일치시켜 수평으로 설치한다.
② 바이패스 배관을 설치하여 고장시를 대비한다.
③ 배관을 보온하여 응결수 발생을 최소로 하고, 장기간 사용하지 않을 때에는 응결수를 제거하여 부식 및 동파를 방지하여야 한다.
④ 감압밸브 전·후에 압력계를 설치하여 작동상태를 확인할 수 있어야 한다.
⑤ 감압밸브 전·후에 충분한 직관부를 유지하여 유체의 난류현상을 방지한다.
⑥ 2차측에 안전밸브를 설치하여 감압밸브의 오동작으로 인한 기기 및 배관을 보호할 수 있게 한다.
⑦ 비체적을 계산하여 저압 측(2차 측) 배관을 고압 측(1차 측) 배관보다 크게 한다.

문제 33 보일러의 증기관 중 보온 피복을 하지 않아도 되는 배관 종류 3가지를 쓰시오.

해답 ① 난방하고 있는 실내에 노출된 배관
② 방열기 주위 배관
③ 관말 증기트랩장치의 냉각 레그

문제 34 다음은 증기난방 배관시공 방법에 대한 내용이다. ( )안에 알맞은 용어를 쓰시오.

> 방열기 연결을 위하여 수평관으로부터 입상 분기관을 세울 때는 열팽창을 고려해 신축이음 방식 중 (①)방식을 적용하고, 암거 내 배관 시공 시 유지보수를 위해 (②) 근처에 기기를 집결시키며, 벽 마루 등을 관통하는 배관에는 강관제 (③)를 미리 끼워 향후 관 교체, 수리 등을 편리하게 한다.

해답 ① 스위블 이음   ② 맨홀   ③ 슬리브

문제 35 증기난방과 비교한 온수난방의 장점을 4가지 쓰시오.

해답 ① 난방부하의 변동에 대응하기 쉽다.
② 가열시간은 길지만 잘 식지 않으므로 증기난방에 비해 배관의 동결우려가 적다.
③ 방열기의 표면온도가 낮으므로 실내 쾌감도가 높고 화상의 위험이 없다.
④ 온수보일러 취급이 용이하며, 소규모 주택 등에 적당하다.

해설• 단점
① 한랭지역에서는 동결의 위험이 있다.
② 방열면적과 배관지름이 커져 시설비가 증가한다.
③ 예열시간이 길어 예열부하가 크다.

문제 36 온수난방설비에서 온도 온도차에 의한 비중력차로 순환하는 방식으로 단독주택이나 소규모 난방에 사용되는 방식은?

해답 자연순환식 난방

문제 37 온수난방설비에서 물의 밀도차나 낙차만으로 순환이 어려운 경우 펌프 등을 이용하여 순환을 행하는 온수순환 방식은?

해답 강제순환식

문제 38 강제 순환식 온수난방의 특징을 3가지 쓰시오.

해답 ① 예열시간이 비교적 짧다.
② 온수순환이 확실하므로 대규모 난방장치에 적합하다.
③ 자연순환식에 비교해 관지름이 작아도 된다.
④ 방열기가 보일러와 같거나 낮아도 순환에 문제가 없다.

문제 39 온수난방에서 각 방열기에 유량분배를 균등하게 하여, 방열기의 온도차를 최소화시키는 방식으로 환수관의 길이가 길어지는 단점을 가지는 온수귀환방식은?

해답 역귀환 방식(reversed return system)

문제 40 다음에서 ( )속에 들어갈 알맞은 용어를 쓰시오.

> 증기 및 온수가 흐르는 관은 관내외의 온도차에 의해 신축이 발생한다. 이에 따른 신축 흡수를 위해 방열기 인입배관에는 (①) 이음을 하며, 공급관은 (②)구배, 환수관은 (③)구배로 한다.

해답 ① 스위블   ② 역   ③ 순

문제 41 어떤 방의 온수난방에서 소요되는 열량이 시간당 21000[kcal]이고, 송수온도가 85[℃]이며, 환수온도가 25[℃]라면 온수의 순환량[kg/h]은 얼마인가? (단, 온수의 비열은 1 [kcal/kg·℃]이다.)

풀이
$$G = \frac{Q_r}{C \cdot (t_2 - t_1)} = \frac{21000}{1 \times (85 - 25)} = 350 [\text{kg/h}]$$

해답 350[kg/h]

문제 42 자연순환 온수난방에서 보일러와 방열기와의 수직높이 차이가 6[m]이고, 송수온도 80[℃], 환수온도 68[℃]일 때 자연순환력은 몇 [mmAq]인가? (단, 68[℃] 물의 비중량은 978.94[kgf/m³], 80[℃] 물의 비중량은 971.84[kgf/m³]이다.)

풀이 $H_w = (\gamma_c - \gamma_h) \times h = (978.94 - 971.84) \times 6 = 42.6 [\text{mmAq}]$

해답 42.6[mmAq]

문제 43 온수보일러에 팽창탱크를 설치하는 목적을 4가지 쓰시오.

해답
① 운전 중 장치내의 온도상승에 의한 체적팽창 및 그 압력을 흡수한다.
② 팽창된 온수의 넘침을 방지하여 열손실을 방지한다.
③ 운전 중 장치내의 압력을 소정의 압력으로 유지하고, 온수온도를 유지한다.
④ 장치 내 보충수 공급 및 공기침입을 방지한다.

문제 44 온수난방 설비에서 팽창탱크를 설치할 때 고온수 난방설비와 저온수 난방설비에 따른 팽창탱크의 종류를 구분하여 설명하시오.

해답
① 고온수 난방설비 : 밀폐식 팽창탱크
② 저온수 난방설비 : 개방식 팽창탱크

문제 45 어떤 온수보일러의 보유수량이 3500[L]이다. 이 보일러수의 온도가 25[℃]인 것을 85[℃]로 가열하면 물의 팽창량은 몇 [L]인가?
(단, 25[℃] 물의 비중 : 0.98, 85[℃] 물의 비중 : 0.96)

풀이
$$\Delta V = \left(\frac{1}{\rho_h} - \frac{1}{\rho_c}\right) \times V = \left(\frac{1}{0.96} - \frac{1}{0.98}\right) \times 3500 = 74.404 \fallingdotseq 74.40[L]$$

해답 74.4[L]

문제 46 온수난방에서 시동 전에 물의 평균밀도가 0.9957[ton/m³]이고, 난방 중 온수의 평균밀도가 0.9828[ton/m³]인 경우 시동 전에 비해 온수의 팽창량은 몇 [L]인가?
(단, 온수시스템 내의 가동 전 보유수량은 2.28[m³]이다.)

풀이
$$\Delta V = \left(\frac{1}{\rho_h} - \frac{1}{\rho_c}\right) \times V = \left(\frac{1}{0.9828} - \frac{1}{0.9957}\right) \times 2.28 \times 10^3 = 30.055 \fallingdotseq 30.06[L]$$

해답 30.06[L]

해설 밀도의 단위 : ton/m³ = kg/L

문제 47 가열 전 물의 온도가 10[℃]인 온수보일러에서 가열 후 온도가 80[℃]라면 이 보일러의 온수 팽창량(L)은 얼마인가? (단, 이 온수보일러의 전체 보유수량은 400[L], 물의 팽창계수는 0.5×10^{-3}/℃ 이다.)

풀이 $\Delta V = V \cdot \alpha \cdot \Delta t = 400 \times 0.5 \times 10^{-3} \times (80 - 10) = 14[L]$

해답 14[L]

문제 48 개방식 팽창탱크의 높이는 온수난방의 최고 높은 부분보다 최소 몇 [m] 이상 높은 곳에 설치하여야 하는가?

해답 1

문제 49 다음은 온수보일러에서 팽창탱크의 설치에 관한 내용이다. ( ) 안에 알맞은 용어 및 숫자를 쓰시오.

> 팽창탱크는 (①)[℃]의 온도에도 충분히 견딜 수 있어야 하며, 개방식의 경우 방열면보다 (②)[m] 이상 높은 곳에 설치하며, 팽창관의 끝부분은 팽창탱크 바닥면보다 (③)[mm] 정도 높게 배관되어야 한다.

해답 ① 100 ② 1 ③ 25

문제 50 다음 (   ) 안에 알맞은 용어 또는 숫자를 넣으시오.

(1) 밀폐식 팽창탱크의 경우 보일러나 (①)내의 압력이 제한 압력 이상으로 되면 자동적으로 과잉수를 배출시킬 수 있도록 (②)를 설치하여야 한다.

(2) 팽창탱크의 용량은 보일러 및 배관 내의 보유수량이 200L 이하인 경우에는 (①)[L], 보유수량이 100[L]를 초과할 때마다 (②)[L]를 가산한 용량 이상이어야 한다.

해답 (1) ① 배관계통 ② 릴리프밸브
(2) ① 20 ② 10

문제 51 온수난방설비에서 밀폐식 팽창탱크가 운전 중 받는 수두압[mAq]을 구하시오. (단, 밀폐탱크의 수면과 가장 높은 배관까지의 수직 높이 12[m], 공급 온수온도 105[℃]에서의 포화증기압력 1.23[kgf/cm], 순환펌프의 양정 10[m]이다.

풀이
$$H = h + h_t + \frac{1}{2}h_p + 2$$
$$= 12 + \left(\frac{1.23 \times 10^4}{1000}\right) + \frac{1}{2} \times 10 + 2 = 31.3 \, [\text{mAq}]$$

해답 31.3[mAq]

해설 밀폐식 팽창탱크에 필요한 수두압 계산식
$$H = h + h_t + \frac{1}{2}h_p + 2$$

여기서, H : 밀폐식 팽창탱크에 필요한 압력에 상당하는 수두압[mAq]
h : 팽창탱크 수면에서 장치의 최고부위까지의 높이[m]
h_1 : 온수온도에 상당하는 포화증기압[mAq]
h_p : 순환펌프의 양정[m]

문제 52 온수난방에서 사용되는 팽창탱크(expansion tank) 중 개방식 팽창탱크에 연결되는 관의 종류를 5가지 쓰시오.

해답 ① 팽창관 ② 급수관 ③ 배수관 ④ 오버플로워관(일수관) ⑤ 방출관

해설 밀폐식 팽창탱크에 연결되는 관 및 계기
팽창관, 급수관, 배수관, 압축공기관, 압력계, 수면계, 안전밸브

문제 53 팽창탱크는 개방식과 밀폐식으로 분류할 수 있다. 개방식과 밀폐식 팽창탱크의 구조를 그리고 부속배관 및 기기 명칭을 쓰시오.

해답 ① 개방식 팽창탱크의 구조 ② 밀폐식 팽창탱크의 구조

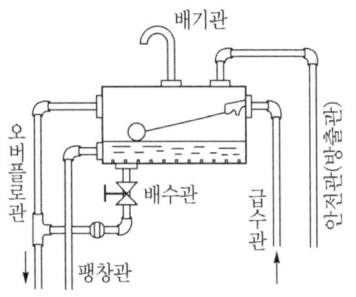
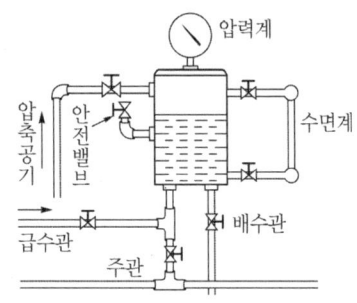

문제 54 다음 팽창탱크에서 ①~④까지의 배관 명칭을 쓰시오.

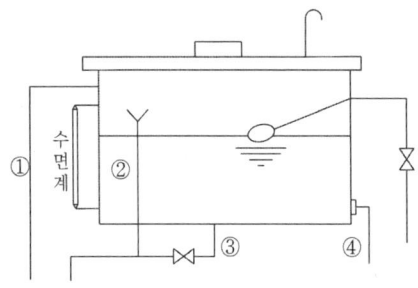

해답 ① 안전관(방출관) ② 오버플로관 ③ 배수관 ④ 팽창관

문제 55 다음은 온수난방에서 팽창관 및 방출관에 관한 사항이다. ( ) 안에 알맞은 용어 및 숫자를 넣으시오.
  (1) 팽창관 및 방출관의 크기는 보일러 용량이 30000[kcal/h] 이하인 경우 호칭지름 (①)[mm] 이상, 30000 초과 150000[kcal/h] 이하의 경우는 호칭지름 (②)[mm] 이상이어야 한다.
  (2) 팽창관 및 방출관에는 물 또는 발생증기의 흐름을 방해하는 (①) 및 (②)가 [이] 있어서는 안 된다.
  (3) 강제 순환식의 경우 팽창관 및 방출관의 설치위치는 (①)에 의하여 폐쇄 또는 차단되지 않은 위치에 설치한다.

해답 (1) ① 15 ② 25 (2) ① 밸브 ② 체크밸브 (3) ① 순환펌프

해설 • 온수보일러 팽창관 및 방출관 기준
  ① 용량 기준

용량[kcal/h]	팽창관 및 방출관의 크기
30000 이하	호칭지름 15[mm] 이상
30000 초과 150000 이하	호칭지름 25[mm] 이상
150000 초과	호칭지름 30[mm] 이상

② 전열면적 기준

구 분	전열면적	배관 규격
방출관	10[m²] 미만	안지름 25[mm] 이상
	10[m²] 이상	안지름 30[mm] 이상
팽창관	5[m²] 미만	호칭 25[A] 이상
	5[m²] 이상	호칭 30[A] 이상

문제 56 건물을 구성하는 구조체인 바닥, 벽 등에 난방용 코일을 묻고 열매체를 통과시켜 난방을 하는 것의 명칭을 쓰시오.

해답 복사 난방

문제 57 다음과 같은 특징을 갖는 난방방식은 어떤 난방법인가?

- 실내온도가 균일하여 쾌감도가 높다.
- 방열기의 설치가 불필요하여 바닥면의 이용도가 높다.
- 천정이 높은 집의 난방에 적합하다.
- 평균온도가 낮아서 열손실이 적다.

해답 복사 난방법

문제 58 복사난방의 장점을 4가지 쓰시오.

해답 ① 실내온도 분포가 균등하여 쾌감도가 높다. ② 바닥의 이용도가 높다.
③ 방열기가 필요하지 않다. ④ 방이 개방상태에서도 난방효과가 있다.
⑤ 손실열량이 비교적 적다.
⑥ 공기대류가 적으므로 바닥면 먼지 상승이 없다.

해설 • 단점
① 외기온도 급변에 따른 방열량 조절이 어렵다.
② 초기 시설비가 많이 소요된다.
③ 시공, 수리, 방의 모양을 변경하기가 어렵다.
④ 고장(누수 등)을 발견하기가 어렵다.
⑤ 열손실을 차단하기 위한 단열층이 필요하다.

문제 59 다음은 대류 난방과 비교한 복사난방의 특징을 설명한 것이다. ( ) 안에 들어갈 옳은 말을 아래 [보기]에서 찾아 쓰시오.

「복사난방은 (①)를[을] 가열대상으로 하므로 실내의 높이에 따른 온도편차가 (②), 쾌감도가 좋다. 또한, 환기에 따른 손실열량도 그 만큼 (③) 되며, 가열대상의 열용량이 (④) 필요에 따라 즉각적인 대응이 (⑤), 시공이 어려우며, 하자발생 위치를 확인하기 어렵다.」

> [보기] (공기, 구조체)　(작고, 크고)　(많게, 적게)
> 　　　　(크므로, 작으므로)　(곤란하고, 쉽고)

해답 ① 구조체 ② 작고 ③ 적게 ④ 크므로 ⑤ 곤란하고

문제 60 복사(방사)난방에서 패널(panel)의 위치에 의한 종류 3가지를 쓰시오.

해답 ① 천장 패널 ② 벽 패널 ③ 바닥 패널

문제 61 온수 온돌의 장점을 4가지 쓰시오.

해답 ① 실내온도 분포가 균등하다.　② 열원이 낮아도 난방이 가능하다.
　　　 ③ 실내의 활용도가 높다.　　　 ④ 시설유지 관리비가 적게 사용된다.

해설 단점
① 온수관의 누수, 점검, 수리가 어렵다.
② 설치 시공비가 비싸다.
③ 시설의 공동 이용이 불가능하다.
④ 단열시공이 우수한 주택에서는 과다한 열량이 방사된다.

문제 62 다음은 온수온돌의 시공순서이다. 순서에 맞도록 ( ) 안에 알맞은 작업명을 적어 넣으시오.

> 배관기초 → (①) → 단열처리 → (②) → 배관작업 → (③) → 보일러 설치 → (④)
> → 수압시험 → (⑤) → 골재 충진작업 → (⑥) → 양생 건조 작업

해답 ① 방수처리　　　　　② 받침재 설치
　　　 ③ 공기빼기 밸브 설치　④ 팽창탱크 설치
　　　 ⑤ 온수순환 시험　　　⑥ 시멘트 모르타르 바르기

문제 63 온수온돌의 단면도에서 ①~⑦의 명칭을 쓰시오.

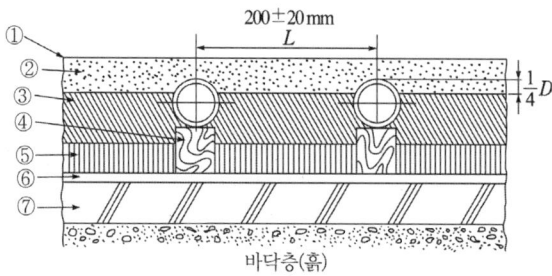

[해답] ① 장판 ② 시멘트 모르타르층 ③ 자갈층 ④ 받침대
⑤ 단열 보온재층 ⑥ 방수층 ⑦ 배관기초

문제 64 온수온돌의 단면도이다. ① ~ ⑤ 층의 명칭을 쓰시오.

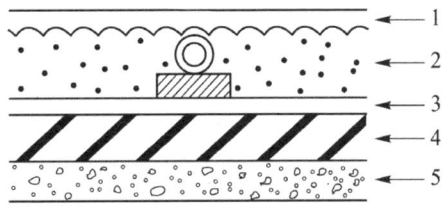

[해답] ① 시멘트 모르타르층 ② 자갈층, 단열보온재층 ③ 방수층 ④ 배관기초 ⑤ 바닥층

문제 65 그림은 온수온돌에서의 방열관의 배관방식을 나타낸 것이다. 각각의 명칭을 쓰시오.

(1)　　　　(2)　　　　(3)　　　　(4)

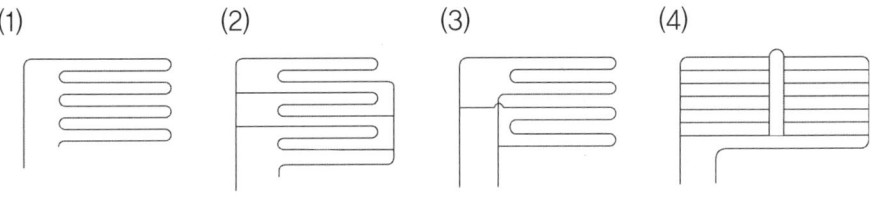

[해답] (1) 직렬식   (2) 병렬식(분리주관식)   (3) 병렬식(인접주관식)   (4) 사다리꼴식

문제 66 일정지역에서 다량의 고압 증기 또는 고온수를 만들어 대단위의 지역에 공급하는 난방방식은?

[해답] 지역난방

문제 67 지역난방의 특징 4가지를 설명하시오.

[해답] ① 연료비와 인건비를 줄일 수 있다.
② 설비의 고도화에 따른 도시 대기오염을 감소시킬 수 있다.
③ 각 건물에 위험물을 취급하지 않으므로 화재의 위험이 적다.
④ 각 건물에 보일러를 설치하는 경우에 비해 건물의 유효면적이 증대된다.
⑤ 각 건물에 보일러를 설치하는 경우에 비해 열효율이 좋다.
⑥ 온수를 사용하는 것이 관내 저항 손실이 크고, 증기를 사용하면 관내저항 손실이 작다.

문제 68 방열기 기둥의 수와 크기에 따라 2주형, 3주형, 3세주형, 5세주형이 있고, 3세주형과 5세주형이 일반적으로 많이 사용되는 방열기 명칭을 쓰시오.

[해답] 주형 방열기

문제 69 콘벡터 또는 캐비넷 히터라고도 하며 강판재 케이싱 속에 튜브 등의 가열기를 설치한 것으로 공기는 하부로 유입되어 가열되고 상부로 토출되어 자연 대류에 의해 난방하는 방열기 명칭을 쓰시오.

해답 대류 방열기(convector)

문제 70 열교환 코일에 온수 또는 냉수를 공급받아 온풍 또는 냉풍을 실내로 공급하는 강제 대류형 방열기로서 공기여과기, 송풍기, 가열(냉각)코일이 케이싱 내에 내장되어 있는 것의 명칭은 무엇인가?

해답 팬 코일 유닛(FCU)

문제 71 방열기 선정 시 고려하여야 할 사항을 4가지 쓰시오.

해답 ① 사용목적 및 설치장소에 적합할 것
② 사용 열원의 종류에 적합할 것
③ 발열량이 크고, 효율이 좋을 것
④ 무게가 가볍고 운반, 반입, 설치가 용이할 것
⑤ 실내온도 분포가 균일하게 되는 것

문제 72 다음 방열기 종류를 도면에 표시할 때 사용하는 도시기호를 쓰시오.
(1) 2주형 :   (2) 3주형 :   (3) 3세주형 :   (4) 5세주형
(5) 벽걸이형 : (6) 수평형 :   (7) 수직형 :

해답 (1) II   (2) III   (3) 3   (4) 5
(5) W   (6) H   (7) V

문제 73 다음 방열기 도시기호에 해당하는 방열기 명칭을 쓰시오.
(1) W - H :   (2) W - V :

해답 (1) 벽걸이형 횡형(수평형)   (2) 벽걸이형 종형(수직형)

문제 74 그림은 방열기의 호칭법이다. ① ~ ⑤에 해당되는 의미를 쓰시오.

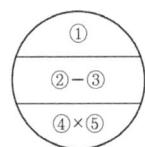

해답 ① 쪽수(섹션수)   ② 종별   ③ 형(치수, 높이)
④ 유입관지름   ⑤ 유출관지름

문제 75 방열기 도시기호에 대한 물음에 답하시오.

(1) 종별, 형 및 배관 치수는 얼마인가?
(2) 방열기 쪽수는 몇 개인가?

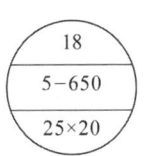

[해답] (1) ① 종별 : 5세주형   ② 형 : 높이 650mm   ③ 유입관지름 : 25A, 유출관지름 : 20A
(2) 18 개

문제 76 방열기 도시기호에 대하여 ①~⑤ 사항에 대하여 설명하시오.

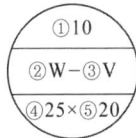

[해답] ① 섹션수 10개   ② 벽걸이형   ③ 종형(수직형)
④ 유입관지름 25A   ⑤ 유출관지름 20A

문제 77 방열기 도시기호를 설명하시오.

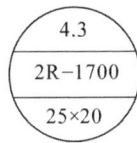

[해답] 상당방열면적이 4.3[m²]인 콘벡터로서 2열, 유효길이 1700[mm]이고 유입관 지름이 25[A], 유출관 지름이 20[A]이다.

문제 78 방열기 도시기호에 대하여 설명하시오.

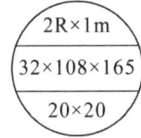

[해답] ① 2단으로 유효 엘리먼트의 길이는 1[m]이다.
② 엘리먼트의 관지름은 32[A]이다.
③ 핀의 크기가 108[mm], 부착된 핀의 수가 165개이다.
④ 콘벡터로의 유입, 유출 관지름은 20[A]이다.

문제 79 아래 방열기 도시기호에 대하여 설명하시오.

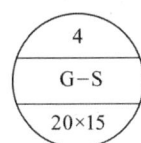

[해답] ① 길드 방열기로 쪽수가 4개, S형이다.
② 유입관은 20[A], 유출관은 15[A]이다.

문제 80 다음의 방열기를 도시기호로 나타내시오.

- 방열기 종류 : 5세주형
- 유입관 지름 : 25[mm]
- 방열기 쪽수 : 20개
- 방열기 높이 : 650[mm]
- 유출관 지름 : 20[mm]

[해답]

```
     20
   5 - 650
   25 × 20
```
(원 안에 표기)

문제 81 방열기의 설치 시 외기에 접한 창문 아래에 설치하는 이유를 설명하시오.

[해답] 실내의 공기가 대류작용에 의해 순환되도록 하기 위해서

문제 82 방열기는 창문 아래에 설치하는데 벽면으로부터 몇 [mm] 정도의 간격을 두어야 가장 적합한가?

[해답] 50~60[mm]

문제 83 방열기 종류별 설치기준에 대한 내용이다. ( ) 안에 알맞은 숫자를 넣으시오.

(1) 주형 방열기는 벽면으로부터 (　　)[mm] 정도 떨어져 설치한다.
(2) 벽걸이형 방열기는 바닥으로부터 (　　)[mm] 높게 설치한다.
(3) 대류 방열기(콘벡터)는 바닥면으로부터 케이싱 하부까지의 높이를 최저 (　　) [mm] 이상 높게 설치한다.

[해답] (1) 50~60 (2) 150 (3) 90

문제 84 온수보일러의 방열기 입구온도가 80[℃], 출구온도가 40[℃]이고, 온수 순환량이 500 [kg/h]일 때 방열기 방열량은 몇 [kcal/h]인가? (단, 온수의 평균비열은 1 [kcal/kg · ℃]로 한다.)

[풀이] $Q_r = G \cdot C \cdot \Delta t = 500 \times 1 \times (80 - 40) = 20000 [\text{kcal/h}]$

[해답] 20000[kcal/h]

문제 85 난방부하가 2250[kcal/h]인 경우 온수방열기의 방열면적은 몇 [m²]인가? (단, 방열기의 방열량은 표준방열량으로 한다.)

[풀이] 방열기 방열면적 = $\dfrac{\text{난방부하}}{\text{방열기 표준방열량}} = \dfrac{2250}{450} = 5 [\text{m}^2]$

[해답] 5[m²]

문제 86
난방부하가 15000[kcal/h]이고, 주철제 증기 방열기로 난방한다면 방열기 소요 방열면적은 약 몇 [m²]인가? (단, 방열기의 방열량은 표준방열량으로 한다.)

풀이

$$\text{방열기 방열면적} = \frac{\text{난방부하}}{\text{방열기 표준방열량}} = \frac{15000}{650} = 23.076 ≒ 23.08 [m^2]$$

해답 23.08[m²]

문제 87
어떤 온수방열기의 입구 온수온도가 85[℃], 출구 온수온도가 65[℃], 실내온도가 18[℃]일 때 방열기의 방열량은 몇 [kcal/h·m²]인가?
(단, 방열기의 방열계수는 7.4[kcal/h·m²·℃]이다.)

풀이

$$Q_r = K \times \Delta t_m = K \times \left(\frac{\text{방열기 입구온도} + \text{출구온도}}{2} - \text{실내온도} \right)$$
$$= 7.4 \times \left(\frac{85+65}{2} - 18 \right) = 421.8 [kcal/h·m^2]$$

해답 421.8[kcal/h·m²]

문제 88
어떤 주철제 방열기 내의 증기의 평균온도가 110[℃]이고, 실내온도가 18[℃]일 때, 방열기의 방열량[kcal/h·m²]은 얼마인가? (단, 방열기의 방열계수는 7.2[kcal/h·m²·℃]이다.)

풀이

$$Q_r = K \times \Delta t_m = K \times \left(\frac{\text{방열기 입구온도} + \text{출구온도}}{2} - \text{실내온도} \right)$$
$$= K \times (\text{방열기 평균온도} - \text{실내온도}) = 7.2 \times (110 - 18) = 662.4 [kcal/h·m^2]$$

해답 662.4[kcal/h·m²]

문제 89
온수방열기의 입구 온수온도 92[℃], 출구 온수온도 70[℃], 실내 공기온도 18[℃]일 때의 주철제 방열기의 방열량[kcal/h·m²]은 얼마인가? (단, 실내온도와 방열기 온수의 평균온도와의 차가 62[℃]일 때 표준방열량이 적용된다.)

풀이 실내온도와 방열기 온수의 평균온도와의 차가 62[℃]일 때 표준방열량은 450[kcal/h·m²]이다.

$$\therefore \Delta t_m = \frac{\text{방열기 입구온도} + \text{출구온도}}{2} - \text{실내온도} = \frac{92+70}{2} - 18 = 63[℃]$$

$$\therefore Q_r = 450 \times \frac{\Delta t_m}{\Delta t} = 450 \times \frac{63}{62} = 457.258 ≒ 457.26 [kcal/h·m^2]$$

해답 457.26[kcal/h·m²]

해설 'Δt는 표준 방열기 평균온도와 실내온도 차'인데 문제 단서조항에서 이 값을 62[℃]로 제시해 주었으므로 바로 적용할 수 있는 것이다.

문제 90 난방부하가 5600[kcal/h], 방열기 계수 7[kcal/h·m²·℃], 송수온도 80[℃], 환수온도 60[℃], 실내온도 20[℃]일 때 방열기의 소요 방열면적은 몇 [m²]인가?

풀이 ① 방열기 방열량 계산

$$\therefore Q_r = K \times \Delta t_m = K \times \left(\frac{\text{방열기 입구온도} + \text{출구온도}}{2} - \text{실내온도} \right)$$
$$= 7 \times \left(\frac{80 + 60}{2} - 20 \right) = 350 [\text{kcal/h} \cdot \text{m}^2]$$

② 방열기 소요 방열면적 계산

$$\therefore \text{소요 방열면적} = \frac{\text{난방부하}}{\text{방열기 방열량}} = \frac{5600}{350} = 16 [\text{m}^2]$$

해답 16[m²]

문제 91 어떤 건물의 난방부하가 15000[kcal/h]이다. 이 건물에 설치할 증기 방열기의 섹션수는 몇 쪽인가? (단, 방열기 1섹션당 표면적은 0.15[m²]이며, 방열량은 표준방열량으로 한다.)

풀이 $N_s = \dfrac{H_1}{650a} = \dfrac{15000}{650 \times 0.15} = 153.846 ≒ 154$ 쪽

해답 154 쪽

문제 92 난방부하가 3000[kcal/h]이고, 증기난방으로 5주형 650[mm]의 방열기를 사용할 때 필요한 방열기의 매수는 몇 매인가? (단, 증기의 표준 방열량은 650[kcal/h·m²]이고, 방열기의 1매당 방열면적은 0.26[m²]이다.)

풀이 $N_s = \dfrac{H_1}{650a} = \dfrac{3000}{650 \times 0.26} = 17.751 ≒ 18$ 매

해답 18 매

문제 93 난방부하가 50000[kcal/h]인 건물에 주철제 방열기로 난방하려고 한다. 방열기 입구의 증기온도가 112[℃], 출구온도가 106[℃], 실내온도가 21[℃]일 때 필요한 방열기 쪽수는 얼마인가? (단, 방열기의 쪽당 방열면적은 0.26[m²]이다.)

풀이 ① 방열기 방열량 계산

$$Q_r = 650 \times \frac{\Delta t_m}{\Delta t} = 650 \times \frac{88}{81} = 706.17 [\text{kcal/h} \cdot \text{m}^2]$$

여기서, Δt_m : 방열기 평균온도와 실내온도 차 $\left(\therefore \Delta t_m = \dfrac{112 + 106}{2} - 21 = 88 [℃] \right)$

Δt : 표준방열기 평균온도와 실내온도 차 ($\therefore \Delta t = 102 - 21 = 81 [℃]$)

② 방열기 쪽수 계산

$$N_s = \frac{H_1}{Q_r \cdot a} = \frac{50000}{706.17 \times 0.26} = 272.32 ≒ 273 쪽$$

해답 273 쪽

문제 94 난방부하가 9000[kcal/h]인 장소에 온수 방열기를 설치하는 경우 필요한 방열기 쪽수는 얼마인가? (단, 방열기 1쪽당 표면적은 0.2[m²]이고, 방열량은 표준방열량으로 계산한다.)

풀이
$$N_w = \frac{H_1}{450\,a} = \frac{9000}{450 \times 0.2} = 100\text{쪽}$$

해답 100 쪽

문제 95 사무실에 온수용 3세주 650[mm] 주철제 방열기를 설치하고자 한다. 난방부하가 6750[kcal/h]일 때 방열기의 섹션 수는 얼마가 되어야 하는가? (단, 방열기 방열량은 표준으로 하고 방열기의 섹션당 표면적은 0.15[m²]이다.)

풀이
$$N_w = \frac{H_1}{450 \cdot a} = \frac{6750}{450 \times 0.15} = 100\text{개}$$

해답 100 개

문제 96 온수방열기의 쪽당 방열면적이 0.26[m²]이다. 난방부하 20000[kcal/h]를 처리하기 위한 방열기의 쪽수는 얼마인가? (단, 소수점이 나올 경우 상위 수를 취한다.)

풀이
$$N_w = \frac{H_1}{450\,a} = \frac{20000}{450 \times 0.26} = 170.94 = 171\text{쪽}$$

해답 171 쪽

문제 97 어떤 온수방열기의 입구온도가 85[℃], 출구온도가 60[℃]이고, 실내온도가 20[℃]이다. 난방부하가 28000[kcal/h]일 때 필요한 방열기 쪽수는 몇 쪽인가? (단, 방열기 쪽당 방열면적은 0.21[m²], 방열계수는 7.2[kcal/h·m²·℃]이다.)

풀이
① 방열기 방열량 계산
$$Q_r = K \cdot \Delta t_m = 7.2 \times \left(\frac{85+60}{2} - 20\right) = 378[\text{kcal/h}\cdot\text{m}^2]$$
② 방열기 쪽수 계산
$$N_w = \frac{H_1}{Q_r \cdot a} = \frac{28000}{378 \times 0.21} = 352.73 = 353\text{쪽}$$

해답 353 쪽

문제 98 포화온도 105[℃]인 증기난방 방열기의 상당 방열면적이 20[m²]일 경우 시간당 발생하는 응축수량은 약 [kg/h]인가? (단, 105[℃] 증기의 증발잠열은 535.6[kcal/kg] 이다.)

풀이
$$Q_c = \frac{Q_r}{\gamma} = \frac{20 \times 650}{535.6} = 24.271 ≒ 24.27[kg/h]$$

해답 24.27[kg/h]

문제 99 포화온도 107[℃]인 증기난방 방열기의 상당 방열면적이 1500[m²]이고 증기 배관에서 응축수량은 방열기 응축수량의 20[%]라 할 때 난방장치 내 전체 응축수량 [kg/h]은 얼마인가? (단, 107[℃] 증기의 증발잠열은 530[kcal/kg]이다.)

풀이
$$Q_c = \frac{Q_r}{\gamma} \times 1.2 \times EDR = \frac{650}{530} \times 1.2 \times 1500 = 2207.547 ≒ 2207.55[kg/h]$$

해답 2207.55[kg/h]

문제 100 증기방열기의 전 방열면적이 60[m²]이고, 증기방열기 방열면적 1[m²]당 응축수 발생량이 1.2[kg/h]일 때 응축수 펌프의 용량[kg/min]을 계산하시오. (단, 증기 배관에서 응축수량은 방열기 응축수량의 30[%]로 하고, 펌프의 용량은 발생 응축수의 3배로 한다.)

풀이
$$Q_p = \frac{Q_c}{60} \times 3 = \frac{60 \times 1.2 \times 1.3}{60} \times 3 = 4.68[kg/min]$$

해답 4.68[kg/min]

제2장 보일러 시공도면 작성 및 해독

2.1 보일러 시공도면 작성

1. 배관제도의 기초

(1) 배관도의 종류

㈎ 평면 배관도 : 배관 장치를 위에서 아래로 내려다보며 그린 도면
㈏ 입면 배관도 : 배관 장치를 측면에서 보고 그린 도면
㈐ 입체 배관도 : 입체적인 형상을 평면에 나타낸 도면
㈑ 부분 조립도 : 배관 조립도에 포함되어 있는 배관의 일부분을 그린 도면

(2) 배관도의 도시법(圖示法)

㈎ 관의 높이 표시방법

  ㉮ EL(elevation line) 표시 : 배관의 높이를 관의 중심을 기준으로 하여 표시한다.

   ⓐ BOP(bottom of pipe) : 지름이 다른 관의 높이를 나타낼 때 적용되며 관 바깥지름의 아랫면을 기준으로 하여 표시한다.

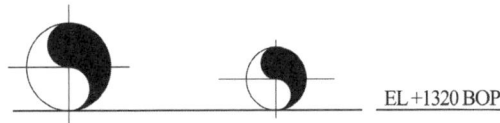

   ⓑ TOP(top of pipe) : BOP와 같은 목적으로 이용되나 관의 윗면을 기준으로 하여 표시한다.

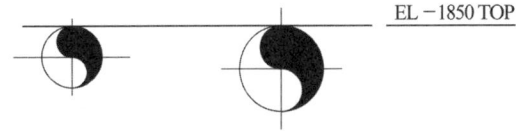

  ㉯ GL(ground line) : 포장된 지표면을 기준으로 하여 배관장치의 높이를 표시할 때 적용된다.
  ㉰ FL(floor line) : 1층 바닥면을 기준으로 하여 높이를 표시한다.

(나) 관의 표시 : 관은 1개의 굵은 실선으로 나타내고, 같은 도면 내에서의 관의 실선 굵기는 같게 한다. 또 관의 교차 및 굽힘 방향을 나타낼 경우에는 다음과 같은 관의 접속 상태의 도시기호에 따른다.

관의 접속 상태 도시기호

접속상태	실제모양	도시기호	굽은상태	실제모양	도시기호
접속하지 않을 때		┼ ┼	파이프 A가 앞쪽으로 수직으로 구부러질 때		A⊙
접속하고 있을 때		┼	파이프 B가 뒤쪽으로 수직으로 구부러질 때		B○
분기하고 있을 때		┬	파이프 C가 뒤쪽으로 구부러져서 D에 접속될 때		C○―D

(다) 관의 굵기 및 종류 도시 : 관의 굵기 및 종류를 나타낼 때에는 다음 그림과 같이 관을 나타내는 선에 따라 위쪽에 기입한다. 또 관의 굵기와 종류를 동시에 기입할 때에는 관의 굵기, 종류를 나타내는 기호의 순서로 기입한다. 다만 복잡한 도면에서는 혼돈을 피하기 위하여 (c)와 같이 지시선을 그어 기입한다.

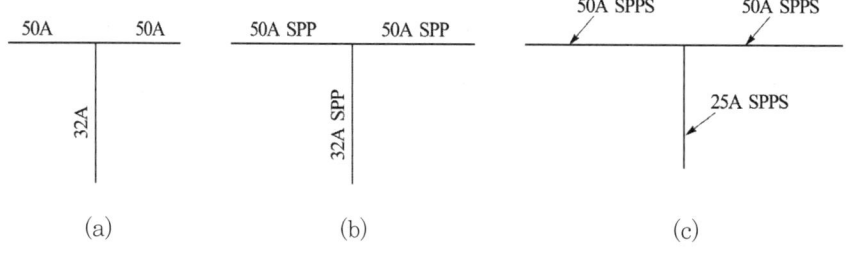

관의 굵기 및 종류 표시

(라) 유체의 종류, 상태, 목적 표시 : 공기, 가스, 기름 등 배관 내부에 흐르는 유체의 종류를 나타낼 때에는 유체의 문자기호를 사용하여 지시선을 그어 기입한다. 유체의 흐름방향을 나타낼 때에는 화살표를 그어 유체의 방향을 표시한다.

유체의 종류	문자기호	색상
공기	A	백색
가스	G	황색
기름	O	황적색
수증기	S	암적색
물	W	청색

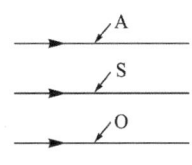 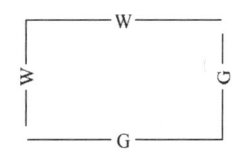

유체의 종류와 도시방법

㈤ 관의 이음방법 표시 : 관 이음방법 표시는 다음의 도시기호에 따른다.

이음 종류	연결 방법	도시기호	예	이음 종류	연결 방법	도시기호
관이음	나사형	—┼—		신축이음	루프형	∩
	용접형	—✕—			슬리브형	—[ ]—
	플랜지형	—╫—			벨로즈형	—〰—
	턱걸이형	—⊂—			스위블형	
	납땜형	—◦—				

관의 이음방법 도시기호

㈥ 계기의 표시 : 압력계, 온도계 등의 계기류를 도시할 때에는 계기를 표시하는 문자기호를 기입한다.

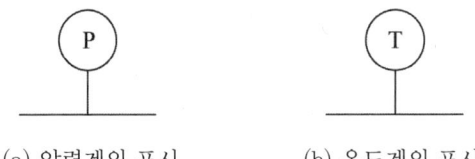

(a) 압력계의 표시   (b) 온도계의 표시

계기의 표시

(사) 나사이음 밸브류 도시기호

명칭	기호	명칭	기호
체크 앵글 밸브 (check angle valve)		슬루스 앵글 밸브(수직) (sluice angle valve)	
슬루스 앵글 밸브(수평)		글로브 앵글 밸브(수직) (globe angle valve)	
글로브 앵글 밸브(수평)		체크 밸브(check valve)	
콕(cock)		다이어프램 밸브 (diaphragm valve)	
플로트 밸브 (float valve)		슬루스 밸브 (sluice valve)	
전동 슬루스 밸브 (moter operated sluice valve)		글로브 밸브 (globe valve)	
전동 글로브 밸브		봉합 밸브 (lock shield valve)	
안전 밸브(safety valve)		감압 밸브 (reducing pressure valve)	
안전 밸브(스프링식)		안전 밸브(추식)	
일반 콕		삼방 콕	
일반 조작 밸브		전자 밸브	
도출 밸브		공기빼기 밸브	
닫혀있는 일반 밸브		닫혀있는 일반 콕	
온도계		압력계	
글로브 밸브(globe valve)		슬루스 밸브 (sluice valve)	
리프트형 체크 밸브 (lift type check valve)		스윙형 체크 밸브 (swing type check valve)	
콕(cock)		삼방 콕	
안전 밸브		배압 밸브	
감압 밸브		온도조절밸브	
압력계		연성압력계	
공기빼기 밸브			

2. 투상법 및 입체도

(1) 정투상법

Ⓓ 제1각법 : 투상면 앞쪽에 물체를 놓게 되므로 우측면도는 정면도의 왼쪽에, 좌측면도는 정면도의 오른쪽에, 저면도는 정면도의 위에 그리고, 평면도는 정면도의 아래에 그린다. (눈 → 투상면 → 물체)

Ⓔ 제3각법 : 투상면의 뒤쪽에 물체를 놓은 것이므로 정면도를 기준으로 하여 그 좌우, 상하에 본 모양을 본 쪽에서 그리는 것이므로 투상도의 상호 관계 및 위치를 보기가 쉽다. (눈 → 투상면 → 물체)

(2) 축측 투상법 : 물체의 정면, 평면, 측면을 하나의 투상면 위에서 동시에 볼 수 있도록 그리는 방법이다.

Ⓓ 등각 투상법 : 직육면체의 등각 투상도에서 직각으로 만나는 3개의 모서리를 각각 120°를 이루게 그리는 방법이다.

Ⓔ 부등각 투상법 : 직육면체의 등각 투상도에서 직각으로 만나는 3개의 모서리가 임의의 각도를 이루게 그리는 방법이다.

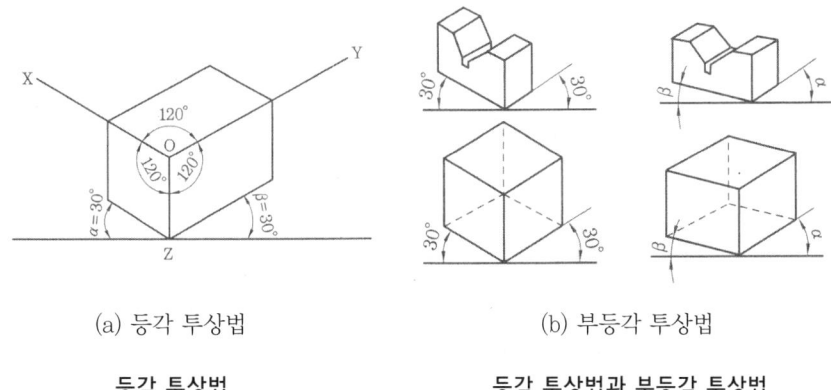

(a) 등각 투상법   (b) 부등각 투상법

등각 투상법   **등각 투상법과 부등각 투상법**

(3) 입체도

Ⓓ 배관도에서 입체도를 그리는 이유
    ㉮ 계통도를 보다 구체적으로 지시할 경우
    ㉯ 손수 수두 또는 유량 등을 계산할 경우
    ㉰ 배관 및 관 이음쇠의 수량을 산출할 경우
    ㉱ 배관을 가공하기 위해 관 가공도(加工圖)를 그릴 때

3. 보일러 시공도면의 작성

(1) 시공도면의 작성 요령
⑦ 시공도의 척도는 1/50 또는 1/25을 원칙으로 한다.
④ 배관 도시기호는 한국산업규격(KS B 0051)에 의한다.
⑤ 시공도에는 다음 사항이 포함되도록 한다.
　㉮ 모든 배관의 크기 치수 및 경로
　㉯ 매설된 배관의 경우에는 정확한 매설위치와 연결부분
　㉰ 배관의 단열방식 및 단열두께
　㉱ 밸브의 종류 및 설치 위치
　㉲ 팽창탱크 및 안전장치의 설치위치 및 규격
　㉳ 전기 사용기기가 있을 때는 이에 따른 배전도 및 규격
　㉴ 보일러 등의 기기의 규격 및 용량, 제조업체명
　㉵ 시공자의 서명 및 계약일자, 시공일자

(2) 시공도면의 작성순서
⑦ 건물 외곽 치수를 측정하고, 각실의 위치 및 치수를 척도에 따라 건물 평면도를 작성하고 주요치수를 기입한다.
④ 보일러실의 위치를 표시한다.
⑤ 각 방의 주관선의 입구 및 출구 위치를 연결한다.
④ 보일러와 각실의 주관선의 입구 및 출구위치를 연결한다.
⑩ 주관의 유니언 위치를 표시한다.
⑪ 각실의 방열기를 표시한다.
⑫ 팽창탱크, 온수탱크, 공기 방출기 등을 표시한다.
⑬ 굴뚝의 위치 및 연도를 표시한다.
⑭ 보일러 용량을 계산, 확인한다.

(3) 도면 작성
배관도는 관의 배치를 나타내는 것이 목적이므로, 관이 설치되는 기계장치의 도면은 될 수 있는 대로 간단하게 외형만을 가는 실선 등의 가상선으로 그리는 것이 보통이다. 입체적으로 그린 다음 그림은, 복선 표시법과 단선 표시법으로 다음에 각각 도시한 것이다.

(4) 시공 내역서 작성 : 시공도에 의하여 필요한 자재 및 인건비를 정확하게 산출하여 내역서를 작성한다. 내역서 작성은 공사금액 산출의 기본이 되므로 다음의 것을 포함시켜 작성한다.

㈎ 보일러 및 부속설비의 대수를 산출한다.
㈏ 배관을 규격별로 총 연장길이를 산출한다.
㈐ 관이음쇠의 종류별, 규격별로 소요수량을 산출한다.
㈑ 밸브의 종류별, 규격별 소요수량을 산출한다.
㈒ 기타 필요한 자재 및 부속 종류별, 규격별 소요수량을 산출한다.
㈓ 굴뚝 및 연도재료를 산출한다.
㈔ 보온재, 방수재 등을 산출한다.
㈕ 기타 잡자재를 산출한다.
㈖ 소요 인건비를 산출한다.

2.2 보일러 시공도면 해독

1. 강제 보일러

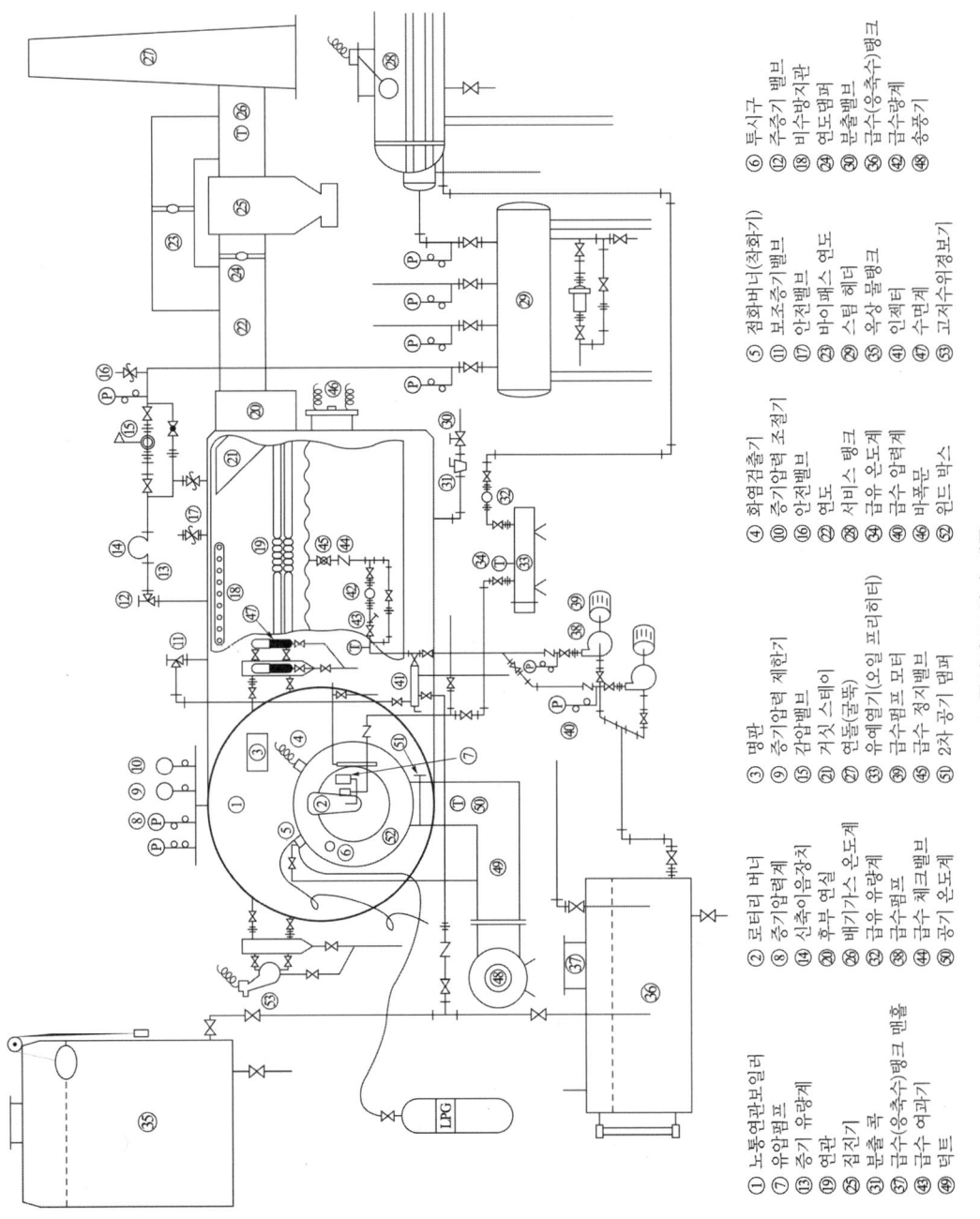

노통연관 보일러 계통도 1

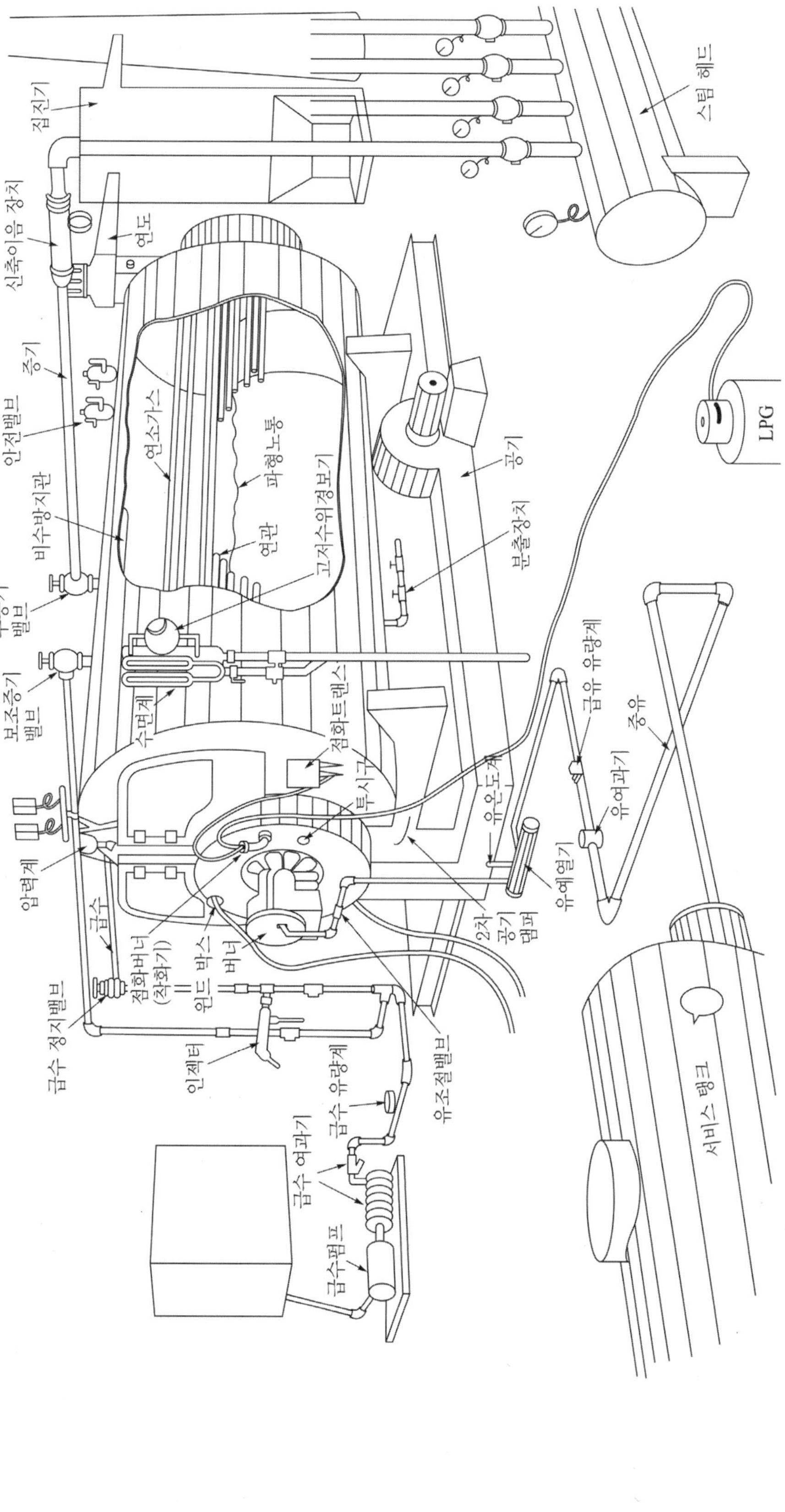

노통연관 보일러 계통도 2

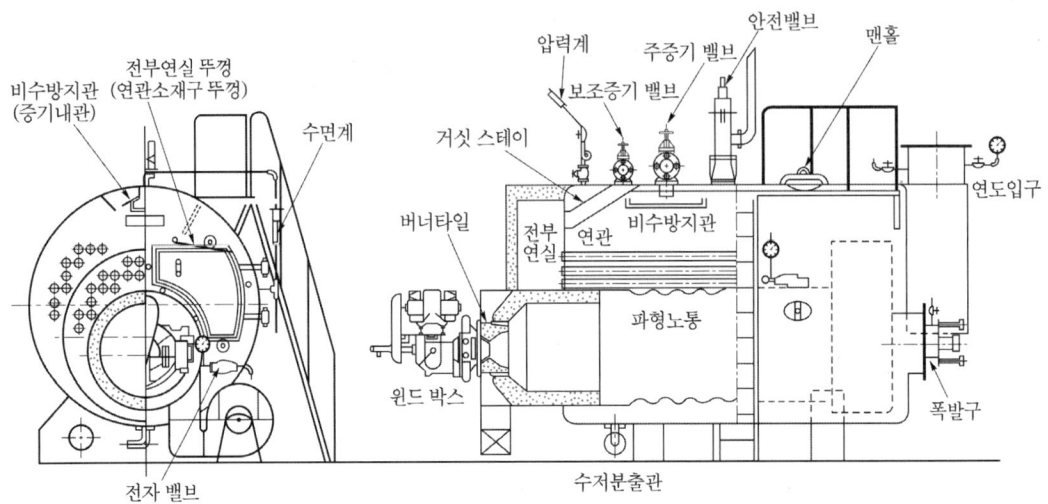

노통 연관식 보일러 계통도 3

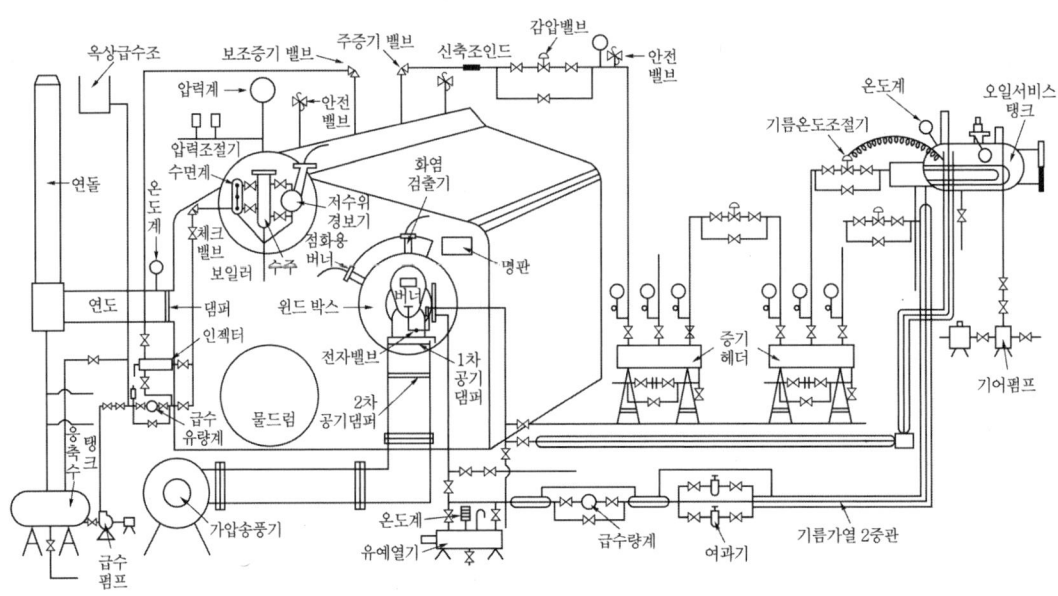

2동 D형 수관식 보일러 계통도

제 2 장 보일러 시공도면 작성 및 해독

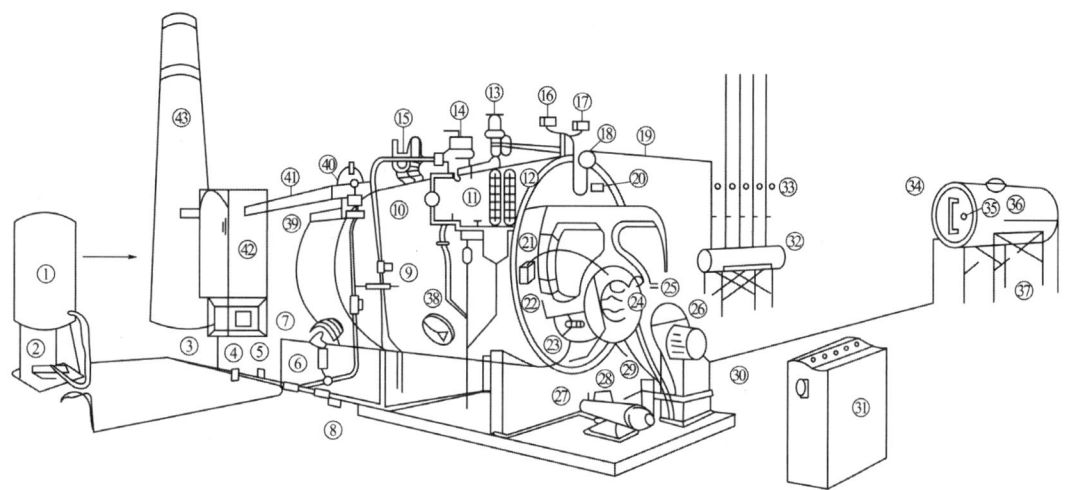

※ 각 부의 명칭

① 저수 탱크	② 급수 펌프	③ 급수온도계	④ 여과기
⑤ 급수유량계	⑥ 약제 주입구	⑦ 방폭문	⑧ 여과기
⑨ 인젝터	⑩ 고·저수위경보기	⑪ 수주	⑫ 수면계
⑬ 주 증기 밸브	⑭ 보조 증기 밸브	⑮ 안전 밸브	⑯ 압력제한기
⑰ 압력조절기	⑱ 압력계	⑲ 신축이음	⑳ 보일러 명판
㉑ 윈드 박스	㉒ 점화 트랜스	㉓ 투시구	㉔ 버너
㉕ 유전자 밸브	㉖ 압입 송풍기	㉗ 유예열기	㉘ 유온도계
㉙ 유량계	㉚ 유여과기	㉛ 조작 패널	㉜ 증기 헤드
㉝ 압력계	㉞ 유면계	㉜ 유온도계	㉝ 서비스 탱크
㊲ 오일 압송 펌프	㊳ 맨 홀	㊴ 배기가스 온도계	㊵ 흡인 송풍기
㊶ 연도	㊷ 집진기	㊸ 연돌	

노통 연관식 보일러 설치 계통도

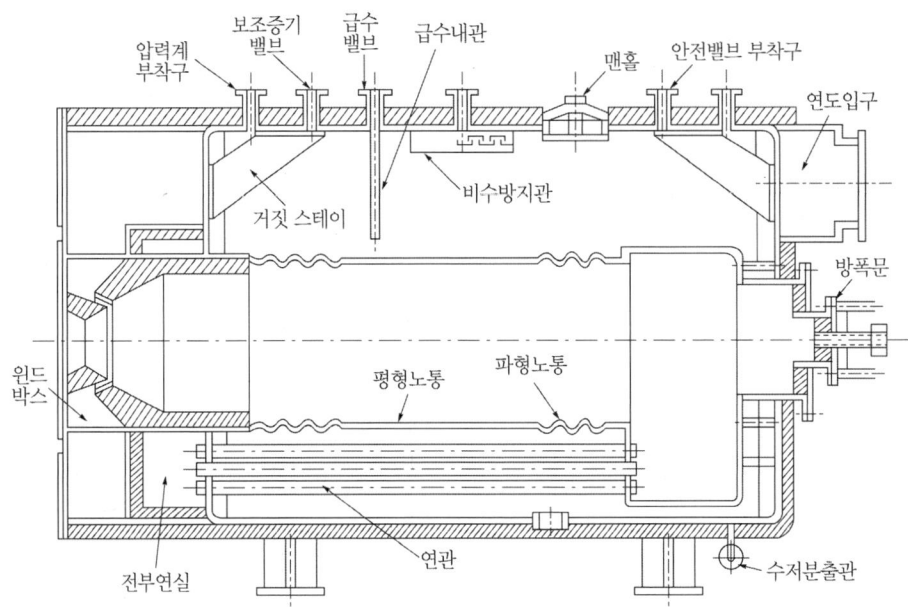

노통연관 보일러 단면상세도

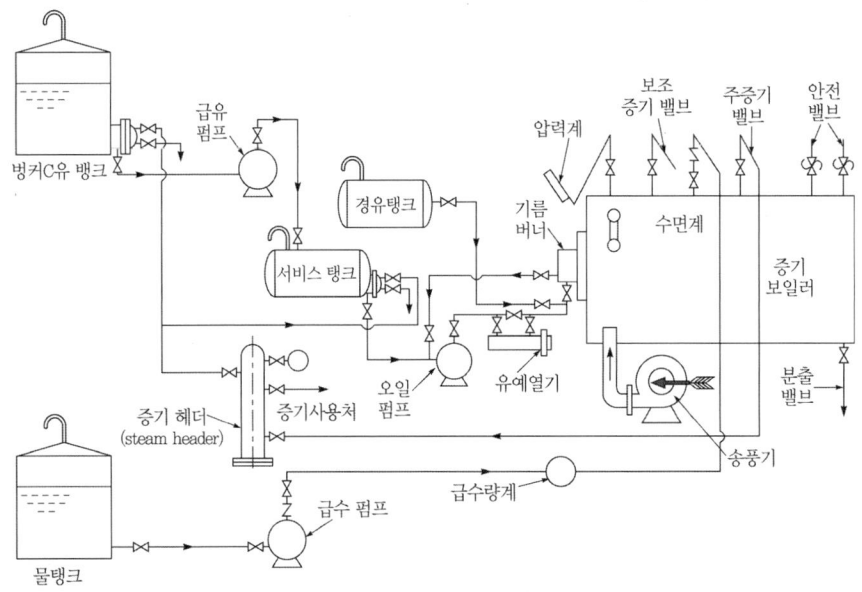

보일러 계통도

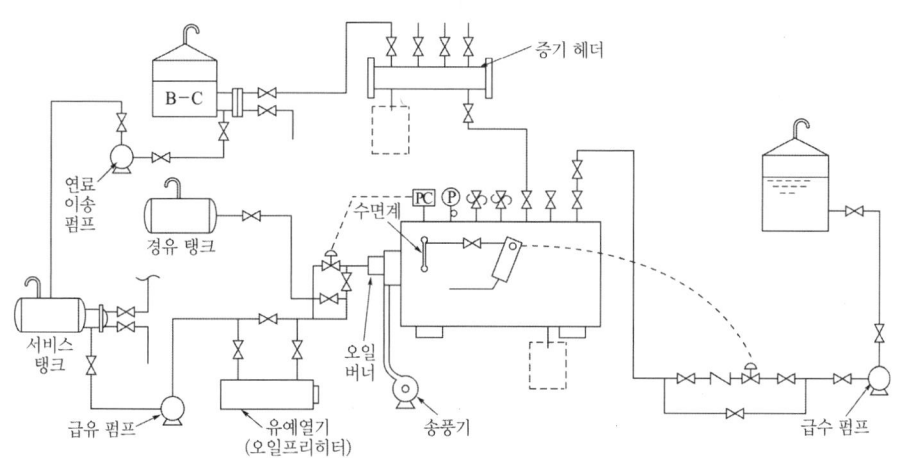

보일러 배관 계통도

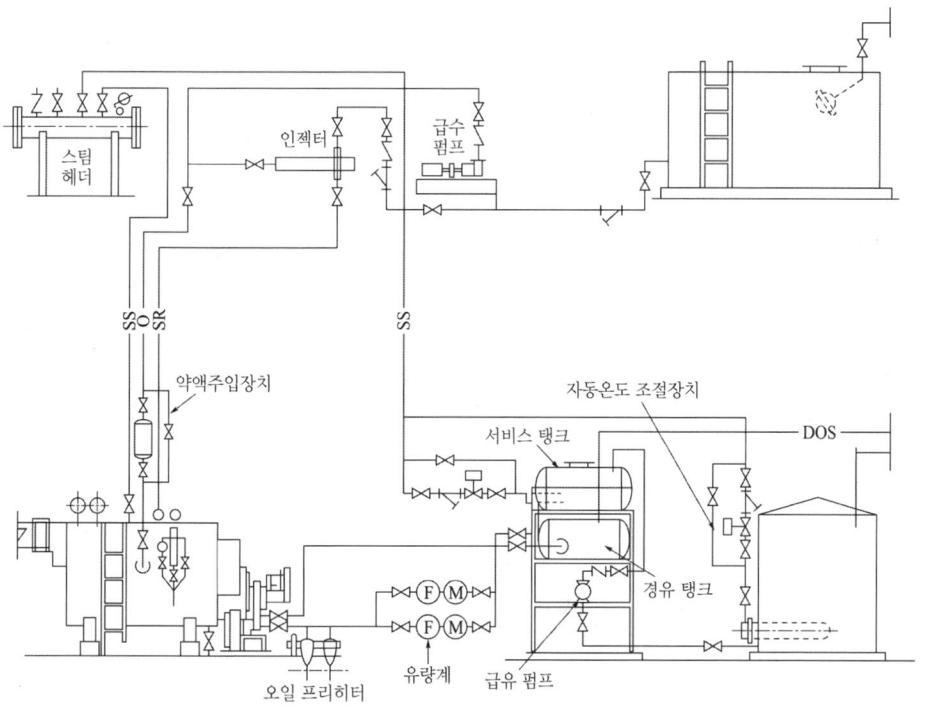

보일러 배관 계통도

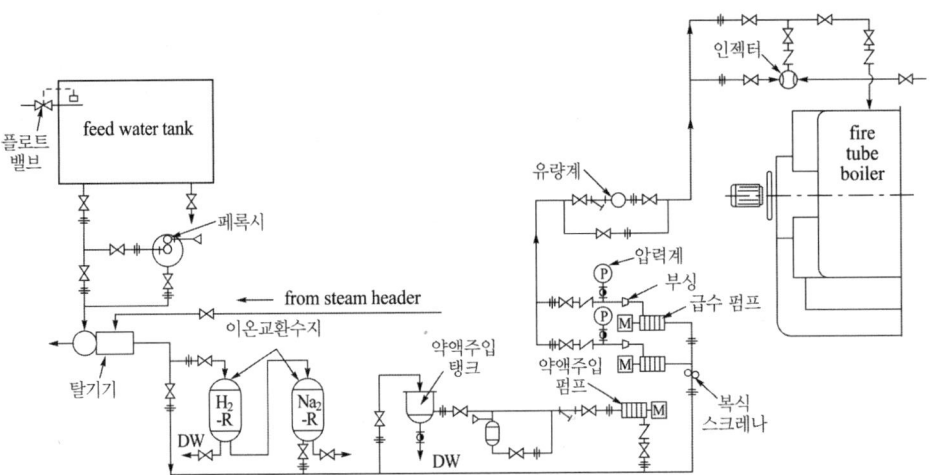

보일러 계통도

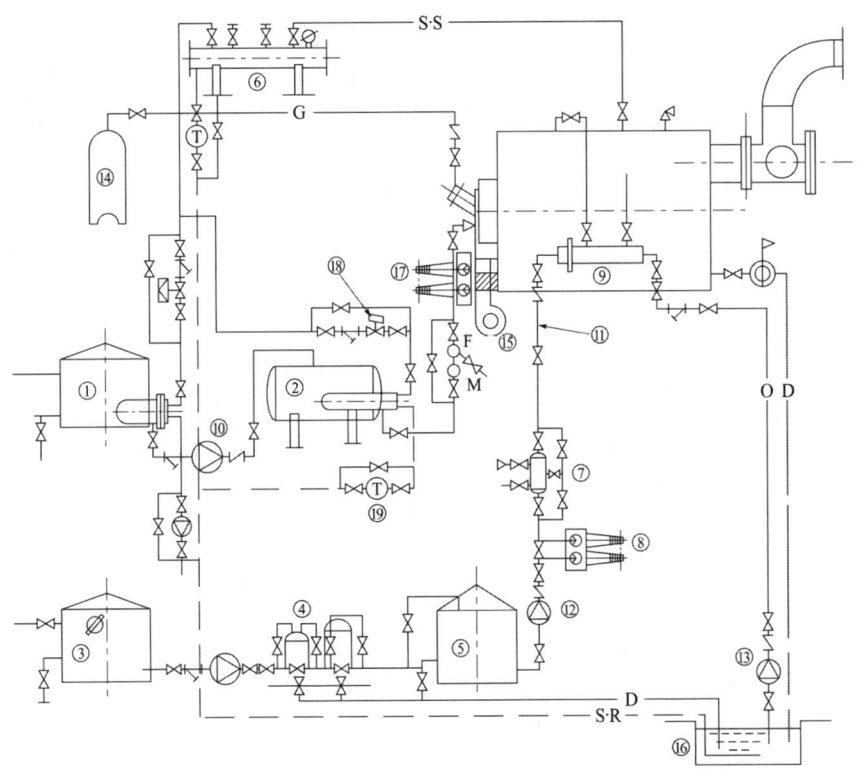

① 중유저장 탱크 ② 중유 서비스 탱크 ③ 급수 탱크 ④ 경수연화장치 ⑤ 연수탱크
⑥ 증기 헤더 ⑦ 청관제주입장치 ⑧ 급수조절장치 ⑨ 인젝터 ⑩ 송유 펌프
⑪ 급수관 ⑫ 급수 펌프 ⑬ 응축수 펌프 ⑭ LPG 탱크 ⑮ 송풍기
⑯ 응축수 탱크 ⑰ 급유량조절장치 ⑱ 자동온도조절장치 ⑲ 증기 트랩

보일러 배관 계통도

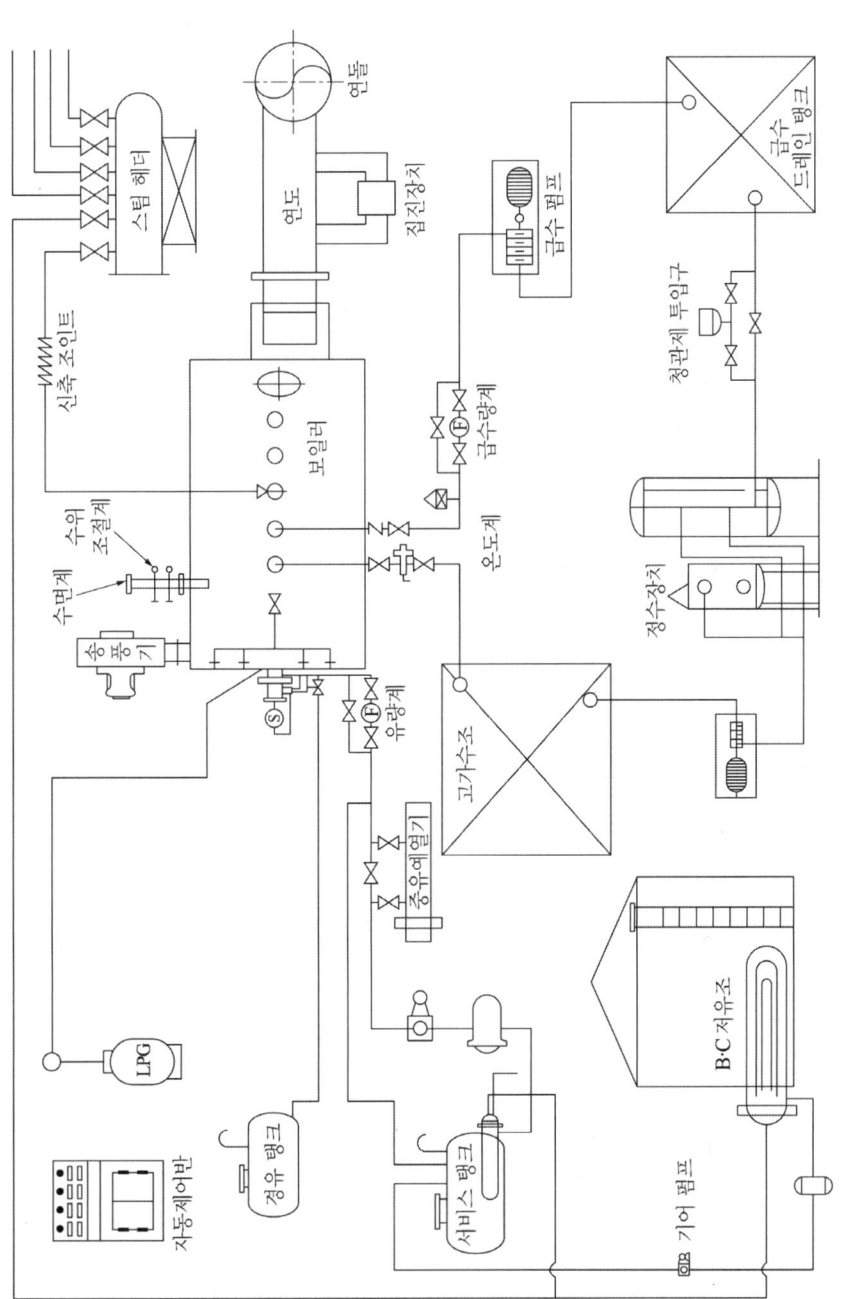

보일러 배관 계통도

약액 주입 탱크
압력계
수량계
급수 탱크
feed water tank
보일러
인젝터
기름예열기
탈기기
펌프
급유량계
증기 헤더
원수 탱크
경유 탱크
서비스 탱크
급유기어 펌프
B·C 탱크

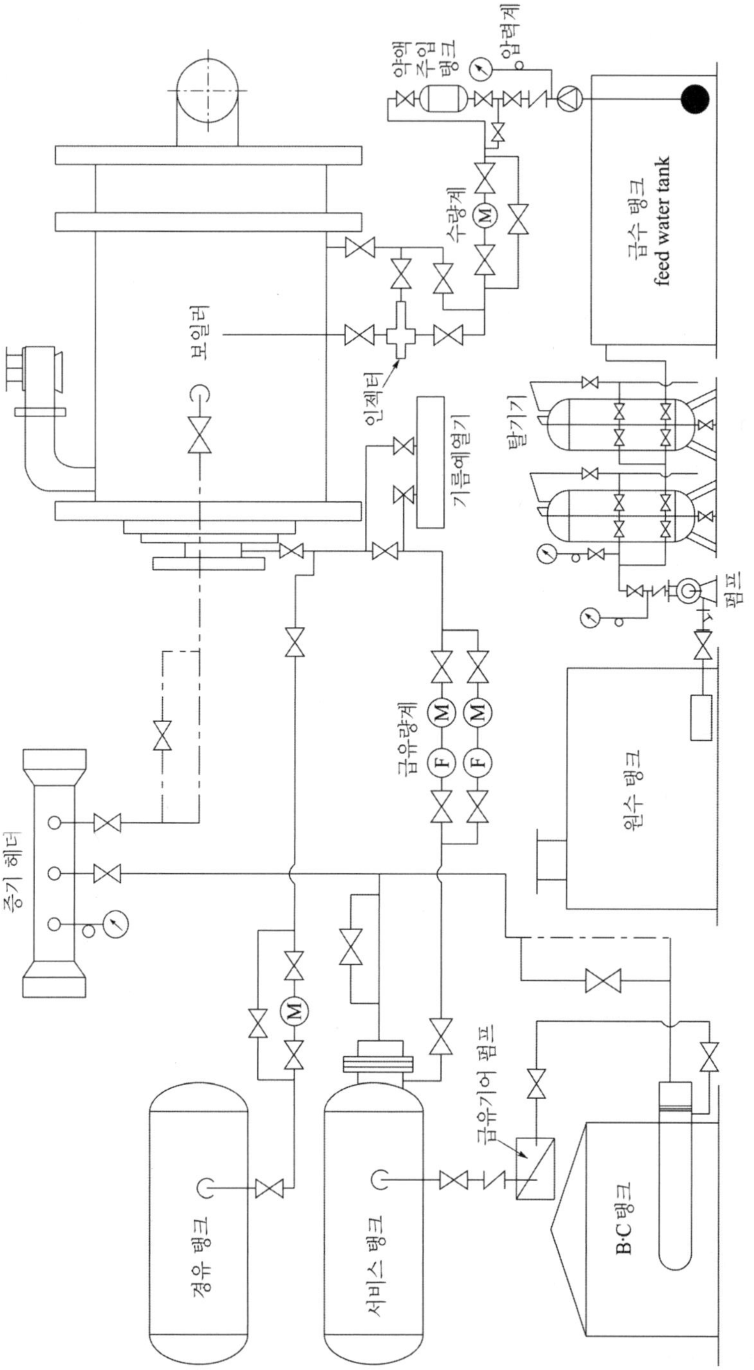

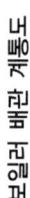

보일러 배관 계통도

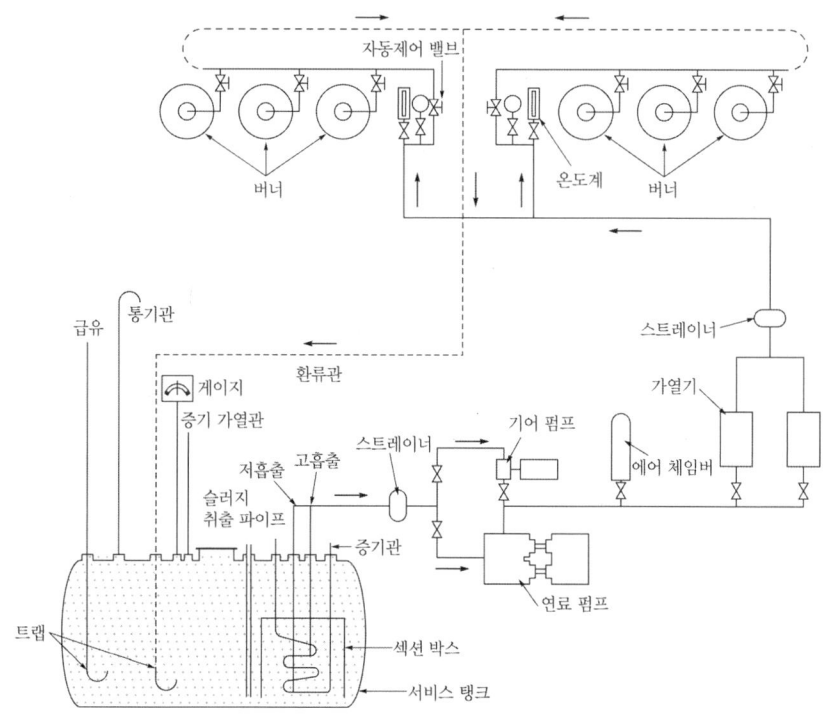

보일러 급유 계통도

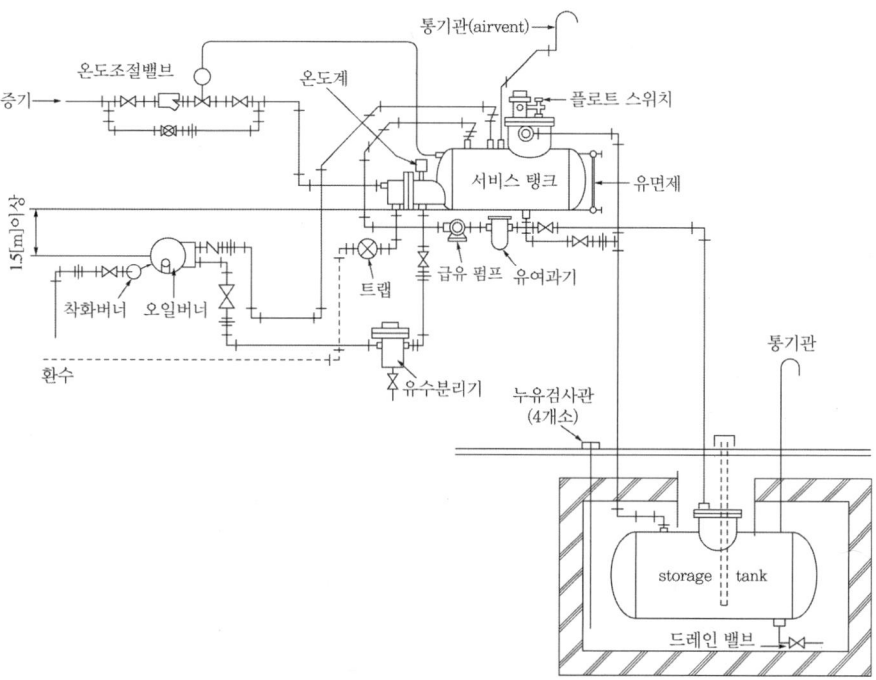

오일 서비스 탱크 주변 배관도

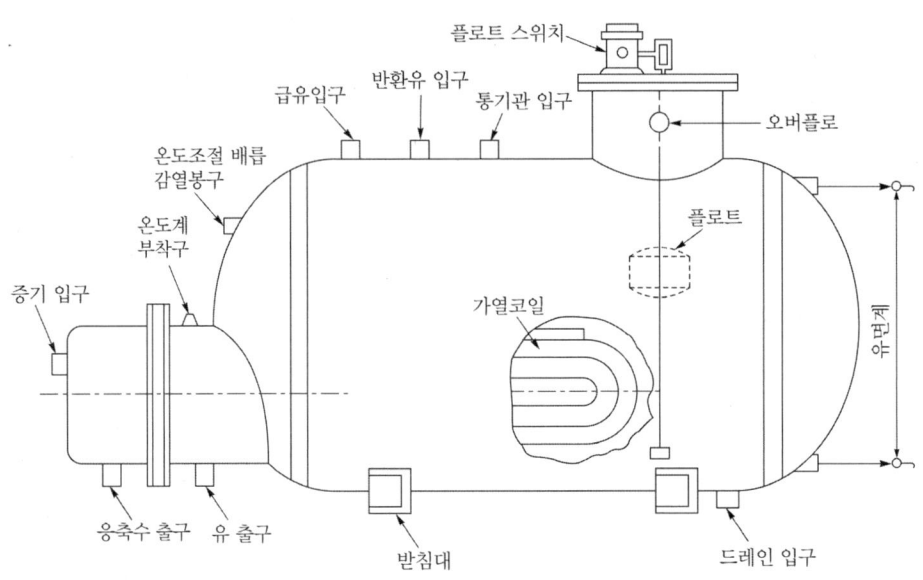

오일 서비스 탱크 상세도

2. 온수 보일러

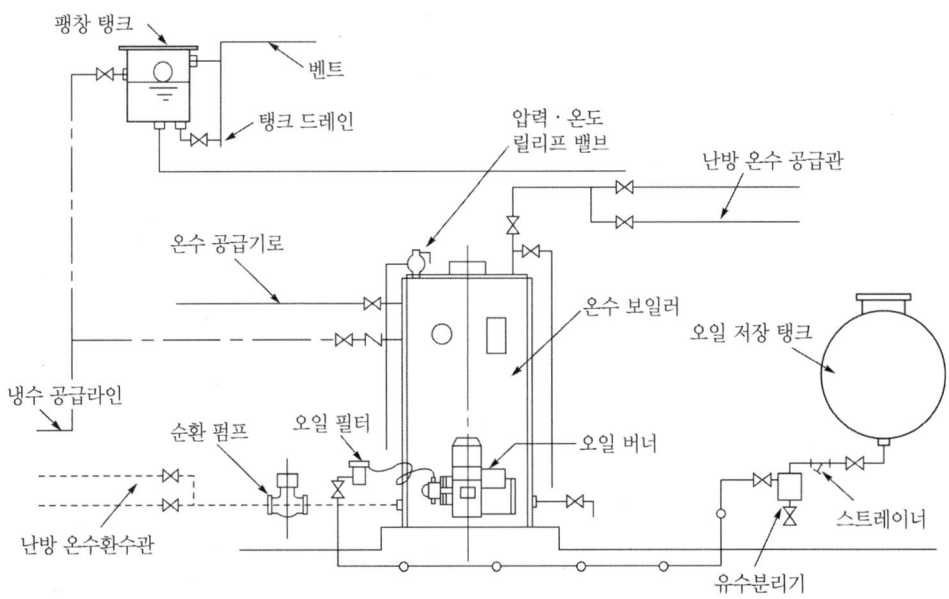

온수 보일러 계통도

제 2 장 보일러 시공도면 작성 및 해독

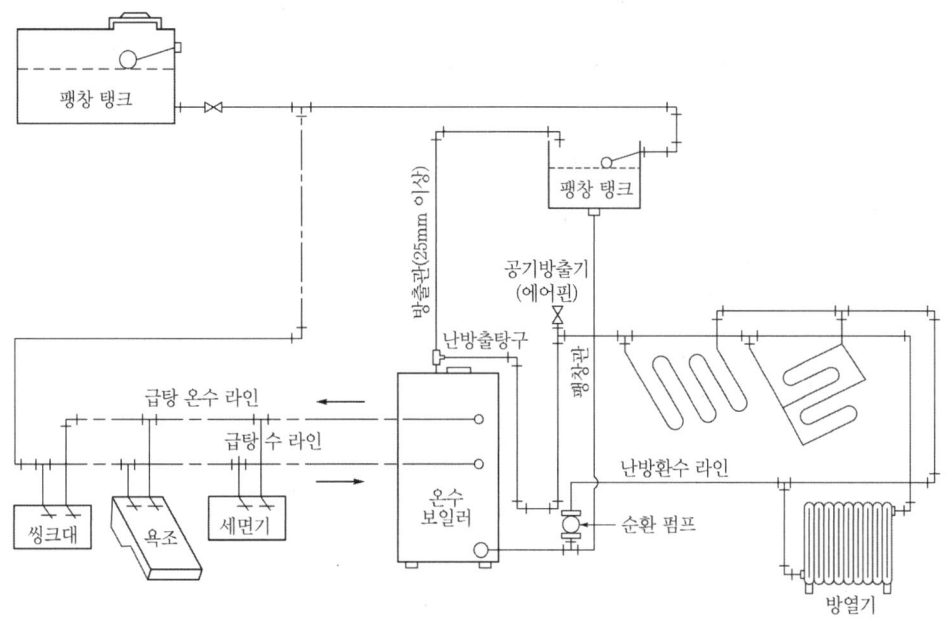

온수 보일러 계통도

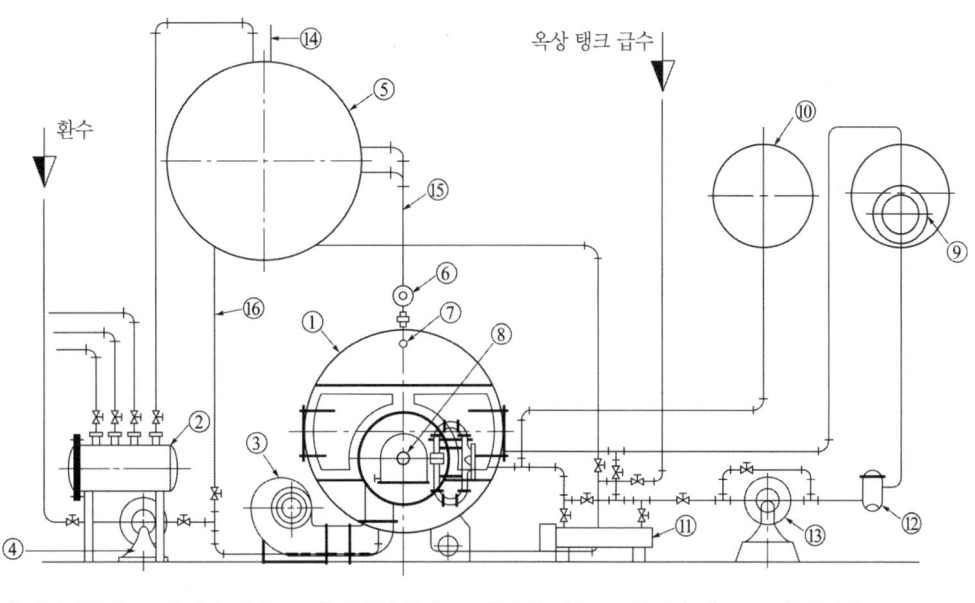

① 온수보일러 ② 온수 헤더 ③ 압입 송풍기 ④ 순환 펌프 ⑤ 온수 탱크 ⑥ 압력계
⑦ 온도계 ⑧ 버너 ⑨ 서비스 탱크 ⑩ 경유 탱크 ⑪ 유예열기 ⑫ 스트레이너
⑬ 기어 펌프 ⑭ 에어벤트 ⑮ 급탕관 ⑯ 순환관

온수 보일러 계통도

예 | 상 | 문 | 제

문제 01 배관도면을 작성할 때 그 지방의 해수면에 기준선(base line)을 설정하여 이 기준선으로부터의 높이를 표시하는 표시법을 무엇이라고 하는가?

해답▶ EL(elevation line) 표시법

문제 02 그림과 같은 배관 도시기호를 설명하시오.

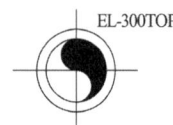

해답▶ 관의 윗면이 기준면보다 300[mm] 낮은 위치에 있다.

문제 03 [보기]는 배관 표시법의 설명이다. 다음 내용을 [보기]와 같은 방법으로 설명하시오.

> [보기] EL + 700 : 기준면으로부터 배관 중심부까지 높이가 700[mm] 상부에 있다.
> (단, EL은 해수면을 기준으로 한 것이다.)

(1) EL TOP + 300 :
(2) EL BOP − 300 :

해답▶ (1) 파이프 윗면이 기준면보다 300[mm] 높게 있다.
(2) 파이프 밑면이 기준면보다 300[mm] 낮게 있다.

문제 04 배관도면을 작성할 때 건물의 바닥면을 기준선으로 하여 높이를 표시하는 기호는?

해답▶ GL(ground line)

문제 05 다음 관 이음방법의 도시기호의 연결방법 명칭을 쓰시오.

해답▶ (1) 나사 이음   (2) 용접 이음   (3) 플랜지 이음

문제 06 관이음 방법에서 나사이음, 플랜지 이음, 턱걸이 이음, 납땜 이음, 용접 이음, 유니언 이음의 표시 방법을 도시하시오.

⑤ 용접 이음 : ✕   ⑥ 유니언 이음 : ┤├

문제 07 다음은 각 이음쇠의 이음방법을 도시한 것이다. 이음쇠의 명칭과 이음 방법을 쓰시오.

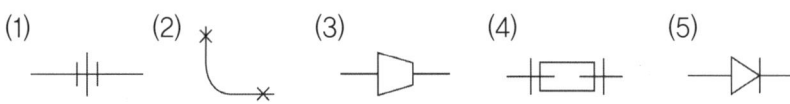

[해답] (1) 유니언 나사이음   (2) 엘보 용접이음   (3) 부싱 나사이음
(4) 슬리브 신축이음 플랜지 이음   (5) 리듀서 나사이음

문제 08 신축이음의 종류 4가지를 명칭과 함께 도시기호로 표시하시오.

[해답] ① 루프형 : 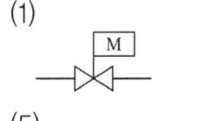   ② 슬리브형 :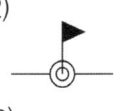

③ 벨로즈형 : 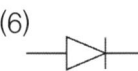   ④ 스위블형 :

문제 09 다음 배관 도시기호에 대한 명칭을 쓰시오.

(1)   (2)   (3)   (4)

(5)   (6)   (7)

[해답] (1) 전동 게이트(슬루스) 밸브   (2) 감압밸브   (3) 글로브(스톱) 앵글 밸브
(4) 콕   (5) 소켓
(6) 동심 리듀서   (7) 가는 티

문제 10 다음 배관 도시기호에 대한 명칭을 쓰시오.

(1) 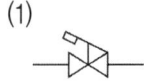   (2)    (3)    (4)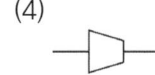

(5)   (6)   (7)   (8)

[해답] (1) 지렛대식 안전밸브   (2) 다이어프램 밸브   (3) 봉합밸브
(4) 부싱   (5) 편심 리듀서   (6) 안전밸브
(7) 플로트 밸브   (8) 전동 슬루스 밸브

문제 11 다음은 도면에 표시되는 유체의 종류를 나타내는 기호이다. 각각 유체의 명칭을 쓰시오.
(1) A :   (2) G :   (3) O :
(4) S :   (5) W :

해답 (1) 공기   (2) 가스   (3) 기름   (4) 수증기   (5) 물

문제 12 다음은 배관에 설치되는 부속품 표시이다. 명칭을 쓰시오.

▷●◁	①	PI	④
▷▷	②	TI	⑤
⋈	③		

해답 ① 글로브 밸브   ② 앵글밸브   ③ 스프링식 안전밸브   ④ 압력계   ⑤ 온도계

문제 13 방열기 도시기호에서 방열기 명칭을 쓰시오.
(1) ●▬●   (2) ●━━●   (3) ●|||||||●   (4) ●▭●

해답 (1) 주형 방열기   (2) 벽걸이형 방열기   (3) 핀 방열기   (4) 대류 방열기

문제 14 배관 공사에서 입체도를 기본적으로 그리는 이유를 3가지만 쓰시오.

해답 ① 계통도를 보다 구체적으로 지시할 경우
② 손실수두 또는 유량 등을 계산할 경우
③ 배관 및 관이음쇠의 수량을 산출할 경우
④ 배관을 가공하기 위해 관 가공도(加工圖)를 그릴 때

문제 15 주어진 배관 평면도를 제시된 방위에 맞도록 등각 투상도로 나타내시오.

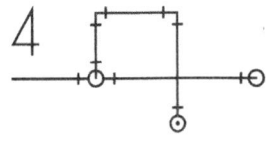   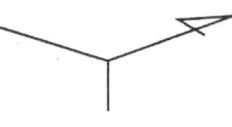

해답
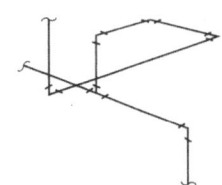

문제 16 다음 평면도 및 입면도에 맞추어 오른쪽의 입체도를 완성하시오.

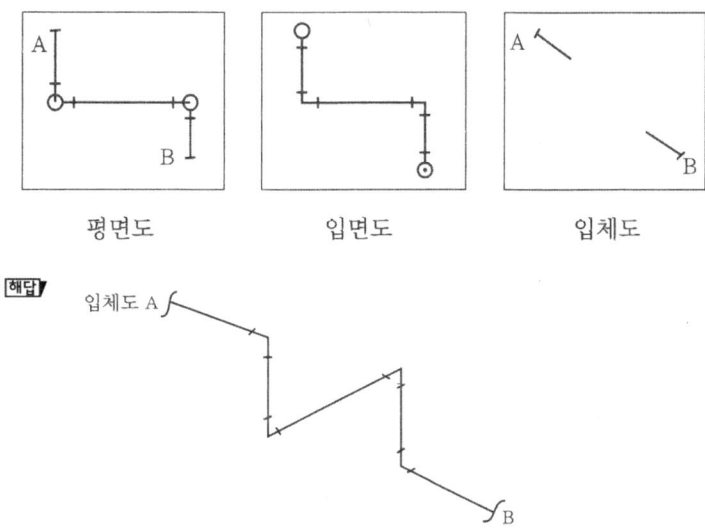

문제 17 아래에 주어진 평면도를 등각 투상도로 나타내시오.

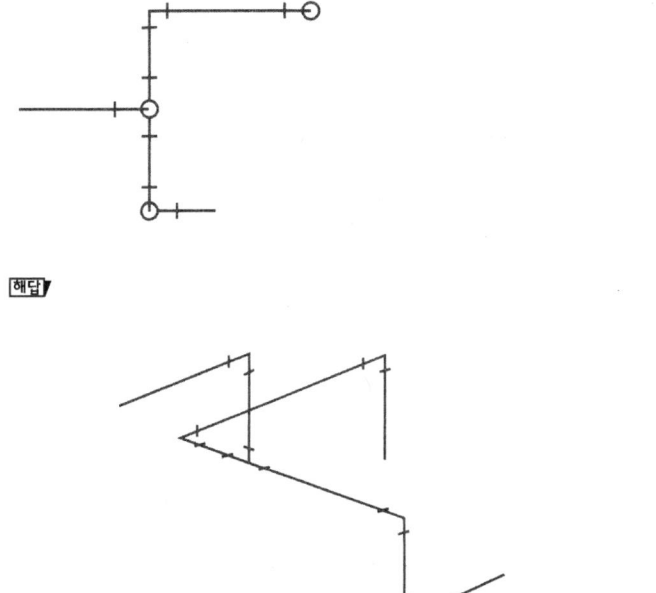

문제 18 다음 도면은 열교환기 주변 배관도이다. 표시된 ①~⑤까지의 명칭을 쓰시오.

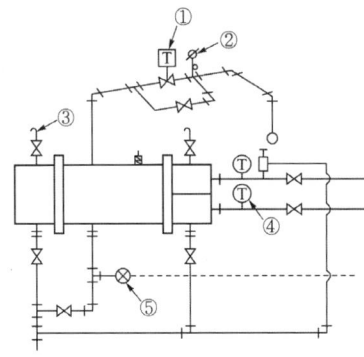

[해답] ① 온도조절 밸브 ② 압력계 ③ 안전밸브 ④ 온도계 ⑤ 증기 트랩

문제 19 열교환기가 과열되지 않도록 증기의 공급을 차단하고 공급온수의 온도가 일정하게 제어되도록 열교환기 주변 배관을 구성하려고 한다. [보기]에서 알맞은 부속장치를 찾아 (   ) 안에 번호와 명칭을 기입하시오.

[보기] ① 온수 순환펌프   ② 증기 트랩 장치
      ③ 전동 2방 밸브   ④ 전동 3방 밸브

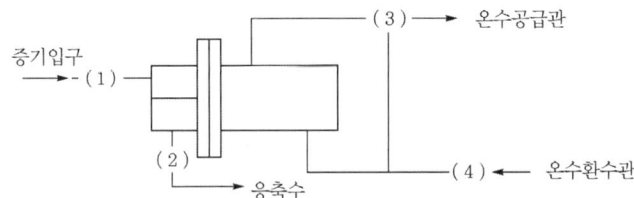

[해답] (1) ③ 전동 2방 밸브
       (2) ② 증기 트랩 장치
       (3) ④ 전동 3방 밸브
       (4) ① 온수 순환펌프

문제 20 다음 도면은 노통 연관식 보일러의 구조 및 부속장치에 대한 것이다. ①~⑫까지의 명칭을 쓰시오.

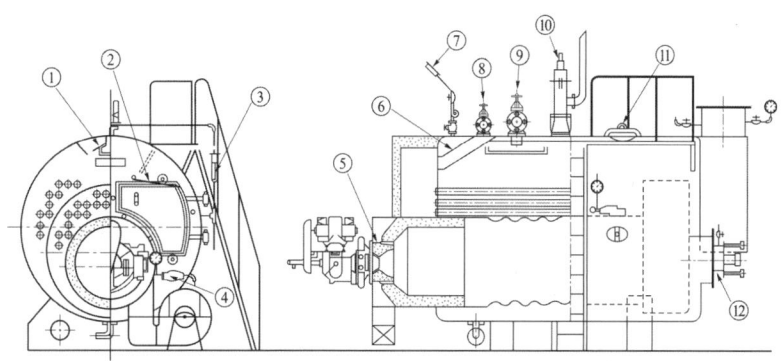

해답 ① 비수 방지관 ② 전부연실 커버 ③ 수면계 ④ 전자밸브 ⑤ 버너 타일
⑥ 거싯 스테이 ⑦ 압력계 ⑧ 보조 증기밸브 ⑨ 주증기 밸브 ⑩ 안전밸브
⑪ 맨홀 ⑫ 방폭문

문제 21 다음 노통 연관식 보일러의 단면도에서 번호로 표시된 ①~⑯까지의 명칭을 쓰시오.

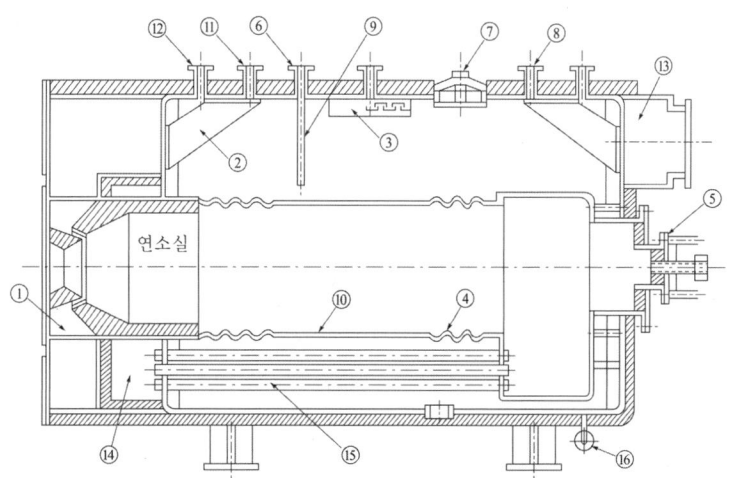

해답 ① 윈드 박스 ② 거싯 스테이 ③ 비수 방지관 ④ 파형 노통 ⑤ 방폭문
⑥ 급수밸브 ⑦ 맨홀 ⑧ 안전밸브 부착구 ⑨ 급수내관 ⑩ 평형 노통
⑪ 보조증기 밸브 ⑫ 압력계 부착구 ⑬ 연도입구 ⑭ 전연실 ⑮ 연관
⑯ 수저분출관

문제 22 다음 보일러 계통도의 ①~⑮까지의 명칭을 쓰시오.

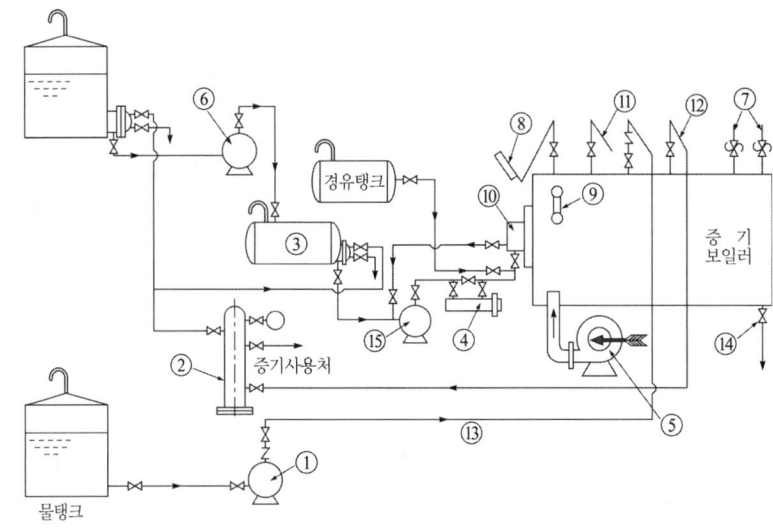

[해답] ① 급수펌프 ② 증기헤더 ③ 서비스 탱크 ④ 유예열기 ⑤ 송풍기 ⑥ 급유 펌프
⑦ 안전밸브 ⑧ 압력계 ⑨ 수면계 ⑩ 오일 버너 ⑪ 보조증기 밸브
⑫ 주증기 밸브 ⑬ 급수관 ⑭ 분출밸브 ⑮ 오일 펌프

문제 23 다음 보일러 배관 계통도에서 ①~⑩까지의 명칭을 쓰시오.

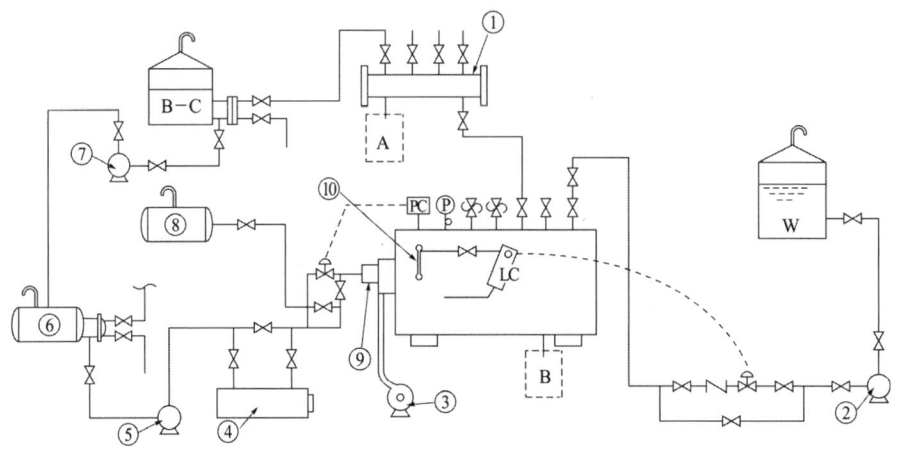

[해답] ① 증기헤더 ② 급수펌프 ③ 송풍기 ④ 유예열기 ⑤ 급유 펌프
⑥ 서비스 탱크 ⑦ 연료 이송 펌프 ⑧ 경유 탱크 ⑨ 오일 버너 ⑩ 수면계

문제 24 다음 도면은 보일러 배관 계통도이다. 도면을 참고하여 다음 물음에 답하시오.

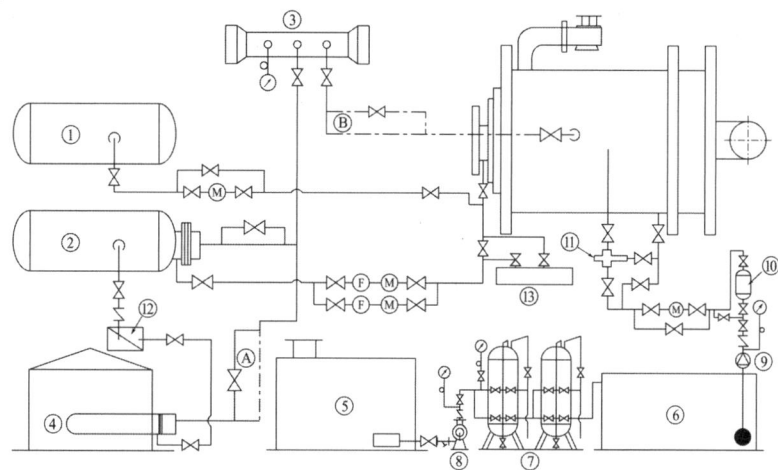

(1) ①~⑬까지의 기기 명칭을 쓰시오.
(2) 미완성된 A, B 부분의 배관을 완성하시오.

해답 (1) ① 경유 탱크 ② 서비스 탱크 ③ 증기헤더 ④ 오일 저장 탱크 ⑤ 저수조(물탱크)
    ⑥ 연수 탱크 ⑦ 경수연화장치 ⑧ 급수펌프 ⑨ 급수펌프 ⑩ 약액주입 탱크
    ⑪ 인젝터 ⑫ 연료이송 펌프 ⑬ 유예열기
(2) A부분 : 온도조절 밸브 라인   B부분 : 감압 밸브 라인

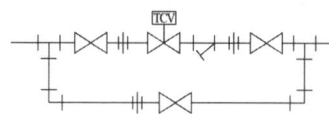 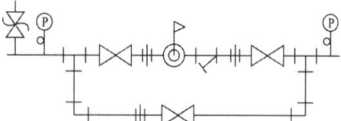

문제 25 다음 그림은 노통연관식 보일러가 설치된 개략도이다. 각부 명칭 중 ①, ⑨, ⑫, ⑬, ⑮, ㉔, ㉖, ㉜, ㊷, ㊸의 명칭을 쓰시오.

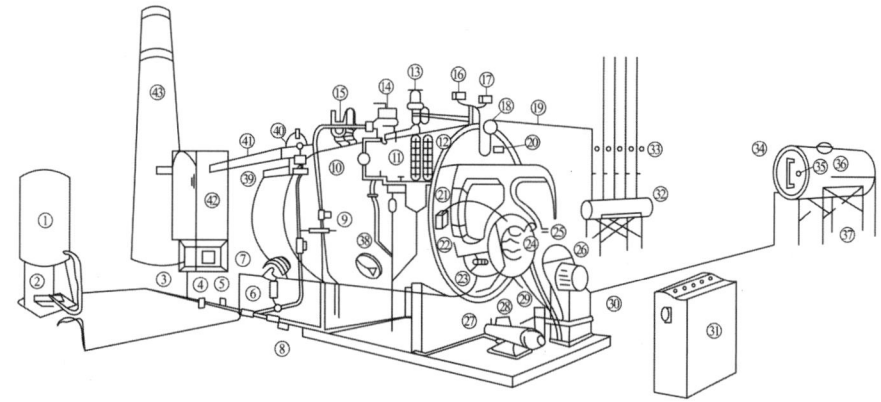

해답 ① 저수탱크 ⑨ 인젝터 ⑫ 수면계 ⑬ 주증기 밸브 ⑮ 안전밸브
    ㉔ 버너 ㉖ 압입송풍기 ㉜ 증기헤더 ㊷ 집진기 ㊸ 연돌

문제 26 다음 도면은 보일러실 계통도이다. 도면을 보고 다음 물음에 답하시오.

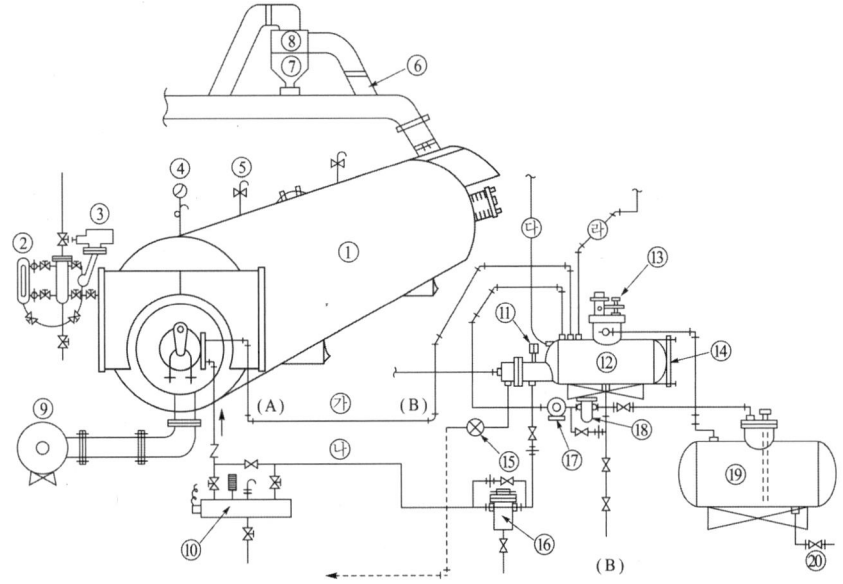

(1) 도면에서 ②, ③, ④, ⑤, ⑥, ⑨, ⑪, ⑬, ⑭, ⑮, ⑯, ⑰, ⑱, ⑲의 명칭을 쓰시오.
(2) 도면의 보일러는 연료소비량이 시간당 170[L]이고 ⑩번의 입구온도 40[℃], 예열온도가 70[℃]일 때 용량[kW·h]은 얼마가 적당한가? (단, 연료의 비열 0.45 [kcal/kg·℃], 연료의 비중 0.95, 효율 85[%]로 한다.)
(3) ⑦의 명칭과 형식을 쓰시오.
(4) 도면에서 ㉮ 배관 내의 유체는 어느 방향으로 흐르는가? (A 또는 B 방향으로 기재)
(5) 도면에서 잘못된 배관은 어느 것이며, 그 이유를 설명하시오.

해답 (1) ② 유리수면계 ③ 저수위 경보기 ④ 압력계 ⑤ 안전밸브 ⑥ 댐퍼 ⑨ 송풍기
⑪ 온도계 ⑬ 플로트 스위치 ⑭ 액면계 ⑮ 증기 트랩 ⑯ 유수분리기
⑰ 연료이송 펌프 ⑱ 오일 필터 ⑲ 메인 탱크(저유조)

(2) $kW \cdot h = \dfrac{G_f \cdot C_f \cdot \Delta t}{860 \eta} = \dfrac{170 \times 0.95 \times 0.45 \times (70-40)}{860 \times 0.85} = 2.982 ≒ 2.98 [kW \cdot h]$

(3) ① 명칭 : 집진기 ② 형식 : 사이클론식
(4) B 방향
(5) ① 잘못된 배관 : ㉮, ㉯ 배관
② 이유 : 배관 내부의 중유 응고를 방지하기 위하여 이중관으로 설비하여야 함

문제 27 다음 도면은 보일러 연소설비를 나타낸 것이다. 도면을 보고 다음 물음에 답하시오.

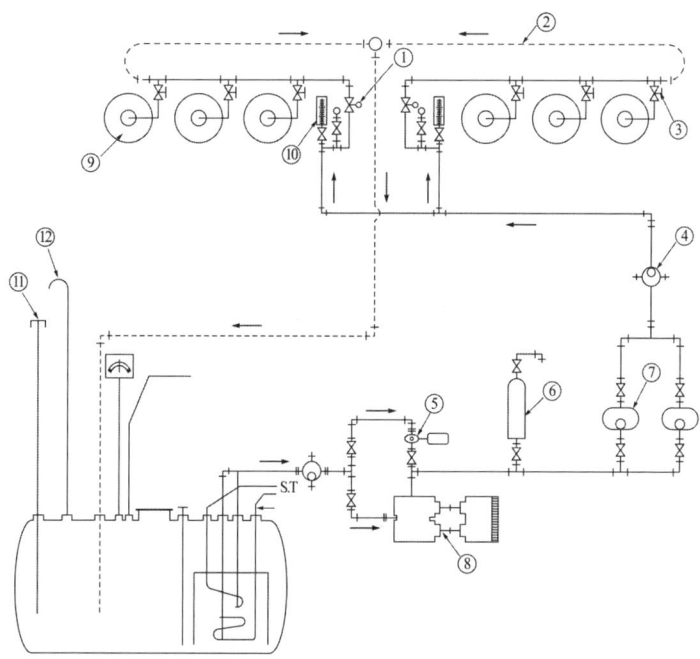

(1) 이 도면은 보일러 몇 대의 설비인가?
(2) ①~⑫까지의 명칭을 쓰시오.
(3) ②의 배관을 설치하지 않으면 안 되는 이유를 쓰시오.
(4) ⑫의 파이프 안지름은 최소 얼마 이상이어야 하는가?
(5) ⑨의 종류를 3가지 쓰시오.

해답 (1) 2대
(2) ① 자동제어밸브 ② 환류관(return line) ③ 오일조절 밸브 ④ 스트레이너
    ⑤ 기어펌프 ⑥ 공기실(air chamber) ⑦ 유예열기 ⑧ 연료이송 펌프 ⑨ 버너
    ⑩ 유온도계 ⑪ 급유구 ⑫ 통기관
(3) 부하량에 따라 버너에서 연소되는 연료량이 변하므로 저부하시 연소되지 않는 연료를 탱크로 되돌리지 않으면 배관 등에 압력이 가해져 사고의 우려가 있으므로 반드시 설치하여야 한다.
(4) 30[mm] 이상
(5) 회전분무식, 유압식, 기류식

문제 28 다음 도면은 보일러 배관 계통도이다. ①~⑲까지의 명칭을 기재하시오.

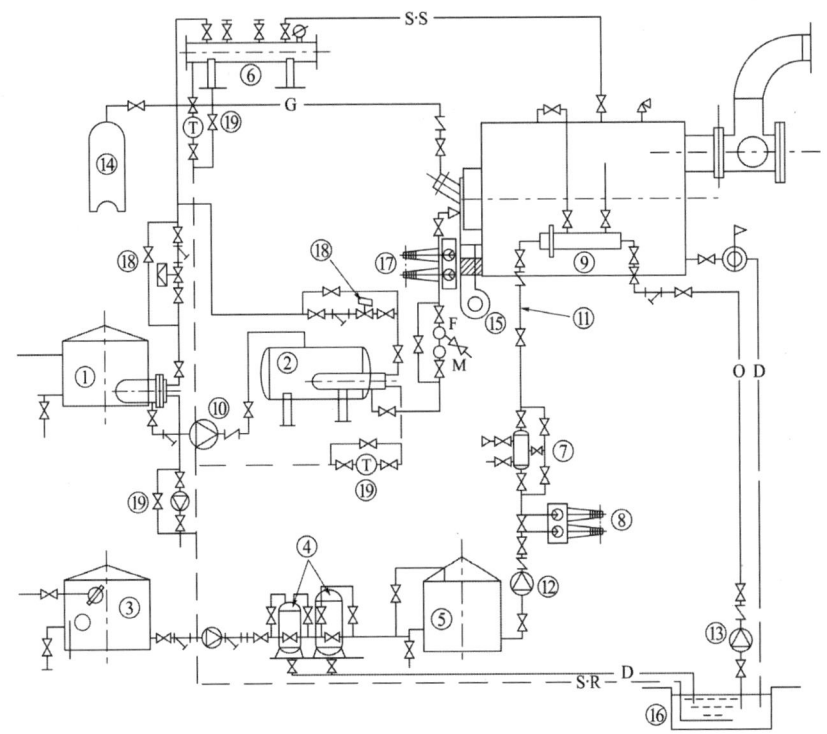

해답 ① 메인 저장탱크 ② 서비스 탱크 ③ 물탱크 ④ 경수연화장치 ⑤ 연수 탱크
⑥ 증기헤더 ⑦ 약액 주입장치 ⑧ 급수 조절장치 ⑨ 인젝터 ⑩ 연료이송 펌프
⑪ 급수량계 ⑫ 급수펌프 ⑬ 응축수 펌프 ⑭ LPG 용기 ⑮ 송풍기
⑯ 응축수 탱크 ⑰ 급유량 조절장치 ⑱ 자동 유온 조절장치 ⑲ 증기 트랩

문제 29 다음 도면은 보일러 배관 계통도이다. ①~⑬까지의 명칭을 쓰시오.

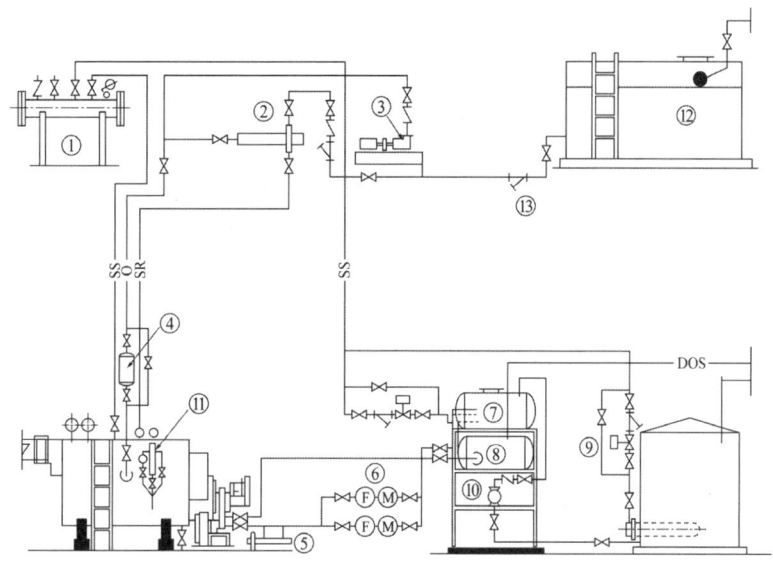

해답 ① 증기헤더 ② 인젝터 ③ 급수펌프 ④ 약액주입장치 ⑤ 유예열기 ⑥ 유량계
⑦ 서비스 탱크 ⑧ 경유탱크 ⑨ 온도조절장치 ⑩ 급유펌프 ⑪ 수면계 ⑫ 급수탱크
⑬ 여과기

문제 30 다음은 수관식 보일러의 설비도면이다. 아래 물음에 답하시오.

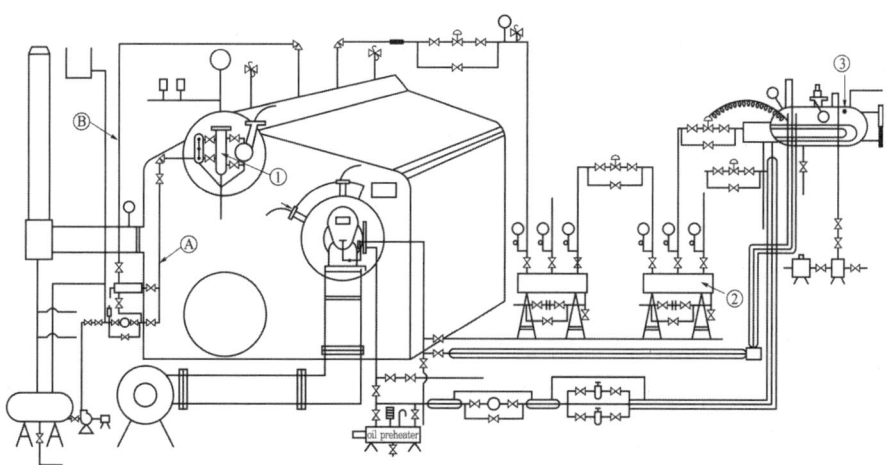

(1) ①~③의 각 부위 명칭을 쓰시오.
(2) Ⓐ, Ⓑ 라인 속에 흐르는 유체 명칭을 쓰시오.

해답 (1) ① 수주   ② 증기헤더   ③ 오일 서비스 탱크
(2) Ⓐ 급수(물)   Ⓑ 증기

문제 31 다음 노통 연관 보일러의 계통도에 지시된 ①~⑤ 부품의 명칭을 쓰시오.

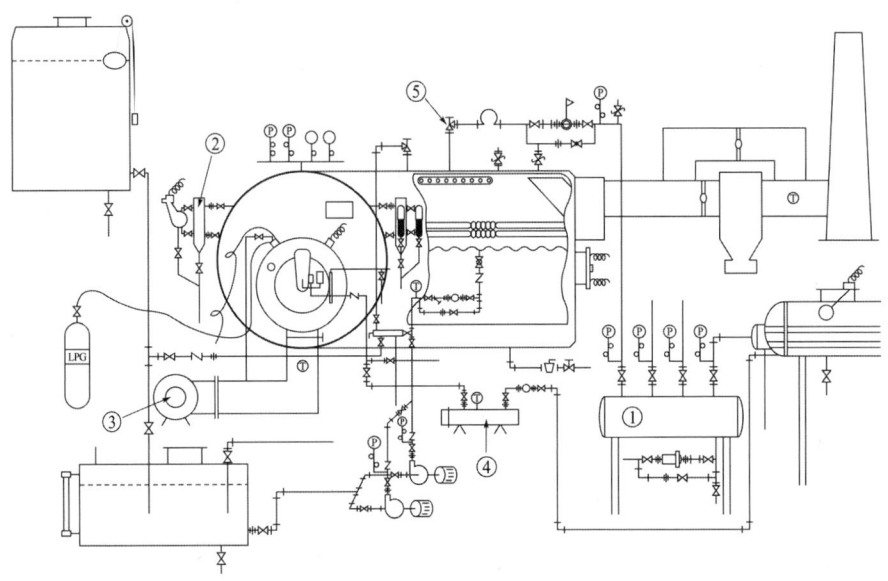

해답 ① 스팀헤더 ② 수주 ③ 송풍기 ④ 유예열기 ⑤ 주증기 밸브

문제 32 다음 도면은 보일러 계통도이다. 도면에서 ①~⑤의 명칭을 쓰시오.

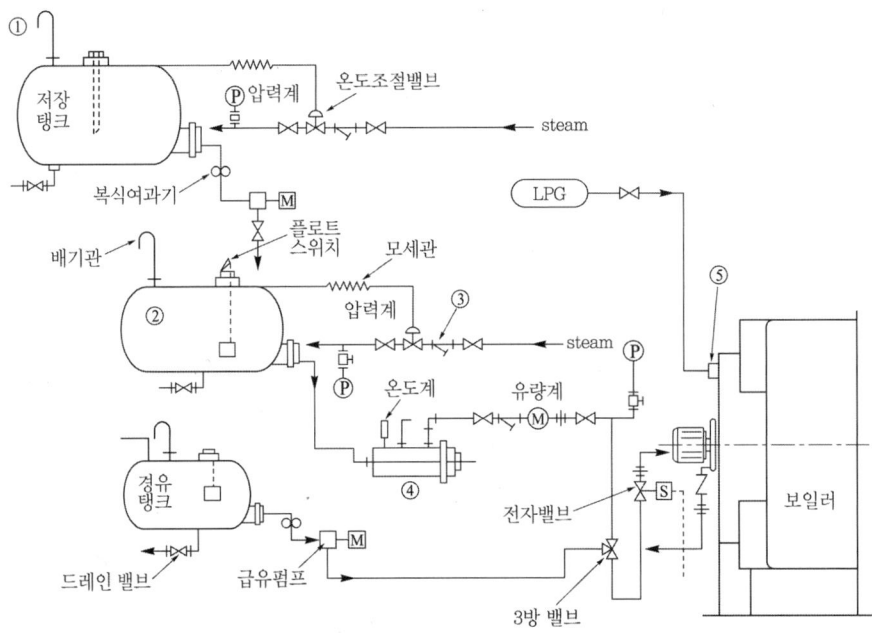

해답 ① 배기관 ② 오일 서비스 탱크 ③ 여과기 ④ 연료 예열기 ⑤ 버너 착화기

문제 33 다음 도면은 보일러 급유장치의 개략도이다. 다음 물음에 답하시오.

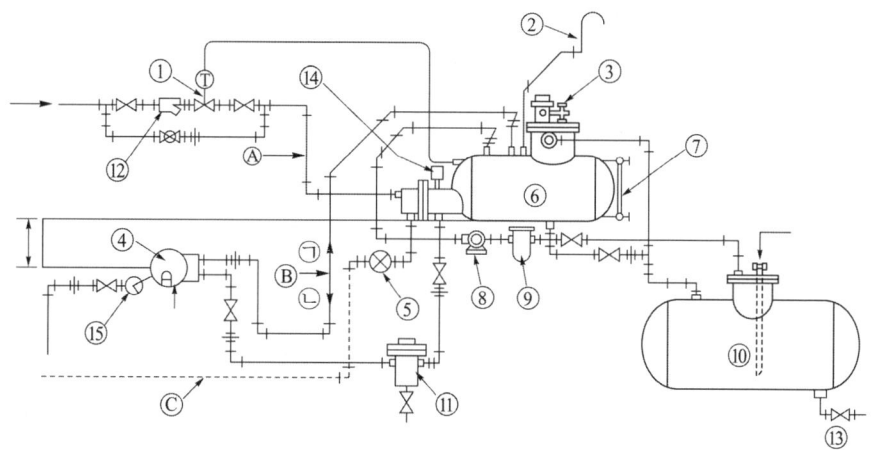

(1) 도면에서 ①~⑮의 명칭을 쓰시오.
(2) 도면에서 Ⓐ, Ⓑ, Ⓒ 라인에 흐르는 유체명을 쓰시오.
(3) Ⓑ 라인에 흐르는 유체의 방향은 ㉠, ㉡ 중 어느 방향인가?

해답 (1) ① 온도조절 밸브 ② 통기관 ③ 플로트 스위치 ④ 버너 ⑤ 증기 트랩
⑥ 오일 서비스 탱크 ⑦ 유면계 ⑧ 연료이송 펌프 ⑨ 오일 필터 ⑩ 메인 탱크
⑪ 유수분리기 ⑫ 스트레이너 ⑬ 드레인 밸브 ⑭ 온도계 ⑮ 착화기
(2) Ⓐ 증기 Ⓑ 환유되는 중유 Ⓒ 응축수   (3) ㉠ 방향

문제 34 다음 오일 서비스 탱크의 상세도에서 ①~⑮까지의 명칭을 쓰시오.

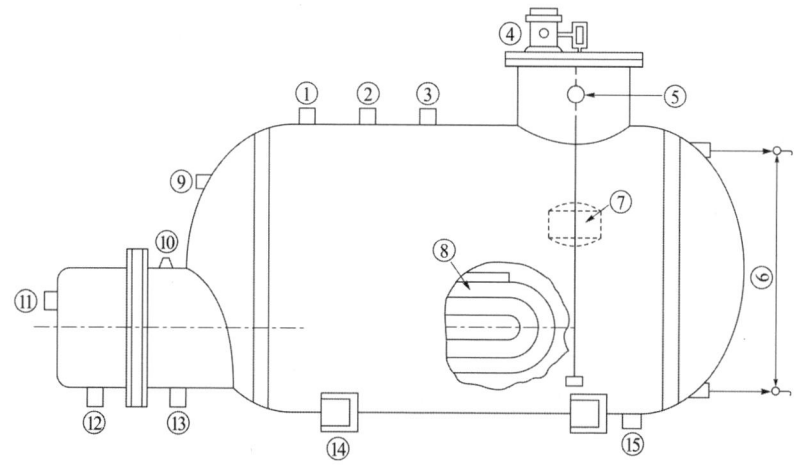

해답 ① 급유입구 ② 반환유 입구 ③ 통기관 입구 ④ 플로트 스위치 ⑤ 오버 플로어
⑥ 유면계 ⑦ 플로트 ⑧ 가열코일 ⑨ 온도조절밸브 감열봉구 ⑩ 온도계 부착구
⑪ 증기입구 ⑫ 응축수 출구 ⑬ 유 출구 ⑭ 받침대 ⑮ 드레인 입구

문제 35 다음 도면은 서비스 탱크 주위 배관도이다. ①~④ 부품의 명칭과 (a)에 알맞은 장치명을 쓰시오.

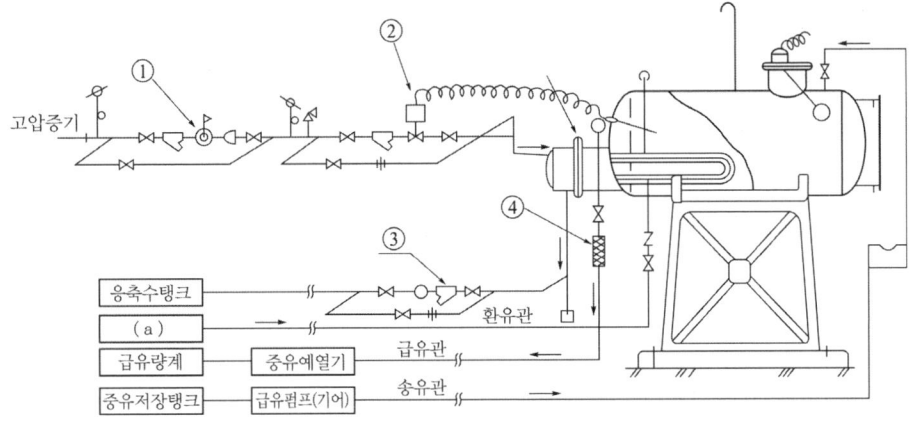

해답 ① 감압밸브 ② 자동온도 조절밸브 ③ 여과기(strainer) ④ 플렉시블 (a) 버너

문제 36 다음 그림은 보일러 급수계통의 장치 배관도를 나타낸 그림이다. ①~⑤의 부품 명칭을 쓰시오.

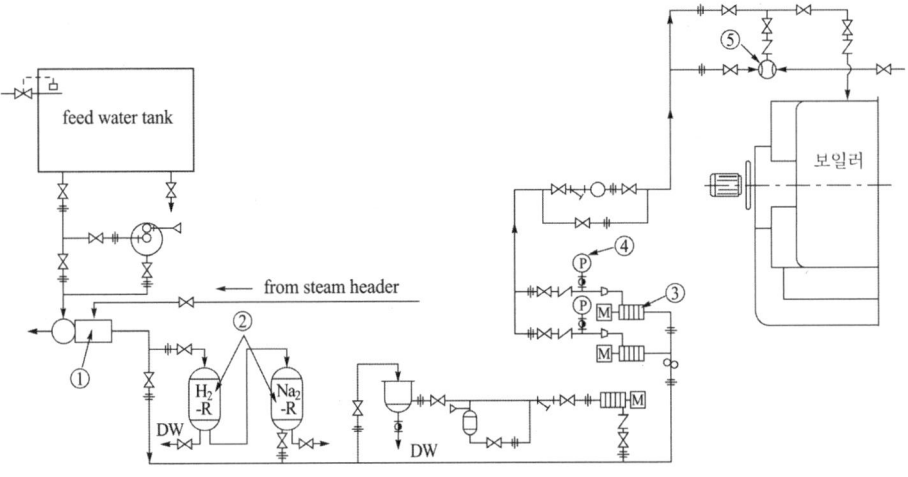

해답 ① 탈기기 ② 이온교환수지탑 ③ 급수펌프 ④ 압력계 ⑤ 인젝터

문제 37 다음 도면은 증기 보일러의 인젝터(injector) 주위 배관도를 미완성한 것이다. ①~④ 지점에 알맞은 부품에 대한 도시기호를 그려 넣어 옳게 도면을 완성하시오.

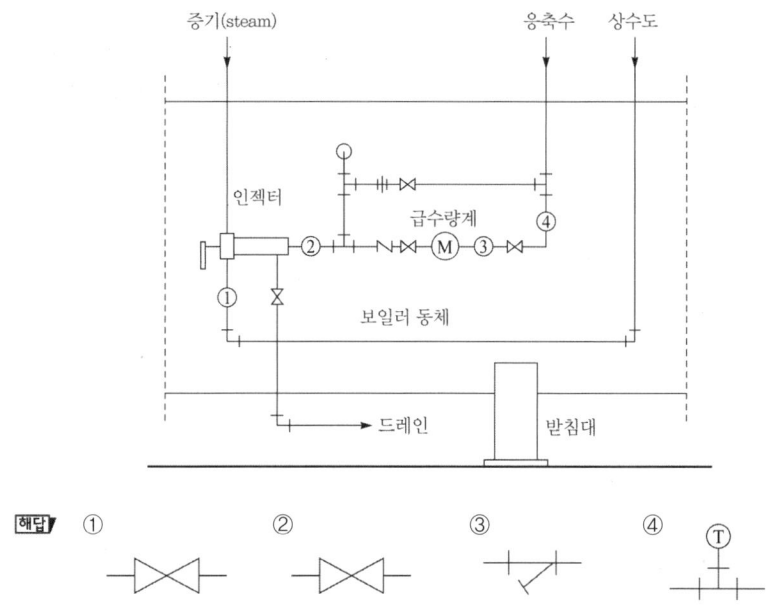

문제 38 다음은 유류 연소용 온수보일러이다. ①~⑥의 명칭을 쓰시오.

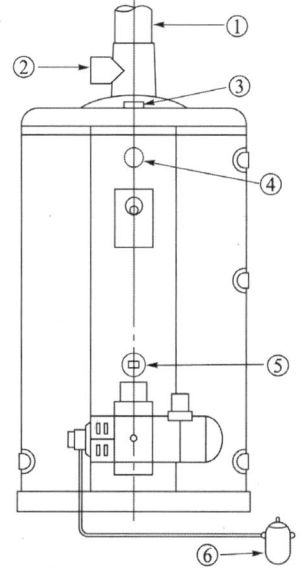

해답 ① 연도 ② 드래프트 레귤레이트 ③ 난방 공급구 ④ 온도계
⑤ 투시구(감시창) ⑥ 오일 필터

문제 39 온수 보일러의 설치 개략도를 보고 ①~⑤의 명칭을 쓰시오.

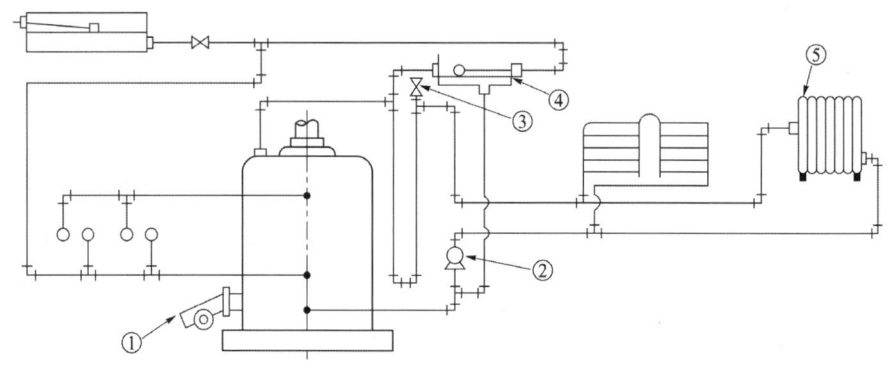

[해답] ① 버너 ② 온수 순환펌프 ③ 공기빼기 밸브 ④ 팽창탱크 ⑤ 방열기

문제 40 소형 온수보일러의 설치도에서 목욕탕 급탕과 온수난방을 하고 할 때 연결이 안 된 부분을 연결하고 유체의 흐름방향도 표시하시오.

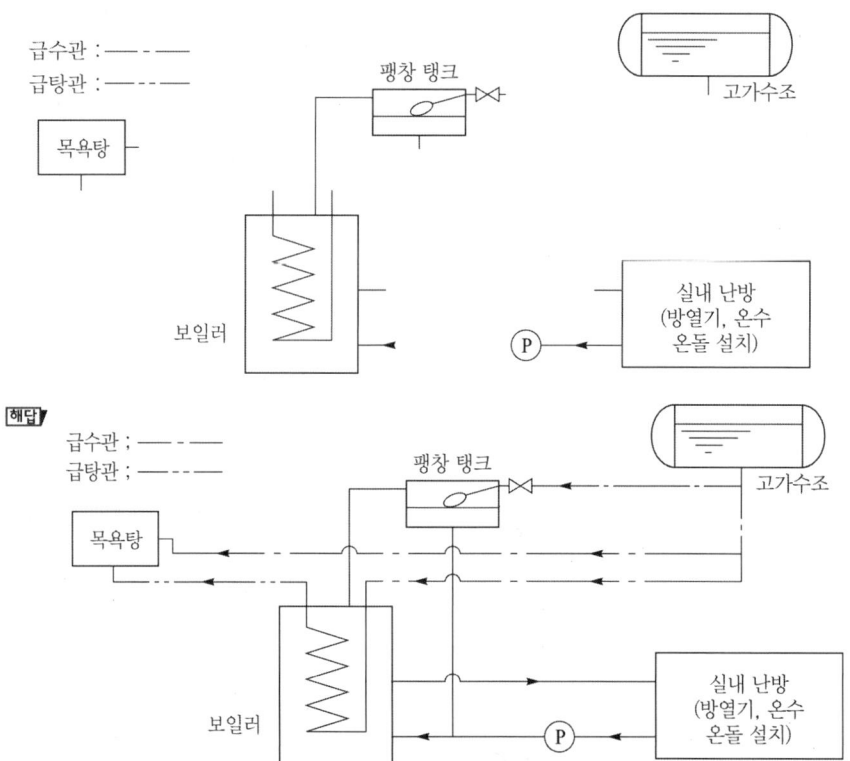

문제 41 온수 보일러 시공도이다. 물음에 답하시오.

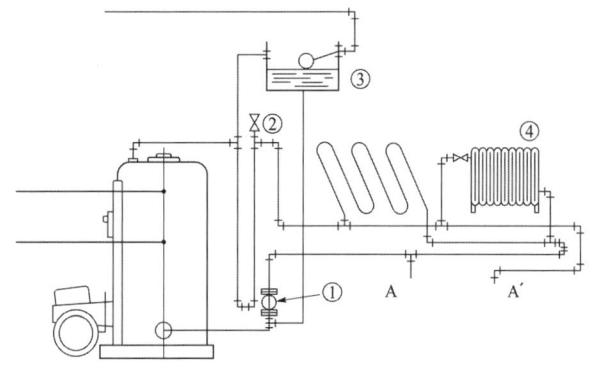

(1) ①~④의 명칭을 쓰시오.
(2) A와 A' 사이에 분리주관식 방열관을 작도하시오.

[해답] (1) ① 순환펌프 ② 공기빼기 밸브 ③ 팽창탱크 ④ 방열기
(2)

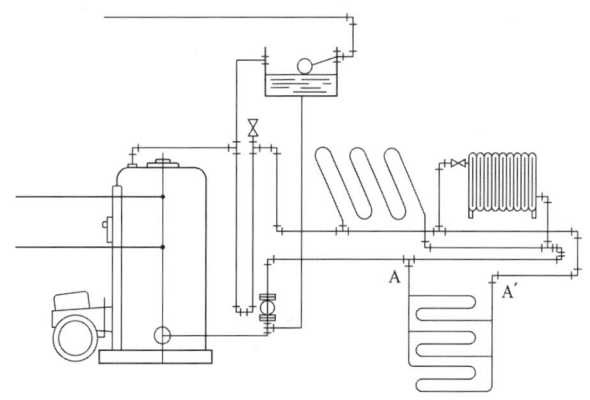

문제 42 온수보일러 설치 시공도를 보고 물음에 답하시오.

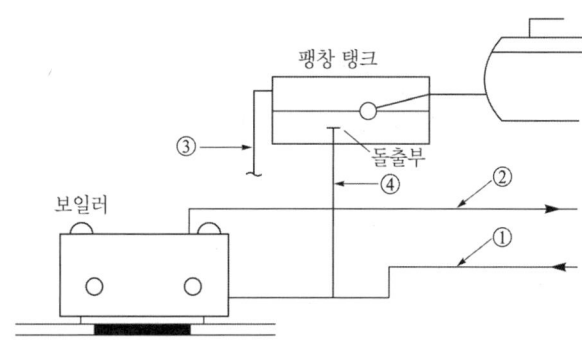

(1) ①~④ 까지의 배관 명칭을 쓰시오.
(2) ④번관의 돌출부는 팽창탱크 바닥면에서 최소 얼마이상 돌출되어야 하는가?

[해답] (1) ① 환수주관　② 송수주관　③ 오버플로관　④ 팽창관
　　　(2) 25[mm]

문제 43 온수난방 도면을 보고 물음에 답하시오.

(1) 온수 순환방법에 따른 분류 명칭은 무엇인가?
(2) 온수의 공급 방법에 따른 분류 명칭은 무엇인가?
(3) 보일러와 방열기의 위치에 따른 분류 명칭은 무엇인가?
(4) 도면 중 AV, RV는 무엇을 나타내는 것인가?

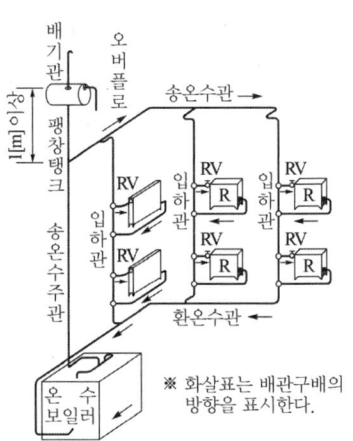

[해답] (1) 자연순환식
　　　(2) 하향공급식
　　　(3) 상향순환식
　　　(4) ① 공기빼기 밸브(air vent valve)
　　　　　② 방열기 밸브(radiator valve)

문제 44 그림과 같은 난방방법의 명칭을 쓰시오.

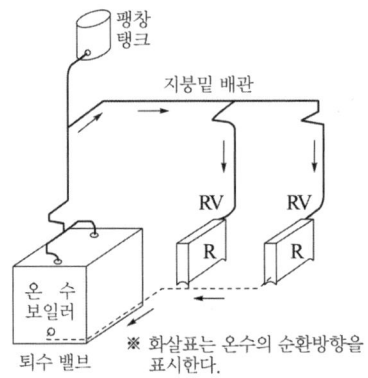

[해답]　동층(同層) 온수난방법

문제 45 2회로식 온수 보일러의 단면도에서 ①~⑥의 기기 또는 연결되는 배관 명칭을 쓰시오.

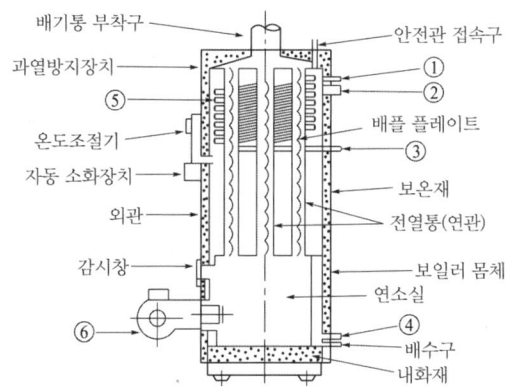

[해답] ① 급탕출구 ② 난방출구 ③ 급수입구 ④ 난방환수구 ⑤ 간접가열코일 ⑥ 버너

문제 46 온수보일러 계통도를 보고 물음에 답하시오.

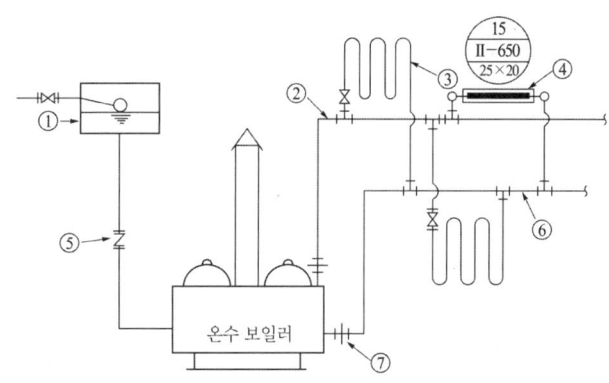

(1) 도면에서 ①~⑦까지 명칭을 쓰시오.
(2) ①~⑦ 부품 중 설치되어서는 안 되는 것이 있다. 그 번호를 쓰고 이유를 설명하시오.

[해답] (1) ① 팽창탱크 ② 송수주관 ③ 방열관 ④ 방열기 ⑤ 체크밸브
　　　　　　⑥ 환수주관 ⑦ 유니언
　　　(2) 설치되어서는 안 되는 것 : ⑤
　　　　　이유 : 팽창관에는 체크밸브나 슬루스밸브와 같이 흐름을 차단하는 것을 설치하면 온도 상승에 따른 온수팽창을 팽창탱크로 보낼 수 없어 시설의 파손우려가 있다.

문제 47 온수보일러 계통도를 보고 물음에 답하시오.

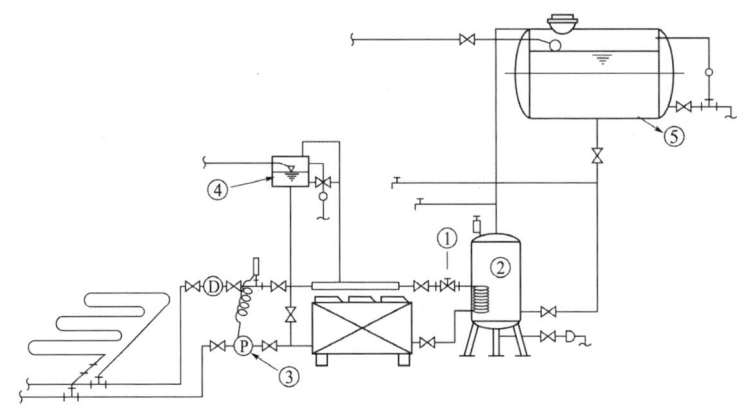

(1) 계통도에서 ①~⑤까지의 명칭을 쓰시오.
(2) 도면에서 밸브가 설치되어서는 안 되는 곳이 있다. 어느 부분인지 설명하시오.

해답 (1) ① 온도조절밸브 ② 온수탱크 ③ 순환펌프 ④ 환수주관 ⑤ 옥상물탱크
(2) 팽창탱크에 연결된 팽창관

제3장 배관재료의 종류

3.1 관 및 관 이음쇠의 종류 및 특징

1. 관의 종류 및 특징

(1) 강관(steel pipe)

(가) 특징
- ㉮ 인장강도가 크고, 내충격성이 크다.
- ㉯ 배관작업이 용이하다.
- ㉰ 비철금속관에 비하여 경제적이다.
- ㉱ 부식이 발생하기 쉽다.
- ㉲ 배관수명이 짧다.

(나) 강관의 분류
- ㉮ 재질에 의한 분류 : 탄소강 강관, 합금강 강관, 스테인리스관 등
- ㉯ 제조방법에 의한 분류 : 이음매 없는 관, 이음매 있는 관(단접관, 가스용접관, 전기저항 용접관, 아크 용접관)
- ㉰ 표면처리에 의한 분류 : 흑관, 백관(아연도금강관)
- ㉱ 제조방법 분류

기 호	제조 방법	기 호	제조 방법
-E	전기저항 용접관	-E-C	냉간 완성 전기저항 용접관
-B	단 접 관	-B-C	냉간 완성 단접관
-A	아크 용접관	-A-C	냉간 완성 아크 용접관
-S-H	열간가공 이음매 없는 관	-S-C	냉간 완성 이음매 없는 관

(다) 스케줄 번호(schedule number) : 유체의 사용압력(P)과 그 상태에 있어서 재료의 허용응력(S)과의 비에 의해서 파이프 두께의 체계를 표시하는 것이다.

$$\text{Sch No} = 10 \times \frac{P}{S}$$

여기서 P : 사용압력[kgf/cm^2]

S : 재료의 허용응력[kgf/mm^2] $\left(S = \dfrac{\text{인장강도 [kgf/mm}^2]}{\text{안전율}}\right)$

※ 안전율은 주어지지 않으면 4를 적용한다.

※ 참고

압력(P) = [kgf/cm²], 허용응력(S) 및 인장강도 = [kgf/cm²]

$$\text{Sch N}\underline{o} = 1000 \times \frac{P}{S}$$

강관의 종류와 용도

종류		규격기호	주요용도와 기타사항
배관용	배관용 탄소강관	SPP	사용압력이 비교적 낮은(10[kgf/cm²] 이하) 증기, 물, 기름, 가스 및 공기의 배관용으로 사용되며 백관과 흑관이 있다. 호칭지름 6~500[A]
	압력 배관용 탄소강관	SPPS	350[℃] 이하의 온도에서 압력 10~100[kgf/cm²]까지의 배관에 사용한다. 호칭은 호칭지름과 두께(스케줄 번호)에 의한다. 호칭지름 6~500[A]
	고압 배관용 탄소강관	SPPH	350[℃] 이하의 온도에서 압력 100[kg/cm²] 이상의 배관에 사용한다. 호칭은 SPPS관과 동일하다. 호칭지름 6~500[A]
	고온 배관용 탄소강관	SPHT	350[℃] 이상의 온도에서 사용하는 배관용이다. 호칭은 SPPS관과 동일하다. 호칭지름 6~500[A]
	배관용 아크 용접 탄소강관	SPW	사용압력 10[kgf/cm²] 이하의 비교적 낮은 증기, 물, 기름, 가스 및 공기 등의 배관용이다. 호칭지름 350~1500[A]
	배관용 합금 강관	SPA	주로 고온도의 배관에 사용한다. 두께는 스케줄 번호에 따름. 호칭지름 6~500[A]
	배관용 스테인리스 강관	STS×T	내식용, 내열용 및 고온 배관용, 저온 배관용 사용한다. 두께는 스케줄 번호에 따름. 호칭지름 6~300[A]
	저온 배관용 강관	SPLT	빙점이하의 저온도 배관에 사용한다. 두께는 스케줄 번호에 따름. 호칭지름 6~500[A]
수도용	수도용 아연 도금 강관	SPPW	SPP관에 아연도금을 실시한 관으로 정수두 100[m] 이하의 수도에서 주로 급수관에 사용한다. 호칭지름 6~500[A]
	수도용 도복장 강관	STPW	SPP관 또는 SPW관에 피복한 관으로 정수두 100[m] 이하의 수도용에 사용한다. 호칭지름 80~1500[A]
열전달용	보일러 열교환기용 탄소강관	STBH	관의 내외에서 열의 교환을 목적으로 하는 곳에 사용한다. 보일러의 수관, 연관, 과열관, 공기예열관, 화학공업용이나 석유공업의 열교환기 콘덴서관, 촉매관, 가열관 등에 사용한다. 관지름 15.9~139.8[mm], 두께 1.2~12.5[mm]이다.
	보일러 열교환기용 합금강관	STHA	
	보일러 열교환기용 스테인리스 강관	STS×TB	
	저온 열교환기용 강관	STLT	빙점이하의 특히 낮은 온도에서관의 내외에서 열의 교환을 목적으로 하는 관이다. 열교환기관, 콘덴서관에 사용한다.

종류		규격기호	주요용도와 기타사항
구조용	일반구조용 탄소강관	SPS	토목, 건축, 철탑, 발판, 지주, 비계, 말뚝, 기타의 구조물에 사용한다. 관지름 21.7~1016[mm], 두께 1.2~12.5[mm]이다.
	기계 구조용 탄소강관	SM	기계, 항공기, 자동차, 자전거, 가구, 기구 등의 기계부품에 사용한다.
	구조용 합금강관	STA	항공기, 자동차, 기타의 구조물에 사용한다.

(2) 스테인리스 강관(stainless pipe)

㈎ 특징

㉮ 내식성, 내마모성이 우수하다.

㉯ 관마찰저항이 작아 손실수두가 적다.

㉰ 강도가 크고, 굽힘작업이 어렵다.

㉱ 열전도율이 낮다(14.04[kcal/h·m·℃]).

㉲ 압축이음으로 배관작업이 용이하지만, 보수작업이 어렵다.

㈏ 스테인리스강의 종류

㉮ STS410(13크롬 스테인리스강) : 마텐자이트계

㉯ STS430(18크롬 스테인리스강) : 페라이트계

㉰ STS304(18-8 스테인리스강) : 오스테나이트계

(3) 동관(copper pipe)

㈎ 특징

㉮ 장점

ⓐ 담수(淡水)에 대한 내식성이 우수하다.

ⓑ 열전도율이 좋고, 가공성이 좋아 배관시공이 용이하다.

ⓒ 아세톤, 프레온 가스 등 유기약품에 침식되지 않는다.

ⓓ 관 내부에서 마찰저항이 적다.

㉯ 단점

ⓐ 연수(軟水)에는 부식된다.

ⓑ 외부의 기계적 충격에 약하다.

ⓒ 가격이 비싸다.

ⓓ 암모니아(NH_3), 초산, 진한황산(H_2SO_4)에는 심하게 부식된다.

⑷ 동관의 종류
㉮ 소재 및 제조 방법에 의한 분류
ⓐ 인성동관(tough pitch copper tube) : 전기 및 열의 전도성이 우수하며, 고온의 환원성 분위기에서는 수소취화 현상이 발생할 수 있다. 전기부품, 열교환기관 등에 주로 사용한다.
ⓑ 인탈산 동관(phosphorus deoxidized copper tube) : 동을 인(P)으로 탈산처리한 것으로 전기전도성은 인성동관보다 낮으며, 고온에서도 수소취화 현상이 발생하지 않는다. 일반배관, 열교환기용, 건축설비 재료에 사용한다.
ⓒ 무산소 동관(oxygen free copper tube) : 전기전도성이 우수하며, 고온에서도 수소취화 현상이 발생하지 않는다. 전기용 재료, 화학공업용에 사용한다.
㉯ 재질에 의한 분류
ⓐ 연질(O : soft of annealed) : 가공 및 작업이 용이하며 상수도, 가스배관 등에 사용한다. 인장강도 21[kgf/mm^2] 이상, 로크웰 경도(HR15T) 60 이하이다.
ⓑ 반연질(OL : light annealed) : 연질에 약간의 경도와 강도를 부여한 것이다. 인장강도 21[kgf/mm^2] 이상, 로크웰 경도(HR15T) 65 이하이다.
ⓒ 반경질($\frac{1}{2}$H : half hard) : 경질에 약간의 연성을 부여한 것이다.
인장강도 25~33[kgf/mm^2], 로크웰 경도(HR30T) 30~60 이다.
ⓓ 경질(H : hard or drawn) : 경도 및 강도에서 가장 강하며, 건설자재로 사용한다. 인장강도 32[kgf/mm^2] 이상, 로크웰 경도(HR30T) 55 이상이다.
㉰ 두께에 의한 분류
ⓐ K형 : 두께가 두껍고 주로 고압배관, 상수도관, 의료배관에 사용한다.
ⓑ L형 : 급탕, 급수 및 냉온수배관, 가스배관 등 압력이 적게 작용하는 곳에 사용한다.
ⓒ M형 : K형, L형보다 두께가 얇으며 저압의 증기난방용관, 가스배관, 통기관으로 사용한다.
㉱ 형태에 의한 분류
ⓐ 직관 : 일반 배관용에 사용하며, 길이는 15[A]~150[A]는 6[m], 200[A] 이상은 3[m]로 제작된다.

ⓑ 코일 : 코일 형식으로 감아놓은 것으로 상수도, 가스배관 등 이음매 없이 장거리 배관에 사용되며, 레벨 와운드형(200~300[m]), 벤치형(50[m], 70, 100[m]), 팬 케이크형(15[m], 30[m])으로 구분된다.

ⓒ 온수 온돌용 : 조립식 온수온돌 전용 배관으로 방의 규모에 따라 20종의 규격으로 제작된다.

(4) 엑셀(X-L) 파이프 : 고밀도 폴리에틸렌을 가교성형장치에 의해서 반투명 유백색으로 6m 또는 100m 를 표준으로 제조되며 본래의 명칭은 가교 폴리에틸렌관이다. 온수 온돌난방배관 및 급수관에 주로 사용되고 있다.

(가) 특징
  ㉮ 내식성이 우수하며, 수명이 반영구적이다.
  ㉯ 관내면에 스케일이 생성되지 않아 온수순환이 양호하며, 열전도가 양호하다.
  ㉰ 시공이 간편하고, 공사비가 적게 소요된다.
  ㉱ 내열성 및 내저온성이 우수하다.
  ㉲ 배관 사용 용도가 다양하다.

(나) 종류
  ㉮ 제1종 : 상용수압 5[kgf/cm^2]까지 사용, 12~40[A]까지 6종류
  ㉯ 제2종 : 상용수압 8[kgf/cm^2]까지 사용, 6~40[A]까지 8종류

2. 관 이음쇠의 종류 및 특징

(1) 강관 이음쇠

(가) 분류
  ㉮ 이음 방법에 의한 분류 : 나사식, 용접식, 플랜지식
  ㉯ 재질에 의한 분류 : 강제 이음쇠, 가단주철제 이음쇠
  ㉰ 사용 용도에 의한 분류
    ⓐ 배관의 방향을 전환할 때 : 엘보(elbow), 벤드(bend)
    ⓑ 관을 도중에 분기할 때 : 티(tee), 와이(Y), 크로스(cross)
    ⓒ 동일 지름의 관을 연결할 때 : 소켓(socket), 니플(nipple), 유니언(union)
    ⓓ 이경관을 연결할 때 : 리듀서(reducer), 부싱(bushing), 이경 엘보, 이경 티
    ⓔ 관 끝을 막을 때 : 플러그(plug), 캡(cap)
    ⓕ 관의 분해, 수리가 필요할 때 : 유니언, 플랜지

㈏ 나사식 관이음쇠
  ㉮ 니플 : 평형 니플, 크로스 니플, 바렐 니플
  ㉯ 벤드(bend) : 90° 벤드, 45° 벤드, 리턴 벤드(return bend)
㈐ 용접식 관이음재
  ㉮ 맞대기 용접이음재 : 재질, 바깥지름, 안지름 및 두께는 배관용 탄소강관(SPP)과 동일한 것으로 한다.
    ⓐ 맞대기 용접용 엘보의 곡률 반지름
      ㉠ 롱 엘보(long elbow) : 강관 호칭지름의 1.5배
      ㉡ 숏 엘보(short elbow) : 강관의 호칭지름
  ㉯ 플랜지(flange)
    ⓐ 플랜지 면의 형상에 의한 분류
      ㉠ 전면 시트 : 호칭압력 1.6[MPa] 이하에 사용
      ㉡ 대평면 시트 : 호칭압력 6.3[MPa] 이하에 사용, 연질 가스켓(gasket) 사용
      ㉢ 소평면 시트 : 호칭압력 1.6[MPa] 이상에 사용, 경질 가스켓(gasket) 사용
      ㉣ 삽입형 시트 : 호칭압력 1.6[MPa] 이상에 사용하며, 소평면보다 기밀을 요하는 경우 사용
      ㉤ 홈형 시트 : 호칭압력 1.6[MPa] 이상으로 극히 기밀을 요하는 경우 사용
    ⓑ 관과 이음방법에 의한 분류
      ㉠ 맞대기 용접 플랜지 : 슬립 온 플랜지(slip on flange), 웰드 넥 플랜지(weld neck flange), 차입 플랜지(socket flange)
      ㉡ 나사식 플랜지 : 나사조립 후 용접에 의해 완전 밀봉 시 사용
      ㉢ 반스톤식 플랜지 : 랩 조인트 플랜지(lap joint flange)라 하며 고압배관에 사용
    ⓒ 호칭압력에 의한 분류 : 사용압력 및 온도에 따라 규격화하여 사용
    ⓓ 형상에 의한 분류 : 원형, 타원형, 사각형 등

(2) 동관 이음쇠

㈎ 순동 이음재
  ㉮ 특징
    ⓐ 용접 시 가열시간이 짧아 공수절감을 가져온다.

ⓑ 두께가 균일하므로 취약 부분이 적다.
　　　ⓒ 내식성이 좋아 부식에 의한 장해가 적다.
　　　ⓓ 내면이 동관과 같아 마찰손실이 적다.
　　　ⓔ 작업공간이 협소하여도 작업이 용이하다.
　㈏ 종류 : 강관 이음재 부속과 같이 사용 용도에 맞게 동일한 형태로 제조되며 대부분 동관을 부속에 삽입하여 가스용접에 의하여 접합한다. 90°엘보 C×C, 45°엘보 C×C, 티 C×C×C, 리듀서 C×C, 소켓 C×C, 캡 C×C, 리턴 벤드 C×C 등이 있다.
㈏ 압축 이음재(flare joint) : 용접이음이 곤란한 곳이나, 분리 결합이 요구될 때 동관의 끝부분을 접시모양으로 가공하여 압축이음할 때 사용하는 것이다.
㈐ 황동 주물 이음재 : 황동을 주물로 하여 제작하는 것으로 관과 접촉되는 부분은 기계가공 후 용접이음을 한다. 용접 시 황동과 동관의 융점, 납과의 친화력, 열전도, 열용량의 차이, 열팽창의 차이 등으로 인하여 용접 작업에 어려움이 있다.
　㉮ C(female solder cup) : 이음재 내로 관이 들어가 접합되는 형태이다.
　㉯ M(male NPT thread) : ANSI 규격 관형나사가 밖으로 난 나사이음용 이음재이다. (예 : C×M 어댑터)
　㉰ F(female NPT thread) : ANSI 규격 관형나사가 안으로 난 나사음용 이음재이다. (예 : C×F 어댑터)
　㉱ Ftg(male solder cup) : 이음쇠 바깥쪽으로 관이 들어가 접합되는 형태이다. (예 : Ftg×M 어댑터)

(3) 엑셀(X-L)관 이음쇠 : 엑셀(X-L) 파이프로 방열관 시공 시 중간에 이음 부분 없이 1개의 관으로 시공하는 것이 원칙이나, 온수 보일러 입출구, 온수 분배기 및 급탕용 냉온수관을 연결할 때에는 엑셀(X-L) 파이프용 황동 이음재를 사용한다.

3. 관의 이음(접합) 방법

(1) 강관의 이음 방법

㈎ 나사 이음 : 배관 양 끝에 나사를 가공하여 누설을 방지하기 위하여 패킹재를 감은 후 나사용 관이음쇠를 이용하여 배관하는 것이다.
　㉮ 배관길이 계산 : 배관도에 주어지는 치수(단위 : mm)는 관의 중심을 기준으로 치수를 표시한다. 다음 그림은 90° 엘보 2개를 사용하여 나사이음 할 때의 치수를 나타낸 것이다. 여기서 실제 관의 길이는 부속 끝 면에서 유효나사부 길이만

큼 조립된 후 여유치수(부속 중심선에서 관 끝 면까지 길이)만큼 배관이 없어야 한다. 즉 실제 배관길이는 주어진 치수보다 항상 짧아야 한다.

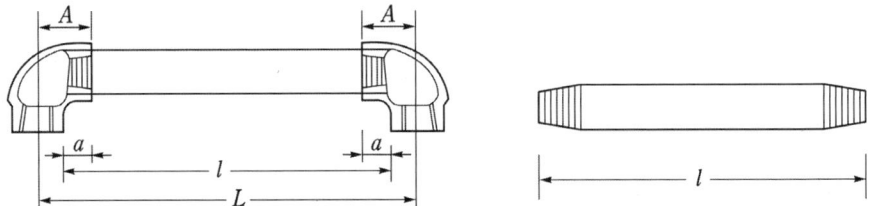

실제 배관길이를 산출할 때에는 다음 공식이 이용된다.

$$L = l + 2(A - a)$$
$$l = L - 2(A - a)$$

여기서, L : 배관 중심간 거리[mm], l : 실제 관길이[mm]
A : 이음쇠 중심거리[mm], a : 유효나사부 길이(최소물림길이)

(나) 용접이음
  ㉮ 종류 : 맞대기 용접, 슬리브 용접
  ㉯ 나사이음과 비교한 특징
    ⓐ 장점
      ㉠ 이음부 강도가 크고, 하자 발생이 적다.
      ㉡ 이음부 관 두께가 일정하므로 마찰저항이 적다.
      ㉢ 배관의 보온, 피복 시공이 쉽다.
      ㉣ 시공기간을 단축할 수 있고 유지비, 보수비가 절약된다.
    ⓑ 단점
      ㉠ 재질의 변형이 일어나기 쉽다.
      ㉡ 용접부의 변형과 수축이 발생한다.
      ㉢ 용접부의 잔류응력이 현저하다.
(다) 플랜지 이음 : 주로 호칭지름 65[A] 이상의 관에 시공하며 주요 기기의 보수 점검을 위하여 분해할 필요가 있는 경우에 사용한다. 플랜지 사이에 패킹재를 넣고 볼트와 너트를 이용하여 기밀을 유지하며 볼트 조립 시 대각선 방향으로 여러 번에 걸쳐 죄어준다.
(라) 강관의 구부림(bending) 작업
  ㉮ 수동벤딩
    ⓐ 냉간벤딩 : 상온에서 가공하는 것으로 수동 롤러에 의한 방법, 냉간용 벤더

에 의한 방법이 있다.
ⓑ 열간벤딩 : 강관의 용접선이 가운데 오도록 한 다음 800~900[℃]로 가열 후 벤딩 작업을 한다.
㉯ 기계벤딩 : 로터리 벤딩 머신과 램식 벤딩 머신을 사용한다.
㉰ 곡관의 길이 계산

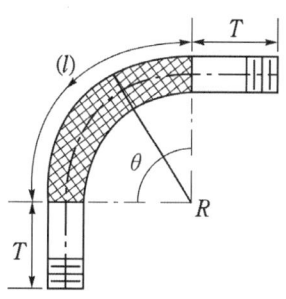

구부림 곡선 길이 계산

ⓐ 360° 구부림 곡선 길이 : 관축의 중심부 길이, 즉 지름 D인 원둘레 길이이다.
∴ 360° 길이 $(l) = \pi \cdot D$

ⓑ 180° 구부림 곡선 길이 : 360° 구부림 곡선 길이의 $\frac{1}{2}$이 구부림 곡선길이이다.
∴ 180° 길이 $(l) = \frac{1}{2}\pi \cdot D$

ⓒ 90° 및 45° 구부림 곡선 길이 : 360° 구부림 곡선 길이의 $\frac{1}{4}$, $\frac{1}{8}$이 구부림 곡선길이이다.
∴ 90° 길이 $(l) = \frac{1}{4}\pi \cdot D$
∴ 45° 길이 $(l) = \frac{1}{8}\pi \cdot D$

ⓓ 기타 각도의 구부림 곡선 길이 : 구부림 각도를 θ라 하면, 구부림 곡선길이
$\theta°$ 길이 $(l) = \pi \cdot D \frac{\theta}{360}$

(2) 동관의 이음 방법

㉮ 용접이음(납땜이음) : 모세관 현상을 이용하는 것으로 연납용접과 경납용접이 있다.
㉮ 연납용접(soldering)
ⓐ 용접온도 : 200~300[℃]
ⓑ 가열방법 : 프로판 토치, 전기가열기 등
ⓒ 용접재 : 연납

용접재 명칭	조성[%]
50A 솔더	Sn 50 + Pb 50
95TA 솔더	Sn 95 + Sb 5
96TS 솔더	Sn 96 + Ag 4

ⓓ 120[℃] 이하의 온도 및 사용압력이 낮은 곳에 사용한다.
ⓔ 호칭지름 40[A] 이하의 지름이 작은 관 용접 시 사용한다.
ⓕ 작업이 용이하나 용접부 강도가 약하다.

㉯ 경납용접(brazing) : 이음하려고 하는 동관을 용융시키지 않고 모재보다 용융점이 낮은 용가재를 금속 사이에 용융 첨가하여 용접 접합하는 방법이다.

ⓐ 용접온도 : 700~850[℃]
ⓑ 가열방법 : 산소 + 아세틸렌 불꽃
ⓒ 용접재 : 인동납(BCup), 은납(BAg), 황동납
ⓓ 고온 및 사용압력이 높은 곳에 사용한다.
ⓔ 과열되면 관의 손상 우려가 있다.
ⓕ 용접부 강도가 강하다.

㈏ 플랜지 이음 : 절연 플랜지에 동관을 접합하고, 플랜지사이에 패킹을 끼우고 볼트, 너트로 조여서 접합하는 방법이다.

㈐ 압축이음(flare joint) : 관지름 20[mm] 이하의 동관을 이음할 때 플레어링 툴 세트를 이용하여 동관 끝을 나팔관 모양으로 가공 후 압축이음 이음재를 사용하여 관을 접합하는 방법으로 기기의 점검, 보수, 기타 분해할 때 적합하다. 이음할 때 다음과 같은 사항에 주의한다.

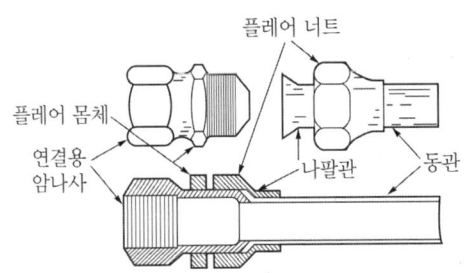

압축이음(flare joint) 방법

㉮ 나팔관 가공 시 갈라지거나 관 끝이 밀려들어가는 현상이 없어야 한다.
㉯ 압축 접합이므로 나사용 실(seal)제 등을 사용하지 않는다.
㉰ 적당한 공구를 사용하며, 무리한 조임을 피한다.
㉱ 압력시험 후 시운전을 할 때 다시 한 번 더 조여 준다.

3.2 밸브 및 배관 지지기구

1. 밸브(valve)

(1) **글로브 밸브(globe valve)** : 스톱 밸브(stop valve)라 하며 구조상 디스크와 시트가 원추상으로 접촉되어 폐쇄하는 밸브로서 유체는 디스크 부근에서 상하방향으로 평행하게 흐르므로 근소한 디스크의 리프트라도 예민하게 유량에 관계되므로 유량조절에 사용된다.

　⑺ 앵글 밸브(angle valve) : 엘보와 글로브 밸브를 조합한 것으로 직각으로 굽어지는 장소에 사용하며, 유체의 압력손실이 많이 발생한다.

　⑼ 니들 밸브(needle valve) : 밸브 디스크 모양을 원뿔 모양으로 만들어 유량조절을 정확히 할 목적으로 사용된다.

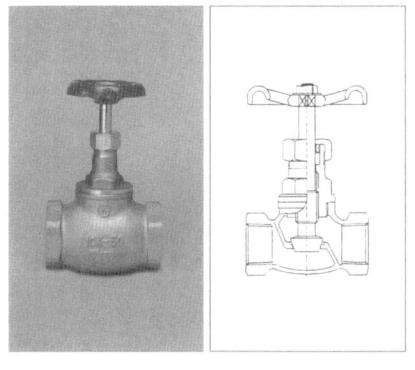
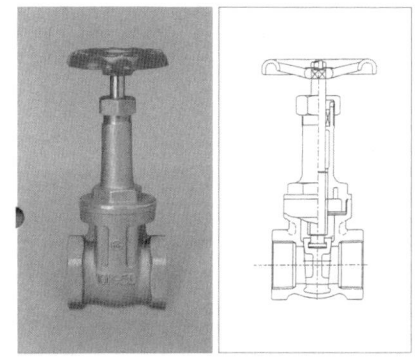

글로브밸브   슬루스밸브

(2) **슬루스 밸브(sluice valve)** : 게이트 밸브(gate valve), 사절밸브라 하며 유량조절용으로 부적합하나 구조상 퇴적물이 체류하지 않는 장점이 있고 유체의 차단을 주목적으로 사용된다. 밸브를 완전히 개방하면 배관 안지름과 같은 단면적이 되므로 유체의 압력손실이 적으나 유량조절용으로 사용하면 와류현상이 생겨 유체의 저항이 커지고, 밸브 디스크의 마모가 발생하므로 부적합하다. 현재 배관용으로 가장 많이 사용되고 있다.

(3) **체크 밸브(check valve)** : 역류방지밸브라 하며 유체를 한 방향으로만 흐르게 하고 역류를 방지하는 목적에 사용하는 밸브이다.

㈎ 스윙식(swing type) : 수평, 수직배관에 사용
㈏ 리프트식(lift type) : 수평배관에 사용
㈐ 풋 밸브(foot valve) : 펌프 흡입관 하부에 사용되는 체크 밸브의 일종으로 펌프 정지 시 흡입관 내부의 물이 빠져나가는 것을 방지하여 펌프를 보호하는 역할을 한다.
㈑ 해머리스 체크 밸브(hammerless check valve) : 스모렌스키 체크밸브라 하며 펌프 출구측의 체크 밸브용으로 사용되며, 워터해머(water hammer)의 방지와 바이패스 밸브의 기능을 함께 한다.

 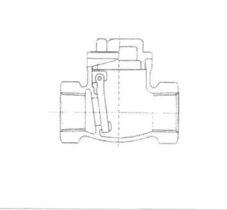 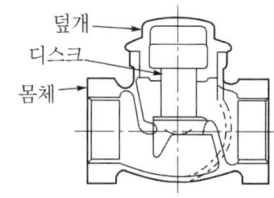

스윙식 체크밸브   리프트식 체크밸브

(4) 볼 밸브(ball valve) : 핸들을 90° 회전시켜 유로를 급속히 개폐할 수 있으며, 유체의 저항이 적은 반면 기밀유지가 어렵다.

(5) 버터플라이 밸브(butterfly valve) : 원통형 몸체 속에 밸브 봉을 축으로 하여 원형 평판이 회전함으로써 개폐동작이 이루어지는 구조이다.

㈎ 특징
  ㉮ 저압의 액체 배관에 주로 사용된다.
  ㉯ 완전폐쇄가 어려워 고압에는 부적합하다.
  ㉰ 와류나 저항이 적게 발생된다.
  ㉱ 개폐동작을 신속히 할 수 있다.
㈏ 종류 : 록 레버식, 웜 기어식, 압축 조작식, 전동 조작식

(6) 안전밸브(safety valve) : 보일러의 증기압이 이상 상승 시 증기압을 외부로 분출하여 보일러 파열사고를 사전에 방지하기 위한 장치이다.

㈎ 안전밸브의 구비조건
  ㉮ 밸브 개폐 동작이 신속하고 자유로울 것

⑭ 밸브의 지름과 양정이 충분할 것
㉰ 밸브의 작동이 확실하고 증기 누설이 없을 것
㉯ 증기압력이 정상으로 되면 작동이 정지될 것
㉰ 밸브의 분출용량이 충분할 것

(나) 종류
㉮ 기구에 의한 분류 : 스프링식, 지렛대식, 중추식
㉯ 용도에 의한 분류 : 안전밸브, 릴리프 밸브, 안전 릴리프 밸브

(7) **감압 밸브(pressure reducing valve)** : 보일러에서 발생된 증기의 압력을 내리기 위하여 사용하는 밸브이다.

(가) 설치 목적
㉮ 고압의 증기를 저압의 증기로 만들기 위하여
㉯ 부하측의 압력을 일정하게 유지하기 위하여
㉰ 부하 변동에 따른 증기의 소비량을 절감하기 위하여

(나) 종류
㉮ 작동방법에 따른 분류 : 피스톤식, 다이어프램식, 벨로즈식
㉯ 구조에 따른 분류 : 스프링식, 추식
㉰ 제어방식에 따른 분류 : 자력식(직동식과 파일럿 작동식으로 분류), 타력식

(8) **자동온도 조절밸브(automatic temperature valve)** : 열매체를 이용하여 열교환기, 건조기, 온수탱크 등의 온도를 일정하게 유지시키는 밸브로서 직동식과 파일럿식이 있다.

(9) **공기빼기 밸브(air vent valve)** : 냉·온수 배관, 급탕 배관 및 온수 탱크의 상부에 체류하는 공기를 자동적으로 배출시켜 공기 장해로 인한 순환장애, 전열효율 감소 및 배관의 부식을 방지하며 유체의 흐름을 원활하게 한다.

(10) **전자 밸브(solenoid valve)** : 몸체, 디스크, 시트, 실린더 등으로 구성되어 있으며 전자 코일의 여자(勵磁)에 의하여 작동된다.

(11) **수전** : 급수관 말단에 설치하여 물의 흐름을 개폐하는 것으로, 종류가 다양하다. 재질에 따라 1급(청동주물)과 2급(황동주물)으로 구분되며 니켈(Ni), 크롬(Cr) 도금을 하여 사용한다.

(12) 여과기(strainer) : 배관 상에 설치된 밸브, 트랩, 펌프 및 기기 등의 앞에 설치하여 유체에 혼합되어 있는 불순물(찌꺼기)을 제거하여 기기의 성능을 보호한다.

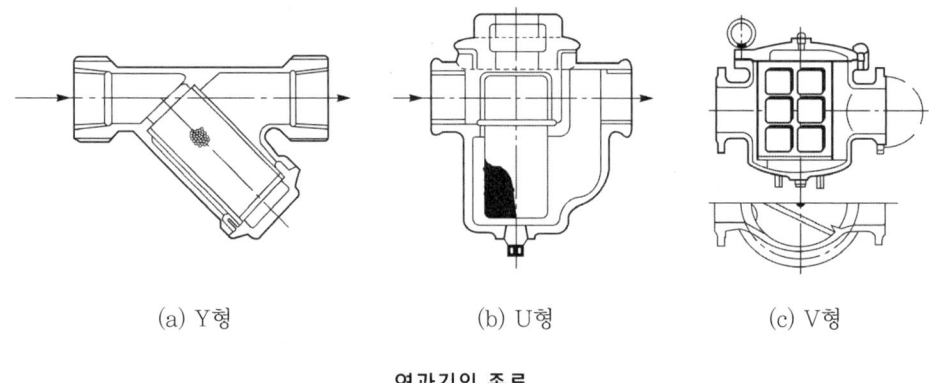

(a) Y형   (b) U형   (c) V형

여과기의 종류

2. 신축이음(expansion joint)

(1) 슬리브형(sleeve type) : 신축에 의한 자체 응력이 발생되지 않고 설치장소가 필요하며 단식과 복식이 있다. 슬리브와 본체와의 사이에는 패킹을 다져 넣고 그랜드로 밀착시켜 온수 또는 증기의 누설을 방지한다. 50[A] 이하의 배관에는 나사식, 65[A] 이상은 플랜지식을 사용한다.

(2) 벨로즈형(bellows type) : 팩리스(packless)형이라 하며, 설치장소에 구애받지 않고 가스, 증기, 물 등 2 MPa, 450℃까지 축 방향 신축흡수에 사용되며 단식과 복식 2종류가 있다.

(3) 루프형(loop type) : 곡관으로 만들어진 관의 가요성(可撓性)을 이용한 것으로 구조가 간단하고 내구성이 좋아 고온, 고압배관이나 옥외배관에 주로 사용한다. 곡률 반지름은 관지름의 6배 이상으로 한다. 신축곡관의 길이는 다음의 식으로 계산한다.

$$L = 0.073 \sqrt{d \cdot \Delta L}$$
$$\Delta L = l \cdot \alpha \cdot \Delta t$$

여기서, L : 신축곡관의 길이[m], d : 관지름[mm]
        ΔL : 관의 신축길이[mm], l : 관길이[mm]
        α : 선팽창계수(1.2×10^{-5}/℃), Δt : 온도차[℃]

(4) 스위블형(swivel type) : 2개 이상의 엘보를 사용하여 관의 신축을 흡수하는 것으로 신축방향이 큰 배관에서는 누설의 우려가 있다. 주로 증기 및 온수 난방용 배관에 사용되며 지블이음, 지웰이음 또는 회전이음이라 한다.

(5) 볼 조인트(ball joint) : 볼 조인트와 오프셋 배관을 이용해서 신축을 흡수하는 방법으로 설치공간이 적고, 평면상의 변위뿐만 아니라 입체적인 변위까지도 안전하게 흡수하므로 어떤 현상에 의한 신축에도 배관이 안전한 신축이음이다.

3. 배관지지기구

(1) 행거(hanger) : 배관계 중량을 위에서 걸어 당겨 지지할 목적으로 사용한다.

   ㈎ 리지드 행거(rigid hanger) : 수직방향의 변위가 없는 곳에 사용한다.
   ㈏ 스프링 행거(spring hanger) : 변위가 적은 곳에 사용하며 스프링식과 중추식이 있다.
   ㈐ 콘스턴트 행거(constant hanger) : 관의 상하 방향 이동을 허용하면서 변위가 큰 곳에 사용한다.

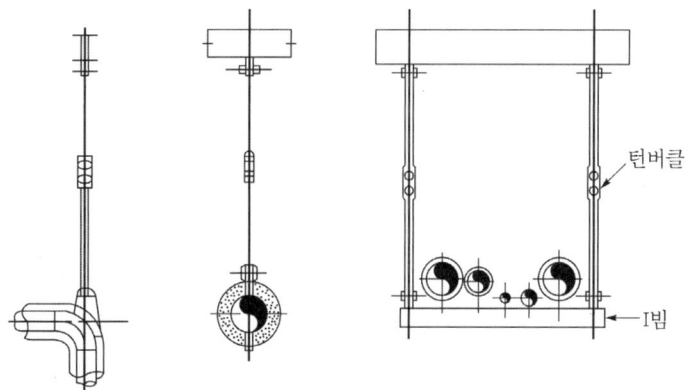

리지드 행거

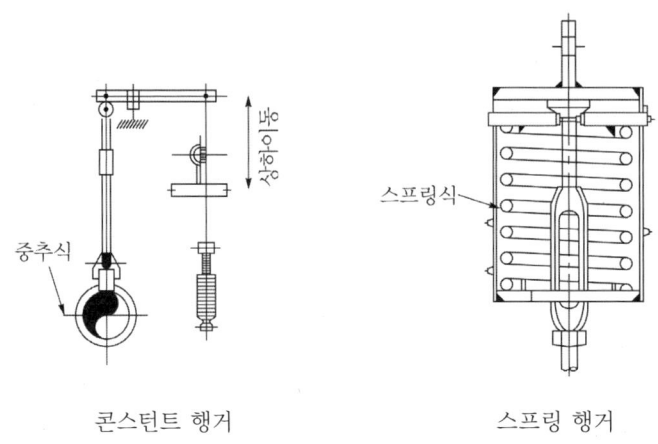

행거(hanger)의 종류

(2) **서포트(support)** : 배관계 중량을 아래에서 위로 지지할 목적으로 사용한다.

㈎ 스프링 서포트 : 상하 이동이 자유롭고 파이프의 하중을 스프링이 완충작용을 한다.
㈏ 롤러 서포트 : 배관의 신축을 자유롭게 하면서 롤러가 관을 받치면서 지지한다.
㈐ 파이프 슈 : 배관의 엘보 부분과 수평부분에 영구히 고정, 배관의 이동을 구속한다.
㈑ 리지드 서포트 : H빔으로 만든 것으로 옥외 등에 종류가 다른 여러 배관을 한 번에 지지한다.

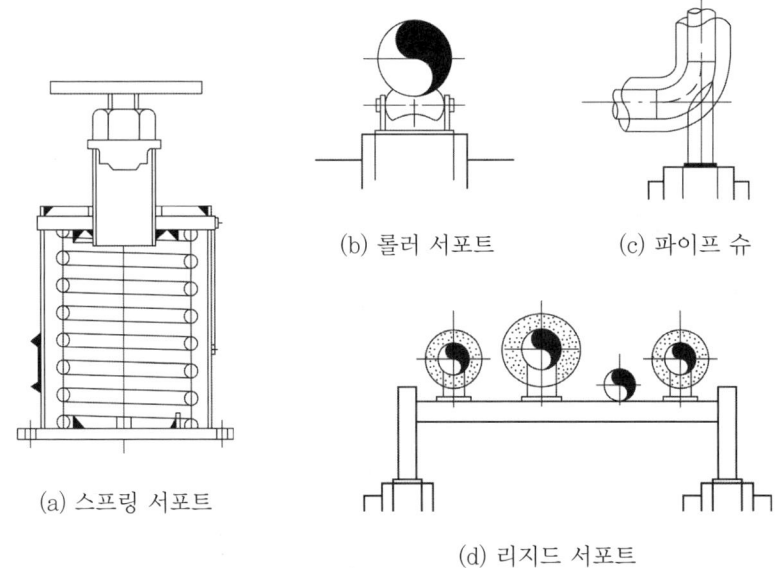

서포트(support)의 종류

(3) **리스트레인트(restraint)** : 배관의 신축으로 인한 배관의 상하, 좌우 이동을 제한하고 구속하는 목적에 사용한다.

 ㈎ 앵커(anchor) : 이동 및 회전을 방지하기 위하여 지지부분에 완전히 고정하여 사용한다.
 ㈏ 스톱(stop) : 회전 및 배관 축과 직각방향의 이동을 구속하고 나머지 방향의 이동은 자유롭다.
 ㈐ 가이드(guide) : 신축이음(루프형, 슬리브형) 등에 설치하는 것으로 축과 직각방향의 이동은 구속하고, 축 방향의 이동은 허용 및 안내하는 역할을 한다.

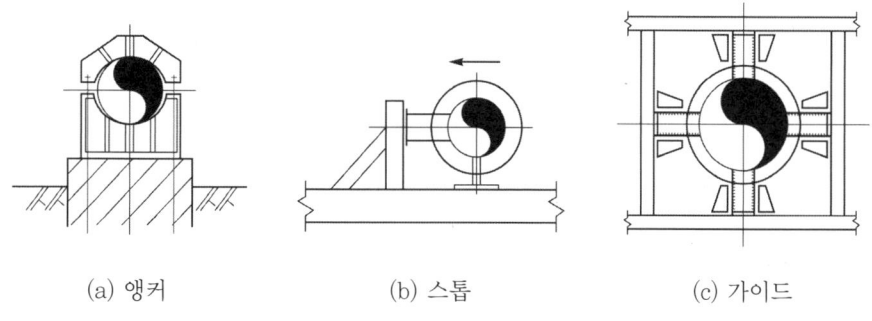

(a) 앵커 (b) 스톱 (c) 가이드

리스트레인트(restraint)의 종류

(4) **브레이스(brace)** : 펌프, 압축기 등에서 발생하는 진동을 흡수하여 배관계통에 전달되는 것을 방지하는 역할을 한다.

 ㈎ 방진구 : 진동을 방지하거나 완화시키는 역할을 한다.
 ㈏ 완충기 : 배관 내의 수격작용, 안전밸브 분출반력 등 충격을 완화하는 역할을 한다.

(5) **기타 지지물** : 이어(ears), 슈즈(shoes), 러그(lugs), 스커트(skirts) 등이 있다.

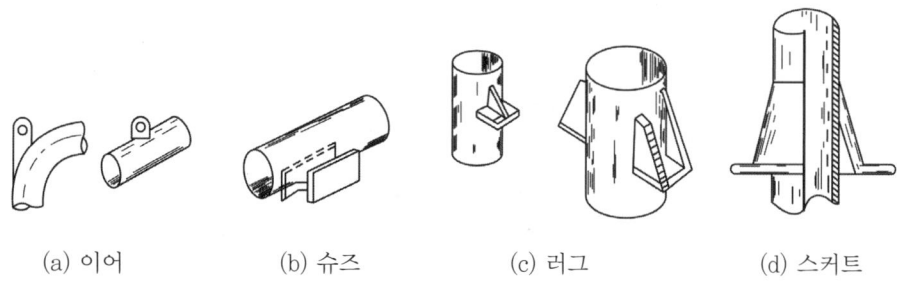

(a) 이어 (b) 슈즈 (c) 러그 (d) 스커트

기타 지지물의 종류

3.3 패킹재 및 도료

1. 패킹재료의 종류 및 특징

(1) 플랜지 패킹

⑺ 고무 패킹
  ㉮ 천연고무 : 탄성이 크고 우수하나 열과 기름에는 약하며 내산, 내알칼리성은 크지만 흡수성이 없다. 내열성(100[℃] 이상), 내한성(−55[℃])이 좋지 않기 때문에 일반적인 냉수, 배수 및 공기배관에 사용된다.
  ㉯ 합성고무(neoprene) : 내열도가 −46~121[℃]인 천연고무의 성질을 개선시킨 것으로 내산성, 내열성, 내유성이 좋고, 기계적 성질이 양호하다. 증기배관 외 물, 공기, 기름 및 냉매배관 등 광범위하게 사용된다.

⑻ 식물성 섬유제 : 한지를 여러 겹 붙여서 일정한 두께로 하여 내유 가공한 오일시트 패킹이 주로 쓰이며 내유성이 있으나 내열도가 작아 펌프, 기어박스, 유류배관 등 용도가 제한적이다.

⑼ 동물성 섬유제
  ㉮ 가죽 : 기계적 성질은 좋으나 내열도가 비교적 낮으며, 알칼리에 용해되고 내약품성이 약하다.
  ㉯ 펠트 : 가죽에 비해 거친 섬유제품으로 압축성이 큰 것으로 알칼리에는 용해되고 내유성이 있어 유류배관에 사용된다.

⑽ 석면 조인트 시트
  ㉮ 섬유가 미세하고 강인한 광물질로 된 패킹제이다.
  ㉯ 450[℃]까지의 고온에서도 사용할 수 있다.
  ㉰ 증기, 온수, 고온의 기름배관에 적합하다.
  ㉱ 석면을 가공한 슈퍼 히트(super heat)가 많이 사용된다.

⑾ 합성수지 패킹 : 플랜지 패킹에 사용되는 것은 테프론으로서 내열 범위가 −260~260[℃]이며 기름에도 침식되지 않는다.

⑿ 금속 패킹 : 철, 구리, 알루미늄, 납, 모넬메탈(monel metal), 스테인리스 및 크롬강 등이 사용되고 압력만을 요구할 때에는 철, 구리, 알루미늄이 많이 사용되며 고온, 고압하에서 내식성을 필요로 하는 경우에는 스테인리스, 크롬강 및 모넬메탈이 사용된다.

(2) 나사용 패킹

㈎ 나사용 페인트 : 광명단을 혼합하여 사용하며, 고온의 기름배관을 제외하고는 모두 사용된다.

㈏ 일산화연 : 냉매배관에 사용하며 페인트에 소량의 일산화연을 첨가한 것이다.

㈐ 액상 합성수지 : 내유성이며 내열 범위가 −30~130[℃]이고 화학제품에 강하므로 약품, 증기, 기름배관에 사용된다.

(3) 글랜드 패킹

㈎ 석면 각형 패킹 : 석면을 사각형으로 짜서 흑연과 윤활유를 침투시킨 것으로 내열성 및 내산성이 좋다. 석면 각형 패킹은 주로 대형 밸브의 그랜드에 사용된다.

㈏ 석면 얀 패킹 : 석면 각형 패킹과 같이 내열성, 내산성이 좋으며 석면사(石綿絲)를 꼬아서 만든 것으로 소형 밸브의 그랜드에 사용된다.

㈐ 몰드 패킹 : 석면, 흑연, 수지 등을 배합 성형한 것으로 밸브, 펌프의 그랜드에 주로 사용된다.

㈑ 아마존 패킹 : 면포와 내열고무, 컴파운드를 가공 성형한 것으로 압축기 등의 그랜드에 사용된다.

2. 방청도료의 종류 및 특징

(1) 광명단 도료 : 연단(鉛丹)을 아마인유(亞麻仁油 : linseed oil)와 혼합한 것으로 페인트 밑칠에 사용한다. 밀착력이 강하고 풍화에 강하다.

(2) 산화철 도료 : 산화 제2철을 보일유나 아마인유와 혼합한 것으로 도막이 부드럽고 녹 방지는 완벽하지 않으나 가격이 저렴하다.

(3) 알루미늄 도료 : 알루미늄 분말을 유성 바니시(oil varnish)에 혼합한 도료이며 은분 페인트라 한다. 수분, 습기의 방지가 양호하여 녹을 잘 방지한다. 내열성이 좋고(400~500[℃]), 열을 잘 반사하므로 난방용 방열기 표면에 사용한다.

(4) 합성수지 도료 : 프탈산, 요소 멜라민, 염화 비닐계 등의 종류가 있다.

(5) 타르 및 아스팔트 : 관의 벽면과 물 사이에 내식성 도막을 만든다. 대기 중에 노출 시 외부적 원인(온도변화)에 따라 균열이 발생한다. 도료 단독으로 사용하는 것보다는 주트 등과 함께 사용하거나 130[℃] 정도로 담금질해서 사용하는 것이 좋다.

(6) 고농도 아연도료 : 최근 배관공사에 많이 사용되고 있는 방청도료의 일종으로 맨홀 등에 물이 고여도 주위의 아연이 철 대신 부식되어 철을 부식으로 부터 방지하는 전기부식작용을 행하는 것이 특징이다.

예 | 상 | 문 | 제

문제 01 강관의 장점을 4가지 쓰시오.

해답 ① 인장강도가 크다.
② 내충격성이 크다.
③ 배관작업이 용이하다.
④ 비철금속관에 비하여 경제적이다.

해설 단점
① 부식이 발생하기 쉽다.
② 배관수명이 짧다.

문제 02 압력배관용 강관의 사용압력이 40[kgf/cm²], 인장강도가 20[kgf/mm²]일 때의 스케줄 번호는? (단, 안전율은 4로 한다.)

풀이 $\text{Sch №} = 10 \times \dfrac{P}{S} = 10 \times \dfrac{40}{\dfrac{20}{4}} = 80$

해답 80번

문제 03 압력배관용 강관의 스케줄 번호가 20, 허용응력이 20[kgf/mm²]일 때, 이 강관의 사용압력은 몇 [kgf/cm²]인가?

풀이 $\text{Sch №} = 10 \times \dfrac{P}{S}$ 에서

$\therefore P = \dfrac{\text{Sch No} \times S}{10} = \dfrac{20 \times 20}{10} = 40[\text{kgf/cm}^2]$

해답 40[kgf/cm²]

문제 04 다음 배관기호를 보고 배관 명칭을 쓰시오.

(1) SPP :   (2) SPPS :   (3) SPPH :
(4) STHA :   (5) STBH :

해답 (1) 배관용 탄소강관
(2) 압력 배관용 탄소강관
(3) 고압 배관용 탄소강관
(4) 보일러 열교환기용 합금강관
(5) 보일러 열교환기용 탄소강관

문제 05 동관의 장점과 단점을 각각 4가지 쓰시오.

해답 (1) 장점
① 담수(淡水)에 대한 내식성이 우수하다.
② 열전도율이 좋고, 가공성이 좋아 배관시공이 용이하다.
③ 아세톤, 프레온 가스 등 유기약품에 침식되지 않는다.
④ 관 내부에서 마찰저항이 적다.
(2) 단점
① 연수(軟水)에는 부식된다.
② 외부의 기계적 충격에 약하다.
③ 가격이 비싸다.
④ 암모니아(NH_3), 초산, 진한황산(H_2SO_4)에는 심하게 부식된다.

문제 06 다음은 강관과 비교한 동관의 특징을 설명한 것이다. ( ) 내의 용어 중 옳은 것에 표시하시오.

> 동관은 강관에 비하여 유연성이 (① 크고, 작고), 유체 흐름에 대한 마찰저항이 (② 크다, 작다). 또한, 내식성이 (③ 작으며, 크며), 열전도율이 (④ 크고, 작고), 같은 호칭경으로 비교할 경우 무게가 (⑤ 가볍다, 무겁다).

해답 ① 크고   ② 작다   ③ 크며   ④ 크고   ⑤ 가볍다

문제 07 동일한 재질과 호칭경인 동관 표준규격의 종류 중 가장 관 두께가 크기 때문에 가장 큰 상용압력에 사용될 수 있는 형(type)은?

해답 K형(type)

해설 두께에 의한 동관 분류
① K형(type) : 두께가 두껍고 주로 고압배관, 상수도관, 의료배관에 사용한다.
② L형(type) : 급탕, 급수 및 냉온수배관, 가스배관 등 압력이 적게 작용하는 곳에 사용한다.
③ M형(type) : K형, L형보다 두께가 얇으며 저압의 증기난방용관, 가스배관, 통기관으로 사용한다.

문제 08 가교화 폴리에틸렌관의 특징 4가지를 쓰시오.

해답 ① 내식성이 우수하며, 수명이 반영구적이다.
② 관내면에 스케일이 생성되지 않아 온수순환이 양호하며, 열전도가 양호하다.
③ 시공이 간편하고, 공사비가 적게 소요된다.
④ 내열성 및 내저온성이 우수하다.
⑤ 배관 사용 용도가 다양하다.

문제 09 다음 용도에 따른 관이음쇠의 종류를 각각 2가지씩 쓰시오.
(1) 배관의 끝을 막을 때 :
(2) 배관의 방향을 바꿀 때 :
(3) 관의 분해, 수리가 필요할 때 :
(4) 지름이 다른 관을 이음할 때 :

해답 (1) 플러그, 캡 (2) 벤드, 엘보 (3) 유니언, 플랜지 (4) 리듀서, 부싱

문제 10 관의 지름이 크고 분해할 필요가 있을 때 사용하는 관이음 방법은?

해답 플랜지 이음

문제 11 용접식 관이음쇠인 롱 엘보(long elbow)의 곡률 반지름은 강관 호칭지름의 몇 배인가?

해답 1.5배

해설 맞대기 용접용 엘보의 곡률 반지름
① 롱 엘보(long elbow) : 강관 호칭지름의 1.5배
② 숏 엘보(short elbow) : 강관의 호칭지름

문제 12 동관 이음쇠의 한쪽은 안쪽으로 동관을 삽입접합 되고, 다른 쪽은 암나사를 내어 강관에는 수나사를 내어 나사이음하게 되는 경우에 필요한 동합금 이음쇠는?

해답 C × F 어댑터

해설 동관 및 황동 주물재 이음쇠
① C(female solder cup) : 이음재 내로 관이 들어가 접합되는 형태이다.
② M(male NPT thread) : ANSI 규격 관형나사가 밖으로 난 나사이음용 이음재이다.
   (예 : C×M 어댑터)
③ F(female NPT thread) : ANSI 규격 관형나사가 안으로 난 나사음용 이음재이다.
   (예 : C×F 어댑터)
④ Ftg(male solder cup) : 이음쇠 바깥쪽으로 관이 들어가 접합되는 형태이다.
   (예 : Ftg×M 어댑터)

문제 13 배관에 나사를 가공(절삭)하는 방법을 3가지 쓰시오.

해답 ① 선반에 의한 나사절삭
② 탭 다이스(수동 탭핑)에 의한 나사절삭
③ 파이프 나사 절삭기에 의한 나사절삭

문제 14 배관에 나사이음을 할 때 나사의 구분 방법을 3가지 쓰시오.

해답 ① 관용 테이퍼 나사 ② 관용 평행 암나사 ③ 관용 평행 수나사

문제 15 호칭지름 15A 관으로 다음 그림과 같이 나사이음을 할 때 중심간의 길이를 600[mm]로 하려면 관의 절단 길이는 얼마로 하면 되는가? (단, 호칭 15A 엘보의 중심선에서 단면까지의 길이는 27[mm], 나사에 물리는 최소길이는 11[mm]이다.)

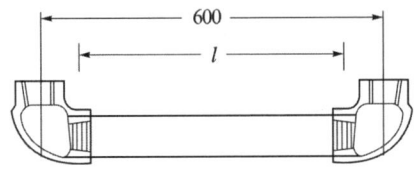

[풀이] $l = L - 2(A - a) = 600 - 2 \times (27 - 11) = 568[mm]$

[해답] 568[mm]

문제 16 호칭지름 15[A] 일반배관용 탄소강관에 엘보, 티 45° 엘보를 사용하여 다음 그림과 같이 나사이음을 할 때 (1)과 (2) 부분의 실제 강관 절단길이는 각각 얼마인가 계산하시오. (단, 호칭 15[A] 엘보 및 티의 중심 길이는 27[mm], 45° 엘보의 중심 길이는 21 [mm], 호칭 15[A] 나사부 최소길이는 11[mm]이다.)

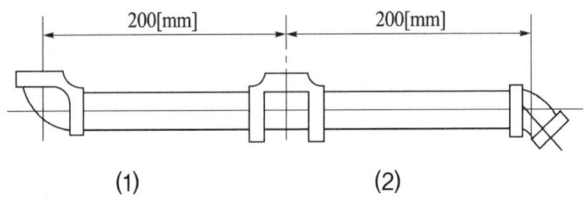

[풀이] (1) $l = L - \{(A - a) + (A - a')\} = 200 - \{(27 - 11) + (27 - 11)\} = 168[mm]$
(2) $l = L - \{(A - a) + (A - a')\} = 200 - \{(27 - 11) + (21 - 11)\} = 174[mm]$

[해답] (1) 168[mm]   (2) 174[mm]

문제 17 배관 시공에서 나사이음보다 용접이음의 장점을 4가지 쓰시오.

[해답] ① 이음부 강도가 크고, 하자 발생이 적다.
② 이음부 관 두께가 일정하므로 마찰저항이 적다.
③ 배관의 보온, 피복 시공이 쉽다.
④ 시공기간을 단축할 수 있고 유지비, 보수비가 절약된다.

[해설] 단점
① 재질의 변형이 일어나기 쉽다.
② 용접부의 변형과 수축이 발생한다.
③ 용접부의 잔류응력이 현저하다.

▎문제 18 호칭지름 15[A]의 강관을 굽힘 반지름 80[mm], 각도 90°로 굽힐 때 굽힘부의 필요한 중심 곡선부 길이는 약 몇 [mm]인가?

풀이 ● $90° \ L = \dfrac{90}{360} \times \pi \times D = \dfrac{90}{360} \times \pi \times 2 \times 80 = 125.663 ≒ 125.66[mm]$

해답 125.66[mm]

▎문제 19 호칭지름 20[A]의 강관을 그림과 같이 반지름 100[mm]로 180° 벤딩할 때 곡선길이는 약 몇 [mm]인가?

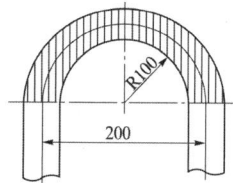

풀이 ● $180° \ L = \dfrac{180}{360} \times \pi \times D = \dfrac{180}{360} \times \pi \times 200 = 314.159 ≒ 314.16[mm]$

해답 314.16[mm]

▎문제 20 땜납은 사용하는 납재의 융점에 의해 연납과 경납으로 구분되는데 일반적인 구분 용융온도는 몇 [℃]인가?

해답 450[℃]

▎문제 21 이음하려고 하는 금속(동관)을 용융시키지 않고 모재보다 용융점이 낮은 용가재를 금속사이에 용융 첨가하여 용접 접합하는 방법의 명칭은?

해답 경납땜

▎문제 22 경납땜의 특징을 3가지 쓰시오.

해답 ① 고온 및 사용압력이 높은 곳에 사용한다.
② 과열되면 관의 손상 우려가 있다.
③ 용접부 강도가 강하다.

해설 ● 연납땜의 특징
① 120[℃] 이하의 온도 및 사용압력이 낮은 곳에 사용한다.
② 호칭지름 40[A] 이하의 지름이 작은 관 용접 시 사용한다.
③ 작업이 용이하나 용접부 강도가 약하다.

문제 23 다음 물음에 답하시오.
(1) 동 용접에서 경납땜의 용접재 종류를 2가지 쓰시오.
(2) 경납땜의 용융온도는 얼마인가?

해답 (1) ① 인동납(BCuP) ② 은납(BAg)
(2) 700~850[℃]

해설 • 연납땜의 용접재 종류

용접재 명칭	조성 [%]
50A 솔더	Sn 50 + Pb 50
95TA 솔더	Sn 95 + Sb 5
96TS 솔더	Sn 96 + Ag 4

문제 24 일반적으로 관지름 20[mm] 이하의 파이프에 삽입하여 기계의 점검이나 보수 또는 동관을 분해할 경우에 사용하는 이음 방법은 무엇인가?

해답 플레어 이음(또는 압축이음)

해설 • 압축이음(flare joint)
용접이음이 곤란한 곳이나, 분리 결합이 요구될 때 동관의 끝부분을 접시모양으로 가공하여 이음 하는 방식이다.

문제 25 동관의 압축이음(flare joint) 시 주의사항을 4가지 쓰시오.

해답 ① 나팔관 가공 시 갈라지거나 관 끝이 밀려들어가는 현상이 없어야 한다.
② 압축 접합이므로 나사용 실(seal)제 등을 사용하지 않는다.
③ 적당한 공구를 사용하며, 무리한 조임을 피한다.
④ 압력시험 후 시운전을 할 때 다시 한 번 더 조여 준다.

문제 26 구조상 디스크와 시트가 원추상으로 접촉되어 폐쇄하는 밸브로서 유체는 디스크 부근에서 상하방향으로 평행하게 흐르므로 근소한 디스크의 리프트라도 예민하게 유량에 관계되므로 죔 밸브로서 유량조절에 사용되는 밸브 명칭은 무엇인가?

해답 글로브 밸브(스톱 밸브)

문제 27 게이트 밸브(사절밸브)라고도 하며 유량조절용으로 부적합하나 구조상 퇴적물이 체류하지 않는 장점이 있고 유체의 차단을 주목적으로 사용되는 밸브 명칭은 무엇인가?

해답 슬루스 밸브(게이트 밸브)

문제 28 다음 설명에 해당하는 밸브의 명칭을 쓰시오.
(1) 밸브의 리프트(lift)가 작아 개폐시간이 짧고 누설이 적으며 유량 조절에 적당하나 유체의 흐름이 급격히 변화하여 유체의 저항이 많이 작용하는 밸브로 일명 스톱밸브라 불리는 것은 무엇인지 쓰시오.
(2) 일명 게이트 밸브라 하며 유량 조절이 부적당하고 완전히 개방하면 유체의 저항이 작게 걸리는 밸브의 명칭을 쓰시오.
(3) 유체를 한 쪽 방향으로만 흐르게 하며 유체의 압력 또는 중력에 의하여 유로를 폐쇄하는 밸브의 명칭을 쓰시오.

해답 (1) 글로브 밸브   (2) 슬루스 밸브   (3) 역류방지 밸브(check valve)

문제 29 양수펌프의 양수관에서 수격작용을 방지하기 위해 글로브 밸브 아래에 설치하는 밸브로 워터 해머리스형(hammerless type) 체크 밸브라고도 하는 것은?

해답 스모렌스키 체크 밸브

해설 스모렌스키 체크 밸브
밸브 내부는 버퍼(buffer)와 스프링(spring)으로 구성되어 있고 바이패스 밸브 기능도 한다.

문제 30 다음 밸브 중 핸들을 90도(度)회전시켜 개폐 조작이 가능한 것은?

해답 볼 밸브(ball valve)

문제 31 원통의 몸체 속에 밸브 대를 축으로 하여 원판형태의 디스크가 회전함에 따라서 개폐되는 구조이며, 밸브가 완전 열림 시 유체저항이 적고 유량조정이 가능하여 대구경에 적합한 밸브의 명칭은 무엇인가?

해답 버터플라이밸브

문제 32 고압배관과 저압배관과의 사이에 부착하여 고압측의 압력변화 및 부하변동에 관계없이 2차측 압력을 일정하게 유지하는 밸브 명칭은?

해답 감압밸브

해설 감압밸브 설치 목적
① 고압의 증기를 저압의 증기로 만들기 위하여
② 부하측의 압력을 일정하게 유지하기 위하여
③ 부하 변동에 따른 증기의 소비량을 절감하기 위하여

문제 33 증기사용 설비의 온도를 일정하게 유지시키기 위한 것으로 열교환기나 가열기 등에 사용하는 자동제어밸브의 명칭은?

해답 자동온도 조절밸브

문제 34 다음은 배관 중에 설치되는 여과기(strainer)에 대한 설명이다. ( )속에 들어갈 옳은 말을 쓰시오.

> 여과기는 관 내부에 흐르는 유체 중의 (①)을[를] 제거하기 위하여 설치되며, 밸브나 기기의 (②) 부분에 설치된다. 또한 여과기 종류는 모양에 따라 (③)형, (④)형, (⑤)형의 3가지가 있다.

해답 ① 불순물 ② 앞 ③ Y ④ U ⑤ V

문제 35 스트레이너의 종류 중 유체의 흐름 방향에 대하여 직각으로 방향이 바뀌므로 유체 흐름에 대한 저항이 크지만, 보수, 점검이 용이하여 오일 스트레이너로 주로 사용되는 것은?

해답 U형 스트레이너

문제 36 배관의 열팽창, 신축 등으로 발생되는 사고를 미연에 방지하기 위하여 배관 도중에 설치하는 신축이음장치의 종류를 5가지 쓰시오.

해답 ① 루프형 ② 슬리브형 ③ 벨로즈형
④ 스위블형 ⑤ 상온스프링(cold spring) ⑥ 볼조인트

해설 상온스프링(cold spring)
배관의 자유팽창을 미리 계산하여 관의 길이를 약간 짧게 절단하여 강제배관을 함으로써 열팽창을 흡수하는 방법으로 절단하는 길이는 계산에서 얻은 자유팽창량의 1/2 정도로 한다.

문제 37 배관의 신축이음 종류 중 고온, 고압용의 옥외배관에 많이 사용되며, 응력이 크게 작용하는 것은?

해답 루프형

문제 38 루프형 신축이음의 굽힘 반지름은 사용되는 관지름의 몇 배 이상으로 하여야 하는가?

해답 6배

문제 39 20[℃]에서 강관 50[m]를 배관한 관의 온도가 −20[℃]로 바뀌면 강관의 수축량은 몇 [mm]인가? (단, 강관의 선팽창계수는 $1.22 \times 10^{-5}/℃$ 이다.)

풀이 $\Delta L = L \cdot \alpha \cdot \Delta t = 50 \times 10^3 \times 1.22 \times 10^{-5} \times (20+20) = 24.4 [mm]$

해답 24.4[mm]

문제 40 루프형 신축곡관에서 곡관의 바깥지름(d)이 25[mm]이고, 길이(L)가 1[m]일 때 흡수할 수 있는 배관의 신장(ΔL)은 얼마인가?
(단, $L[\text{m}] = 0.073\sqrt{d[\text{mm}] \times \Delta L[\text{mm}]}$ 이다.)

풀이 $\Delta L = \dfrac{L^2}{0.073^2 \times d} = \dfrac{1^2}{0.073^2 \times 25} = 7.506 ≒ 7.51[\text{mm}]$

해답 7.51[mm]

문제 41 일명 팩리스 신축이음쇠라고도 하며, 설치에 넓은 장소를 필요로 하지 않고 신축에 의한 응력을 일으키지 않는 신축 이음쇠의 형식 명칭을 쓰시오.

해답 벨로즈형

문제 42 회전이음, 지블이음이라고도 하며, 주로 증기 및 온수난방용 배관에 설치하는 신축이음 방식은 무엇인가?

해답 스위블형

문제 43 신축이음쇠 중 설치공간이 적고, 평면상의 변위뿐만 아니라 입체적인 변위까지도 안전하게 흡수하므로 어떤 현상에 의한 신축에도 배관이 안전한 신축이음의 명칭은 무엇인가?

해답 볼 조인트

문제 44 배수트랩의 구비조건 4가지를 쓰시오.

해답
① 구조가 간단할 것
② 오수가 정체하지 않을 것
③ 봉수가 안정성을 유지할 것
④ 수리 및 청소가 쉬울 것
⑤ 내식성, 내구성이 있을 것

문제 45 하수관에서 유해가스나 악취 등이 실내로 유입되는 것을 방지하기 위해 설치하는 트랩의 종류를 5가지 쓰시오.

해답 ① 관 트랩(P-트랩, S-트랩, U-트랩) ② 바닥배수 트랩 ③ 드럼 트랩
④ 그리스 트랩 ⑤ 가솔린 트랩 ⑥ 벨 트랩

문제 46 배관의 하중을 위에서 걸어 당겨 지지하는 부품인 행거(hanger)의 종류를 3가지 쓰시오.

해답 ① 리지드 행거 ② 스프링 행거 ③ 콘스턴트 행거

해설 • 행거(hanger)의 종류 및 역할
   ① 리지드 행거(rigid hanger) : 수직방향의 변위가 없는 곳에 사용한다.
   ② 스프링 행거(spring hanger) : 변위가 적은 곳에 사용하며 스프링식과 중추식이 있다.
   ③ 콘스턴트 행거(constant hanger) : 관의 상하 방향 이동을 허용하면서 변위가 큰 곳에 사용한다.

문제 47 배관의 상부에서 관을 지지하는 것으로, 관의 상하 방향 이동을 허용하면서 일정한 힘으로 관을 지지하는 것은?

해답 콘스턴트 행거

문제 48 배관의 지지구인 서포트(support)의 종류 3가지를 쓰시오.

해답 ① 스프링 서포트   ② 롤러 서포트   ③ 파이프 슈   ④ 리지드 서포트

해설 • 서포트(support) : 배관계 중량을 아래에서 위로 지지할 목적으로 사용한다.
   ① 스프링 서포트 : 상하 이동이 자유롭고 파이프의 하중을 스프링이 완충작용을 한다.
   ② 롤러 서포트 : 배관의 신축을 자유롭게 하면서 롤러가 관을 받치면서 지지한다.
   ③ 파이프 슈 : 배관의 엘보 부분과 수평부분에 영구히 고정, 배관의 이동을 구속한다.
   ④ 리지드 서포트 : H빔으로 만든 것으로 옥외 등에 종류가 다른 여러 배관을 한 번에 지지한다.

문제 49 관지지 금속 중 배관의 열팽창에 의한 좌우, 상하 이동을 구속하고 제한하는 장치는?

해답 리스트레인트

해설 • 리스트레인드(restraint)의 종류 및 역할
   ① 앵커(anchor) : 이동 및 회전을 방지하기 위하여 지지부분에 완전히 고정하여 사용한다.
   ② 스톱(stop) : 회전 및 배관 축과 직각방향의 이동을 구속하고 나머지 방향의 이동은 자유롭다.
   ③ 가이드(guide) : 신축이음(루프형, 슬리브형) 등에 설치하는 것으로 축과 직각방향의 이동은 구속하고, 축 방향의 이동은 허용 및 안내하는 역할을 한다.

문제 50 배관 지지구 중 펌프, 압축기 등에서 발생하는 기계의 진동, 수격작용 등에 의한 각종 충격을 억제하는데 사용되는 것의 명칭은?

해답 브레이스

문제 51 다음 내용 중 ( )안에 들어갈 알맞은 내용을 쓰시오.

> 배관의 신축으로 인한 배관의 상하, 좌우 이동을 제한하고 구속하는 것을 리스트레인트라 하고 펌프, 압축기 등에서 발생하는 진동을 흡수하여 배관계통에 전달되는 것을 방지하는 것은 (①)가[이] 하고 진동방지는 (②), 배관 내 워터해머와 진동해소는 (③)가[이] 한다.

해답 ① 브레이스 ② 방진구 ③ 완충기

문제 52 내열도가 −46~121[℃]인 천연고무의 성질을 개선시킨 것으로 내산성, 내열성, 내유성이 좋고, 기계적 성질이 양호하여, 증기배관 외 물, 공기, 기름 및 냉매배관 등 광범위하게 사용되는 플랜지 패킹재 명칭은?

해답 합성고무(neoprene)

문제 53 한지를 여러 겹 붙여서 일정한 두께로 하여 내유 가공한 오일시트 패킹이 주로 쓰이며 내유성이 있으나 내열도가 작은 플랜지 패킹은?

해답 식물성 섬유제

문제 54 광물성 섬유로 미세하고 강인하며 450[℃]까지의 고온에 견디는 패킹은?

해답 석면

문제 55 나사용 패킹으로서 화학약품에 강하고, 내유성이 크며, 내열 범위가 −30~130[℃]로 증기, 기름, 약품 배관에 사용되는 것은?

해답 액상 합성수지

문제 56 적색 안료에 사용되고 연단을 아마인유와 혼합하여 만들며 녹을 방지하기 위해 페인트 밑칠 및 다른 착색도료의 초벽으로 우수하여 기계류의 도장 밑칠에 널리 사용되는 것은?

해답 광명단 도료

문제 57 도막이 부드럽고 가격이 저렴하여 많이 사용되지만 방청효과가 좋지 않은 도료는?

해답 산화철 도료

【문제 58】 알루미늄 분말을 유성 바니시(oil varnish)에 혼합한 도료이며 은분 페인트라 하며 수분, 습기의 방지가 양호하여 녹을 잘 방지한다. 내열성이 좋고(400~500[℃]), 열을 잘 반사하므로 난방용 방열기 표면에 사용하는 방청도료의 명칭은?.

해답 알루미늄 도료

【문제 59】 파이프의 외면과 물과의 사이에 내식성의 도막을 만들어 물의 흡수를 방지하고, 노출된 상태에서는 외부의 원인에 따라 균열을 일으키기 쉬운 도료의 명칭은?

해답 타르 및 아스팔트

【문제 60】 보일러 배관에서 순환펌프, 유량계, 수량계, 감압 밸브 등의 설치 위치에 고장, 보수 등에 대비하여 설치하는 회로의 명칭을 쓰시오.

해답 바이패스(by-pass) 회로

【문제 61】 온수 순환펌프를 설치하고자 한다. 다음 [보기]의 부속을 사용하여 배관도를 완성하시오.

[보기] 펌프(ⓟ) 1개, 밸브 3개, 스트레이너 1개, 유니언 3개, 티 2개, 엘보 2개

해답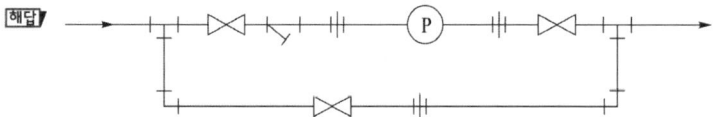

【문제 62】 다음은 온수 보일러 순환펌프 주위 배관도를 나타낸 것이다. ①~⑤의 부품 명칭을 쓰시오.

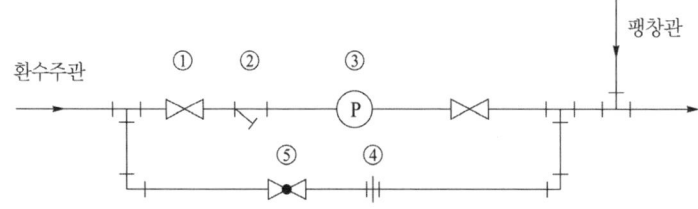

해답 ① 슬루스 밸브(게이트 밸브)   ② 스트레이너   ③ 온수 순환 펌프
④ 유니언   ⑤ 글로브 밸브(스톱 밸브)

문제 63 다음 도면을 보고 물음에 답하시오.

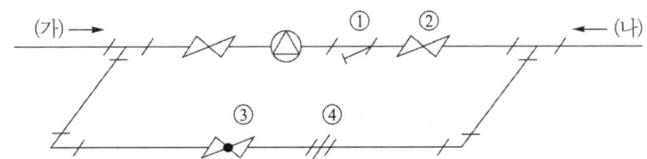

(1) 도면의 ①~④의 부품 명칭을 쓰시오.
(2) 유체의 흐름 방향은 (가), (나) 중 어느 방향인가?

해답 (1) ① 여과기(strainer)   ② 슬루스 밸브(게이트 밸브)
      ③ 글로브 밸브(스톱 밸브)   ④ 유니언
(2) (나)

문제 64 감압밸브 바이패스 배관도에서 사용되는 부품 수량 및 규격을 쓰시오. (단, 부품과 부품을 조립할 때 사용하는 니플은 제외한다.)

(1) 압력계 :   (2) 감압밸브 :   (3) 이경티 :
(4) 동경티 :   (5) 유니언 :   (6) 게이트밸브 :
(7) 스톱밸브 :   (8) 부싱 규격 :   (9) 리듀서 규격 :
(10) 스프링식 안전밸브 :

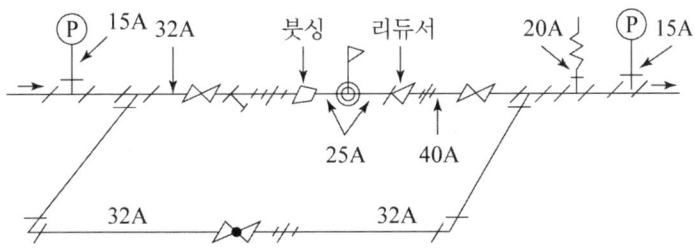

해답 (1) 2 (2) 1 (3) 4 (4) 1 (5) 3 (6) 2 (7) 1 (8) 32A×25A (9) 40A×25A (10) 1

제4장 시공재료의 열전달

4.1 보온재(保溫材)

1. 보온재의 개요

(1) 보온재의 분류

⑺ 재질에 의한 분류
 ㉮ 유기질 보온재 : 펠트, 코르크, 기포성 수지
 ㉯ 무기질 보온재 : 석면, 암면, 규조토, 탄산마그네슘, 유리섬유
 ㉰ 금속질 보온재 : 알루미늄 박(泊)

⑻ 안전 사용온도에 의한 분류
 ㉮ 저온용 : 유기질 보온재
 ㉯ 상온용 : 유리솜, 규조토, 석면, 암면, 탄산마그네슘
 ㉰ 고온용 : 규산칼슘, 펄라이트, 팽창질석

(2) 구비조건

⑺ 열전도율이 작을 것
⑻ 흡습, 흡수성이 작을 것
⑼ 적당한 기계적 강도를 가질 것
⑽ 시공성이 좋을 것
⑾ 부피, 비중(밀도)이 작을 것
⑿ 경제적일 것

(3) 보온재의 열전도율에 영향을 미치는 요소

⑺ 온도 : 온도가 상승하면 열전도율이 커진다.
⑻ 밀도(비중) : 밀도가 커지면 열전도율이 커진다.
⑼ 흡습성(흡수성) : 흡습성(흡수성)이 증가하면 열전도율이 커진다.
⑽ 기공 : 기공의 크기가 작고 균일할수록 열전도율은 작아진다.

2. 보온재의 종류 및 특징

(1) 유기질 보온재

㈎ 펠트(felt)
  ㉮ 양모 펠트와 우모 펠트가 있다.
  ㉯ 아스팔트를 방습한 것은 −60[℃]까지의 보냉용에 사용이 가능하다.
  ㉰ 곡면 시공에 편리하다.
  ㉱ 열전도율 : 0.042~0.050[kcal/h · m · ℃]
  ㉲ 안전 사용온도 : 100[℃] 이하

㈏ 코르크(cork)
  ㉮ 액체 및 기체를 쉽게 침투시키지 않아 보랭, 보온재로 우수하다.
  ㉯ 냉수, 냉매배관, 냉각기, 펌프 등의 보냉용에 주로 사용한다.
  ㉰ 방수성을 향상시키기 위하여 아스팔트를 결합하는 것을 탄화 코르크라 한다.
  ㉱ 열전도율 : 0.046~0.049[kcal/h · m · ℃]
  ㉲ 안전 사용온도 : 130[℃] 이하

㈐ 기포성 수지
  ㉮ 합성수지, 고무질 재료를 사용하여 다공질 제품으로 만든 것이다.
  ㉯ 열전도율이 극히 낮고 흡수성은 좋지 않다.
  ㉰ 굽힘성이 풍부하며 불연소성이 있고 경량이다.
  ㉱ 방로재, 보냉재로 우수하다.

㈑ 텍스류
  ㉮ 톱밥, 목재, 펄프를 원료로 해서 압축판 모양으로 제작한 것이다.
  ㉯ 습기가 있으면 부식, 충해를 받을 우려가 있으므로 방습처리가 필요하다.
  ㉰ 열전도율 : 0.057~0.058[kcal/h · m · ℃]
  ㉱ 안전 사용온도 : 120[℃] 이하

(2) 무기질 보온재

㈎ 석면
  ㉮ 아스베스토질 섬유로 되어 있다.
  ㉯ 진동을 받는 장치의 보온재로 사용된다.
  ㉰ 400[℃] 이하의 관이나 탱크, 노벽 등의 보온재로 적합하다.
  ㉱ 800[℃]에서는 강도와 보온성을 상실할 수 있다.
  ㉲ 열전도율 : 0.048~0.065[kcal/h · m · ℃]
  ㉳ 안전 사용온도 : 350~550[℃]

(나) 암면(rock wool)
  ㉮ 안산암, 현무암, 석회석 등을 원료로 섬유상으로 제조한다.
  ㉯ 흡수성이 적고, 풍화 염려가 없다.
  ㉰ 가격이 저렴하고 섬유가 거칠며 꺾어지기 쉽다.
  ㉱ 알칼리에는 강하나, 강산에는 약하다.
  ㉲ 열전도율 : 0.039~0.048[kcal/h·m·℃]
  ㉳ 안전 사용온도 : 400~600[℃]

(다) 규조토
  ㉮ 열전도율이 다른 보온재에 비해 크다.
  ㉯ 시공 후 건조시간이 길며 접착성이 좋다.
  ㉰ 500[℃] 이하의 관, 탱크 등의 보온용으로 좋다.
  ㉱ 열전도율 : 0.083~0.095[kcal/h·m·℃]
  ㉲ 안전 사용온도 : 석면사용(500[℃]), 삼여물 사용(250[℃])

(라) 유리섬유(glass wool)
  ㉮ 용융 유리를 압축공기나 원심력을 이용하여 섬유형태로 제조한다.
  ㉯ 흡습성이 크기 때문에 방수처리를 하여야 한다.
  ㉰ 보온, 보냉재로 일반건축의 벽체, 덕트 등에 사용한다.
  ㉱ 열전도율 : 0.036~0.057[kcal/h·m·℃]
  ㉲ 안전 사용온도 : 350[℃] 이하 (단, 방수처리 시 600[℃])

(마) 탄산마그네슘
  ㉮ 염기성 탄산마그네슘(85[%])과 석면(15[%])으로 이루어져 있다.
  ㉯ 석면 혼합비율에 따라 열전도율이 달라진다.
  ㉰ 물반죽 또는 보온판, 보온통 형태로 사용된다.
  ㉱ 열전도율 : 0.05~0.07[kcal/h·m·℃]
  ㉲ 안전 사용온도 : 250[℃] 이하

(바) 규산칼슘
  ㉮ 규산질, 석회질, 암면 등을 혼합하여 만든 결정체 보온재이다.
  ㉯ 압축강도가 크며 반영구적이다.
  ㉰ 내수성, 내구성이 우수하며 시공이 편리하다.
  ㉱ 고온 공업용에 가장 많이 사용된다.
  ㉲ 열전도율 : 0.053~0.065[kcal/h·m·℃]
  ㉳ 안전 사용온도 : 650[℃]

(사) 스티로폼(폴리스틸렌 폼)
  ㉮ 냉수, 온수배관 등에 가장 쉽게 시공할 수 있다.

④ 내수성이 우수하여 많이 사용한다.
④ 화기에 약하다.
④ 열전도율 : 0.016~0.030[kcal/h·m·℃]
⑩ 안전 사용온도 : 85[℃]

(아) 실리카 파이버 및 세라믹 파이버
㉮ 실리카 울이나 탄산 글라스로부터 섬유를 산처리해서 고규산으로 만든 것이다.
㉯ 열전도율 : 0.035~0.06[kcal/h·m·℃]
㉰ 안전 사용온도 : 실리카 파이버(1100[℃]), 세라믹 파이버(1300[℃])

(3) **금속질 보온재** : 금속질 보온재로는 알루미늄 박(泊)이 주로 사용되며 보온효과는 복사열의 차단이 주목적이다. 알루미늄 박의 공기층 두께가 10[mm] 이하일 때 효과가 제일 크다.

3. 배관의 보온효율 계산

(1) 나관(裸管)의 열손실 계산

㉮ 열관류율로부터 계산 $Q_1 = K_1 \cdot F_1 \cdot \Delta t$
㉯ 표면열전달률로부터 계산 $Q_1 = \alpha_1 \cdot F_1 \cdot \Delta t_1$
㉰ 보온관 열손실로부터 계산 $Q_1 = \dfrac{Q_2}{1 - \eta}$

여기서 Q_1 : 나관의 열손실[kcal/h], K_1 : 나관의 열관류율[kcal/h·m²·℃]
α_1 : 나관의 표면열전달률[kcal/h·m²·℃]
F_1 : 나관의 외표면적[m²] $(F_1 = \pi \cdot D_1 \cdot L)$}
Δt : 관내부 온수온도와 외기온도차[℃]
Δt_1 : 나관의 표면온도와 외기온도차[℃]
D_1 : 나관의 바깥지름[m], L : 배관의 길이[m]

(2) 보온관의 열손실 계산

㉮ 열관류율로부터 계산 $Q_2 = K_2 \cdot F_2 \cdot \Delta t$
㉯ 표면열전달률로부터 계산 $Q_2 = \alpha_2 \cdot F_2 \cdot \Delta t_2$
㉰ 보온관 열손실로부터 계산 $Q_2 = Q_1 \times (1 - \eta)$

여기서, Q_2 : 보온관 열손실[kcal/h]
K_2 : 보온관의 열관류율[kcal/h·m²·℃]

α_2 : 보온관의 표면열전달률[kcal/h · m² · ℃]
F_2 : 보온관의 외표면적[m²] ($F_2 = \pi \times (D_1 + 2t) \times L$)
Δt : 관내부 온수온도와 외기온도차[℃]
Δt_2 : 보온관 표면온도와 외기온도차[℃]
D_1 : 나관의 바깥지름[m], t : 보온두께[m], L : 배관의 길이[m]

(3) 보온효율

$$\eta = \frac{Q_1 - Q_2}{Q_1} \times 100 = \left(1 - \frac{Q_2}{Q_1}\right) \times 100$$

4.2 열전달

1. 열의 이동 방법

(1) **전도(conduction)** : 고체를 매개체로 하여 열이 고온에서 저온으로 이동하는 현상

(2) **대류(convection)** : 고체 벽이 온도가 다른 유체와 접촉하고 있을 때 유체에 유동이 생기면서 열이 유동하는 현상

(3) **복사(radiation)** : 중간의 매개물 없이 한 물체에서 다른 물체로 열 에너지가 이동하는 현상으로 스테판 볼츠만의 법칙이 성립한다.

> ※ 스테판 볼츠만(Stefan Boltzmann)의 법칙
> 완전 흑체의 단위 표면적당 복사되는 에너지는 절대온도의 4승에 비례한다.
>
> $$Q = \epsilon \cdot C_b \cdot \left[\left(\frac{T_1}{100}\right)^4 - \left(\frac{T_2}{100}\right)^4\right]$$
>
> 여기서, Q : 복사에너지[kcal/m² · h] ϵ : 흑도(방사도)
> C_b : 4.88[kcal/h · m² · K⁴]

2. 열의 이동 계산

(1) **열전도율[kcal/h · m · ℃]** : 면적 1[m²], 두께 1[m]인 고체의 양쪽면 온도차가 1[℃]

일 때, 고온에서 저온으로 1시간에 이동한 열량의 비율을 말한다.

㈎ 전도 전열량 계산 : 벽의 재질과 두께 및 열전도율이 각각 다른 것이 벽면을 형성하고 있을 때 전도에 의한 손실열량은 감소한다. 이 때 손실되는 전도 전열량은 다음과 같이 된다.

$$Q = \frac{1}{\frac{b_1}{\lambda_1} + \frac{b_2}{\lambda_2} + \frac{b_3}{\lambda_3}} \cdot F \cdot (t_2 - t_1)$$

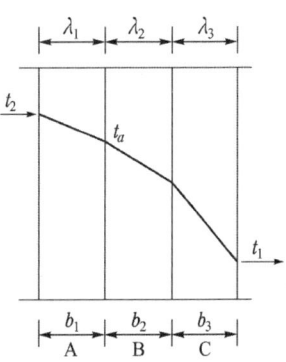

여기서, Q : 전도 전열량 [kcal/h]
λ : 각 벽의 열전도율[kcal/h·m·℃]
b : 벽의 두께[m], F : 전열면적[m^2]
t_2 : 고온[℃], t_1 : 저온[℃]

㈏ A와 B벽 사이의 중간온도 계산식은 다음과 같다.

$$t_a = t_2 - \left(\frac{Q}{F} \times R_a\right) = t_2 - \left(\frac{Q}{F} \times \frac{b_1}{\lambda_1}\right)$$

(2) 열전달률[kcal/h·m²·℃] : 고체면과 유체와의 사이의 열의 이동으로서, 단위면적 1[m^2]당 고체면과 유체면 사이의 온도차가 1[℃]일 때 1시간에 이동하는 열량이다.

$$Q = \alpha \cdot F \cdot \Delta t$$

여기서, Q : 전도 전열량[kcal/h] α : 열전달률[kcal/h·m^2·℃]
F : 표면적[m^2] Δt : 온도차[℃]

(3) 열관류율[kcal/h·m²·℃] : 열이 한 유체에서 벽을 통하여 다른 유체로 전달되는 현상을 말하며 열통과라고도 한다. 이 경우 전도, 대류, 복사의 작용이 이루어진다.

$$Q = K \cdot F \cdot \Delta t$$
$$K = \frac{1}{R} = \frac{1}{\frac{1}{\alpha_1} + \frac{b}{\lambda} + \frac{1}{\alpha_2}}$$

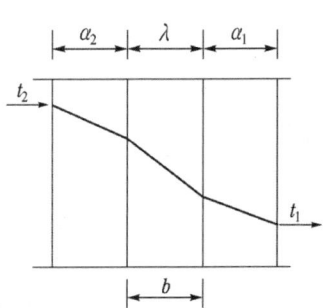

여기서, Q : 열통과량 [kcal/h]
K : 열관류율 [kcal/h·m^2·℃]
R : 열저항[h·m^2·℃/kcal]
λ : 각 벽의 열전도율[kcal/h·m·℃]

b : 벽의 두께[m]

F : 표면적[m²]

Δt : 온도차[℃]

α_1 : 저온면 경막계수[kcal/h·m²·℃]

α_2 : 고온면 경막계수[kcal/h·m²·℃]

예 | 상 | 문 | 제

문제 01 보온재와 단열재, 보냉재 등은 무엇을 기준으로 하여 구분하는가?

해답 ▶ 안전사용온도

문제 02 배관에 있어서 보온재의 구비조건을 5가지 쓰시오.

해답 ▶ ① 열전도율이 작을 것 ② 흡습, 흡수성이 작을 것
③ 적당한 기계적 강도를 가질 것 ④ 시공성이 좋을 것
⑤ 부피, 비중(밀도)이 작을 것 ⑥ 경제적일 것

문제 03 보온재의 종류 중 유기질 보온재는 일반적으로 낮은 온도에 사용되고, 무기질 보온재는 상대적으로 높은 온도의 물체에 사용된다. 다음 보온재에서 유기질인 경우 "유", 무기질인 경우 "무"자를 쓰시오.

(1) 우모 펠트 :   (2) 그라스 울 :   (3) 암면 :
(4) 탄화 코르크 :   (5) 규조토 :

해답 ▶ (1) 유 (2) 무 (3) 무 (4) 유 (5) 무

문제 04 보온재의 열전도율에 영향을 주는 인자 4가지와 관계를 설명하시오.

해답 ▶ ① 온도 : 온도가 상승하면 열전도율이 커진다.
② 밀도(비중) : 밀도가 커지면 열전도율이 커진다.
③ 흡습성(흡수성) : 흡습성(흡수성)이 증가하면 열전도율이 커진다.
④ 기공 : 기공의 크기가 작고 균일할수록 열전도율은 작아진다.

문제 05 다음은 보온재에 대한 설명이다. [보기]에서 해당하는 부분의 번호를 찾아 쓰시오.
「보온재는 (1) 이[가] 작고 균일할수록, 두께가 두꺼울수록, (2) 가[이] 작을수록 열전도율이 작아지고, 유체의 (3)가[이] 높을수록, (4)이[가] 클수록 열전도율이 커진다.」

[보기] ① 기공 ② 유기질 ③ 무기질 ④ 밀도(비중) ⑤ 재질
⑥ 온도 ⑦ 속도 ⑧ 흡습성(흡수성) ⑨ 내구성

해답 ▶ (1) ① (2) ④ (3) ⑥ (4) ⑧

문제 06 다음 ( ) 안에 '증가' 또는 '감소'를 쓰시오.
   (1) 각종 재료의 열전도율은 기공이 클수록 (   ) 한다.
   (2) 각종 재료의 열전도율은 습도가 높을수록 (   ) 한다.
   (3) 각종 재료의 열전도율은 밀도가 크면 (   ) 한다.
   (4) 각종 재료의 열전도율은 온도가 상승하면 (   ) 한다.

   해답 (1) 증가   (2) 증가   (3) 증가   (4) 증가

문제 07 다음 [보기]에서 보온재 중 사용온도가 높은 것에서 낮은 순서대로 번호를 쓰시오.

   [보기] ① 석면 ② 그라스 울(유리솜) ③ 실리카 ④ 펠트 ⑤ 캐스터블 내화물

   해답 ⑤ → ③ → ① → ② → ④

문제 08 주로 방로 피복에 사용하는 보온재로서 아스팔트로 피복한 것은 −60[℃] 정도까지 유지할 수 있으므로 보냉용으로 많이 사용되는 보온재는?

   해답 펠트

   해설 펠트(felt)의 특징
   ① 양모 펠트와 우모 펠트가 있다.
   ② 아스팔트를 방습한 것은 −60[℃]까지의 보냉용에 사용이 가능하다.
   ③ 곡면 시공에 편리하다.
   ④ 열전도율 : 0.042~0.050[kcal/h · m · ℃]
   ⑤ 안전 사용온도 : 100[℃] 이하

문제 09 합성수지 또는 고무질 재료를 사용하여 다공질 제품으로 만든 것이며 열전도율이 극히 낮고 가벼우며 흡수성은 좋지 않으나 굽힘성이 풍부한 보온재 명칭은 무엇인가?

   해답 기포성 수지

문제 10 안전사용 온도가 400[℃] 정도이고, 진동 충격에 강하며 아스베스트질 섬유로 된 보온재는?

   해답 석면

   해설 석면의 특징
   ① 아스베스토질 섬유로 되어 있다.
   ② 진동을 받는 장치의 보온재로 사용된다.
   ③ 400[℃] 이하의 관이나 탱크, 노벽 등의 보온재로 적합하다.

④ 800[℃]에서는 강도와 보온성을 상실할 수 있다.
⑤ 열전도율 : 0.048~0.065[kcal/h·m·℃]
⑥ 안전 사용온도 : 350~550[℃]

문제 11 안산암, 현무암, 석회석 등을 원료로 하여 용융, 압축 가공한 것으로 400[℃] 이하의 관, 덕트, 탱크 등에 사용하는 보온재는 무엇인가?

해답 암면

해설 암면(rock wool)의 특징
① 안산암, 현무암, 석회석 등을 원료로 섬유상으로 제조한다.
② 흡수성이 적고, 풍화 염려가 없다.
③ 가격이 저렴하고 섬유가 거칠며 꺾어지기 쉽다.
④ 알칼리에는 강하나, 강산에는 약하다.
⑤ 열전도율 : 0.039~0.048[kcal/h·m·℃]
⑥ 안전 사용온도 : 400~600[℃]

문제 12 다른 보온재에 비하여 단열 효과가 낮으며 500[℃] 이하의 파이프, 탱크, 노벽 등에 사용하는 것은?

해답 규조토

해설 규조토의 특징
① 열전도율이 다른 보온재에 비해 크다.
② 시공 후 건조시간이 길며 접착성이 좋다.
③ 500℃ 이하의 파이프, 탱크, 노벽 등의 보온용으로 사용된다.
④ 진동이 있는 곳에서 사용이 부적합하다.
⑤ 열전도율 : 0.083~0.095[kcal/h·m·℃]
⑥ 안전 사용온도 : 석면사용(500[℃]), 삼여물 사용(250[℃])

문제 13 탄력 있는 두루마리 형태의 매트(mat)로 만든 제품도 있으며 보온 단열 효과도 우수하며, 복원력이 뛰어나 운반 및 보관이 용이하게 포장되어 있어 건물의 보온 단열재와 산업용 흡음재로도 사용이 가능한 보온재는?

해답 그라스 울

해설 유리섬유(glass wool)의 특징
① 용융 유리를 압축공기나 원심력을 이용하여 섬유형태로 제조한다.
② 흡습성이 크기 때문에 방수처리를 하여야 한다.
③ 보온, 보냉재로 일반건축의 벽체, 덕트 등에 사용한다.
④ 열전도율 : 0.036~0.057[kcal/h·m·℃]
⑤ 안전 사용온도 : 350[℃] 이하 (단, 방수처리 시 600[℃])

문제 14 열전도율이 작고 가벼우며 물에 개어서 사용할 수도 있는 무기질 보온재는?

해답 탄산마그네슘

해설 • 탄산마그네슘 특징
① 염기성 탄산마그네슘(85[%])과 석면(15[%])으로 이루어져 있다.
② 석면 혼합비율에 따라 열전도율이 달라진다.
③ 물반죽 또는 보온판, 보온통으로 사용된다.
④ 열전도율 : 0.05~0.07[kcal/h·m·℃]
⑤ 안전 사용온도 : 250[℃] 이하

문제 15 500[℃] 이하의 온도에서 사용할 수 있는 무기질 보온재 종류를 3가지 쓰시오.

해답 ① 규조토   ② 유리섬유(glass wool)   ③ 탄산마그네슘

해설 • 각 보온재의 안전사용온도
① 규조토 : 석면사용(500[℃]), 삼여물 사용(250[℃])
② 유리섬유(glass wool) : 350[℃] 이하
③ 탄산마그네슘 : 250[℃] 이하

문제 16 내화물의 구비조건 4가지를 쓰시오.

해답 ① 상온 및 사용온도에서 충분한 압축강도를 가질 것
② 사용 용도에 맞는 적당한 열전도율을 가질 것
③ 고온에서 팽창, 수축이 적을 것
④ 내마멸성, 내침식성이 우수할 것
⑤ 사용온도에서 연화, 변형되지 않을 것
⑥ 스폴링(spalling) 현상이 적을 것

해설 • 내화물의 정의
고온에서 사용되는 불연성, 난연성 재료로 용융온도 1580[℃](SK 26) 이상의 내화도를 가진 비금속 무기재료이다.

문제 17 내화물의 기본제조공정을 5단계로 쓰시오.

해답 ① 분쇄   ② 혼련   ③ 성형   ④ 건조   ⑤ 소성

문제 18 내화물의 스폴링(박락) 현상의 종류 3가지를 쓰시오.

해답 ① 열적 스폴링 : 온도 급변에 의한 열영향
② 구조적 스폴링 : 구조적인 응력 불균형
③ 기계적 스폴링 : 조직 변화에 의한 영향

문제 19 관의 총 길이가 50[m]인 나관의 표면온도가 80[℃], 접촉 공기온도가 20[℃]인 이 관의 열손실 열량[kcal/h]을 계산하시오. (단, 나관의 바깥지름은 50[mm], 나관의 표면 열전달률은 25[kcal/h·m²·℃]이다.)

풀이 • $Q_1 = \alpha_1 \cdot F_1 \cdot \Delta t = 25 \times (\pi \times 0.05 \times 50) \times (80 - 20) = 11780.972 ≒ 11780.97[kcal/h]$

해답 11780.97 [kcal/h]

문제 20 보온 시공된 어떤 온수 공급관의 열손실이 5000[kcal/h]이다. 보온효율이 80[%]이면 보온하기 전 나관(裸管)의 시간당 손실열량은 몇 [kcal/h]인지 계산하시오.

풀이 $Q_1 = \dfrac{Q_2}{1-\eta} = \dfrac{5000}{1-0.8} = 25000 [\text{kcal/h}]$

해답 25000[kcal/h]

문제 21 관 길이 50[m], 바깥지름 50[mm] 강관에 보온시공을 20[mm] 한 후 표면온도가 20[℃]로 되었을 때 보온관의 열손실 열량[kcal/h]을 계산하시오. (단, 보온관 표면 열전달률은 24[kcal/h·m²·℃], 주위 공기온도는 5[℃]이다.)

풀이 $Q_2 = \alpha_2 \cdot F_2 \cdot \Delta t_2$
$= 24 \times \{\pi \times (0.05 + 2 \times 0.02) \times 50\} \times (20-5) = 5089.380 ≒ 5089.38[\text{kcal/h}]$

해답 5089.38[kcal/h]

문제 22 실내온도 18[℃]인 기계실에서 길이 50[m], 바깥지름 40[mm], 나관의 표면온도가 70[℃]인 관에 두께 2[cm]로 보온시공을 하였을 때 보온효율이 80[%] 이었다. 이때의 보온면 열손실 열량[kcal/h]을 계산하시오. (단, 나관의 표면 열전달률은 20[kcal/h·m²·℃]이다.)

풀이 $Q_2 = Q_1 \cdot (1-\eta) = \alpha_1 \cdot F_1 \cdot \Delta t_1 \cdot (1-\eta)$
$= 20 \times \pi \times 0.04 \times 50 \times (70-18) \times (1-0.8) = 1306.902 ≒ 1306.90[\text{kcal/h}]$

해답 1306.9[kcal/h]

문제 23 나관의 열관류율이 5.0[kcal/h·m²·℃], 관 1[m]당 표면적이 0.1[m²], 관의 길이가 50[m], 내부 유체온도 120[℃], 공기온도 20[℃], 보온효율 80[%]일 때 보온관의 열손실은 몇 [kcal/h]인가?

풀이 $Q_2 = Q_1 \cdot (1-\eta) = \alpha_1 \cdot F_1 \cdot \Delta t_1 \cdot (1-\eta)$
$= 5.0 \times 50 \times 0.1 \times (120-20) \times (1-0.8) = 500[\text{kcal/h}]$

해답 500[kcal/h]

문제 24 배관을 피복하지 않았을 때 방산열량이 520[kcal/m²], 보온재로 피복하였을 때 방산열량이 350[kcal/m²]이다. 보온재의 보온효율은 몇 [%]인가?

풀이 $\eta = \dfrac{Q_1 - Q_2}{Q_1} \times 100 = \dfrac{520 - 350}{520} \times 100 = 32.692 ≒ 32.69[\%]$

해답 32.69[%]

문제 25 열의 이동방법 3가지를 쓰시오.

해답 ① 전도 ② 대류 ③ 복사

해설 • 열의 이동방법과 법칙
  ① 전도 : 푸리에(Fourier)의 법칙
  ② 대류 : 뉴턴(Newton)의 법칙
  ③ 복사 : 스테판 볼츠만(Stefan-Boltzmann)의 법칙

문제 26 하나의 물체를 구성하고 있는 물질부분을 차례차례로 열이 전해지든지 또는 직접 접촉하고 있는 2개의 물체의 하나에서 다른 것으로 열이 전해지는 현상을 무엇이라 하는가?

해답 열전도

문제 27 실내에서 실외로 열이 이동하는 경우 열의 저항층이 여러층 있을 경우 열의 이동을 무엇이라 하는가?

해답 열관류(열통과)

문제 28 보일러의 연소실 내부에서 전열면으로 열이 전달되는 형태 중 가장 크게 작용하는 열전달 방식은?

해답 복사

문제 29 흑체로부터의 복사 전열량은 절대온도의 몇 승에 비례하는가?

해답 4승

해설 • 스테판 볼츠만(Stefan Boltzmann)의 법칙
  완전 흑체의 단위 표면적당 복사되는 에너지는 절대온도의 4승에 비례한다.

문제 30 다음의 단위를 각각 쓰시오.
(1) 열전도율 :   (2) 열관류율 :   (3) 벽체의 열저항 :

해답 (1) kcal/h·m·℃   (2) kcal/h·m²·℃   (3) h·m²·℃/kcal

문제 31 두께가 200[mm]인 벽에서 표면온도차가 80[℃]일 때 전도 전열량(열전도량)이 55 [kcal/h·m²] 이라면 이 벽의 열전도율[kcal/h·m·℃]을 계산하시오.

풀이 •
$$Q = \frac{1}{\frac{b}{\lambda}} \times F \times \Delta t = \frac{\lambda}{b} \times F \times \Delta t$$

$$\therefore \lambda = \frac{Q \times b}{F \times \Delta t} = \frac{55 \times 0.2}{1 \times 80} = 0.137 \fallingdotseq 0.14[\text{kcal/h·m·℃}]$$

해답 0.14[kcal/h·m·℃]

문제 32 그림과 같은 구조체의 열관류율[kcal/h·m²·℃]를 구하시오. (단, 외측 및 내측 표면 열전달률이 각각 7.5[kcal/h·m²·℃], 20[kcal/h·m²·℃]이다.)

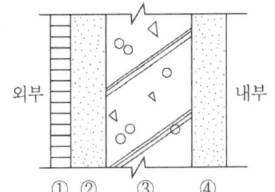

① 타일 - 두께 : 5[mm], 열전도율 : 1.1[kcal/h·m·℃]
② 모르타르 - 두께 : 15[mm], 열전도율 : 0.93[kcal/h·m·℃]
③ 콘크리트 - 두께 : 150[mm], 열전도율 : 1.41[kcal/h·m·℃]
④ 모르타르 - 두께 : 15[mm], 열전도율 : 0.93[kcal/h·m·℃]

풀이•
$$K = \frac{1}{\frac{1}{\alpha_1} + \frac{b_1}{\lambda_1} + \frac{b_2}{\lambda_2} + \frac{b_3}{\lambda_3} + \frac{b_4}{\lambda_4} + \frac{1}{\alpha_2}}$$
$$= \frac{1}{\frac{1}{7.5} + \frac{0.005}{1.1} + \frac{0.015}{0.93} + \frac{0.15}{1.41} + \frac{0.015}{0.93} + \frac{1}{20}}$$
$$= 3.062 ≒ 3.06[kcal/h·m²·℃]$$

해답 3.06[kcal/h·m²·℃]

문제 33 두께 250[mm], 열전도율이 1.45[kcal/h·m·℃]인 노벽의 열관류율[kcal/h·m²·℃]은 얼마인가? (단, 내부의 열저항은 0.125[h·m²·℃/kcal], 외부의 공기 열저항은 0.015[h·m²·℃/kcal]이다.)

풀이•
$$K = \frac{1}{\frac{1}{\alpha_1} + \frac{b}{\lambda} + \frac{1}{\alpha_2}} = \frac{1}{0.125 + \frac{0.25}{1.45} + 0.015} = 3.200 ≒ 3.20[kcal/h·m²·℃]$$

해답 3.2[kcal/h·m²·℃]

문제 34 어떤 벽체 양쪽 공기온도가 각각 20[℃]와 0[℃]이다. 이 벽체 1[m²] 당 1시간 동안의 이동 열량은 몇 [kcal]인가? (단, 벽의 열관류율은 2.5[kcal/h·m²·℃]이다.)

풀이• $Q = K · F · \Delta t = 2.5 \times 1 \times (20 - 0) = 50[kcal/h]$

해답 50[kcal/h]

문제 35 창문의 크기가 1.6[m]×1.5[m]로 2개이며, 실내온도 20[℃], 실외온도 −15[℃]일 때 창문을 통한 손실열량은 약 몇 [kcal/h]인가?
(단, 창문의 열관류율은 5.2[kcal/h·m²·℃]이다.)

풀이• $Q = K \times F \times \Delta t = 5.2 \times (1.6 \times 1.5 \times 2) \times (20 + 15) = 873.6[kcal/h]$

해답 873.6[kcal/h]

문제 36 두께 3[cm], 면적 2[m²]인 강판의 열전도량을 6000[kcal/h]로 하려면 강판 양면의 필요한 온도차는? (단, 열전도율 λ = 45[kcal/h · m · ℃]이다.)

풀이 $Q = K \cdot F \cdot \Delta t$ 에서

$\therefore \Delta t = \dfrac{Q}{K \cdot F} = \dfrac{6000}{1500 \times 2} = 2[℃]$

여기서, $K = \dfrac{1}{\dfrac{b}{\lambda}} = \dfrac{1}{\dfrac{0.03}{45}} = 1500[\text{kcal/h} \cdot \text{m}^2 \cdot ℃]$

해답 2[℃]

문제 37 두께 150[mm]인 콘크리트에 두께 5[mm]의 석고판을 부착한 면적 15[m²]의 벽체가 있다. 외기온도가 −5[℃], 실내온도가 20[℃]라면, 이 벽체로 부터의 손실열량은 몇 [kcal/h]인가? (단, 실내외측 표면의 열전달률은 각각 7.2[kcal/h · m² · ℃]와 20[kcal/h · m² · ℃]이며, 재료의 열전도도는 콘크리트 1.4[kcal/h · m · ℃], 석고판 0.18[kcal/h · m · ℃]이다.)

풀이 ① 열관류율(K) 계산

$K = \dfrac{1}{\dfrac{1}{\alpha_1} + \dfrac{b_1}{\lambda_1} + \dfrac{b_2}{\lambda_2} + \dfrac{1}{\alpha_2}} = \dfrac{1}{\dfrac{1}{7.2} + \dfrac{0.15}{1.4} + \dfrac{0.005}{0.18} + \dfrac{1}{20}}$

$= 3.088 ≒ 3.09[\text{kcal/h} \cdot \text{m}^2 \cdot ℃]$

② 손실열량 계산

$Q = K \cdot F \cdot \Delta t = 3.09 \times 15 \times (20 + 5) = 1158.75[\text{kcal/h}]$

해답 1158.75[kcal/h]

제5장 보일러시공 공구 및 장비

5.1 보일러시공 공구의 취급

1. 강관용 공구

(1) 파이프 바이스(pipe vice)

관의 절단이나 나사를 가공할 때 또는 나사이음을 조립할 경우 관이 움직이지 않도록 고정하는 공구이다. 몸체는 가단 주철제로 되어 있으며 조(jaw)는 특수강을 적당히 열처리한 것으로 관의 물림부 각도가 120°로 되어 있다. 크기 표시는 고정할 수 있는 관의 지름으로 표시하며, 호칭치수 또는 호칭번호로 사용한다.

파이프 바이스의 크기 표시

호칭치수	호칭번호	사용 관지름
50	#0	6A~50A
80	#1	6A~65A
105	#2	6A~90A
130	#3	6A~115A
170	#4	15A~150A

▲체인 바이스

▲파이프 바이스

파이프 바이스

(2) 탁상 바이스

강관 및 공작물에 톱질, 구멍을 가공할 때에 공작물을 고정시킬 때 사용하며, 크기 표시는 조(jaw)의 폭으로 표시한다.

탁상 바이스

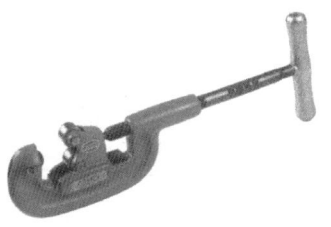
파이프 커터

(3) 파이프 커터(pipe cutter)

관을 필요한 길이로 절단하는데 사용하는 공구로 1매날 커터, 3매날 커터, 링크형 커터(주철관 절단용)의 3종류가 있다. 크기 표시는 절단 가능한 관지름 치수를 호칭번호로 표시한다.

파이프 커터의 크기 표시

3매날 커터		1매날 커터	
호칭번호	사용 관지름	호칭번호	사용 관지름
2	15[A]~50[A]	1	6[A]~32[A]
3	32[A]~80[A]	2	6[A]~50[A]
4	65[A]~100[A]	3	25[A]~80[A]
5	100[A]~150[A]		

(4) 파이프 렌치(pipe wrench)
강관을 조립 및 분해할 때 또는 관 자체를 회전시킬 때 사용하는 공구이다.

⑦ 크기 표시 : 사용할 수 있는 최대의 관을 물었을 때의 전 길이로 표시[조(jaw)를 최대로 벌린 전 길이]

㈏ 종류 : 보통형, 강력형, 체인형(200[A] 이상의 관에 사용)

파이프 렌치의 크기 표시

치 수		사용 관지름	치 수		사용 관지름
mm	인치		mm	인치	
150	6	6[A]~15[A]	450	18	8[A]~50[A]
200	8	6[A]~20[A]	600	24	8[A]~65[A]
250	10	6[A]~25[A]	900	36	15[A]~90[A]
300	12	6[A]~32[A]	1200	48	25[A]~125[A]
350	14	8[A]~40[A]			

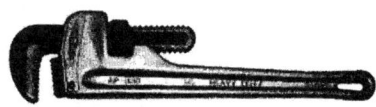 

(a) 파이프 렌치   (b) 체인 파이프 렌치

파이프 렌치의 종류

(5) 파이프 리머(pipe reamer) : 관 절단 후 관 내면에 생기는 거스러미(burr)를 제거하는 공구로 파이프 커터로 절단 시 안지름이 축소되어 유체 저항이 크게 되므로 반드시 파이프 리머로 거스러미를 제거하여야 한다.

(6) 쇠톱 : 강관 및 각종 금속을 절단하는데 사용하는 것으로 크기는 고정구멍(fitting hole) 사이의 거리로 표시하며 200[mm](8″), 250[mm](10″), 300[mm](12″) 3종류가 있다.

톱날 수(1″당)	용도
14	탄소강(연강), 주철, 동합금
18	탄소강(경강), 고속도강
24	강관, 합금강
32	얇은 철판 및 강관

쇠톱   톱날 수와 용도

(7) 수동 나사절삭기 : 수동으로 관 끝에 나사를 가공하는 절삭공구로 오스터형, 리드형이 있다.

㈎ 오스터형 나사절삭기(oster type pipe threader) : 핸들을 회전하여 나사를 가공하는 것으로 몸체는 가단주철제이고 다이스(dies)는 공구강을 사용한다. 다이스는 4개가 1조로, 배관 가이드는 3개가 1조로 이루어지며 100[A]까지 나사 가공이 가능하다.

번 호	사용 관지름
112R(102)	8[A]~32[A]
114R(104)	15[A]~50[A]
115R(105)	40[A]~80[A]
117R(107)	65[A]~100[A]

오스터형 나사절삭기   오스터형 나사절삭기 규격

㈏ 리드형 나사절삭기(reed type pipe threader) : 핸들을 상하로 왕복시키면서 나사를 가공하는 것으로서 50A까지의 지름이 작은 관에 주로 사용된다. 다이스는 2개가 1조로, 배관 가이드는 4개가 1조로 되어있다.

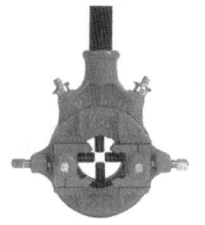

번 호	사용 관지름
2R 4	6[A]~32[A]
2R 5	8[A]~25[A]
2R 6	8[A]~32[A]
4R	15[A]~50[A]

리드형 나사절삭기 리드형 나사절삭기 규격

2. 동관용 공구

(1) **튜브 커터(tube cutter)** : 관지름 20[mm] 이하의 동관 절단에 사용하는 공구이다.

(2) **튜브 벤더(tube bender)** : 관지름 20[mm] 이하의 동관을 상온에서 필요한 각도로 구부릴 때 사용하며 구부릴 수 있는 각도는 0~180°이다.

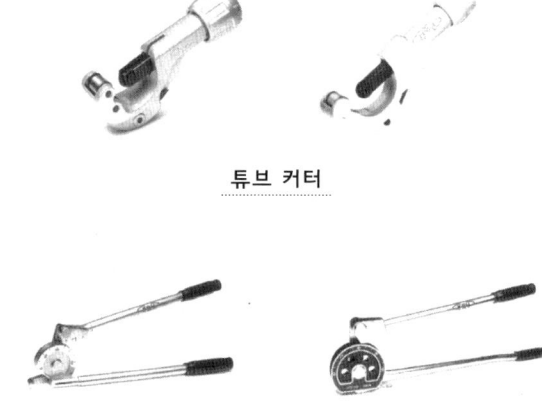

튜브 커터

튜브 벤더

(3) **플레어링 공구** : 동관을 압축이음(flare joint)할 때 동관 끝을 나팔관 모양으로 넓히기 위하여 사용하는 공구이다.

(4) **리머(reamer)** : 튜브 커터로 동관을 절단한 후 관 내면에 생기는 거스러미를 제거하는데 사용한다.

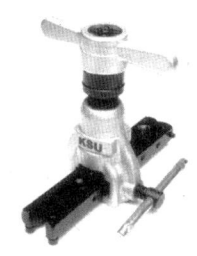

플레어링 공구

(5) **사이징 툴(sizing tools)** : 동관의 끝부분을 정확한 치수의 원형으로 교정하기 위하여 사용한다.

(6) **확관기(expander)** : 동일한 지름의 동관을 이음쇠 없이 납땜이음 할 때 한쪽 관 끝에 소켓을 만드는데 사용한다.

(7) **티 뽑기(extractor)** : 티로 연결할 부분에 관이음재(티)를 사용하지 않고 동관에 구멍을 내어 간단히 관을 연결하는데 사용한다.

※ 티 뽑기 순서

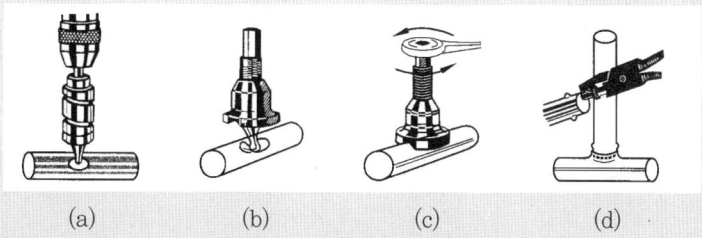

(a)   (b)   (c)   (d)

ⓐ 유니 드릴로 규격에 맞게 구멍을 뚫은 후 리머로 고른다.
ⓑ 티 뽑기 훅을 드릴 구멍에 넣는다.
ⓒ 티 뽑기를 라체트로 왼쪽으로 돌린다. 이때 프리즘이 파이프에 꼭 맞게 고정한다.
ⓓ 연결할 관을 캠핀서(campincer)로 표시한다. 필요하면 줄질한다.

(8) **용접 토치** : 동관을 가열하여 납땜 이음, 관 구부리기 등을 할 때 사용하는 공구로서 휘발유용, 등유용, LP가스용이 있다. 현재 많이 사용하는 것은 휴대 및 취급이 간편한 LP가스용이다.

5.2 보일러시공 장비의 취급

1. 관 절단용 기계

(1) **기계톱(hark sawing machine)** : 활 모양의 프레임에 톱날을 고정시켜 왕복절삭운동과 이송운동으로 재료를 절단한다.

(2) **연삭 절단기(abrasive cut off machine)** : 두께 0.5~3[mm] 정도의 얇은 연삭 원판

을 고속회전시켜 재료를 절단하는 것으로 일명 고속절단기라 한다.

(3) **가스 절단기** : 산소-아세틸렌, 산소-프로판 가스의 화염을 이용한 절단 토치로 절단부를 예열 후 여기에 고압의 산소를 불어넣어 절단하는 방법으로 지름이 큰 관을 절단한다.

2. 동력 나사 절삭기

(1) **오스터형(oster type)** : 동력으로 관을 저속으로 회전시키며 절삭기를 밀어 넣어 나사를 가공하는 것으로 50[A] 이하의 배관에 사용된다.

(2) **호브형(hob type)** : 호브(hob)를 100~180[rpm]의 저속도로 회전시키면 이에 따라 관은 어미나사와 척의 연결에 의하여 1회전하는 사이에 자동적으로 나사의 1피치(pitch) 만큼 이동하여 나사가 가공된다. 호브와 사이드 커터를 함께 설치하면 나사가공과 절단을 함께 할 수 있다. 종류는 50[A] 이하, 65~150[A], 80~200[A]의 3종류가 있다.

(3) **다이헤드형(diehead type)** : 다이헤드를 이용한 나사가공 전용 기계로서 관의 절단, 거스러미 제거, 나사가공을 할 수 있다. 척(chuck)에 배관을 고정한 후 회전시키면 관용나사의 치형(4개가 1조)을 가진 다이스(dies, 또는 chaser)가 조립된 다이헤드를 배관에 밀어 넣으면서 나사를 가공한다.

㈎ 나사절삭 방법
㉮ 다이스를 다이헤드에 번호에 맞게 조립한다.
㉯ 다이헤드 위의 눈금과 편심핸들위의 눈금을 일치시킨 후 조임 너트를 단단히 고정한다.
㉰ 나사가공을 하여야 할 배관을 척에 고정시킨다.
㉱ 절삭기 전원을 ON시키면 관이 저속으로 회전하면서 다이헤드에서 자동으로 윤활유(절삭유)가 공급된다.
㉲ 이송 핸들을 오른쪽으로 돌려 다이헤드를 배관에 밀어 넣는다.
㉳ 나사가 2~3산 정도 가공되면 다이헤드는 자동으로 왼쪽으로 이송되면서 나사가 가공된다.
㉴ 유효나사부에 해당하는 길이로 나사가 가공되면 편심핸들을 조작하여 다이스를 후퇴시켜 나사가공을 정지시킨다.
㉵ 이송 핸들을 왼쪽으로 돌려 다이헤드를 배관에서 빼내 나사가공을 완료한다.

㊂ 나사 절삭기 전원을 OFF 시켜 작동을 정지시킨다.
(나) 취급 시 주의사항
㉮ 동력원으로 전기를 사용하므로 누전 및 감전에 주의한다.
㉯ 배관을 척(chuck)에 정확히 고정시킨다.
㉰ 리머를 이용하여 배관 내면의 거스러미를 제거한다.
㉱ 나사가공 시 발생하는 칩(chip)은 제거한다.
㉲ 윤활유(절삭유)가 부족하지 않도록 적정량을 유지한다.

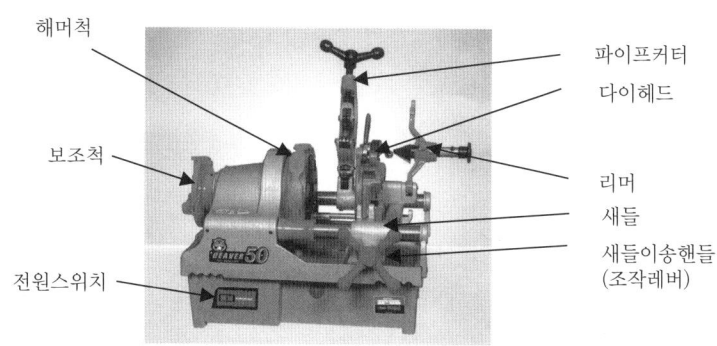

다이헤드형 동력나사 절삭기

3. 관 벤딩용 기계

(1) **수동 롤러에 의한 벤더** : 호칭 32[A] 이하의 관을 냉간 굽힘 할 때 사용하는 것으로 롤러(roller)와 굽힘형(center former) 사이에 관을 삽입 후 핸들을 돌려 180°까지 자유롭게 벤딩(bending)하는 형식으로 곡률 반지름은 관지름의 4~5배 이상으로 한다.

(2) **램식 벤딩 머신(ram type pipe bending machine)** : 상온에서 배관을 90°까지 구부리는데 사용하며 배관공사 현장에서 지름이 작은 관을 구부리는데 편리하다. 수동식은 50[A]까지, 동력식은 100[A]까지 작업이 가능하다.

(3) **로터리식 파이프 벤딩 머신(rotary type pipe bending machine)** : 동일 치수의 모양을 대량 생산할 수 있으며 구부림 각도는 180°까지 가능하다. 유압식은 배관용 탄소강관(SPP)뿐만 아니라 압력 배관용 탄소강관(SPPS)의 100A까지, 기계식은 배관용 탄소강관(SPP) 40[A]까지 가공할 수 있다. 주요 구성부분은 굽힘형(bending die), 압력형(pressure die), 클램프형(clamp post), 심봉(mandrel) 등으로 구성된다. 구부림 작업 시 발생할 수 있는 결함과 원인은 다음과 같다.

⑺ 관이 미끄러질 경우
　　㉮ 관의 고정이 잘못 되었다.
　　㉯ 클램프 또는 관에 기름이 묻었다.
　　㉰ 압력형의 조정(調整)이 너무 강하다.
⑻ 주름이 생길 경우
　　㉮ 관이 미끄러진다.
　　㉯ 받침쇠가 너무 들어갔다.
　　㉰ 굽힘형의 홈이 관지름보다 크거나, 작다.
　　㉱ 바깥지름에 비하여 두께가 얇다.
　　㉲ 굽힘형이 주축에서 빗나가 있다.
⑼ 관이 타원형으로 될 경우
　　㉮ 받침쇠가 너무 들어가 있다.
　　㉯ 받침쇠와 관의 안지름의 간격이 크다.
　　㉰ 받침쇠의 모양이 나쁘다.
　　㉱ 재질이 부드럽고 두께가 얇다.
⑽ 관이 파손(破損)될 경우
　　㉮ 압력형의 조정이 강하고 저항이 크다.
　　㉯ 받침쇠가 너무 나와 있다.
　　㉰ 곡률 반지름이 너무 작다.
　　㉱ 재료에 결함이 있다.

예 | 상 | 문 | 제

문제 01 공작물을 고정시키는 바이스(vice)의 종류를 2가지 쓰시오.

해답 ① 파이프 바이스   ② 탁상 바이스

문제 02 다음 바이스의 크기 표시는 어떻게 나타내는가 설명하시오.
(1) 파이프 바이스 :
(2) 탁상 바이스 :

해답 (1) 최대로 고정할 수 있는 관지름의 크기
(2) 조(jaw)의 폭

문제 03 파이프 커터(pipe cutter)의 종류를 3가지 쓰시오.

해답 ① 1매날 커터   ② 3매날 커터   ③ 링크형 커터

문제 04 주철관 절단 시 주로 사용되며 특히 구조상 매설된 주철관의 절단에 가장 적합한 공구 명칭을 쓰시오.

해답 링크형 파이프 커터

문제 05 파이프 커터의 크기는 어떻게 표시 하는가 설명하시오.

해답 절단 가능한 관지름 치수를 호칭번호로 표시

문제 06 파이프 렌치의 종류를 3가지 쓰시오.

해답 ① 보통형   ② 강력형   ③ 체인형

문제 07 200[A] 이상의 강관에 사용되는 파이프 렌치의 명칭은?

해답 체인형 파이프 렌치

문제 08 파이프 렌치의 크기가 250[mm]라고 할 때 250[mm]의 의미를 설명하시오.

해답 조(jaw)를 최대로 벌린 전 길이가 250[mm]이다.

문제 09 파이프렌치(pipe wrench)의 규격에는 200[mm], 300[mm], 350[mm], 450[mm], 600 [mm], 1200[mm] 등이 있다. 이 호칭규격은 무엇을 기준으로 하는지 쓰시오.

해답 사용할 수 있는 최대의 관을 물었을 때의 전 길이[mm]

문제 10 다음 설명하는 공구의 명칭을 쓰시오.

> - 강관의 조립 및 분해 시 사용
> - 조(jaw)를 최대로 벌린 전 길이
> - 사이즈는 150[mm], 200[mm], 300[mm], 600[mm], 1000[mm]
> - 약한 것, 강한 것, 체인형 등 사용

[해답] 파이프 렌치

문제 11 관을 절단한 후 절단부에 생기는 거스러미를 제거하는 공구 명칭을 쓰시오.

[해답] 파이프 리머

문제 12 쇠톱은 고정구멍(fitting hole) 사이의 거리로 그 크기를 나타내는데 종류에 해당되는 것 3가지를 쓰시오.

[해답] ① 200[mm](8″)   ② 250[mm](10″)   ③ 300[mm](12″)

문제 13 강관 절단 시 쇠톱의 1인치 당 산의 수는 얼마인가?

[해답] 24개

[해설] • 톱날 수와 용도

톱날 수(1″당)	용도
14	탄소강(연강), 주철, 동합금
18	탄소강(경강), 고속도강
24	강관, 합금강
32	얇은 철판 및 강관

문제 14 수동형 나사 절삭기의 종류를 2가지 쓰시오.

[해답] ① 오스터형   ② 리드형

문제 15 2개의 다이스와 4개의 배관 가이드가 있는 수동 나사절삭기는?

[해답] 리드형

[해설] • 수동 나사절삭기의 종류
　　　① 오스터형 : 다이스 4개, 배관 가이드 3개
　　　② 리드형 : 다이스 2개, 배관 가이드 4개

문제 16 리드형 나사 절삭기를 사용하여 나사절삭 작업 시 유의할 사항을 4가지 쓰시오.

해답 ① 관이 움직이지 않도록 바이스에 단단히 고정시킨다.
② 나사절삭기의 절삭날을 정확하고 완전하게 고정시킨다.
③ 절삭유를 충분히 공급하며, 바닥에 떨어진 절삭유로 인한 미끄럼에 주의한다.
④ 나사 절삭 시 발생하는 절삭 칩에 다치지 않도록 주의한다.

문제 17 다음 배관용 작업공구의 크기를 나타내는 방법을 설명하시오.
(1) 파이프 바이스 :
(2) 파이프 커터 :
(3) 쇠톱 :
(4) 파이프 렌치 :
(5) 탁상 바이스 :

해답 (1) 최대로 고정할 수 있는 관지름의 크기
(2) 절단 가능한 관지름 치수를 호칭번호로 표시
(3) 고정구멍(fitting hole) 사이의 거리로 표시
(4) 조(jaw)를 최대로 벌린 전 길이
(5) 조(jaw)의 폭

문제 18 동관 작업용 공구 3가지를 쓰시오. (단, 측정공구는 제외한다.)

해답 ① 튜브 커터 ② 튜브 벤더 ③ 사이징 툴 ④ 익스팬더 ⑤ 몽키 스패너

문제 19 동관 작업 시 사용되는 다음의 공구 명칭을 쓰시오.
(1) 동관의 끝 부분을 원형으로 정형하는 공구 :
(2) 동관의 관 끝 지름을 크게 확대하는데 사용하는 공구 :
(3) 동관을 압축 이음하기 위하여 관 끝을 나팔모양으로 만드는데 사용하는 공구 :
(4) 동관을 냉간 굽힘 가공을 하는데 사용하는 공구 :

해답 (1) 사이징 툴 (2) 확관기(익스팬더) (3) 플레어링 툴 세트 (4) 동관 벤더

문제 20 동관의 압축이음(flare joint) 작업 시 필요한 공구를 5가지 쓰시오.

해답 ① 튜브 커터 ② 리머 ③ 사이징 툴 ④ 플레어링 툴 ⑤ 몽키스패너

문제 21 다음 중 T자 모양으로 연결하기 위하여 직관에서 구멍을 내고 관을 분기할 때 사용하는 동관용 공구 명칭은?

해답 티 뽑기(extractor)

문제 22 다음 공구의 사용처(용도)를 쓰시오.
(1) 파이프 커터 : (2) 다이헤드식 나사절삭기 :
(3) 링크형 파이프 커터 : (4) 사이징 투울 :
(5) 봄볼 :

해답 (1) 관을 필요한 길이로 절단하는데 사용한다.
(2) 다이헤드를 이용한 나사가공 전용 기계로서 관의 절단, 거스러미 제거, 나사가공을 할 수 있다.
(3) 주철관을 필요한 길이로 절단하는데 사용한다.
(4) 동관의 끝부분을 정확한 치수의 원형으로 교정하기 위하여 사용한다.
(5) 연관(鉛管)에서 분기관 따내기 작업시 주관에 구멍을 뚫는데 사용한다.

문제 23 강관의 절단 방법을 5가지 쓰시오.
해답 ① 파이프 커터 ② 쇠톱 ③ 다이헤드형 동력나사 절삭기
④ 연삭 절단기 ⑤ 기계톱 ⑥ 가스절단

문제 24 동력을 사용하는 파이프 나사 절삭기의 종류를 3가지 쓰시오.
해답 ① 오스터형 ② 호브형 ③ 다이헤드형

문제 25 다이헤드형 동력나사 절삭기의 작업내용을 3가지 쓰시오.
해답 ① 관의 절단 ② 거스러미 제거 ③ 나사 가공

문제 26 다음 그림과 같은 동력 나사절삭기의 명칭을 쓰시오.

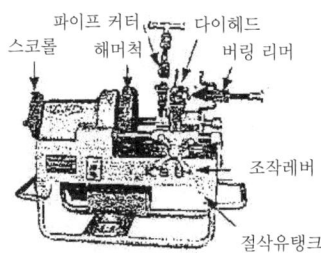

해답 다이헤드형 동력나사 절삭기

문제 27 다이헤드형 동력나사 절삭기 사용 시 주의사항을 4가지 쓰시오.
해답 ① 동력원으로 전기를 사용하므로 누전 및 감전에 주의한다.
② 배관을 척(chuck)에 정확히 고정시킨다.
③ 리머를 이용하여 배관 내면의 거스러미를 제거한다.
④ 나사가공 시 발생하는 칩(chip)은 제거한다.
⑤ 윤활유(절삭유)가 부족하지 않도록 적정량을 유지한다.

문제 28 다음은 파이프 벤딩 머신에 대한 설명이다. 명칭을 쓰시오.
(1) 유압 또는 전동기를 이용한 관 굽힘 기계로 현장에서 주로 사용 :
(2) 보일러 공장 등에서 동일모양의 벤딩 제품을 다량 생산하는데 사용 :
(3) 32A 이하 관 굽힘 시 롤러와 포머 사이에 관을 삽입 후 핸들을 돌려 180° 까지 자유롭게 벤딩하는 형식 :

해답 (1) 램식 벤딩 머신 (2) 유압식 로터리식 벤딩 머신 (3) 수동 롤러에 의한 벤더

문제 29 로터리식 파이프 벤딩 머신에 의한 관 굽히기(bending)에서 관에 주름이 생기는 원인을 3가지 쓰시오.

해답 ① 관이 미끄러진다.
② 받침쇠가 너무 들어갔다.
③ 굽힘형의 홈이 관지름보다 크거나, 작다.
④ 바깥지름에 비하여 두께가 얇다.
⑤ 굽힘형이 주축에서 빗나가 있다.

문제 30 로터리식 파이프 벤딩 머신에 의한 관 굽히기(bending)에서 관이 타원형으로 되는 원인을 3가지 쓰시오.

해답 ① 받침쇠가 너무 들어가 있다.
② 받침쇠와 관의 안지름의 간격이 크다.
③ 받침쇠의 모양이 나쁘다.
④ 재질이 부드럽고 두께가 얇다.

문제 31 로터리식 파이프 벤딩 머신에 의한 관 굽히기(bending)에서 관이 파손되는 원인을 3가지 쓰시오.

해답 ① 압력형의 조정이 강하고 저항이 크다.
② 받침쇠가 너무 나와 있다.
③ 곡률 반지름이 너무 작다.
④ 재료에 결함이 있다.

제6장 보일러 설치, 검사기준

6.1 보일러 설치, 시공 기준

1. 총칙

(1) 목적 : 이 고시는 에너지이용합리화법(이하 "법"이라 한다) 및 동 시행규칙(이하 "시행규칙"이라 한다)에서 열사용기자재의 관리에 관하여 산업통상자원부장관 또는 고시로 정하도록 위임된 사항과 그 시행에 관하여 필요한 사항을 정하여 고시하는 것을 목적으로 한다.

(2) 일반사항

㈎ 이 기준은 법 제39조와 시행규칙 제31조의 9 규정에 의한 검사대상기기와 관련한 검사기준에 대하여 규정한다.

  ㉮ 강철제보일러, 압력용기의 제조(용접 및 구조)검사기준에 대하여 규정한다.

  ㉯ 강철제보일러, 주철제 보일러 및 가스용 온수보일러(이하 "보일러"라 한다)의 설치·시공기준, 설치검사기준, 계속사용검사기준, 계속사용검사 중 운전성능 부문의 검사(이하 "성능검사"라 한다)기준, 개조검사기준 및 설치장소변경검사기준에 대하여 규정한다.

  ㉰ 압력용기의 설치·시공기준, 설치검사기준, 계속사용검사기준, 개조검사기준 및 설치장소변경 검사기준에 대하여 규정한다.

  ㉱ 철 금속 가열로의 설치·시공기준, 설치검사기준, 개조검사기준 및 성능검사 기준에 대하여 적용한다.

㈏ 이 기준은 법 제39조 제6항 및 시행규칙 제31조의 13 제8항의 규정에 의하여 검사대상기기의 제조검사, 설치검사, 계속사용검사, 설치장소변경검사 및 개조검사를 면제 및 취소하는 범위, 절차 등 세부사항을 규정한다.

(3) 보일러의 적용 범위

㈎ 제2편 보일러 제조(용접 및 구조)검사기준에서 보일러로 보는 범위는 증기공급용 스톱밸브, 급수밸브(절탄기와의 사이에 있는 것은 그 밸브, 이것이 없는 경우는 절탄기 입구의 것) 및 여기에 관련되는 체크밸브와 분출밸브(2개가 있는 경우에는 보

일러 본체에서 먼 것)를 포함하며 그들 사이에 있는 보일러 본체, 과열기, 절탄기, 관류 등을 포함한다.

㈏ 제3편 보일러 설치검사기준 등에서 보일러로 보는 범위는 보일러 본체 및 접속한 배관 중 최초의 밸브까지로 한다. 다만, 안전장치가 본체에 부착되지 않는 보일러는 당해 안전장치까지를 포함한다.

2. 설치 장소

(1) 옥내설치 : 보일러를 옥내에 설치하는 경우에는 다음 조건을 만족시켜야 한다.

㈎ 보일러는 불연성물질의 격벽으로 구분된 장소에 설치하여야 한다. 다만, 소용량 강철제 보일러, 소용량 주철제 보일러, 가스용 온수보일러, 1종 관류보일러(이하 "소형보일러"라 한다)는 반격벽으로 구분된 장소에 설치할 수 있다.

㈏ 보일러 동체 최상부로부터(보일러의 검사 및 취급에 지장이 없도록 작업대를 설치한 경우에는 작업대로부터) 천정, 배관 등 보일러 상부에 있는 구조물까지의 거리는 1.2[m] 이상이어야 한다. 다만, 소형보일러 및 주철제 보일러의 경우에는 0.6[m] 이상으로 할 수 있다.

㈐ 보일러 동체에서 벽, 배관, 기타 보일러 측부에 있는 구조물(검사 및 청소에 지장이 없는 것은 제외)까지 거리는 0.45[m] 이상이어야 한다. 다만, 소형보일러는 0.3[m] 이상으로 할 수 있다.

㈑ 보일러 및 보일러에 부설된 금속제의 굴뚝 또는 연도의 외측으로부터 0.3[m] 이내에 있는 가연성 물체에 대하여는 금속 이외의 불연성 재료로 피복하여야 한다.

㈒ 연료를 저장할 때에는 보일러 외측으로부터 2[m] 이상 거리를 두거나 방화격벽을 설치하여야 한다. 다만, 소형보일러의 경우에는 1[m] 이상 거리를 두거나 반격벽으로 할 수 있다.

㈓ 보일러에 설치된 계기들을 육안으로 관찰하는데 지장이 없도록 충분한 조명시설이 있어야 한다.

㈔ 보일러실은 연소 및 환경을 유지하기에 충분한 급기구 및 환기구가 있어야 하며 급기구는 보일러 배기가스 닥트의 유효단면적 이상이어야 하고 도시가스를 사용하는 경우에는 환기구를 가능한 한 높이 설치하여 가스가 누설되었을 때 체류하지 않는 구조이어야 한다.

㈕ 보일러의 연도는 내식성의 재질을 사용하거나, 배가스 중 응축수의 체류를 방지하기 위하여 물 빼기가 가능한 구조이거나 장치를 설치하여야 한다.

(2) 옥외 설치 : 보일러를 옥외에 설치할 경우에는 다음 조건을 만족시켜야 한다.

㈎ 보일러에 빗물이 스며들지 않도록 케이싱 등의 적절한 방지설비를 하여야 한다.
㈏ 노출된 절연재 또는 래깅 등에는 방수처리(금속커버 또는 페인트 포함)를 하여야 한다.
㈐ 보일러 외부에 있는 증기관 및 급수관 등이 얼지 않도록 적절한 보호조치를 하여야 한다.
㈑ 강제 통풍팬의 입구에는 빗물방지 보호판을 설치하여야 한다.

(3) 보일러의 설치 : 보일러는 다음 조건을 만족시킬 수 있도록 설치하여야 한다.

㈎ 기초가 약하여 내려앉거나 갈라지지 않아야 한다.
㈏ 강구조물은 빗물이나 증기에 의하여 부식이 되지 않도록 적절한 보호조치를 하여야 한다.
㈐ 수관식 보일러의 경우 전열면을 청소할 수 있는 구멍이 있어야 하며, 구멍의 크기 및 수는 「보일러 제조(용접 및 구조) 검사기준 "구멍" 기준에 따른다. 다만, 전열면의 청소가 용이한 구조인 경우에는 예외로 한다.
㈑ 보일러에 설치된 폭발구의 위치가 보일러기사의 작업 장소에서 2[m] 이내에 있을 때에는 당해보일러의 폭발가스를 안전한 방향으로 분산시키는 장치를 설치하여야 한다.
㈒ 보일러의 사용압력이 어떠한 경우에도 최고사용압력을 초과할 수 없도록 설치하여야 한다.
㈓ 보일러는 바닥 지지물에 반드시 고정되어야 한다. 소형보일러의 경우는 앵커 등을 설치하여 가동 중 보일러의 움직임이 없도록 설치하여야 한다.

(4) 배관 : 보일러 실내의 각종 배관은 팽창과 수축을 흡수하여 누설이 없도록 하고, 가스용 보일러의 연료배관은 다음에 따른다.

㈎ 배관의 설치
  ㉮ 배관은 외부에 노출하여 시공하여야 한다. 다만, 동관, 스테인리스 강관, 기타 내식성 재료로서 이음매(용접이음매를 제외한다)없이 설치하는 경우에는 매몰하여 설치할 수 있다.
  ㉯ 배관의 이음부(용접이음매를 제외한다)와 전기계량기 및 전기개폐기와의 거리는 60[cm] 이상, 굴뚝(단열조치를 하지 아니한 경우에 한한다)·전기점멸기 및 전기접속기와의 거리는 30[cm] 이상, 절연전선과의 거리는 10[cm] 이상, 절연조치를 하지 아니한 전선과의 거리는 30[cm] 이상의 거리를 유지하여야 한다.
㈏ 배관의 고정 : 배관은 움직이지 아니하도록 고정 부착하는 조치를 하되 그 관경이 13[mm] 미만의 것에는 1[m] 마다, 13[mm] 이상 33[mm] 미만의 것에는 2[m] 마

다, 33[mm] 이상의 것에는 3[m] 마다 고정장치를 설치하여야 한다.
㈐ 배관의 접합
　㉮ 배관을 나사접합으로 하는 경우에는 KS B 0222(관용 테이퍼나사)에 의하여야 한다.
　㉯ 배관의 접합을 위한 이음쇠가 주조품인 경우에는 가단주철제이거나 주강제로서 KS표시허가제품 또는 이와 동등이상의 제품을 사용하여야 한다.
㈑ 배관의 표시
　㉮ 배관은 그 외부에 사용 가스명·최고사용압력 및 가스흐름방향을 표시하여야 한다. 다만, 지하에 매설하는 배관의 경우에는 흐름방향을 표시하지 아니할 수 있다.
　㉯ 지상배관은 부식방지 도장 후 표면색상을 황색으로 도색한다. 다만, 건축물의 내·외벽에 노출된 것으로서 바닥(2층 이상의 건물의 경우에는 각층의 바닥을 말한다)에서 1[m]의 높이에 폭 3[cm]의 황색띠를 2중으로 표시한 경우에는 표면색상을 황색으로 하지 아니할 수 있다.

(5) 가스버너 : 가스용 보일러에 부착하는 가스버너는 액화석유가스의 안전관리 및 사업법 제21조의 규정에 의하여 검사를 받은 것이어야 한다.

3. 급수장치

(1) 급수장치의 종류

㈎ 급수장치를 필요로 하는 보일러에는 다음의 조건을 만족시키는 주펌프(인젝터를 포함한다. 이하 같다) 세트 및 보조펌프세트를 갖춘 급수장치가 있어야 한다. 다만, 전열 면적 12[m^2] 이하의 보일러, 전열면적 14[m^2] 이하의 가스용 온수보일러 및 전열면적 100[m^2] 이하의 관류보일러에는 보조펌프를 생략할 수 있다.
　㉮ 주 펌프세트 및 보조펌프세트는 보일러의 상용압력에서 정상 가동상태에 필요한 물을 각각 단독으로 공급할 수 있어야 한다. 다만, 보조펌프세트의 용량은 주 펌프세트가 2개 이상의 펌프를 조합한 것일 때에는 보일러의 정상상태에서 필요한 물의 25[%] 이상이면서 주 펌프세트중의 최대펌프의 용량 이상으로 할 수 있다.
㈏ 주 펌프세트는 동력으로 운전하는 급수펌프 또는 인젝터이어야 한다. 다만, 보일러의 최고사용압력이 0.25[MPa] 미만으로 화격자면적이 0.6[m^2] 이하인 경우, 전열면적이 12[m^2] 이하인 경우 및 상용압력이상의 수압에서 급수할 수 있는 급수탱크 또는 수원을 급수장치로 하는 경우에는 예외로 할 수 있다.

㈐ 보일러 급수가 멎는 경우 즉시 연료(열)의 공급이 차단되지 않거나 과열될 염려가 있는 보일러에는 인젝터, 상용압력 이상의 수압에서 급수할 수 있는 급수탱크, 내 연기관 또는 예비전원에 의해 운전할 수 있는 급수장치를 갖추어야 한다.

(2) 2개 이상 보일러에 대한 급수장치 : 1개의 급수장치로 2개 이상의 보일러에 물을 공급할 경우 (1)항의 규정은 이들 보일러를 1개의 보일러로 간주하여 적용한다.

(3) 급수밸브와 체크밸브 : 급수관에는 보일러에 인접하여 급수밸브와 체크밸브를 설치하여야 한다. 이 경우 급수가 밸브디스크를 밀어 올리도록 급수밸브를 부착하여야 하며, 1조의 밸브디스크와 밸브시트가 급수밸브와 체크밸브의 기능을 겸하고 있어도 별도의 체크밸브를 설치하여야 한다. 다만, 최고사용압력 0.1[MPa] 미만의 보일러에서는 체크밸브를 생략할 수 있으며, 급수 가열기의 출구 또는 급수펌프의 출구에 스톱밸브 및 체크밸브가 있는 급수장치를 개별 보일러마다 설치한 경우에는 급수밸브 및 체크밸브를 생략할 수 있다.

(4) 급수밸브의 크기 : 급수밸브 및 체크밸브의 크기는 전열면적 10[m^2] 이하의 보일러에서는 호칭 15[A] 이상, 전열면적 10[m^2]를 초과하는 보일러에서는 호칭 20[A] 이상이어야 한다.

(5) 급수장소 : 급수 장소에 대해서는 「보일러 제조(용접 및 구조) 검사기준 제3장 "급수장소"」항 및 다음에 따른다.

㈎ 복수를 공급하는 난방용 보일러를 제외하고 급수를 분출관으로부터 송입해서는 안 된다.

(6) 자동급수 조절기 : 자동급수조절기를 설치할 때에는 필요에 따라 즉시 수동으로 변경할 수 있는 구조이어야 하며, 2개 이상의 보일러에 공통으로 사용하는 자동급수조절기를 설치하여서는 안 된다.

(7) 급수처리

㈎ 용량 1[t/h] 이상의 증기보일러에는 수질관리를 위한 급수처리(이하 "수처리시설"이라 한다.) 또는 스케일 부착방지 및 제거를 위한(이하 "음향처리시설"이라 한다.) 시설을 하여야 한다.

㈏ ㈎의 수처리시설 및 음향처리시설은 국가공인시험 또는 검사기관의 성능결과를 에너지관리공단에 제출하여 인증 받은 것에 한하며, 에너지관리공단은 인증 업무를

효과적으로 수행하기 위하여 내부운영 규정을 수립할 수 있다.
- ㈐ ㈏의 수처리시설 및 음향처리시설의 인증기준은 다음에 따른다.
  - ㉮ 이온교환처리법
    - ⓐ 이온교환수지의 성능은 이온교환수지 1[L] 당 $CaCO_3$ 환산 60[g] 이상
    - ⓑ 이온교환수지량은 시간당 원수통과 수량 1[m^3] 기준으로 최소 20[L] 이상
    - ⓒ 원수 수질기준 : 경도 250[mg] $CaCO_3$/L 이상
    - ⓓ 이온교환된 수질기준 : 경도 1[mg] $CaCO_3$/L 이상
    - ⓔ 용기의 조건 : 내식성 재질
    - ⓕ 기기의 구성 : 이온교환수지탑, 약품용해조, 자동경도측정장치, 자동절환장치
  - ㉯ 음향처리법
    - ⓐ 초음파의 주파수 조정가능 : 사용 주파수 범위 15~22[kHz]
    - ⓑ 발생파형 : 펄스파형으로서 한 파형의 지속시간이 5[ms] 이하일 것
    - ⓒ 최대진폭 : 모든 시험조건에서 peak to peak치가 0.7[μm] (용접 후) 이상
    - ⓓ 변환기 권선의 재질 : 내전압 100[V] 이상, 내사용온도 -190~260[℃]의 자재

4. 압력방출장치

(1) 안전밸브의 개수

㈎ 증기보일러에는 2개 이상의 안전밸브를 설치하여야 한다. 다만, 전열면적 50[m^2] 이하의 증기보일러에서는 1개 이상으로 한다.

㈏ 관류보일러에서 보일러와 압력방출장치와의 사이에 체크밸브를 설치할 경우 압력방출장치는 2개 이상이어야 한다.

(2) 안전밸브의 부착

㈎ 안전밸브는 쉽게 검사할 수 있는 장소에 밸브 축을 수직으로 하여 가능한 한 보일러의 동체에 직접 부착시켜야 하며, 안전밸브와 안전밸브가 부착된 보일러 동체 등의 사이에는 어떠한 차단밸브도 있어서는 안 된다.

㈏ 안전밸브의 방출관은 단독으로 설치하되, 2개 이상의 방출관을 공동으로 설치하는 경우에 방출관의 크기는 각각의 방출관 분출용량의 합계 이상이어야 한다.

(3) 안전밸브 및 압력 방출 장치의 용량 : 안전밸브 및 압력방출장치의 용량은 다음에 따른다.

㈎ 안전밸브 및 압력방출장치의 분출용량은 「보일러 제조(용접 및 구조) 검사기준 제19장 "압력방출장치"」 기준에 따른다.

㈏ 자동연소제어장치 및 보일러 최고사용압력의 1.06배 이하의 압력에서 급속하게 연료의 공급을 차단하는 장치를 갖는 보일러로서 보일러 출구의 최고사용압력 이하에서 자동적으로 작동하는 압력방출장치가 있을 때에는 동 압력방출장치의 용량(보일러의 최대증발량의 30[%]를 초과하는 경우에는 보일러 최대증발량의 30[%])을 안전밸브용량에 산입할 수 있다.

(4) 안전밸브 및 압력방출장치의 크기 : 안전밸브 및 압력방출장치의 크기는 호칭지름 25[A] 이상으로 하여야 한다. 다만, 다음 보일러에서는 호칭지름 20[A] 이상으로 할 수 있다.

㈎ 최고사용압력 0.1[MPa] 이하의 보일러

㈏ 최고사용압력 0.5[MPa] 이하의 보일러로 동체의 안지름이 500[mm] 이하이며 동체의 길이가 1000[mm] 이하의 것

㈐ 최고사용압력 0.5[MPa] 이하의 보일러로 전열면적 2[m^2] 이하의 것

㈑ 최대증발량 5[t/h] 이하의 관류보일러

㈒ 소용량 강철제 보일러, 소용량 주철제 보일러

(5) 과열기 부착 보일러의 안전밸브

㈎ 과열기에는 그 출구에 1개 이상의 안전밸브가 있어야 하며 그 분출용량은 과열기의 온도를 설계온도 이하로 유지하는데 필요한 양(보일러의 최대증발량의 15[%]를 초과하는 경우에는 15[%])이상이어야 한다.

㈏ 과열기에 부착되는 안전밸브의 분출용량 및 수는 보일러 동체의 안전밸브의 분출용량 및 수에 포함시킬 수 있다. 이 경우 보일러의 동체에 부착하는 안전밸브는 보일러의 최대증발량의 75[%] 이상을 분출할 수 있는 것이어야 한다. 다만, 관류보일러의 경우에는 과열기 출구에 최대증발량에 상당하는 분출용량의 안전밸브를 설치할 수 있다.

(6) 재열기 또는 독립 과열기의 안전밸브

재열기 또는 독립과열기에는 입구 및 출구에 각각 1개 이상의 안전밸브가 있어야 하며 그 분출용량의 합계는 최대통과증기량 이상이어야 한다. 이 경우 출구에 설치하는 안

전밸브의 분출용량의 합계는 재열기 또는 독립과열기의 온도를 설계온도 이하로 유지하는데 필요한 양(최대통과증기량의 15[%]를 초과하는 경우에는 15[%])이상이어야 한다. 다만, 보일러에 직결되어 보일러와 같은 최고사용압력으로 설계된 독립과열기에서는 그 출구에 안전밸브를 1개 이상 설치하고 그 분출용량의 합계는 독립과열기의 온도를 설계온도 이하로 유지하는데 필요한 양(독립과열기의 전열면적 1[m^2]당 30[kg/h]로 한 양을 초과하는 경우에는 독립과열기의 전열면적 1[m^2] 당 30 [kg/h]로 한 양)이상으로 한다.

(7) 안전밸브의 종류 및 구조

(가) 안전밸브의 종류는 스프링안전밸브로 하며 스프링안전밸브의 구조는 KS B 6216(증기용 및 가스용 스프링 안전밸브)에 따라야 하며, 어떠한 경우에도 밸브시트나 본체에서 누설이 없어야 한다. 다만, 스프링안전밸브 대신에 스프링 파이로트 밸브 부착 안전밸브를 사용할 수 있다. 이 경우 소요 분출량의 1/2 이상이 스프링안전밸브에 의하여 분출되는 구조의 것이어야 한다.

(나) 인화성증기를 발생하는 열매체 보일러에서는 안전밸브를 밀폐식구조로 하든가 또는 안전밸브로부터의 배기를 보일러실 밖의 안전한 장소에 방출시키도록 한다.

(다) 안전밸브는 산업안전보건법 제33조 제3항의 규정에 의한 성능검사를 받은 것이어야 한다.

(8) 온수 발생 보일러(액상식 열매체 보일러 포함)의 방출밸브와 방출관

(가) 온수발생보일러에는 압력이 보일러의 최고사용압력(열매체 보일러의 경우에는 최고사용압력 및 최고사용온도)에 달하면 즉시 작동하는 방출밸브 또는 안전밸브를 1개 이상 갖추어야 한다. 다만, 손쉽게 검사할 수 있는 방출관을 갖출 때는 방출밸브로 대응할 수 있다. 이때 방출관에는 어떠한 경우든 차단장치(밸브 등)를 부착하여서는 안 된다.

(나) 인화성 액체를 방출하는 열매체 보일러의 경우 방출밸브 또는 방출관은 밀폐식 구조로 하든가 보일러 밖의 안전한 장소에 방출시킬 수 있는 구조이어야 한다.

(9) 온수 발생 보일러(액상식 열매체 보일러 포함)의 방출밸브 또는 안전밸브의 크기

(가) 액상식 열매체 보일러 및 온도 393[K](120[℃]) 이하의 온수발생보일러에는 방출밸브를 설치하여야 하며, 그 지름은 20[mm] 이상으로 하고, 보일러의 압력이 보일러의 최고사용압력에 그 10[%](그 값이 0.035[MPa] 미만인 경우에는 0.035[MPa]로 한다)를 더한 값을 초과하지 않도록 지름과 개수를 정하여야 한다.

(나) 온도 393[K](120[℃])를 초과하는 온수발생보일러에는 안전밸브를 설치하여야 하

며, 그 크기는 호칭지름 20[mm] 이상으로 하고 「설치검사 기준 23-3항 "검사의 특례"」를 적용한다. 다만, 환산증발량은 열출력을 보일러의 최고사용압력에 상당하는 포화증기의 엔탈피와 급수엔탈피의 차로 나눈 값[kg/h]으로 한다.

(10) 온수 발생 보일러(액상식 열매체 보일러) 방출관의 크기 : 방출관은 보일러의 전열면적에 따라 다음의 크기로 하여야 한다.

방출관의 크기

전열면적 [m²]	방출관의 안지름[mm]
10 미만	25 이상
10 이상 15 미만	30 이상
15이상 20 미만	40 이상
20 이상	50 이상

5. 수면계

(1) 수면계의 개수

㈎ 증기보일러에는 2개(소용량 및 1종 관류보일러는 1개)이상의 유리 수면계를 보일러내의 수위를 육안으로 확인할 수 있도록 동일한 높이에 나란히 부착하여야 한다. 다만, 단관식 관류보일러는 제외한다.

㈏ 최고사용압력 1[MPa] 이하로서 동체안지름이 750[mm] 미만인 경우에 있어서는 수면계중 1개는 다른 종류의 수면 측정 장치로 할 수 있다.

㈐ 2개 이상의 원격지시 수면계를 시설하는 경우에 한하여 유리수면계를 1개 이상으로 할 수 있다.

(2) 수면계의 구조

유리수면계는 보일러의 최고사용압력과 그에 상당하는 증기온도에서 원활히 작용하는 기능을 가지며, 또한 수시로 이것을 시험할 수 있는 동시에 용이하게 내부를 청소할 수 있는 구조로서 다음에 따른다.

㈎ 유리수면계는 KS B 6208(보일러용 수면계 유리)의 유리를 사용하여야 한다.

㈏ 유리수면계는 상·하에 밸브 또는 코크를 갖추어야 하며, 한눈에 그것의 개·폐 여부를 알 수 있는 구조이어야 한다. 다만, 1종 관류보일러에서는 밸브 또는 코크를 갖추지 아니할 수 있다.

㈐ 스톱밸브를 부착하는 경우에는 청소에 편리한 구조로 하여야 한다.

6. 계측기

(1) 압력계 : 보일러에는 KS B 5305(부르동관 압력계)에 따른 압력계 또는 이와 동등 이상의 성능을 갖춘 압력계를 부착하여야 한다.

㈎ 압력계의 크기와 눈금

㉮ 증기보일러에 부착하는 압력계 눈금판의 바깥지름은 100[mm] 이상으로 하고 그 부착높이에 따라 용이하게 지침이 보이도록 하여야 한다. 다만, 다음의 보일러에 부착하는 압력계에 대하여는 눈금판의 바깥지름을 60[mm] 이상으로 할 수 있다.

ⓐ 최고사용압력 0.5[MPa] 이하이고, 동체의 안지름 500[mm] 이하 동체의 길이 1000[mm] 이하인 보일러

ⓑ 최고사용압력 0.5[MPa] 이하로서 전열면적 2[m^2] 이하인 보일러

ⓒ 최대증발량 5[t/h] 이하인 관류보일러

ⓓ 소용량 보일러

㉯ 압력계의 최고눈금은 보일러의 최고사용압력의 3배 이하로 하되 1.5배보다 작아서는 안 된다.

㈏ 압력계의 부착 : 증기보일러의 압력계 부착은 다음에 따른다.

㉮ 압력계는 원칙적으로 보일러의 증기실에 눈금판의 눈금이 잘 보이는 위치에 부착하고, 얼지 않도록 하며, 그 주위의 온도는 사용 상태에 있어서 KS B 5305(부르동관 압력계)에 규정하는 범위 안에 있어야 한다.

㉯ 압력계와 연결된 증기관은 최고사용압력에 견디는 것으로서 그 크기는 황동관 또는 동관을 사용할 때는 안지름 6.5[mm] 이상, 강관을 사용할 때는 12.7[mm] 이상이어야 하며, 증기온도가 483[K](210[℃])를 초과할 때에는 황동관 또는 동관을 사용하여서는 안 된다.

㉰ 압력계에는 물을 넣은 안지름 6.5[mm] 이상의 사이펀 관 또는 동등한 작용을 하는 장치를 부착하여 증기가 직접 압력계에 들어가지 않도록 하여야 한다.

㉱ 압력계의 코크는 그 핸들을 수직인 증기관과 동일방향에 놓은 경우에 열려 있는 것이어야 하며 코크 대신에 밸브를 사용할 경우에는 한눈으로 개·폐 여부를 알 수가 있는 구조로 하여야 한다.

㉲ 압력계와 연결된 증기관의 길이가 3[m] 이상이며 내부를 충분히 청소할 수 있는 경우에는 보일러의 가까이에 열린 상태에서 봉인된 코크 또는 밸브를 두어도

좋다.

㉺ 압력계의 증기관이 길어서 압력계의 위치에 따라 수두압에 따른 영향을 고려할 필요가 있을 경우에는 눈금에 보정을 하여야 한다.

㈐ 시험용 압력계 부착장치 : 보일러 사용 중에 그 압력계를 시험하기 위하여 시험용 압력계를 부착할 수 있도록 나사의 호칭 $PF\frac{1}{4}$, $PT\frac{1}{4}$ 또는 $PS\frac{1}{4}$의 관용나사를 설치해야 한다. 다만, 압력계 시험기를 별도로 갖춘 경우에는 이 장치를 생략할 수 있다.

(2) 수위계

㈎ 온수발생 보일러에는 보일러 동체 또는 온수의 출구 부근에 수위계를 설치하고, 이것에 가까이 부착한 코크를 닫을 경우 이외에는 보일러와의 연락을 차단하지 않도록 하여야 하며, 이 코크의 핸들은 코크가 열려 있을 경우에 이것을 부착시킨 관과 평행되어야 한다.

㈏ 수위계의 최고눈금은 보일러의 최고사용압력의 1배 이상 3배 이하로 하여야 한다.

(3) 온도계

아래의 곳에는 KS B 5320(공업용 바이메탈식 온도계) 또는 이와 동등이상의 성능을 가진 온도계를 설치하여야 한다. 다만, 소용량 보일러 및 가스용 온수보일러는 배기가스온도계만 설치하여도 좋다.

㈎ 급수 입구의 급수 온도계

㈏ 버너 급유입구의 급유온도계. 다만, 예열을 필요로 하지 않는 것은 제외한다.

㈐ 절탄기 또는 공기예열기가 설치된 경우에는 각 유체의 전후 온도를 측정할 수 있는 온도계. 다만, 포화증기의 경우에는 압력계로 대신할 수 있다.

㈑ 보일러 본체 배기가스온도계. 다만 ㈐의 규정에 의한 온도계가 있는 경우에는 생략할 수 있다.

㈒ 과열기 또는 재열기가 있는 경우에는 그 출구 온도계

㈓ 유량계를 통과하는 온도를 측정할 수 있는 온도계

(4) 유량계 : 용량 1[t/h] 이상의 보일러에는 다음의 유량계를 설치하여야 한다.

㈎ 급수관에는 적당한 위치에 KS B 5336(고압용 수량계) 또는 이와 동등 이상의 성능을 가진 수량계를 설치하여야 한다. 다만 온수발생 보일러는 제외한다.

㈏ 기름용 보일러에는 연료의 사용량을 측정할 수 있는 KS B 5328(오일 미터) 또는 이와 동등이상의 성능을 가진 유량계를 설치하여야 한다. 다만, 2[t/h] 미만의 보일러로써 온수발생보일러 및 난방전용 보일러에는 CO_2 측정 장치로 대신할 수 있다.

㈐ 기름용 보일러에는 연료의 사용량을 측정할 수 있는 KS B 5328(오일 미터) 또는 이와 동등이상의 성능을 가진 유량계를 설치하여야 한다. 다만, 2[t/h] 미만의 보일러로써 온수발생보일러 및 난방전용 보일러에는 CO_2 측정 장치로 대신할 수 있다.

㈑ 가스용 보일러에는 가스사용량을 측정할 수 있는 유량계를 설치하여야 한다. 다만, 가스의 전체사용량을 측정할 수 있는 유량계를 설치하였을 경우는 각각의 보일러마다 설치된 것으로 본다.

　㉮ 유량계는 당해 도시가스 사용에 적합한 것이어야 한다.

　㉯ 유량계는 화기(당해 시설 내에서 사용하는 자체화기를 제외한다)와 2[m] 이상의 우회거리를 유지하는 곳으로서 수시로 환기가 가능한 장소에 설치하여야 한다.

　㉰ 유량계는 전기계량기 및 전기개폐기와의 거리는 60[cm] 이상, 굴뚝(단열조치를 하지 아니한 경우에 한한다)·전기점멸기 및 전기접속기와의 거리는 30[cm] 이상, 절연조치를 하지 아니한 전선과의 거리는 15[cm] 이상의 거리를 유지하여야 한다.

㈒ 각 유량계는 해당온도 및 압력 범위에서 사용할 수 있어야 하고 유량계 앞에 여과기가 있어야 한다.

(5) 자동 연료차단장치

㈎ 최고사용압력 0.1[MPa]를 초과하는 증기보일러에는 다음 각 호의 저수위 안전장치를 설치해야 한다.

　㉮ 보일러의 수위가 안전을 확보할 수 있는 최저수위(이하 "안전수위"라 한다)까지 내려가기 직전에 자동적으로 경보가 울리는 장치

　㉯ 보일러의 수위가 안전수위까지 내려가는 즉시 연소실내에 공급하는 연료를 자동적으로 차단하는 장치

㈏ 열매체보일러 및 사용온도가 393[K](120[℃]) 이상인 온수발생보일러에는 작동유체의 온도가 최고사용온도를 초과하지 않도록 온도-연소제어장치를 설치해야 한다.

㈐ 최고사용압력이 0.1[MPa](수두압의 경우 10[m])를 초과하는 주철제 온수보일러에는 온수온도가 388[K](115[℃])를 초과할 때에는 연료공급을 차단하거나 파이로트연소를 할 수 있는 장치를 설치하여야 한다.

㈑ 관류보일러는 급수가 부족한 경우에 대비하기 위하여 자동적으로 연료의 공급을 차단하는 장치 또는 이에 대신하는 안전장치를 갖추어야 한다.

㈒ 가스용 보일러에는 급수가 부족한 경우에 대비하기 위하여 자동적으로 연료의 공급을 차단하는 장치를 갖추어야 하며, 또한 수동으로 연료공급을 차단하는 밸브

등을 갖추어야 한다.
- (ㅂ) 유류 및 가스용 보일러에는 압력차단 장치를 설치하여야 한다.
- (ㅅ) 동체의 과열을 방지하기 위하여 온도를 감지하여 자동적으로 연료공급을 차단할 수 있는 온도상한스위치를 보일러 본체에서 1[m] 이내인 배기가스출구 또는 동체에 설치하여야 한다.
- (ㅇ) 폐열 또는 소각보일러에 대해서는 (ㅅ)의 온도상한스위치를 대신하여 온도를 감지하여 자동적으로 경보를 울리는 장치와 송풍기의 가동을 멈추는 등 보일러의 과열을 방지하는 장치가 설치가 되어야 한다.

(6) 공기유량 자동조절기능 : 가스용 보일러 및 용량 5[t/h](난방전용은 10[t/h]) 이상인 유류보일러에는 공급연료량에 따라 연소용 공기를 자동조절 하는 기능이 있어야 한다. 이때 보일러용량이 MW[kcal/h]로 표시되었을 때에는 0.6978[MW](600000[kcal/h])를 1[t/h]로 환산한다.

(7) 연소가스 분석기 : (6)항의 적용을 받는 보일러에는 배기가스성분(O_2, CO_2중 1성분)을 연속적으로 자동 분석하여 지시하는 계기를 부착하여야 한다. 다만, 용량 5[t/h](난방전용은 10[t/h]) 미만인 가스용 보일러로서 배기가스온도 상한스위치를 부착하여 배기가스가 설정온도를 초과하면 연료의 공급을 차단할 수 있는 경우에는 이를 생략할 수 있다.

(8) 가스누설 자동 차단장치 : 가스용 보일러에는 누설되는 가스를 검지하여 경보하며 자동으로 가스의 공급을 차단하는 장치 또는 가스누설자동차단기를 설치하여야 하며 이 장치의 설치는 도시가스사업법 시행규칙 [별표 7]의 규정에 따라 지식경제부장관이 고시하는 가스사용 시설의 시설기준 및 기술기준에 따라야 한다.

(9) 압력 조정기 : 보일러실내에 설치하는 가스용 보일러의 압력 조정기는 액화석유가스의 안전관리 및 사업법 제21조 제2항 규정에 의거 가스용품 검사에 합격한 제품이어야 한다.

7. 스톱밸브 및 분출밸브

(1) 스톱밸브의 개수

- (ㄱ) 증기의 각 분출구(안전밸브, 과열기의 분출구 및 재열기의 입구·출구를 제외한다)에는 스톱밸브를 갖추어야 한다.

(나) 맨홀을 가진 보일러가 공통의 주 증기관에 연결될 때에는 각 보일러와 주증기관을 연결하는 증기관에는 2개 이상의 스톱밸브를 설치하여야 하며, 이들 밸브사이에는 충분히 큰 드레인 밸브를 설치하여야 한다.

(2) 스톱밸브

(가) 스톱밸브의 호칭압력(KS규격에 최고사용압력을 별도로 규정한 것은 최고사용압력)은 보일러의 최고사용압력 이상이어야 하며 적어도 0.7[MPa] 이상이어야 한다.

(나) 65[mm] 이상의 증기스톱밸브는 바깥나사형의 구조 또는 특수한 구조로 하고 밸브 몸체의 개폐를 한눈에 알 수 있는 것이어야 한다.

(3) 밸브의 물 빼기 : 물이 고이는 위치에 스톱밸브가 설치될 때에는 물 빼기를 설치하여야 한다.

(4) 분출밸브의 크기와 개수

(가) 보일러 아랫부분에는 분출관과 분출밸브 또는 분출코크를 설치해야한다. 다만, 관류보일러에 대해서는 이를 적용하지 않는다.

(나) 분출밸브의 크기는 호칭지름 25[mm] 이상의 것이어야 한다. 다만, 전열면적이 10[m^2] 이하인 보일러에서는 호칭지름 20[mm] 이상으로 할 수 있다.

(다) 최고사용압력 0.7[MPa] 이상의 보일러(이동식 보일러는 제외한다)의 분출관에는 분출밸브 2개 또는 분출밸브와 분출코크를 직렬로 갖추어야 한다. 이 경우에 적어도 1개의 분출밸브는 닫힌 밸브를 전개하는데 회전축을 적어도 5회전하는 것이어야 한다.

(라) 1개의 보일러에 분출관이 2개 이상 있을 경우에는 이것들을 공통의 어미관에 하나로 합쳐서 각각의 분출관에는 1개의 분출밸브 또는 분출코크를, 어미관에는 1개의 분출밸브를 설치하여도 좋다. 이 경우 분출밸브는 닫힌 상태에서 전개하는데 회전축을 적어도 5회전하는 것이어야 한다.

(마) 2개 이상의 보일러에서 분출관을 공동으로 하여서는 안 된다. 다만, 개별보일러마다 분출관에 체크밸브를 설치할 경우에는 예외로 한다.

(바) 정상 시 보유수량 400[kg] 이하의 강제 순환 보일러에는 닫힌 상태에서 전개하는데 회전축을 적어도 5회전 이상 회전을 요하는 분출밸브 1개를 설치하여야 좋다.

(5) 분출밸브 및 콕의 모양과 강도

(가) 분출밸브는 스케일 그 밖의 침전물이 퇴적되지 않는 구조이어야 하며 그 최고사용압력은 보일러 최고사용압력의 1.25배 또는 보일러의 최고사용압력에 1.5[MPa]를

더한 압력 중 작은 쪽의 압력이상이어야 하고, 어떠한 경우에도 0.7[MPa](소용량 보일러, 가스용 온수보일러 및 주철제 보일러는 0.5[MPa], 관류보일러는 1[MPa]) 이상이어야 한다.

㈏ 주철제의 분출밸브는 최고사용압력 1.3[MPa] 이하, 흑심가단 주철제의 것은 1.9[MPa] 이하의 보일러에 사용할 수 있다.

㈐ 분출코크는 글랜드(gland)를 갖는 것이어야 한다.

(6) 기타 밸브 : 보일러 본체에 부착하는 기타의 밸브는 그 호칭압력 또는 최고사용압력이 보일러의 최고사용압력 이상이어야 한다.

8. 운전 성능

(1) 운전 상태 : 보일러는 운전상태(정격부하 상태를 원칙으로 한다)에서 이상진동과 이상소음이 없고 각종 부분품의 작동이 원활하여야 한다.

㈎ 다음의 압력계들의 작동이 정확하고 이상이 없어야 한다.
- ㉮ 증기드럼압력계(관류보일러에서는 절탄기입구 압력계)
- ㉯ 과열기출구 압력계(과열기를 사용하는 경우)
- ㉰ 급수압력계
- ㉱ 노내압계

㈏ 다음의 계기들의 작동이 정확하고 이상이 없어야 한다.
- ㉮ 급수량계
- ㉯ 급유량계
- ㉰ 유리수면계 또는 수면 측정 장치
- ㉱ 수위계 또는 압력계
- ㉲ 온도계

㈐ 급수펌프는 다음 사항이 이상 없고 성능에 지장이 없어야 한다.
- ㉮ 펌프 송출구에서의 송출압력상태
- ㉯ 급수펌프의 누설유무

(2) 배기가스 온도

㈎ 유류용 및 가스용 보일러(열매체 보일러는 제외한다) 출구에서의 배기가스 온도는 주위온도와의 차이가 정격용량에 따라 다음 표와 같아야 한다. 이때 배기가스온도의 측정위치는 보일러 전열면의 최종출구로 하며 폐열회수장치가 있는 보일러는 그 출구로 한다.

배기가스 온도차

보일러 용량 [t/h]	배기가스 온도차[K, ℃]
5 이하	300 이하
5 초과 20 이하	250 이하
20 초과	210 이하

[비고]
1. 보일러용량이 MW[kcal/h]로 표시되었을 때에는 0.6978MW(600,000 [kcal/h])를 1[t/h]로 환산한다.
2. 주위 온도는 보일러에 최초로 투입되는 연소용 공기 투입위치의 주위 온도로 하며 투입위치가 실내일 경우는 실내온도, 실외일 경우는 외기온도로 한다.

(내) 열매체 보일러의 배기가스 온도는 출구열매 온도와의 차이가 150[K](℃) 이하이어야 한다.

(3) **보일러 외벽의 온도** : 보일러의 외벽온도는 주위온도보다 30[K](℃)를 초과하여서는 안 된다.

(4) **저수위 안전장치**

(가) 저수위안전장치는 연료차단 전에 경보가 울려야 하며, 경보음은 70[dB] 이상이어야 한다.
(내) 온수발생보일러(액상식 열매체 보일러 포함)의 온도-연소제어장치는 최고사용온도 이내에서 연료가 차단되어야 한다.

6.2 보일러 설치 검사 기준

1. 검사의 신청 및 준비

(1) **검사의 신청** : 검사의 신청은 시행규칙 제31조의 17 규정에 의하되, 시공자가 이를 대행할 수 있으며 제조검사가 면제된 경우는 자체검사기록서(별지 제4호 서식)를 제출하여야 한다.

(2) 검사의 준비 : 검사신청자는 다음의 준비를 하여야 한다.

㉮ 기기조종자는 입회하여야 한다.

㉯ 보일러를 운전할 수 있도록 준비한다.

㉰ 정전, 단수, 화재, 천재지변 등 부득이한 사정으로 검사를 실시할 수 없을 경우에는 재신청 없이 다시 검사를 하여야 한다.

2. 검사

(1) 수압 및 가스 누설시험

㉮ 수압시험 대상

㉠ 수입한 보일러

㉡ (10)항 내부검사 등의 검사를 받아야 하는 보일러

㉯ 가스 누설시험 대상 : 가스용 보일러

㉰ 수압시험 압력

㉠ 강철제 보일러

ⓐ 보일러의 최고사용압력이 0.43[MPa] 이하일 때에는 그 최고사용압력의 2배의 압력으로 한다. 다만, 그 시험압력이 0.2[MPa] 미만인 경우에는 0.2[MPa]로 한다.

ⓑ 보일러의 최고 사용압력이 0.43[MPa] 초과 1.5[MPa] 이하일 때에는 그 최고사용압력의 1.3배에 0.3[MPa]를 더한 압력으로 한다.

ⓒ 보일러의 최고사용압력이 1.5[MPa]를 초과할 때에는 그 최고사용압력의 1.5배의 압력으로 한다.

㉡ 가스용 온수보일러 : 강철제인 경우에는 ㉠의 ⓐ에서 규정한 압력

㉢ 주철제 보일러

ⓐ 보일러의 최고사용압력이 0.43[MPa] 이하일 때는 그 최고사용압력의 2배의 압력으로 한다. 다만, 시험압력이 0.2[MPa] 미만인 경우에는 0.2[MPa]로 한다.

ⓑ 보일러의 최고사용압력이 0.43[MPa]를 초과 할 때는 그 최고사용압력의 1.3배에 0.3[MPa]을 더한 압력으로 한다.

㉱ 수압시험 방법

㉠ 공기를 빼고 물을 채운 후 천천히 압력을 가하여 규정된 시험 수압에 도달된 후 30분이 경과된 뒤에 검사를 실시하여 검사가 끝날 때까지 그 상태를 유지한다.

㉯ 시험수압은 규정된 압력의 6[%] 이상을 초과하지 않도록 모든 경우에 대한 적절한 제어를 마련하여야 한다.

㉰ 수압시험 중 또는 시험 후에도 물이 얼지 않도록 하여야 한다.

㈒ 가스 누설시험 방법

㉮ 내부누설시험 : 차압누설감지기에 대하여 누설확인 작동시험 또는 자기압력기록계 등으로 누설유무를 확인한다. 자기압력기록계로 시험할 경우에는 밸브를 잠그고 압력발생 기구를 사용하여 천천히 공기 또는 불활성 가스등으로 최고사용압력의 1.1배 또는 840[mmH$_2$O]중 높은 압력이상으로 가압한 후 24분 이상 유지하여 압력의 변동을 측정한다.

㉯ 외부누설시험 : 보일러 운전 중에 비눗물시험 또는 가스누설검사기로 배관접속부위 및 밸브류 등의 누설유무를 확인한다.

㈓ 판정기준 : 수압 및 가스누설시험결과 누설, 갈라짐 또는 압력의 변동 등 이상이 없어야 한다. 가스누설검사기의 경우에 있어서는 가스농도가 0.2[%] 이하에서 작동하는 것을 사용하여 당해 검사기가 작동되지 않아야 한다.

(2) 설치 장소 : 「보일러 설치·시공기준」의 옥내설치 및 옥외설치 기준에 따른다.

(3) 보일러 설치 : 「보일러 설치·시공기준」의 보일러 설치, 배관, 가스버너 설치 기준에 따른다.

(4) 급수장치 : 「보일러 설치·시공기준」의 급수장치 기준에 따른다.

(5) 압력방출장치 : 「보일러 설치·시공기준」의 압력방출장치 기준 및 다음에 따른다.

㈎ 안전밸브 작동시험

㉮ 안전밸브의 분출압력은 1개일 경우 최고사용압력 이하, 안전밸브가 2개 이상인 경우 그 중 1개는 최고사용압력 이하 기타는 최고사용압력의 1.03배 이하일 것

㉯ 과열기의 안전밸브 분출압력은 증발부 안전밸브의 분출압력 이하일 것

㉰ 재열기 및 독립과열기에 있어서는 안전밸브가 하나인 경우 최고사용압력 이하, 2개인 경우 하나는 최고사용압력 이하이고 다른 하나는 최고사용압력의 1.03배 이하에서 분출하여야 한다. 다만, 출구에 설치하는 안전밸브의 분출압력은 입구에 설치하는 안전밸브의 설정압력보다 낮게 조정되어야 한다.

㉱ 발전용 보일러에 부착하는 안전밸브의 분출정지 압력은 분출압력의 0.93배 이상이어야 한다.

(나) 방출밸브의 작동시험 : 온수발생보일러(액상식 열매체 보일러 포함)의 방출밸브는 다음 각 항에 따라 시험하여 보일러의 최고사용압력 이하에서 작동하여야 한다.
  ㉮ 공급 및 귀환밸브를 닫아 보일러를 난방시스템과 차단한다.
  ㉯ 팽창탱크에 연결된 관의 밸브를 닫고 탱크의 물을 빼내고 공기쿠션이 생겼나 확인하여 공기쿠션이 있을 경우 공기를 배출시킨다. 다만, 가압 팽창탱크는 배수시키지 않으며 분출시험 중 보일러와 차단되어서는 안 된다.
  ㉰ 보일러의 압력이 방출밸브의 설정압력의 50[%] 이하로 되도록 방출밸브를 통하여 보일러의 물을 배출시킨다.
  ㉱ 보일러수의 압력과 온도가 상승함을 관찰한다.
  ㉲ 보일러의 최고사용압력 이하에서 작동하는지 관찰한다.
(다) 온수 발생 보일러의 압력방출장치 작동시험 : 「보일러 설치·시공기준」의 온수발생보일러의 방출밸브와 방출관 및 방출관 크기 기준에 적합한 방출관을 부착한 보일러는 압력방출장치의 작동시험을 생략할 수 있다.
(라) 압력방출장치 작동시험 생략 : 제조년월일로부터 1년 이내인 압력방출장치가 부착된 경우에는 그 작동시험을 생략할 수 있다.

(6) **수면계** : 「보일러 설치·시공기준」의 수면계 기준 사항에 따른다.

(7) **계측기** : 「보일러 설치·시공기준」의 계측기 기준 사항에 따른다.

(8) **스톱밸브 및 분출밸브** : 「보일러 설치·시공기준」중 스톱밸브 및 분출밸브 기준 사항에 따른다.

(9) **운전 성능**
  (가) 「보일러 설치·시공기준」중 운전성능 기준 및 다음에 따른다.
  (나) 가스용 보일러 및 용량 5[t/h](난방용은 10[t/h])이상인 유류보일러는 부하율을 90±10[%]에서 45±10[%]까지 연속적으로 변경시켜 배기가스 중 O_2 또는 CO_2 성분이 사용연료별로 다음의 배기가스 성분표에 적합하여야 한다. 이 경우 시험은 반드시 다음 조건에서 실시하여야 한다.
    ㉮ 매연농도 바카락카 스모크 스케일 4이하, 다만, 가스용 보일러의 경우 배기가스 중 CO의 농도는 200[ppm] 이하이어야 한다.
    ㉯ 부하변동 시 공기량은 별도 조작 없이 자동조절

배기가스 성분

성 분	O_2 [%]		CO_2 [%]	
부하율	90±10	45±10[%]	90±10	45±10[%]
중 유	3.7 이하	5 이하	12.7 이상	12 이상
경 유	4 이하	5 이하	11 이상	10 이상
가 스	3.7 이하	4 이하	10 이상	9 이상

(10) 내부 검사 등

㉮ 유류 및 가스를 제외한 연료를 사용하는 전열면적이 $30[m^2]$ 이하인 온수발생 보일러가 연료변경으로 인하여 검사대상이 되는 경우의 최초검사는 「계속사용 검사기준」 검사, 검사의 특례 및 「검사기준」 제2장 재료편을 추가로 검사하여 이상이 없어야 한다.

㉯ 검사대상이 아닌 유류용 및 기타 연료용 보일러가 가스로 연료를 변경하여 검사대상으로 되는 경우의 최초검사는 계속사용 검사기준 중 검사 항 및 검사의 특례 항을 추가로 검사하여 이상이 없어야 한다.

3. 검사의 특례

(1) 다음에 해당하는 경우에는 「보일러 설치·시공기준」 옥내설치 ㉮, ㉯ 및 ㉰는 적용하지 아니한다.

㉮ 출력 $0.5815[MW](500,000[kcal/h])$ 미만인 온수발생 보일러가 82. 1. 31이전에 준공된 건물에 설치된 경우

㉯ 유류용 이외의 온수발생 보일러가 85. 10. 7이전에 준공된 건물에 설치된 경우

㉰ 가스용 온수보일러 및 가스용 1종 관류보일러가 88. 11. 27 이전에 준공된 건물에 설치된 경우

(2) 「보일러 설치·시공기준」 옥내설치 기준 ㉰, 보일러 설치 기준 ㉶, 계측기 기준 중 온도계, 자동연료 차단장치 ㉷는 2000. 4. 1 이전에 설치된 보일러에 대해서는 적용하지 않는다.

(3) 대량제조보일러 일부검사

㉮ 시행규칙 제31조의 13 제1항 제1호의 일부가 면제되는 검사는 동일 시공업체에 한하여 동일 시·도지사 관할 내 7일 범위 이내에 3대 이상의 동일 형식 보일러에 대

한 설치검사를 신청할 경우 이를 1조로 하여 그 조에서 임의로 선정한 1대에 대하여 표본검사를 시행한다.

㈏ ㈎의 규정에 의해 실시된 표본검사에 불합격된 경우에는 해당 1조에 대한 전수검사를 실시하여야 한다.

(4) 응축수회수 이용 등으로 인해 KS B 6209(보일러급수 및 보일러수의 수질)에 의한 급수처리 기준값(mg CaCO3/L) 이하로 관리되는 보일러는 보일러 설치·시공기준』 급수장치 기준 (7)항의 시설을 하지 않아도 된다. 다만, 급수처리 된 값은 에너지관리공단에 제출하여 인정받아야 한다.

(5) 「보일러 설치·시공기준」 (7)항의 급수처리 ㈎는 2005. 7. 1 이전에 설치된 보일러에 대해서는 적용하지 않는다.

(6) 이 고시의 시행일 전에 설치된 보일러는 「보일러 설치·시공기준」 중 압력방출장치 항 중 안전밸브 부착의 ㈏, 수면계 중 수면계 개수 의 ㈎ 규정의 적용을 받지 아니한다.

예 | 상 | 문 | 제

문제 01 보일러를 옥내에 설치할 때 동체 상부로부터 천정, 배관 등 보일러 상부에 있는 구조물까지의 거리는 몇 m 이상이어야 하는가? (단, 소형 보일러 및 주철제 보일러는 제외한다.)

해답 1.2[m] 이상

해설 소형 보일러 및 주철제 보일러 : 0.6[m] 이상

문제 02 보일러 설치시공기준 상 보일러를 옥내에 설치하는 경우 보일러 및 보일러의 금속제 연도 등으로부터 몇 [m] 이내에 있는 가연성 물체에 대하여는 불연성 재료로 피복하여야 하는가?

해답 0.3[m]

문제 03 다음은 보일러를 옥내에 설치하는 경우의 기준이다. ( )안에 알맞은 숫자 및 용어를 쓰시오.

> 연료를 저장할 때에는 보일러 외측으로부터 (①)[m] 이상 거리를 두거나 (②)을[를] 설치하여야 한다. 다만, 소형보일러의 경우에는 (③)[m] 이상 거리를 두거나 반격벽으로 할 수 있다.

해답 ① 2 ② 방화격벽 ③ 1

문제 04 다음은 보일러 설치기준에서 배관의 고정방법에 관한 내용이다. ( )안에 알맞은 숫자를 쓰시오.

> 배관은 움직이지 아니하도록 고정 부착하는 조치를 하되 그 관지름이 13[mm] 미만의 것에는 (①)[m] 마다, 13[mm] 이상 33[mm] 미만의 것에는 (②)[m] 마다, 33[mm] 이상의 것에는 (③)[m] 마다 고정장치를 설치하여야 한다.

해답 ① 1 ② 2 ③ 3

문제 05 보일러 급수장치는 주펌프 세트 외에 보조펌프 세트를 갖추어야 하는데 관류 보일러의 경우 전열면적이 몇 [m²] 이하이면 보조펌프를 생략할 수 있는가?

해답 100[m²]

해설 급수장치를 필요로 하는 보일러에는 주펌프(인젝터를 포함) 세트 및 보조펌프세트를 갖춘 급수장치가 있어야 한다. 다만, 전열 면적 12[m²] 이하의 보일러, 전열면적 14[m²] 이하의 가스용 온수보일러 및 전열면적 100[m²] 이하의 관류보일러에는 보조펌프를 생략할 수 있다.

문제 06 다음 ( ) 안에 알맞은 숫자를 쓰시오.

> 급수밸브의 크기는 전열면적 10[m²] 이하의 보일러에서는 호칭(　)[A] 이상의 것이어야 한다.

해답 15

해설 급수밸브 및 체크밸브의 크기는 전열면적 10[m²] 이하의 보일러에서는 호칭 15[A]이상, 전열면적 10[m²] 를 초과하는 보일러에서는 호칭 20[A] 이상이어야 한다.

문제 07 보일러에 설치하는 급수밸브의 크기는 전열면적에 따라 다르다. 다음에 해당하는 경우 급수밸브의 크기는 얼마인가?

(1) 전열면적 10[m²] 이하 :
(2) 전열면적 10[m²] 초과 :

해답 (1) 호칭 15[A] 이상
(2) 호칭 20[A] 이상

문제 08 어떤 증기 보일러의 전열면적이 40[m²]이다. 안전밸브는 몇 개 이상 부착하면 되는가?

해답 1개

해설 안전밸브의 개수
① 증기보일러에는 2개 이상의 안전밸브를 설치하여야 한다. 다만, 전열면적 50[m²] 이하의 증기보일러에서는 1개 이상으로 한다.
② 관류보일러에서 보일러와 압력방출장치와의 사이에 체크밸브를 설치할 경우 압력방출장치는 2개 이상이어야 한다.

문제 09 다음은 보일러의 안전밸브의 크기에 관한 내용이다. ( )안을 채우시오.

> 안전밸브의 크기는 호칭지름 (①)[A] 이상으로 하여야 하지만, 최고사용압력 (②)[MPa] 이하의 보일러로 전열면적 (③)[m^2] 이하의 것에는 호칭지름 (④)[A] 이상으로 할 수 있다.

해답 ① 25 ② 0.5 ③ 2 ④ 20

해설 • 호칭지름 20A이상으로 할 수 있는 보일러
① 최고사용압력 0.1[MPa] 이하의 보일러
② 최고사용압력 0.5[MPa] 이하의 보일러로 동체의 안지름이 500[mm] 이하이며 동체의 길이가 1000 [mm] 이하의 것
③ 최고사용압력 0.5[MPa] 이하의 보일러로 전열면적 2[m^2] 이하의 것
④ 최대증발량 5[t/h] 이하의 관류보일러
⑤ 소용량 강철제 보일러, 소용량 주철제 보일러

문제 10 보일러 설치검사 기준상 안전밸브 및 압력방출장치의 크기는 호칭지름 25[A] 이상으로 하여야 하지만 호칭지름 20[A] 이상으로 할 수 있는 보일러도 있다. 20[A] 이상으로 할 수 있는 보일러를 3가지만 쓰시오.

해답 ① 최고사용압력 0.1[MPa] 이하의 보일러
② 최고사용압력 0.5[MPa] 이하의 보일러로 동체의 안지름이 500[mm] 이하, 동체의 길이가 1000[mm] 이하의 것
③ 최고사용압력 0.5[MPa] 이하의 보일러로 전열면적 2[m^2] 이하의 것
④ 최대증발량이 5[톤/h] 이하의 관류 보일러
⑤ 소용량 강철제 보일러, 소용량 주철제 보일러

문제 11 보일러 중에서 안전밸브를 반드시 밀폐식으로 설치해야 하는 것은?

해답 인화성증기를 발생하는 열매체 보일러

해설 • 인화성증기를 발생하는 열매체 보일러에서는 안전밸브를 밀폐식구조로 하든가 또는 안전밸브로부터의 배기를 보일러실 밖의 안전한 장소에 방출시키도록 한다.

문제 12 보일러 설치검사기준에서 몇 도[K] 이하의 온수발생 보일러에는 방출밸브를 설치하여야 하는가?

해답 393K

해설 • 온수 발생 보일러(액상식 열매체 보일러 포함)의 방출밸브
액상식 열매체 보일러 및 온도 393[K](120[℃]) 이하의 온수발생보일러에는 방출밸브를 설치하여야 하며, 그 지름은 20[mm] 이상으로 하고, 보일러의 압력이 보일러의 최고사용압력에 그 10[%](그 값이 0.035[MPa] 미만인 경우에는 0.035[MPa]를 더한 값을 초과하지 않도록 지름과 개수를 정하여야 한다.

문제 13 온수발생 보일러의 전열면적이 10[m²] 미만일 때 방출관의 안지름 크기는 몇 [mm] 이상인가?

해답 25[mm] 이상

해설 온수발생 보일러의 방출관 크기

전열면적 [m²]	방출관의 안지름 [mm]
10 미만	25 이상
10 이상 15 미만	30 이상
15 이상 20 미만	40 이상
20 이상	50 이상

문제 14 증기 보일러 설치되는 유리 수면계는 몇 개 이상 설치하여야 하는가?

해답 2개 이상

해설 수면계의 개수
① 증기보일러에는 2개(소용량 및 1종 관류보일러는 1개) 이상의 유리 수면계를 보일러내의 수위를 육안으로 확인할 수 있도록 동일한 높이에 나란히 부착하여야 한다. 다만, 단관식 관류보일러는 제외한다.
② 최고사용압력 1[MPa] 이하로서 동체안지름이 750[mm] 미만인 경우에 있어서는 수면계 중 1개는 다른 종류의 수면 측정 장치로 할 수 있다.
③ 2개 이상의 원격지시 수면계를 시설하는 경우에 한하여 유리수면계를 1개 이상으로 할 수 있다.

문제 15 다음은 보일러 압력계의 최고눈금 기준에 대한 사항이다. ( ) 안에 알맞은 숫자를 넣으시오.

> 보일러 압력계의 최고 눈금은 보일러의 최고사용압력의 (①)배 이하로 하되, (②)배 보다 작아서는 안 된다.

해답 ① 3 ② 1.5

문제 16 다음은 압력계 설치기준에 관한 내용이다. ( ) 안에 알맞은 숫자를 넣으시오.

> 증기 보일러의 압력계 부착 시 압력계와 연결된 증기관은 황동관 또는 동관을 사용하면 안지름 (①)[mm] 이상, 강관을 사용할 때는 (②)[mm] 이상이어야 하며, 사이폰관의 안지름은 (③)[mm] 이상이어야 한다.

해답 ① 6.5 ② 12.7 ③ 6.5

문제 17 보일러 압력계에 설치되는 사이펀관의 최소 지름은 얼마인가?

해답 6.5[mm] 이상

문제 18 보일러의 압력계에 연결되는 증기관으로 황동관을 사용할 수 없는 증기 온도는 몇 [℃] 이상일 때인가?

해답 210[℃] 이상

문제 19 보일러 설치기준에 의한 온도계를 부착하는 위치를 4개소 쓰시오.

해답
① 급수 입구의 급수 온도계
② 버너 급유입구의 급유온도계
③ 절탄기, 공기예열기의 입출구 온도계
④ 보일러 본체 배기가스온도계
⑤ 과열기, 재열기의 출구 온도계
⑥ 유량계를 통과하는 온도를 측정할 수 있는 온도계

문제 20 보일러에 온도계를 부착하는 위치를 3개소 쓰시오.
(단, 절탄기, 공기예열기, 과열기가 없는 경우이다.)

해답
① 급수입구의 급수온도계
② 버너 입구의 급유온도계
③ 보일러 본체 배기가스 온도계

문제 21 강철제 또는 주철제 보일러의 용량이 몇 [ton/h] 이상이면 각종 유량계를 설치해야 하는가?

해답 1[톤/h] 이상

해설 • 유량계 : 용량 1[톤/h] 이상의 보일러에는 다음의 유량계를 설치하여야 한다.
① 급수관에는 적당한 위치에 KS B 5336(고압용 수량계) 또는 이와 동등 이상의 성능을 가진 수량계를 설치하여야 한다. 다만 온수발생 보일러는 제외한다.
② 기름용 보일러에는 연료의 사용량을 측정할 수 있는 KS B 5328(오일 미터) 또는 이와 동등 이상의 성능을 가진 유량계를 설치하여야 한다. 다만, 2[t/h] 미만의 보일러로써 온수발생보일러 및 난방전용 보일러에는 CO_2 측정 장치로 대신할 수 있다.
③ 기름용 보일러에는 연료의 사용량을 측정할 수 있는 KS B 5328(오일 미터) 또는 이와 동등이상의 성능을 가진 유량계를 설치하여야 한다. 다만, 2[t/h] 미만의 보일러로써 온수발생보일러 및 난방전용 보일러에는 CO_2 측정 장치로 대신할 수 있다.
④ 가스용 보일러에는 가스사용량을 측정할 수 있는 유량계를 설치하여야 한다.

문제 22 다음 ( ) 안에 알맞은 용어 또는 숫자를 넣으시오.

> 공기유량 자동조절 기능은 가스용 보일러 및 용량 (①)[톤/h], 난방전용은 (②)[톤/h] 이상인 유류 보일러에는 (③)에 따라 (④)을[를] 자동 조절하는 기능이 있어야 한다. 이때 보일러 용량이 [MW]로 표시되어 있을 때에는 (⑤)[MW]를 1[톤/h]로 환산한다.

[해답] ① 5 ② 10 ③ 공급연료량 ④ 연소용 공기 ⑤ 0.6978

[해설] 0.6978[MW] = 60000 [kcal/h]

문제 23 보일러 설치 검사 기준에 따라 보일러의 운전성능을 검사하고자 할 때는 보일러가 정격부하의 운전 상태에서 이상진동과 이상소음이 없어야 하며, 각종 계기들의 작동이 정확하고 이상이 없어야 한다. 이때 장착되는 보일러의 계기에는 어떤 것이 있는지 5가지를 쓰시오.

[해답] ① 급수량계 ② 급유량계 ③ 유리수면계 또는 수면 측정장치
 ④ 수위계 또는 압력계 ⑤ 온도계

문제 24 다음 조건의 강철제 보일러에서 수압시험압력을 구하시오.

최고 사용압력	수압시험압력
0.43[MPa] 이하	①
0.43[MPa] 초과 1.5[MPa] 이하	②
1.5[MPa] 초과	③

[해답] ① 최고 사용압력의 2배
 ② 최고 사용압력의 1.3배에 0.3[MPa]을 더한 압력
 ③ 최고 사용압력의 1.5배

[해설] 수압시험 압력
(1) 강철제 보일러
 ① 보일러의 최고사용압력이 0.43[MPa] 이하일 때에는 그 최고사용압력의 2배의 압력으로 한다. 다만, 그 시험압력이 0.2[MPa] 미만인 경우에는 0.2[MPa]로 한다.
 ② 보일러의 최고 사용압력이 0.43[MPa] 초과 1.5[MPa] 이하일 때에는 그 최고사용압력의 1.3배에 0.3[MPa]를 더한 압력으로 한다.
 ③ 보일러의 최고사용압력이 1.5[MPa]를 초과할 때에는 그 최고사용압력의 1.5배의 압력으로 한다.
(2) 가스용 온수보일러 : 강철제인 경우에는 (1)의 ①에서 규정한 압력
(3) 주철제 보일러
 ① 보일러의 최고사용압력이 0.43[MPa] 이하일 때는 그 최고사용압력의 2배의 압력으로 한다. 다만, 시험압력이 0.2[MPa] 미만인 경우에는 0.2[MPa]로 한다.
 ② 보일러의 최고사용압력이 0.43[MPa]를 초과 할 때는 그 최고사용압력의 1.3배에 0.3[MPa]을 더한 압력으로 한다.

문제 25 강철제 보일러의 수압시험압력을 구하시오.
   (1) 최고 사용압력이 0.35[MPa]인 보일러 :
   (2) 최고 사용압력이 0.6[MPa]인 보일러 :
   (3) 최고 사용압력이 1.8[MPa]인 보일러 :

풀이 (1) 수압시험압력 = 최고 사용압력 × 2배 = 0.35 × 2 = 0.7[MPa]
   (2) 수압시험압력 = (최고 사용압력 × 1.3배) + 0.3[MPa]
                = (0.6 × 1.3) + 0.3 = 1.08[MPa]
   (3) 수압시험압력 = 최고 사용압력 × 1.5배 = 1.8 × 1.5 = 2.7[MPa]

해답 (1) 0.7[MPa]   (2) 1.08[MPa]   (3) 2.7[MPa]

문제 26 다음은 보일러 설치검사 기준에 따른 수압시험 방법을 설명한 것이다. ( )안에 맞는 숫자를 넣으시오.

> 보일러 수압시험 시 공기를 빼고 물을 채운 후 천천히 압력을 가하여 규정된 시험 수압에 도달된 후 (①)분 이상 경과된 뒤에 검사를 실시하며, 시험 수압은 규정압력의 (②)[%] 이상을 초과하지 않도록 한다.

해답 ① 30   ② 6

해설 수압시험 방법
   ① 공기를 빼고 물을 채운 후 천천히 압력을 가하여 규정된 시험 수압에 도달된 후 30분이 경과된 뒤에 검사를 실시하여 검사가 끝날 때까지 그 상태를 유지한다.
   ② 시험수압은 규정된 압력의 6[%] 이상을 초과하지 않도록 모든 경우에 대한 적절한 제어를 마련하여야 한다.
   ③ 수압시험 중 또는 시험 후에도 물이 얼지 않도록 하여야 한다.

문제 27 보일러 검사 방법 중 수압시험의 목적 3가지를 쓰시오.

해답 ① 검사나 사용의 보조수단으로 실시한다.
   ② 구조상 내부검사를 하기 어려운 곳에 그 상태를 판단하기 위해서
   ③ 보일러 각부의 균열, 부식, 각종 이음부의 누설 정도를 확인하기 위해서
   ④ 각종 덮개를 장치한 후의 기밀도를 확인하기 위해서
   ⑤ 손상이 생긴 부분이나, 수리한 경우 그 부분의 강도나 이상 유무를 판단하기 위해서

문제 28 다음 내용에 맞게 [보기]에서 골라 ( )을 채우시오.

『재열기 및 독립과열기에 있어서는 안전밸브가 하나인 경우 최고사용압력 (①), 2개인 경우 하나는 최고사용압력 (①)이고 다른 하나는 최고사용압력의 (②) 이하에서 분출하여야 한다. 다만, (③)에 설치하는 안전밸브의 분출압력은 (④)에 설치하는 안전밸브의 설정압력보다 (⑤) 조정되어야 한다.』

[보기] 출구, 이상, 1.03배, 낮게, 천정, 2.03배, 높게, 이하, 입구, 바닥

해답 ① 이하 ② 1.03배 ③ 출구 ④ 입구 ⑤ 낮게

제 3 편

작업형 시험

제1장 수험자 유의사항 ... 428
제2장 배관작업 기초 이론 ... 431
제3장 예상도면 ... 435

Master Craftsman Energy Management

제1장 수험자 유의사항

1.1 ◦ 작업형 시험 수험자 유의사항

※ 시험시간(표준시간) : 5시간 00분 ☐ 연장시간 : 없음

1. 요구사항

지급된 재료를 이용하여 도면과 같이 강관 및 동관의 조립작업을 하시오.

2. 수험자 유의사항

(1) 자기가 지참한 공구와 지정된 시설만을 사용하며, 안전수칙을 준수해야 합니다.
(2) 재료의 재지급은 허용되지 않으며, 도면과 비번호는 작업이 완료된 후 작품과 동시에 제출해야 합니다.
(3) 동관의 접합은 가스용접으로 해야 합니다.
(4) 관을 절단할 때는 파이프 커터, 튜브 커터 또는 쇠톱을 사용하여 절단한 후 파이프 내의 거스러미를 제거해야 합니다.
(5) 시험종료 후 작품의 수압시험 시 누수여부를 감독위원으로부터 확인 받아야 합니다.
(6) 지급된 재료 중 이음쇠 부속품이 불량품인 경우에는 교환이 가능하나, 조립 중 무리한 힘을 가하여 파손된 경우에는 교환할 수 없습니다.
(7) 복장상태, 작업 시 안전보호구 착용여부 및 사용법, 재료 및 공구 등의 정리정돈과 안전수칙 준수 등도 시험 중에 채점하므로 준수해야 합니다.
(8) 다음 사항에 해당하는 작품은 미완성 또는 오작으로 채점대상에서 제외합니다.
　㈎ 미완성
　　㉮ 시험시간(표준시간)을 초과한 작품
　㈏ 오작품
　　㉮ 부분치수가 ±10[mm](전체길이는 가로 또는 세로 ±20[mm]) 이상 차이나는 작품
　　㉯ 수압시험 시 0.5[MPa](5[kgf/cm^2]) 미만에서 누수가 되는 작품
　　㉰ 평행도가 30[mm] 이상 차이나는 작품
　　㉱ 도면과 상이하게 조립된 작품
　　㉲ 외관 및 기능도가 극히 불량한 작품

1.2 작업형 시험 채점표(참고용)

No.	주요항목	세부항목	항목별 채점방법					배점	비고
1	치수 정밀도	총 8개소를 측정	각 측정개소 마다 최대 오차를 측정하여					24	부분치수가 ±10[mm] 이상 차이나는 작품은 오작처리(전체길이는 가로 또는 세로 ±20[mm] 이상)
			오차 [mm]	3이하	3초과 4이하	4초과 5이하	기타		
			배점	3	2	1	0		
2	강관외관	강관 표면의 흠집이나 일그러진 곳을 점검	결함 개소	1개소 이하	2개소	3개소	4개소 이상	3	외관 및 기능도가 극히 불량한 작품은 오작처리
			배점	3	2	1	0		
3	동관외관	동관 표면의 흠집이나 일그러진 개소를 점검	결함 개소	0개소	1개소	2개소	3개소 이상	3	
			배점	3	2	1	0		
4	강관의 조립상태	잔류 나사산이 없거나 3산 이상인 곳을 점검	결함 개소	0개소	1개소	2개소	3개소 이상	3	
			배점	3	2	1	0		
5	동관의 조립상태	용접부 폭 및 상태를 점검	용접 비드폭이 균일하고 양호하면 2점, 이음쇠 표면까지 덧땜자국이 있거나 불량한 경우 0점					2	
6	플랜지의 조립상태	용접부 폭 및 상태를 점검	용접 비드폭이 균일하고 양호하면 3점, 오버랩, 언더컷 현상 등 상태가 불량한 경우 0점					3	
7	수압시험	각 단계에서 최소 1분 이상 수압을 건 상태에서 누수여부를 점검	수압 [kgf/cm²]	10 이상	8이상 10미만	5이상 8미만	5미만	6	
			배점	6	3	1	0		
8	평행도	작품을 정반위에 올려놓고 평면도상에서 평행도 오차가 가장 큰 곳을 측정	오차 [mm]	30 이하				3	평행도가 30[mm] 이상 차이나는 작품은 오작처리
			배점	3					
9	기타	복장상태, 작업 시 안전보호구 착용여부 및 사용법, 재료 및 공구 등의 정리정돈과 안전수칙 준수를 확인	작업복 및 정리정돈 1점, 안전보호구 착용여부 1점, 안전수칙 준수여부 1점					3	

※ 채점표는 참고용으로 각 항목별로 채점을 하는 것으로 이해하고, 실제시험에서는 점수 등이 다르게 적용될 수 있습니다.

1.3 수험자 지참 준비물

No.	재료명	규격	단위	수량	비고
1	안전화	작업용	켤레	1	
2	파이프렌치	400[mm] 이상	EA	2	
3	파이프커터	15A~50A	EA	1	
4	튜브커터	동관절단용	EA	1	
5	파이프리머	20A~40A용	EA	1	
6	쇠톱	300[mm]	EA	1	톱날 포함
7	자(강철자 또는 줄자)	1000[mm]	EA	1	KS규격품
8	둥근줄	중목(250~300[mm])	EA	1	
9	반원줄	중목(250~300[mm])	EA	1	
10	평줄	중목(250~300[mm])	EA	1	
11	직각자	400×600[mm]	EA	1	
12	해머(철제)	500[g]	EA	1	
13	나무 또는 고무망치	300[g]	EA	1	
14	보안경	가스용접용	EA	1	
15	전기용접용 헬멧	전기용접용	EA	1	차광유리포함
16	전기용접용장갑	가죽	EA	1	
17	슬래그해머	소	EA	1	
18	와이어브러시	300[mm]	EA	1	
19	몽키스패너	250~300[mm]	EA	2	
20	걸레	면	G	1	
21	싸이펜	흑색	EA	1	
22	동관벤더	15A	대	1	지참 희망자에 한함
23	동관벤더	20A	대	1	지참 희망자에 한함

[참고] ① 동력나사절삭기 및 용접기는 수험장에 비치되어 있으며, 수험자 본인이 지참한 경우 개인장비 사용이 가능합니다. (단, 시험장에서 제공하는 동력나사절삭기의 배관커터기능은 사용하실 수 없습니다.)
② 개인용접기 지참을 2017년도 기능장 제61회부터 개인용접기 지참불가로 변경되었습니다.
③ 배관작업 및 가스용접에 필요한 소모품은 본인이 준비하여야 합니다.
 [예] 면장갑, 테프론 테이프(시험장에서 지급되나 부족할 수 있음), 유니온 패킹(시험장에서 지급되나 분실이나 파손우려가 있음), 배관작업용 지그(jig) 및 기구 등
④ 공구목록은 변경될 수 있으므로 시험 전에 한국산업인력공단(http://www.q-net.or.kr) "수험자 지참 준비물"을 검색하여 반드시 확인 후 준비하여야 합니다.

제2장 배관작업 기초 이론

2.1 배관작업

1. 배관작업의 분류

(1) **관의 절단** : 절단용 공구나 기계를 이용하여 절단하되 절단길이는 정확하게 계산된 후에 행하며, 관 끝면을 수직으로 거스러미가 없도록 마무리를 해야 한다.

(2) **관의 이음** : 나사이음, 용접이음, 플랜지이음으로 구분된다. 나사이음의 경우에 나사절삭기로 절삭 시에는 절삭유(윤활유)를 수시로 주입하며 나사절삭 후에는 패킹제를 감은 후에 연결부속에 조립한다.

(3) **관의 조립 및 설치** : 설치해야 할 장소에서 조립할 때에는 파이프 나사산이 1~2개 정도 남도록 결합하되 배관의 방향, 경사 등을 확인한다.

2. 배관의 실제길이 계산

(1) **관의 유효나사부 길이** : 나사이음을 할 때 관호칭이 결정되면 부속에 조립되는 나사부 길이는 부속 종류에 관계없이 일정한 길이를 갖는다. 유효나사부 길이는 불완전나사부(보통 1~2산 정도)를 제외한 완전나사부에 해당하는 길이이다.

관의 유효나사 길이

관호칭	15A $\left(\frac{1}{2}B\right)$	20A $\left(\frac{3}{4}B\right)$	25A $(1B)$	32A $\left(1\frac{1}{4}B\right)$	40A $\left(1\frac{1}{2}B\right)$	50A $(2B)$
유효나사부[mm]	11	13	15	17	18	20

(2) **직관의 길이 계산** : 배관도면에서 표시되는 모든 치수는 관의 중심선을 기준으로 표시하며 치수단위는 mm를 사용하는 것이 원칙이다. 나사이음에서 표시된 치수만큼 관을 절단하게 되면 부속이 가진 여유치수만큼 실제 배관이 길어지게 되므로 부속의 여유치수를 뺀 치수만큼 절단하여야 한다.

다음 그림은 90° 엘보 2개를 사용하여 나사이음할 때의 치수계산 방법을 나타낸 것으로 관의 길이를 산출할 때는 다음의 식이 이용된다.

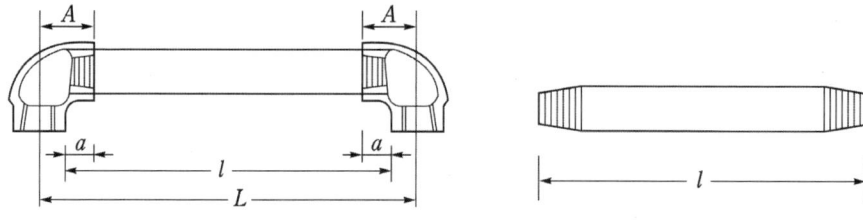

나사이음할 때의 치수

⑺ 실제 배관길이를 산출할 때에는 다음 공식이 이용된다.

$$L = l + 2(A - a)$$
$$l = L - 2(A - a)$$

여기서, L : 배관 중심간 거리[mm]
l : 실제 관길이[mm]
A : 이음쇠 중심거리[mm]
a : 유효나사부 길이(최소물림길이)

⑻ 경사진 배관의 길이 계산 : 그림과 같이 경사각이 45°인 관의 중심거리는 피타고라스 정리에 의하여 $z^2 = x^2 + y^2$ 이다.

$$\therefore z = \sqrt{x^2 + y^2}$$

여기서, $x = y = 1$ 이라면
$z = \sqrt{1^2 + 1^2} = \sqrt{2} = 1.414$가 된다.

$\therefore z$의 실제 배관길이

$l = x(또는 y) \times 1.414 - 2 \times 여유치수$

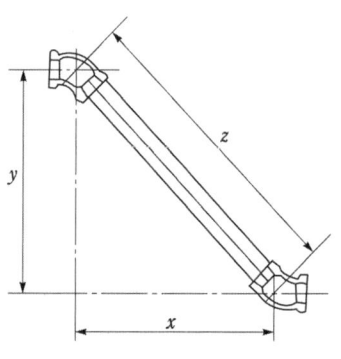

경사배관의 길이 계산

관 및 이음재 종류 별 치수

이음재의 명칭		호칭	중심치수	유효나사부	공간치수 (여유치수)
90° 엘보 (elbow)		15A	27	11	16
		20A	32	13	19
		25A	38	15	23
		32A	46	17	29
		40A	48	18	30
45° 엘보 (elbow)		15A	21	11	10
		20A	25	13	12
		25A	29	15	14
		32A	34	17	17
		40A	37	18	19
티(tee)		15A	27	11	16
		20A	32	13	19
		25A	38	15	23
		32A	46	17	29
		40A	48	18	30
이경 90° 엘보 (elbow) [중심치수 : A×B]		20×15A	29×30	13×11	16×19
		25×15A	32×33	15×11	17×22
		25×20A	34×35	15×13	19×22
		32×15A	34×38	17×11	17×27
		32×20A	38×40	17×13	21×27
		32×25A	40×42	17×15	23×27
		40×15A	35×42	18×11	17×31
		40×20A	38×43	18×13	20×30
		40×25A	41×45	18×15	23×30
		40×32A	45×48	18×17	27×31
이경 티(tee) [중심치수 : A, B×C]		20×15A	29×30	13×11	16×19
		25×15A	32×33	15×11	17×22
		25×20A	34×35	15×13	19×22
		32×15A	34×38	17×11	17×27
		32×20A	38×40	17×13	21×27
		32×25A	40×42	17×15	23×27
		40×15A	35×42	18×11	17×31
		40×20A	38×43	18×13	20×30
		40×25A	41×45	18×15	23×30
		40×32A	45×48	18×17	27×31

이음재의 명칭		호칭	중심치수	유효나사부	공간치수 (여유치수)
리듀서 (reducer) [중심치수: $\frac{L_1}{2}$]		20×15A	19	13×11	6×8
		25×15A	21	15×11	6×10
		25×20A	21	15×13	6×8
		32×15A	24	17×11	7×13
		32×20A	24	17×13	7×11
		32×25A	24	17×15	7×9
		40×15A	26	18×11	8×15
		40×20A	26	18×13	8×13
		40×25A	26	18×15	8×11
		40×32A	26	18×17	8×9
소켓(socket) [중심치수: $\frac{L_1}{2}$]		15A	17.5	11	6.5
		20A	20	13	7
		25A	22.5	15	7.5
		32A	25	17	8
		40A	27.5	18	9.5
유니언(union)		15A	22	11	11
		20A	25	13	12
		25A	28	15	13
		32A	31	17	14
		40A	34	18	16

▶ 배관작업 시 해당되는 이음재 명칭과 호칭을 찾아 여유치수(공간치수)에 해당하는 치수를 빼주면 실제 배관길이가 된다.

제 3 장 작업형 예상도면

3.1 출제 도면

국가기술자격 검정 실기시험 [1]

| 자격종목 | 에너지관리기능장 | 작품명 | 강관 및 동관조립 | 척도 | NS |

1. 시험시간 : 표준시간 – 5시간 00분, 연장시간 – 없음
2. 요구사항 : 지급된 재료를 사용하여 주어진 시간 내에 도면과 같이 강관, 동관을 조립하시오.
3. 도 면

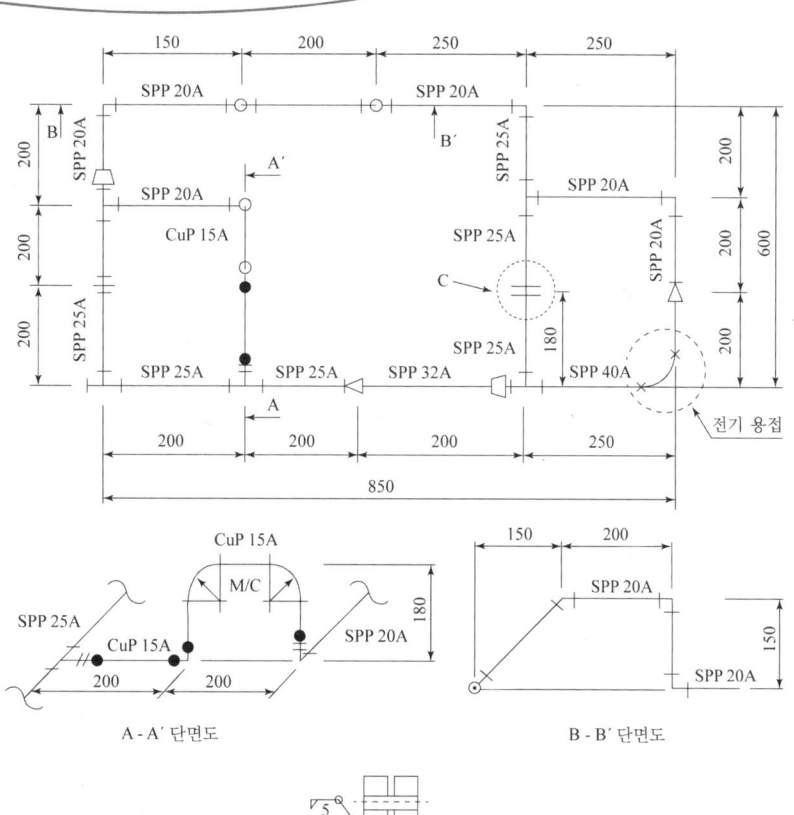

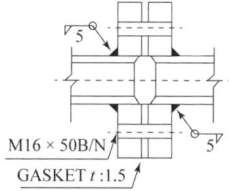

"C"부 상세도

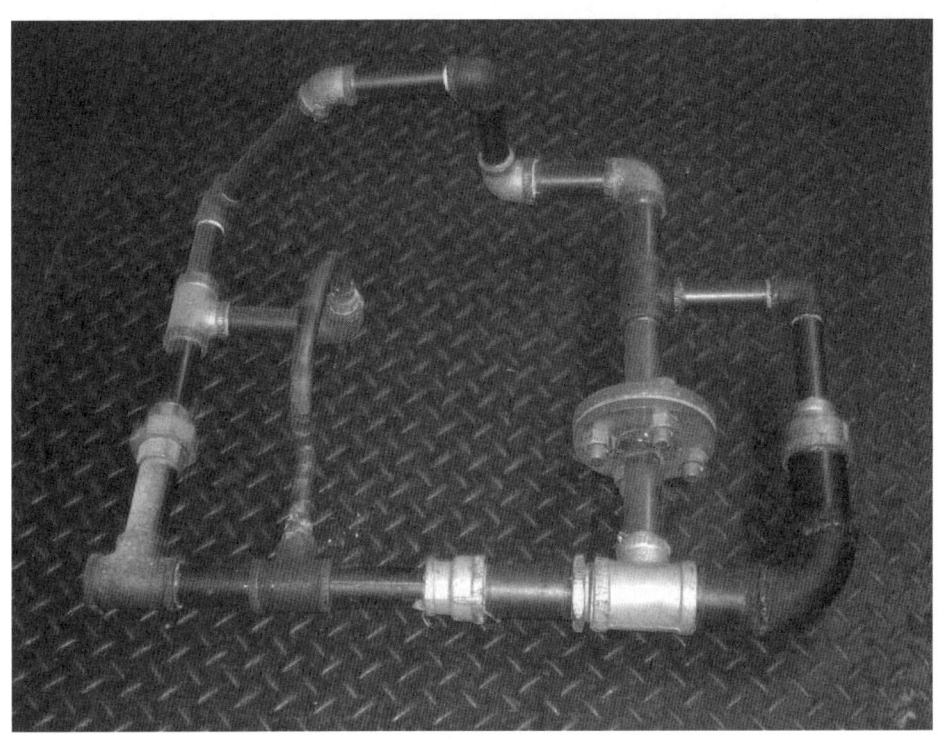

1번 도면 완성 제품

국가기술자격 검정 실기시험 [2]

| 자격종목 | 에너지관리기능장 | 작품명 | 강관 및 동관조립 | 척도 | NS |

1. 시험시간 : 표준시간 – 5시간 00분, 연장시간 – 없음
2. 요구사항 : 지급된 재료를 사용하여 주어진 시간 내에 도면과 같이 강관, 동관을 조립하시오.
3. 도 면

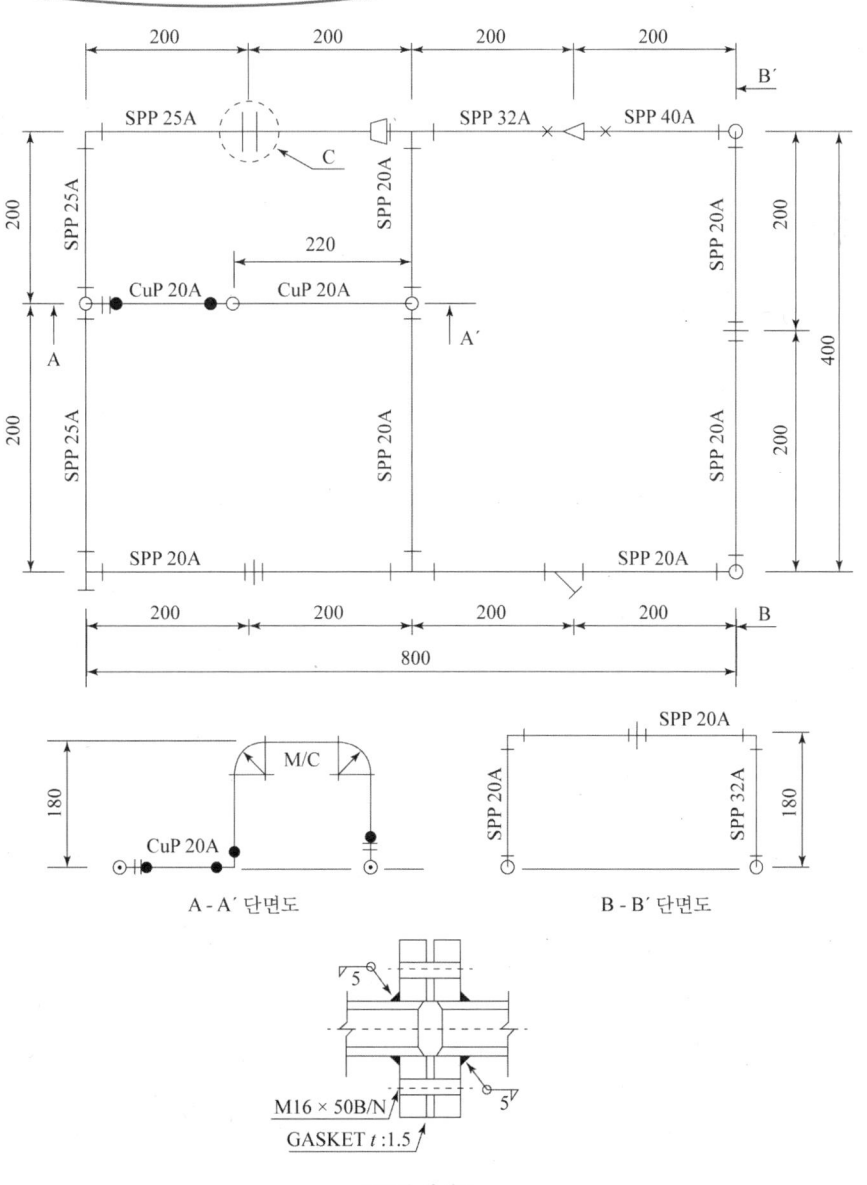

2번 도면 완성 제품1

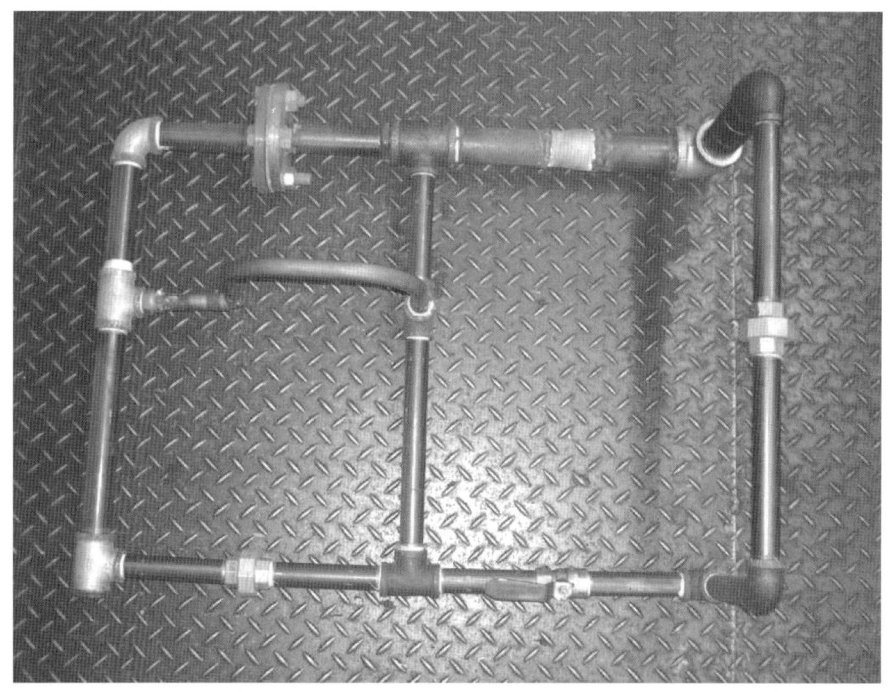

2번 도면 완성 제품2

국가기술자격 검정 실기시험 [3]

| 자격종목 | 에너지관리기능장 | 작품명 | 강관 및 동관조립 | 척도 | NS |

1. 시험시간 : 표준시간 – 5시간 00분, 연장시간 – 없음
2. 요구사항 : 지급된 재료를 사용하여 주어진 시간 내에 도면과 같이 강관, 동관을 조립하시오.
3. 도 면

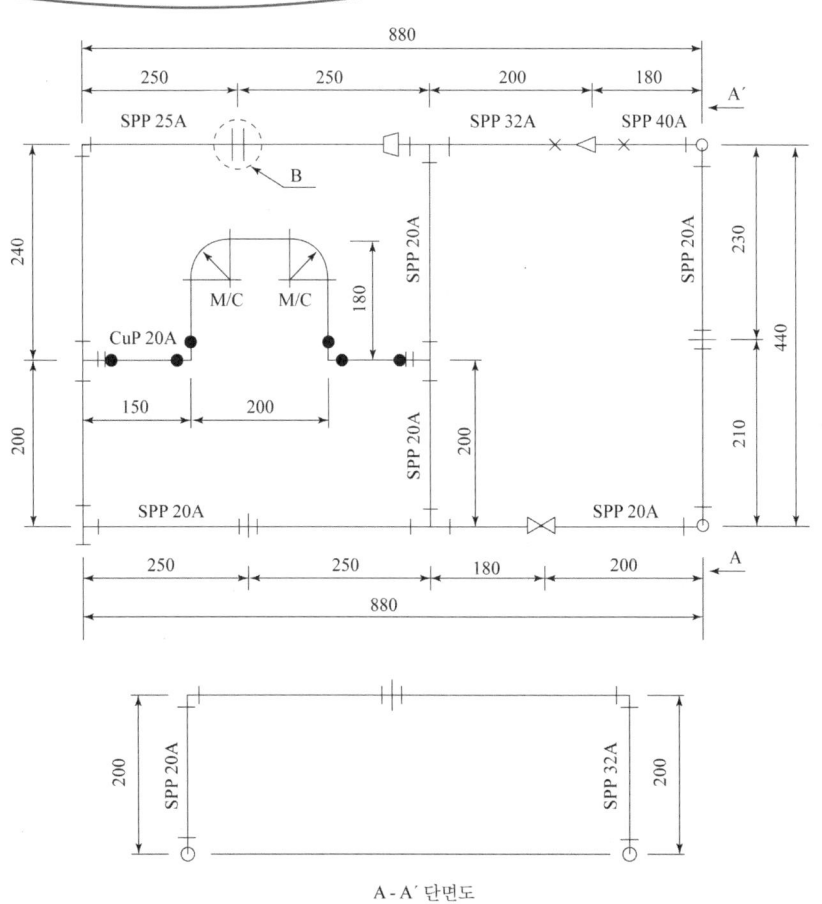

A - A′ 단면도

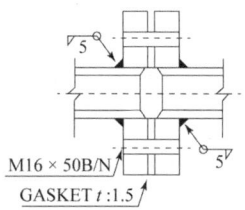

B 상세도

국가기술자격 검정 실기시험 [3-1]

| 자격종목 | 에너지관리기능장 | 작품명 | 강관 및 동관조립 | 척도 | NS |

1. 시험시간 : 표준시간 – 5시간 00분, 연장시간 – 없음
2. 요구사항 : 지급된 재료를 사용하여 주어진 시간 내에 도면과 같이 강관, 동관을 조립하시오.
3. 도 면

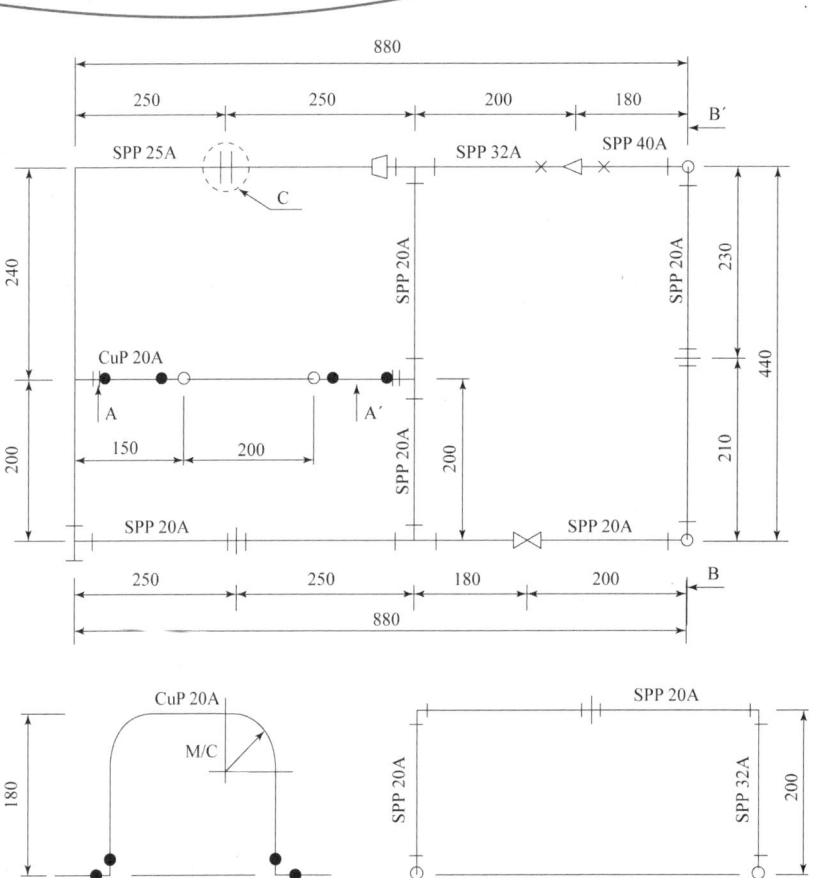

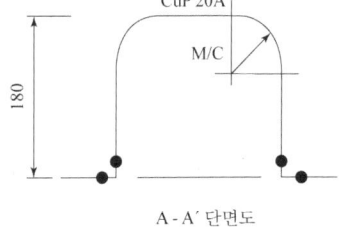

A - A´ 단면도

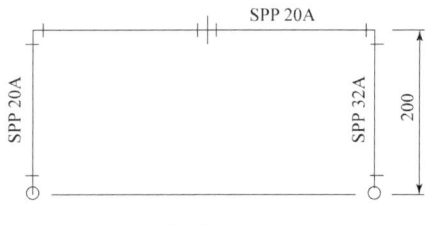

B - B´ 단면도

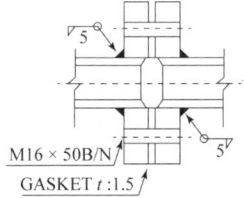

"C"부 상세도

국가기술자격 검정 실기시험 [4]

| 자격종목 | 에너지관리기능장 | 작품명 | 강관 및 동관조립 | 척도 | NS |

1. 시험시간 : 표준시간 – 5시간 00분, 연장시간 – 없음
2. 요구사항 : 지급된 재료를 사용하여 주어진 시간 내에 도면과 같이 강관, 동관을 조립하시오.
3. 도 면

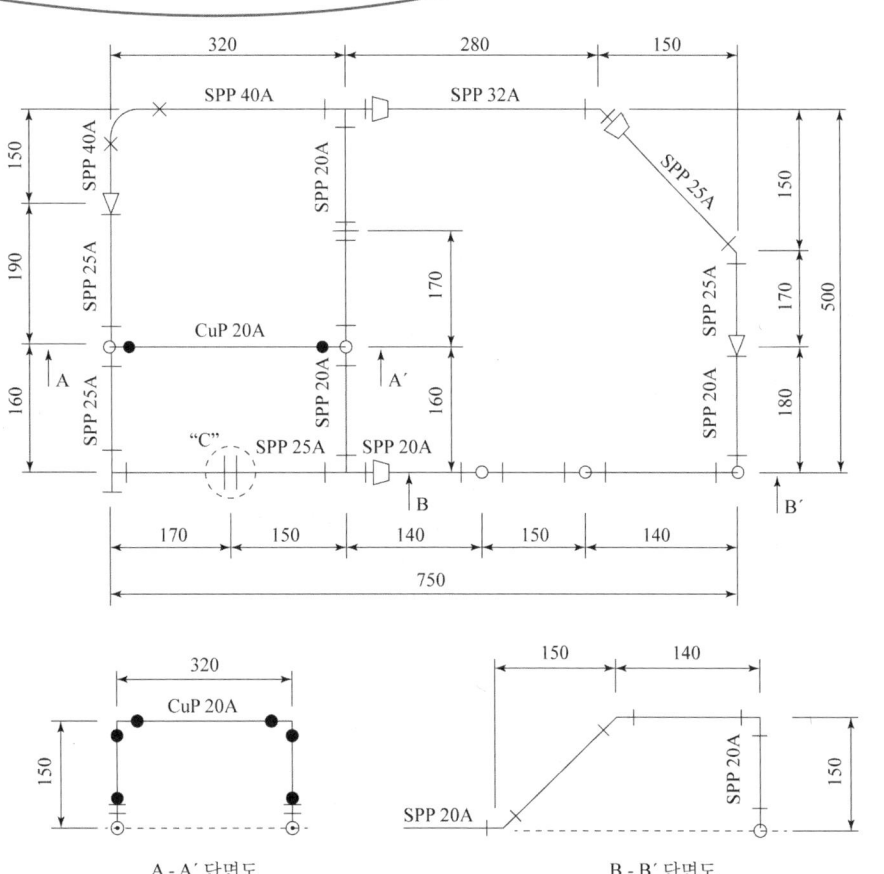

A - A' 단면도   B - B' 단면도

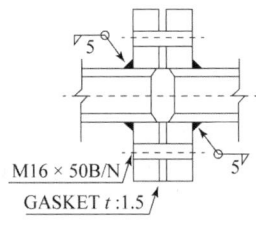

"C" 부 상세도

국가기술자격 검정 실기시험 [5]

| 자격종목 | 에너지관리기능장 | 작품명 | 강관 및 동관조립 | 척도 | NS |

1. 시험시간 : 표준시간 – 5시간 00분, 연장시간 – 없음
2. 요구사항 : 지급된 재료를 사용하여 주어진 시간 내에 도면과 같이 강관, 동관을 조립하시오.
3. 도 면

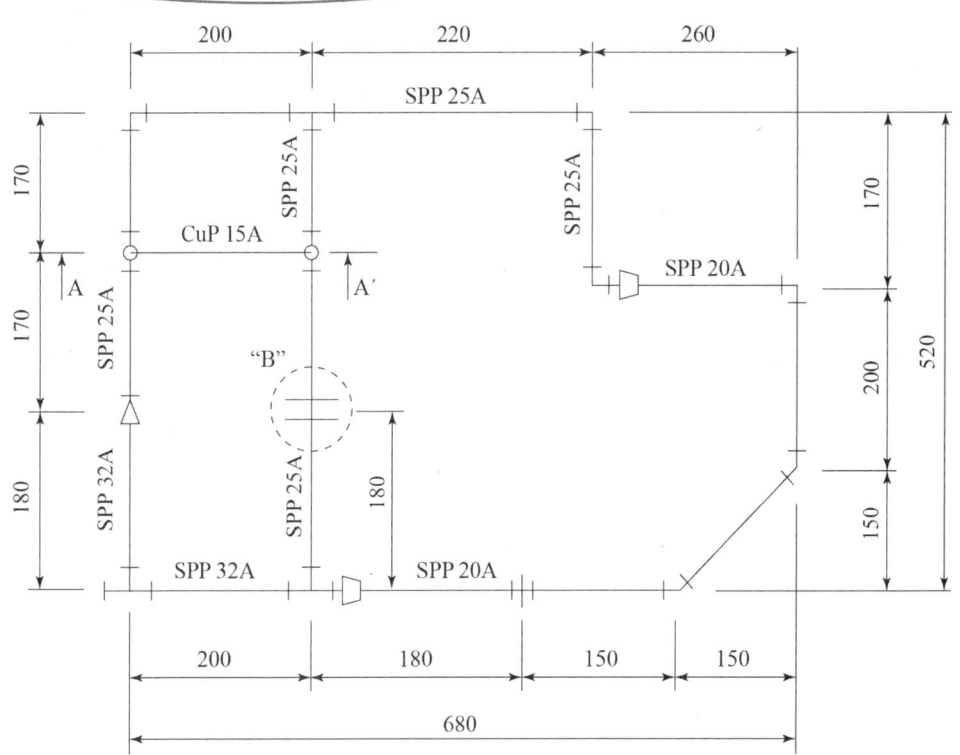

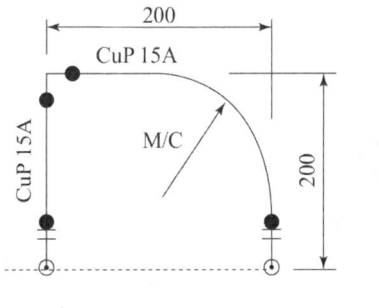

A - A′ 단면도

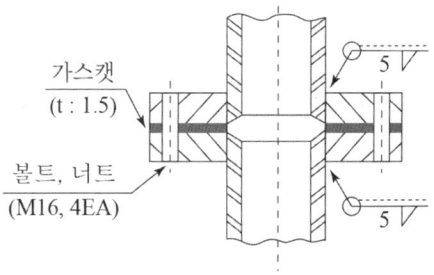

"B"부 상세도

5번 도면 완성 제품1

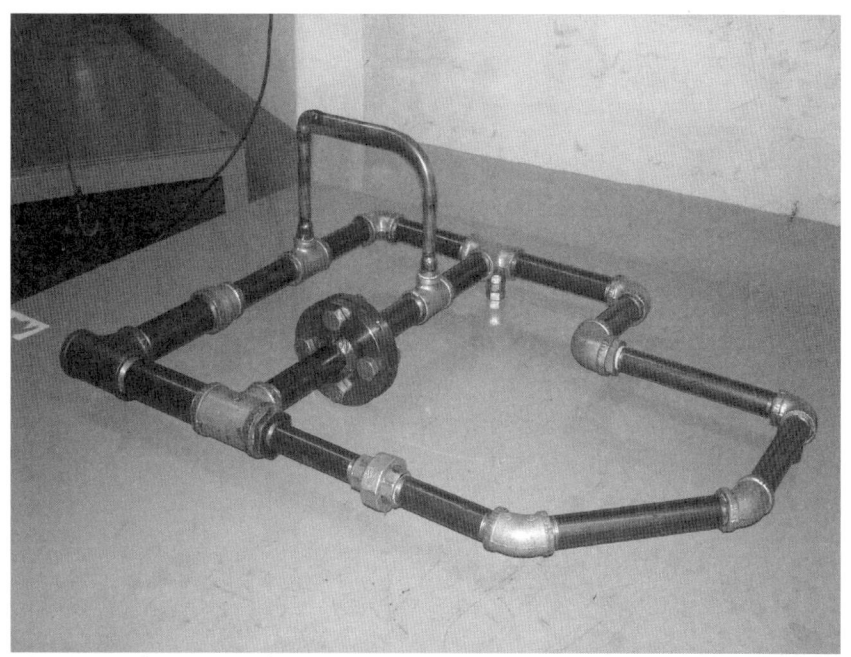

5번 도면 완성 제품2

국가기술자격 검정 실기시험 [6]

| 자격종목 | 에너지관리기능장 | 작품명 | 강관 및 동관조립 | 척도 | NS |

1. 시험시간 : 표준시간 – 5시간 00분, 연장시간 – 없음
2. 요구사항 : 지급된 재료를 사용하여 주어진 시간 내에 도면과 같이 강관, 동관을 조립하시오.
3. 도 면

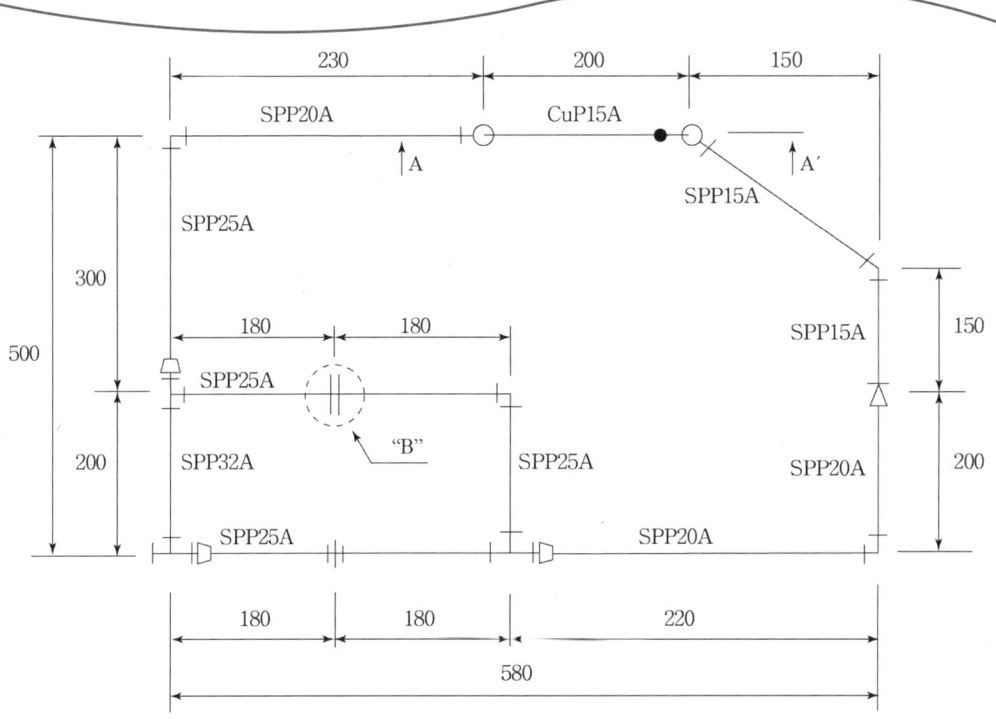

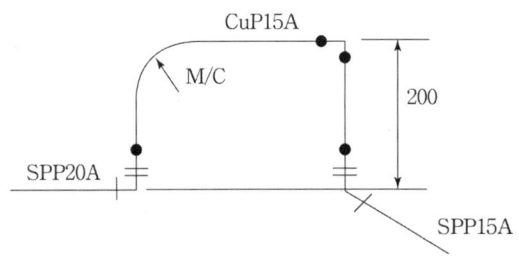

A - A´ 단면도

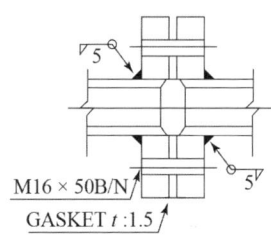

"B"부 상세도

6번 도면 완성 제품1

6번 도면 완성 제품2

3.2 공개 예상 도면

국가기술자격 실기시험문제

자격종목	에너지관리기능장	과제명	강관 및 동관 조립

※ 문제지는 시험종료 후 본인이 가져갈 수 있습니다.

비번호		시험일시		시험장명	

※ 시험시간 : 5시간 30분

1. 요구사항

1) 지급된 재료를 이용하여 도면과 같이 강관 및 동관의 조립작업을 하시오.
   - 관을 절단할 때는 수험자가 지참한 수동공구(수동파이프 커터, 튜브 커터, 쇠톱 등)를 사용하여 절단한 후 파이프 내의 거스러미를 제거해야 합니다.
   - 플랜지 및 강관 용접 이음쇠는 지정된 용접봉을 사용하여 아크용접을 하여야 합니다.
   ※ 강관과 플랜지의 용접 후 플랜지조립(체결)전에 감독위원의 확인을 받아야 합니다.
   - 시험종료 후 작품의 수압시험 시 누수여부를 감독위원으로부터 확인 받아야 합니다.

2. 수험자 유의사항

1) 시험시간 내에 작품을 제출하여야 합니다.
2) 수험자가 지참한 공구와 지정된 시설만을 사용하며, 안전수칙을 준수하여야 합니다.
3) 수험자 인적사항 및 계산식을 포함한 답안작성은 흑색 필기구만 사용해야 하며, 그 외 연필류, 빨간색, 청색 등 필기구로 작성한 답항은 0점 처리되오니 불이익을 당하지 않도록 유의해 주시기 바랍니다.
4) 수험자는 시험시작 전 지급된 재료의 이상유무를 확인 후 지급 재료가 불량품일 경우에만 교환이 가능하고, 기타 가공, 조립 잘못으로 인한 파손이나 불량 재료 발생 시 교환할 수 없으며, 지급된 재료만을 사용하여야 합니다.
5) 재료의 재 지급은 허용되지 않으며, 도면은 작업이 완료된 후 작품과 동시에 제출하여야 합니다.
6) 관 절단부의 거스러미 제거와 복장상태, 작업 시 안전보호구 착용여부 및 사용법, 재료 및 공구 등의 정리정돈 등 안전수칙 준수도 시험 중에 채점하므로 철저히 해야 합니다.
7) 수험자 지참공구 중 배관 꽂이용 지그와 동관 CM어댑터 용접용 지그는 사용 가능하나, 그 외 용접용 지그(턴테이블(회전형) 형태 등)는 사용

8) 다음 사항에 대해서는 채점 대상에서 제외하니 특히 유의하시기 바랍니다.
　가) 기권
　　　⑴ 수험자 본인이 수험 도중 시험에 대한 포기의사를 표하는 경우
　나) 미완성
　　　⑴ 시험시간 내 작품을 제출하지 못한 경우
　다) 오작품
　　　⑴ 도면치수 중 부분치수가 ±15 mm(전체길이는 가로 또는 세로 ±30 mm) 이상 차이나는 경우
　　　⑵ 수압시험 시 0.5 MPa($5 kgf/cm^2$) 이하에서 누수가 있는 경우
　　　⑶ 평행도가 30 mm 이상 차이나는 경우
　　　⑷ 변형이 심하여 외관 및 기능도가 극히 불량한 경우
　　　⑸ 도면과 상이한 작품인 경우
　　　⑹ 지급된 재료이외의 다른 재료를 사용하였을 경우
　　　⑺ 플랜지의 패킹면과 용접면을 바꿔서 조립한 작품

3. 도면

| 자격종목 | 에너지관리기능장 | 과제명 | 강관 및 동관 조립 | 척도 | N.S |

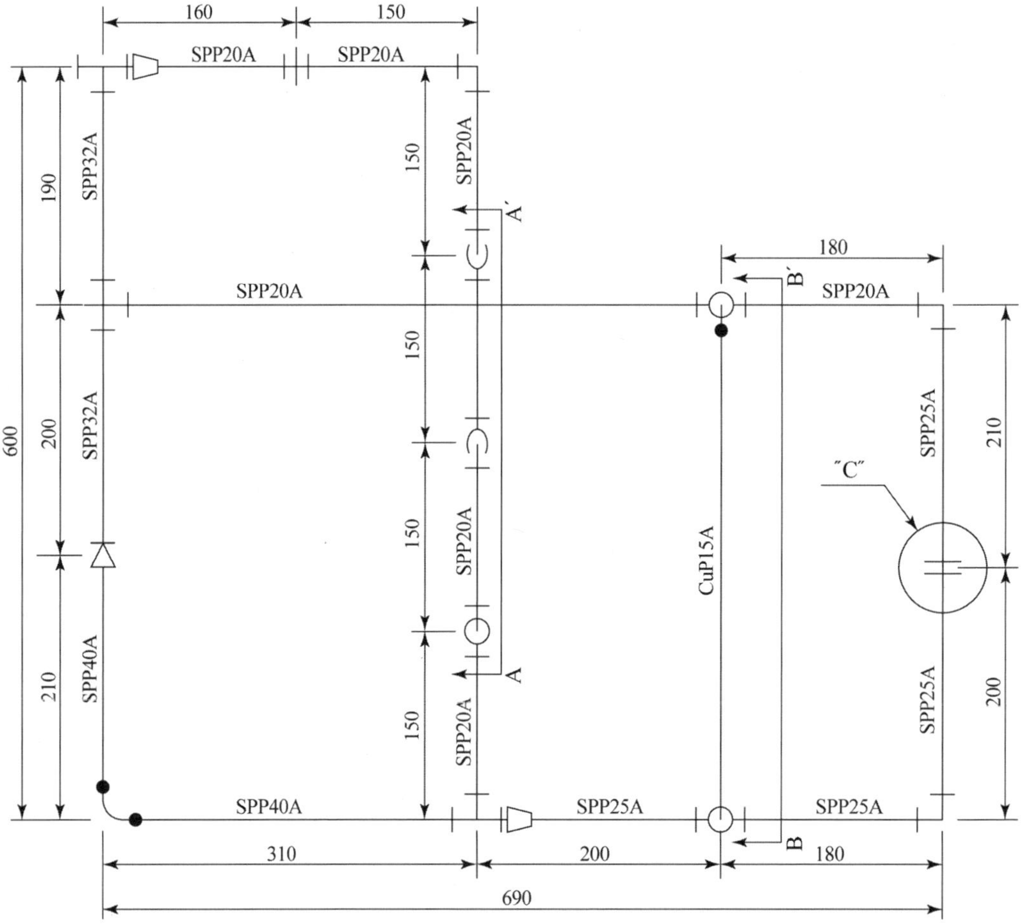

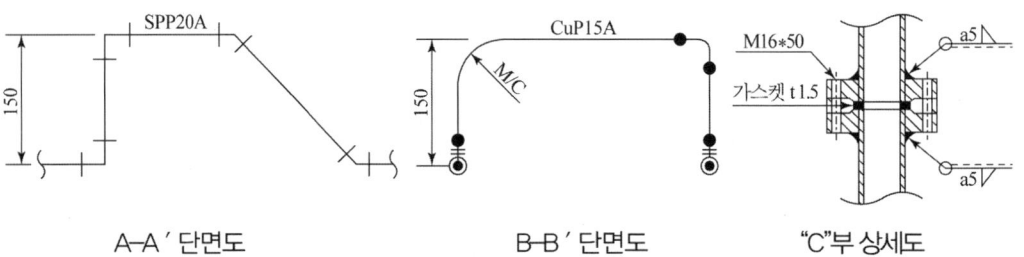

A-A′ 단면도   B-B′ 단면도   "C"부 상세도

| 자격종목 | 에너지관리기능장 | 과제명 | 강관 및 동관 조립 | 척도 | N.S |

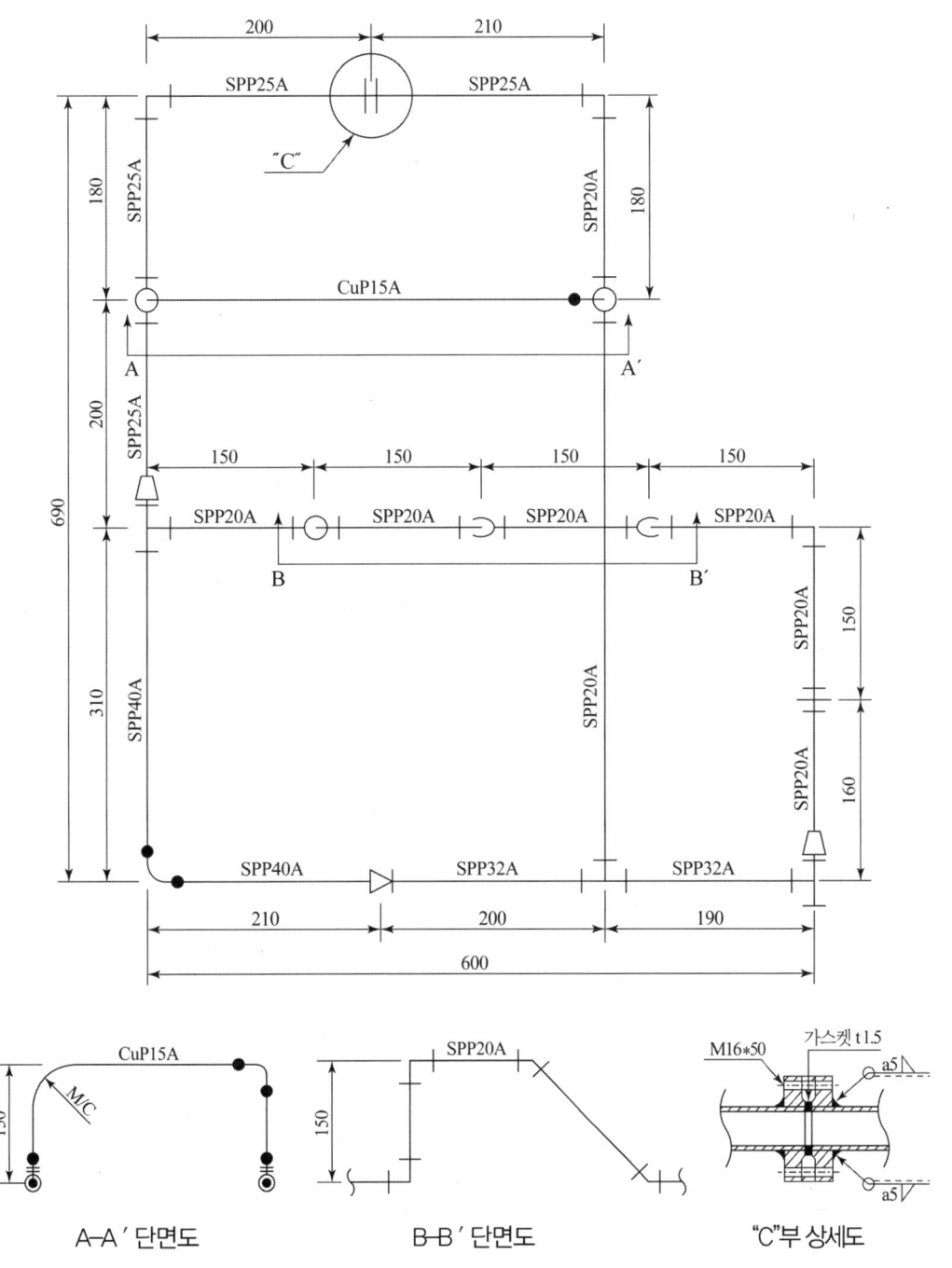

A-A' 단면도   B-B' 단면도   "C"부 상세도

자격종목	에너지관리기능장	과제명	강관 및 동관 조립	척도	N.S

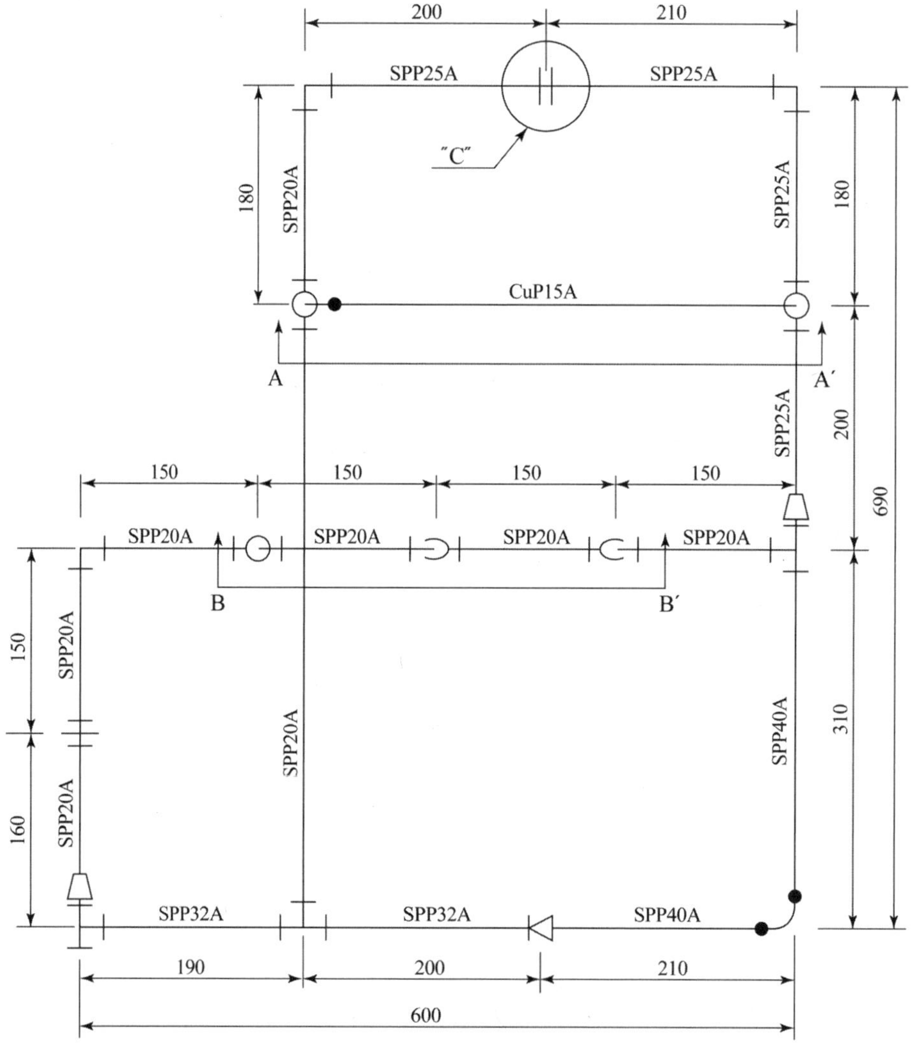

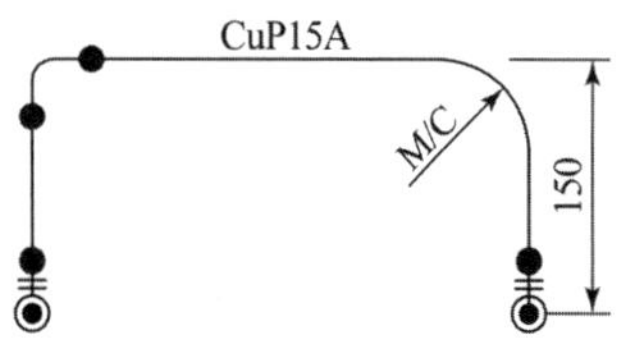

A–A′ 단면도

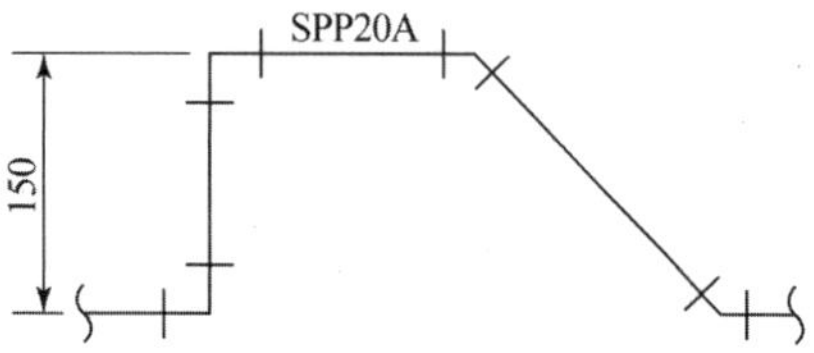

B–B′ 단면도

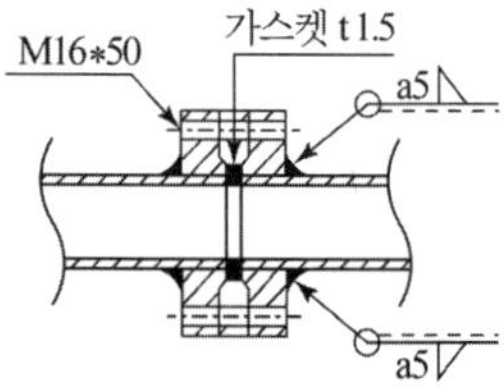

"C"부 상세도

자격종목	에너지관리기능장	과제명	강관 및 동관 조립	척도	N.S

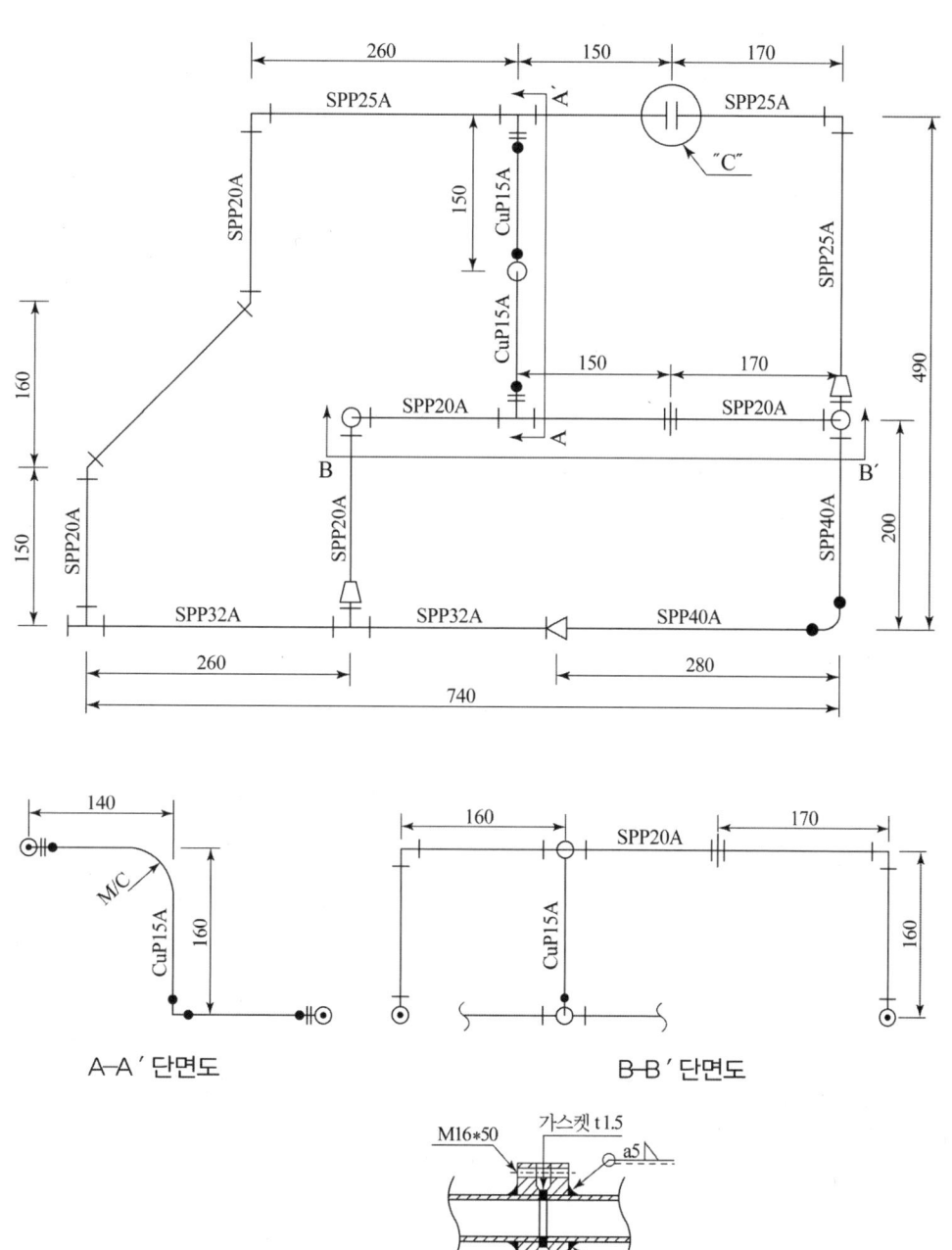

A-A′ 단면도   B-B′ 단면도

| 자격종목 | 에너지관리기능장 | 과제명 | 강관 및 동관 조립 | 척도 | N.S |

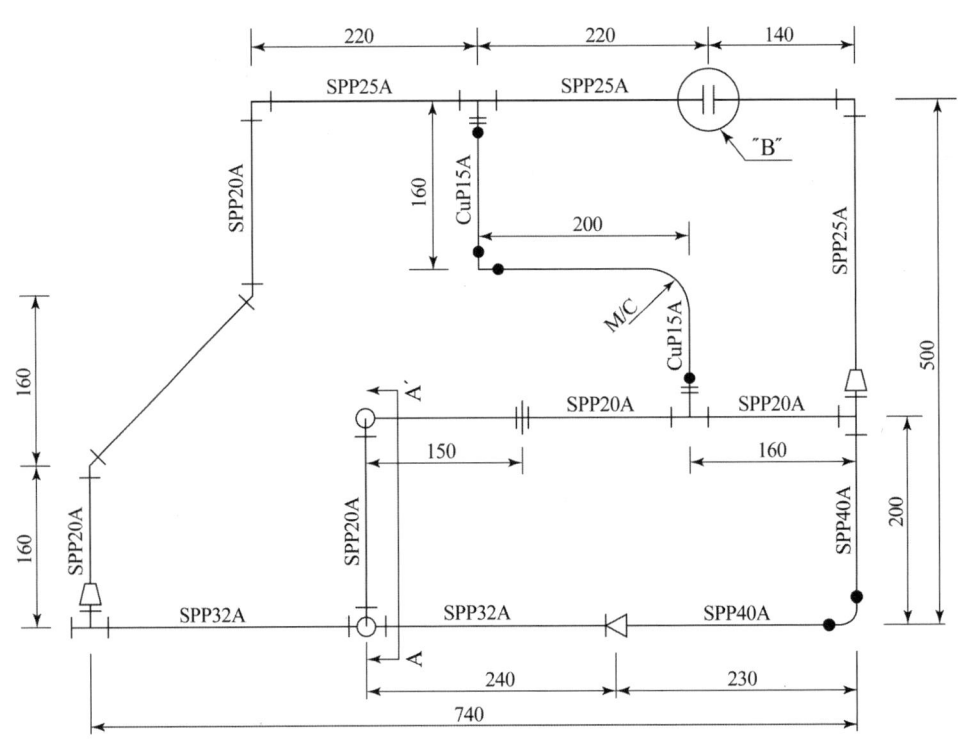

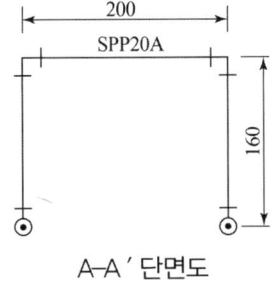

A-A´ 단면도

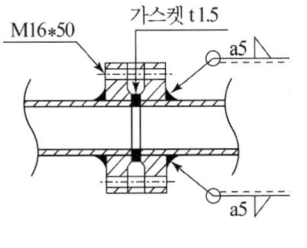

"B"부 상세도

자격종목	에너지관리기능장	과제명	강관 및 동관 조립	척도	N.S

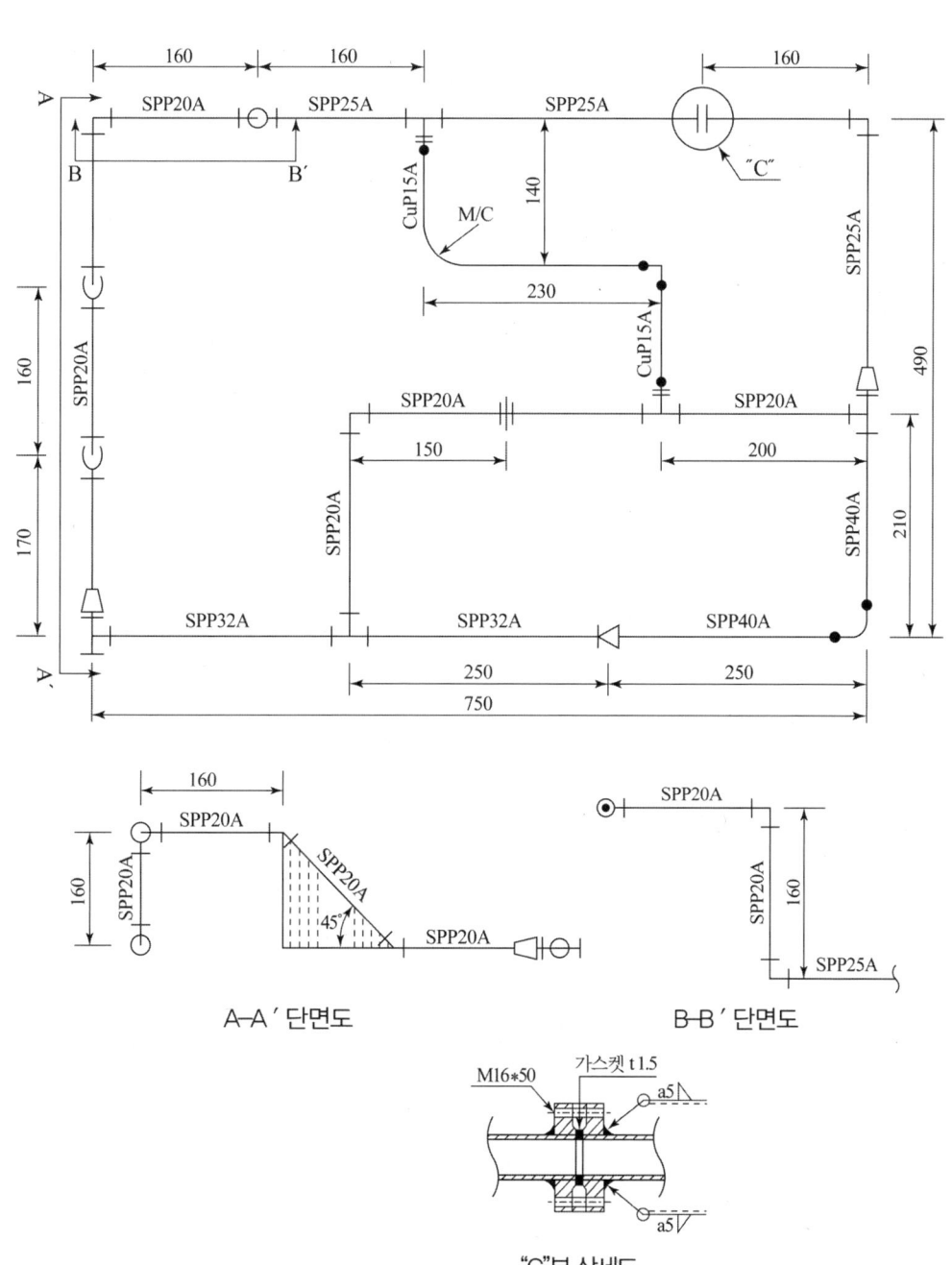

A–A′ 단면도 B–B′ 단면도

"C"부 상세도

| 자격종목 | 에너지관리기능장 | 과제명 | 강관 및 동관 조립 | 척도 | N.S |

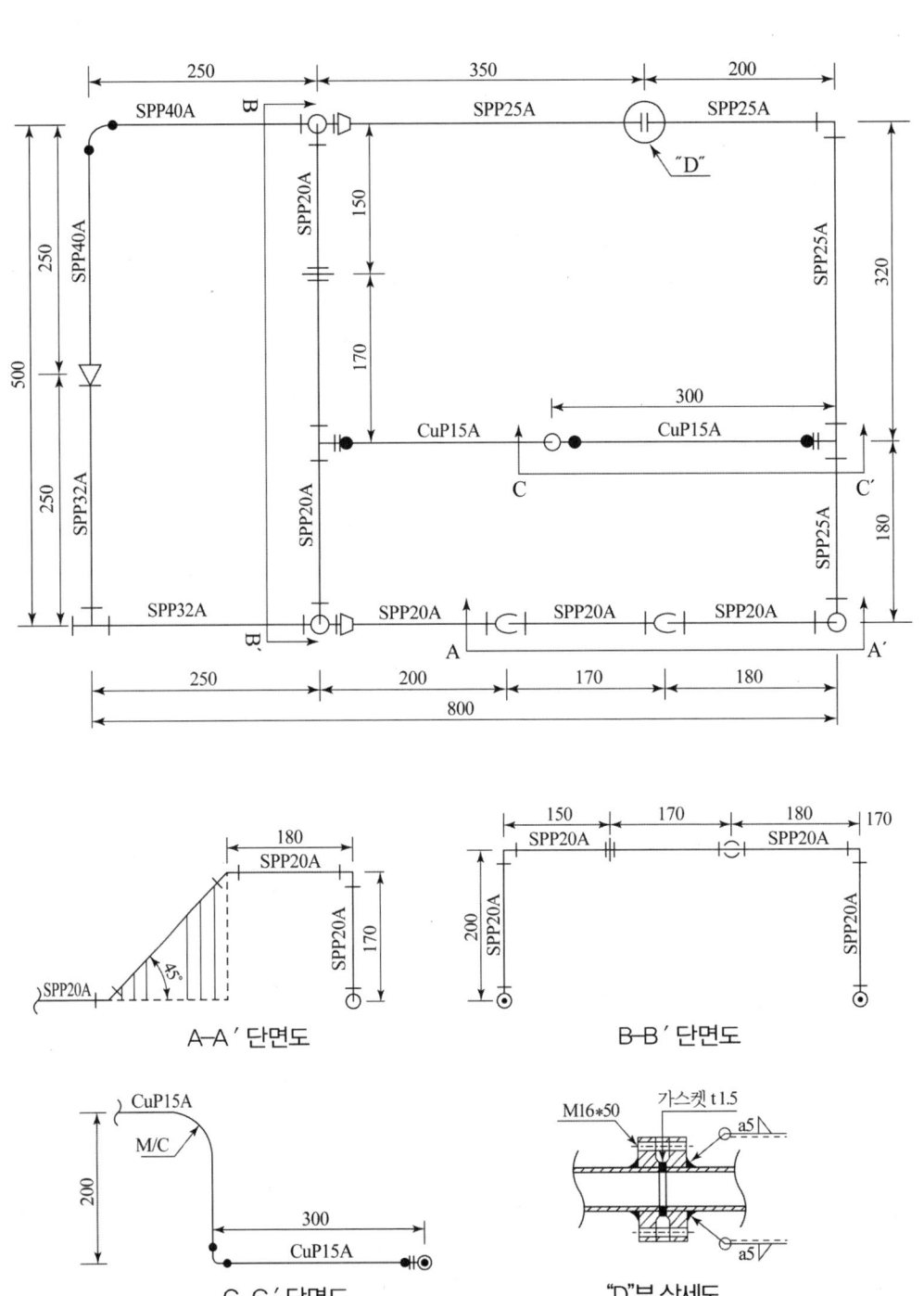

자격종목	에너지관리기능장	과제명	강관 및 동관 조립	척도	N.S

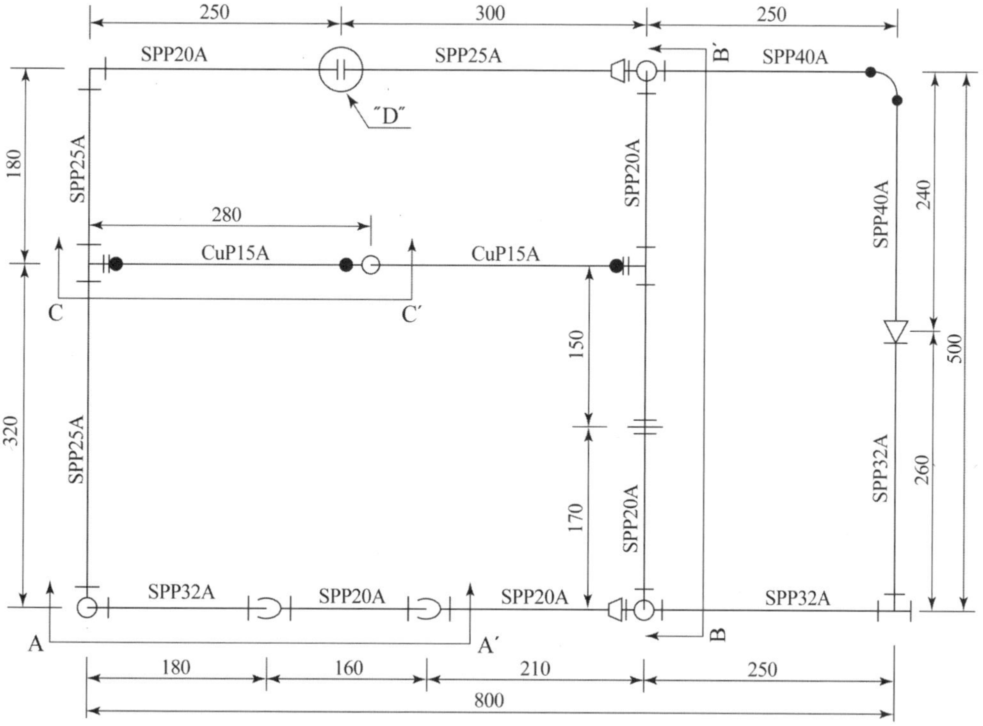

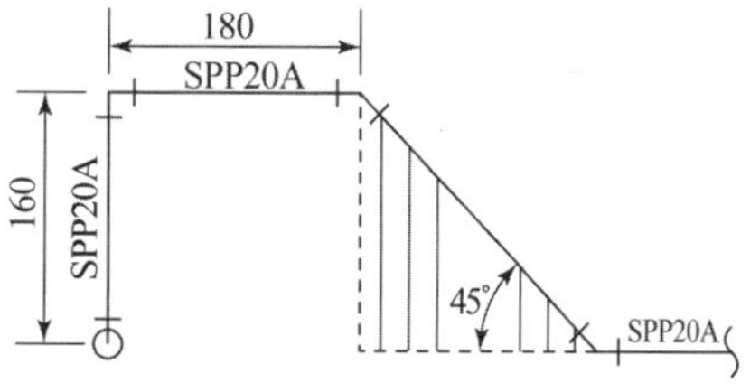

A-A' 단면도

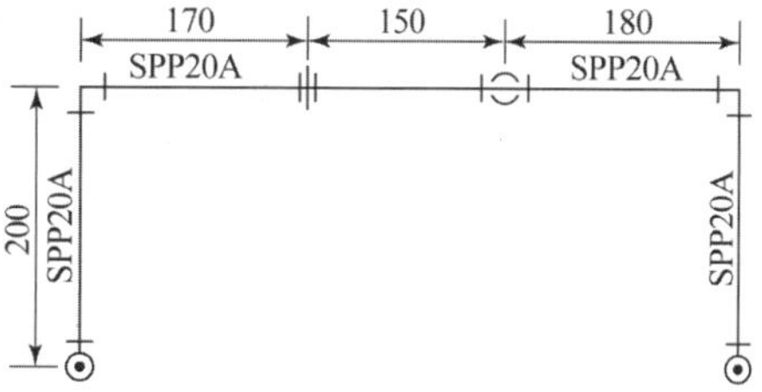

B-B' 단면도

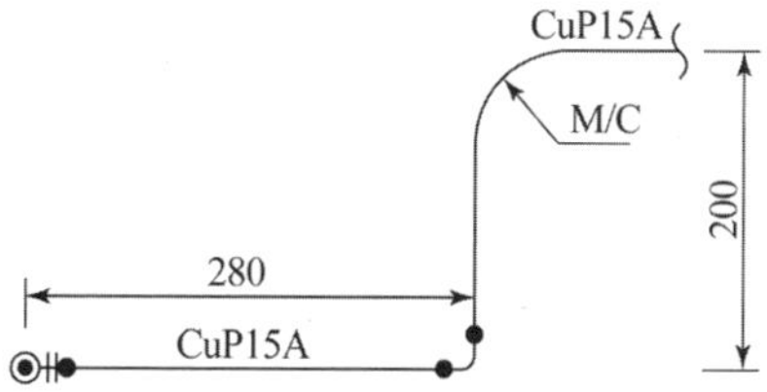

C-C' 단면도

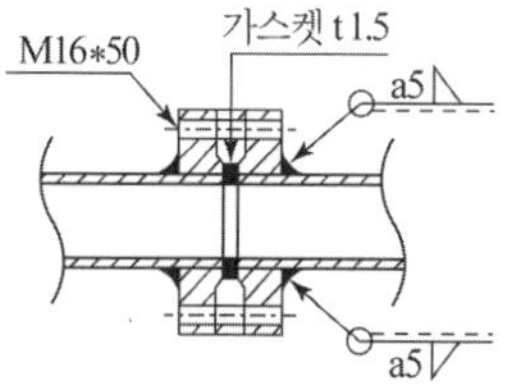

"D"부 상세도

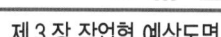

| 자격종목 | 에너지관리기능장 | 과제명 | 강관 및 동관 조립 | 척도 | N.S |

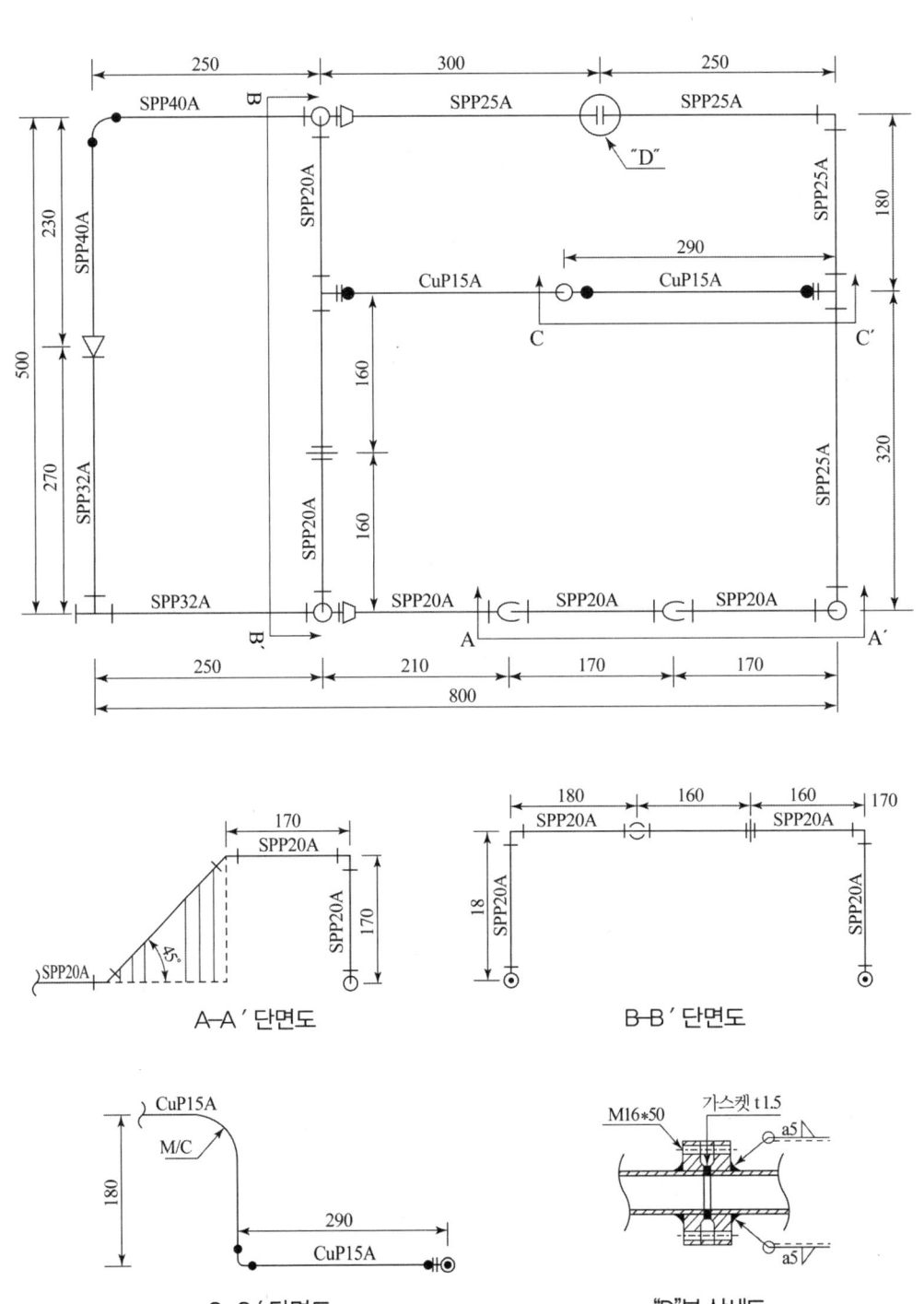

4. 지급 재료 목록

일련번호	재 료 명	규 격	단위	수량	비고
		자격종목	에너지관리기능장		
1	강관(SPP) 흑관	40A × 600	개	1	KS규격품
2	강관(SPP) 흑관	32A × 600	개	1	KS규격품
3	강관(SPP) 흑관	25A × 1200	개	1	KS규격품
4	강관(SPP) 흑관	20A × 1000	개	2	KS규격품
5	동관(연질, L형, 직관)	15A × 900	개	1	KS규격품
6	90°엘보 (가단주철제)(백)	20A	개	3	KS규격품
7	90°엘보 (가단주철제)(백)	25A	개	1	KS규격품
8	90°이경엘보 (가단주철제)(백)	25A × 20A	개	1	KS규격품
9	45°엘보 (가단주철제)(백)	20A	개	2	KS규격품
10	티(가단주철제)(백)	32A	개	1	KS규격품
11	이경티(가단주철제)(백)	40A × 20A	개	1	KS규격품
12	이경티(가단주철제)(백)	32A × 20A	개	1	KS규격품
13	이경티(가단주철제)(백)	25A × 15A	개	1	KS규격품
14	이경티(가단주철제)(백)	20A × 15A	개	1	KS규격품
15	부싱(가단주철제)(백)	40A × 25A	개	1	KS규격품
16	부싱(가단주철제)(백)	32A × 20A	개	1	KS규격품
17	레듀서(가단주철제)(백)	40A × 32A	개	1	KS규격품
18	유니언(가단주철제)(백)	20A용(F형)	개	1	KS규격품
19	유니언 가스킷(합성고무제품)	유니언 20A용(t1.5mm)	개	1	KS규격품
20	용접용 90°엘보	40A	개	1	KS규격품
21	동관용 어댑터(C×M형)	황동제 15A	개	2	KS규격품
22	동관용 엘보(C×C형)	동관제 15A	개	1	KS규격품
23	평플랜지(RF형)	25A(slip on type, 10kg/cm^2)	개	2	KS규격품
24	플랜지 가스킷(비석면제)	25A 플랜지용(t1.5mm)	개	1	KS규격품
25	육각 볼트, 너트(플랜지용)	M16 × 50	조	4	KS규격품
26	실링 테이프	t0.1 × 13 × 10000	R/L	12	
27	인동납 용접봉	Bcup-3(ϕ2.4×500)	개	1	
28	플럭스(동관 브레이징용)	200g	통	1	30인 공용

일련번호	재 료 명	규 격	단위	수량	비고
29	고산화티탄계 아크 용접봉	$\phi 3.2 \times 350$	개	16	KS : E4313
30	산소	120kgf/cm^2 (내용적 : 40L)	병	1	30인 공용
31	아세틸렌	3kg	병	1	30인 공용
32	절삭유 (중절삭용)	활성 극압유 (4L)	통	1	30인 공용
33	동력나사 절삭기 체이셔	15A~20A용	조	1	15인 공용
34	동력나사 절삭기 체이셔	25A~50A용	조	1	15인 공용

※ 국가기술자격 실기시험 지급재료는 시험종료 후(기권, 결시자 포함) 수험자에게 지급하지 않습니다.

제4편

필답형 과년도 문제
(제37회 ~ 제76회 수록)

◈ 일러두기 ◈

1. 실기문제는 공개가 되지 않아 시험을 치른 수험자의 기억을 갖고 교재 집필자의 주관적인 판단으로 재구성한 문제로 실제 시행된 문제와 다를 수 있습니다.
2. 시험을 준비할 목적으로 교재에 수록된 문제와 풀이, 해답을 복제하여 개인이 만든 파일을 인터넷에 올리는 경우와 교재에 수록된 내용을 편집하여 유튜브 등에 올려서 불특정 다수가 공유하는 행위는 저작권을 침해하는 것에 해당되어 민사 및 형사상의 법적인 조치가 있을 수 있습니다.
3. 기술자격 수험교재를 집필하는 저작자의 저작권도 존중해 주길 바랍니다.

제37회 실기 필답형 문제 (2005년 5월 22일 시행)

◆ 다음 물음에 답을 해당 답란에 답하시오.◆

문제 01 배관 내부에 흐르는 물의 속도가 14[m/s]일 때 수두로는 몇 [m]에 해당하는지 계산하시오.

풀이 $V = \sqrt{2gh}$ 에서

$$\therefore h = \frac{V^2}{2g} = \frac{14^2}{2 \times 9.8} = 10 \, [\text{mH}_2\text{O}]$$

해답 10[mH$_2$O]

문제 02 다음 KS 기호에 정하여진 배관의 명칭을 쓰시오.
(1) 압력배관용 탄소강관 :   (2) 고압배관용 탄소강관 :
(3) 고온배관용 탄소강관 :   (4) 보일러 열교환기용 탄소강관 :
(5) 보일러 열교환기용 스테인리스강관 :

해답 (1) SPPS (2) SPPH (3) SPHT (4) STBH (5) STS×TB

문제 03 급수관에 급수량계를 설치할 때 고장을 대비하여 바이패스관을 설치한다. 이때 필요한 부속품의 명칭과 수량을 쓰시오. (단, 급수량계는 제외한다.)

해답 ① 게이트 밸브 : 2개 ② 글로브 밸브 : 1개 ③ 스트레이너 : 1개
④ 엘보 : 2개 ⑤ 티 : 2개 ⑥ 유니언 : 3개

문제 04 증기보일러의 방열기 면적이 300[m²]이고, 급탕량 500[kg/h]를 20[℃]에서 70[℃]로 가열할 때 소요 연료량[kg/h]을 구하시오. (단, 배관부하 20[%], 시동부하 25[%], 연료의 발열량 10000[kcal/kg], 보일러 효율 70[%]이고, 방열기 방열량은 표준방열량으로 한다.)

풀이
$$\text{연료사용량} = \frac{\text{유효하게 사용된 열량}}{\text{연료발열량} \times \text{효율}}$$

$$= \frac{\{300 \times 650 + 500 \times 1 \times (70-20)\} \times (1+0.2) \times 1.25}{10000 \times 0.7}$$

$$= 47.142 ≒ 47.14 \, [\text{kg/h}]$$

해답 47.14[kg/h]

문제 05 다음은 보일러의 실내 설치기준에 관한 내용이다. ( ) 안에 알맞은 용어나 숫자를 쓰시오.

(1) 보일러 동체 최상부로부터 천정, 배관 등 보일러 상부에 있는 구조물까지의 거리는 (①)[m] 이상이어야 한다. 다만, 소형보일러 및 주철제 보일러의 경우에는 (②)[m] 이상이어야 한다.
(2) 보일러 및 보일러에 부설된 금속제의 굴뚝 또는 연도의 외측으로부터 가연성 물체와는 (③)[m] 이상 떨어져야 한다.
(3) 연료를 저장할 때는 보일러 외측으로부터 (④)[m] 이상 거리를 두거나 (⑤)을[를] 설치하여야 한다.

해답 (1) ① 1.2 ② 0.6 (2) ③ 0.3 (3) ④ 2 ⑤ 방화격벽

문제 06 강관의 절단 방법을 5가지 쓰시오.

해답 ① 파이프 커터 ② 쇠톱 ③ 다이헤드형 동력나사 절삭기
④ 연삭 절단기 ⑤ 기계톱 ⑥ 가스절단

문제 07 탄소(C) 10[kg]을 완전연소 시킬 때의 물음에 답하시오.

(1) 이론산소량을 중량[kg]으로 계산하면 얼마인가?
(2) 이론산소량을 체적[Nm³]으로 계산하면 얼마인가?

풀이 (1) 이론산소량 중량[kg] 계산
$C + O_2 \rightarrow CO_2$
$12[kg] : 32[kg] = 10[kg] : x(O_0)[kg]$
$\therefore O_0 = \dfrac{10 \times 32}{12} = 26.666 \fallingdotseq 26.67[kg]$

(2) 이론산소량 체적[Nm³] 계산
$C + O_2 \rightarrow CO_2$
$12[kg] : 22.4[Nm^3] = 10[kg] : y(O_0)[Nm^3]$
$\therefore O_0 = \dfrac{10 \times 22.4}{12} = 18.666 \fallingdotseq 18.67[Nm^3]$

해답 (1) 26.67[kg] (2) 18.67[Nm³]

문제 08 증기 계통에 사용하는 플래시 탱크(flash tank)를 설명하시오.

해답 증기사용설비에서 스팀트랩에 의하여 배출된 고압의 응축수나 고온의 보일러 분출(blow) 수를 탱크에 회수한 후 재증발 증기를 회수하여 재사용하고 탱크에 남은 저압의 응축수는 배출하는 장치이다.

문제 09 보일러 전열면 과열 원인을 5가지 쓰시오.

해답 ① 이상 감수 현상이 발생하였을 때
② 동 내면에 스케일이 생성되어 전열이 불량한 경우
③ 보일러 수가 농축되어 순환이 불량한 때
④ 전열면에 국부적으로 심한 열을 받았을 때
⑤ 연소실 열부하가 지나치게 큰 경우

문제 10 보일러에 설치하는 급수밸브의 크기를 설치 기준에 맞게 설명하시오.

해답 전열면적 10[m²] 이하의 보일러에서는 호칭 15A이상, 전열면적 10[m²]를 초과하는 보일러에서는 호칭 20A 이상이어야 한다.

문제 11 원심 송풍기에서 풍량 조절방법을 3가지 쓰시오.

해답 ① 회전수 제어에 의한 방법 ② 토출 베인의 각도 조절에 의한 방법
③ 흡입 베인의 각도 조절에 의한 방법 ④ 베인 컨트롤에 의한 방법
⑤ 바이패스에 의한 방법

문제 12 보일러 건조 보존 시에 흡습제로 사용할 수 있는 물질 종류를 3가지 쓰시오.

해답 ① 생석회 ② 실리카겔 ③ 염화칼슘 ④ 활성알루미나 ⑤ 오산화인

문제 13 연료의 저위발열량이 7700[kcal/kg]이고 배기가스의 비열이 0.35[kcal/Nm³·℃], 이론 연소 배기가스량이 22[Nm³/kg]일 때 이론 연소온도는 몇 [℃]인가?

풀이 $t = \dfrac{H_l}{G \cdot C} = \dfrac{7700}{22 \times 0.35} = 1000\,[\text{℃}]$

해답 1000[℃]

문제 14 보일러 급수의 외처리 방법 중 물리적 처리 방법을 3가지 쓰시오.

해답 ① 여과법 ② 침강법 ③ 기폭법 ④ 탈기법

해설 화학적 처리법 : 약제 첨가법, 이온교환법, 응집법

문제 15 수관식 보일러 중 관류보일러의 특징을 4가지 쓰시오.

해답 ① 전열면적에 비하여 보유수량이 적으므로 가동시간이 짧다.
② 고압 보일러에 적합하다.
③ 관을 자유로이 배치할 수 있어 구조가 콤팩트하다.
④ 완벽한 급수처리를 요한다.
⑤ 정확한 자동제어 장치를 설치하여야 한다.
⑥ 순환비가 1이므로 드럼이 필요 없다.

문제 16 보일러 자동제어의 종류를 3가지 쓰시오.

해답 ① 자동연소제어(ACC) ② 급수제어(FWC) ③ 증기온도제어(STC)

문제 17 열교환기의 종류를 형태에 따라 3가지를 쓰시오.

해답 ① 쉘 앤 튜브(shell and tube)식 열교환기 ② 이중관(double pipe)식 열교환기
③ 판(plate)형 열교환기

해설 각 열교환기의 종류
① 쉘 앤 튜브(shell and tube)식 열교환기 : 고정관판식, 유동두식, U자관식
② 이중관(double pipe)식 열교환기
③ 판(plate)형 열교환기 : 플레이트(plate and fram)식 열교환기, 플레이트핀(plate and fin)식 열교환기, 스파이럴(spiral plate)형 열교환기

문제 18 20[℃]의 물 70[kg]을 대기압 하에서 100[℃] 증기로 만들려면 총 소요되는 열량[kcal]은 얼마인가?

풀이 ① 20[℃] 물 → 100[℃] 물로 만드는데 소요된 열량 계산 : 현열량
∴ $Q_1 = G \cdot C \cdot \Delta t = 70 \times 1 \times (100 - 20) = 5600 \, [\text{kcal}]$
② 100[℃] 물 → 100[℃] 증기로 만드는데 소요된 열량 계산 : 잠열량
∴ $Q_2 = G \cdot \gamma = 70 \times 539 = 37730 \, [\text{kcal}]$
③ 합계 열량 계산
∴ $Q = Q_1 + Q_2 = 5600 + 37730 = 43330 \, [\text{kcal}]$

해답 43330[kcal]

문제 19 시간당 350[L]의 중유를 사용하는 보일러에서 배기가스에 의한 손실열량[kcal/h]을 계산하시오. (단, 중유의 비중은 0.967, 배기가스의 평균비열은 0.33[kcal/m³·℃], 배기가스량 0.377[m³/kg], 배기가스 평균온도 350[℃], 실내온도 25[℃], 외기온도 10[℃]이다.)

풀이 $Q = G \cdot C \cdot \Delta t = (350 \times 0.967 \times 0.377) \times 0.33 \times (350 - 10)$
$= 14316.231 \fallingdotseq 14316.23 \, [\text{kcal/h}]$

해답 14316.23[kcal/h]

문제 20 유류용 온수보일러의 설치 시공기준에서 설치 검사항목을 5가지 쓰시오.

해답 ① 수압시험
② 보일러의 연소 및 배기성능 검사
③ 연소계통의 누설상태 검사
④ 온수 순환시험
⑤ 자동제어에 의한 작동검사

제38회 실기 필답형 문제 (2005년 8월 28일 시행)

◆ 다음 물음에 답을 해당 답란에 답하시오.◆

문제 01 다음은 보일러 자동제어에 대한 약호이다. 각각 어떤 제어인지 쓰시오.
(1) ACC :   (2) STC :   (3) FWC :

[해답] (1) 자동연소제어 (2) 증기온도제어 (3) 급수제어

문제 02 화학적 가스분석계의 종류를 3가지 쓰시오.

[해답] ① 흡수식 가스분석기 : 오르사트법, 헴펠법, 게겔법
② 자동화학식 CO_2계
③ 연소식 O_2계(과잉공기계)
④ 연소열법(미연소 가스계)

문제 03 다음은 냉각 레그(cooling leg)에 대한 설명이다. ( )안에 알맞은 숫자를 넣으시오.

> 증기관의 맨 끝을 같은 지름으로 (①)[mm] 이상 세워 내리고, 다시 하부를 연장하여 (②)[mm] 이상의 드레인 포켓(drain pocket)을 만들어 준다. 또 고온의 응축수가 트랩을 통과하면 압력강하에 의해 재증발하여 트랩이 기능저하 하기 때문에 트랩 앞 (③)[m] 이상 떨어진 곳 까지 나관으로 배관하여야 한다.

[해답] ① 100 ② 150 ③ 1.5

문제 04 가용전 설치에 있어 다음 온도에 따른 주석과 납의 합금비율을 적으시오.

번호	용융온도	주석(Sn)	납(Pb)
(1)	150[℃]		
(2)	200[℃]		
(3)	250[℃]		

[해답] (1) 10 : 3 (2) 3 : 3 (3) 3 : 10

문제 05 다음은 LNG 및 LPG 성분에 대한 설명이다. ( )안에 들어갈 내용을 쓰시오.

> 메탄가스의 액화온도는 (①)[℃]이며, 액화천연가스(LNG)의 주성분은 (②)이고, 액화석유가스(LPG)의 주성분은 (③)과 (④)이다.

[해답] ① -161.5 ② 메탄(CH_4) ③ 프로판(C_3H_8) ④ 부탄(C_4H_{10})

문제 06 원심 송풍기에서 풍량 조절방법을 3가지 쓰시오.

해답
① 회전수 제어에 의한 방법
② 토출 베인의 각도 조절에 의한 방법
③ 흡입 베인의 각도 조절에 의한 방법
④ 베인 컨트롤에 의한 방법
⑤ 바이패스에 의한 방법

문제 07 보일러에 온도계를 부착하는 위치를 3개소 쓰시오. (단, 절탄기, 공기예열기, 과열기가 없는 경우이다.)

해답
① 급수입구의 급수온도계
② 버너 입구의 급유온도계
③ 보일러 본체 배기가스 온도계

문제 08 다음 내용 중 ( )안에 들어갈 알맞은 내용을 쓰시오.

> 배관의 신축으로 인한 배관의 상하, 좌우 이동을 제한하고 구속하는 것을 리스트레인트라 하고 펌프, 압축기 등에서 발생하는 진동을 흡수하여 배관계통에 전달되는 것을 방지하는 것은 (①)가[라] 하고 진동방지는 (②), 배관 내 워터해머와 진동해소는 (③)가[이] 한다.

해답 ① 브레이스 ② 방진구 ③ 완충기

문제 09 연료사용량 200[kg/h], 연료의 발열량 10000[kcal/kg], 시간당 급수 사용량이 30[톤]이며, 온수온도는 80[℃], 급수온도는 20[℃]일 때 온수 보일러의 효율은 몇 [%]인가?

풀이
$$\eta = \frac{G_w \cdot C \cdot \Delta t}{G_f \cdot H_l} \times 100 = \frac{30 \times 10^3 \times 1 \times (80 - 20)}{200 \times 10000} \times 100 = 90\,[\%]$$

해답 90[%]

문제 10 다음과 같은 조건의 방열기를 도시기호로 표시하시오.

- 방열기 쪽수 : 30
- 형 : 5세주형
- 높이 : 650[mm]
- 유입관 지름 : 25[mm]
- 유출관 지름 : 20[mm]

해답

```
    30
  5 - 650
  25 × 20
```

문제 11 다음 배관기호의 명칭을 쓰시오.

번호	배관기호	배관명칭
(1)	SPPS	
(2)	SPHT	
(3)	SPPH	
(4)	SPP	
(5)	STHA	

해답 (1) 압력배관용 탄소강관 (2) 고온배관용 탄소강관
(3) 고압배관용 탄소강관 (4) 일반배관용 탄소강관
(5) 보일러 열교환기용 합금강관

문제 12 피드백 제어 자동회로에 대한 물음에 알맞은 내용을 [보기]에서 찾아 쓰시오.

[보기] – 기준입력 – 제어대상 – 조절부
       – 제어량   – 비교부   – 조작부

(1) 목표치를 기억하고 그것을 신호로 보내는 요소 :
(2) 제어를 행하려는 대상물 :
(3) 제어동작의 신호를 조작부로 보내는 부분 :
(4) 제어를 하기위해 제어대상에 가해지는 량 :
(5) 기준입력과 주피드백량과의 차이를 구하는 부분 :

해답 (1) 기준입력 (2) 제어대상 (3) 조절부 (4) 제어량 (5) 비교부

문제 13 보일러에 설치하는 급수밸브의 크기는 전열면적에 따라 다르다. 다음에 해당하는 경우 급수밸브의 크기는 얼마인가?
(1) 전열면적 10[m²] 이하 :
(2) 전열면적 10[m²] 초과 :

해답 (1) 호칭 15A 이상 (2) 호칭 20A 이상

해설 급수밸브 및 체크밸브의 크기는 전열면적 10[m²] 이하의 보일러에서는 호칭 15A 이상, 전열면적 10[m²]를 초과하는 보일러에서는 호칭 20A 이상이어야 한다.

문제 14 1일 가동시간 8시간인 보일러의 관수농도가 3000[ppm], 급수속의 고형물 30[ppm], 시간당 급수량이 1000[L], 시간당 응축수 회수량 340[L]이다. 일일 분출량[kg]은 얼마인가 계산하시오.

풀이 ① 응축수 회수율 계산

$$\therefore R = \frac{응축수\ 회수량}{실제\ 증발량(급수량)} = \frac{340}{1000} = 0.34$$

② 일일 분출량 계산

$$\therefore X = \frac{W(1-R)d}{\gamma - d} = \frac{1000 \times 8 \times (1-0.34) \times 30}{3000 - 30} = 53.333 ≒ 53.33 \,[\text{kg/day}]$$

해답 53.33[kg/day]

문제 15 증기의 건조도가 0.96일 때 포화증기 엔탈피가 632[kcal/kg], 급수온도가 22[℃]인 보일러에서 증발계수를 계산하시오. (단, 이때의 포화수 엔탈피는 80.9[kcal/kg] 이다.)

풀이 ① 습포화증기 엔탈피 계산

$$\therefore h_2 = h' + (h'' - h')x = 80.9 + (632 - 80.9) \times 0.96 = 609.956 ≒ 609.96 \,[\text{kcal/kg}]$$

② 증발계수 계산

$$\therefore 증발계수 = \frac{h_2 - h_1}{539} = \frac{609.96 - 22}{539} = 1.090 ≒ 1.09$$

해답 1.09

문제 16 보일러 배기가스를 분석한 결과 CO_2 14[%], O_2 6[%], N_2 80[%] 이었다. 완전연소라 할 때 공기비는 얼마인가 계산하시오.

풀이

$$m = \frac{N_2}{N_2 - 3.76\,O_2} = \frac{80}{80 - 3.76 \times 6} = 1.392 = 1.39$$

해답 1.39

문제 17 [보기]는 동관의 재질별 특성에 따라 분류한 것이다. 물음에 답하시오.

[보기] ① 연질   ② 경질   ③ 반연질

(1) [보기]의 동관 표시기호를 쓰시오.
(2) 강도 및 경도가 작은 것에서 큰 순서로 쓰시오.

해답 (1) ① O ② H ③ OL
(2) ① → ③ → ②

문제 18 보일러 운전 중 연료의 예열온도가 높을 때 발생할 수 있는 장해를 3가지 쓰시오.

해답 ① 진동연소의 원인이 된다.
② 버너 화구에 카본이 축적된다.
③ 불안정한 연소가 된다.
④ 예열기에 탄화물이 축적된다.

문제 19 다음은 보일러 설치검사 기준에 따른 수압시험 방법을 설명한 것이다. ( )안에 맞는 숫자를 넣으시오.

> 보일러 수압시험 시 공기를 빼고 물을 채운 후 천천히 압력을 가하여 규정된 시험 수압에 도달된 후 (①)분 이상 경과된 뒤에 검사를 실시하며, 시험 수압은 규정압력의 (②)[%] 이상을 초과하지 않도록 한다.

[해답] ① 30 ② 6

[해설] 수압시험 방법
① 공기를 빼고 물을 채운 후 천천히 압력을 가하여 규정된 시험 수압에 도달된 후 30분이 경과된 뒤에 검사를 실시하여 검사가 끝날 때까지 그 상태를 유지한다.
② 시험수압은 규정된 압력의 6[%] 이상을 초과하지 않도록 모든 경우에 대한 적절한 제어를 마련하여야 한다.
③ 수압시험 중 또는 시험 후에도 물이 얼지 않도록 하여야 한다.

문제 20 어느 건물의 벽체 크기가 4×28[m]이고 벽체의 열손실지수 2.9[kcal/h·m²·℃]이고, 벽체 중에 2.2×3.0[m]인 유리창이 4개가 포함되어 있으며 유리창의 열손실지수는 5.5[kcal/h·m²·℃]이다. 실내온도 18[℃], 외기온도 3[℃]일 때 벽면 전체를 통하여 손실되는 열량을 구하시오. (단, 방위에 따른 부가계수는 1.1이다.)

[풀이] ① 벽체를 통한 손실열량 계산
∴ $Q_1 = K_1 \cdot F_1 \cdot \Delta t \cdot Z = 2.9 \times \{(4 \times 28) - (2.2 \times 3.0) \times 4\} \times (18-3) \times 1.1$
$= 4095.96 \, [\text{kcal/h}]$
② 유리창을 통한 손실열량 계산
∴ $Q_2 = K_2 \cdot F_2 \cdot \Delta t \cdot Z = 5.5 \times (2.2 \times 3.0 \times 4) \times (18-3) \times 1.1 = 2395.8 \, [\text{kcal/h}]$
③ 합계 손실열량 계산
∴ $Q = Q_1 + Q_2 = 4095.96 + 2395.8 = 6491.76 \, [\text{kcal/h}]$

[해답] 6491.76[kcal/h]

제39회 실기 필답형 문제 (2006년 5월 21일 시행)

◆ 다음 물음에 답을 해당 답란에 답하시오.◆

문제 01 다음과 같은 특징을 갖고 있는 증기트랩은 무엇인지 명칭을 쓰시오.

① 부력을 이용한다. ② 응축수를 증기압력에 의하여 밀어 올릴 수 있다.
③ 고압과 중압의 증기관에 적합하다. ④ 형식은 상향식과 하향식이 있다.

해답 버킷 트랩

문제 02 동관 작업용 공구를 3가지 쓰시오. (단, 측정공구는 제외한다.)

해답 ① 튜브 커터 ② 튜브 벤더 ③ 사이징 툴 ④ 익스팬더 ⑤ 몽키 스패너

문제 03 보일러 연료로 사용하는 중유를 분석한 결과 수분 0.2[%], 탄소 86.4[%], 수소 11.2[%], 산소 1.0[%], 황 1.2[%]이었다. 중유의 총발열량이 10200[kcal/kg]일 때 저위발열량[kcal/kg]을 계산하시오.

풀이 $H_l = H_h - 600(9H + W) = 10200 - 600 \times (9 \times 0.112 + 0.002) = 9594 \, [\text{kcal/kg}]$

해답 9594[kcal/kg]

문제 04 실내온도 18[℃]인 기계실에서 길이 50[m], 바깥지름 40[mm], 나관의 표면온도가 70[℃]인 관에 두께 2[cm]로 보온시공을 하였을 때 보온효율이 80[%] 이었다. 이 때의 보온면 열손실 열량[kcal/h]을 계산하시오. (단, 나관의 표면열전달률은 20[kcal/h·m²·℃]이다.)

풀이 $Q_2 = Q_1 \cdot (1 - \eta) = \alpha_1 \cdot F_1 \cdot \Delta t_1 \cdot (1 - \eta)$
$= 20 \times \pi \times 0.04 \times 50 \times (70 - 18) \times (1 - 0.8) = 1306.902 ≒ 1306.90 \, [\text{kcal/h}]$

해답 1306.9[kcal/h]

문제 05 20[℃]의 급수를 가열하여 시간당 1000[kg]의 증기를 발생하는 보일러의 연료소비량이 80[kg/h]이다. 이 보일러의 효율[%]을 계산하시오. (단, 발생증기의 엔탈피 662[kcal/kg], 연료의 저위발열량 9800[kcal/kg]이다.)

풀이 $\eta = \dfrac{G_a \cdot (h_2 - h_1)}{G_f \cdot H_l} \times 100 = \dfrac{1000 \times (662 - 20)}{80 \times 9800} \times 100 = 81.887 ≒ 81.89 \, [\%]$

해답 81.89[%]

문제 06 연소실 용적이 25[m³], 전열면적이 240[m²]인 보일러를 6시간 가동하였을 때 연료 사용량이 600[kg], 사용연료의 발열량이 5000[kcal/kg], 급수온도 40[℃], 발생 증기 엔탈피가 662.4[kcal/kg]이다. 이때 이 보일러의 연소실 열발생률[kcal/h·m³]을 구하시오.

풀이)
연소실 열발생률 $= \dfrac{G_f \times H_l}{\text{연소실 용적}} = \dfrac{600 \times 5000}{25 \times 6} = 20000 \,[\text{kcal/h} \cdot \text{m}^3]$

해답) 20000[kcal/h·m³]

문제 07 원심펌프에서 프라이밍이란 무엇인지 설명하시오.

해답) 펌프를 가동하기 전에 케이싱 내에 물을 충만시키는 작업

문제 08 보일러에서 포스트 퍼지(post purge)란 무엇인지 설명하시오.

해답) 보일러 운전이 끝난 후 노 내와 연도에 체류하고 있는 가연성 가스를 배출시키는 작업

문제 09 다음은 방열기를 이용한 온수난방에서 온수 순환율이 같도록 하기 위한 역환수관식(reverse return system) 도면이다. 도면을 보고 환수관 배관을 완성하시오.

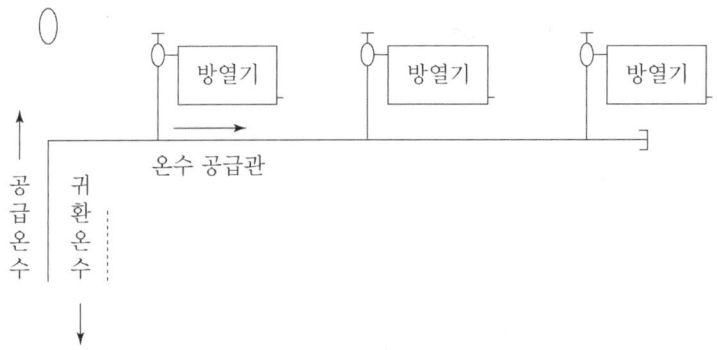

해답)

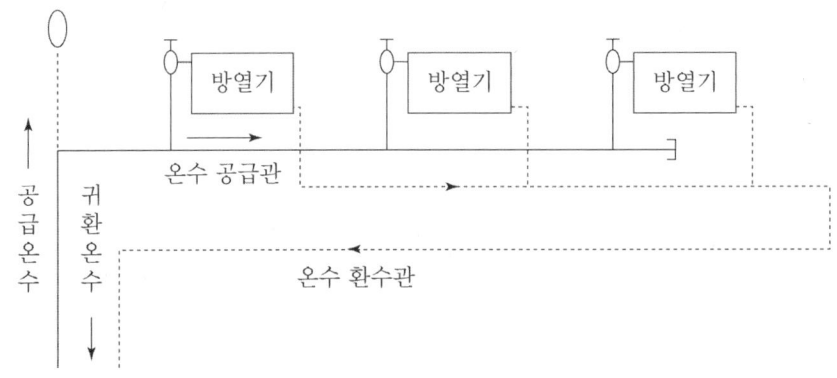

문제 10 가용전은 노통 또는 화실 천장부에 조립하여 관수의 이상감수 시 과열로 인한 동체의 파열사고를 방지하는 안전장치이다. 가용전의 재료를 2가지 쓰시오.

해답 ① 주석(Sn)　② 납(Pb)

문제 11 가압수식 집진장치의 종류를 3가지 쓰시오.

해답
① 벤투리 스크러버　② 사이클론 스크러버
③ 제트 스크러버　④ 충진탑

문제 12 보일러 보존법 중 건조 보존법에 사용하는 재료를 2가지 쓰시오.

해답 ① 생석회　② 실리카 겔　③ 질소

문제 13 보일러 청관제 중 탈산소제의 종류를 3가지 쓰시오.

해답 ① 아황산나트륨(Na_2SO_3)　② 히드라진(N_2H_4)　③ 탄닌

문제 14 다음은 보일러를 옥내에 설치하는 경우의 기준이다. ( )안에 알맞은 숫자 및 용어를 쓰시오.

> 연료를 저장할 때에는 보일러 외측으로부터 (①)[m] 이상 거리를 두거나 (②)을[를] 설치하여야 한다. 다만, 소형보일러의 경우에는 (③)[m] 이상 거리를 두거나 반격벽으로 할 수 있다.

해답 ① 2　② 방화격벽　③ 1

문제 15 다음은 열정산 기준에 대한 설명이다. ( )안에 알맞은 용어 및 숫자를 쓰시오.

> 보일러의 열정산은 원칙적으로 (①) 이상에서 정상상태로 적어도 (②)시간 이상의 운전 결과에 따라야 하며, 발열량은 원칙적으로 사용 시 연료의 (③)으로 한다. 열정산의 기준온도는 시험시의 (④)를[을] 기준으로 한다.

해답 ① 정격부하　② 2　③ 고발열량(총발열량)　④ 외기온도

문제 16 제어결과에 따라 현재 진행 중인 제어동작을 다음 단계로 옮겨가지 못하도록 차단하는 인터록의 종류를 4가지 쓰시오.

해답
① 저수위 인터록　② 저연소 인터록　③ 불착화 인터록
④ 프리퍼지 인터록　⑤ 압력초과 인터록

문제 17 보일러 연소에서 공기비가 클 때 나타나는 현상을 4가지 쓰시오.

해답) ① 연소실내의 온도가 낮아진다.
② 배기가스로 인한 손실열이 증가한다.
③ 연료 소비량이 증가한다.
④ 배기가스 중 질소화합물(NOx)이 많아져 대기오염을 초래한다.

해설) 공기비가 작을 경우 나타나는 현상
① 불완전연소가 발생하기 쉽다.
② 연소효율이 감소한다.
③ 열손실이 증가한다.
④ 미연소 가스로 인한 역화의 위험이 있다.

문제 18 다음 도면은 서비스 탱크 주위 배관도이다. ①~④ 부품의 명칭과 (a)에 알맞은 장치명을 쓰시오.

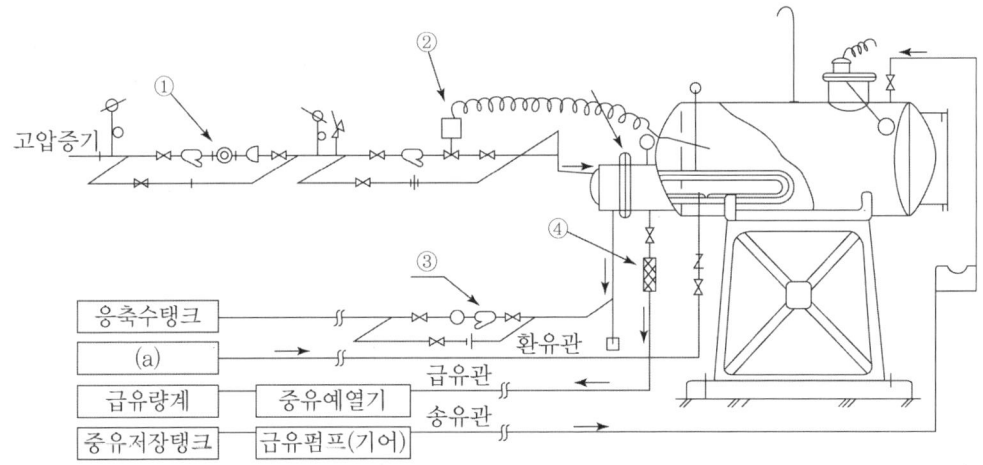

해답) ① 감압밸브 ② 자동온도 조절밸브 ③ 여과기(strainer)
④ 플렉시블 (a) 버너

제40회 실기 필답형 문제 (2006년 8월 27일 시행)

◆ 다음 물음에 답을 해당 답란에 답하시오.◆

문제 01 수관식 보일러의 장점을 5가지 쓰시오.

[해답] ① 증기 발생시간이 빠르며, 고압 대용량에 적합하다.
② 외분식이므로 연료 선택범위가 넓고, 연소상태가 양호하다.
③ 전열면적이 크고, 열효율이 높다.
④ 수관의 배열이 용이하고, 패키지형으로 제작이 가능하다.
⑤ 과열기, 공기예열기 설치가 쉽다.

[해설] 수관식 보일러의 단점
① 관수처리에 주의에 요한다.
② 구조가 복잡하여 청소, 검사, 수리가 어렵고 스케일 부착이 쉽다.
③ 부하변동에 따른 압력 및 수위변동이 심하다.
④ 압력이 높아지면 비중량차가 적어져 순환이 나쁘다.

문제 02 두께 250[mm], 열전도율이 1.45[kcal/h·m·℃]인 노벽의 열관류율[kcal/h·m²·℃]은 얼마인가? (단, 내부의 열저항은 0.125[h·m²·℃/kcal], 외부의 공기 열저항은 0.015[h·m²·℃/kcal]이다.)

[풀이] $K = \dfrac{1}{\dfrac{1}{\alpha_1} + \dfrac{b}{\lambda} + \dfrac{1}{\alpha_2}} = \dfrac{1}{0.125 + \dfrac{0.25}{1.45} + 0.015} = 3.200 ≒ 3.20\,[\text{kcal/h·m}^2\text{·℃}]$

[해답] 3.2 [kcal/h·m²·℃]

문제 03 산세관에 대한 다음 물음에 답하시오.
(1) 산세관에 사용되는 약품을 4가지 쓰시오.
(2) 산세관시 사용되는 부식억제제의 종류를 4가지 쓰시오.

[해답] (1) ① 염산(HCl) ② 황산(H_2SO_4) ③ 인산(H_3PO_4) ④ 설파민산(NH_2SO_3H)
(2) ① 수지계 물질 ② 알코올류 ③ 알데히드류 ④ 케톤류 ⑤ 아민유도체
⑥ 함질소 유기화합물

문제 04 열효율 73.6[%]인 보일러를 열효율 86.7[%]로 개선하였다면 약 몇 [%]의 연료가 절약되는가?

[풀이] 연료 절감률 $= \dfrac{\eta_2 - \eta_1}{\eta_2} \times 100 = \dfrac{86.7 - 73.6}{86.7} \times 100 = 15.109 ≒ 15.11\,[\%]$

[해답] 15.11[%]

문제 05 일반적으로 중량 G인 물체에 dQ인 열량이 가해져서 온도가 dt만큼 상승되었다면 dt는 dQ에 비례하고, G에 반비례한다. 따라서 이 관계를 식으로 표시하면 다음과 같은 기본식이 성립된다.

$$dQ = C \times dG \times dt$$

위 식에서 비례상수 C는 무엇이라 하는가?

해답 물질의 비열[kcal/kg·℃]

문제 06 로터리식 파이프 벤딩 머신에 의한 관 굽히기(bending)에서 관이 타원형으로 되는 원인을 3가지 쓰시오.

해답
① 받침쇠가 너무 들어가 있다.
② 받침쇠와 관의 안지름의 간격이 크다.
③ 받침쇠의 모양이 나쁘다.
④ 재질이 부드럽고 두께가 얇다.

문제 07 지하실 또는 어느 일정한 장소에 보일러를 설치하여 각 난방 소요처에 증기, 온수 또는 열기 등을 공급하는 방식을 중앙식 난방법이라 한다. 이 중앙식 난방법의 종류를 3가지 쓰시오.

해답 ① 직접 난방법 ② 간접 난방법 ③ 복사 난방법

문제 08 강관의 절단 방법을 5가지 쓰시오.

해답
① 파이프 커터   ② 쇠톱   ③ 다이헤드형 동력나사 절삭기
④ 연삭 절단기   ⑤ 기계톱   ⑥ 가스절단

문제 09 연료의 원소분석에서 C의 함유량이 80[%], H의 함유량이 15[%], S의 함유량이 5[%]일 때 이론 공기량[Nm³/kg]을 구하시오.

풀이
$$A_0 = \frac{O_0}{0.21} = \frac{1.867\,C + 5.6\left(H - \frac{O}{8}\right) + 0.7\,S}{0.21}$$
$$= \frac{1.867 \times 0.8 + 5.6 \times 0.15 + 0.7 \times 0.05}{0.21} = 11.279 \fallingdotseq 11.28\,[\text{Nm}^3/\text{kg}]$$

해답 11.28[Nm³/kg]

문제 10 보일러 급수처리에 대한 다음 물음에 답하시오.
(1) 고체 협잡물(현탁물) 처리방법을 3가지 쓰시오.
(2) 용해 고형물 처리방법을 3가지 쓰시오.
(3) 내처리 방법 중 탈산소제의 종류를 3가지 쓰시오.

해답
(1) ① 침강법(침전법) ② 여과법 ③ 응집법
(2) ① 이온교환수지법 ② 증류법 ③ 약품첨가법
(3) ① 아황산나트륨(Na_2SO_3) ② 히드라진(N_2H_4) ③ 탄닌

문제 11 가압수식 세정 집진장치 종류를 3가지 쓰시오.

해답 ① 벤투리 스크러버 ② 사이클론 스크러버 ③ 제트 스크러버

문제 12 실제 증기 발생량이 3000[kg/h]이고, 급수온도가 10[℃], 발생증기의 엔탈피가 653[kcal/kg]인 경우 상당증발량[kg/h]을 계산하시오.

풀이
$$G_e = \frac{G_a(h_2 - h_1)}{539} = \frac{3000 \times (653 - 10)}{539} = 3578.849 ≒ 3578.85 \, [\text{kg/h}]$$

해답 3578.85[kg/h]

문제 13 프로판(C_3H_8)가스가 50 vol[%], 부탄(C_4H_{10})가스가 50 vol[%]인 혼합가스의 발열량은 얼마인가? (단, 프로판의 발열량은 24200[kcal/m³], 부탄의 발열량은 31000[kcal/m³]이다.)

풀이 Q = (프로판 발열량 × 혼합비율) + (부탄발열량 × 혼합비율)
$= (24200 \times 0.5) + (31000 \times 0.5) = 27600 \, [\text{kcal/m}^3]$

해답 27600[kcal/m³]

문제 14 안지름이 250[mm], 길이 50[m]인 배관에 물이 흐르고 있다. 배관 내 물의 평균속도가 9.5[m/s]일 때 마찰손실수두는 몇 [m]인가? (단, 마찰손실계수는 0.016이다.)

풀이
$$h_f = f \times \frac{L}{D} \times \frac{V^2}{2g} = 0.016 \times \frac{50}{0.25} \times \frac{9.5^2}{2 \times 9.8} = 14.734 ≒ 14.73 \, [\text{mH}_2\text{O}]$$

해답 14.73[mH$_2$O]

문제 15 보일러 연료로서 기체 연료를 사용할 경우의 장점을 3가지 쓰시오.

해답
① 연소효율이 높고 연소제어가 용이하다.
② 회분 및 황성분이 없어 전열면 오손이 없다.
③ 적은 공기비로 완전연소가 가능하다.
④ 저발열량의 연료로 고온을 얻을 수 있다.
⑤ 완전연소가 가능하여 공해문제가 없다.

해설 기체연료의 단점
① 저장 및 수송이 어렵다.
② 가격이 비싸다.
③ 시설비가 많이 소요된다.
④ 누설 시 화재, 폭발의 위험이 크다.

문제 16 전기식 압력계의 장점을 3가지 쓰시오.

해답
① 초고압 측정에 사용된다.
② 가스폭발 압력을 측정할 수 있다.
③ 급격한 압력 변화 측정에 사용된다.

해설 전기식 압력계의 종류 : 전기저항 압력계, 피에조 전기압력계, 스트레인 게이지

문제 17 다음은 유류연소용 보일러의 연소실 입구에 설치되는 공기조절장치의 각 부분에 대한 설명이다. 각각 어떤 부품인지 그 명칭을 쓰시오.

(1) 압입통풍의 경우 버너를 장치하는 벽면에 설치되는 밀폐된 상자로서 풍도에서 공기를 흡입하여 동압의 대부분을 정압으로 노내에 유입시키는 역할을 하는 것
(2) 착화를 원활하게 하고 화염의 안정을 도모하는 것이며, 선회기를 설치하여 연소용 공기에 선회운동을 주어 원추상으로 분사시켜 내측에 저압부분의 형성으로 저속영역을 만들어 착화를 쉽게 하는 것
(3) 노벽에 설치한 버너 슬롯를 구성하는 내화재로 착화와 화염에 안정을 주는 역할을 하는 것

해답 (1) 윈드박스(wind box) (2) 보염기(스테빌라이저) (3) 버너 타일

문제 18 급수량이 310[kg/h]인 곳에서 20[℃]의 물을 80[℃]까지 가열하는데 필요한 열량 [kcal/h]은 얼마인가? (단, 물의 비열은 1[kcal/kg·℃]이다.)

풀이 $Q = G \cdot C \cdot \Delta t = 310 \times 1 \times (80 - 20) = 18600 \, [\text{kcal/h}]$

해답 18600[kcal/h]

제41회 실기 필답형 문제 (2007년 5월 20일 시행)

◆ 다음 물음에 답을 해당 답란에 답하시오.◆

문제 01 연소실 용적이 2.5[m³], 전열면적이 49.8[m²]인 보일러를 가동하였을 때 연료 사용량이 197[kg/h], 사용연료의 발열량이 9800[kcal/kg], 실제 증발량이 2500[kg/h], 급수온도 40[℃], 발생증기 엔탈피가 662.4[kcal/kg]일 때 다음 물음에 답하시오.
 (1) 연소실 열발생률[kcal/h·m³]을 구하시오.
 (2) 환산 증발배수를 구하시오.

풀이 (1) 연소실 열발생률 $= \dfrac{G_f \times H_l}{\text{연소실 용적}} = \dfrac{197 \times 9800}{2.5} = 772240 \,[\text{kcal/h} \cdot \text{m}^3]$

(2) 환산 증발배수 $= \dfrac{G_e}{G_f} = \dfrac{G_a(h_2 - h_1)}{539\,G_f} = \dfrac{2500 \times (662.4 - 40)}{539 \times 197} = 14.653 ≒ 14.65$

해답 (1) 772240[kcal/h·m³] (2) 14.65

문제 02 보일러 열정산 시 출열에는 어떠한 것이 있는지 5가지 쓰시오.

해답 ① 배기가스 보유열량   ② 증기의 보유열량
 ③ 불완전연소에 의한 열손실   ④ 미연분에 의한 열손실
 ⑤ 노벽의 흡수열량   ⑥ 재의 현열

해설 입열(入熱) 항목
 ① 연료의 발열량   ② 연료의 현열
 ③ 공기의 현열   ④ 노내 취입 증기 또는 온수에 의한 입열

문제 03 다음 배관용 작업공구의 크기를 나타내는 방법을 설명하시오.
 (1) 파이프 바이스 :   (2) 파이프 커터 :
 (3) 쇠톱 :   (4) 파이프 렌치 :
 (5) 탁상 바이스 :

해답 (1) 최대로 고정할 수 있는 관지름의 크기
 (2) 절단 가능한 관지름 치수를 호칭번호로 표시
 (3) 고정구멍(fitting hole) 사이의 거리로 표시
 (4) 조(jaw)를 최대로 벌린 전 길이
 (5) 조(jaw)의 폭

문제 04 알칼리 세관에 사용되는 약품 종류를 3가지 쓰시오.

해답 ① 가성소다(NaOH) ② 암모니아(NH_3) ③ 탄산나트륨(Na_2CO_3) ④ 인산나트륨(Na_3PO_4)

문제 05 과열증기 온도 조절방법을 3가지 쓰시오.

해답 ① 연소가스량을 가감하는 방법 ② 과열 저감기를 사용하는 방법
③ 저온가스를 재순환시키는 방법 ④ 화염의 위치를 바꾸는 방법

문제 06 실내온도 18[℃]인 기계실에서 길이 50[m], 바깥지름 40[mm], 나관의 표면온도가 70[℃]인 관에 두께 2[cm]로 보온시공을 하였을 때 보온효율이 80[%] 이었다. 이 때의 보온면 열손실 열량[kcal/h]을 계산하시오.
(단, 나관의 표면열전달률은 20[kcal/h·m²·℃]이다.)

풀이 $Q_2 = Q_1 \cdot (1-\eta) = \alpha_1 \cdot F_1 \cdot \Delta t_1 \cdot (1-\eta)$
$= 20 \times \pi \times 0.04 \times 50 \times (70-18) \times (1-0.8) = 1306.902 ≒ 1306.90 \,[\text{kcal/h}]$

해답 1306.9[kcal/h]

문제 07 보일러 연료로 사용하는 중유를 분석한 결과 W(수분) 0.4[%], C 86.4[%], H 11.2[%], O 1.2[%], S 0.8[%]이었다. 중유의 총발열량이 10250[kcal/kg]일 때 저위발열량[kcal/kg]을 계산하시오.

풀이 $H_l = H_h - 600(9H + W) = 10250 - 600 \times (9 \times 0.112 + 0.004) = 9642.8\,[\text{kcal/kg}]$

해답 9642.8[kcal/kg]

문제 08 포화온도 105[℃]인 증기난방 방열기의 상당 방열면적이 1500[m²]이고 증기 배관에서 응축수량은 방열기 응축수량의 20[%]라 할 때 난방장치 내 전체 응축수량[kg/h]은 얼마인가? (단, 105[℃] 증기의 증발잠열은 530[kcal/kg]이다.)

풀이 $Q_c = \dfrac{Q_r}{\gamma} \times 1.2 \times EDR = \dfrac{650}{530} \times 1.2 \times 1500 = 2207.547 ≒ 2207.55\,[\text{kg/h}]$

해답 2207.55[kg/h]

문제 09 다음은 프로판(C_3H_8)과 부탄(C_4H_{10})의 완전연소 반응식이다. ( ) 안에 알맞은 숫자를 넣으시오.

$C_3H_8 + 5O_2 \rightarrow$ (①)CO_2 + (②)H_2O
$C_4H_{10} + 6.5O_2 \rightarrow$ (③)CO_2 + (④)H_2O

해답 ① 3 ② 4 ③ 4 ④ 5

해설 탄화수소(C_mH_n)의 완전연소 반응식
$C_mH_n + \left(m + \dfrac{n}{4}\right)O_2 \rightarrow mCO_2 + \dfrac{n}{2}H_2O$

문제 10
시간당 송출유량이 420[m³]이고 전양정이 10[m], 효율이 80[%]인 펌프의 축동력은 몇 [kW]인가?

풀이 $kW = \dfrac{\gamma \cdot Q \cdot H}{102\eta} = \dfrac{1000 \times 420 \times 10}{102 \times 0.8 \times 3600} = 14.297 ≒ 14.30 \,[kW]$

해답 14.3[kW]

문제 11
보일러 자동제어의 조작량과 제어량에 해당되는 용어를 ( )속에 쓰시오.

제어의 분류	조작량	제어량
연소제어	연료량, (①), 연소가스량	증기압, (②)
급수제어	(③)	수위
증기 온도제어	전열량	(④)

해답 ① 공기량 ② 노내압 ③ 급수량 ④ 증기온도

문제 12
탄소(C) 12[kg]이 공기비(m) 1.2로 완전 연소할 때 실제 공기량[Nm³]을 구하시오. (단, 공기 중 산소는 21 vol[%]이다.)

풀이 ① 탄소(C)의 완전 연소반응식
$C + O_2 \rightarrow CO_2$
② 실제 공기량[Nm³] 계산
$\therefore A = m \cdot A_0 = m \times \dfrac{O_0}{0.21} = 1.2 \times \dfrac{22.4}{0.21} = 128 \,[Nm^3]$

해답 128[Nm³]

문제 13
시간당 증발량이 400[kg]인 보일러가 저위발열량 10000[kcal/kg]인 연료를 사용하여 효율 80[%]로 운전되는 경우 연료소비량[kg/h]은 얼마인가? (단, 발생증기 엔탈피는 670[kcal/kg], 급수온도는 20[℃]이다.)

풀이 $\eta = \dfrac{G_a(h_2 - h_1)}{G_f \cdot H_l} \times 100$ 에서

$\therefore G_f = \dfrac{G_a(h_2 - h_1)}{H_l \cdot \eta} = \dfrac{400 \times (670 - 20)}{10000 \times 0.8} = 32.5 \,[kg/h]$

해답 32.5[kg/h]

문제 14
캐리오버(carry over)에는 선택적 캐리오버(selective carry over)와 기계적 캐리오버(machine carry over)로 구분할 수 있다. 각각을 간단히 설명하시오.

해답 ① 선택적 캐리오버 : 증기 속에 용해되어 있던 실리카(무수규산) 성분이 증기와 함께 송출되어지는 현상
② 기계적 캐리오버 : 작은 물방울(액적) 또는 거품이 증기와 함께 송출되는 현상

문제 15 난방부하가 100000[kcal/h], 급탕부하 30000[kcal/h], 배관부하율 25[%], 예열부하 20[%]인 온수보일러의 정격출력[kcal/h]을 구하시오. (단, 출력저하계수는 1이다.)

풀이

$$H_m = \frac{(H_1 + H_2) \times (1 + \alpha) \times \beta}{k} = \frac{(100000 + 30000) \times (1 + 0.25) \times 1.2}{1}$$
$$= 195000 \,[\text{kcal/h}]$$

해답 195000[kcal/h]

문제 16 다음은 증발탱크(flash tank) 주위 배관도이다. ①, ④ 부품 명칭과 ②, ③, ⑤의 관 명칭을 쓰시오.

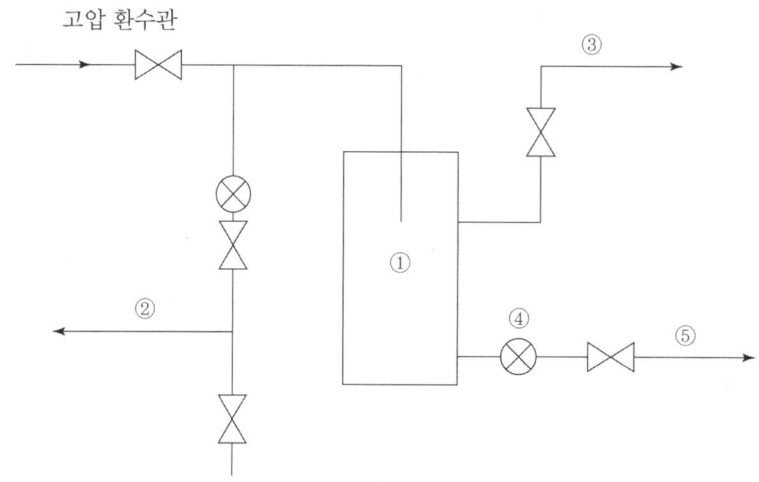

해답 ① 증발탱크 ② 고압 응축수관 ③ 재증발 증기관 ④ 저압트랩 ⑤ 저압응축수관

문제 17 다음은 압력계 설치기준에 관한 내용이다. ( ) 안에 알맞은 숫자를 넣으시오.

> 증기 보일러의 압력계 부착 시 압력계와 연결된 증기관은 황동관 또는 동관을 사용하면 안지름 (①)[mm] 이상, 강관을 사용할 때는 (②)[mm] 이상이어야 하며, 사이펀관의 안지름은 (③)[mm] 이상이어야 한다.

해답 ① 6.5 ② 12.7 ③ 6.5

문제 18 보일러 가동 중 압축응력을 받아 압궤를 일으킬 수 있는 부분을 3가지 쓰시오.

해답 ① 노통 ② 연소실 ③ 연관 ④ 관판

제42회 실기 필답형 문제 (2007년 8월 26일 시행)

◆ 다음 물음에 답을 해당 답란에 답하시오.◆

문제 01 다음 관 이음방법의 도시기호의 연결방법 명칭을 쓰시오.

(1) ─┼─   (2) ─✕─   (3) ─┤├─

해답 (1) 나사 이음 (2) 용접 이음 (3) 플랜지 이음

문제 02 다음 방열기 도시기호를 설명하시오.

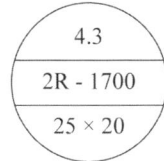

해답 상당방열면적이 4.3[m²]인 콘벡터로서 2열, 유효길이 1700[mm]이고 유입관 지름이 25A, 유출관 지름이 20A이다.

문제 03 중유 버너의 공기조절장치 구성 부품 중 착화를 원활하게 하고 화염의 안정을 도모하는 것이며, 선회기가 있어 연소용 공기에 선회운동을 주어 와류현상이 생겨 착화를 쉽게 하는 부품의 명칭을 쓰시오.

해답 보염기

문제 04 보일러 가동상태 점검사항 중 매우 중요하기 때문에 운전 중 수시로 점검해야 할 사항을 2가지 쓰시오.

해답 ① 압력 ② 수위

문제 05 수관식 보일러 연소실에 배플판(baffle plate)을 설치하는 목적을 설명하시오.

해답 연소가스의 흐름을 조정하여 열회수와 보일러수의 순환을 양호하게 한다.

문제 06 보일러 급수 중의 용존(용해) 고형분을 처리하는 방법을 3가지 쓰시오.

해답 ① 이온교환수지법 ② 증류법 ③ 약품첨가법

해설 약품첨가법의 약제 종류 : 소석회[Ca(OH)$_2$], 가성소다(NaOH), 탄산소다(NaCO$_3$)

문제 07 배관의 신축이음 종류 중 고온, 고압용의 옥외배관에 많이 사용되며, 응력이 크게 작용하는 것은?

해답 루프형

문제 08 20[℃]의 물을 급수하여 압력 0.35[MPa]의 증기를 5390[kg/h] 발생시키는 보일러의 마력은 얼마인가? (단, 발생증기의 엔탈피는 660[kcal/kg]이다.)

풀이
보일러 마력 $= \dfrac{G_a(h_2 - h_1)}{539 \times 15.65} = \dfrac{5390 \times (660 - 20)}{539 \times 15.65} = 408.945 ≒ 408.95$[보일러 마력]

해답 408.95[보일러 마력]

문제 09 강철제 보일러의 수압시험압력을 구하시오.
(1) 최고사용압력이 0.6[MPa]인 강철제 증기보일러
(2) 최고사용압력이 1.8[MPa]인 강철제 증기보일러

해답 (1) 수압시험압력 = (최고사용압력 × 1.3) + 0.3 = (0.6 × 1.3) + 0.3 = 1.08[MPa]
(2) 수압시험압력 = 최고사용압력 × 1.5 = 1.8 × 1.5 = 2.7[MPa]

해설 수압시험 압력
(1) 강철제 보일러
① 보일러의 최고사용압력이 0.43[MPa] 이하일 때에는 그 최고사용압력의 2배의 압력으로 한다. 다만, 그 시험압력이 0.2[MPa] 미만인 경우에는 0.2[MPa]로 한다.
② 보일러의 최고사용압력이 0.43[MPa] 초과 1.5[MPa] 이하일 때에는 그 최고사용압력의 1.3배에 0.3[MPa]를 더한 압력으로 한다.
③ 보일러의 최고사용압력이 1.5[MPa]를 초과할 때에는 그 최고사용압력의 1.5배의 압력으로 한다.
(2) 가스용 온수보일러 : 강철제인 경우에는 (1)의 ①에서 규정한 압력
(3) 주철제 보일러
① 보일러의 최고사용압력이 0.43[MPa] 이하 일 때는 그 최고사용압력의 2배의 압력으로 한다. 다만, 시험압력이 0.2[MPa] 미만인 경우에는 0.2[MPa]로 한다.
② 보일러의 최고사용압력이 0.43[MPa]를 초과 할 때는 그 최고사용압력의 1.3배에 0.3[MPa]을 더한 압력으로 한다.

문제 10 보일러 급수제어 방식 중 2요소식의 검출대상 2가지는?

해답 ① 수위 ② 증기량

해설 급수제어방법의 종류 및 검출대상(요소)

명칭	검출대상
1요소식	수위
2요소식	수위, 증기량
3요소식	수위, 증기량, 급수유량

문제 11 증기 감압밸브를 작동방법에 따른 종류를 3가지 쓰시오.

[해답] ① 피스톤식 ② 다이어프램식 ③ 벨로스식

문제 12 연돌의 높이가 20[m], 배기가스 평균온도가 300[℃], 비중량이 1.34[kgf/m³], 외기의 온도가 10[℃], 비중량이 1.29[kgf/m³]인 경우 자연통풍력은 몇 [mmAq]인지 계산하시오.

[풀이] $Z = 273 H \left(\dfrac{\gamma_a}{T_a} - \dfrac{\gamma_g}{T_g} \right) = 273 \times 20 \times \left(\dfrac{1.29}{273+10} - \dfrac{1.34}{273+300} \right)$
$= 12.119 ≒ 12.12 \,[\text{mmAq}]$

[해답] 12.12[mmAq]

문제 13 보일러에서 발생하는 프라이밍, 포밍현상에 대하여 설명하시오.

[해답] ① 프라이밍(priming) 현상 : 급격한 증발현상으로 동수면에서 작은 입자의 물방울이 증기와 혼입하여 튀어 오르는 현상
② 포밍(foaming) 현상 : 동저부에서 작은 기포들이 수면상으로 오르면서 물거품이 발생하여 수면에 달걀 모양의 기포가 덮이는 현상

문제 14 배수트랩의 구비조건을 4가지 쓰시오.

[해답] ① 구조가 간단할 것
② 오수가 정체하지 않을 것
③ 봉수가 안정성을 유지할 것
④ 수리 및 청소가 쉬울 것
⑤ 내식성, 내구성이 있을 것

[해설] 배수트랩(trap)의 종류
① S 트랩 : 위생기구를 바닥에 설치된 배수 수평관에 접속할 때 사용
② P 트랩 : 벽면에 매설하는 배수 수직관에 접속할 때 사용
③ U 트랩 : 건물 안의 배수 수평주관 끝에 설치하여 하수구에서 해로운 가스가 건물 안으로 침입하는 것을 방지
④ 박스 트랩 : 드럼 트랩, 벨 트랩, 가솔린 트랩, 그리스 트랩 등

문제 15 보일러 연도로 배기되는 연소 가스량이 300[kgf/h]이며, 배기가스의 온도가 260[℃], 가스의 평균비열이 0.35[kcal/kg·℃]이고, 외기온도가 12[℃]라면 배기가스에 의한 손실열량은 몇 [kcal/h]인지 계산하시오.

[풀이] $Q = G \cdot C \cdot \Delta t = 300 \times 0.35 \times (260 - 12) = 26040 \,[\text{kcal/h}]$

[해답] 26040[kcal/h]

문제 16 로터리식 파이프 벤딩 머신에 의한 관 굽히기(bending)에서 관이 파손되는 원인을 3가지 쓰시오.

해답 ① 압력형의 조정이 강하고 저항이 크다.
② 받침쇠가 너무 나와 있다.
③ 곡률 반지름이 너무 작다.
④ 재료에 결함이 있다.

문제 17 탄소(C) 5[kg]을 완전연소 시킬 때 다음 물음에 답하시오.
(1) 이론공기량을 중량[kg]으로 계산하면 얼마인가?
(2) 이론공기량을 체적[Nm^3]으로 계산하면 얼마인가?

풀이 (1) 이론공기량 중량[kg] 계산
$C + O_2 \rightarrow CO_2$
$12\,[kg] : 32\,[kg] = 5\,[kg] : x\,(O_0)\,[kg]$
$\therefore A_0 = \dfrac{O_0}{0.232} = \dfrac{5 \times 32}{12 \times 0.232} = 57.471 ≒ 57.47\,[kg]$

(2) 이론공기량 체적[Nm^3] 계산
$C + O_2 \rightarrow CO_2$
$12\,[kg] : 22.4\,[Nm^3] = 5\,[kg] : y\,(O_0)\,[Nm^3]$
$\therefore A_0 = \dfrac{O_0}{0.21} = \dfrac{5 \times 22.4}{12 \times 0.21} = 44.444 ≒ 44.44\,[Nm^3]$

해답 (1) 57.47[kg]   (2) 44.44[Nm^3]

제43회 실기 필답형 문제 (2008년 5월 18일 시행)

◆ 다음 물음에 답을 해당 답란에 답하시오.◆

문제 01 배관공사에서는 입체도를 기본적으로 그리는 이유를 3가지 쓰시오.

해답 ① 계통도를 보다 구체적으로 지시할 경우
② 손실수두 또는 유량 등을 계산할 경우
③ 배관 및 관이음쇠의 수량을 산출할 경우
④ 배관을 가공하기 위해 관 가공도(加工圖)를 그릴 때

문제 02 보일러 연도로 배기되는 연소 가스량이 300[kgf/h]이며, 배기가스의 온도가 260[℃], 가스의 평균비열이 0.35[kcal/kg·℃]이고, 외기온도가 12[℃]이라면 배기가스에 의한 손실열량은 몇 [kcal/h]인지 계산하시오.

풀이 $Q = G \cdot C \cdot \Delta t = 300 \times 0.35 \times (260 - 12) = 26040 \, [\text{kcal/h}]$

해답 26040[kcal/h]

문제 03 다음과 같은 특징을 갖고 있는 증기트랩은 무엇인지 명칭을 쓰시오.

> ① 부력을 이용한다.　　② 응축수를 증기압력에 의하여 밀어 올릴 수 있다.
> ③ 고압과 중압의 증기관에 적합하다.　④ 형식은 상향식과 하향식이 있다.

해답 버킷 트랩

문제 04 보일러의 연소효율을 η_c, 전열효율을 η_f 라 할 때, 보일러 열효율 η는 어떻게 나타내어지는지 쓰시오.

해답 $\eta = \eta_c \times \eta_f$

문제 05 보일러 설치검사 기준상 안전밸브 및 압력방출장치의 크기는 호칭지름 25A 이상으로 하여야 하지만 호칭지름 20A 이상으로 할 수 있는 보일러도 있다. 20A 이상으로 할 수 있는 보일러를 3가지 쓰시오.

해답 ① 최고사용압력 0.1[MPa] 이하의 보일러
② 최고사용압력 0.5[MPa] 이하의 보일러로 동체의 안지름이 500[mm] 이하, 동체의 길이가 1000[mm] 이하의 것
③ 최고사용압력 0.5[MPa] 이하의 보일러로 전열면적 2[m^2] 이하의 것
④ 최대증발량이 5[톤/h] 이하의 관류 보일러
⑤ 소용량 강철제 보일러, 소용량 주철제 보일러

문제 06 보일러 연료로서 기체 연료를 사용할 경우의 장점을 3가지 쓰시오.

해답
① 연소효율이 높고 연소제어가 용이하다.
② 회분 및 황성분이 없어 전열면 오손이 없다.
③ 적은 공기비로 완전연소가 가능하다.
④ 저발열량의 연료로 고온을 얻을 수 있다.
⑤ 완전연소가 가능하여 공해문제가 없다.

해설 기체연료의 단점
① 저장 및 수송이 어렵다.
② 가격이 비싸다.
③ 시설비가 많이 소요된다.
④ 누설시 화재, 폭발의 위험이 크다.

문제 07 파이프렌치(pipe wrench)의 규격에는 200[mm], 300[mm], 350[mm], 450[mm], 600[mm], 1200[mm] 등이 있다. 이 호칭규격은 무엇을 기준으로 하는지 쓰시오.

해답 사용할 수 있는 최대의 관을 물었을 때의 전 길이[mm]
(또는 조[jaw]를 최대로 벌린 전 길이[mm])

문제 08 보일러 연소에서 이론공기량과 과잉 공기량을 알 때 공기비는 어떻게 계산되는지 식을 쓰시오.

해답 $m = \dfrac{A_0 + B}{A_0}$

여기서, m : 공기비 A_0 : 이론공기량 B : 과잉공기량

문제 09 보일러의 통풍력을 측정하였더니 3[mmH₂O]이었다. 연돌의 높이를 구하시오.
(단, 배기온도 150[℃], 외기온도 0[℃], 실제 통풍력은 이론 통풍력의 80[%]이다.)

풀이 $Z = 0.8 H \left(\dfrac{353}{T_a} - \dfrac{367}{T_g} \right)$ 에서

$\therefore H = \dfrac{Z}{0.8 \times \left(\dfrac{353}{T_a} - \dfrac{367}{T_g} \right)} = \dfrac{3}{0.8 \times \left(\dfrac{353}{273} - \dfrac{367}{273 + 150} \right)} = 8.814 ≒ 8.81 \, [\text{m}]$

해답 8.81[m]

문제 10 다음은 일반적으로 사용 중인 증기 보일러 운전작업을 종료할 때 행하는 사항이다. 가장 적합한 정지순서 대로 해당번호를 쓰시오.

> [보기] ① 댐퍼를 닫는다.
> ② 공기 공급을 정지한다.
> ③ 증기 밸브를 닫고 드레인 시킨다.
> ④ 급수를 행하고, 압력을 떨어뜨리며 급수밸브를 닫고 급수펌프를 정지시킨다.
> ⑤ 연료의 공급을 정지한다.

[해답] ⑤ → ② → ④ → ③ → ①

문제 11 온수 난방 시 방열기 입구의 온수온도가 92[℃], 출구의 온도가 70[℃], 실내공기온도 18[℃]에 있어서의 주철제 방열기의 방열량을 구하시오. (단, 온수난방 표준온도차는 62[℃]로 한다.)

[풀이]
$$\text{방열기 방열량} = 450 \times \frac{\Delta t_m}{\Delta t} = 450 \times \frac{\frac{92+70}{2} - 18}{62} = 457.258 ≒ 457.26 \,[\text{kcal/m}^2 \cdot \text{h}]$$

[해답] 457.26[kcal/m² · h]

[해설]
① $\Delta t_m = \dfrac{\text{방열기 입구 온수온도 + 출구온도}}{2} - \text{실내온도}$

② Δt는 '표준방열기 평균온도와 실내온도 차'인데 문제 단서조항에서 이 값을 62[℃]로 제시해 주었으므로 바로 적용한 것이다.

문제 12 어느 보일러에서 저위 발열량이 9700[kcal/kg]인 중유를 연소시킨 결과 연소실에서 발생된 열량이 9000[kcal/kg]이다. 증기발생에 이용된 열량이 8000[kcal/kg]일 때 연소효율과 보일러 열효율을 구하시오.

[풀이] ① 연소효율(η_c) 계산
$$\therefore \eta_c = \frac{\text{실제 발생열량}}{\text{연료의 저위발열량}} \times 100 = \frac{9000}{9700} \times 100 = 92.783 ≒ 92.78\,[\%]$$

② 보일러 열효율(η) 계산
$$\therefore \eta = \frac{\text{유효하게 사용된 열량}}{\text{연료의 저위발열량}} \times 100 = \frac{8000}{9700} \times 100 = 82.474 ≒ 82.47\,[\%]$$

[해답] ① 연소효율 : 92.78[%]
② 보일러 열효율 : 82.47[%]

문제 13 주어진 배관 평면도를 제시된 방위에 맞도록 등각투상도로 나타내시오.

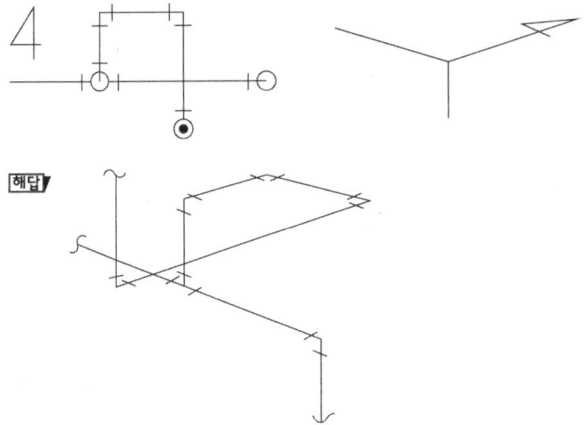

문제 14 급수내관(distributing pipe)의 설치 이점을 3가지 쓰시오.

해답 ① 온도차에 의한 부동팽창을 방지한다.
② 보일러 급수의 예열이 가능하다.
③ 관내온도의 급격한 변화를 방지한다.

문제 15 캐리오버(carry over)의 방지대책을 3가지 쓰시오.

해답 ① 비수 방지관을 설치한다. ② 주증기 밸브를 서서히 연다.
③ 관수 중에 불순물, 농축수 제거 ④ 수위를 고수위로 하지 않는다.

문제 16 난방, 급탕용 기름 온수보일러의 자동제어 장치로 콤비네이션 릴레이를 보일러 본체에 설치하여 사용한다. 이 장치에 적용되는 버너 주 안전 제어기능을 2가지 쓰시오.

해답 ① 프로텍터 릴레이와 아쿠아 스탯 기능을 합한 제어장치이다.
② 제어기 내부에 하이(high), 로(low) 설정기가 장치되어 있어 고온차단, 저온점화, 순환펌프를 제어한다.
③ 순환펌프는 로(low) 온도 이상이면 계속 작동되고, 버너는 하이(high) 온도 이하에서 계속 작동되도록 제어한다.

문제 17 다음은 중유 버너의 공기조절장치 구성 부품을 설명한 것이다. 각각 어떤 부품인지 명칭을 쓰시오.
(1) 착화를 원활하게 하고 화염의 안정을 도모하는 것이며, 선회기가 있어 연소용 공기에 선회운동을 주어 와류현상이 생겨 착화를 쉽게 하는 부품
(2) 압입통풍의 경우 버너를 장치하는 벽면에 설치되는 밀폐된 상자로서 풍도(風道)에서 공기를 흡입하여 동압을 정압으로 바꾸는 역할을 하는 부품

해답 (1) 보염기 (2) 윈드박스

문제 18 보일러 열정산 시 출열 항목 중 열손실에 해당되는 것을 2가지 쓰시오.

[해답] ① 배기가스 보유열량　② 불완전연소에 의한 열손실
③ 미연분에 의한 열손실　④ 노벽의 흡수열량
⑤ 재의 현열

[해설] 출열항목 중 '증기의 보유열량'은 유효출열에 해당되므로 열손실과는 관련이 없다.

> ※ **참고** : 입열(入熱) 항목
> ① 연료의 발열량　② 연료의 현열
> ③ 공기의 현열　④ 노내 취입 증기 또는 온수에 의한 입열

제44회 실기 필답형 문제 (2008년 8월 24일 시행)

◆ 다음 물음에 답을 해당 답란에 답하시오.◆

문제 01 보일러의 부식속도 측정 방법을 3가지 쓰시오.

해답 ① Tafel 외삽법 ② 선형 분극법 ③ 임피던스법 ④ 무게 감량법 ⑤ 용액 분석법

해설 • 부식속도 측정법
(1) 전기 화학적인 방법 : 자연전위 근처에서는 전위와 전류사이에 선형적인 관계가 존재하는 분극특성을 이용하여 분극량을 조정하여 전류의 크기를 측정하는 방법으로 Tafel 외삽법, 선형 분극법, 임피던스법이 있다.
(2) 비전기 화학적 방법 : 금속을 부식매체 속에 일정시간 동안 방치한 후에 금속의 무게감량이나 용액속으로 용출된 금속이온의 양을 정량하는 방법이 있다.

문제 02 다음과 같은 조건일 때 온수 보일러의 정격출력[kcal/h]을 계산하시오.

- 상당방열면적 : 500[m²]
- 온수량 : 500[kg]
- 온수 공급온도 : 70[℃]
- 급수온도 : 10[℃]
- 예열부하 : 1.45
- 배관부하 : 0.25
- 출력저하계수 : 0.69
- 물의 비열 : 1[kcal/kg·℃]

풀이 •
$$H_m = \frac{(H_1 + H_2)(1+\alpha)\beta}{k}$$
$$= \frac{\{(500 \times 450) + (500 \times 1 \times (70-10))\} \times (1+0.25) \times 1.45}{0.69}$$
$$= 669836.956 ≒ 669836.96 \,[\text{kcal/h}]$$

해답 669836.96[kcal/h]

문제 03 다음 조건의 필요한 동력[kW]을 계산하시오.

- 유량 : 0.96[m³/min]
- 펌프에서 수면까지 높이 5[m]
- 펌프에서 필요높이 : 14[m]
- 감쇠높이 : 2[m]
- 펌프의 효율 : 80[%]

풀이 •
$$kW = \frac{\gamma \cdot Q \cdot H}{102\eta} = \frac{1000 \times 0.96 \times (5+14+2)}{102 \times 0.8 \times 60} = 4.117 ≒ 4.12\,[\text{kW}]$$

해답 4.12[kW]

문제 04 온수 보일러의 설치 개략도를 보고 ①~⑤의 명칭을 쓰시오.

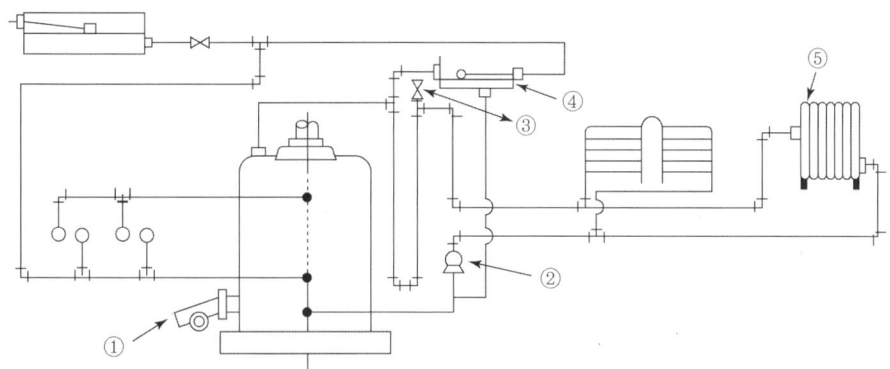

해답 ① 버너 ② 온수 순환펌프 ③ 공기빼기 밸브 ④ 팽창탱크 ⑤ 방열기

문제 05 보일러 산세관시 산(酸)의 종류를 3가지 쓰시오.

해답 ① 염산(HCl) ② 황산(H_2SO_4) ③ 인산(H_3PO_4) ④ 설파민산(NH_2SO_3H)

문제 06 보일러 청관제 중 탈산소제의 종류를 3가지 쓰시오.

해답 ① 아황산나트륨(Na_2SO_3) ② 히드라진(N_2H_4) ③ 탄닌

문제 07 다음 부속품을 이용하여 바이패스 배관도를 도시하시오.

[부속품] – 밸브 : 3개 – 유니언 : 3개 – 티 : 2개
         – 엘보 : 2개 – 여과기 : 1개 – 유량계(M) : 1개

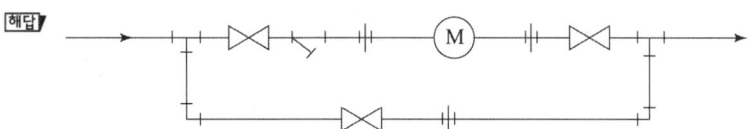

문제 08 다음 설명하는 화염 검출기의 명칭을 쓰시오.

(1) 화염 중에는 양성자와 중성자가 전리되어 있음을 알고 버너에 그랜드로드를 부착하여 화염 중에 삽입하여 전기적 신호를 전자밸브에 보내어 화염을 검출한다.
(2) 연소 중에 발생되는 연소가스의 열에 의하여 바이메탈의 신축작용으로 전기적 신호를 만들어 전자밸브로 그 신호를 보내면서 화염을 검출한다.
(3) 연소 중에 발생하는 화염 빛을 검지부에서 전기적 신호로 바꾸어 화염 유무를 검출한다.

해답 (1) 플레임 로드 (2) 스택 스위치 (3) 플레임 아이

문제 09 연돌 높이 80[m], 배기가스온도 165[℃], 외기온도 28[℃], 외기 비중 1.29, 배기가스 비중 1.35일 때 이론통풍력[mmH$_2$O]을 계산하시오.

풀이
$$Z = 273 H \left(\frac{\gamma_a}{T_a} - \frac{\gamma_g}{T_g} \right) = 273 \times 80 \times \left(\frac{1.29}{273 + 28} - \frac{1.35}{273 + 165} \right)$$
$$= 26.284 \fallingdotseq 26.28 \, [\text{mmH}_2\text{O}]$$

해답 26.28[mmH$_2$O]

문제 10 다음 조건의 강철제 보일러에서 수압시험압력을 구하시오.

최고 사용압력	수압시험압력
0.43[MPa] 이하	①
0.43[MPa] 초과 1.5[MPa] 이하	②
1.5[MPa] 초과	③

해답
① 최고 사용압력의 2배
② 최고 사용압력의 1.3배에 0.3[MPa]을 더한 압력
③ 최고 사용압력의 1.5배

해설 수압시험 압력
(1) 강철제 보일러
  ① 보일러의 최고사용압력이 0.43[MPa] 이하일 때에는 그 최고사용압력의 2배의 압력으로 한다. 다만, 그 시험압력이 0.2[MPa] 미만인 경우에는 0.2[MPa]로 한다.
  ② 보일러의 최고 사용압력이 0.43[MPa] 초과 1.5[MPa] 이하일 때에는 그 최고사용압력의 1.3배에 0.3[MPa]를 더한 압력으로 한다.
  ③ 보일러의 최고사용압력이 1.5[MPa]를 초과할 때에는 그 최고사용압력의 1.5배의 압력으로 한다.
(2) 가스용 온수보일러 : 강철제인 경우에는 (1)의 ①에서 규정한 압력
(3) 주철제 보일러
  ① 보일러의 최고사용압력이 0.43[MPa]이하 일 때는 그 최고사용압력의 2배의 압력으로 한다. 다만, 시험압력이 0.2[MPa] 미만인 경우에는 0.2[MPa]로 한다.
  ② 보일러의 최고사용압력이 0.43[MPa]를 초과 할 때는 그 최고사용압력의 1.3배에 0.3[MPa]을 더한 압력으로 한다.

문제 11 다음 공구의 사용처(용도)를 쓰시오.
(1) 파이프 커터 :   (2) 다이헤드식 나사절삭기 :   (3) 링크형 파이프 커터 :
(4) 사이징 투울 :   (5) 봄볼 :

해답 (1) 관을 필요한 길이로 절단하는데 사용한다.
(2) 다이헤드를 이용한 나사가공 전용 기계로서 관의 절단, 거스러미 제거, 나사가공을 할 수 있다.
(3) 주철관을 필요한 길이로 절단하는데 사용한다.
(4) 동관의 끝부분을 정확한 치수의 원형으로 교정하기 위하여 사용한다.
(5) 연관(鉛管)에서 분기관 따내기 작업 시 주관에 구멍을 뚫는데 사용한다.

문제 12 판을 굽힌 다음 굽힘 하중을 제거하면 탄성이 작용하여 원상으로 회복되려는 탄력 작용으로 굽힘량이 감소되는 현상을 무엇이라 하는가?

[해답] 스프링 백(spring back)

문제 13 [보기]를 참고하여 상당증발량 구하는 공식을 완성하시오.

> [보기] D_e : 상당증발량[kg/h]
> D_a : 시간당 증기 발생량[kg/h]
> h_2 : 습증기 엔탈피[kcal/kg]
> h_1 : 급수 엔탈피[kcal/kg]

[해답] $D_e = \dfrac{D_a(h_2 - h_1)}{539}$

문제 14 보일러 증기압력(트랩 입구압력)이 15[kgf/cm²], 트랩의 최고 허용배압이 12[kgf/cm²]일 때 트랩의 배압 허용도는 몇 [%]인가?

[풀이] 배압 허용도 = $\dfrac{\text{트랩의 최고 허용배압[kgf/cm}^2\text{]}}{\text{트랩 입구압력[kgf/cm}^2\text{]}} \times 100 = \dfrac{12}{15} \times 100 = 80 [\%]$

[해답] 80[%]

문제 15 다음 ( )안에 알맞은 말을 써넣으시오.

> 벨로스형 신축이음은 (①)이라고도 부르며, 벨로스의 재료는 스테인리스, (②)이[가] 사용되며 벨로스가 수축 시 (③)는[은] 고정되고 슬리브는 미끄러지면서 벨로스와의 간극을 없게 한다.

[해답] ① 팩리스(packless)형 신축이음 ② 청동 ③ 플랜지

문제 16 증기분무식 버너를 사용하는 보일러에서 수분이 함유된 증기가 보일러에 공급 시 발생하는 현상을 3가지 쓰시오.

[해답] ① 무화가 일정하지 않다.
② 화염이 불안정하다.
③ 화염의 위치가 불안정하다.

문제 17 [보기]와 같은 조건에서 가동되는 보일러 효율을 구하시오.

[보기]
- 연료 발열량 : 10000[kcal/kg]
- 연료 사용량 : 시간당 2[kg]
- 발생증기 엔탈피 : 646.1[kcal/kg]
- 발생증기량 : 20[kg/h]
- 급수온도 : 10[℃]

풀이 $\eta = \dfrac{G_a \cdot (h_2 - h_1)}{G_f \cdot H_l} \times 100 = \dfrac{20 \times (646.1 - 10)}{2 \times 10000} \times 100 = 63.61\,[\%]$

해답 63.61[%]

제45회 실기 필답형 문제 (2009년 5월 17일 시행)

◆ 다음 물음에 답을 해당 답란에 답하시오.◆

문제 01 [보기]에서 설명하는 공구의 명칭을 쓰시오.

> [보기] - 강관의 조립 및 분해 시 사용
> - 조(jaw)를 최대로 벌린 전 길이
> - 사이즈는 150[mm], 200[mm], 300[mm], 600[mm], 1000[mm]
> - 약한 것, 강한 것, 체인형 등 사용

[해답] 파이프 렌치

문제 02 원심펌프에서 회전수를 1500[rpm]에서 1800[rpm]으로 변경 시 소요동력은 얼마인가? (단, 1500[rpm]에서 소요동력은 7.5[kW]이다.)

[풀이]
$$L_2 = L_1 \times \left(\frac{N_2}{N_1}\right)^3 = 7.5 \times \left(\frac{1800}{1500}\right)^3 = 12.96 \,[\text{kW}]$$

[해답] 12.96[kW]

문제 03 방열기 입구온도 80[℃], 방열기 출구온도 60[℃], 실내온도 20[℃] 일 때 방열기 방열량[kcal/h · m²]을 계산하시오. (단, 방열기 방열계수는 7.5[kcal/h · m² · ℃] 이다.)

[풀이]
$$Q_r = K \cdot \Delta t_m = 7.5 \times \left(\frac{80+60}{2} - 20\right) = 375 \,[\text{kcal/h} \cdot \text{m}^2]$$

[해답] 375[kcal/h · m²]

문제 04 연료와 공기와의 혼합을 양호하게 하고, 확실한 착화와 화염의 안정을 도모하기 위하여 설치하는 보염장치 종류를 3가지 쓰시오.

[해답] ① 윈드박스 ② 보염기 ③ 버너 타일

문제 05 급수내관(distributing pipe)의 설치 이점을 3가지 쓰시오.

[해답] ① 온도차에 의한 부동팽창을 방지한다.
② 보일러 급수의 예열이 가능하다.
③ 관내온도의 급격한 변화를 방지한다.

문제 06 수격작용(water hammer) 방지 대책을 3가지 쓰시오.

해답
① 기수공발(carry over) 현상 발생을 방지할 것
② 주증기 밸브를 서서히 개방할 것
③ 증기배관의 보온을 철저히 할 것
④ 응축수가 체류하는 곳에 증기트랩을 설치할 것
⑤ 드레인 빼기를 철저히 할 것
⑥ 송기 전에 소량의 증기로 배관을 예열할 것

문제 07 보일러 연소 중 실제 연소열량과 완전 연소열량의 비를 무엇이라 하는가?

해답 연소효율

문제 08 보일러의 설치기준에서 각종관의 설치에 관한 ( )안에 알맞은 관 규격을 쓰시오.

> "급수장치에서 전열면적 10[m²] 이하의 보일러에서는 급수밸브의 크기가 (①)A 이상으로 하고 전열면적 10[m²]를 초과하는 보일러에서는 (②)A 이상이어야 한다. 다만, 급수장치에 설치하는 체크밸브는 최고사용압력 (③)[MPa] 미만의 보일러에서는 생략할 수 있다. 그리고 증기 보일러에 설치하는 안전밸브 및 압력방출장치의 크기는 호칭지름 (④)A 이상으로 하여야 하나, 소용량 강철제 보일러에서는 호칭지름 (⑤)A 이상으로 할 수 있다."

해답 ① 15 ② 20 ③ 0.1 ④ 25 ⑤ 20

해설 안전밸브 및 압력 방출장치의 크기를 호칭지름 20A로 할 수 있는 경우
① 최고사용압력 0.1[MPa] 이하의 보일러
② 최고사용압력 0.5[MPa] 이하의 보일러로 동체의 안지름이 500[mm] 이하이며 동체의 길이가 1000[mm] 이하의 것
③ 최고사용압력 0.5[MPa] 이하의 보일러로 전열면적 2[m²] 이하의 것
④ 최대증발량 5[ton/h] 이하의 관류보일러
⑤ 소용량 강철제 보일러, 소용량 주철제 보일러

문제 09 천연가스(LNG)를 연료로 사용하는 보일러에서 배기가스를 분석한 결과 산소 농도가 1.8[%]로 측정되었다면 배기가스 중의 CO_2 농도는 몇 [%]인가?

풀이
① 천연가스(LNG)의 주성분은 메탄(CH_4)이므로 실제공기량에 의한 메탄의 완전연소 반응식은
$$\therefore CH_4 + 2O_2 + (N_2) + B \rightarrow CO_2 + 2H_2O + (N_2) + B$$
② 공기비(m) 계산
$$\therefore m = \frac{21}{21 - O_2} = \frac{21}{21 - 1.8} = 1.093 ≒ 1.1$$
③ CO_2 농도[%] 계산
$$\therefore CO_2 = \frac{CO_2 량}{실제\ 건배기가스량} \times 100 = \frac{CO_2 량}{이론\ 건연소가스량 + 과잉공기량} \times 100$$

$$= \frac{1}{\{1+(2\times 3.76)\}+\left\{(1.1-1)\times \dfrac{2}{0.21}\right\}} \times 100 = 10.557 ≒ 10.56\,[\%]$$

④ 과잉공기량(B) 계산식 : $B = (m-1)\times A_0 = (m-1)\times \dfrac{O_0}{0.21}$

해답 10.56[%]

문제 10 원심펌프에서 프라이밍이란 무엇인지 설명하시오.

해답 펌프를 가동하기 전에 케이싱 내에 물을 충만시키는 작업

문제 11 보일러 과열 원인을 3가지 쓰시오.

해답
① 이상 감수 현상이 발생하였을 때
② 동 내면에 스케일이 생성되어 전열이 불량한 경우
③ 보일러 수가 농축되어 순환이 불량한 때
④ 전열면에 국부적으로 심한 열을 받았을 때
⑤ 연소실 열부하가 지나치게 큰 경우

문제 12 보일러의 상당 증발량이 2000[kg/h], 연료 저위발열량 10000[kcal/kg], 효율 80[%]로 운전되는 되는 경우 연료소비량[kg/h]을 계산하시오.

풀이
$\eta = \dfrac{539\,G_e}{G_f \cdot H_l}\times 100$ 에서

$\therefore G_f = \dfrac{539 \cdot G_e}{H_l \cdot \eta} = \dfrac{539\times 2000}{10000\times 0.8} = 134.75\,[\mathrm{kg/h}]$

해답 134.75[kg/h]

문제 13 보일러 판에서 발생하는 현상 중 라미네이션과 블리스터에 대하여 설명하시오.

해답
① 라미네이션(lamination) : 압연 강판이나 관의 두께 내부에 가스가 존재한 상태로 가공을 하였을 때 판이나 관이 2장의 층을 형성하며 분리되는 현상
② 블리스터(blister) : 라미네이션 부분이 가열로 인하여 부풀어 오르는 현상

문제 14 포화수 1[kg]과 포화증기 4[kg]이 혼합되었을 때 건도는 얼마인가?

풀이 건도 $= \dfrac{\text{포화증기}}{\text{습증기}} \times 100 = \dfrac{4}{1+4}\times 100 = 80\,[\%]$

해답 80[%]

문제 15 관류 보일러에 대한 설명에서 ( )안에 알맞은 용어를 쓰시오.

> 관류 보일러는 긴 관의 한쪽 끝에서 급수를 압입하여 차례로 (①), (②), (③)시켜 과열증기를 얻는 보일러이다.

해답 ① 가열 ② 증발 ③ 과열

문제 16 다음은 증기난방 방식에 대한 그림이다. 배관방법에 따라 구분할 때 각 그림은 어떤 배관방식인지 쓰시오.

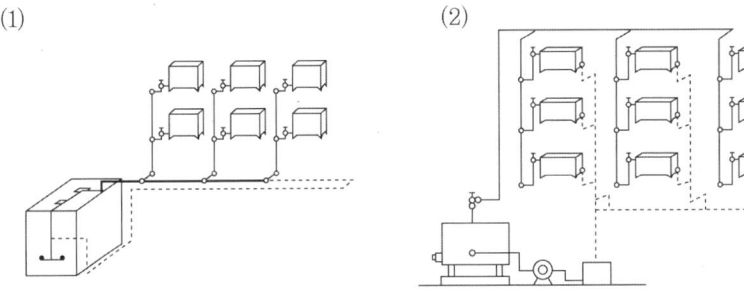

해답 (1) 단관식   (2) 복관식

해설 증기난방의 분류
 ① 증기압력에 의한 분류 : 저압식, 고압식
 ② 배관방식에 의한 분류 : 단관식, 복관식
 ③ 공급방식에 의한 분류 : 상향 공급식, 하향 공급식
 ④ 환수관의 배관방식에 의한 분류 : 건식 환수관식, 습식 환수관식
 ⑤ 응축수 환수방법에 의한 분류 : 중력 환수식, 기계 환수식, 진공 환수식

제46회 실기 필답형 문제 (2009년 8월 23일 시행)

◆ 다음 물음에 답을 해당 답란에 답하시오.◆

문제 01 보일러에서 발생하는 프라이밍, 포밍현상에 대하여 설명하시오.

해답 ① 프라이밍(priming) 현상 : 급격한 증발현상으로 동수면에서 작은 입자의 물방울이 증기와 혼입하여 튀어 오르는 현상
② 포밍(foaming) 현상 : 동저부에서 작은 기포들이 수면상으로 오르면서 물거품이 발생하여 수면에 달걀 모양의 기포가 덮이는 현상

문제 02 다음 방열기 도시기호에 대하여 설명하시오.

$$\begin{array}{c} 2R \times 1m \\ 32 \times 108 \times 165 \\ 20 \times 20 \end{array}$$

해답 ① 2단으로 유효 엘레멘트의 길이는 1[m]이다.
② 엘레멘트의 관지름은 32A이다.
③ 핀의 크기가 108[mm], 부착된 핀의 수가 165개이다.
④ 콘벡터의 유입, 유출 관지름은 20A이다.

문제 03 다음은 파이프 벤딩 머신에 대한 설명이다. 명칭을 쓰시오.

(1) 유압 또는 전동기를 이용한 관 굽힘 기계로 현장에서 주로 사용 :
(2) 보일러 공장 등에서 동일모양의 벤딩 제품을 다량 생산하는데 사용 :
(3) 32A 이하 관 굽힘 시 롤러와 포머 사이에 관을 삽입 후 핸들을 돌려 180° 까지 자유롭게 벤딩하는 형식 :

해답 (1) 램식 벤딩 머신   (2) 유압식 로터리식 벤딩 머신   (3) 수동 롤러에 의한 벤더

문제 04 [보기]와 같은 조건일 때 보일러 효율을 계산하시오.

[보기] – 급수 엔탈피 : 50[kcal/kg]   – 발생증기 엔탈피가 600[kcal/kg]
        – 시간당 증기 발생량 : 150[kg]   – 시간당 연료사용량 : 200[kg]
        – 연료의 저위 발열량 : 1000[kcal/kg]

풀이 $\eta = \dfrac{G_a \cdot (h_2 - h_1)}{G_f \cdot H_l} \times 100 = \dfrac{150 \times (600 - 50)}{200 \times 1000} \times 100 = 41.25\,[\%]$

해답 41.25[%]

문제 05 가성취화에 대하여 설명하시오.

해답 보일러 수중에서 분해되어 생긴 가성소다(NaOH)가 과도하게 농축되면 수산이온(OH^-)이 많아져서 알칼리도가 높아진다. 이것이 강재와 작용해서 생기는 나트륨(Na)이 강재의 결정 입계를 침해하여 재질을 열화, 취화 시키는 것으로 보일러판의 국부 리벳 연결부 등에서 발생하며, 균열이 발생하는 것으로 알 수 있다.

문제 06 슈트 블로어(soot blow) 사용 시 주의사항을 3가지 쓰시오.

해답
① 부하가 50[%] 이하일 때, 소화 후에는 사용을 금지한다.
② 댐퍼를 완전히 열고 통풍력을 크게 한다.
③ 그을음 제거를 하기 전에 반드시 응축수를 제거한다.
④ 그을음 불어내기 관을 동일 장소에서 오랫 동안 작용시키지 않는다.
⑤ 흡입통풍기가 있을 경우 흡입통풍을 늘려서 한다.

문제 07 500[℃] 이하의 온도에서 사용할 수 있는 무기질 보온재 종류를 3가지 쓰시오.

해답 ① 규조토 ② 유리섬유(glass wool) ③ 탄산마그네슘

해설 각 보온재의 안전사용온도
① 규조토 : 석면사용(500[℃]), 삼여물 사용(250[℃])
② 유리섬유(glass wool) : 350[℃] 이하
③ 탄산마그네슘 : 250[℃] 이하

문제 08 보일러 자동제어에서 미리 정해진 순서에 따라 순차적으로 제어의 각 단계가 진행되는 제어방식으로 작동명령이 타이머나 릴레이에 의해서 행해지는 제어의 명칭을 쓰시오.

해답 시퀀스 제어

문제 09 보일러에 온도계를 부착하는 위치를 4개소 쓰시오.

해답
① 급수입구의 급수온도계
② 버너 입구의 급유온도계
③ 보일러 본체 배기가스 온도계
④ 절탄기, 공기예열기의 입출구 온도계
⑤ 과열기, 재열기의 출구 온도계

문제 10 신설 보일러에서 내부에 부착된 유지분, 페인트류, 녹 등을 제거하기 위하여 실시하는 작업을 무엇이라 하는가?

해답 소다 끓이기 (소다 보링)

문제 11 수관식 보일러 중 관류보일러의 특징을 3가지 쓰시오.

해답
① 전열면적에 비하여 보유수량이 적으므로 가동시간이 짧다.
② 고압 보일러에 적합하다.
③ 관을 자유로이 배치할 수 있어 구조가 콤팩트하다.
④ 완벽한 급수처리를 요한다.
⑤ 정확한 자동제어 장치를 설치하여야 한다.
⑥ 순환비가 1이므로 드럼이 필요 없다.

문제 12 보일러 열정산 시 출열에 해당하는 항목을 5가지 쓰시오.

해답
① 배기가스 보유열량   ② 증기의 보유열량
③ 불완전연소에 의한 열손실   ④ 미연분에 의한 열손실
⑤ 노벽의 흡수열량   ⑥ 재의 현열

문제 13 강철제 보일러의 수압시험압력을 구하시오.
(1) 최고 사용압력이 0.35[MPa]인 보일러 :
(2) 최고 사용압력이 0.6[MPa]인 보일러 :
(3) 최고 사용압력이 1.8[MPa]인 보일러 :

풀이
(1) 수압시험압력 = 최고 사용압력 × 2배 = 0.35 × 2 = 0.7[MPa]
(2) 수압시험압력 = (최고 사용압력 × 1.3배) + 0.3[MPa] = (0.6 × 1.3) + 0.3 = 1.08[MPa]
(3) 수압시험압력 = 최고 사용압력 × 1.5배 = 1.8 × 1.5 = 2.7[MPa]

해답 (1) 0.7[MPa] (2) 1.08[MPa] (3) 2.7[MPa]

해설 수압시험 압력
(1) 강철제 보일러
① 보일러의 최고사용압력이 0.43[MPa] 이하일 때에는 그 최고사용압력의 2배의 압력으로 한다. 다만, 그 시험압력이 0.2[MPa] 미만인 경우에는 0.2[MPa]로 한다.
② 보일러의 최고 사용압력이 0.43[MPa] 초과 1.5[MPa]이하일 때에는 그 최고사용압력의 1.3배에 0.3[MPa]를 더한 압력으로 한다.
③ 보일러의 최고사용압력이 1.5[MPa]를 초과할 때에는 그 최고사용압력의 1.5배의 압력으로 한다.
(2) 가스용 온수보일러 : 강철제인 경우에는 (1)의 ①에서 규정한 압력
(3) 주철제 보일러
① 보일러의 최고사용압력이 0.43[MPa] 이하 일 때는 그 최고사용압력의 2배의 압력으로 한다. 다만, 시험압력이 0.2[MPa] 미만인 경우에는 0.2[MPa]로 한다.
② 보일러의 최고사용압력이 0.43[MPa]를 초과 할 때는 그 최고사용압력의 1.3배에 0.3[MPa]을 더한 압력으로 한다.

문제 14 온수 보일러에서 정격출력[kcal/h] 계산 시 필요한 부하를 4가지 쓰시오.

해답 ① 난방부하 ② 배관부하 ③ 급탕부하 ④ 예열부하

문제 15 유니언부터 유니언까지의 방열관의 길이는 얼마인가? (단, 방열관 피치는 200 [mm]이고, π는 3.14로 계산한다.)

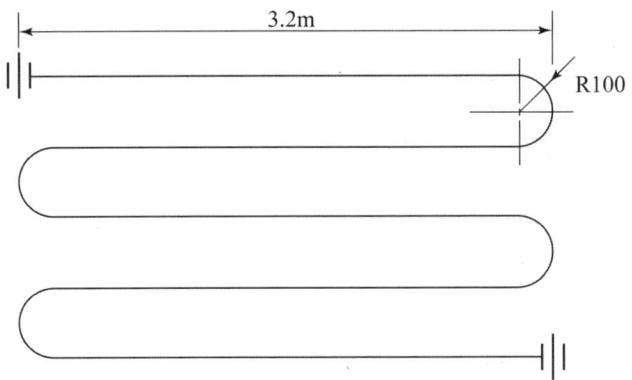

풀이

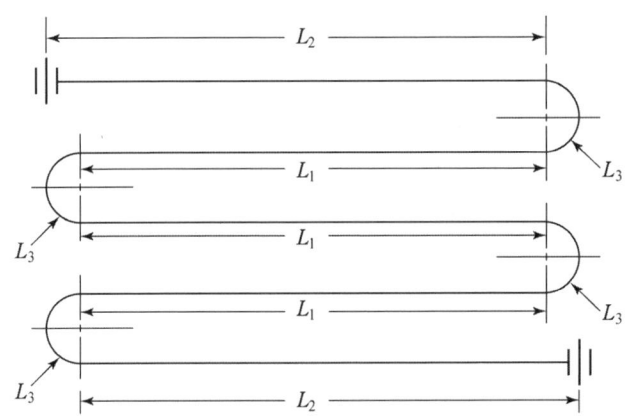

① 방열관 직선길이 계산 : 도면에서 주어진 3.2[m]에서 좌우 원호부 100[mm] 3개소와 유니언 연결부분의 2개소의 원호부 100[mm]를 빼주면 방열관의 직선길이가 계산된다.

∴ $L_1 = (3.2 - 0.2) \times 3 = 9\,[\text{m}]$

∴ $L_2 = (3.2 - 0.1) \times 2 = 6.2\,[\text{m}]$

② 방열관 원호 부분 길이 계산 : 원호부는 좌우 각각 2개이므로 전체는 4개소이다.

∴ $L_3 = \dfrac{\pi D}{2} \times N = \dfrac{3.14 \times 0.2}{2} \times 4 = 1.256 ≒ 1.26\,[\text{m}]$

③ 전체길이 계산

∴ $L = L_1 + L_2 + L_3 = 9 + 6.2 + 1.26 = 16.46\,[\text{m}]$

해답 16.46[m]

제47회 실기 필답형 문제 (2010년 5월 16일 시행)

◆ 다음 물음에 답을 해당 답란에 답하시오. ◆

문제 01 어느 실의 난방소요열량이 60000[kcal/h]이다. 5세주 650[mm]의 주철제 방열기를 이용하여 온수난방을 하고자 한다면 방열기 쪽수는 몇 개가 되어야 하는지 계산하시오. (단, 5세주 650[mm]의 주철제 방열기의 1쪽당 방열면적은 0.26[m²]이고, 방열량은 표준방열량으로 한다. 또한 답은 소수 첫째자리에서 반올림하여 정수로 답하시오.)

[풀이]
$$N_w = \frac{H_r}{450\,a} = \frac{60000}{450 \times 0.26} = 512.8 ≒ 513 \,[개]$$

[해답] 513[개]

문제 02 보일러의 연소효율을 η_c, 전열효율을 η_f 라 할 때, 보일러 열효율 η 는 어떻게 나타내어지는지 쓰시오.

[해답] $\eta = \eta_c \times \eta_f$

문제 03 다음은 어떠한 현상이 발생하였을 때 일어날 수 있는 장해를 설명한 것이다. 여기서 어떠한 현상이란 무엇인지 쓰시오.

> ① 보일러수 전체가 현저하게 요동하고 수면계의 수위확인을 어렵게 한다.
> ② 안전밸브 오염, 압력계 연락구멍이 스케일과 이물질로 막힘 또는 수면계의 통기관에 보일러수가 들어가기도 해서 이들의 성능이 저하한다.
> ③ 증기과열기에 보일러수가 들어가서 증기온도와 과열도가 저하하고 동시에 과열기를 오염시킨다.
> ④ 수격작용을 유발하고 배관이음매 등의 기기에 손상을 준다.
> ⑤ 프라이밍, 포밍 현상이 급격히 일어나면 보일러내의 수위가 급격하게 저하하여 저수위 사고를 일으킬 수 있다.

[해답] 캐리오버(carry over) 현상

문제 04 보일러 외부청소 작업의 종류 4가지를 쓰시오.

[해답]
① 슈트 블로(soot blow)   ② 샌드 블라스트(sand blast)
③ 스팀 소킹(steam soacking)법   ④ 워터 소킹(water soaking)법
⑤ 수세(washing)법   ⑥ 스틸 숏 클리닝(steel shot cleaning)법

문제 05 연소장치에서 카본 트러블(carbon trouble) 현상에 대하여 설명하시오.

해답 오일버너에서 무화불량이나 연소 상태가 불량인 경우에 오일의 미립자가 불완전 연소하여 그을음 상태로 고온의 연소실벽이나 버너 타일 등에 부착하여 연소를 악화시키고 이로 인해 다시 카본이 생성되어 퇴적하는 악순환이 계속되는 현상이다.

문제 06 급수처리는 보일러의 운전관리 중 가장 중요한 관리의 하나로서 보일러의 수명연장과 최대 열효율 보장 등의 효과를 기대할 수 있다. 그렇다면 급수처리를 하지 않고 보일러에 급수를 할 경우 발생할 수 있는 장해의 종류에는 어떤 것이 있는지 4가지를 쓰시오.

해답
① 관수농축
② 가성취화 발생
③ 부식발생
④ 스케일, 슬러지 생성
⑤ 프라이밍, 포밍 발생
⑥ 캐리오버 발생

문제 07 강관의 두께는 스케줄 번호에 의해서 나타내며 스케줄 번호에는 sch 10, 20, 30, 40, 60, 80 등이 있고 스케줄 번호가 클수록 관의 두께는 두꺼워 지는데 미터법에서의 스케줄 번호에 대한 공식을 쓰고 각 인자에 대하여 설명하시오.

해답
$$sch\ No = 10 \times \frac{P}{S}$$
P : 사용압력[kgf/cm^2] S : 허용응력[kgf/mm^2]

해설 허용응력[kgf/mm^2] = $\dfrac{\text{인장강도[kgf/mm}^2\text{]}}{\text{안전율}(4)}$

문제 08 난방용 시공재료의 밀도, 습도, 온도가 크거나 상승하면 열전도율은 증가 또는 감소하는지 쓰시오.

(1) 밀도가 크면 열전도율은?
(2) 습도가 증가하면 열전도율은?
(3) 온도가 상승하면 열전도율은?

해답 (1) 증가   (2) 증가   (3) 증가

해설 보온재의 열전도율에 영향을 미치는 요소
① 온도 : 온도가 상승하면 열전도율이 커진다.
② 밀도(비중) : 밀도가 커지면 열전도율이 커진다.
③ 흡습성(흡수성) : 흡습성(흡수성)이 증가하면 열전도율이 커진다.
④ 기공 : 기공의 크기가 작고 균일할수록 열전도율은 작아진다.

문제 09 다음은 보일러에서 자동제어에 대한 약호이다. 어떠한 제어를 의미하는지 각각을 설명하시오.

(1) ABC :
(2) ACC :
(3) STC :
(4) FWC :

[해답] (1) 보일러 자동제어 (2) 자동연소 제어
(3) 증기온도제어 (4) 급수제어

[해설] 보일러 자동제어(ABC)

명 칭	제 어 량	조 작 량
자동연소제어(ACC)	증기압력, 노내압	공기량, 연료량, 연소가스량
급수제어(FWC)	보일러 수위	급수량
증기온도제어(STC)	증기온도	전열량
증기압력제어(SPC)	증기압력	연료공급량, 연소용 공기량

문제 10 다음 주어진 배관 평면도를 제시된 방위에 맞도록 등각투상도로 나타내시오.

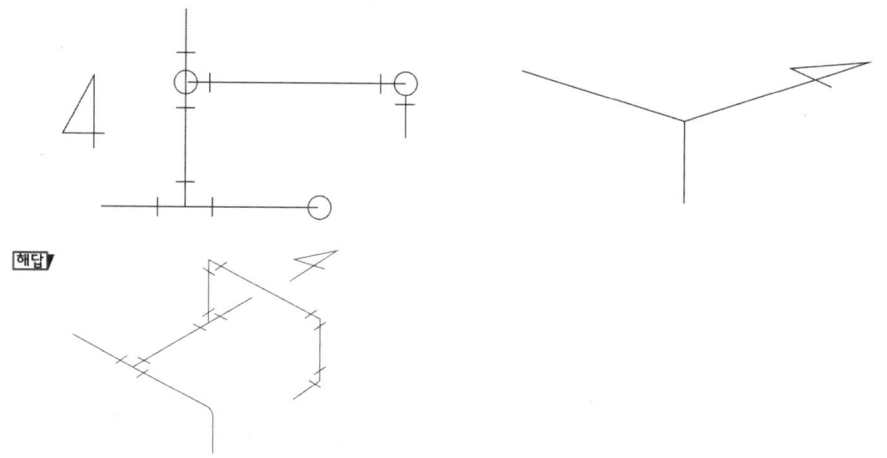

문제 11 보일러 설치검사 기준상 안전밸브 및 압력방출장치의 크기는 호칭지름 25A 이상으로 하여야 하지만 호칭지름 20A 이상으로 할 수 있는 보일러도 있다. 20A 이상으로 할 수 있는 보일러 중에서 다음 (   )안에 알맞은 압력을 쓰시오.

(1) 최고사용압력 (   )[MPa] 이하의 보일러
(2) 최고사용압력 (①)[MPa] 이하의 보일러로 동체의 안지름이 (②)[mm] 이하, 동체의 길이가 (③)[mm] 이하의 것
(3) 최고사용압력 (   )[MPa] 이하의 보일러로 전열면적 2[m²] 이하의 것
(4) 최대증발량이 (   )[톤/h] 이하의 관류 보일러

[해답] (1) 0.1 (2) ① 0.5 ② 500 ③ 1000 (3) 0.5 (4) 5

문제 12 연돌의 높이가 20[m], 배기가스 평균온도가 300[℃], 비중량이 1.34[kgf/m³], 외기의 온도가 10[℃], 비중량이 1.29[kgf/m³]인 경우 자연통풍력은 몇 [mmAq]인지 계산하시오.

풀이
$$Z = 273 H \left(\frac{\gamma_a}{T_a} - \frac{\gamma_g}{T_g} \right) = 273 \times 20 \times \left(\frac{1.29}{273+10} - \frac{1.34}{273+300} \right)$$
$$= 12.119 ≒ 12.12 \, [\text{mmAq}]$$

해답 12.12[mmAq]

문제 13 동관 작업용 공구 3가지를 쓰시오. (단, 측정공구는 제외한다.)

해답 ① 튜브 커터 ② 튜브 벤더 ③ 사이징 툴 ④ 익스팬더 ⑤ 몽키 스패너

문제 14 보일러 장치를 구성하는 3대 요소를 쓰시오.

해답 ① 보일러 본체 ② 연소장치 ③ 부속장치 및 설비

문제 15 보일러 압력 15[kgf/cm²], 건도가 0.98인 포화증기를 만드는 경우 급수온도를 절탄기에 의하여 20[℃]로부터 95[℃]까지 상승시킨다면 연료는 몇 [%]가 절약 되는가 계산하시오. (단, 15[kgf/cm²]에서 포화수 엔탈피와 증발열은 각각 197[kcal/kg], 466[kcal/kg]이다.)

풀이 ① 발생증기(h_2) 엔탈피 계산
h_2 = 포화수 엔탈피 + (증발열 × 건도)
     = 197 + (466 × 0.98) = 653.68 [kcal/kg]

② 연료 소비량(F) 계산식
$$F = \frac{G(h_2 - h_1)}{H_l \cdot \eta}$$ 에서
급수온도 20[℃] 상태의 연료소비량을 F_1, 95[℃] 상태의 연료소비량을 F_2라 하면

$$\frac{F_2}{F_1} = \frac{\dfrac{G_2(653.68-95)}{H_{l_2} \cdot \eta_2}}{\dfrac{G_1(653.68-20)}{H_{l_1} \cdot \eta_1}} = \frac{(653.68-95)}{(653.68-20)} \text{가 된다.}$$

($\because G_1 = G_2, \, H_{l_1} = H_{l_2}, \, \eta_1 = \eta_2$ 이므로)

③ 연료 절감률[%] 계산
$\therefore$ 연료 절감률 $= \dfrac{F_1 - F_2}{F_1} \times 100 = \left(1 - \dfrac{F_2}{F_1} \right) \times 100$
$= \left(1 - \dfrac{653.68-95}{653.68-20} \right) \times 100 = 11.835 ≒ 11.84 \, [\%]$

해설 11.84[%]

제48회 실기 필답형 문제 (2010년 8월 22일 시행)

◆ 다음 물음에 답을 해당 답란에 답하시오.◆

문제 01 보일러 운전 중 발생하는 이상 현상 중 캐리오버(carry over)가 발생하였을 때의 장해 4가지를 쓰시오.

해답
① 수위 오인으로 저수위 사고 ② 계기류 연락관의 막힘
③ 송기되는 증기의 불순 ④ 증기의 열량 감소
⑤ 배관의 부식 초래 ⑥ 배관, 기관 내에서 수격작용 발생

문제 02 보일러 급수펌프의 구비조건 4가지 쓰시오.

해답
① 고온, 고압에 견딜 것 ② 작동이 확실하고 조작이 간단할 것
③ 부하변동에 대응할 수 있을 것 ④ 저부하에도 효율이 좋을 것
⑤ 병렬운전에 지장이 없을 것 ⑥ 회전식은 고속회전에 안전할 것

문제 03 내화물의 스폴링(spalling) 현상에 대하여 설명하시오.

해답 박락현상이라 하며 내화물이 사용하는 도중에 온도의 급격한 변화나 가열, 냉각 때문에 갈라지든지, 떨어져 나가는 현상을 말한다.

해설• 스폴링 현상의 종류 및 원인
① 열적 스폴링 : 온도 급변에 의한 열영향
② 구조적 스폴링 : 구조적인 응력 불균형
③ 기계적 스폴링 : 조직 변화에 의한 영향

문제 04 보일러 자동급수 제어에서 수위를 검출하는 장치 종류 4가지를 쓰시오.

해답 ① 플로트식 ② 전극식 ③ 열팽창관식 ④ 차압식

문제 05 보일러수의 관리 목적 4가지를 쓰시오.

해답
① 스케일, 슬러지가 고착되는 것을 방지하기 위하여
② 보일러수가 농축되는 것을 방지하기 위하여
③ 보일러 부식을 방지하기 위하여
④ 가성취화현상을 방지하기 위하여
⑤ 캐리오버현상을 방지하기 위하여

문제 06 보일러 운전 중 항상 감시하여야할 2가지는 무엇인가?

해답 ① 수위 ② 연소상태 ③ 압력상태

문제 07 [보기]와 같은 조건의 대류방열기(convector)를 도시기호로 표시하시오.

- 상당방열면적 : 4.3[m²]
- 유효길이 : 1700[mm]
- 유출관 지름 : 20A
- 열수 : 2열
- 유입관 지름 : 25A

해답▶

```
       4.3
    ─────────
    2R - 1700
    ─────────
     25 × 20
```

문제 08 보일러 설치, 시공기준 중 안전밸브는 쉽게 검사할 수 있는 장소에 밸브 축을 (①) 으로 하여 가능한 한 보일러의 (②)에 직접 부착시켜야 한다. ( )안에 알맞은 용어를 쓰시오.

해답▶ ① 수직   ② 동체

문제 09 연소가스의 온도가 210[℃]이고, 대기외도가 17[℃]일 때 통풍력을 9[mmH₂O]로 유지하여 연소가스를 배출하려면 연돌의 높이는 몇 [m] 이상이어야 하는가?
(단, 대기의 비중량은 1.29[kgf/m³], 연소가스의 비중량은 1.35[kgf/m³]이며, 소수점 첫째자리에서 반올림하여 계산하시오.)

풀이▶ 실제통풍력은 이론통풍력의 80[%]이므로
$Z = 273\, H \left(\dfrac{\gamma_a}{T_a} - \dfrac{\gamma_g}{T_g} \right) \times 0.8$ 이다.

$\therefore H = \dfrac{Z}{273 \times \left(\dfrac{\gamma_a}{T_a} - \dfrac{\gamma_g}{T_g} \right) \times 0.8} = \dfrac{9}{273 \times \left(\dfrac{1.29}{273+17} - \dfrac{1.35}{273+210} \right) \times 0.8}$

$= 24.9 ≒ 25\,[\text{m}]$

해답▶ 25[m]

문제 10 다음은 열정산의 조건에 대한 물음이다. ( )안에 알맞은 내용을 쓰시오.
(1) 보일러의 열정산은 원칙적으로 정격부하 이상에서 정상상태로 적어도 ( )시간 이상의 운전 결과에 따라 한다.
(2) 발열량은 원칙적으로 사용 시 연료의 ( )으로 한다.
(3) 열정산의 기준온도는 시험시의 ( )온도를 기준으로 한다.

해답▶ (1) 2   (2) 고위발열량 (또는 총 발열량)   (3) 외기

문제 11 저위발열량이 10500[kcal/kg]인 연료를 연소시키는 보일러에서 연소가스량이 12[Nm³/kg], 연소가스의 비열이 0.33[kcal/Nm³·℃], 외기온도 5[℃], 배기가스 온도 300[℃]일 때 이 보일러 효율은 얼마인가? (단, 기타 입열 및 출열은 없고 연료는 완전 연소하였다.)

풀이
$$\eta = \left(1 - \frac{\text{손실열}}{\text{입열}}\right) \times 100 = \left(1 - \frac{12 \times 0.33 \times (300-5)}{10500}\right) \times 100$$
$$= 88.874 ≒ 88.87\,[\%]$$

해답 88.87[%]

문제 12 연돌 상부 최소단면적이 3200[cm²]이고, 연돌로 배출되는 배기가스가 4000[Nm³/h]일 때 배기가스의 유속[m/s]은 얼마인가? (단, 배기가스의 평균온도는 220[℃]이다.)

풀이
$F = \dfrac{G(1+0.0037t)\left(\dfrac{760}{P_g}\right)}{3600\,W}$ 에서 압력(P_g)은 무시하면

$\therefore W = \dfrac{G(1+0.0037t)}{3600\,F} = \dfrac{4000 \times (1+0.0037 \times 220)}{3600 \times 3200 \times 10^{-4}} = 6.298 ≒ 6.30\,[\text{m/s}]$

해답 6.3[m/s]

문제 13 착화를 원활하게 하고 화염의 안정을 도모하는 것이며, 선회기를 설치하여 연소용 공기에 선회운동을 주어 원추상으로 분사시켜 내측에 저압부분의 형성으로 저속영역을 만들어 착화를 쉽게 하는 공기조절장치의 명칭을 쓰시오.

해답 보염기(스테빌라이저)

문제 14 난방부하가 10000[kcal/h인] 곳에 온수를 열매체로 사용하는 5세주형 650[mm]의 주철제 방열기를 설치할 때 필요한 방열면적[m²]과 방열기 소요쪽수를 계산하시오. (단, 방열기 방열량은 표준 방열량이고 5세주형 650[mm]의 1쪽 당 표면적은 0.26[m²]이다.)

풀이
① 방열기 방열면적[m²] 계산
$\therefore$ 방열기 방열면적 $= \dfrac{\text{난방부하[kcal/h]}}{\text{방열기 표준방열량[kcal/h·m}^2\text{]}} = \dfrac{10000}{450} = 22.222$
$≒ 22.22\,[\text{m}^2]$

② 방열기 쪽수 계산
$N_w = \dfrac{H_r}{450\,a} = \dfrac{10000}{450 \times 0.26} = 85.470 ≒ 86\,[\text{쪽}]$

해답 ① 방열기 방열면적 : 22.22[m²]
② 방열기 쪽수 : 86[쪽]

문제 15 증기 보일러의 환산 증발량이 5[톤/h]이고, 효율이 85[%]로 운전되는 가스버너의 용량[Nm³/h]은 얼마인가? (단, 가스의 발열량 22000[kcal/Nm³]이다.)

풀이 $\eta = \dfrac{539\, G_e}{G_f \cdot H_l} \times 100$ 에서

$\therefore G_f = \dfrac{539 \cdot G_e}{H_l \cdot \eta} = \dfrac{539 \times 5000}{22000 \times 0.85} = 144.117 ≒ 144.12\,[\text{Nm}^3/\text{h}]$

해답 144.12[Nm³/h]

문제 16 다음 배관 표시법을 설명하시오. (단, EL은 기준선으로 그 지방의 해수면을 의미한다.)

(1) EL + 750 :

(2) EL BOP + 300 :

(3) EL TOP − 600 :

해답 (1) 기준면으로부터 배관 중심부까지 높이가 750[mm] 상부에 있다.
    (2) 파이프 밑면이 기준면보다 300[mm] 높게 있다.
    (3) 파이프 윗면이 기준면보다 600[mm] 낮게 있다.

제49회 실기 필답형 문제 (2011년 5월 29일 시행)

◆ 다음 물음에 답을 해당 답란에 답하시오.◆

문제 01 수관식 보일러 중 관류보일러의 특징 5가지만 쓰시오.

해답 ① 전열면적에 비하여 보유수량이 적으므로 가동시간이 짧다.
② 고압 보일러에 적합하다.
③ 관을 자유로이 배치할 수 있어 구조가 콤팩트하다.
④ 완벽한 급수처리를 요한다.
⑤ 정확한 자동제어 장치를 설치하여야 한다.
⑥ 순환비가 1이므로 드럼이 필요 없다.

문제 02 난방부하가 100000[kcal/h], 급탕부하 30000[kcal/h], 배관부하율 25[%], 예열부하 20[%]인 온수보일러의 정격출력[kcal/h]을 구하시오. (단, 출력저하계수는 1이다.)

풀이
$$H_m = \frac{(H_1 + H_2) \times (1+\alpha) \times \beta}{k} = \frac{(100000 + 30000) \times (1+0.25) \times 1.2}{1}$$
$$= 195000 \,[\text{kcal/h}]$$

해답 195000[kcal/h]

문제 03 보일러 연료로 사용하고 있는 도시가스가 LNG이고, 이 LNG의 주성분이 모두 메탄(CH_4)으로 구성되었을 때 1[Nm^3] 연소에 필요한 이론공기량[Nm^3]은 얼마인가?

풀이 메탄(CH_4)의 완전연소반응식
$CH_4 + 2O_2 \rightarrow CO_2 + 2H_2O$
22.4[Nm^3] : 2×22.4Nm^3] = 1Nm^3] : $x(O_0)$[Nm^3]
$$\therefore A_0 = \frac{O_0}{0.21} = \frac{1 \times 2 \times 22.4}{22.4 \times 0.21} = 9.523 ≒ 9.52\,[\text{Nm}^3/\text{Nm}^3]$$

해답 9.52[Nm^3/Nm^3]

문제 04 보일러설치 검사기준 중 가스용 보일러의 연료배관에 관한 내용이다. ( )안에 알맞은 숫자를 쓰시오.

> 배관의 이음부(용접이음매를 제외한다)와 전기계량기 및 전기개폐기와의 거리는 (①)[cm] 이상, 굴뚝(단열조치를 하지 아니한 경우에 한한다)·전기점멸기 및 전기접속기와의 거리는 (②)[cm] 이상, 절연전선과의 거리는 10[cm] 이상, 절연조치를 하지 아니한 전선과의 거리는 (③)[cm] 이상의 거리를 유지하여야 한다.

해답 ① 60 ② 30 ③ 30

문제 05 기름을 사용하는 보일러에서 연소 중에 화염이 순간적으로 꺼졌다가 분무되는 기름이 순간적으로 착화하는 일을 반복하는 점멸(단속)연소와 연소 중에 갑자기 소화되는 실화의 원인 4가지를 각각 쓰시오.

해답
(1) 점멸(단속)연소의 원인
  ① 연료 중에 수분이 혼합되어 있는 경우
  ② 분무용 증기나 공기에 응축수를 함유하고 있는 경우
  ③ 연료 중에 슬러지 등 불순물이 혼합되어 있는 경우
  ④ 유압이 너무 높은 경우
  ⑤ 1차 공기의 공급량이 부족한 경우
(2) 실화의 원인
  ① 연료 중에 수분이나 공기가 비교적 많이 혼합되어 있는 경우
  ② 연료 분사용 증기, 공기의 공급량이 연료량에 비해 과다 또는 과소할 때
  ③ 연료(중유)를 과다하게 가열하여 연료가 배관이나 가열기 내에서 가스화하여 중유 공급이 중단되는 때
  ④ 연료 배관 중의 스트레이너가 막혀 있는 경우
  ⑤ 급유펌프의 고장 또는 이상이 있는 경우

문제 06 시간당 증기발생량이 2000[kg]인 보일러가 5시간 동안 중유를 800[kg] 사용하였을 때 이 보일러의 증발배수를 계산하시오. (단, 보일러 급수온도는 20[℃]이다.)

풀이 증발배수 $= \dfrac{G_a}{G_f} = \dfrac{2000}{\dfrac{800}{5}} = 12.5$

해답 12.5

해설
① 증발배수 : 보일러의 실제증발량과 그 증기를 발생시키기 위해 사용된 연료량과의 비
② 환산 증발배수 : 보일러의 상당증발량과 그 증기를 발생시키기 위해 사용된 연료량과의 비
∴ 환산 증발배수 $= \dfrac{G_e}{G_f} = \dfrac{G_a(h_2 - h_1)}{539\,G_f}$
③ 증발계수 : 보일러의 상당 증발량과 실제 증발량과의 비
∴ 증발계수 $= \dfrac{G_e}{G_a} = \dfrac{h_2 - h_1}{539}$

문제 07 동관 작업 시 사용하는 다음 공구의 용도를 설명하시오.
(1) 플레어링 툴 세트 :
(2) 사이징 툴 :
(3) 확관기(익스팬더) :

해답
(1) 동관을 압축 이음하기 위하여 관 끝을 나팔모양으로 만드는데 사용하는 공구이다.
(2) 동관의 끝 부분을 원형으로 정형하는 공구이다.
(3) 동관의 관 끝 지름을 크게 확대하는데 사용하는 공구이다.

문제 08 가정용 온수보일러에 설치하는 팽창탱크의 설치 목적을 2가지만 쓰시오.

해답
① 운전 중 장치내의 온도상승에 의한 체적팽창 및 그 압력을 흡수한다.
② 팽창된 온수의 넘침을 방지하여 열손실을 방지한다.
③ 운전 중 장치내의 압력을 소정의 압력으로 유지하고, 온수온도를 유지한다.
④ 장치 내 보충수 공급 및 공기침입을 방지한다.

문제 09 보일러 자동제어에서 미리 정해진 순서에 따라 순차적으로 제어의 각 단계가 진행되는 제어방식으로 작동명령이 타이머나 릴레이에 의해서 행해지는 제어의 명칭을 쓰시오.

해답 시퀀스 제어

문제 10 배관 이음 도시기호는 관이음 방법에 따라 각기 다른 기호를 사용한다. 다음 관이음의 도시기호를 나타내시오.

(1) 턱걸이 이음 :
(2) 플랜지 이음 :
(3) 나사 이음 :

해답

문제 11 다음 방열기 도시기호를 보고 물음에 답하시오.

(1) 엘리먼트의 관지름은 얼마인가?
(2) 핀(fin)의 크기(치수)는 얼마인가?
(3) 엘리먼트 핀은 몇 개인가?

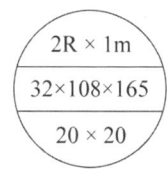

해답 (1) 32A (2) 108[mm] (3) 165개

문제 12 배관의 접합부로부터 누설을 방지하기 위하여 사용하는 것이 패킹재이다. 다음에 설명하는 플랜지 패킹재의 명칭을 쓰시오.

(1) 탄성이 크고 우수하며 흡수성이 없으나 열과 기름에 약하며 산, 알칼리에 침식이 어렵다.
(2) 고무패킹의 일종으로 천연고무의 성질을 개선시킨 것으로 내산성, 내열성, 내유성이 좋고, 기계적 성질이 양호하다.
(3) 합성수지 패킹의 대표적인 것으로 내열범위가 -260~260[℃]이며 약품, 기름에도 침식되지 않는다.

해답 (1) 천연고무
(2) 합성고무(neoprene)
(3) 테프론

문제 13 보일러에서 최대 연속 증발량에 대한 실제 증발량과의 비율을 무엇이라 하는가? [보기]를 보고 답하시오.

$$(\quad) = \frac{\text{실제 증발량}}{\text{최대 연속 증발량}} \times 100$$

해답 보일러 부하율[%]

문제 14 보일러 운전 중에 발생하는 장해 중 프라이밍(priming) 현상을 설명하시오.

해답 급격한 증발현상으로 동수면에서 작은 입자의 물방울이 증기와 혼입하여 튀어 오르는 현상

문제 15 다음 [보기]는 보일러의 이상저수위 발생 시, 과열 등이 발생하는 비상 시 긴급정지를 행하 사항이다. 비상조치 단계를 나열하시오.

[보기] ① 주증기 밸브를 닫는다.
② 댐퍼는 개방된 상태로 두고 통풍을 한다.
③ 연소용 공기의 공급을 정지한다.
④ 급수를 할 필요가 있는 경우는 급수를 하여 수위를 유지한다.
⑤ 연료 공급을 중지한다.

해답 ⑤ → ③ → ④ → ① → ②

문제 16 발생증기의 엔탈피는 660[kcal/kg], 급수엔탈피는 60[kcal/kg], 급수량이 5000 [kg/h], 연료 소비량이 400[kg/h]인 증기 보일러를 열정산을 할 때, 발생증기의 흡수열[kcal/kg-연료]을 구하시오.

풀이
$$Q_s = W_2 \times (h_2 - h_1) = \frac{G_w}{G_f} \times (h_2 - h_1) = \frac{5000}{400} \times (660 - 60)$$
$$= 7500 \,[\text{kcal/kg} - \text{연료}]$$

해답 7500[kcal/kg-연료]

제50회 실기 필답형 문제 (2011년 9월 25일 시행)

◆ 다음 물음의 답을 해당 답란에 답하시오.◆

문제 01 탄소(C) 10[kg]을 완전연소 하였을 때 CO_2 생성량은 표준상태에서 몇 [Nm³]인가 계산하시오.

풀이 ① 탄소(C)의 완전연소 반응식
   $C + O_2 \rightarrow CO_2$
   ② CO_2 생성량[Nm³] 계산
   12[kg] : 22.4[Nm³] = 10[kg] : x[Nm³]
   $\therefore x = \dfrac{22.4 \times 10}{12} = 18.666 ≒ 18.67 \, [\text{Nm}^3]$

해답 18.67[Nm³]

문제 02 보일러 열정산시 입열(入熱)에 해당하는 항목을 3가지 쓰시오.

해답 ① 연료의 발열량   ② 연료의 현열
   ③ 공기의 현열   ④ 노내 취입 증기 또는 온수에 의한 입열

문제 03 보일러 연소제어를 위한 자동제어장치의 종류 3가지를 쓰시오.

해답 ① 증기압력 제한기 및 증기압력 조절기
   ② 온수온도 제어기 및 온수온도 조절기
   ③ 연료차단 밸브 및 연료조절 밸브
   ④ 연소공기 댐퍼 및 컨트롤 모터

문제 04 다음 배관 명칭을 보고 배관 기호를 쓰시오.
   (1) 저온 배관용 탄소강관 :
   (2) 고온 배관용 탄소강관 :
   (3) 보일러 열교환기용 합금강관 :

해답 (1) SPLT   (2) SPHT   (3) STHA

문제 05 석유계 기체연료의 종류 3가지를 쓰시오.

해답 ① 액화석유가스   ② LPG 변성가스   ③ 나프타 분해가스
   ④ 오일 가스   ⑤ 대체천연가스

문제 06 동관 작업용 공구 5가지를 쓰시오. (단, 측정공구는 제외한다.)

해답 ① 튜브 커터   ② 튜브 벤더   ③ 사이징 툴   ④ 익스팬더   ⑤ 몽키 스패너

문제 07 보일러에서 연료를 연소할 때 화염의 형태 및 불빛으로 연소공기의 과부족을 판단할 수 있다. 다음의 공기량별 불빛 색(화염의 색)을 쓰시오.

(1) 공기량이 많은 경우 :
(2) 공기량이 적은 경우 :
(3) 공기량이 적당한 경우 :

해답 (1) 회백색 (2) 암적색 (3) 엷은 주황색(오렌지색)

문제 08 인젝터로 급수 시 급수 불량 원인에 대하여 4가지 쓰시오.

해답 ① 급수온도가 너무 높은 경우(50[℃] 이상)
② 증기압력이 낮은 경우
③ 부품이 마모되어 있는 경우
④ 흡입관로 및 밸브로부터 공기유입이 있는 경우
⑤ 체크밸브가 고장 난 경우
⑥ 증기에 수분이 많은 경우

문제 09 캐리오버(carry over)에 대하여 설명하시오.

해답 보일러 수중에 용해 또는 현탁되어 있는 불순물과 수분이 증기와 함께 보일러 본체 밖으로 배출되어 나오는 현상으로 기수공발, 비수현상이라 하며 선택적 캐리오버와 기계적 캐리오버로 구분한다.

해설 ① 선택적 캐리오버 : 증기 속에 용해되어 있던 실리카(무수규산) 성분이 증기와 함께 송출되어지는 현상
② 기계적 캐리오버 : 작은 물방울(액적) 또는 거품이 증기와 함께 송출되는 현상

문제 10 보일러 급수 내처리제로 사용하는 히드라진(N_2H_4)의 용도 및 이때의 반응식을 쓰시오.

해답 ① 용도 : 탈산소제
② 반응식 : $N_2H_4 + O_2 \rightarrow N_2 + 2H_2O$

문제 11 증기 방열기에 4[kgf/cm²]의 압력으로 공급되는 포화증기의 엔탈피가 654.92 [kcal/kg]이고, 포화수 엔탈피가 162.32[kcal/kg]이고 증기의 건도가 0.98일 때 방열기 1[m²]당 발생하는 응축수량[kg/h]을 계산하시오. (단, 방열기 방열량은 표준 방열량으로 계산한다.)

풀이 $Q_c = \dfrac{Q_r}{\gamma} = \dfrac{Q_r}{(h'' - h')x} = \dfrac{650}{(654.92 - 162.32) \times 0.98} = 1.346 \fallingdotseq 1.35 \,[\mathrm{kg/h}]$

해답 1.35[kg/h]

문제 12 호칭지름 20A 관을 반지름 100[mm], 굽힘 각도 90°로 구부리고자 할 때 필요한 곡선부의 길이는 몇 [mm]인가?

[풀이] $90° L = \dfrac{90}{360} \times \pi \times D = \dfrac{90}{360} \times \pi \times 2 \times 100 = 157.079 ≒ 157.08 \,[\text{mm}]$

[해답] 157.08[mm]

문제 13 보일러의 상당 증발량이 2000[kg/h], 연료 저위발열량 10000[kcal/kg], 효율 80[%]로 운전되는 되는 경우 연료소비량[kg/h]을 계산하시오. (단, 소수 첫째자리에서 반올림하여 정수로 계산하시오.)

[풀이] $\eta = \dfrac{539 \, G_e}{G_f \cdot H_l} \times 100$ 에서

$\therefore G_f = \dfrac{539 \cdot G_e}{H_l \cdot \eta} = \dfrac{539 \times 2000}{10000 \times 0.8} = 134.7 ≒ 135 \,[\text{kg/h}]$

[해답] 135[kg/h]

문제 14 다음 팽창탱크에서 ①~④까지의 배관 명칭을 쓰시오.

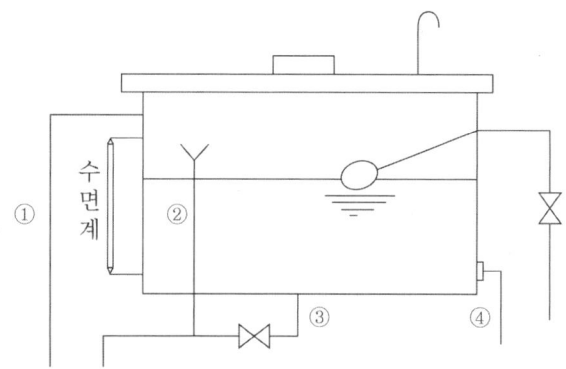

[해답] ① 안전관(방출관) ② 오버플로관 ③ 배수관 ④ 팽창관

문제 15 보일러를 옥내에 설치하는 기준 4가지를 쓰시오.

[해답] ① 보일러는 불연성물질의 격벽으로 구분된 장소에 설치하여야 한다. 다만, 소용량 강철제 보일러, 소용량 주철제 보일러, 가스용 온수보일러, 1종 관류보일러(이하 "소형보일러"라 한다)는 반격벽으로 구분된 장소에 설치할 수 있다.
② 보일러 동체 최상부로부터(보일러의 검사 및 취급에 지장이 없도록 작업대를 설치한 경우에는 작업대로부터) 천정, 배관 등 보일러 상부에 있는 구조물까지의 거리는 1.2[m] 이상이어야 한다. 다만, 소형보일러 및 주철제 보일러의 경우에는 0.6[m] 이상으로 할 수 있다.
③ 보일러 동체에서 벽, 배관, 기타 보일러 측부에 있는 구조물(검사 및 청소에 지장이 없는 것은 제외)까지 거리는 0.45[m] 이상이어야 한다. 다만, 소형보일러는 0.3[m] 이상으로 할 수 있다.

④ 보일러 및 보일러에 부설된 금속제의 굴뚝 또는 연도의 외측으로부터 0.3[m] 이내에 있는 가연성 물체에 대하여는 금속 이외의 불연성 재료로 피복하여야 한다.
⑤ 연료를 저장할 때에는 보일러 외측으로부터 2[m] 이상 거리를 두거나 방화격벽을 설치하여야 한다. 다만, 소형보일러의 경우에는 1[m] 이상 거리를 두거나 반격벽으로 할 수 있다.
⑥ 보일러에 설치된 계기들을 육안으로 관찰하는데 지장이 없도록 충분한 조명시설이 있어야 한다.
⑦ 보일러실은 연소 및 환경을 유지하기에 충분한 급기구 및 환기구가 있어야 하며 급기구는 보일러 배기가스 닥트의 유효단면적 이상이어야 하고 도시가스를 사용하는 경우에는 환기구를 가능한 한 높이 설치하여 가스가 누설되었을 때 체류하지 않는 구조이어야 한다.
⑧ 보일러의 연도는 내식성의 재질을 사용하거나, 배가스 중 응축수의 체류를 방지하기 위하여 물 빼기가 가능한 구조이거나 장치를 설치하여야 한다.

문제 16 로터리식 파이프 벤딩 머신에 의한 관 굽히기(bending)에서 관이 파손되는 원인을 3가지 쓰시오.

해답 ① 압력형의 조정이 강하고 저항이 크다.
② 받침쇠가 너무 나와 있다.
③ 곡률 반지름이 너무 작다.
④ 재료에 결함이 있다.

제51회 실기 필답형 문제 (2012년 5월 27일 시행)

◆ 다음 물음의 답을 해당 답란에 답하시오.◆

문제 01 연소실을 수작업으로 청소할 때 필요한 공구 2가지를 쓰시오.

해답 ① 스크레이퍼 ② 해머 ③ 와이어 브러쉬

문제 02 1°dH(독일경도)에 대하여 설명하시오.

해답 수중의 칼슘(Ca)과 마그네슘(Mg) 이온의 양을 산화칼슘(CaO)의 양으로 환산해서 나타내는 것으로 물 100[cc] 중 CaO가 1[mg] 포함된 것을 1°dH라고 한다.

문제 03 보일러 종류별 수면계 부착위치를 나타낸 것이다. ( ) 안에 알맞은 숫자를 쓰시오.
(1) 직립보일러 : 연소실 천장판 최고부(플랜지부 제외) 위 (   )[mm]
(2) 수평연관 보일러 : 연관의 최고부 위 (   )[mm]
(3) 노통 보일러 : 노통 최고부(플랜지부 제외) 위 (   )[mm]

해답 (1) 75 (2) 75 (3) 100

해설 • 수면계 부착 위치 : 수면계 유리관의 최하부가 안전 저수위와 일치하도록 설치

보일러의 종류	안 전 저 수 위
직립형 보일러	연소실 천장판 최고부위 75[mm] 상방
직립 연관 보일러	연소실 천장판 최고부위에서 연관길이의 1/3 지점
수평 연관 보일러	연관 최고부위 75[mm] 상방
노통 보일러	노통 최고부위 100[mm] 상방
노통 연관 보일러	연관이 노통보다 높을 경우 : 연관 최고부위 75[mm] 상방 노통이 연관보다 높을 경우 : 노통 최고부위 100[mm] 상방

문제 04 동관 작업용 공구 5가지를 쓰시오. (단, 측정공구는 제외한다.)

해답 ① 튜브 커터 ② 튜브 벤더 ③ 사이징 툴 ④ 익스팬더 ⑤ 몽키 스패너

문제 05 증기 보일러의 용량을 표시하는 방법 3가지를 쓰시오.

해답 ① 시간당 최대 증발량[kg/h, ton/h]
② 상당(환산) 증발량[kg/h]
③ 보일러 마력
④ 전열면적[m^2]
⑤ 최고 사용압력[MPa, kgf/cm^2]

문제 06 보일러 열정산 시 배기가스 온도 측정위치는 어느 곳인가?

해답 보일러의 최종 가열기 출구

해설 • 보일러 배기가스 온도계 부착 위치 : 보일러 본체 출구

문제 07 보일러 연료로서 기체 연료를 사용할 경우의 장점을 3가지 쓰시오.

해답
① 연소효율이 높고 연소제어가 용이하다.
② 회분 및 황성분이 없어 전열면 오손이 없다.
③ 적은 공기비로 완전연소가 가능하다.
④ 저발열량의 연료로 고온을 얻을 수 있다.
⑤ 완전연소가 가능하여 공해문제가 없다.

해설 • 기체연료의 단점
① 저장 및 수송이 어렵다.
② 가격이 비싸다.
③ 시설비가 많이 소요된다.
④ 누설 시 화재, 폭발의 위험이 크다.

문제 08 역화의 원인에 해당하는 것을 [보기]에 골라 쓰시오.

> [보기] ① 과대, 과소 ② 많은, 적은 ③ 빠른, 늦은 ④ 과잉, 부족

(1) 프리퍼지 (   )   (2) 점화 시 착화가 (   )   (3) 연료의 (   ) 공급
(4) 흡입통풍의 (   )   (5) 압입통풍의 (   )

해답 (1) 부족 (2) 늦은 (3) 과잉 (4) 부족 (5) 과대

문제 09 유량이 0.43[m³/s]로 흐르고 있는 관의 안지름이 0.4[m]에서 0.2[m]로 돌연 축소될 때 손실수두는 몇 [m]인가? (단, 저항계수 k = 0.681이다.)

풀이 • ① 축소관에서의 유속 계산

$$\therefore V_2 = \frac{Q}{A_2} = \frac{0.43}{\frac{\pi}{4} \times 0.2^2} = 13.687 \fallingdotseq 13.69 \, [\text{m/s}]$$

② 손실수두 계산

$$\therefore h_L = k \frac{V_2^2}{2g} = 0.681 \times \frac{13.69^2}{2 \times 9.8} = 6.511 \fallingdotseq 6.51 \, [\text{m}]$$

해답 6.51[m]

문제 10
[보기]는 보일러의 자동 장치 점화 방법 종류를 나타낸 것이다. 점화 순서에 맞도록 번호순으로 나열하시오.

[보기] ① 통풍 및 환기   ② 주버너에서 연료 분사   ③ 착화
       ④ 점화용 불씨 연소 ⑤ 점화용 불씨 제거   ⑥ 제어반 조작

해답 ⑥ → ① → ④ → ② → ③ → ⑤

문제 11
보일러 수중에서 분해되어 생긴 가성소다(NaOH)가 과도하게 농축되면 수산이온 (OH^-)이 많아져서 알칼리도가 높아진다. 이것이 강재와 작용해서 생기는 나트륨(Na)이 강재의 결정입계를 침해하여 재질을 열화, 취화 시키는 것으로 보일러판의 국부 리벳 연결부 등에서 발생하며, 균열이 발생하는 현상은 무엇인가?

해답 가성취화

문제 12
보온 시공된 어떤 온수 공급관의 열손실이 3000[kcal/h]이다. 보온효율이 80[%]이면 보온하기 전 나관(裸管)의 손실열량은 몇 [kcal/h]인지 계산하시오.

풀이 $Q_1 = \dfrac{Q_2}{1-\eta} = \dfrac{3000}{1-0.8} = 15000 \,[\text{kcal/h}]$

해답 15000[kcal/h]

문제 13
다음 온수보일러의 설치 개략도에서 미완성된 부분의 배관을 연결하고 유체의 흐름 방향도 표시하시오.

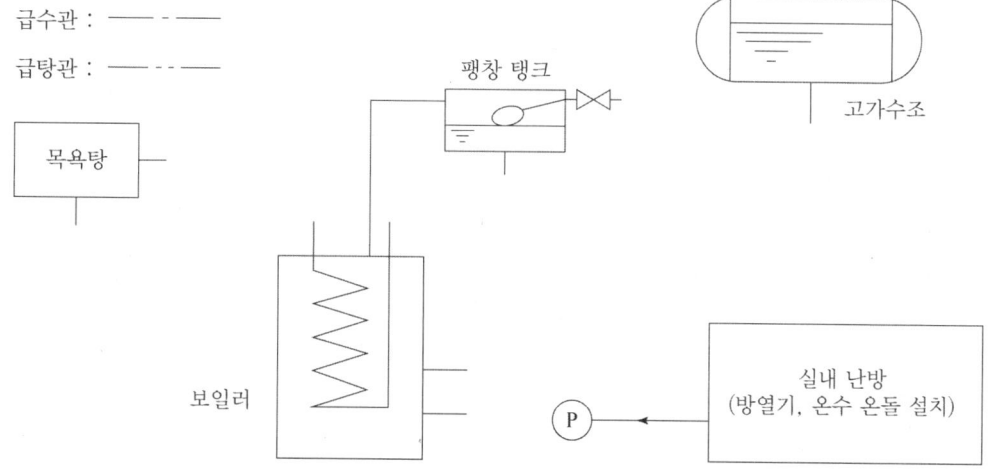

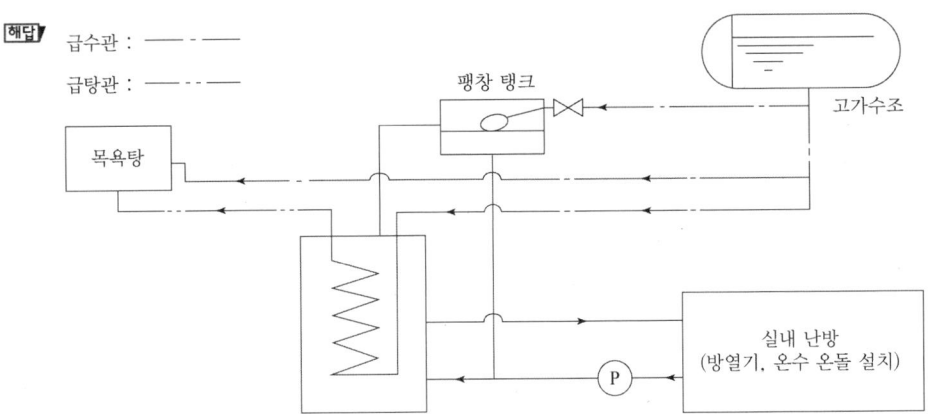

제52회 실기 필답형 문제 (2012년 9월 8일 시행)

◆ 다음 물음의 답을 해당 답란에 답하시오.◆

문제 01 보일러 운전 중 수면계에 고장이 발생하면 큰 위험을 초래하게 되는데, 수면계의 중요성을 감안하여 수시로 검사를 하여야 한다. 이때 수면계를 점검해야할 시기를 3가지 쓰시오.

해답
① 보일러를 가동하기 전
② 압력이 상승하기 시작할 때
③ 2개의 수면계의 수위에 차이가 발생할 때
④ 수면계의 수위가 의심스러울 때
⑤ 보일러 운전 중에 포밍, 프라이밍 현상이 발생할 때

문제 02 보일러수(水) 내처리 방법 중 청관제의 역할을 4가지 쓰시오.

해답
① 보일러수의 pH 조정　② 보일러수의 연화　③ 슬러지의 조정
④ 보일러수의 탈산소　⑤ 가성취화 방지　⑥ 포밍(foaming) 방지

문제 03 증기 축열기(steam accumulator)를 설치하였을 때 장점 3가지를 쓰시오.

해답
① 보일러 용량 부족을 해소할 수 있다.
② 연료소비량이 감소된다.
③ 부하변동에 따른 압력변동이 적다.

해설 • 증기 축열기(steam accumulator) : 보일러에서 과잉 발생한 증기를 저장하고 부하가 증가하면 증기를 공급하여 증기 부족을 해소하는 장치로 변압식과 정압식이 있다.

문제 04 보일러 종류별 수면계 부착위치를 나타낸 것이다. ( ) 안에 알맞은 숫자를 쓰시오.
(1) 직립보일러 : 연소실 천장판 최고부(플랜지부 제외) 위 ( )[mm]이다.
(2) 수평연관 보일러 : 연관의 최고부 위 ( )[mm]이다.
(3) 노통 연관 보일러 : 연관이 노통보다 높을 경우에는 연관 최고부(플랜지부 제외) 위 (①)[mm], 노통이 연관보다 높을 경우에는 노통 최고부위(플랜지부 제외) 위 (②)[mm]이다.

해답 (1) 75　(2) 75　(3) ① 75　② 100

해설 • 수면계 부착 위치 : 수면계 유리관의 최하부가 안전 저수위와 일치하도록 설치

보일러의 종류	안 전 저 수 위
직립형 보일러	연소실 천장판 최고부위 75[mm] 상방
직립 연관 보일러	연소실 천장판 최고부위에서 연관길이의 1/3 지점
수평 연관 보일러	연관 최고부위 75[mm] 상방
노통 보일러	노통 최고부위 100[mm] 상방
노통 연관 보일러	연관이 노통보다 높을 경우 : 연관 최고부위 75[mm] 상방 노통이 연관보다 높을 경우 : 노통 최고부위 100[mm] 상방

문제 05 온수발생 보일러에서 전열면적에 따른 방출관의 안지름을 각각 쓰시오.

전열면적[m²]	방출관의 안지름[mm]
10 미만	(1)
10 이상 15 미만	(2)
15 이상 20 미만	(3)
20 이상	(4)

해답 (1) 25[mm] 이상 (2) 30[mm] 이상 (3) 40[mm] 이상 (4) 50[mm] 이상

문제 06 보일러 용량은 정격부하의 상태에서 단위 시간당의 (①)을[를] 가지고 표시하며, 표준대기압상태의 100[℃] 물 15.65[kg]을 1시간 동안 같은 온도의 증기로 변화시킬 수 있는 능력을 (②)이라 한다. (③)는[은] 보일러에서 증기발생에 소요된 열량을 539로 나눈 값이다. ( )안에 알맞은 용어를 쓰시오.

해답 ① 증발량 ② 보일러 마력 ③ 상당증발량

문제 07 중력 환수식 응축수 환수 방법과 비교하여 진공환수식 응축수 환수방법에 대한 장점 3가지를 쓰시오.

해답
① 다른 방법과 비교하여 증기의 순환이 빠르다.
② 방열기 설치장소에 제한이 없다.
③ 환수관의 지름을 작게 할 수 있다.
④ 방열기 방열량을 광범위하게 조절할 수 있다.
⑤ 배관 기울기(구배)에 큰 제한이 없다.

문제 08 수평(탁상) 바이스와 파이프 바이스의 크기 표시는 어떻게 표시하는지 쓰시오.

해답
① 수평(탁상) 바이스 : 조(jaw)의 폭
② 파이프 바이스 : 최대로 고정할 수 있는 관 지름의 크기

문제 09 액체 연료의 성분이 C 85 w[%], H 8 w[%], O 2 w[%] 이었다. 이 연료 10[kg]을 공기비 1.25로 연소시키는데 필요한 실제공기량[Nm³]을 계산하시오.

풀이 ① 연료성분이 100[%]가 아니므로 주어진 함유율을 기준으로 질량비율을 다시 계산한다.

$$\therefore 성분\,함유율\,[\%] = \frac{주어진\,성분\,함유율}{성분\,함유율\,합계량} \times 100$$

– 탄소(C) 함유율 $= \dfrac{85}{85+8+2} \times 100 = 89.473 ≒ 89.47\,[\%]$

– 수소(H) 함유율 $= \dfrac{8}{85+8+2} \times 100 = 8.421 ≒ 8.42\,[\%]$

– 산소(O) 함유율 $= \dfrac{2}{85+8+2} \times 100 = 2.1105 ≒ 2.11\,[\%]$

② 액체연료 10[kg]에 대한 이론공기량[Nm³] 계산

$$\therefore A_0 = \frac{O_0}{0.21} = \frac{1.867\text{C} + 5.6\left(\text{H} - \dfrac{\text{O}}{8}\right) + 0.7\text{S}}{0.21}$$

$$= \frac{1.867 \times 0.8947 + 5.6 \times \left(0.0842 - \dfrac{0.0211}{8}\right)}{0.21} \times 10$$

$$= 101.293 ≒ 101.29\,[\text{Nm}^3]$$

③ 실제공기량[Nm³] 계산

$$\therefore A = m \times A_0 = 1.25 \times 101.29 = 126.612 ≒ 126.61\,[\text{Nm}^3]$$

[해답] 126.61[Nm³]

문제 10
1시간 동안 연료사용량이 600[kg]인 보일러의 효율을 80[%]에서 90[%]로 개선하였을 때 1개월 동안 절약되는 연료량은 몇 [kg]인지 계산하시오. (단, 1일 가동시간은 12시간, 1개월은 30일을 기준으로 한다.)

[풀이] 연료절감량 = 연료절감률 × 1일 연료사용량 × 1일 가동시간 × 1개월 가동일수

$$= \frac{90 - 80}{90} \times 600 \times 12 \times 30 = 24000\,[\text{kg}]$$

[해답] 24000[kg]

문제 11
LNG 고위발열량이 10500[kcal/m³], 저위발열량 9800[kcal/m³]인 경우 저위발열량 기준으로 열효율 변화는 몇 [%]인가?

[풀이] $\therefore \Delta\eta = \dfrac{10500 - 9800}{9800} \times 100 = 7.142 ≒ 7.14\,[\%]$

[해답] 7.14[%]

문제 12
호칭 100A 배관이 옥내에 200[m], 옥외에 300[m]로 설치될 때 할증률을 적용한 최대 배관길이는 몇 [m]인가?

[풀이] 배관의 할증률을 옥내 및 옥외배관 모두 10[%]를 적용하는 것으로 계산

$\therefore$ 할증 배관길이 $= (200 + 300) \times 1.1 = 550\,[\text{m}]$

[해답] 550[m]

문제 13 보일러 기동에서부터 정지까지의 시퀀스 제어 순서를 나열한 것이다. ( )안에 알맞은 항목을 [보기]에서 찾아 번호로 쓰시오.

> 버너가동 → (1) → 노내압 조정 → 파일럿 버너 점화 → (2) → 전자밸브 작동 → 주버너 점화 → (3) → 연소량 제어 → (4) → 노내 배기 및 통풍 중지

[보기] ① 연료분사 정지 ② 화염검출기 동작 ③ 점화용 화염 제거 ④ 노내 환기

해답 (1) ④ (2) ② (3) ③ (4) ①

문제 14 유류 연소용 온수보일러의 설치 개략도에서 ②, ④, ⑫의 명칭을 쓰시오.

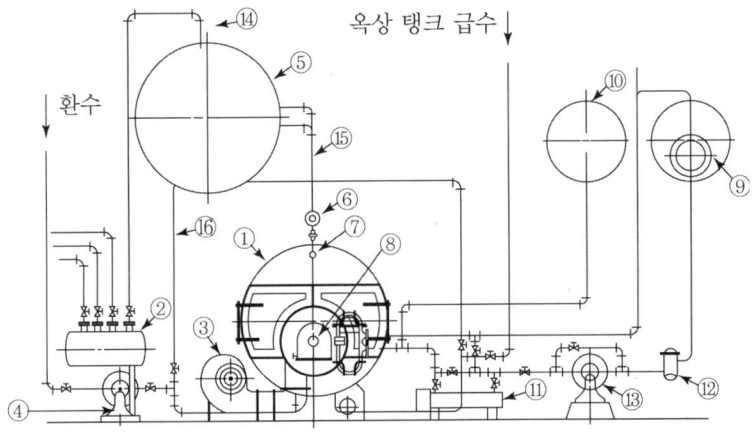

해답 ② 온수 헤더 ④ 순환펌프 ⑫ 스트레이너

제53회 실기 필답형 문제 (2013년 5월 26일 시행)

문제 01 시간당 송출수량이 420[m³], 전양정이 10[m], 효율이 80[%]인 펌프의 축동력[kW]을 계산하시오.

풀이 $kW = \dfrac{\gamma \cdot Q \cdot H}{102\eta} = \dfrac{1000 \times 420 \times 10}{102 \times 0.8 \times 3600} = 14.297 ≒ 14.30\,[kW]$

해답 14.3[kW]

문제 02 보일러 열정산시 입열(入熱)에 해당하는 항목을 3가지 쓰시오.

해답 ① 연료의 발열량　② 연료의 현열
③ 공기의 현열　④ 노내 취입 증기 또는 온수에 의한 입열

문제 03 파이프렌치(pipe wrench)의 규격에는 200[mm], 300[mm], 350[mm], 450[mm], 600[mm], 1200[mm] 등이 있다. 이 호칭규격은 무엇을 기준으로 하는지 쓰시오.

해답 사용할 수 있는 최대의 관을 물었을 때의 전 길이[mm] (또는 조(jaw)를 최대로 벌린 전 길이)

문제 04 보일러 안전밸브의 크기는 호칭지름 25A 이상으로 하여야 하지만 20A 이상으로 할 수 있는 경우에 대한 내용 중 ( )안에 알맞은 숫자를 넣으시오.

- 최고사용압력 (①)[MPa] 이하의 보일러
- 최고사용압력 0.5[MPa] 이하의 보일러로 동체의 안지름이 500[mm] 이하이며 동체의 길이가 (②)[mm] 이하의 것
- 최고사용압력 (③)[MPa] 이하의 보일러로 전열면적 (④)[m²] 이하의 것
- 최대증발량 (⑤)[t/h] 이하의 관류보일러
- 소용량 강철제 보일러, 소용량 (⑥) 보일러

해답 ① 0.1　② 1000　③ 0.5　④ 2　⑤ 5　⑥ 주철제

문제 05 고체연료의 연료비(fuel-ratio) 계산식을 쓰시오.

해답 연료비 $= \dfrac{고정탄소\,[\%]}{휘발분\,[\%]}$

문제 06 캐리오버(carry over)에는 선택적 캐리오버와 기계적 캐리오버로 구분할 수 있다. 이중에서 선택적 캐리오버에 대하여 설명하시오.

해답 증기 속에 용해되어 있던 실리카(무수규산) 성분이 증기와 함께 송출되어지는 현상

해설 ① 캐리오버(carry over) : 보일러 수중에 용해 또는 현탁되어 있는 불순물과 수분이 증기와 함께 보일러 본체 밖으로 배출되어 나오는 현상으로 기수공발, 비수현상이라 한다.
② 기계적 캐리오버 : 작은 물방울(액적) 또는 거품이 증기와 함께 송출되는 현상

문제 07
증기방열기의 전 방열면적이 539[m²]이고, 포화온도에서의 증기의 증발잠열이 539[kcal/kg]일 때 방열기에서 발생되는 응축수량의 3배의 펌프를 설치하려 할 때 응축수 펌프의 용량[kg/min]을 계산하시오. (단, 증기방열기에서 방열량은 표준으로 하고, 증기 배관에서 응축수량은 무시한다.)

풀이 ① 방열기 응축수량[kg/h] 계산

$$\therefore Q_c = \frac{Q_r}{\gamma} = \frac{539 \times 650}{539} = 650\,[\text{kg/h}]$$

② 응축수 펌프 용량[kg/min] 계산

$$\therefore Q_p = \frac{Q_c}{60} \times 3 = \frac{650}{60} \times 3 = 32.5\,[\text{kg/min}]$$

해답 32.5[kg/min]

문제 08
터빈에서 증기의 일부를 배출하여 급수를 가열하는 증기사이클 명칭을 쓰시오.

해답 재생사이클

해설 재생사이클 : 팽창 도중의 증기를 터빈에서 추출하여 급수의 가열에 사용하는 사이클로 열효율이 랭킨사이클에 비해 증가한다.

문제 09
제어결과에 따라 현재 진행 중인 제어동작을 다음 단계로 옮겨가지 못하도록 차단하는 인터록의 종류를 4가지 쓰시오.

해답 ① 저수위 인터록 ② 저연소 인터록 ③ 불착화 인터록
④ 프리퍼지 인터록 ⑤ 압력초과 인터록

문제 10
[보기]에서 주어진 조건을 이용하여 보일러 효율[%] 구하는 공식을 완성하시오.

[보기] - 연료사용량 : X [kg/h]   - 연료의 저위발열량 : H_l [kcal/kg]
       - 상당증발량 : G_e [kg/h]   - 실제증발량 : G_a [kg/h]

해답 보일러 효율[%] $= \dfrac{539 \times G_e}{X \times H_l} \times 100$

문제 11
기체 연료 및 기화하기 쉬운 액체 연료의 발열량 측정에 사용되는 열량계의 명칭을 쓰시오.

해답 융커스(Junker)식 열량계

문제 12
메탄, 프로판이 완전 연소할 때 생성되는 물질 2가지를 쓰시오.

해답 ① 이산화탄소(CO_2) ② 수증기(H_2O)

해설 탄화수소(CmHn)의 완전연소 반응식

$$C_mH_n + \left(m + \frac{n}{4}\right)O_2 \rightarrow mCO_2 + \frac{n}{2}H_2O$$

문제 13
다음 주어진 배관 평면도를 제시된 방위에 맞도록 등각투상도로 나타내시오.

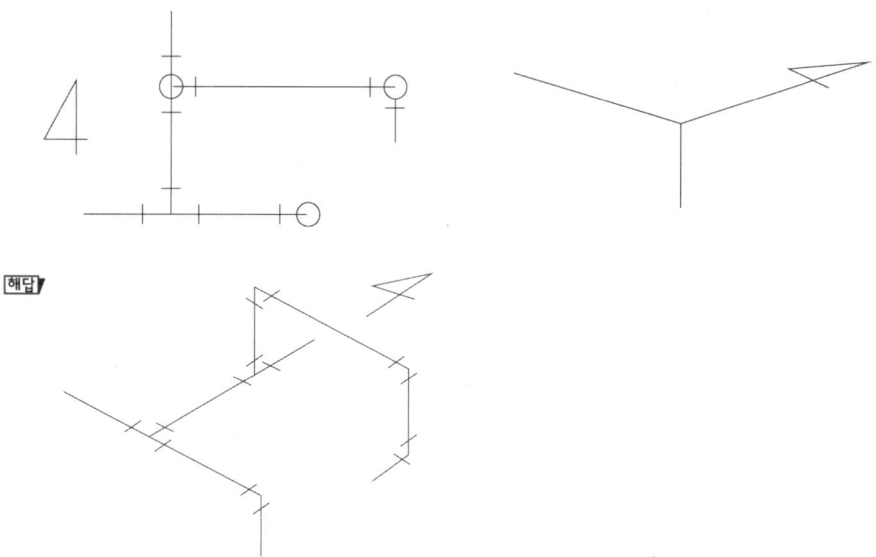

문제 14
온수보일러의 정격출력을 계산할 때 난방부하(H_1), 급탕부하(H_2), 배관부하(H_3), 시동부하(H_4) 등을 고려하여야 한다. 이때 온수보일러의 상용출력을 나타내는 것은 무엇인가 기호로 답하시오.

해답 $H_1 + H_2 + H_3$

문제 15
매시간당 5000[L]의 온수를 압력 1.5[kgf/cm²]의 증기를 이용하여 40[℃]에서 70[℃]로 승온시키는 향류 열교환기를 설치하려고 할 때 열교환기의 전열면적[m²]을 계산하시오. (단, 1.5[kgf/cm²]의 증기의 평균온도는 118[℃], 열관류율은 340[kcal/m²·℃], 물의 비중 1, 비열은 1[kcal/kg·℃]이다.)

풀이 ① 온수에 전달된 전열량 계산
$$\therefore Q = G \cdot C \cdot \Delta t = 5000 \times 1 \times 1 \times (70 - 40) = 150000 \, [\text{kcal/h}]$$

② 온도차 계산 : 가열유체인 증기는 118[℃]로 열교환기에 유입되어 열교환 후 전량 100[℃] 응축수로 되는 조건으로 계산하였음
$$\therefore \Delta t_1 = \text{고온유체 입구온도} - \text{저온유체 출구온도} = 118 - 70 = 48 \, [℃]$$
$$\therefore \Delta t_2 = \text{고온유체 출구온도} - \text{저온유체 입구온도} = 100 - 40 = 60 \, [℃]$$

③ 대수평균온도 계산

$$\therefore \Delta t_m = \frac{\Delta t_1 - \Delta t_2}{\ln \dfrac{\Delta t_1}{\Delta t_2}} = \frac{48 - 60}{\ln \dfrac{48}{60}} = 53.777 ≒ 53.78\,[℃]$$

④ 전열면적 계산

$Q = KF\Delta t_m$ 에서

$$\therefore F = \frac{Q}{K\Delta t_m} = \frac{150000}{340 \times 53.78} = 8.203 ≒ 8.20\,[\text{m}^2]$$

해답 8.2[m²]

● ※ 참고

②번에서 온도차를 계산할 때 증기의 평균온도가 열교환기 입구와 출구의 평균온도로 보고 계산하면 증기의 열교환기 입구와 출구온도는 118[℃]로 동일하다.

$\Delta t_1 = 118 - 70 = 48\,[℃]$, $\Delta t_2 = 118 - 40 = 78\,[℃]$

$$\therefore \Delta t_m = \frac{48 - 78}{\ln \dfrac{48}{78}} = 61.790 ≒ 61.79\,[℃]$$

$$\therefore F = \frac{150000}{340 \times 61.79} = 7.139 ≒ 7.14\,[\text{m}^2]$$

문제 16 [보기]의 배관도를 보고 물음에 답하시오.

(1) "가"부분의 부속 명칭과 규격을 쓰시오.
(2) "나"부분의 부속 명칭과 규격을 쓰시오.
(3) 20A 90° 엘보는 몇 개인가?

[보기]

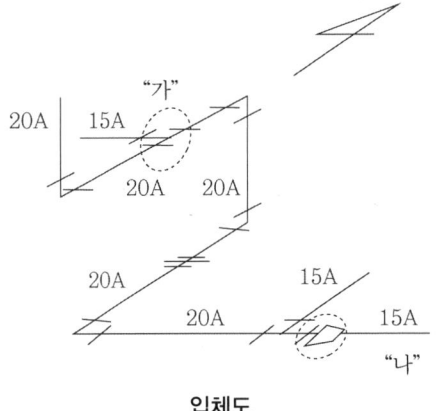

입체도

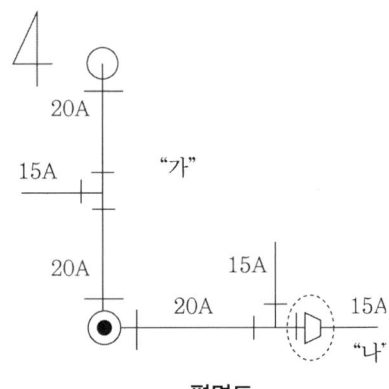

평면도

해답 (1) ① 명칭 : 이경티 ② 규격 : 20A×15A
(2) ① 명칭 : 부싱 ② 규격 : 20A×15A
(3) 4개

제54회 실기 필답형 문제 (2013년 9월 1일 시행)

◆ 다음 물음의 답을 해당 답란에 답하시오.◆

문제 01 온수보일러에서 연소가스의 통로에 배플 플레이트(baffle plate)를 설치하는 이유를 설명하시오.

해답 연소가스 흐름 방향을 조절하여 열회수와 그을음 부착량을 감소시키기 위해서

문제 02 화염검출기에 대한 물음에 답하시오.
(1) 화염이 발광체임을 이용한 화염검출기의 종류 4가지를 쓰시오.
(2) 화염의 이온화현상에 의한 전기전도성을 이용하여 화염을 검출하는 것의 명칭을 쓰시오.

해답 (1) ① 황화카드뮴(CdS) 셀 ② 황화납(PbS) 셀 ③ 적외선 광전관 ④ 자외선 광전관
(2) 플레임 로드

문제 03 캐리오버(carry over)에는 선택적 캐리오버(selective carry over)와 기계적 캐리오버(machine carry over)로 구분할 수 있다. 각각을 설명하시오.

해답 ① 선택적 캐리오버 : 증기 속에 용해되어 있던 실리카(무수규산) 성분이 증기와 함께 송출되어지는 현상
② 기계적 캐리오버 : 작은 물방울(액적) 또는 거품이 증기와 함께 송출되는 현상

문제 04 보일러 설치, 시공기준 중 급수장치의 종류에 대한 내용이다. ( ) 안에 알맞은 숫자나 용어를 [보기]에서 찾아 쓰시오.

[보기] 0.1, 12, 14, 15, 100, 온수, 관류

(1) 급수장치를 필요로 하는 보일러에는 주펌프 세트 및 보조펌프 세트를 갖춘 급수장치가 있어야 한다. 다만, 전열면적 (①)[m²] 이하의 보일러, 전열면적 (②)[m²] 이하의 가스용 온수보일러 및 전열면적 (③)[m²] 이하의 (④) 보일러에는 보조펌프를 생략할 수 있다.
(2) 보일러 급수관에는 보일러에 인접하여 급수밸브와 체크밸브를 설치하여야 한다. 다만 최고사용압력이 ( )[MPa] 미만의 보일러에서는 체크밸브를 생략할 수 있다.
(3) 급수밸브의 크기는 전열면적 10[m²] 이하의 보일러에서는 호칭 ( )[A] 이상의 것이어야 한다.

해답 (1) ① 12 ② 14 ③ 100 ④ 관류 (2) 0.1 (3) 15

문제 05 포스트 퍼지(post purge)에 대하여 설명하시오.

해답) 보일러 운전이 끝난 후 노내와 연도에 체류하고 있는 가연성 가스를 배출시키는 작업

문제 06 급수내관의 설치목적 3가지를 쓰시오.

해답) ① 온도차에 의한 부동팽창 방지
② 보일러 급수의 예열
③ 관내 온도의 급격한 변화 방지
④ 관수 순환의 교란 방지

문제 07 증기난방 방식에 대한 물음에 답하시오.

(1) 저압 증기난방 장치에서 보일러수가 환수관으로 역류하는 것을 방지하기 위하여 증기관과 환수관 사이에 표준수면에서 50[mm] 아래로 균형관을 설치하는 배관 방식 명칭은 무엇인가?
(2) 진공 환수관식에서 보일러보다 방열기가 아래쪽에 설치되는 경우 응축수를 환수시키는 배관 방식 명칭은 무엇인가?

해답) (1) 하트포드 접속법(hartford connection) (2) 리프트 이음(lift fitting)

문제 08 보일러 연료 저장탱크에서부터 버너까지 연료가 이송되는 과정을 나타낸 것으로 ( ) 안에 알맞은 명칭을 쓰시오.

저장탱크(storage tank) → (①) → 연료 이송펌프 → 서비스 탱크(service tank) → 유수분리기 → (②) → 급유펌프 → 급유 온도계 → 유량계 → (③) → 버너

해답) ① 여과기 ② 유예열기 ③ 전자밸브

문제 09 보일러 열정산 시 출열에 해당하는 항목 3가지를 쓰시오.

해답) ① 배기가스 보유열량   ② 증기의 보유열량
③ 불완전연소에 의한 열손실   ④ 미연분에 의한 열손실
⑤ 노벽의 흡수열량   ⑥ 재의 현열

문제 10 동관용 공구의 용도를 설명하시오.

(1) 플레어링 툴 세트 :   (2) 사이징 툴 :   (3) 익스팬더 :

해답) (1) 동관을 압축이음하기 위하여 관 끝을 나팔 모양으로 만드는데 사용하는 공구이다.
(2) 동관의 끝 부분을 정확한 치수의 원형으로 교정하기 위하여 사용하는 공구이다.
(3) 동관의 관 끝 지름을 크게 확대하는데 사용하는 공구이다.

문제 11 메탄 7[Nm³]을 완전 연소시킬 경우 이론공기량[Nm³]을 계산하시오.

풀이 ① 메탄(CH_4)의 완전연소 반응식
$CH_4 + 2O_2 \rightarrow CO_2 + 2H_2O$
② 이론공기량 계산
$22.4[Nm^3] : 2 \times 22.4[Nm^3] = 7[Nm^3] : x\,(O_0)[Nm^3]$
$$\therefore A_0 = \frac{O_0}{0.21} = \frac{7 \times 2 \times 22.4}{22.4 \times 0.21} = 66.666 ≒ 66.67\,[Nm^3]$$

해답 66.67[Nm³]

문제 12 방열기 입구온도 80[℃], 방열기 출구온도 60[℃], 실내온도 20[℃]일 때 방열기 방열량[kcal/h]을 계산하시오. (단, 방열기 방열계수는 7.0[kcal/h·m²·℃]이다.)

풀이 $Q_r = K \cdot \Delta t_m = 7.0 \times \left(\frac{80 + 60}{2} - 20 \right) = 350\,[kcal/h]$

해답 350[kcal/h]

문제 13 배관이음 도시기호의 이음방법 명칭을 쓰시오.

(1)    (2)    (3)

해답 (1) 나사이음   (2) 납땜이음   (3) 플랜지이음

문제 14 바닥 난방면적 30[m²], 창문, 문을 포함한 벽체 면적은 난방면적의 1.5배이고, 천장 면적은 바닥 난방면적과 같을 때 난방부하[kcal/h]를 계산하시오. (단, 외기온도 −5[℃], 실내온도 15[℃], 벽체의 열관류율 5[kcal/h·m²·℃], 방위에 따른 부가계수는 1.1이다.)

풀이 $H_1 = KF\Delta t Z = 5 \times (30 + 30 \times 1.5 + 30) \times (15 + 5) \times 1.1 = 11550\,[kcal/h]$

해답 11550[kcal/h]

문제 15 다음 배관 표시법에 대하여 설명하시오.

(1) EL +750 :
(2) EL BOP+330 :
(3) EL TOP−300 :

해답 (1) 배관 중심부가 기준면으로부터 750[mm] 높게 있다.
(2) 배관 아랫면(밑면)이 기준면보다 330[mm] 높게 있다.
(3) 배관 윗면이 기준면보다 300[mm] 낮게 있다.

제55회 실기 필답형 문제 (2014년 5월 25일 시행)

◆ 다음 물음의 답을 해당 답란에 답하시오.◆

문제 01 고온부식이란 중유를 연료로 하는 보일러에서 중유 중에 포함되어 있는 (①)이[가] 연소용 공기 중의 산소와 반응하여 산화된 후 (②)으로 되어 고온 전열면에 부착하여 (③)[℃] 이상이 되면 그 부분을 부식시키는 현상이다. ( ) 안에 알맞은 용어 및 숫자를 넣으시오.

[해답] ① 바나듐(V) ② 오산화바나듐(V2O5) ③ 500

문제 02 연료의 발열량 측정에 대한 물음에 답하시오.
(1) 발열량 측정방법 3가지를 쓰시오.
(2) 고체 및 액체연료 발열량 측정에 사용하는 기기의 명칭을 쓰시오.
(3) 기체연료 발열량 측정에 사용하는 기기 명칭을 쓰시오.

[해답] (1) ① 열량계에 의한 방법 : 봄브식 열량계, 융커스식 열량계
　　　　② 공업분석에 의한 방법
　　　　③ 원소분석에 의한 방법
(2) 봄브식 열량계
(3) 융커스식 열량계, 시그마 열량계

문제 03 메탄 10[Nm³]을 완전 연소시키는데 필요한 이론산소량[Nm³]과 이론공기량[Nm³]을 각각 구하시오.

[풀이] ① 메탄(CH_4)의 완전 연소반응식 : $CH_4 + 2O_2 \rightarrow CO_2 + 2H_2O$
② 이론산소량(O_0) 계산
　22.4[Nm³] : 2×22.4[Nm³] = 10[Nm³] : $x\,(O_0)$[Nm³]
　∴ $O_0 = \dfrac{2 \times 22.4 \times 10}{22.4} = 20\,[\text{Nm}^3]$
③ 이론공기량(A_0) 계산
　∴ $A_0 = \dfrac{O_0}{0.21} = \dfrac{20}{0.21} = 95.238 ≒ 95.24\,[\text{Nm}^3]$

[해답] (1) 이론산소량 : 20[Nm³] (2) 이론공기량 : 95.24[Nm³]

문제 04 압력 10[kgf/cm²], 온도 400[℃]의 과열증기 100[kg]에 20[℃]의 물 20[kg]을 넣었을 때 같은 압력에서 179[℃]의 습증기가 되었다면 이 증기의 건조도는 얼마인가? (단, 10[kgf/cm²], 400[℃]의 과열증기 엔탈피는 780[kcal/kg], 증발잠열 480[kcal/kg], 물의 비열은 1.0[kcal/kg · ℃]이며, 외부로의 열손실은 없다.)

풀이 ● 400[℃] 과열증기(G_v) 엔탈피(h_3)와 20[℃] 물(G_w)의 엔탈피(h_1) 합계는 과열증기와 물이 혼합된 후의 습증기 엔탈피(h'')와 같다.

∴ $G_v \times h_3 + G_w \times h_1 = (G_v + G_w) \times h''$ 이고 $h'' = h' + \gamma \times x$를 대입하여 다음의 식을 도출한다.

∴ $G_v \times h_3 + G_w \times h_1 = (G_v + G_w) \times (h' + \gamma \times x)$

∴ $h' + \gamma \times x = \dfrac{(G_v \times h_3) + (G_w \times h_1)}{G_v + G_w}$

∴ $\gamma \times x = \dfrac{(G_v \times h_3) + (G_w \times h_1)}{G_v + G_w} - h'$

∴ $x = \dfrac{\dfrac{(G_v \times h_3) + (G_w \times h_1)}{G_v + G_w} - h'}{\gamma} = \dfrac{\dfrac{(100 \times 780) + (20 \times 20)}{100 + 20} - 179}{480}$

$= 0.988 ≒ 0.99$

해답 0.99

해설 ● 풀이에 적용된 기호의 의미
G_v : 과열증기량[kg] h_3 : 과열증기 엔탈피[kcal/kg]
G_w : 20[℃] 물의 양[kg] h_1 : 20[℃] 물의 엔탈피[kcal/kg]
h'' : 179[℃] 습증기 엔탈피[kcal/kg] h' : 179[℃]의 포화수 엔탈피[kcal/kg]
γ : 증발잠열[kcal/kg] x : 건조도
※ 압력 10[kgf/cm²], 179[℃] 포화수 엔탈피는 주어지지 않아 포화온도를 적용함
∴ 179[℃] = 179[kcal/kg]

문제 05 배관 재료 중 동관에 대한 물음에 답하시오.
(1) 재질에 의한 분류 중 연질, 반연질, 경질의 기호를 각각 쓰시오.
(2) 두께에 의한 분류 3가지 중 두께가 두꺼운 것부터 차례로 쓰시오.

해답 (1) ① 연질 : O   ② 반연질 : OL   ③ 경질 : H
(2) K형 – L형 – M형

문제 06 보일러에는 점화 시 또는 운전 시에 어느 조건이 충족되지 않을 때 전자밸브를 닫을 수 있는 인터록 제어 방식이 널리 이용된다. 보일러 인터록 종류를 4가지 쓰시오.

해답 ① 저수위 인터록   ② 저연소 인터록   ③ 불착화 인터록
④ 프리퍼지 인터록   ⑤ 압력 초과 인터록

문제 07 보염장치에 대한 물음에 답하시오.
(1) 설치 목적을 설명하시오.
(2) 종류 3가지를 쓰시오.

해답 (1) 연료와 공기와의 혼합을 양호하게 하여 안정된 착화를 도모하고 화염의 형상을 조절한다.
(2) ① 윈드박스   ② 보염기   ③ 버너 타일

문제 08 강철제 증기보일러에 온도계를 부착하는 위치 3개소를 쓰시오.

해답
① 급수 입구의 급수온도계
② 버너 입구의 급유 온도계
③ 절탄기, 공기 예열기의 입출구 온도계
④ 보일러 본체 배기가스 온도계
⑤ 과열기, 재열기의 출구 온도계

문제 09 주철제 방열기 형식이 5세주형, 높이가 650[mm], 쪽수가 20개, 유입관 지름 25[mm], 유출관 지름 20[mm]일 때 방열기 도시기호로 나타내시오.

해답

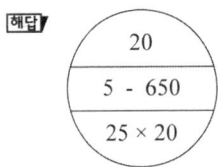

문제 10 보일러에서 그루빙(grooving)이 발생하기 쉬운 곳 3가지를 쓰시오.

해답
① 노통의 애덤슨 조인트의 플랜지 부분
② 평경판의 거싯 스테이(gusset stay) 부분
③ 리벳 이음부의 판이 겹치는 가장자리
④ 접시형 경판의 모퉁이의 만곡부
⑤ 경판에 뚫린 급수 구멍

문제 11 증기보일러의 압력 상승에 따라 주증기 밸브를 처음 열어 증기를 사용처로 보낼 때 수격작용이 발생하지 않도록 단계별로 순서에 의해 조작하여야 한다. [보기]에서 주어진 사항을 번호 순서대로 나열하시오.

[보기] ① 주증기 밸브를 단계적으로 천천히 연다.
② 주증기관 내에 소량의 증기를 보내어 관을 따뜻하게 한다.
③ 증기를 보내는 측의 주증기관, 드레인 밸브를 열어 응축수를 배출시킨다.

해답 ③ → ② → ①

문제 12 증기트랩을 사용하였을 때의 장점 3가지를 쓰시오.

해답
① 수격작용 방지   ② 장치 내 부식 방지
③ 열효율 저하 방지 ④ 관내 마찰 저항 감소

문제 13 배관작업 시 강관을 절단하는 방법 3가지를 쓰시오.

해답
① 파이프 커터 ② 쇠톱 ③ 다이헤드형 동력 나사 절삭기
④ 연삭 절단기 ⑤ 기계톱 ⑥ 가스 절단

문제 14 방열관 [도면]을 보고 유니언부터 유니언까지 전체 길이를 구하시오. (단, 방열관의 피치는 200[mm]이고, π는 3.14로 계산한다.)

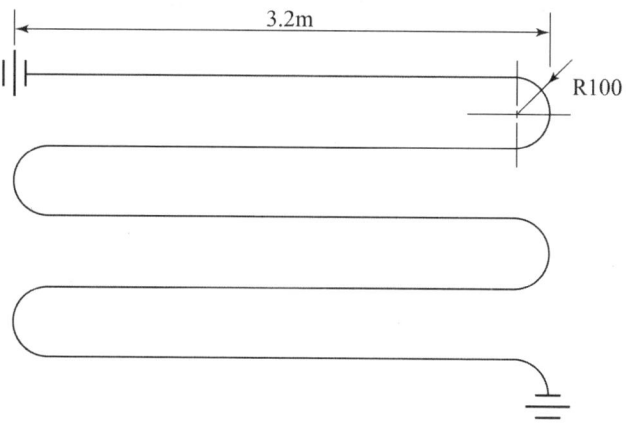

풀이

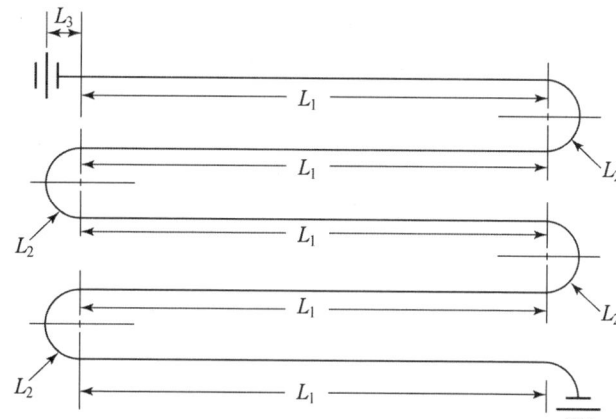

① 방열관 직선길이 계산 : 원호부 및 유니언 접속부분을 제외한 길이
$$\therefore L_1 = (3.2 - 0.2) \times 5 = 15 [m]$$

② 방열관 원호부분(180°) 길이 계산
$$\therefore L_2 = \pi \times D \times \frac{180}{360} \times N = 3.14 \times 0.2 \times \frac{180}{360} \times 4 = 1.256 ≒ 1.26 [m]$$

③ 위쪽 유니언 연결부 직선길이 계산
$$\therefore L_3 = 0.1 [m]$$

④ 아래쪽 유니언 연결부 원호부분(90°) 길이 계산
$$\therefore L_4 = \pi \times D \times \frac{90}{360} = 3.14 \times 0.2 \times \frac{90}{360} = 0.157 ≒ 0.16 [m]$$

⑤ 전체 길이 계산
$$\therefore L = L_1 + L_2 + L_3 + L_4 = 15 + 1.26 + 0.1 + 0.16 = 16.52 [m]$$

해답 16.52[m]

제56회 실기 필답형 문제 (2014년 9월 14일 시행)

◆ 다음 물음의 답을 해당 답란에 답하시오.◆

문제 01 배수트랩의 구비조건을 4가지 쓰시오.

해답 ① 구조가 간단할 것 ② 오수가 정체하지 않을 것
③ 봉수가 안정성을 유지할 것 ④ 수리 및 청소가 쉬울 것
⑤ 내식성, 내구성이 있을 것

문제 02 보일러 설치검사 기준상 안전밸브 및 압력방출장치의 크기는 호칭지름 25[A] 이상으로 하여야 하지만 호칭지름 20[A] 이상으로 할 수 있는 보일러도 있다. 20[A] 이상으로 할 수 있는 보일러를 3가지를 쓰시오.

해답 ① 최고사용압력 0.1[MPa] 이하의 보일러
② 최고사용압력 0.5[MPa] 이하의 보일러로 동체의 안지름이 500[mm] 이하, 동체의 길이가 1000[mm] 이하의 것
③ 최고사용압력 0.5[MPa] 이하의 보일러로 전열면적 2[m^2] 이하의 것
④ 최대증발량이 5[톤/h] 이하의 관류 보일러
⑤ 소용량 강철제 보일러, 소용량 주철제 보일러

문제 03 파이프 바이스의 호칭번호가 1번일 때 사용 가능한 관 호칭지름은 얼마인가?

해답 6A~65A

해설 파이스 바이스의 크기 표시

호칭치수	호칭번호	사용 관지름
50	#0	6A~50A
80	#1	6A~65A
105	#2	6A~90A
130	#3	6A~115A
170	#4	15A~150A

문제 04 가성취화에 대하여 설명하시오.

해답 보일러 수중에서 분해되어 생긴 가성소다(NaOH)가 과도하게 농축되면 수산이온(OH^-)이 많아져서 알칼리도가 높아진다. 이것이 강재와 작용해서 생기는 나트륨(Na)이 강재의 결정입계를 침해하여 재질을 열화, 취화 시키는 것으로 보일러판의 국부 리벳 연결부 등에서 발생하며, 균열이 발생하는 것으로 알 수 있다.

문제 05 보일러 안전밸브의 증기 누설원인 4가지를 쓰시오.

해답
① 작동압력이 낮게 조정되었을 때
② 스프링의 장력이 약할 때
③ 밸브 디스크와 밸브 시트에 이물질이 있을 때
④ 밸브 시트가 불량일 때
⑤ 밸브 축이 이완되었을 때

문제 06 급수내관(distributing pipe)을 설치하였을 때 장점 3가지를 쓰시오.

해답
① 온도차에 의한 부동팽창을 방지한다.
② 보일러 급수의 예열이 가능하다.
③ 관내온도의 급격한 변화를 방지한다.

문제 07 상당 증발량을 계산하는 공식을 [보기]에 주어진 기호로 완성하시오.

[보기] $-G_e$: 상당 증발량[kg/h] $-G_a$: 실제 증발량[kg/h]
       $-h_2$: 습포화 증기 엔탈피[kcal/kg] $-h_1$: 급수 엔탈피[kcal/kg]

해답 $G_e = \dfrac{G_a(h_2 - h_1)}{539}$

문제 08 보일러 내부부식인 점식의 방지대책 3가지를 쓰시오.

해답
① 보일러수 중의 용존산소를 배제한다.
② 보일러 내면에 보호피막을 입힌다.
③ 보일러수 중에 아연판을 설치한다.

문제 09 동관 작업용 공구 3가지를 쓰시오. (단, 측정공구는 제외한다.)

해답 ① 튜브 커터 ② 튜브 벤더 ③ 사이징 툴 ④ 익스팬더 ⑤ 몽키 스패너

문제 10 수관식 보일러의 기수 드럼에 부착하여 승수관을 통하여 상승하는 증기 중에 혼입된 수분을 분리하여 캐리오버를 방지하는 장치의 명칭과 종류 4가지를 쓰시오.

해답
(1) 명칭 : 기수 분리기
(2) 종류 : ① 사이클론형 ② 스크러버형 ③ 건조 스크린형 ④ 배플형

문제 11 캐리오버(carry over)의 방지 방법 4가지를 쓰시오.

해답
① 비수 방지관, 기수 분리기를 설치한다.
② 주증기밸브를 서서히 개방한다.
③ 관수 중의 불순물, 농축수를 제거한다.
④ 수위를 고수위로 하지 않는다.

문제 12 [보기]에 주어진 프로판의 완전연소 반응식의 빈칸에 알맞은 숫자를 넣고, 프로판 1[kg]당 발열량을 계산하시오.

> [보기] (①) C_3H_8 + (②) O_2 → (③) CO_2 + (④) H_2O + 488750[cal/mol]

풀이 발열량[kcal/kg] 계산 : 프로판 1[mol]의 질량은 44[g]이고 이때의 발열량은 488750[cal]이므로 1[kmol]일 때의 질량은 44[kg]이고, 발열량은 488750[kcal]이다.
∴ 44[kg] : 488750[kcal] = 1[kg] : x [kcal]
∴ $x = \dfrac{488750 \times 1}{44} = 11107.954 ≒ 11107.95 \, [\text{kcal/kg}]$

해답 (1) ① 1 ② 5 ③ 3 ④ 4
(2) 11107.95 [kcal/kg]

문제 13 나관의 열관류율이 5.0[kcal/h·m²·℃], 관 1[m]당 표면적이 0.1[m²], 관의 길이가 100[m,] 내부 유체온도 120[℃], 외부의 공기온도 20[℃], 보온효율 65[%]인 규조토로 보온하였을 때 보온관의 열손실[kcal/h]을 계산하시오.

풀이 $Q_2 = Q_1 \times (1 - \eta) = K_1 \cdot F_1 \cdot \Delta t_1 \cdot (1 - \eta)$
$= 5.0 \times (100 \times 0.1) \times (120 - 20) \times (1 - 0.65) = 1750 \, [\text{kcal/h}]$

해답 1750[kcal/h]

문제 14 보일러 증발량이 4[t/h]이고, 전열면적이 42[m²], 시간당 연료 사용량이 24[kg], 발생증기 엔탈피가 620[kcal/kg], 급수온도 42[℃]일 때 전열면 증발률[kg/h·m²]과 전열면 열부하[kcal/h·m²]를 각각 계산하시오.

풀이 ① 전열면 증발률[kcal/h·m²] 계산
∴ 전열면 증발률 = $\dfrac{\text{시간당 실제증기 발생량}}{\text{전열면적}} = \dfrac{4 \times 1000}{42} = 95.238$
≒ 95.24 [kg/h·m²]
② 전열면 열부하[kcal/h·m²] 계산
∴ 전열면 열부하 = $\dfrac{G_a \times (h_2 - h_1)}{F}$
$= \dfrac{4 \times 1000 \times (620 - 42)}{42} = 55047.619 ≒ 55047.62 \, [\text{kcal/h·m}^2]$

해답 ① 전열면 증발률 : 95.24[kg/h·m²]
② 전열면 열부하 : 55047.62[kcal/h·m²]

문제 15 스팀트랩 주위 바이패스 배관도에서 ①~④의 부품 명칭을 [보기]에서 찾아 쓰시오.

[보기] 글로브밸브, 스트레이너, 슬루스밸브, 체크밸브, 안전밸브, 압력계

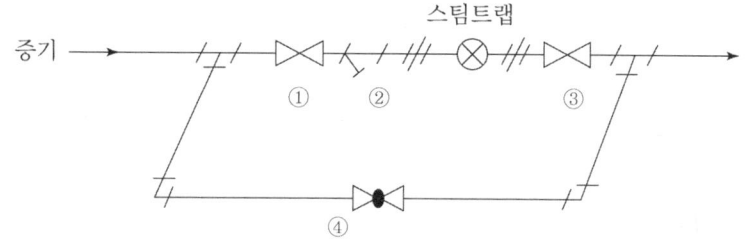

해답 ① 슬루스밸브 ② 스트레이너 ③ 슬루스밸브 ④ 글로브밸브

제57회 실기 필답형 문제 (2015년 5월 23일 시행)

◆ 다음 물음의 답을 해당 답란에 답하시오. ◆

문제 01 연료와 공기와의 혼합을 양호하게 하고, 확실한 착화와 화염의 안정을 도모하기 위하여 설치하는 보염장치 종류를 3가지 쓰시오.

해답 ① 윈드박스 ② 보염기 ③ 버너 타일

문제 02 탄소(C) 6[kg]을 완전연소 시킬 때 이론공기량[kmol]을 계산하시오.

풀이 ① 탄소(C)의 완전연소 반응식
$C + O_2 \rightarrow CO_2$
② 이론공기량[kmol] 계산 : 공기 중에 산소는 체적으로 21[%] 존재한다.
12[kg] : 1[kmol] = 6[kg] : O_0[kmol]

$$\therefore A_0 = \frac{O_0}{0.21} = \frac{1 \times 6}{12 \times 0.21} = 2.380 ≒ 2.38 \,[\text{kmol}]$$

해답 2.38[kmol]

문제 03 보일러 열정산 시 출열 중 유효 출열을 설명하고, 열손실이 가장 많은 것은 어느 것인가?

해답 ① 유효 출열 : 발생증기의 흡수열로 발생증기의 보유열에서 급수의 현열을 뺀 것이다.
② 열손실이 가장 많은 것 : 배기가스의 보유열

문제 04 [보기]는 보일러의 열효율을 향상시키는 방법을 설명한 것이다. 잘못된 항목의 번호를 쓰시오.

> [보기] ① 손실열을 최대한 줄인다.
> ② 장치에 맞는 설계 조건과 운전 조건을 선택한다.
> ③ 수면 분출장치로 연속 블로다운을 많이 한다.
> ④ 장치에 적당한 연료와 작동법을 채택한다.
> ⑤ 단속 조업보다는 연속 조업을 실시한다.
> ⑥ 과잉공기량을 최대한으로 증가시킨다.

해답 ③, ⑥

문제 05 보일러수에 함유되어 있는 물질 중 스케일 성분을 4가지 쓰시오.

해답
① 중탄산칼슘[Ca(HCO$_3$)$_2$], 중탄산마그네슘[Mg(HCO$_3$)2]
② 황산칼슘(CaSO$_4$), 황산마그네슘(MgSO$_4$)
③ 규산염(CaSiO$_3$, MgSiO$_3$, NaSiO$_3$)
④ 염화칼슘(CaCl$_2$), 염화마그네슘(MgCl$_2$)

문제 06 로터리식 파이프 벤딩 머신에 의한 관 굽히기(bending)에서 관이 파손되는 원인을 3가지 쓰시오.

해답
① 압력형의 조정이 강하고 저항이 크다.
② 받침쇠가 너무 나와 있다.
③ 곡률 반지름이 너무 작다.
④ 재료에 결함이 있다.

문제 07 [보기]에서 주어진 공식은 무엇을 계산하는 공식인가?

$$[\text{보기}] \quad (\quad) = \frac{\text{실제증기 발생량}}{\text{최대 연속 증발량}}$$

해답 보일러 부하율

해설 • 보일러 부하율 : 연료의 연소에 의해서 시간당 실제로 발생되는 증기량과 시간당 최대 연속 증발량과의 비

문제 08 발생증기의 엔탈피는 660[kcal/kg], 급수엔탈피는 60[kcal/kg], 급수량이 5000[kg/h], 연료 소비량이 400[kg/h]인 증기 보일러를 열정산을 할 때, 발생증기의 흡수열[kcal/kg-연료]을 구하시오.

풀이
$$Q_s = W_2 \times (h_2 - h_1) = \frac{G_w}{G_f} \times (h_2 - h_1) = \frac{5000}{400} \times (660 - 60)$$
$$= 7500\,[\text{kcal/kg} - \text{연료}]$$

해답 7500[kcal/kg-연료]

문제 09 보일러 급수 내처리제로 사용하는 히드라진(N$_2$H$_4$)의 용도 및 이때의 반응식을 쓰시오.

해답
① 용도 : 탈산소제
② 반응식 : N$_2$H$_4$ + O$_2$ → N$_2$ + 2H$_2$O

문제 10
보일러 기동에서부터 정지까지의 시퀀스 제어 순서를 나열한 것이다. ( )안에 알맞은 항목을 [보기]에서 찾아 번호로 쓰시오.

> 버너가동 → (1) → 노내압 조정 → 파일럿 버너 점화 → (2) → 전자밸브 작동 → 주버너 점화 → (3) → 연소량 제어 → (4) → 노내 배기 및 통풍 중지

[보기] ① 연료분사 정지 ② 화염검출기 동작 ③ 점화용 화염 제거 ④ 노내 환기

해답 (1) ④ (2) ② (3) ③ (4) ①

문제 11
어느 실의 난방소요열량이 60000[kcal/h]이다. 5세주 650[mm]의 주철제 방열기를 이용하여 온수난방을 하고자 한다면 방열기 쪽수는 몇 개가 되어야 하는지 계산하시오. (단, 5세주 650[mm]의 주철제 방열기의 1쪽당 방열면적은 0.26[m²]이고, 방열량은 표준방열량으로 한다. 또한 답은 소수 첫째자리에서 반올림하여 정수로 답하시오.)

풀이 $N_w = \dfrac{H_r}{450\,a} = \dfrac{60000}{450 \times 0.26} = 512.8 ≒ 513\,[개]$

해답 513[개]

문제 12
보일러 운전 중 수면계에 고장이 발생하면 큰 위험을 초래하게 되는데, 수면계의 중요성을 감안하여 수시로 검사를 하여야 한다. 이때 수면계를 점검해야할 시기를 5가지 쓰시오.

해답
① 보일러를 가동하기 전
② 압력이 상승히기 시작할 때
③ 2개의 수면계의 수위에 차이가 발생할 때
④ 수면계의 수위가 의심스러울 때
⑤ 보일러 운전 중에 포밍, 프라이밍 현상이 발생할 때

문제 13
다음과 같은 조건일 때 온수 보일러의 정격출력[kcal/h]을 계산하시오.

– 상당방열면적 : 500[m²]	– 온수량 : 500[kg]
– 온수 공급온도 : 70[℃]	– 급수온도 : 10[℃]
– 예열부하 : 1.45	– 배관부하 : 0.25
– 출력저하계수 : 0.69	– 물의 비열 : 1[kcal/kg·℃]

풀이
$$H_m = \dfrac{(H_1 + H_2)(1+\alpha)\beta}{k}$$
$$= \dfrac{\{(500 \times 450) + (500 \times 1 \times (70-10))\} \times (1+0.25) \times 1.45}{0.69}$$

$$= 669836.956 \fallingdotseq 669836.96 \, [\text{kcal/h}]$$

해답 669836.96[kcal/h]

문제 14 보일러 가동상태 점검사항 중 매우 중요하기 때문에 운전 중 수시로 점검해야 할 사항을 2가지 쓰시오.

해답 ① 압력 ② 수위

문제 15 다음 ( )안에 알맞은 말을 써넣으시오.

> 벨로스형 신축이음은 (①)이라고도 부르며, 벨로스의 재료는 스테인리스, (②)이[가] 사용되며 벨로스가 수축 시 (③)는[은] 고정되고 슬리브는 미끄러지면서 벨로스와의 간극을 없게 한다.

해답 ① 팩리스(packless)형 신축이음 ② 청동 ③ 플랜지

문제 16 실제 증기 발생량이 3000[kg/h]이고, 급수온도가 10[℃], 발생증기의 엔탈피가 653[kcal/kg]인 경우 상당증발량[kg/h]을 계산하시오.

풀이 $G_e = \dfrac{G_a(h_2 - h_1)}{539} = \dfrac{3000 \times (653 - 10)}{539} = 3578.849 \fallingdotseq 3578.85 \, [\text{kg/h}]$

해답 3578.85[kg/h]

제58회 실기 필답형 문제 (2015년 9월 6일 시행)

◆ 다음 물음의 답을 해당 답란에 답하시오.◆

문제 01 보일러 운전 중에 발생하는 장해 중 프라이밍(priming) 현상을 설명하시오.

> **해답** 급격한 증발현상으로, 동수면에서 작은 입자의 물방울이 증기와 혼입하여 튀어 오르는 현상

문제 02 보일러 건조 보존 시에 흡습제(건조제)로 사용할 수 있는 물질 3가지를 쓰시오.

> **해답** ① 생석회 ② 실리카 겔 ③ 염화칼슘 ④ 활성 알루미나 ⑤ 오산화인

문제 03 보일러 과열의 방지대책 3가지를 쓰시오.

> **해답** ① 적정 보일러 수위를 유지한다.
> ② 동 내면에 스케일 생성을 방지하고, 고착되지 않도록 한다.
> ③ 보일러수가 농축되지 않도록 하고, 순환을 교란시키지 않도록 한다.
> ④ 전열면에 국부적인 과열을 방지한다.
> ⑤ 연소실 열부하가 너무 높지 않도록 한다.

문제 04 보일러에서 어떤 현상이 발생하였을 때 일어날 수 있는 장해를 설명한 것이다. 여기서 어떤 현상이란 무엇인지 쓰시오.

> ① 보일러수 전체가 현저하게 요동하고 수면계의 수위확인을 어렵게 한다.
> ② 안전밸브 오염, 압력계 연락구멍이 스케일과 이물질로 막힘 또는 수면계의 통기관에 보일러수가 들어가기도 해서 이들의 성능이 저하한다.
> ③ 증기과열기에 보일러수가 늘어가서 증기온도와 과열도가 저하하고 동시에 과열기를 오염시킨다.
> ④ 수격작용을 유발하고 배관이음매 등의 기기에 손상을 준다.
> ⑤ 프라이밍, 포밍 현상이 급격히 일어나면 보일러내의 수위가 급격하게 저하하여 저수위 사고를 일으킬 수 있다.

> **해답** 캐리오버(carry over) 현상

문제 05 보일러에서 보일러수의 분출 목적 3가지를 쓰시오.

> **해답** ① 슬러지 생성 및 스케일 방지
> ② 보일러수의 pH 조절
> ③ 프라이밍, 포밍 현상을 방지
> ④ 보일러수의 농축 방지 및 순환을 양호하게 유지
> ⑤ 고수위 방지
> ⑥ 세관 작업 후 폐액을 배출시키기 위하여

문제 06 보일러 고·저수위 경보장치의 종류 4가지를 쓰시오.

해답 ① 기계식 ② 맥도널식 ③ 마그네틱식(자석식) ④ 전극식

문제 07 난방부하가 22500[kcal/h]인 장소에 5세주 650[mm]의 주철제 온수 방열기를 설치하는 경우 필요한 방열기 쪽수는 얼마인가? (단, 방열기 1쪽당 표면적은 0.25[m²]이고, 방열량은 표준방열량으로 계산한다.)

풀이
$$N_w = \frac{H_1}{450\,a} = \frac{22500}{450 \times 0.25} = 200 \text{ 쪽}$$

해답 200 쪽

문제 08 보일러 외부 청소법 종류 4가지를 쓰시오.

해답
① 슈트 블로(soot blow) ② 샌드 브라스트(sand blast)
③ 스팀 소킹(steam soaking)법 ④ 워터 소킹(water soaking)법
⑤ 수세(washing)법 ⑥ 스틸 숏 클리닝(steel shot cleaning)법

문제 09 증기난방에서 응축수 환수 방법에 의한 분류 3가지를 쓰시오.

해답 ① 중력 환수식 ② 기계 환수식 ③ 진공 환수식

문제 10 고온, 고압의 보일러 수중에서 분해되어 생긴 가성소다(NaOH)가 과도하게 농축되면 수산이온(OH^-)이 많아져서 알칼리도가 높아진다. 이것이 강재와 작용해서 생기는 나트륨(Na)이 강재의 결정입계를 침해하여 재질을 열화, 취화 시키는 현상을 무엇이라 하는지 쓰시오.

해답 가성취화

문제 11 보일러 안전밸브 및 압력방출장치 크기는 호칭지름 25[A] 이상이다. 호칭지름 20[A] 이상으로 할 수 있는 내용의 ( )에 알맞은 수치를 쓰시오.
(1) 최고사용압력 ( )[MPa] 이하의 보일러
(2) 최고사용압력 0.5[MPa] 이하의 보일러로 동체의 안지름이 500[mm] 이하이며 동체의 길이가 ( )[mm] 이하의 것
(3) 최고사용압력 0.5[MPa] 이하의 보일러로 전열면적 ( )[m²] 이하의 것
(4) 최대증발량 ( )[t/h] 이하의 관류보일러
(5) 소용량 강철제 보일러, 소용량 ( ) 보일러

해답 (1) 0.1 (2) 1000 (3) 2 (4) 5 (5) 주철제

문제 12 오르사트 분석기에서 분석하여야 할 가스에 따른 흡수제를 연결하시오.

(1) CO_2 · · ① 알칼리성 피로갈롤용액
(2) O_2 · · ② 암모니아성 염화 제1구리 용액
(3) CO · · ③ KOH 30[%] 수용액

[해답] (1) ③ (2) ① (3) ②

문제 13 그림과 같이 20A 강관을 벤딩하여 배관하고자 할 때 "B~C"구간의 배관길이[mm]를 계산하시오. (단, 엘보 부속중심선에서 끝면까지의 길이는 20[mm], 나사산 삽입 길이는 13[mm]이고, 파이(π)는 3.14로 계산한다.)

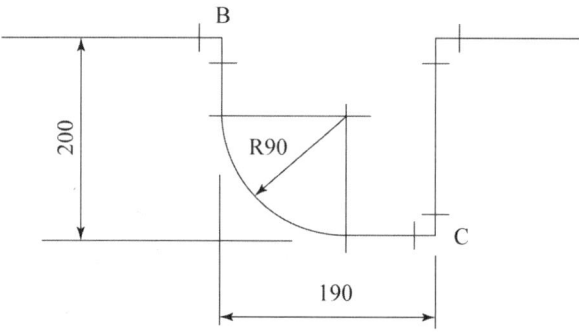

[풀이] ① 곡선부 길이 계산

$$\therefore L_1 = \frac{\theta}{360} \times \pi \times D = \frac{90}{360} \times 3.14 \times (2 \times 90) = 141.3\,[mm]$$

② "B"부분 엘보에 연결되는 실제 직선배관 길이 계산

$$\therefore L_2 = 직선\,배관길이 - 부속\,공간치수 = (200-90)-(20-13) = 103\,[mm]$$

③ "C"부분 엘보에 연결되는 실제 직선배관 길이 계산

$$\therefore L_3 = 직선\,배관길이 - 부속\,공간치수 = (190-90)-(20-13) = 93\,[mm]$$

④ B~C 부분 실제 배관길이 계산

$$\therefore L = L_1 + L_2 + L_3 = 141.3 + 103 + 93 = 337.3\,[mm]$$

[해답] 337.3[mm]

문제 14 [보기]의 공조부하 중 현열과 잠열이 모두 발생하는 것에 해당되는 번호를 모두 쓰시오.

[보기]
① 벽 유리창 등 구조체를 통한 관류열부하   ② 틈새바람에 의한 열부하
③ 사람 몸으로부터 발생되는 인체부하   ④ 형광등에서 발생되는 기기부하
⑤ 송풍기, 덕트로 부터의 장치부하   ⑥ 외기도입부하

[해답] ②, ③, ⑥

[해설] ① 현열 ② 현열과 잠열 ③ 현열과 잠열 ④ 현열 ⑤ 현열 ⑥ 현열과 잠열

문제 15 도면과 같이 방열기를 이용한 온수난방에서 온수 순환량이 같도록 하기 위한 역환수관식(reverse return system)으로 환수관 배관을 완성하시오.

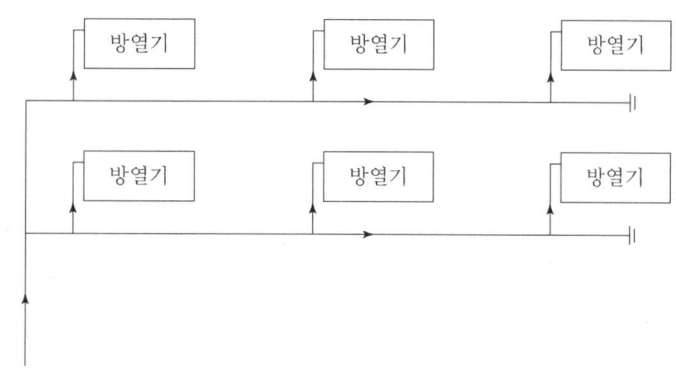

[해답] 점선으로 표시된 부분이 환수관임

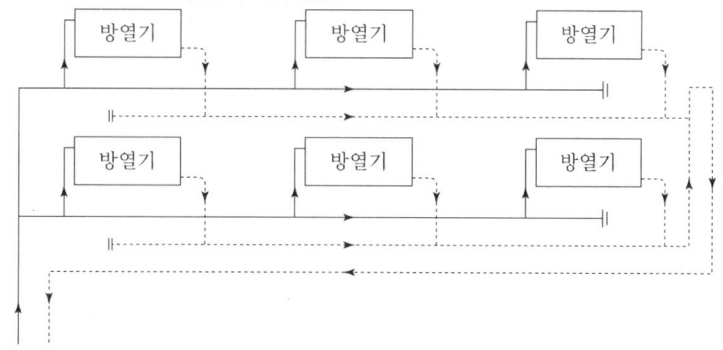

문제 16 시간당 연료사용량이 250[kg]인 보일러가 0.6[MPa] 상태의 증기를 3500[kg/h] 발생시킬 때 보일러 효율[%]을 증기표를 이용하여 계산하시오. (단, 연료의 저위발열량은 9750[kcal/kg], 급수온도는 20[℃], 발생증기의 건도는 90[%]이다.)

증기압 [MPa·a]	포화온도 [℃]	포화수 엔탈피 [kcal/kg]	포화증기 엔탈피 [kcal/kg]
0.5	151.11	152.04	656.1
0.6	158.08	159.25	658.1
0.7	164.17	165.60	659.7

[풀이] ① 습포화증기 엔탈피 계산 : 보일러 증기압력 0.6[MPa]은 게이지 압력이므로 대기압 0.1[MPa]을 더해서 절대압력으로 변환한 후 증기표의 0.7[MPa·a]의 값을 적용한다.
∴ $h_2 = h' + (h'' - h')x = 165.60 + (659.7 - 165.60) \times 0.9 = 610.29$ [kcal/kg]

② 효율 계산
∴ $\eta = \dfrac{G_a \times (h_2 - h_1)}{G_f \times H_l} \times 100 = \dfrac{3500 \times (610.29 - 20)}{250 \times 9750} \times 100 = 84.759 ≒ 84.76$ [%]

[해답] 84.76[%]

문제 17 [보기]는 겨울철에 벽이나 창문에 발생하는 결로(結露)현상에 대한 설명이다. ( ) 안에 알맞은 용어를 동그라미로 선택하시오.

> 벽이나 유리창 표면에 이슬이 맺히는 현상은 (① 건구온도, 습구온도)가 (② 높아, 낮아, 같아)서 실내의 (③ 건구온도, 습구온도)와 차이가 (④ 높아, 낮아) 이슬이 맺히는 현상으로 이는 유리창 밖 외기온도의 (⑤ 노점온도, 빙점온도)로 인하여 얼지 않게 발생하는 현상이다.

[해답] ① 습구온도 ② 낮아 ③ 건구온도 ④ 높아 ⑤ 노점온도

[해설] • 결로(結露)현상 : 실내의 습한 공기가 그 공기의 노점온도보다 낮은 창문이나 벽체 표면에 접촉하므로써 온도가 낮아져 공기 중에 포함되어 있는 수증기가 물방울로 변하여 표면에 부착되는 현상이다.
　실내에 이슬에 맺히는 결로현상은 실내의 습한 공기가 그 공기의 노점온도보다 낮아 발생되는 현상이다. 벽체의 경우 단열재를 부착하고, 창문의 경우 유리 중간에 진공상태가 유지되는 이중창을 설치하여 방지할 수 있다. 실내에 결로현상이 발생되는 것을 방지하기 위해서는 수증기발생을 억제하고, 외기를 도입하는 경우 습도가 높은 공기의 유입을 차단시킨다.

제59회 실기 필답형 문제 (2016년 5월 21일 시행)

◆ 다음 물음의 답을 해당 답란에 답하시오.◆

문제 01 급수처리 내처리제 중 슬러지 조정제 종류 3가지를 쓰시오.

[해답] ① 탄닌 ② 리그린 ③ 전분

문제 02 보일러의 용량을 나타내는 방법 3가지를 쓰시오.

[해답] ① 시간당 최대증발량[kg/h, ton/h]　② 상당(환산) 증발량[kg/h]
③ 최고 사용압력[kgf/cm², MPa]　④ 보일러 마력
⑤ 전열면적[m²]

문제 03 화염검출기의 종류 3가지를 쓰시오.

[해답] ① 플레임 아이 ② 플레임 로드 ③ 스택 스위치

문제 04 배관의 접합부로부터 누설을 방지하기 위하여 사용하는 것이 패킹재이다. 다음에 설명하는 플랜지 패킹재의 명칭을 쓰시오.
(1) 탄성이 크고 우수하며 흡수성이 없으나 열과 기름에 약하며 산, 알칼리에 침식이 어렵다.
(2) 고무패킹의 일종으로 천연고무의 성질을 개선시킨 것으로 내산성, 내열성, 내유성이 좋고 기계적 성질이 양호하다.
(3) 합성수지 패킹으 대표적인 것으로 내열범위가 −260[℃]~260[℃]이며 약품, 기름에도 침식되지 않는다.

[해답] (1) 천연고무　(2) 합성고무(neoprene)　(3) 테프론

문제 05 어떤 온수방열기의 입구온도가 90[℃], 방열기 출구온도가 70[℃], 실내온도가 18[℃]일 때 방열기 방열량[kcal/m²·h]을 계산하시오. (단, 방열기 방열계수는 7.0[kcal/m²·h·℃]이다.)

[풀이] $Q_r = K \times \Delta t_m = K \times \left(\dfrac{방열기\ 입구온도 + 출구온도}{2} - 실내온도 \right)$
$= 7.0 \times \left(\dfrac{90+70}{2} - 18 \right) = 434 \,[\mathrm{kcal/m^2 \cdot h}]$

[해답] 434[kcal/m²·h]

문제 06
파이프렌치(pipe wrench)의 규격에는 200[mm], 300[mm], 350[mm], 450[mm], 600[mm], 1200[mm] 등이 있다. 이 호칭규격은 무엇을 기준으로 하는지 쓰시오.

해답 사용할 수 있는 최대의 관을 물었을 때의 전 길이[mm]
(또는 조[jaw]를 최대로 벌린 전 길이[mm])

문제 07
기체 연료를 사용하는 보일러에서 NOx 발생 저감방법 3가지를 쓰시오.

해답
① 연소온도를 낮게 유지한다.
② 노내압을 낮게 유지한다.
③ 연소가스 중 산소농도를 저하시킨다.
④ 노내가스의 잔류시간을 감소시킨다.
⑤ 과잉공기량을 감소시킨다.
⑥ 질소성분 함유량이 적은 연료를 사용한다.

문제 08
다음은 유류용 온수보일러의 설치 개략도이다. 아래 부품에 맞는 번호를 개략도에서 찾아 쓰시오.

(1) 급탕용 온수주관 : (2) 난방용 온수환수관 :
(3) 순환펌프 : (4) 팽창관 :
(5) 방열기 :

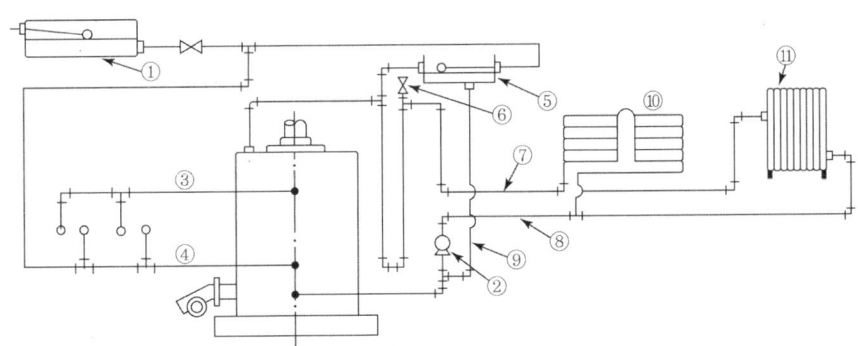

해답 (1) ③ (2) ⑧ (3) ② (4) ⑨ (5) ⑪

해답 각 부품의 명칭
① 옥상 물탱크 ② 순환펌프 ③ 급탕용 온수공급관 ④ 급탕용 냉수공급관
⑤ 팽창탱크 ⑥ 공기빼기밸브 ⑦ 난방용 송수주관 ⑧ 난방용 환수주관
⑨ 팽창관 ⑩ 방열관 ⑪ 방열기

문제 09
캐리오버(carry over)가 발생하였을 때 나타나는 장해의 종류 5가지를 쓰시오.

해답
① 수위 오인으로 저수위 사고 ② 계기류 연락관의 막힘
③ 송기되는 증기의 불순 ④ 증기의 열량 감소
⑤ 배관의 부식 초래 ⑥ 배관, 기관 내에서 수격작용 발생

문제 10 증발량 5000[kg/h], 발생증기 엔탈피 663.2[kcal/kg], 급수온도 60[℃], 전열면적 150[m²]일 때 1[m²]당 상당증발량을 구하시오.

풀이 1[m²]당 상당증발량은 '전열면 상당증발량[kg/m²·h]'을 의미하는 것이다.

$$\therefore 전열면\ 상당증발량 = \frac{시간당\ 상당증발량[kg/h]}{전열면적\ [m^2]} = \frac{G_a \times (h_2 - h_1)}{539 \times F}$$

$$= \frac{5000 \times (663.2 - 60)}{539 \times 150} = 37.303 ≒ 37.30\ [kg/m^2 \cdot h]$$

해답 37.3[kg/m²·h]

문제 11 증기 $P-i$ 선도에서 ①~④의 명칭을 쓰시오.

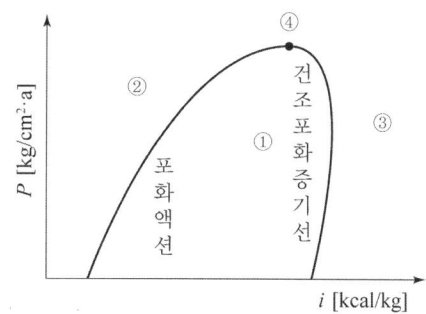

해답 ① 습포화증기 구역 ② 과냉각액(포화수) 구역 ③ 과열증기 구역 ④ 임계점

문제 12 방열기 도시기호에 대한 물음에 답하시오.

(1) 관경 :
(2) 핀의 크기 :
(3) 단수 :

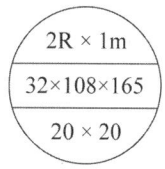

해답 (1) 콘벡터로의 유입, 유출 관경은 20[A]이다.
(2) 108[mm]
(3) 2단

해답 콘벡터 도시기호 설명
① 2R × 1m : 2단으로 유효 엘리먼트의 길이는 1[m]이다.
② 32 × 108 × 165 : 엘리먼트의 관지름은 32[A], 핀의 크기가 108[mm], 부착된 핀의 수가 165개이다.
③ 20 × 20 : 콘벡터로의 유입, 유출 관지름은 20[A]이다.

문제 13 인젝터로 급수 시 급수 불량 원인에 대하여 4가지 쓰시오.

해답 ① 급수온도가 너무 높은 경우(50[℃] 이상)   ② 증기압력이 낮은 경우
③ 부품이 마모되어 있는 경우
④ 흡입관로 및 밸브로부터 공기유입이 있는 경우
⑤ 체크밸브가 고장 난 경우   ⑥ 증기에 수분이 많은 경우

문제 14 다음 배관기호를 보고 배관 명칭을 쓰시오

(1) SPP :   (2) SPPS :   (3) STBH :

해답 (1) 배관용 탄소강관
(2) 압력 배관용 탄소강관
(3) 보일러 열교환기용 탄소강관

문제 15 C 87[%], H 10[%], S 3[%]의 조성으로 되어 있는 중유를 연소할 때 발생되는 이론 건연소가스량[Nm³/kg]을 구하시오.

풀이 $G_{0d} = 8.89\,C + 21.1\,H - 2.63\,O + 3.33\,S + 0.8\,N$
$= 8.89 \times 0.87 + 21.1 \times 0.1 + 3.33 \times 0.03 = 9.944 ≒ 9.94\,[\text{Nm}^3/\text{kg}]$

해답 9.94[Nm³/kg]

제60회 실기 필답형 문제 (2016년 8월 28일 시행)

◆ 다음 물음의 답을 해당 답란에 답하시오.◆

문제 01 보일러 열정산 시 출열 항목 중 열손실에 해당되는 것을 2가지 쓰시오.

해답 ① 배기가스 보유열량 ② 불완전연소에 의한 열손실
③ 미연분에 의한 열손실 ④ 노벽의 흡수열량
⑤ 재의 현열

해설 출열항목 중 '증기의 보유열량'은 유효출열에 해당되므로 열손실과는 관련이 없다.

● ※ 참고 : 입열(入熱) 항목
① 연료의 발열량 ② 연료의 현열
③ 공기의 현열 ④ 노내 취입 증기 또는 온수에 의한 입열

문제 02 보일러 안전밸브의 크기는 호칭지름 25A 이상으로 하여야 하지만 20A 이상으로 할 수 있는 경우에 대한 내용 중 ( )안에 알맞은 숫자를 넣으시오.

- 최고사용압력 (①)[MPa] 이하의 보일러
- 최고사용압력 0.5[MPa] 이하의 보일러로 동체의 안지름이 500[mm] 이하이며 동체의 길이가 (②)[mm] 이하의 것
- 최고사용압력 (③)[MPa] 이하의 보일러로 전열면적 (④)[m2] 이하의 것
- 최대증발량 (⑤)[t/h] 이하의 관류보일러
- 소용량 강철제 보일러, 소용량 (⑥) 보일러

해답 ① 0.1 ② 1000 ③ 0.5 ④ 2 ⑤ 5 ⑥ 주철제

문제 03 동관과 강관을 연결할 때 사용하는 동합금 이음쇠의 종류 3가지를 쓰시오.

해답 ① C×M 어댑터 ② C×F 어댑터 ③ Ftg×M 어댑터

해설 동관 및 황동 주물재 이음쇠
① C(female solder cup) : 이음재 내로 관이 들어가 접합되는 형태이다.
② M(male NPT thread) : ANSI 규격 관형나사가 밖으로 난 나사이음용 이음재이다. (예 : C×M 어댑터)
③ F(female NPT thread) : ANSI 규격 관형나사가 안으로 난 나사음용 이음재이다. (예 : C×F 어댑터)
④ Ftg(male solder cup) : 이음쇠 바깥쪽으로 관이 들어가 접합되는 형태이다. (예:Ftg×M 어댑터)

문제 04 보일러 연료로 사용하고 있는 도시가스가 LNG이고, 이 LNG의 주성분이 모두 메탄(CH_4)으로 구성되었을 때 1[Nm^3] 연소에 필요한 이론공기량[Nm^3]은 얼마인가?

풀이 메탄(CH_4)의 완전연소반응식
$CH_4 + 2O_2 \rightarrow CO_2 + 2H_2O$
$22.4[Nm^3] : 2 \times 22.4[Nm^3] = 1[Nm^3] : x(O_0)[Nm^3]$

$\therefore A_0 = \dfrac{O_0}{0.21} = \dfrac{1 \times 2 \times 22.4}{22.4 \times 0.21} = 9.523 ≒ 9.52\,[Nm^3/Nm^3]$

해답 9.52[Nm^3]

문제 05 보일러 철의 무게가 1[ton], 물의 양이 250[kg], 보일러수의 처음 온도가 10[℃]이며, 난방 송수온도가 80[℃]이다. 철의 비열이 0.12[kcal/kg·℃], 물의 비열이 1[kcal/kg·℃]일 때 예열부하[kcal]를 계산하시오.

풀이 $H_4 = (G_1 \times C_1 \times \Delta t_1) + (G_2 \times C_2 \times \Delta t_2)$
$= \{1000 \times 0.12 \times (80-10)\} + \{250 \times 1 \times (80-10)\} = 25900\,[kcal]$

해답 25900[kcal]

문제 06 슈트 블로어(soot blow) 사용 시 주의사항을 3가지 쓰시오.

해답
① 부하가 50[%] 이하일 때, 소화 후에는 사용을 금지한다.
② 댐퍼를 완전히 열고 통풍력을 크게 한다.
③ 그을음 제거를 하기 전에 반드시 응축수를 제거한다.
④ 그을음 불어내기 관을 동일 장소에서 오래 동안 작용시키지 않는다.
⑤ 흡입통풍기가 있을 경우 흡입통풍을 늘려서 한다.

문제 07 [보기]와 같은 조건일 때 보일러 효율을 계산하시오.

[보기]
- 급수 엔탈피 : 50[kcal/kg]
- 발생증기 엔탈피가 600[kcal/kg]
- 시간당 증기 발생량 : 150[kg]
- 시간당 연료사용량 : 200[kg]
- 연료의 저위 발열량 : 1000[kcal/kg]

풀이 $\eta = \dfrac{G_a \cdot (h_2 - h_1)}{G_f \cdot H_l} \times 100 = \dfrac{150 \times (600 - 50)}{200 \times 1000} \times 100 = 41.25\,[\%]$

해답 41.25[%]

문제 08 다음 부속품을 이용하여 바이패스 배관도를 도시하시오.

[부속품] – 밸브 : 3개 – 유니언 : 3개 – 티 : 2개
         – 엘보 : 2개 – 여과기 : 1개 – 펌프(ⓟ) : 1개

[해답]
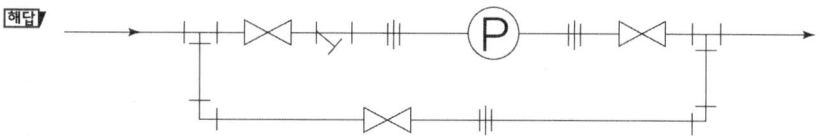

문제 09 다음 설명하는 화염 검출기의 명칭을 쓰시오.
(1) 화염 중에는 양성자와 중성자가 전리되어 있음을 알고 버너에 그랜드로드를 부착하여 화염 중에 삽입하여 전기적 신호를 전자밸브에 보내어 화염을 검출한다.
(2) 연소 중에 발생되는 연소가스의 열에 의하여 바이메탈의 신축작용으로 전기적 신호를 만들어 전자밸브로 그 신호를 보내면서 화염을 검출한다.
(3) 연소 중에 발생하는 화염 빛을 검지부에서 전기적 신호로 바꾸어 화염 유무를 검출한다.

[해답] (1) 플레임 로드 (2) 스택 스위치 (3) 플레임 아이

문제 10 다음은 중유 버너의 공기조절장치 구성 부품을 설명한 것이다. 각각 어떤 부품인지 명칭을 쓰시오.
(1) 착화를 원활하게 하고 화염의 안정을 도모하는 것이며, 선회기가 있어 연소용 공기에 선회운동을 주어 와류현상이 생겨 착화를 쉽게 하는 부품
(2) 압입통풍의 경우 버너를 장치하는 벽면에 설치되는 밀폐된 상자로서 풍도(風道)에서 공기를 흡입하여 동압을 정압으로 바꾸는 역할을 하는 부품

[해답] (1) 보염기 (2) 윈드박스

문제 11 다음 내용 중 ( )안에 들어갈 알맞은 내용을 쓰시오.

배관의 신축으로 인한 배관의 상하, 좌우 이동을 제한하고 구속하는 것을 리스트레인트라 하고 펌프, 압축기 등에서 발생하는 진동을 흡수하여 배관계통에 전달되는 것을 방지하는 것은 (①)가[이] 하고 진동방지는 (②), 배관 내 워터해머와 진동해소는 (③)가[이] 한다.

[해답] ① 브레이스 ② 방진구 ③ 완충기

문제 12 탄소(C) 10[kg]을 완전연소 하였을 때 CO_2 생성량은 표준상태에서 몇 [Nm³]인가 계산하시오.

풀이 ① 탄소(C)의 완전연소 반응식
$$C + O_2 \rightarrow CO_2$$
② CO_2 생성량[Nm³] 계산
12[kg] : 22.4[Nm³] = 10[kg] : x [Nm³]
$$\therefore x = \frac{22.4 \times 10}{12} = 18.666 ≒ 18.67 \, [\text{Nm}^3]$$

해답 18.67[Nm³]

문제 13 보일러 열정산 조건의 기준을 쓰시오.
(1) 보일러의 부하 :
(2) 연료의 발열량 :
(3) 기준온도 :
(4) 효율 산정방법 2가지 :

해답 (1) 정격 부하 이상 (2) 고위발열량 (3) 외기온도 (4) ① 입출열법 ② 열손실법

문제 14 응축수 환수방법에 의한 증기난방 분류에서 응축수 환수가 빠른 것부터 느린 순서로 나열하시오.

해답 진공 환수식 → 기계 환수식 → 중력 환수식

문제 15 동력을 사용하는 파이프 나사 절삭기의 종류를 3가지 쓰시오.

해답 ① 오스터형 ② 호브형 ③ 다이헤드형

문제 16 연소 시 배기가스 중의 질소산화물의 함량을 줄이는 방법 4가지를 쓰시오.

해답 ① 연소온도를 낮게 유지한다.
② 노내압을 낮게 유지한다.
③ 연소가스 중 산소농도를 저하시킨다.
④ 노내가스의 잔류시간을 감소시킨다.
⑤ 과잉공기량을 감소시킨다.
⑥ 질소성분 함유량이 적은 연료를 사용한다.

해설 질소산화물의 생성을 억제하는 방법
① 저공기비로 연소한다.
② 열부하를 감소시킨다.
③ 공기온도를 저하시킨다.
④ 2단 연소법을 사용한다.
⑤ 배기가스를 재순환시킨다.
⑥ 물이나 증기를 분사한다.
⑦ 저 NOx 버너를 사용한다.
⑧ 연료를 전처리하여 사용한다.

제61회 실기 필답형 문제 (2017년 4월 15일 시행)

◆ 다음 물음의 답을 해당 답란에 답하시오.◆

문제 01 파이프를 벤딩할 수 있는 장비 3가지를 쓰시오.

[해답] ① 수동 롤러에 의한 벤더 ② 램식 벤딩 머신 ③ 로터리식 파이프 벤딩 머신

문제 02 실내온도가 22[℃], 외기온도가 −8[℃]이며 열관류율이 5[kcal/m²·h·℃]인 건물의 난방부하(kcal/h)를 계산하시오. (단, 바닥, 천정, 벽체 총면적은 48[m²]이고, 방위계수는 1.1 이다.)

[풀이] $H_1 = KF\Delta t Z = 5 \times 48 \times (22+8) \times 1.1 = 7920 \, [\text{kcal/h}]$

[해답] 7920[kcal/h]

문제 03 보일러의 상당 증발량이 2000[kg/h], 연료 저위발열량 10000[kcal/kg], 효율 80[%]로 운전되는 되는 경우 연료소비량[kg/h]을 계산하시오.

[풀이] $\eta = \dfrac{539 \, G_e}{G_f \cdot H_l} \times 100$ 에서 $\therefore G_f = \dfrac{539 \cdot G_e}{H_l \cdot \eta} = \dfrac{539 \times 2000}{10000 \times 0.8} = 134.75 \, [\text{kg/h}]$

[해답] 134.75[kg/h]

문제 04 화염검출기에 대한 물음에 답하시오.

(1) 화염에서 발생하는 빛을 검출하는 광학적 화염검출기의 종류 3가지를 쓰시오.
(2) 화염의 이온화현상에 의한 전기전도성을 이용하여 화염을 검출하는 것의 명칭 1가지를 쓰시오.

[해답] (1) ① 황화카드뮴(CdS) 셀 ② 황화납(PbS) 셀 ③ 적외선 광전관 ④ 자외선 광전관
(2) 플레임 로드

문제 05 보일러를 정상가동하다가 발생한 비상사태로 긴급하게 운전을 정지시키고자 한다. 가장 먼저 해야 할 동작은 무엇인가?

[해답] 연료 공급을 정지한다.

[해설] 비상정지 시의 조치사항
① 연료 공급을 정지한다.   ② 공기 공급을 정지한다.
③ 서서히 급수를 행한다.   ④ 다른 보일러와 연락을 차단한다.
⑤ 자연적으로 냉각된 후 사고 원인을 조사한다.
⑥ 전열면을 확인하여 변형 유무를 조사한다.
⑦ 이상이 없으면 급수 후 재 점화하여 사용한다.

문제 06 원심형 송풍기의 풍량 조절방법 3가지를 쓰시오.

해답
① 회전수 제어에 의한 방법　　② 토출 베인 각도조절에 의한 방법
③ 흡입 베인 각도조절에 의한 방법　　④ 베인 컨트롤에 의한 방법
⑤ 바이패스에 의한 방법

문제 07 보일러 열정산시 입열(入熱)에 해당하는 항목을 3가지 쓰시오.

해답
① 연료의 발열량　　② 연료의 현열
③ 공기의 현열　　④ 노내 취입 증기 또는 온수에 의한 입열

문제 08 재료가 고온 건조한 환경에 놓여 있을 경우 발생하는 부식을 건식이라 하며, 이러한 건식이 나타나는 다양한 형태 5가지를 쓰시오.

해답 ① 고온산화　② 고온부식　③ 황화부식　④ 질화부식　⑤ 수소취성

문제 09 상당증발량을 구하는 공식을 쓰고, 각 인자에 대하여 설명하시오.

해답
$$G_e = \frac{G_a(h_2 - h_1)}{539}$$

G_e : 상당 증발량[kg/h]　　G_a : 실제 증발량[kg/h]
h_2 : 습포화증기 엔탈피[kcal/kg]　　h_1 : 급수 엔탈피[kcal/kg]

문제 10 보일러 설치, 시공기준 중 급수장치에 대한 내용이다. ( ) 안에 알맞은 숫자를 넣으시오.

(1) 급수장치를 필요로 하는 보일러에는 주펌프 세트 및 보조펌프 세트를 갖춘 급수장치가 있어야 한다. 다만, 전열면적 12[m²] 이하의 보일러, 전열면적 (①)[m²] 이하의 가스용 온수보일러 및 전열면적 (②)[m²] 이하의 관류보일러에는 보조펌프를 생략할 수 있다.

(2) 보일러 급수관에는 보일러에 인접하여 급수밸브와 체크밸브를 설치하여야 한다. 다만 최고사용압력이 ( )[MPa] 미만의 보일러에서는 체크밸브를 생략할 수 있다.

해답 (1) ① 14　② 100
(2) 0.1

문제 11 온수보일러에 팽창탱크를 설치하는 목적을 4가지 쓰시오.

해답
① 운전 중 장치내의 온도상승에 의한 체적팽창 및 그 압력을 흡수한다.
② 팽창된 온수의 넘침을 방지하여 열손실을 방지한다.
③ 운전 중 장치내의 압력을 소정의 압력으로 유지하고, 온수온도를 유지한다.
④ 장치 내 보충수 공급 및 공기침입을 방지한다.

제61회 실기 필답형 문제

문제 12 중량비로 탄소 86[%], 수소 14[%]의 조성을 갖는 중유를 매시간당 10[kg]을 연소시켰을 때 생성되는 연소가스의 조성이 체적비로 CO_2 12.5[%], O_2 3.7[%], N_2 83.8[%]일 때 1시간당 필요한 실제공기량[Nm^3]을 구하시오.

[풀이] ① 연소가스 조성을 이용한 공기비 계산

$$\therefore m = \frac{N_2}{N_2 - 3.76\,O_2} = \frac{83.8}{83.8 - 3.76 \times 3.7} = 1.199 \fallingdotseq 1.2$$

② 연료 10[kg]당 이론공기량 계산

$$\therefore A_0 = 8.89\,C + 26.67\left(H - \frac{O}{8}\right) + 3.33\,S$$
$$= \{(8.89 \times 0.86) + (26.67 \times 0.14)\} \times 10 = 113.792 \fallingdotseq 113.79\,[m^3/h]$$

③ 실제 공기량 계산

$$\therefore A = m\,A_0 = 1.2 \times 113.79 = 136.548 \fallingdotseq 136.55\,[m^3/h]$$

[해답] 136.55[m^3/h]

문제 13 시간당 연료소모량이 200[L]인 보일러에 연료 예열기를 설치하려고 한다. 연료의 예열온도가 80[℃], 예열기 입구의 온도가 50[℃]일 때 예열기의 용량[kWh]을 구하시오. (단, 연료의 평균비열 0.45[kcal/kg·℃], 비중 0.95, 예열기의 효율은 80[%]이다.)

[풀이] $$kWh = \frac{G_f \cdot C_f \cdot \Delta t}{860\,\eta} = \frac{(200 \times 0.95) \times 0.45 \times (80-50)}{860 \times 0.8} = 3.728 \fallingdotseq 3.73\,[kWh]$$

[해답] 3.73[kWh]

문제 14 보일러 자동수위조절 장치 중 3요소식에 대하여 설명하시오.

[해답] 드럼 내의 수위, 증기 유량 이외에 급수유량을 검출하여 목표치에 대한 편차에 따른 동작신호를 연산 조절하는 방식이나 구성이 복잡하고 보전관리에 기술을 요구함으로 고온, 고압, 대용량 보일러 이외에는 사용되지 않는다.

문제 15 캐리오버(carry over)의 방지 방법 4가지를 쓰시오.

[해답] ① 비수 방지관, 기수 분리기를 설치한다.
② 주증기밸브를 서서히 개방한다.
③ 관수 중의 불순물, 농축수를 제거한다.
④ 수위를 고수위로 하지 않는다.

문제 16 다음 그림은 온수보일러 설치 개략도이다. 연결이 누락된 부분을 선으로 연결하여 완성하시오.

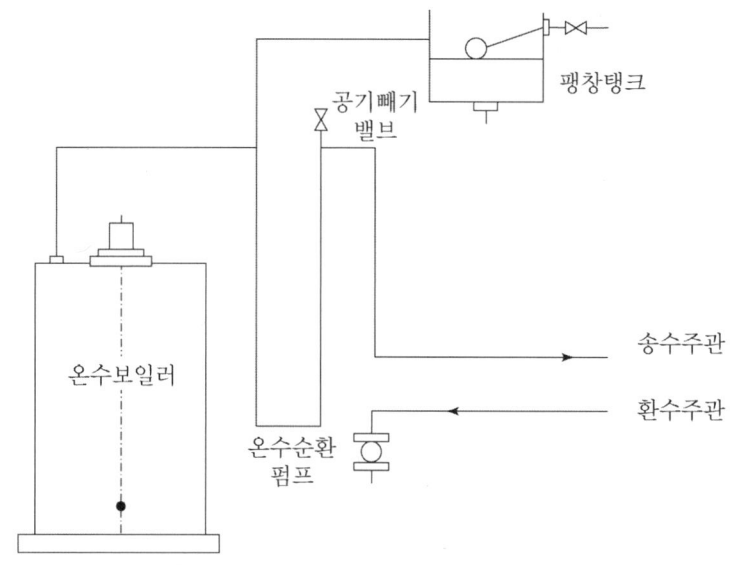

해답 점선으로 표시된 부분

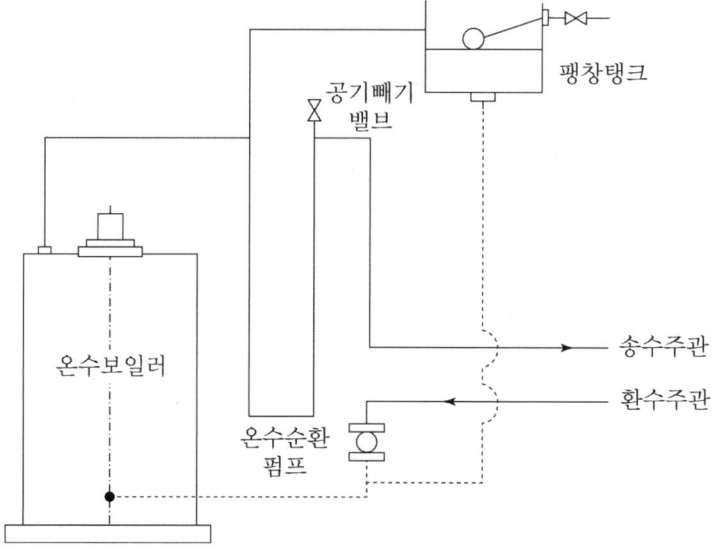

제62회 실기 필답형 문제 (2017년 9월 9일 시행)

◆ 다음 물음의 답을 해당 답란에 답하시오.◆

문제 01 보일러 세관 방법 중 알칼리 세관에 사용하는 약품 종류 3가지를 쓰시오.

해답 ① 가성소다(NaOH) ② 암모니아(NH_3) ③ 탄산나트륨(Na_2CO_3) ④ 인산나트륨(Na_3PO_4)

문제 02 증기보일러에 설치하는 안전밸브 및 압력방출장치의 크기는 호칭지름 25[A] 이상으로 하여야 하지만 다음과 같은 보일러는 20[A] 이상으로 할 수 있다. ( ) 안에 알맞은 숫자를 넣으시오.
(1) 최고사용압력 0.5[MPa] 이하의 보일러로 전열면적 ( )[m^2] 이하의 것
(2) 최고사용압력 ( )[MPa] 이하의 보일러
(3) 최고사용압력 ( )[MPa] 이하의 보일러로 동체의 안지름이 500[mm] 이하, 동체의 길이가 1000[mm] 이하의 것

해답 (1) 2 (2) 0.1 (3) 0.5

해설 안전밸브 및 압력방출장치의 크기를 호칭지름 20[A] 이상으로 할 수 있는 보일러
① 최고사용압력 0.1[MPa] 이하의 보일러
② 최고사용압력 0.5[MPa] 이하의 보일러로 동체의 안지름이 500[mm] 이하이며 동체의 길이가 1000 [mm] 이하의 것
③ 최고사용압력 0.5[MPa] 이하의 보일러로 전열면적 2[m^2] 이하의 것
④ 최대증발량 5[t/h] 이하의 관류보일러
⑤ 소용량 강철제 보일러, 소용량 주철제 보일러

문제 03 보일러 열정산의 목적 3가지를 쓰시오.

해답 ① 열의 손실을 파악하기 위하여 ② 열의 이동상태를 파악하기 위하여
③ 열 분포상태를 파악하기 위하여 ④ 열설비의 성능을 파악하기 위하여

문제 04 탄소(C) 90[%], 수소(H) 10[%] 조성의 액체연료를 완전 연소시키기 위한 실제 공기량[Nm^3/kg]은 얼마인가? (단, 공기 중 산소는 21[%], 공기비는 1.2이다.)

풀이
$$A = m \times A_0 = m \times \left\{8.89C + 26.67\left(H - \frac{O}{8}\right) + 3.33S\right\}$$
$$= 1.2 \times (8.89 \times 0.9 + 26.67 \times 0.1) = 12.801 ≒ 12.80\,[Nm^3/kg]$$

해답 12.8[Nm^3/kg]

문제 05 강철제 보일러의 최고사용압력이 다음과 같을 때 수압시험압력[MPa]을 구하시오.
  (1) 최고사용압력이 0.3[MPa]인 보일러 :
  (2) 최고사용압력이 1[MPa]인 보일러 :

풀이 (1) 수압시험압력 = 최고사용압력 × 2배 = 0.3 × 2 = 0.6[MPa]
  (2) 수압시험압력 = (최고사용압력 × 1.3배) + 0.3 = (1 × 1.3) + 0.3 = 1.6[MPa]

해답 (1) 0.6[MPa] (2) 1.6[MPa]

해설 수압시험 압력
  (1) 강철제 보일러
    ① 보일러의 최고사용압력이 0.43[MPa] 이하일 때에는 그 최고사용압력의 2배의 압력으로 한다. 다만, 그 시험압력이 0.2[MPa] 미만인 경우에는 0.2[MPa]로 한다.
    ② 보일러의 최고 사용압력이 0.43[MPa] 초과 1.5[MPa]이하일 때에는 그 최고사용압력의 1.3배에 0.3[MPa]를 더한 압력으로 한다.
    ③ 보일러의 최고사용압력이 1.5[MPa]를 초과할 때에는 그 최고사용압력의 1.5배의 압력으로 한다.
  (2) 가스용 온수보일러 : 강철제인 경우에는 (1)의 ①에서 규정한 압력
  (3) 주철제 보일러
    ① 보일러의 최고사용압력이 0.43[MPa] 이하 일 때는 그 최고사용압력의 2배의 압력으로 한다. 다만, 시험압력이 0.2[MPa] 미만인 경우에는 0.2[MPa]로 한다.
    ② 보일러의 최고사용압력이 0.43[MPa]를 초과 할 때는 그 최고사용압력의 1.3배에 0.3[MPa]을 더한 압력으로 한다.

문제 06 보온재의 밀도, 습도, 온도에 따라 열전도율 변화를 나타낸 것이다. ( )에서 "증가", "감소"를 선택하시오.
  (1) 밀도가 크면 열전도율은 (증가, 감소) 한다.
  (2) 습도가 증가하면 열전도율은 (증가, 감소) 한다.
  (3) 온도가 상승하면 열전도율은 (증가, 감소) 한다.

해답 (1) 증가 (2) 증가 (3) 증가

문제 07 동관 공구의 용도를 쓰시오.
  (1) 사이징 툴 :   (2) 플레어링 툴 세트 :

해답 (1) 동관의 끝 부분을 원형으로 정형하는 공구이다.
  (2) 동관을 압축이음하기 위하여 관 끝을 나팔모양으로 만드는데 사용하는 공구이다.

문제 08 가압수식 집진장치의 종류 3가지를 쓰시오.

해답 ① 벤투리 스크러버 ② 사이클론 스크러버 ③ 제트 스크러버

해설 세정식 집진장치의 종류
  ① 유수식 : S형, 임펠러형, 회전형, 분수형 및 나선 가이드베인형
  ② 가압수식 : 벤투리 스크러버, 제트 스크러버, 사이클론 스크러버, 충전탑(세정탑)
  ③ 회전식 : 타이젠 와셔, 충격식 스크러버

문제 09 시간당 1200[kg]의 연료를 완전 연소시켜 14000[kg/h] 증기를 발생시키는 보일러의 저위발열량 기준 열효율[%]을 계산하시오. (단, 연료의 저위발열량은 9800[kcal/kg], 발생증기 엔탈피는 723[kcal/kg], 급수온도는 23[℃]이다.)

풀이
$$\eta = \frac{G_a \cdot (h_2 - h_1)}{G_f \cdot H_l} \times 100$$
$$= \frac{14000 \times (723 - 23)}{1200 \times 9800} \times 100 = 83.333 ≒ 83.33 [\%]$$

해답 83.33[%]

문제 10 메탄(CH_4), 프로판(C_3H_8)이 완전 연소할 때 생성되는 물질 2가지를 쓰시오.

해답 ① 이산화탄소(CO_2) ② 수증기(H_2O)

해설 메탄(CH_4) 및 프로판(C_3H_8)의 완전연소 반응식
① $CH_4 + 2O_2 \rightarrow CO_2 + 2H_2O$
② $C_3H_8 + 5O_2 \rightarrow 3CO_2 + 4H_2O$

문제 11 보일러 열정산에서 출열 항목 6가지를 쓰시오.

해답
① 배기가스 보유열량 ② 증기의 보유열량
③ 불완전연소에 의한 열손실 ④ 미연분에 의한 열손실
⑤ 노벽의 흡수열량 ⑥ 재의 현열

해설 입열(入熱) 항목
① 연료의 발열량 ② 연료의 현열
③ 공기의 현열 ④ 노내 취입 증기 또는 온수에 의한 입열

문제 12 [보기]와 같은 조건일 때 보온관의 열손실[kcal/h]을 계산하시오.

[보기]
- 배관 길이 : 1250[m]
- 나관 1[m]당 표면적 : 0.3[m^2]
- 나관의 열관류율 : 6[kcal/$m^2 \cdot h \cdot$ ℃]
- 온도차 : 35[℃]
- 보온효율 : 92[%]

풀이
$$Q_2 = Q_1 \times (1 - \eta) = K_1 \times F_1 \times \Delta t_1 \times (1 - \eta)$$
$$= 6 \times (1250 \times 0.3) \times 35 \times (1 - 0.92) = 6300 [kcal/h]$$

해답 6300[kcal/h]

문제 13 압력 4[kgf/cm²]의 증기를 이용하여 난방을 할 때 방열기에서 생성되는 응축수량 [kg/m²·h]를 계산하시오. (단, 4[kgf/cm²] 상태의 증기 건도는 0.98, 증기엔탈피는 654.92[kcal/kg], 포화수 온도는 144.92[℃]이다.)

[풀이] ① 증기의 응축 잠열 계산
∴ γ = (포화증기 엔탈피 - 포화수 엔탈피) × 건조도
= (654.92 - 144.92) × 0.98 = 499.8 [kcal/kg]

② 응축수량 계산 : 방열기 1[m²]에서 생성되는 응축수량을 계산하고, 방열기 방열량은 표준 방열량 650[kcal/m²·h]를 적용한다.
∴ $Q_c = \dfrac{Q_r}{\gamma} = \dfrac{650}{499.8} = 1.300 ≒ 1.30$ [kg/m²·h]

[해답] 1.3[kg/m²·h]

문제 14 보일러에서 그루빙(grooving)이 발생되기 쉬운 곳 3가지를 쓰시오.

[해답]
① 노통의 애덤슨 조인트의 플랜지 부분 ② 평경판의 거싯 스테이(gusset stay) 부분
③ 리벳 이음부의 판이 겹치는 가장자리 ④ 접시형 경판의 모퉁이의 만곡부
⑤ 경판에 뚫린 급수 구멍

[해설] 구상부식(grooving) : 단면의 형상이 U자형, V자형으로 홈이 깊게 파인 것과 같이 선형으로 부식되는 현상을 말한다. 노통의 애덤슨 조인트의 플랜지 부분이나 평경판의 거싯 스테이(gusset stay) 부분에 많이 발생한다.

문제 15 전극식 자동급수 조절장치의 그림을 보고 ①~⑤ 전극봉의 용도를 [보기]에서 찾아 쓰시오.

[보기] 급수 개시용, 고수위 경보용, 저수위 차단용, 급수 정지용, 저수위 경보용, 공통전극

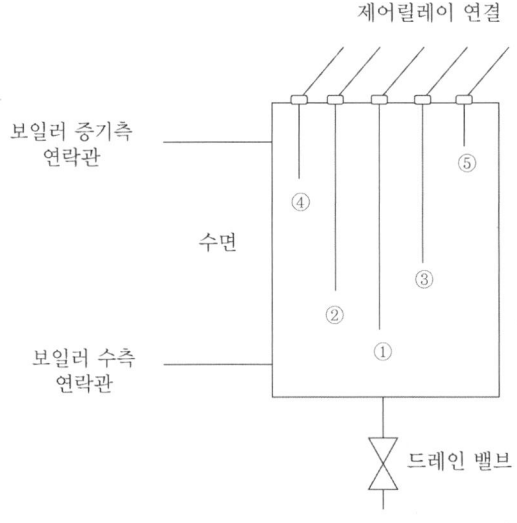

[해답] ① 공통전극 ② 저수위 경보용 ③ 급수 개시용 ④ 급수 정지용 ⑤ 고수위 경보용

제63회 실기 필답형 문제 (2018년 5월 26일 시행)

◆ 다음 물음의 답을 해당 답란에 답하시오.◆

문제 01 대류 방열기가 [보기]의 조건일 때 도시기호로 나타내시오.

[보기]
- 상당방열면적 : 4.3[m^2]
- 유효길이 : 1700[mm]
- 유출관 지름 : 20[A]
- 열수 : 2열
- 유입관 지름 : 25[A]

해답)
$$\dfrac{\dfrac{4.3}{2R-1700}}{25 \times 20}$$

문제 02 배관이음 방법에서 턱걸이 이음, 플랜지 이음, 나사 이음의 표시방법을 도시기호로 표시하시오.

해답)
① 턱걸이 이음 : ——⊂
② 플랜지 이음 : ——||——
③ 나사 이음 : ——|——

문제 03 증기트랩을 작동 원리에 따라 3가지로 분류하였을 때 그 종류를 각각 1가지씩 쓰시오.
(1) 기계식 트랩 :
(2) 온도조절식 트랩 :
(3) 열역학적 트랩 :

해답) (1) ① 상향 버킷식 ② 하향 버킷식 ③ 레버 플로트식 ④ 자유 플로트식
(2) ① 바이메탈식 ② 벨로스식
(3) ① 오리피스식 ② 디스크식

문제 04 동관 작업을 할 때 사용하는 전용공구 3가지를 쓰고 설명하시오.

해답) ① 사이징 툴 : 동관의 끝 부분을 원형으로 정형하는 공구이다.
② 확관기(익스팬더) : 동관의 관 끝 지름을 크게 확대하는데 사용하는 공구이다.
③ 플레어링 툴 세트 : 동관을 압축이음하기 위하여 관 끝을 나팔모양으로 만드는데 사용하는 공구이다.
④ 동관 벤더 : 동관을 냉간 굽힘 가공을 하는데 사용하는 공구이다.

문제 05 급수내관을 사용할 때 장점 3가지를 쓰시오.

해답 ① 온도차에 의한 부동팽창을 방지한다.
② 보일러 급수의 예열이 가능하다.
③ 관내온도의 급격한 변화를 방지한다.
④ 관수 순환의 교란 방지

문제 06 원심 송풍기에서 풍량 조절방법 3가지를 쓰시오.

해답 ① 회전수 제어에 의한 방법
② 토출 베인의 각도 조절에 의한 방법
③ 흡입 베인의 각도 조절에 의한 방법
④ 베인 컨트롤에 의한 방법
⑤ 바이패스에 의한 방법

문제 07 보일러 설치 시공기준에 대한 내용 중 ( ) 안에 알맞은 용어 및 숫자를 넣으시오.

(1) 보일러 동체에서 벽, 배관, 기타 보일러 측부에 있는 구조물까지 거리는 (①)[m] 이상이어야 한다.
(2) 연료를 저장할 때에는 보일러 외측으로부터 2[m] 이상 거리를 두거나 (②)을 설치하여야 한다. 다만, 소형보일러의 경우에는 1[m] 이상 거리를 두거나 (③)으로 할 수 있다.

해답 ① 0.45 ② 방화격벽 ③ 반격벽

문제 08 보일러 급수처리를 하지 않았을 때 나타날 수 있는 장애 4가지를 쓰시오.

해답 ① 보일러 내부에 스케일, 슬러지가 생성된다.
② 보일러수 농축으로 인한 분출과다로 열손실이 발생한다.
③ 내부 부식이 발생할 수 있다.
④ 프라이밍, 포밍 현상이 발생할 수 있다.
⑤ 가성취화 현상이 발생할 수 있다.

문제 09 연도에 절탄기를 설치하여 사용할 때 안전관리 측면에서 주의할 사항 3가지를 쓰시오.

해답 ① 열응력을 방지하기 위하여 연소가스 온도와 절탄기 입구의 급수온도차를 적게 한다.
② 저온부식을 방지하기 위하여 절탄기 출구측 연소가스를 170[℃] 이상 유지시킨다.
③ 절탄기 과열을 방지하기 위하여 내부 물의 유동상태를 확인한다.
④ 가스에 의한 부식을 방지하기 위하여 절탄기 급수 중의 공기 및 불응축가스를 제거한 후 공급한다.

문제 10 보일러 연소에서 공기비가 클 때 나타나는 문제점 2가지를 쓰시오.

해답 ① 연소실내의 온도가 낮아진다.
② 배기가스로 인한 손실열이 증가한다.
③ 연료 소비량이 증가한다.
④ 배기가스 중 질소화합물(NO_x)이 많아져 대기오염을 초래한다.

해설 공기비가 작을 경우 나타나는 문제점(현상)
① 불완전연소가 발생하기 쉽다.
② 연소효율이 감소한다.
③ 열손실이 증가한다.
④ 미연소 가스로 인한 역화의 위험이 있다.

문제 11 보일러 자동연소제어에 필요한 자동제어 장치 3가지를 쓰시오.

해답
① 증기 압력 제한기 및 증기 압력 조절기
② 연료 차단 밸브 및 연료 조절 밸브
③ 연소 공기 댐퍼 및 컨트롤 모터
④ 온수 온도 제어기 및 온수 온도 조절기

문제 12 전체 보유수량이 2000[L]인 온수보일러에서 8[℃]의 물을 90[℃]로 가열하여 난방할 때 온수 팽창량[L]은 얼마인가? (단, 8[℃]와 90[℃] 물의 밀도는 각각 0.99988[kg/L], 0.96534[kg/L]이다.)

풀이 $\Delta V = \left(\dfrac{1}{\rho_h} - \dfrac{1}{\rho_c}\right) \times V = \left(\dfrac{1}{0.96534} - \dfrac{1}{0.99988}\right) \times 2000 = 71.568 ≒ 71.57[L]$

해답 71.57[L]

문제 13 프로판 5[Nm³]을 완전 연소시킬 경우 이론공기량[Nm³]을 계산하시오.

풀이
① 프로판(C_3H_8)의 완전연소 반응식
$C_3H_8 + 5O_2 \rightarrow 3CO_2 + 4H_2O$
② 이론공기량 계산
22.4[Nm³] : 5 × 22.4[Nm³] = 5[Nm³] : $x(O_0)$[Nm³]
$\therefore A_0 = \dfrac{O_0}{0.21} = \dfrac{5 \times 5 \times 22.4}{22.4 \times 0.21} = 119.047 ≒ 119.05[\mathrm{Nm}^3]$

해답 119.05[Nm³]

문제 14 [보기]와 같은 구조체의 열관류율[kcal/h·m²·℃]를 구하시오. (단, 외측 및 내측 표면 열전달률이 각각 7.5[kcal/h·m²·℃], 20[kcal/h·m²·℃]이다.)

① 타일 - 두께 : 5[mm], 열전도율 : 1.1[kcal/h·m·℃]
② 모르타르 - 두께 : 15[mm], 열전도율 : 0.93[kcal/h·m·℃]
③ 콘크리트 - 두께 : 150[mm], 열전도율 : 1.41[kcal/h·m·℃]
④ 모르타르 - 두께 : 15[mm], 열전도율 : 0.93[kcal/h·m·℃]

풀이 $K = \dfrac{1}{\dfrac{1}{\alpha_1} + \dfrac{b_1}{\lambda_1} + \dfrac{b_2}{\lambda_2} + \dfrac{b_3}{\lambda_3} + \dfrac{b_4}{\lambda_4} + \dfrac{1}{\alpha_2}} = \dfrac{1}{\dfrac{1}{7.5} + \dfrac{0.005}{1.1} + \dfrac{0.015}{0.93} + \dfrac{0.15}{1.41} + \dfrac{0.015}{0.93} + \dfrac{1}{20}}$
$= 3.062 ≒ 3.06[\mathrm{kcal/h·m^2·℃}]$

해답 3.06[kcal/h·m²·℃]

문제 15 [보기]의 배관도를 보고 주어진 [표]의 빈칸에 재질, 규격을 나열하고 수량을 기입하시오.

[보기] 배관도

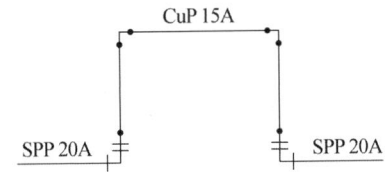

품명	재질	규격	수량
이경엘보			
어댑터			
동 엘보			

[해답]

품명	재질	규격	수량
이경엘보	주물	20[A]×15[A]	2개
C×M 어댑터	황동	15[A]	2개
동 엘보	동	15[A]	2개

문제 16 벙커-C유를 사용하는 보일러에서 [보기]와 같은 결과를 얻었을 때 전열효율을 계산하시오.

[보기]
- 보일러 용량 : 10[ton/h]
- 증기압력 : 0.7[MPa]
- 연료사용량 : 500[kg/h]
- 연료 발열량 : 41000[kJ/kg]
- 연소실에 공급된 열량 : 19475000[kJ/h]
- 증기발생에 사용된 열량 : 17425000[kJ/h]

[풀이] $\eta_f = \dfrac{\text{증기 발생에 이용된 열}}{\text{연소실에 공급된 열}} \times 100 = \dfrac{17425000}{19475000} \times 100 = 89.473 \fallingdotseq 89.47[\%]$

[해답] 89.47[%]

[해설]
① 연소효율 계산

$\therefore \eta_c = \dfrac{\text{연소실에 공급된 열}}{\text{연료 연소열량}} \times 100 = \dfrac{19475000}{500 \times 41000} \times 100 = 95[\%]$

② 열효율 계산

$\therefore \eta_t = \dfrac{\text{증기 발생에 이용된 열량}}{\text{연료 연소열량}} \times 100 = \dfrac{17425000}{500 \times 41000} \times 100 = 85[\%]$

또는 $\eta_t = (\eta_c \times \eta_f) \times 100 = (0.95 \times 0.8947) \times 100 = 84.996 \fallingdotseq 85.00[\%]$

제64회 실기 필답형 문제 (2018년 8월 25일 시행)

◆ 다음 물음의 답을 해당 답란에 답하시오.◆

문제 01 관류보일러의 특징 4가지를 쓰시오.

[해답] ① 전열면적에 비하여 보유수량이 적으므로 가동시간이 짧다.
② 고압 보일러에 적합하다.
③ 관을 자유로이 배치할 수 있어 구조가 콤팩트하다.
④ 완벽한 급수처리를 요한다.
⑤ 정확한 자동제어 장치를 설치하여야 한다.
⑥ 순환비가 1이므로 드럼이 필요 없다.

문제 02 강제순환식 수관보일러에서 순환비를 설명하시오.

[해답] 발생증기량에 대한 순환수량과의 비율을 나타내는 것이다.

$$\therefore 순환비 = \frac{순환수량}{발생증기량}$$

문제 03 버너 입구의 가장 인접한 위치에 설치하는 전자기적 특성에 의해 밸브가 개폐되는 전자밸브(solenoid valve)는 어떤 경우에 연료공급 차단 동작을 하는지 4가지를 쓰시오.

[해답] ① 버너의 연소상태가 정상이 아닌 경우
② 저수위 안전장치가 작동하였을 때
③ 증기압력제한기가 작동하였을 때
④ 액체연료의 공급압력이 낮을 때
⑤ 관류보일러, 가스용 보일러에서 급수가 부족한 경우
⑥ 송풍기가 작동되지 않을 때

문제 04 보일러 내부를 산세정 후 사용하는 중화 방청제의 종류 3가지를 쓰시오.

[해답] ① 가성소다(NaOH)　② 암모니아(NH_3)　③ 탄산나트륨(Na_2CO_3)
④ 인산나트륨(Na_3PO_4)　⑤ 히드라진(N_2H_4)

문제 05 보일러 공급열량이 10000[kcal/h], 손실열량이 2000[kcal/h]일 때 보일러 효율[%]을 계산하시오.

[풀이] $\eta = \left(1 - \dfrac{열손실 합계}{입열 합계}\right) \times 100 = \left(1 - \dfrac{2000}{10000}\right) \times 100 = 80[\%]$

[해답] 80[%]

해설 • 보일러 열정산 규정에 의한 효율 계산법
① 입출열법
$$\therefore \eta_1 = \frac{Q_s}{H_h + Q} \times 100$$
여기서, η_1 : 입출열법에 따른 보일러 효율[%]
Q_s : 유효 출열
$H_h + Q$: 입열 합계
② 열손실법
$$\therefore \eta_2 = \left(1 - \frac{L_h}{H_h + Q}\right) \times 100$$
여기서, η_2 : 열손실법에 따른 보일러 효율[%]
L_h : 열손실 합계

문제 06 석유계 기체연료의 종류 3가지를 쓰시오.

해답 ① 액화석유가스 ② LPG 변성가스 ③ 나프타 분해가스
④ 오일 가스 ⑤ 대체천연가스

문제 07 벙커-C유는 점도를 낮추어 유동성과 무화를 양호하게 하여 연소효율을 좋게 하기 위하여 유예열기(oil preheater)를 이용하여 예열한다. 이때 예열온도가 높을 때 연소에 미치는 영향 4가지를 쓰시오.

해답 ① 관 내부에서 기름이 열분해를 일으킨다.
② 분무상태가 고르지 못하다.
③ 분사각도가 흐트러진다.
④ 탄화물(카본) 생성의 원인이 된다.
⑤ 역화의 원인이 될 수 있다.

해설 • 예열온도가 낮을 때 영향
① 무화상태가 불량해진다. ② 그을음 생성 및 분진이 발생한다.
③ 불길이 한 쪽으로 치우친다. ④ 유동성이 좋지 못하다.

문제 08 내화물의 스폴링(spalling) 현상에 대하여 설명하시오.

해답 박락현상이라 하며 내화물이 사용하는 도중에 온도의 급격한 변화나 가열, 냉각 때문에 갈라지든지, 떨어져 나가는 현상을 말한다.

해설 • 내화물에서 나타나는 현상
① 스폴링(spalling) 현상 : 박락현상이라 하며 내화물이 사용하는 도중에 갈라지든지, 떨어져 나가는 현상을 말한다.
② 슬래킹(slacking) 현상 : 수증기를 흡수하여 체적변화를 일으켜 균열이 발생하거나 떨어져 나가는 현상으로 염기성 내화물에서 공통적으로 일어난다.
③ 버스팅(bursting) 현상 : 크롬 철광을 원료로 하는 내화물이 1600[℃] 이상에서 산화철을 흡수하여 표면이 부풀어 오르고 떨어져 나가는 현상으로 크롬질 내화물에서 발생한다.

문제 09 온수보일러에서 연소가스의 통로에 배플 플레이트(baffle plate)를 설치하는 이유를 설명하시오.

해답 연소가스 흐름 방향을 조절하여 열회수와 그을음 부착량을 감소시키기 위해서

문제 10 다음과 같은 구조체의 열관류율[kcal/h · m² · ℃]를 구하시오.

재료	두께[mm]	열전도율[kcal/h · m · ℃]
타일	10	1.1
시멘트 모르타르	30	1.2
시멘트 벽돌	190	1.2
공기층	50	열전도저항 0.2[h · m² · ℃/kcal]
단열재	50	0.03
철근 콘크리트	100	1.4
내측 표면 열전달률		8[kcal/h · m² · ℃]
외측 표면 열전달률		20[kcal/h · m² · ℃]

풀이 열관류율(K)을 계산할 때 공기층이 열전도저항[h · m² · ℃/kcal]으로 주어졌으므로 두께(b)는 고려하지 않아도 된다.

$$\therefore K = \cfrac{1}{\cfrac{1}{\alpha_1}+\cfrac{b_1}{\lambda_1}+\cfrac{b_2}{\lambda_2}+\cfrac{b_3}{\lambda_3}+R+\cfrac{b_4}{\lambda_4}+\cfrac{b_5}{\lambda_5}+\cfrac{1}{\alpha_2}}$$

$$= \cfrac{1}{\cfrac{1}{8}+\cfrac{0.01}{1.1}+\cfrac{0.03}{1.2}+\cfrac{0.19}{1.2}+0.2+\cfrac{0.05}{0.03}+\cfrac{0.1}{1.4}+\cfrac{1}{20}}$$

$$= 0.433 ≒ 0.43 [\text{kcal/h} \cdot \text{m}^2 \cdot ℃]$$

해답 0.43[kcal/h · m² · ℃]

문제 11 보일러 급수온도 20[℃], 시간당 실제증발량 10000[kg], 발생증기 엔탈피 660[kcal/kg]일 때 상당증발량[kg/h]을 계산하시오.

풀이 $G_e = \cfrac{G_a(h_2-h_1)}{539} = \cfrac{10000 \times (660-20)}{539}$

$= 111873.840 ≒ 11873.84 [\text{kg/h}]$

해답 11873.84[kg/h]

문제 12 연돌 상부 최소단면적이 3200[cm²]이고, 연돌로 배출되는 배기가스가 4000[Nm³/h]일 때 배기가스의 유속[m/s]은 얼마인가? (단, 배기가스의 평균온도는 220[℃]이다.)

풀이 $F = \cfrac{G(1+0.0037t)\left(\cfrac{760}{P_g}\right)}{3600\,W}$ 에서 압력(P_g)은 무시하면

$$\therefore W = \frac{G(1+0.0037t)}{3600F} = \frac{4000 \times (1+0.0037 \times 220)}{3600 \times 3200 \times 10^{-4}} = 6.298 ≒ 6.30 [\text{m/s}]$$

해답 6.3[m/s]

문제 13 [보기]에 주어진 배관 부속품 및 기호를 이용하여, 유체의 흐름방향을 고려한 스팀트랩의 바이패스(by-pass)회로 배관을 완성하시오.

[보기]
- 스팀트랩(⊗) : 1개
- 게이트밸브(⋈) : 2개
- 티 : 2개
- 유니언 : 3개
- 스트레이너 : 1개
- 글로브밸브(▶◀) : 1개
- 엘보 : 2개

해답

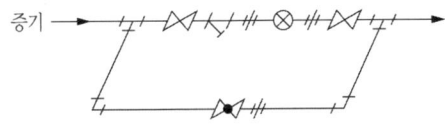

문제 14 다음에 설명하는 공구 명칭을 쓰시오.

(1) 배관에 나사를 가공하는 것으로 다이스는 2개, 죠우(배관 가이드)는 4개가 1조로 되어 있다.
(2) 동관의 끝부분을 정확한 치수의 원형으로 교정하기 위하여 사용한다.
(3) 동관의 관 끝 지름을 확대하는데 사용한다.
(4) 관 절단 후 관 내면에 생기는 거스러미를 제거하는데 사용한다.

해답 (1) 리드형 나사절삭기 (2) 사이징 툴 (3) 익스팬더(또는 확관기) (4) 리머

문제 15 가스용 보일러의 연료배관 외부에 표시하여야 할 사항 3가지를 쓰시오.

해답 ① 사용 가스명 ② 최고사용압력 ③ 가스흐름방향

문제 16 가성취화에 대하여 설명하시오.

해답 보일러 수중에서 분해되어 생긴 가성소다(NaOH)가 과도하게 농축되면 수산이온(OH^-)이 많아져서 알칼리도가 높아진다. 이것이 강재와 작용해서 생기는 나트륨(Na)이 강재의 결정입계를 침해하여 재질을 열화, 취화 시키는 것으로 보일러판의 국부 리벳 연결부 등에서 발생하며, 균열이 발생하는 것으로 알 수 있다.

제65회 실기 필답형 문제 (2019년 4월 14일 시행)

◆ 다음 물음의 답을 해당 답란에 답하시오.◆

문제 01 고온, 고압의 보일러 수중에서 분해되어 생긴 가성소다(NaOH)가 과도하게 농축되면 수산이온(OH^-)이 많아져서 알칼리도가 높아진다. 이것이 강재와 작용해서 생기는 나트륨(Na)이 강재의 결정입계를 침해하여 재질을 열화, 취화 시키는 현상을 무엇이라 하는지 쓰시오.

해답 가성취화

문제 02 [보기]에 주어진 프로판의 완전연소 반응식의 빈칸에 알맞은 숫자를 넣고, 프로판 1[kg]당 발열량을 계산하시오.

[보기]　(①) C_3H_8 + (②) O_2 → (③) CO_2 + (④) H_2O + 488750[cal/mol]

풀이 (2) 발열량[kcal/kg] 계산 : 프로판 1[mol]의 질량은 44[g]이고 이때의 발열량은 488750[cal]이므로 1[kmol]일 때의 질량은 44[kg]이고, 발열량은 488750[kcal] 이다.
∴ 44[kg] : 488750[kcal] = 1[kg] : x [kcal]
∴ $x = \dfrac{488750 \times 1}{44} = 11107.954 ≒ 11107.95 [\text{kcal/kg}]$

해답 (1) ① 1　② 5　③ 3　④ 4
(2) 11107.95 [kcal/kg]

해설 탄화수소(C_mH_n)의 완전연소 반응식
$C_mH_n + \left(m + \dfrac{n}{4}\right)O_2 \rightarrow mCO_2 + \dfrac{n}{2}H_2O$

문제 03 증기 보일러의 과열 방지대책 3가지를 쓰시오.

해답 ① 적정 보일러 수위를 유지한다.
② 동 내면에 스케일 생성을 방지하고, 고착되지 않도록 한다.
③ 보일러 수(水)가 농축되지 않도록 하고, 순환을 교란시키지 않도록 한다.
④ 전열면에 국부적인 과열을 방지한다.
⑤ 연소실 열부하가 너무 높지 않도록 한다.

해설 과열의 원인
① 이상 감수 현상이 발생하였을 때
② 동 내면에 스케일이 생성되어 전열이 불량한 경우
③ 보일러 수(水)가 농축되어 순환이 불량한 때
④ 전열면에 국부적으로 심한 열을 받았을 때
⑤ 연소실 열부하가 지나치게 큰 경우

문제 04 온수보일러 개방식 팽창탱크에 연결되는 배관 종류 5개를 쓰시오.

해답 ① 팽창관 ② 급수관 ③ 배수관 ④ 오버플로워관 ⑤ 방출관 ⑥ 배기관

해설 개방식 및 밀폐식 팽창탱크의 구조는 교재 265쪽 설명을 참고하기 바랍니다.

문제 05 보일러 수(水) 내처리 방법 중 청관제의 사용 목적 3가지를 쓰시오.

해답
① 보일러 수의 pH 조정
② 보일러 수의 연화
③ 슬러지의 조정
④ 보일러 수의 탈산소
⑤ 가성취화 방지
⑥ 포밍(foaming) 방지

문제 06 증기난방에서 응축수 환수방식에 의한 분류 중 중력 환수식에 비교한 진공환수식의 장점 3가지를 쓰시오.

해답
① 다른 방법과 비교하여 증기의 순환이 빠르다.
② 방열기 설치장소에 제한이 없다.
③ 환수관의 지름을 작게 할 수 있다.
④ 방열기 방열량을 광범위하게 조절할 수 있다.
⑤ 배관 기울기(구배)에 큰 제한이 없다.

문제 07 응축수 환수방법에 의한 증기난방 분류에서 응축수 환수가 빠른 것부터 느린 순서로 나열하시오.

해답 진공 환수식 → 기계 환수식 → 중력 환수식

문제 08 저위발열량이 9750[kcal/kg]인 연료를 시간당 1590[kg] 사용하여 게이지압력 0.5[MPa] 상태의 증기를 22500[kg/h] 발생시키는 보일러의 효율을 증기표를 이용하여 구하시오. (단, 급수온도 20[℃], 발생증기의 건도는 0.9 이다.)

증기절대압력 [MPa]	포화수 엔탈피 [kcal/kg]	증기 엔탈피 [kcal/kg]	증발잠열 [kcal/kg]	비고
0.4	145	645	500	
0.5	151	650	499	
0.6	159	655	496	

풀이 ① 습포화증기 엔탈피 계산 : 증기표의 엔탈피 값을 찾을 때 압력은 절대압력이므로 표에서 0.6[MPa]을 선택한다.

$$\therefore h_2 = h' + (h'' - h')x = 159 + (655 - 159) \times 0.9 = 605.4 \, [\text{kcal/kg}]$$

② 효율 계산

$$\therefore \eta = \frac{G_a \times (h_2 - h_1)}{G_f \times H_l} \times 100 = \frac{22500 \times (605.4 - 20)}{1590 \times 9750} \times 100 = 84.963 ≒ 84.96 [\%]$$

해답 84.96[%]

문제 09 연료의 발열량을 저위발열량과 고위발열량으로 구분하는 것은 무엇인가?

해답 수증기의 응축잠열

해설
① 저위발열량 : 연료가 연소될 때 생성되는 고위발열량에서 수증기의 응축잠열을 제외한 발열량으로 참발열량, 진발열량이라 한다.
② 고위발열량 : 연료가 연소될 때 생성되는 총발열량으로 연소가스 중에 수증기의 응축잠열을 포함한 발열량으로 총발열량이라 한다.

문제 10 다음 설명하는 화염 검출기의 명칭을 쓰시오.

(1) 화염 중에는 양성자와 중성자가 전리되어 있음을 알고 버너에 그랜드로드를 부착하여 화염 중에 삽입하여 전기적 신호를 전자밸브에 보내어 화염을 검출한다.
(2) 연소 중에 발생되는 연소가스의 열에 의하여 바이메탈의 신축작용으로 전기적 신호를 만들어 전자밸브로 그 신호를 보내면서 화염을 검출한다.
(3) 연소 중에 발생하는 화염 빛을 검지부에서 전기적 신호로 바꾸어 화염 유무를 검출한다.

해답 (1) 플레임 로드 (2) 스택 스위치 (3) 플레임 아이

문제 11 증기보일러에 [보기]와 같은 저수위 안전장치를 설치하는 최고사용압력[MPa]은 얼마인가?

[보기]
① 보일러의 수위가 안전을 확보할 수 있는 최저수위까지 내려가기 직전에 자동적으로 경보가 울리는 저수위 경보장치를 설치한다.
② 보일러의 수위가 안전저수위가지 내려가는 즉시 연소실내에 공급하는 연료를 자동적으로 차단하는 저수위 차단장치를 설치하여야 한다.

해답 0.1[MPa] 초과

문제 12 증기보일러에는 ① (1, 2)개 이상의 안전밸브를 설치하여야 한다. 다만, 전열면적 50[m²] 이하의 증기보일러에는 ② (1, 2)개 이상으로 한다. 안전밸브는 쉽게 검사할 수 있는 장소에 밸브 축을 ③ (수직, 수평)으로 하여 보일러 동체에 직접 부착시켜야 한다. ( ) 안에 알맞은 숫자, 용어를 선택하시오.

해답 ① 2 ② 1 ③ 수직

해설 증기보일러의 과압방지 안전장치 설치 기준
(1) 안전밸브 성능 및 개수
① 증기보일러에는 2개 이상의 안전밸브를 설치하여야 한다. 다만, 전열면적 50[m²] 이하의 증기보일러에서는 1개 이상으로 한다.

② 관류보일러에서 보일러와 압력릴리프장치(밸브)와의 사이에 스톱밸브를 설치할 경우, 압력릴리프장치(밸브)는 2개 이상으로 하여야 한다. 스톱밸브는 밸브디스크의 개폐상태를 한 눈으로 알 수 있는 형식인 것이어야 한다.

(2) 과압방지 안전장치의 부착
① 안전밸브 및 압력릴리프장치는 쉽게 검사할 수 있는 장소에 밸브 축을 수직으로 하여 가능한 한 보일러의 동체에 직접 부착시켜야 한다.
② 안전밸브의 부착은 플랜지, 용접 또는 나사 접합식으로 한다.
③ 동체와 안전밸브 사이에는 밸브를 설치하여서는 안 된다.

(3) 과압방지 안전장치에 요구되는 기능
① 설정된 압력에서 방출할 것
② 적절한 정지압력으로 닫힐 것
③ 방출 때는 규정의 리프트가 얻어질 것
④ 밸브의 개폐동작이 안정적일 것
⑤ 동작하고 있지 않을 때 밸브의 누설이 없을 것

문제 13 증기 $P - i$ 선도에서 ① ~ ④의 명칭을 쓰시오.

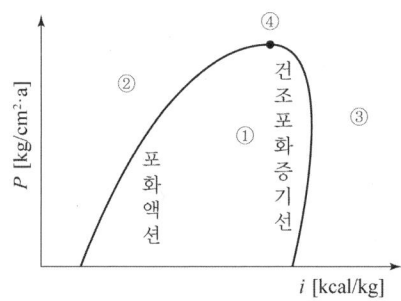

해답 ① 습포화증기 구역 ② 과냉각액(포화수) 구역 ③ 과열증기 구역 ④ 임계점

문제 14 어떤 보일러의 원심식 급수펌프가 1500[rpm]으로 회전할 때 양정이 80[m], 유량이 0.6[m³/min] 이다. 이 펌프의 회전수를 1800[rpm]으로 변경하면 양정[m]은 얼마인가?

풀이 $H_2 = H_1 \times \left(\dfrac{N_2}{N_1}\right)^2 = 80 \times \left(\dfrac{1800}{1500}\right)^2 = 115.2\,[\text{m}]$

해답 115.2 [m]

해설 원심펌프의 상사법칙
① 유량 : $Q_2 = Q_1 \times \left(\dfrac{N_2}{N_1}\right) \times \left(\dfrac{D_2}{D_1}\right)^3$ → 유량은 회전수 변화량에 비례하고, 임펠러 지름 변화량의 3제곱에 비례한다.

② 양정 : $H_2 = H_1 \times \left(\dfrac{N_2}{N_1}\right)^2 \times \left(\dfrac{D_2}{D_1}\right)^2$ → 양정은 회전수 변화량의 제곱에 비례하고 임펠러 지름 변화량의 제곱에 비례한다.

③ 동력 : $L_2 = L_1 \times \left(\dfrac{N_2}{N_1}\right)^3 \times \left(\dfrac{D_2}{D_1}\right)^5$ → 동력은 회전수 변화량의 3제곱에 비례하고, 임펠러 지름 변화량의 5제곱에 비례한다.

문제 15 관 장치의 설계, 제작, 시공, 운전, 조작, 공정 수정 등에 도움을 주기 위해 주 계통의 라인, 계기, 제어기 및 장치기기 등에서 필요한 자료를 도시한 도면을 무엇이라고 하는가?

해답 PID(Piping Instrument Diagram)

해설 PID(Piping Instrument Diagram) : 배관 계장도라 하며 화학공업 등의 장치산업에서 플랜트의 기기, 배관, 밸브, 계기 등의 계장(計裝)장비를 특유한 그림이나 기호에 의해서 표시한 도면이다.

제66회 실기 필답형 문제 (2019년 8월 24일 시행)

◆ 다음 물음의 답을 해당 답란에 답하시오.◆

문제 01 보일러의 부식속도 측정 방법을 3가지 쓰시오.

해답: ① Tafel 외삽법 ② 선형 분극법 ③ 임피던스법 ④ 무게 감량법 ⑤ 용액 분석법

해설: 부식속도 측정법
(1) 전기 화학적인 방법 : 자연전위 근처에서는 전위와 전류사이에 선형적인 관계가 존재하는 분극특성을 이용하여 분극량을 조정하여 전류의 크기를 측정하는 방법으로 Tafel 외삽법, 선형 분극법, 임피던스법이 있다.
(2) 비전기 화학적 방법 : 금속을 부식매체 속에 일정시간 동안 방치한 후에 금속의 무게감량이나 용액속으로 용출된 금속이온의 양을 정량하는 방법이 있다.

문제 02 다음에 설명하는 동관 작업용 공구의 명칭을 쓰시오.
(1) 동관을 상온에서 90°, 180° 및 필요한 각도로 구부릴 때 사용한다.
(2) 동관의 관 끝 지름을 확대하는데 사용한다.
(3) 동관의 끝부분을 정확한 치수의 원형으로 교정하기 위하여 사용한다.

해답: (1) 튜브 벤더 (2) 익스팬더(확관기) (3) 사이징 툴

문제 03 [보기]에 주어진 수면계의 기능시험 방법을 순서대로 번호를 쓰시오.

[보기]
① 증기 콕을 열어 분출상태를 확인한 후 닫는다.
② 물 콕을 열어 분출상태를 확인한 후 닫는다.
③ 물 콕, 증기 콕을 닫고 배수 콕을 연다.
④ 배수 콕을 닫고 증기 콕을 서서히 연다.
⑤ 물 콕을 열어 수면계 수위가 정상으로 올라가는지 확인한다.

해답: ③ → ② → ① → ④ → ⑤

문제 04 보일러 열효율 90[%], 연소효율 95[%]일 때 전열효율[%]은 얼마인가?

풀이: 보일러 열효율(η_t) = 연소효율(η_e) × 전열효율(η_f)에서

$$\therefore \eta_f = \frac{\eta_t}{\eta_e} \times 100 = \frac{90}{95} \times 100 = 94.736 ≒ 94.74 [\%]$$

해답: 94.74[%]

문제 05 보일러 자동제어에서 제어량에 따른 조작량을 쓰시오.

(1) 증기압력 :

(2) 보일러 수위 :

(3) 노내 압력 :

해답 (1) ① 공기량 ② 연료량
(2) 급수량
(3) 연소가스량

해설 보일러 자동제어(A·B·C)

명 칭	제 어 량	조 작 량
자동연소제어(A·C·C)	증기압력	공기량, 연료량
	노내압	연소 가스량
급수제어(F·W·C)	보일러 수위	급수량
증기온도제어(S·T·C)	증기온도	전열량
증기압력제어(S·P·C)	증기압력	연료 공급량, 연소용 공기량

문제 06 보일러수 내처리제에 해당하는 약품을 [보기]에서 찾아 번호로 쓰시오.

[보기]
① 탄닌, 히드라진 ② 수산화나트륨, 암모니아
③ 탄닌, 리그린, 전분 ④ 탄산나트륨, 인산나트륨

(1) 탈산소제 :　　　　　　　　(2) 연화제 :

(3) 슬러지 조정제 :　　　　　　(4) pH 및 알칼리 조정제 :

해답 (1) ① (2) ④ (3) ③ (4) ②

해설 내처리제의 종류와 사용 약품 종류

내처리제 종류	사용약품의 종류
pH 및 알칼리 조정제	수산화나트륨(가성소다 : NaOH), 탄산나트륨(Na_2CO_3), 인산나트륨(Na_3PO_4), 인산(H_3PO_4), 암모니아(NH_3)
연화제	수산화나트륨(NaOH), 탄산나트륨(Na_2CO_3), 인산나트륨(Na_3PO_4)
슬러지 조정제	탄닌($C_{76}H_{52}O_{46}$), 리그린, 전분($C_6H_{10}O_5$)
탈산소제	아황산나트륨(Na_2SO_3), 히드라진(N_2H_4), 탄닌
가성취화 방지제	황산나트륨(Na_2SO_4), 인산나트륨(Na_3PO_4), 질산나트륨, 탄닌, 리그린
기포방지제(포밍 방지제)	고급 지방산 폴리아민, 고급 지방산 폴리알콜

문제 07 난방부하가 10000[kcal/h]인 곳에 온수를 열매체로 사용하는 5세주형 650[mm]의 주철제 방열기를 설치할 때 필요한 방열면적[m^2]과 방열기 소요쪽수를 계산하시오. (단, 방열기 방열량은 표준 방열량이고 5세주형 650[mm]의 1쪽 당 표면적은 0.26 [m^2] 이다.)

[풀이] ① 방열기 방열면적[m^2] 계산

$$\therefore 방열기\ 방열면적 = \frac{난방부하}{방열기\ 표준방열량} = \frac{10000}{450} = 22.222 ≒ 22.22\ [m^2]$$

② 방열기 쪽수 계산

$$N_w = \frac{H_r}{450\,a} = \frac{10000}{450 \times 0.26} = 85.470 = 86\ [쪽]$$

[해답] ① 방열기 방열면적 : 22.22[m^2]
② 방열기 쪽수 : 86[쪽]

문제 08 증기관에 압력계를 설치하여 사용할 때 증기가 직접 압력계에 들어가지 않도록 사용하는 관의 명칭과 안지름을 쓰시오.

[해답] ① 관의 명칭 : 사이펀관
② 안지름 : 6.5[mm] 이상

[해설] 압력계 설치기준 : 증기 보일러의 압력계 부착 시 압력계와 연결된 증기관은 황동관 또는 동관을 사용하면 안지름 6.5[mm] 이상, 강관을 사용할 때는 12.7[mm] 이상이어야 하며, 사이펀관의 안지름은 6.5[mm] 이상이어야 한다.

문제 09 원심펌프 유량이 300[m^3/min]일 때 회전수가 400[rpm], 축동력이 6[PS] 이다. 회전수를 500[rpm]으로 변경하였을 때 물음에 답하시오.

(1) 변경된 유량[m^3/min]을 계산하시오.
(2) 변경된 축동력[PS]을 계산하시오.

[풀이] (1) $Q_2 = Q_1 \times \left(\frac{N_2}{N_1}\right) = 300 \times \left(\frac{500}{400}\right) = 375\,[m^3/min]$

(2) $L_2 = L_1 \times \left(\frac{N_2}{N_1}\right)^3 = 6 \times \left(\frac{500}{400}\right)^3 = 11.718 ≒ 11.72\,[PS]$

[해답] (1) 375[m^3/min] (2) 11.72[PS]

[해설] 원심펌프의 상사법칙

① 유량 : $Q_2 = Q_1 \times \left(\frac{N_2}{N_1}\right) \times \left(\frac{D_2}{D_1}\right)^3$ → 유량은 회전수 변화량에 비례하고, 임펠러 지름 변화량의 3제곱에 비례한다.

② 양정 : $H_2 = H_1 \times \left(\frac{N_2}{N_1}\right)^2 \times \left(\frac{D_2}{D_1}\right)^2$ → 양정은 회전수 변화량의 제곱에 비례하고 임펠러 지름 변화량의 제곱에 비례한다.

③ 동력 : $L_2 = L_1 \times \left(\dfrac{N_2}{N_1}\right)^3 \times \left(\dfrac{D_2}{D_1}\right)^5$ → 동력은 회전수 변화량의 3제곱에 비례하고, 임펠러 지름 변화량의 5제곱에 비례한다.

문제 10 연소장치에서 카본 트러블(carbon trouble) 현상에 대하여 설명하시오.

해답 오일버너에서 무화불량이나 연소 상태가 불량인 경우에 오일의 미립자가 불완전 연소하여 그을음 상태로 고온의 연소실벽이나 버너 타일 등에 부착하여 연소를 악화시키고 이로 인해 다시 카본이 생성되어 퇴적하는 악순환이 계속되는 현상이다.

문제 11 개방식 팽창탱크에서 ①~④의 배관 명칭을 쓰시오.

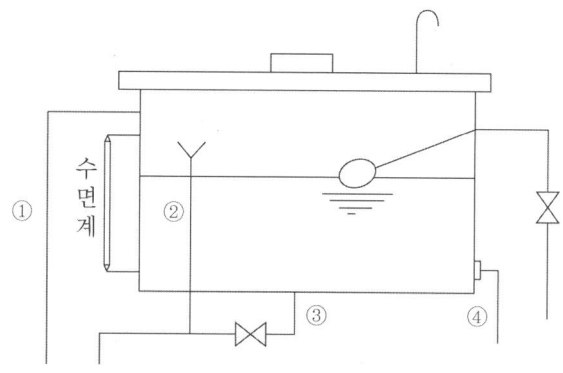

해답 ① 안전관(방출관) ② 오버플로관 ③ 배수관 ④ 팽창관

문제 12 상당증발량이란 1기압 상태에서 (①)[℃]의 포화수를 (②)[℃]의 건조포화증기로 발생시킬 수 있는 능력을 표시하는 것이다. ( ) 안에 알맞은 숫자를 넣으시오.

해답 ① 100 ② 100

해설 상당 증발량(환산 증발량) : 실제 증발량을 기준 상태{1기압(1.033[kgf/cm²])} 100[℃]의 포화수를 증발시켜 100[℃]의 포화증기로 하는 경우의 열량으로 환산한 증발량이다. (100[℃]에서의 증발잠열은 2255[kJ/kg](539[kcal/kg]) 이다.)

$$\therefore G_e = \dfrac{G(h_2 - h_1)}{539}$$

여기서, G_e : 상당 증발량[kg/h]
 G : 실제 증발량[kg/h]
 h_2 : 습포화증기 엔탈피[kcal/kg]
 h_1 : 급수 엔탈피[kcal/kg]

문제 13 연소실 용적이 13[m³]인 보일러에서 저위발열량이 9700[kcal/kg]인 연료를 시간당 80[kg] 사용할 때 이 보일러의 연소실 열발생량[kcal/m³·h]을 계산하시오.

풀이 연소실 열발생량 = $\dfrac{\text{시간당 연료사용량} \times \text{연료의 저위발열량}}{\text{연소실용적}}$

$= \dfrac{80 \times 9700}{13} = 59692.307 ≒ 59692.31 \, [\text{kcal/m}^3 \cdot \text{h}]$

해답 59692.31[kcal/m³·h]

문제 14 배기가스 유량이 3600[Nm³/h]인 연도에 연소용 공기가 통과하는 공기량이 2030[Nm³/h]인 공기예열기를 설치하였더니 배기가스 온도가 300[℃]에서 230[℃]로 낮아졌고, 연소용 공기는 25[℃]에서 200[℃]로 상승되었을 때 공기예열기 효율을 계산하시오. (단, 공기와 배기가스 비열은 각각 0.31[kcal/Nm³·℃], 0.47[kcal/Nm³·℃]이다.)

풀이 공기예열기 효율 = $\dfrac{\text{공기를 가열하는데 소요된 열량}}{\text{배기가스 손실 열량}} \times 100$

$= \dfrac{2030 \times 0.31 \times (200 - 25)}{3600 \times 0.47 \times (300 - 230)} \times 100 = 92.981 ≒ 92.98 \, [\%]$

해답 92.98[%]

문제 15 보일러 정기 점검의 시기 4가지를 쓰시오.

해답 ① 계속사용안전검사 등을 하기 전
② 중간 청소를 한 때
③ 연소실, 연도 등의 내화벽돌 등을 수리한 경우
④ 누수 그 외의 손상이 생겨서 보일러를 휴지한 때

문제 16 온수보일러 시공도에 대한 물음에 답하시오.
(1) 온수순환방법에 따른 난방법을 쓰시오.
(2) 순환펌프 설치 시공 시 주의사항 3가지를 쓰시오.

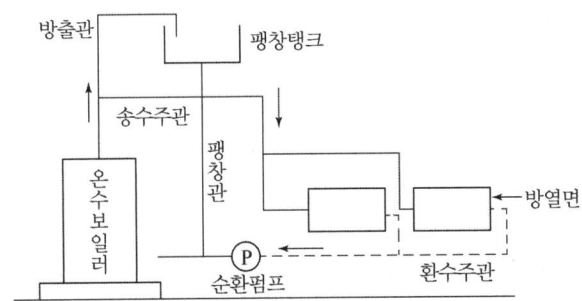

해답 (1) 강제 순환식
(2) ① 순환펌프는 보일러 본체, 연도 등에 의해 영향을 받을 우려가 없는 곳에 설치한다.
② 순환펌프에는 바이패스회로를 설치하여 고장 시에 대비한다.
③ 순환펌프와 전원 콘센트 간의 거리는 가능한 최소로 하고, 누전 등의 위험이 없도록 한다.
④ 순환펌프 흡입측에는 여과기(strainer)를 설치하며, 펌프 전후에는 밸브를 설치한다.
⑤ 순환펌프는 팽창관 및 방출관의 작용을 방해하거나 차단하여서는 안 되며, 환수주관에 설치함을 원칙으로 한다.
⑥ 순환펌프의 모터 부분은 수평으로 설치한다.

해설 • 온수난방의 분류
(1) 온수 온도에 의한 분류
① 저온수식 : 60~80[℃]의 온수를 사용하고, 개방식 팽창탱크를 사용한다.
② 보통 온수식 : 85~90[℃]의 온수를 사용하고, 개방식 팽창탱크를 사용한다.
③ 고온수식 : 100~150[℃]의 온수를 사용하고, 밀폐식 팽창탱크를 사용한다.
(2) 온수 순환방법에 의한 분류
① 중력 순환식 : 온수의 온도차(밀도차)에 의한 대류작용의 순환력을 이용하여 자연순환시키는 방법이다.
② 강제 순환식 : 관내 온수를 순환펌프를 이용하여 강제적으로 순환시키는 방법이다.
(3) 배관 방식에 의한 분류
① 단관식 : 송수관과 환수관이 하나의 관으로 이루어지는 방식이다.
② 복관식 : 송수관과 환수관이 각각인 방식으로 운전이 확실하고 온도변화의 불확실성이 없다.
(4) 온수의 공급 방법에 의한 분류
① 상향 순환식 : 송수주관을 방열기 아래쪽에 배관하고 여기서 상향 기울기로 배관하는 방식이다.
② 하향 순환식 : 송수주관을 최상부층까지 입상 배관하여 주관을 방열기보다 높은 쪽에 오게 하여 온수를 하향으로 공급하는 방식이다.
(5) 온수 환수방법에 의한 분류
① 직접 환수방식(direct return system) : 방열기에서 열교환한 온수가 순차적으로 보일러로 귀환되는 방식으로 보일러에 가까운 방열기는 온수순환이 잘 이루어지는 반면, 먼 쪽의 방열기는 온수순환이 잘 이루어지지 않는다.
② 역 귀환방식(reversed return system) : 각 방열기에 공급되는 온수의 양을 일정하게 배분하기 위하여 공급 및 환수관의 길이가 같도록 배관하는 방식이다.

제67회 실기 필답형 문제 (2020년 6월 14일 시행)

◆ 다음 물음의 답을 해당 답란에 답하시오.◆

문제 01 보일러설치 검사기준 중 가스용 보일러의 연료배관에 대한 내용이다. ( ) 안에 알맞은 용어 및 숫자를 쓰시오.
 (1) 배관은 외부에 노출하여 시공하여야 한다. 다만, 동관, 스테인리스 강관, 기타 내식성 재료로서 (①) 없이 설치하는 경우에는 매몰하여 설치할 수 있다.
 (2) 배관의 이음부와 전기계량기 및 (②)와의 거리는 (③)[cm] 이상, 굴뚝(단열조치를 하지 아니한 경우에 한한다)·전기점멸기 및 전기접속기와의 거리는 (④)[cm] 이상, 절연전선과의 거리는 (⑤)[cm] 이상, 절연조치를 하지 아니한 전선과의 거리는 30[cm] 이상의 거리를 유지하여야 한다.

해답 ① 이음매 ② 전기개폐기 ③ 60 ④ 30 ⑤ 10

문제 02 [보기]는 겨울철에 벽이나 창문에 발생하는 결로(結露)현상에 대한 설명이다. ( ) 안에 알맞은 용어를 동그라미로 선택하시오.

> [보기]
> 벽이나 유리창 표면에 이슬이 맺히는 현상은 (① 건구온도, 습구온도)가 (② 높아, 낮아, 같아)서 실내의 (③ 건구온도, 습구온도)와 차이가 (④ 높아, 낮아) 이슬이 맺히는 현상으로 이는 유리창 밖 외기온도의 (⑤ 노점온도, 빙점온도)로 인하여 얼지 않게 발생하는 현상이다.

해답 ① 습구온도 ② 낮아 ③ 건구온도 ④ 높아 ⑤ 노점온도

해설 • 결로(結露)현상 : 실내의 습한 공기가 그 공기의 노점온도보다 낮은 창문이나 벽체 표면에 접촉하므로써 온도가 낮아져 공기 중에 포함되어 있는 수증기가 물방울로 변하여 표면에 부착되는 현상이다.
 실내에 이슬에 맺히는 결로현상은 실내의 습한 공기가 그 공기의 노점온도보다 낮아 발생되는 현상이다. 벽체의 경우 단열재를 부착하고, 창문의 경우 유리 중간에 진공상태가 유지되는 이중창을 설치하여 방지할 수 있다. 실내에 결로현상이 발생되는 것을 방지하기 위해서는 수증기발생을 억제하고, 외기를 도입하는 경우 습도가 높은 공기의 유입을 차단시킨다.

문제 03 보일러 운전 중 발생하는 이상 현상 중 캐리오버(carry over)가 발생하였을 때의 장해 4가지를 쓰시오.

해답 ① 수위 오인으로 저수위 사고 ② 계기류 연락관의 막힘
 ③ 송기되는 증기의 불순 ④ 증기의 열량 감소
 ⑤ 배관의 부식 초래 ⑥ 배관, 기관 내에서 수격작용 발생

해설• 캐리오버(carry over)의 방지 방법
① 비수 방지관, 기수 분리기를 설치한다.
② 주증기밸브를 서서히 개방한다.
③ 관수 중의 불순물, 농축수를 제거한다.
④ 수위를 고수위로 하지 않는다.

문제 04 보일러 운영에 관한 사항 중 틀린 내용의 번호를 쓰시오.

> [보기]
> ① 보일러 본체, 내화벽돌에 화염이 충돌하지 않게 주의하고 항상 화염의 움직임과 방향을 감시하여야 한다.
> ② 연소량을 증가시킬 경우에는 먼저 연료량부터 증가시키고, 공기량은 나중에 증가시킨다.
> ③ 보일러를 운전할 때 화염의 색깔, 매연의 농도 등을 감시하고, 연소량이 연소장치의 저연소율 이하로 내려가도록 한다.
> ④ 보일러 설치 시 보온재나 케이싱 등을 설치하는 이유는 불필요한 외기의 연소실내 침입을 방지하고 방열손실을 차단하기 위하여 단열 처리한다.
> ⑤ 불필요한 공기의 연소실내 침입을 방지하고 연소실내를 저온으로 유지한다.
> ⑥ 가압연소에 대해서는 단열재, 케이싱의 손상, 연소가스의 누출방지와 아울러 통풍계를 보면서 통풍압력을 적정하게 유지하여야 한다.

해답 ②, ③, ⑤

해설• 틀린 내용의 옳은 설명
② 연소량을 증가시킬 경우에는 먼저 통풍량을 증가시키고, 연료량을 증가시켜야 하며, 연소량을 감소시킬 경우에는 먼저 연료량을 감소시키고, 통풍량을 감소시킨다.
③ 보일러를 운전할 때 화염의 색깔, 매연의 농도 등을 감시하고, 연소량이 연소장치의 저연소율 이하로 내려가지 않도록 주의하고 적정한 연소율 범위내로 운전하도록 한다.
⑤ 불필요한 공기의 연소실내 침입을 방지하고 연소실내를 고온으로 유지한다.

문제 05 주철제 방열기 형식이 5세주형, 높이가 650[mm], 쪽수가 20개, 유입관 지름 25[mm], 유출관 지름 20[mm]일 때 방열기 도시기호로 나타내시오.

해답

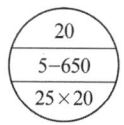

문제 06 배관작업 시 같은 지름의 강관을 직선으로 이음할 때 사용할 수 있는 강관 이음쇠 종류 3가지를 쓰시오.

해답 ① 유니언 ② 소켓 ③ 니플 ④ 플랜지

해설 • 사용 용도에 의한 강관 이음쇠 분류 및 종류
① 배관의 방향을 전환할 때 : 엘보, 벤드
② 관을 도중에 분기할 때 : 티, 와이(Y), 크로스
③ 동일 지름의 관을 연결할 때 : 소켓, 니플, 유니언
④ 이경관을 연결할 때 : 리듀서, 부싱, 이경엘보, 이경티
⑤ 관 끝을 막을 때 : 플러그, 캡
⑥ 관의 분해, 수리가 필요한 때 : 유니언, 플랜지

문제 07 보일러에서 공연비 제어를 하기 위하여 배기가스를 측정하여 공기량을 제어할 때 측정해야 할 가스 종류 2가지를 쓰시오.

해답 ① 이산화탄소(CO_2) ② 산소(O_2) ③ 일산화탄소(CO)

문제 08 보일러 급수 중의 용존(용해) 고형분을 처리하는 방법을 3가지 쓰시오.

해답 ① 이온교환수지법 ② 증류법 ③ 약품첨가법

해설 • 약품첨가법의 약제 종류 : 소석회[$Ca(OH)_2$], 가성소다($NaOH$), 탄산소다($NaCO_3$)

문제 09 연료사용량 200[kg/h], 연료의 발열량 10000[kcal/kg], 시간당 급수 사용량이 30[톤]이며, 온수온도는 80[℃], 급수온도는 20[℃]일 때 온수 보일러의 효율은 몇 [%] 인가?

풀이 • $\eta = \dfrac{G_w \cdot C \cdot \Delta t}{G_f \cdot H_l} \times 100 = \dfrac{30 \times 10^3 \times 1 \times (80-20)}{200 \times 10000} \times 100 = 90[\%]$

해답 90[%]

문제 10 보일러 자동제어에서 미리 정해진 순서에 따라 순차적으로 제어의 각 단계가 진행되는 제어방식으로 작동명령이 타이머나 릴레이에 의해서 행해지는 제어의 명칭을 쓰시오.

해답 시퀀스 제어

문제 11 신설 보일러에서 내부에 부착된 유지분, 페인트류, 녹 등을 제거하기 위하여 실시하는 소다 끓이기에 사용되는 약품을 3가지 쓰시오.

해답 ① 탄산소다 ② 인산소다 ③ 가성소다

문제 12 보일러 증기발생량이 4[t/h], 전열면적 42[m^2], 연료사용량 24[kg/h], 발생증기 엔탈피 620[kcal/kg], 급수엔탈피 42[kcal/kg]일 때 물음에 답하시오.
(1) 전열면 증발률[kg/$m^2 \cdot$h]은 얼마인가?
(2) 전열면 열부하율[kW/m^2]은 얼마인가?

풀이 (1) 전열면 증발률 = $\dfrac{\text{실제 증발량 [kg/h]}}{\text{전열면적 [m}^2\text{]}} = \dfrac{4 \times 10^3}{42} = 95.238 ≒ 95.24 \, [\text{kg/m}^2 \cdot \text{h}]$

(2) 전열면 발생열량의 단위 [kcal/h]를 [kW]단위로 변환하여야 하며, 1[kW] = 860[kcal/h]에 해당된다.

∴ 전열면 열부하 = $\dfrac{\text{전열면 발생열량}}{\text{전열면적}} = \dfrac{G_a \times (h_2 - h_1)}{F}$

$= \dfrac{(4 \times 10^3) \times (620 - 42)}{42 \times 860} = 64.008 ≒ 64.01 \, [\text{kW/m}^2]$

해답 (1) 95.24[kg/m²·h] (2) 64.01[kW/m²]

문제 13
효율이 80[%]인 보일러에서 발열량이 47150[kJ/kg]인 연료를 연소시켜 3[t/h]의 포화수증기를 발생시킬 때 매시간당 소비되는 연료량[kg]은 얼마인가? (단, 물의 증발잠열은 2260[kJ/kg] 이고, 소숫점 첫째자리에서 반올림하여 정수로 표기하시오.)

풀이 $G_f = \dfrac{G_a \times (h_2 - h_1)}{H_l \times \eta} = \dfrac{G_a \times \gamma}{H_l \times \eta} = \dfrac{(3 \times 1000) \times 2260}{47150 \times 0.8} = 179.7 ≒ 180 \, [\text{kg/h}]$

해답 180[kg/h]

문제 14
효율이 70[%]인 원심펌프에서 송수량 0.1[m³/s]로 50[m] 높이로 송출할 때에 대한 물음에 답하시오.

(1) 축동력[kW]을 계산하시오.

(2) 임펠러 회전수를 1500[rpm]에서 1800[rpm]으로 증가시키면 축동력은 얼마인가?

풀이 (1) $kW = \dfrac{1000 \times 0.1 \times 50}{102 \times 0.7} = 70.028 ≒ 70.03 \, [\text{kW}]$

(2) $L_2 = L_1 \times \left(\dfrac{N_2}{N_1}\right)^3 = 70.03 \times \left(\dfrac{1800}{1500}\right)^3 = 121.011 ≒ 121.01 \, [\text{kW}]$

해답 (1) 70.03[kW] (2) 121.01[kW]

해설 원심펌프의 상사법칙

① 유량 : $Q_2 = Q_1 \times \left(\dfrac{N_2}{N_1}\right) \times \left(\dfrac{D_2}{D_1}\right)^3$

② 양정 : $H_2 = H_1 \times \left(\dfrac{N_2}{N_1}\right)^2 \times \left(\dfrac{D_2}{D_1}\right)^2$

③ 동력 : $L_2 = L_1 \times \left(\dfrac{N_2}{N_1}\right)^3 \times \left(\dfrac{D_2}{D_1}\right)^5$

여기서, Q_1, Q_2 : 변경 전, 후의 유량 H_1, H_2 : 변경 전, 후의 양정
L_1, L_2 : 변경 전, 후의 동력 N_1, N_2 : 변경 전, 후의 임펠러 회전수
D_1, D_2 : 변경 전, 후의 임펠러 지름

문제 15 다음은 보일러 설치검사 기준에 따른 수압시험 방법을 설명한 것이다. ( )안에 맞는 숫자를 넣으시오.

> 보일러 수압시험 시 공기를 빼고 물을 채운 후 천천히 압력을 가하여 규정된 시험 수압에 도달된 후 (①)분 이상 경과된 뒤에 검사를 실시하며, 시험 수압은 규정압력의 (②)[%] 이상을 초과하지 않도록 한다.

해답 ① 30 ② 6

해설 • 수압시험 방법
① 공기를 빼고 물을 채운 후 천천히 압력을 가하여 규정된 시험 수압에 도달된 후 30분이 경과된 뒤에 검사를 실시하여 검사가 끝날 때까지 그 상태를 유지한다.
② 시험수압은 규정된 압력의 6[%] 이상을 초과하지 않도록 모든 경우에 대한 적절한 제어를 마련하여야 한다.
③ 수압시험 중 또는 시험 후에도 물이 얼지 않도록 하여야 한다.

제68회 실기 필답형 문제 (2020년 8월 29일 시행)

◆ 다음 물음의 답을 해당 답란에 답하시오. ◆

문제 01 CH_4 2.5[kg]을 완전 연소시키는데 필요한 이론 공기량[kg]을 구하시오.
(단, 공기 중 산소는 23[w%] 이다.)

풀이
① 메탄(CH_4)의 완전 연소 반응식
$CH_4 + 2O_2 \rightarrow CO_2 + 2H_2O$
② 이론 공기량 계산
16[kg] : 2 × 32[kg] = 2.5[kg] : x[kg]
$$\therefore x = \frac{O_0}{0.23} = \frac{2.5 \times (2 \times 32)}{16 \times 0.23} = 43.478 ≒ 43.48[kg]$$

해답 43.48[kg]

문제 02 터빈에서 증기의 일부를 배출하여 급수를 가열하는 증기 사이클의 명칭을 쓰시오.

해답 재생 사이클

해설 재생 사이클 : 팽창 도중의 증기를 터빈에서 추출하여 급수의 가열에 사용하는 사이클로 열효율이 랭킨 사이클에 비해 증가한다.

문제 03 보일러수 외처리 방법 중 폭기법으로 제거할 수 있는 불순물 3가지를 쓰시오.

해답 ① 탄산가스 ② 암모니아 ③ 철(Fe) ④ 망간(Mn)

문제 04 캐리오버(carry over) 현상을 설명하시오.

해답 기수공발, 비수현상이라 하며 프라이밍(priming), 포밍(foaming) 현상에 의하여 발생된 물방울이 증기 속에 섞여 관내를 흐르는 현상으로 선택적 캐리오버와 기계적 캐리오버가 있다.

해설 캐리오버 현상의 구분
① 선택적 캐리오버 : 증기 속에 용해되어 있던 실리카(무수규산) 성분이 증기와 함께 송출되어지는 현상
② 기계적 캐리오버 : 작은 물방울(액적) 또는 거품이 증기와 함께 송출되는 현상

문제 05 보일러 열정산의 목적 3가지를 쓰시오.

해답 ① 열의 손실을 파악하기 위하여
② 열의 이동상태를 파악하기 위하여
③ 열 분포상태를 파악하기 위하여
④ 열설비의 성능을 파악하기 위하여

문제 06 1일 가동시간 8시간인 보일러의 관수농도가 3000[ppm], 급수속의 고형물 30[ppm], 시간당 급수량 1000[L], 시간당 응축수 회수량 340[L]일 때 분출량 [kg/day]을 계산하시오.

풀이 ① 응축수 회수율 계산
$$\therefore R = \frac{\text{응축수 회수량}}{\text{실제 증발량(또는 급수량)}} = \frac{340}{1000} = 0.34$$
② 1일 분출량 계산
$$\therefore X = \frac{W(1-R)d}{\gamma - d} = \frac{(1000 \times 8) \times (1-0.34) \times 30}{3000 - 30}$$
$$= 53.333 \fallingdotseq 53.33 \, [\text{kg/day}]$$

해답 53.33[kg/day]

문제 07 보일러 열정산에서 출열 항목 5가지를 쓰시오.

해답
① 배기가스 보유열량
② 증기의 보유열량
③ 불완전연소에 의한 열손실
④ 미연분에 의한 열손실
⑤ 노벽의 흡수열량
⑥ 재의 현열

해설 입열(入熱) 항목
① 연료의 발열량
② 연료의 현열
③ 공기의 현열
④ 노내 취입 증기 또는 온수에 의한 입열

문제 08 노통연관 보일러 내부의 스케일을 제거하는 도구 2가지를 쓰시오.

해답 ① 스케일 해머 ② 스크레퍼 ③ 와이어 브러쉬

문제 09 로터리식 파이프 벤딩 머신에 의한 관 굽히기(bending)에서 관이 파손되는 원인을 3가지 쓰시오.

해답
① 압력형의 조정이 강하고 저항이 크다.
② 받침쇠가 너무 나와 있다.
③ 곡률 반지름이 너무 작다.
④ 재료에 결함이 있다.

문제 10 다음에 설명하는 공구 및 기계의 명칭을 [보기]에서 찾아 쓰시오.

[보기] • 파이프 커터   • 다이헤드형 나사절삭기   • 링크형 파이프 커터
       • 사이징 툴   • 봄볼

(1) 나사가공 전용 기계로서 관의 절단, 거스러미 제거, 나사가공을 할 수 있다.
(2) 연관(鉛管)에서 분기관 따내기 작업 시 주관에 구멍을 뚫는데 사용한다.
(3) 동관의 끝 부분을 원형으로 정형하는데 사용한다.
(4) 강관을 절단하는데 사용한다.
(5) 주철관을 필요한 길이로 절단하는데 사용한다.

해답 (1) 다이헤드형 나사절삭기
(2) 봄볼
(3) 사이징 툴
(4) 파이프 커터
(5) 링크형 파이프 커터

문제 11 배관이음 방법에 따른 도시기호를 각각 표시하시오.
(1) 나사이음 : (2) 용접이음 : (3) 플랜지 이음 :

해답 (1) —┼— (2) —✕— (3) —┼┼—

문제 12 광전관식 화염검출기를 설치할 때 주의사항 2가지를 쓰시오.

해답 ① 화염검출기 주위온도는 50[℃] 이상이 되지 않도록 한다.
② 불꽃에서 직사광이 들어오도록 불꽃의 중심을 향하도록 설치한다.

문제 13 배관 내부에 흐르는 물의 속도가 10[m/s]일 때 수두로는 몇 [m]에 해당하는지 계산하시오.

풀이 $h = \dfrac{V^2}{2g} = \dfrac{10^2}{2 \times 9.8} = 5.102 ≒ 5.10\,[\text{mH}_2\text{O}]$

해답 5.1[mH$_2$O]

문제 14 중량비로 조성이 탄소(C) 80[%], 수소(H) 10[%], 회분(ash) 10[%]인 석탄 100[kg]을 연소할 때 이론산소량[Nm^3]은 얼마인가?

풀이 $O_0 = 1.867\text{C} + 5.6\left(\text{H} - \dfrac{\text{O}}{8}\right) + 0.7\text{S}$
$= \{(1.867 \times 0.8) + (5.6 \times 0.1)\} \times 100 = 205.36\,[\text{Nm}^3]$

해답 205.36[Nm^3]

해설 이론공기량 계산
∴ $A_0 = 8.89\text{C} + 26.67\left(\text{H} - \dfrac{\text{O}}{8}\right) + 3.33\text{S}$
$= \{(8.89 \times 0.8) + (26.67 \times 0.1)\} \times 100 = 977.9\,[\text{Nm}^3]$

문제 15 보일러 고·저수위 경보장치의 종류 4가지를 쓰시오.

해답 ① 기계식 ② 맥도널식 ③ 마그네틱식(자석식) ④ 전극식

문제 16 보일러 액체연료 저장탱크 내의 압력을 대기압 이상으로 유지하기 위하여 통기관을 설치하는 기준에 대한 물음에 답하시오.

(1) 통기관의 최소 내경은 얼마인가?
(2) 개구부의 굽힘 각도는 얼마인가?
(3) 개구부의 높이는 지상에서 얼마인가?
(4) 통기관에는 일체의 밸브를 사용할 수 있는지 여부를 판단하시오.

해답 (1) 40[mm]
(2) 40° 이상
(3) 5[m] 이상
(4) 사용해서는 안 된다.(또는 사용할 수 없다)

해설 저장탱크에 설치하는 통기관 기준은 보일러 설치기술규격(KBI) 기준을 적용하였음

제69회 실기 필답형 문제 (2021년 4월 3일 시행)

◆ 다음 물음의 답을 해당 답란에 답하시오.◆

문제 01 질량 조성비가 탄소 85[%], 수소 13[%], 산소 2[%]인 연료 10[kg]을 공기비 1.25로 연소시키는데 필요한 실제공기량은 몇 [Nm³]인가?

풀이 ① 연료 10[kg]에 대한 이론공기량[Nm³] 계산

$$\therefore A_0 = 8.89C + 26.67\left(H - \frac{O}{8}\right) + 3.33S$$

$$= \left\{8.89 \times 0.85 + 26.67 \times \left(0.13 - \frac{0.02}{8}\right)\right\} \times 10 = 109.569 ≒ 109.57 \,[\text{Nm}^3]$$

② 실제공기량[Nm³] 계산

$$\therefore A = m\,A_0 = 1.25 \times 109.57 = 136.962 ≒ 136.96 \,[\text{Nm}^3]$$

해답 136.96 [Nm³]

문제 02 수질을 나타내는 용어에 대한 설명에서 ( ) 안에 알맞은 용어를 쓰시오.

> 물이 산성인지 알칼리성인지는 수중의 수소이온(H⁺)과 수산이온(OH⁻)의 양에 따라 정해지는데 이것을 표시하는 방법이 (①)이온지수 pH가 사용된다. 상온에서 pH가 7 미만은 (②), 7은 (③), 7을 초과하는 것은 (④)이다. 이상적인 보일러 급수 및 관수의 pH는 (⑤)이다.

해답 ① 수소 ② 산성 ③ 중성 ④ 알칼리성 ⑤ 약알칼리

문제 03 석유계 기체연료의 종류 4가지를 쓰시오.

해답 ① 액화석유가스 ② LPG 변성가스 ③ 나프타 분해가스
  ④ 오일 가스 ⑤ 대체천연가스

문제 04 면적 20[m²]인 실내 바닥의 온도가 37[℃], 실내온도가 17[℃]일 때 바닥으로부터 실내에 방출되는 방사에너지는 몇 [W]인가? (단, 방사율 0.9, 스테판–볼츠만 상수는 5.67×10^{-8}[W/m²·K⁴]이다.)

풀이
$$Q = \epsilon \times \sigma \times (T_1^4 - T_2^4) \times F$$
$$= 0.9 \times 5.67 \times 10^{-8} \times \{(273+37)^4 - (273+17)^4\} \times 20$$
$$= 2206.945 ≒ 2206.95\,[\text{W}]$$

해답 2206.95[W]

문제 05 보일러에 부착한 스케일 등을 수작업으로 제거할 때 사용하는 기구 4가지를 쓰시오.

해답 ① 스크레퍼(scraper)
② 와이어 브러쉬(wire brush)
③ 스케일 해머(scale hammer)
④ 스케일 커터(scale cutter)
⑤ 튜브 크리너(tube cleaner)

문제 06 어느 건물의 벽체 전체 크기가 4×28[m]인 곳에 2.2×3.0[m]인 유리창이 4개가 포함되어 있을 때 벽면 전체를 통하여 손실되는 열량[kcal/h]은 얼마인가?
(단, 벽체 및 유리창의 열손실지수는 2.9[kcal/h·m²·℃], 5.5[kcal/h·m²·℃]이며, 실내온도 18[℃], 외기온도 3[℃]이다.)

풀이 ① 벽체를 통한 손실열량 계산 : 벽체 전체 면적에서 유리창 4개의 면적을 제외하고 계산한다.
∴ $Q_1 = K_1 \times F_1 \times \Delta t$
$= 2.9 \times \{(4 \times 28) - (2.2 \times 3.0) \times 4\} \times (18 - 3) = 3723.6 \,[\text{kcal/h}]$
② 유리창을 통한 손실열량 계산
∴ $Q_2 = K_2 \times F_2 \times \Delta t = 5.5 \times (2.2 \times 3.0 \times 4) \times (18 - 3) = 2178 \,[\text{kcal/h}]$
③ 합계 손실열량 계산
∴ $Q = Q_1 + Q_2 = 3723.6 + 2178 = 5901.6 \,[\text{kcal/h}]$

해답 5901.6 [kcal/h]

문제 07 슐쳐(Sulzer) 보일러의 구조도에서 지시하는 부분의 명칭을 쓰시오.

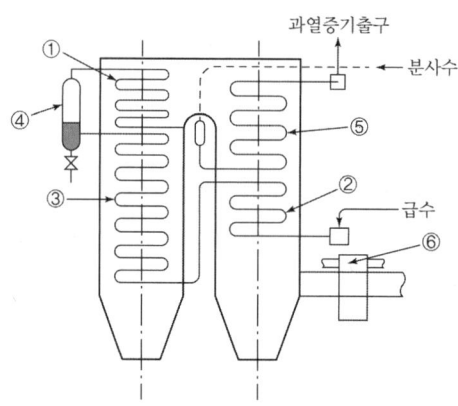

해답 ① 복사과열기(또는 1차 과열기)
② 급수예열기(또는 절탄기)
③ 증발관(또는 방사 증발기)
④ 기수분리기
⑤ 대류과열기(또는 2차 과열기)
⑥ 공기예열기

문제 08 보일러 설치검사 기준상 안전밸브 및 압력방출장치의 크기를 호칭지름 20[A] 이상으로 할 수 있는 보일러에 대한 설명 중 ( ) 안에 알맞은 내용을 쓰시오.
(1) 최고사용압력 ( )[MPa] 이하의 보일러
(2) 최고사용압력 0.5[MPa] 이하의 보일러로 동체의 안지름이 500[mm] 이하, 동체의 길이가 ( )[mm] 이하의 것
(3) 최고사용압력 0.5[MPa] 이하의 보일러로 전열면적 ( )[m²] 이하의 것
(4) 최대증발량이 ( )[톤/h] 이하의 관류 보일러
(5) 소용량 강철제 보일러, 소용량 ( ) 보일러

해답 (1) 0.1 (2) 1000 (3) 2 (4) 5 (5) 주철제

문제 09 증기난방을 응축수 환수방법에 의하여 분류할 때 3가지를 쓰시오.

해답 ① 중력 환수식 ② 기계 환수식 ③ 진공 환수식

해설 • 증기난방의 분류
① 증기압력에 의한 분류 : 저압식, 고압식
② 배관방식에 의한 분류 : 단관식, 복관식
③ 공급방식에 의한 분류 : 상향 공급식, 하향 공급식
④ 환수관의 배관방식에 의한 분류 : 건식 환수관식, 습식 환수관식
⑤ 응축수 환수방법에 의한 분류 : 중력 환수식, 기계 환수식, 진공 환수식

문제 10 캐리오버(carry over)에는 선택적 캐리오버(selective carry over)와 기계적 캐리오버(machine carry over)로 구분할 수 있다. 이 중에서 선택적 캐리오버에 대하여 설명하시오.

해답 증기 속에 용해되어 있던 실리카(무수규산) 성분이 증기와 함께 송출되는 현상

해설 • 기계적 캐리오버 : 작은 물방울(액적) 또는 거품이 증기와 함께 송출되는 현상

문제 11 증기트랩이 설치된 바이패스(by-pass) 배관도에서 ①~④의 부품 명칭을 쓰시오.
(단, 중복되는 번호는 하나의 부품 명칭으로 작성할 것)

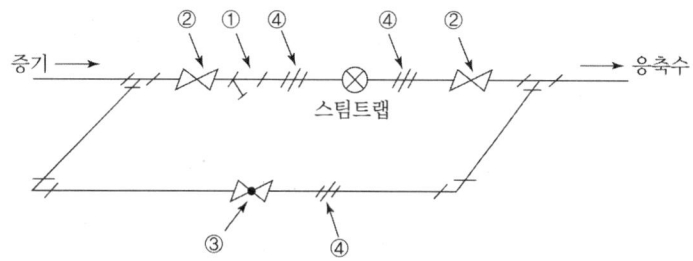

해답 ① 스트레이너(strainer) ② 슬루스 밸브(또는 게이트 밸브)
③ 글로브 밸브(또는 스톱 밸브) ④ 유니언

문제 12 원심 송풍기에서 풍량 조절방법 3가지를 쓰시오.

해답 ① 회전수 제어에 의한 방법
② 토출 베인의 각도 조절에 의한 방법
③ 흡입 베인의 각도 조절에 의한 방법
④ 베인 컨트롤에 의한 방법
⑤ 바이패스에 의한 방법

문제 13 파이프렌치(pipe wrench)의 호칭규격은 무엇을 기준으로 하는가?

해답 사용할 수 있는 최대의 관을 물었을 때의 전 길이[mm] (또는 조[jaw]를 최대로 벌린 전 길이)

문제 14 내화물에서 발생하는 스폴링(spalling) 현상을 설명하시오.

해답 박락현상이라 하며 내화물이 사용하는 도중에 온도의 급격한 변화나 가열, 냉각 때문에 갈라지든지, 떨어져 나가는 현상을 말한다.

해설 내화물에서 나타나는 현상
① 스폴링(spalling) 현상 : 박락현상이라 하며 내화물이 사용하는 도중에 갈라지든지, 떨어져 나가는 현상을 말한다.
② 슬래킹(slacking) 현상 : 수증기를 흡수하여 체적변화를 일으켜 균열이 발생하거나 떨어져 나가는 현상으로 염기성 내화물에서 공통적으로 일어난다.
③ 버스팅(bursting) 현상 : 크롬철광을 원료로 하는 내화물이 1600[℃] 이상에서 산화철을 흡수하여 표면이 부풀어 오르고 떨어져 나가는 현상으로 크롬질 내화물에서 발생한다.

문제 15 압력 400[kPa]의 증기를 이용하여 난방을 할 때 방열기에서 생성되는 응축수량 [kg/m²·h]은 얼마인가? (단, 방열기는 표준방열량을 적용하며, 400[kPa] 상태의 증기 건도는 0.98, 포화수 엔탈피는 606.49 [kJ/kg], 포화증기 엔탈피는 2740.84 [kJ/kg] 이다.)

풀이 ① 증기의 응축 잠열 계산
$$\therefore \gamma = (h'' - h') \times x = (2740.84 - 606.49) \times 0.98$$
$$= 2091.663 = 2091.66 \, [kJ/kg]$$
② 응축수 발생량 계산 : 방열기 1 [m²]에서 생성되는 응축수량을 계산하고, 증기 방열기의 표준방열량은 2730[kJ/m²·h]을 적용한다.
$$\therefore Q_c = \frac{Q_r}{\gamma} = \frac{2730}{2091.66} = 1.305 = 1.31 \, [kg/m^2 \cdot h]$$

해답 1.31 [kg/m²·h]

해설 방열기 표준방열량

구 분	공학단위 [kcal/m²·h]	SI단위 [kJ/m²·h]
온수 방열기	450	1890
증기 방열기	650	2730

제70회 실기 필답형 문제 (2021년 8월 22일 시행)

◆ 다음 물음의 답을 해당 답란에 답하시오.◆

문제 01 동력을 이용하여 강관을 벤딩할 수 있는 장비 2가지를 쓰시오.

[해답] ① 램식 벤딩 머신 ② 로터리식 벤딩 머신

문제 02 실내온도가 22[℃], 외기온도가 −8[℃]이며 벽체의 열관류율이 5.82[W/m²·℃]인 건물의 난방부하[W]를 계산하시오. (단, 바닥, 천정, 벽체 총면적은 48[m²]이고, 방위계수는 1.1 이다.)

[풀이] $H_1 = K \times F \times \Delta t \times Z$
$= 5.82 \times 48 \times \{22 - (-8)\} \times 1.1 = 9218.88\,[\text{W}]$

[해답] 9218.88 [W]

문제 03 소요동력이 15[kW], 효율 90[%], 전양정 10[m]인 원심펌프의 송출량[m³/min]을 계산하시오.

[풀이] 축동력 계산식 $\text{kW} = \dfrac{\gamma Q H}{102\,\eta}$ 에서 송출유량 Q를 계산한다. 계산식에서 Q의 단위는 [m³/s]이므로 분[min]당 송출유량으로 변환하여야 하고, 물의 비중량(γ)은 1000[kgf/m³]을 적용한다.

$\therefore Q = \dfrac{102 \times \eta \times \text{kW}}{\gamma \times H} = \dfrac{102 \times 0.9 \times 15}{1000 \times 10} \times 60 = 8.262 ≒ 8.26\,[\text{m}^3/\text{min}]$

[해답] 8.26 [m³/min]

문제 04 보일러 가동상태 점검사항 중 매우 중요하기 때문에 운전 중 수시로 점검해야 할 사항 2가지를 쓰시오.

[해답] ① 압력 ② 수위

문제 05 신설 보일러에서 내부에 부착된 유지분, 페인트류, 녹 등을 제거하기 위하여 실시하는 작업을 무엇이라 하는가?

[해답] 소다 끓이기(또는 소다 보링)

문제 06 배관 재료 중 동관에 대한 물음에 답하시오.
  (1) 재질에 의한 분류 중 연질, 반연질, 경질의 기호를 각각 쓰시오.
  (2) 두께에 의한 분류 3가지 중 두께가 두꺼운 것부터 차례로 쓰시오.

[해답] (1) ① 연질 : O ② 반연질 : OL ③ 경질 : H
(2) K형 – L형 – M형

문제 07 진공환수관식 증기난방법에서 보일러 보다 방열기가 아래쪽에 설치되는 경우 수직 입상관을 환수주관보다 1~2단계 낮은 관을 사용하여 응축수를 환수시키는 배관 이음방법의 명칭을 쓰시오.

[해답] 리프트 이음(lift fitting)

문제 08 보일러 설치검사 기준에서 보일러에 설치하는 안전밸브 및 압력방출장치의 크기는 호칭지름 25[A] 이상이지만 호칭지름 20[A] 이상으로 할 수 있는 보일러도 있다. 20[A] 이상으로 할 수 있는 규정 중 ( ) 안에 알맞은 숫자를 넣으시오.
(1) 최고사용압력 (　)[MPa] 이하의 보일러
(2) 최고사용압력 (　)[MPa] 이하의 보일러로 전열면적 2[m²] 이하의 것
(3) 최고사용압력 0.5[MPa] 이하의 보일러로 동체의 안지름이 500[mm] 이하이며 동체의 길이가 (　)[mm] 이하의 것

[해답] (1) 0.1 (2) 0.5 (3) 1000

[해설] • 안전밸브 및 압력 방출장치의 크기를 호칭지름 20[A] 이상으로 할 수 있는 보일러
① 최고사용압력 0.1 [MPa] 이하의 보일러
② 최고사용압력 0.5 [MPa] 이하의 보일러로 동체의 안지름이 500 [mm] 이하이며 동체의 길이가 1000 [mm] 이하의 것
③ 최고사용압력 0.5 [MPa] 이하의 보일러로 전열면적 2 [m²] 이하의 것
④ 최대증발량 5 [ton/h] 이하의 관류보일러
⑤ 소용량 강철제 보일러, 소용량 주철제 보일러

문제 09 다음 주어진 배관 평면도를 제시된 방위에 맞도록 등각투상도로 나타내시오.

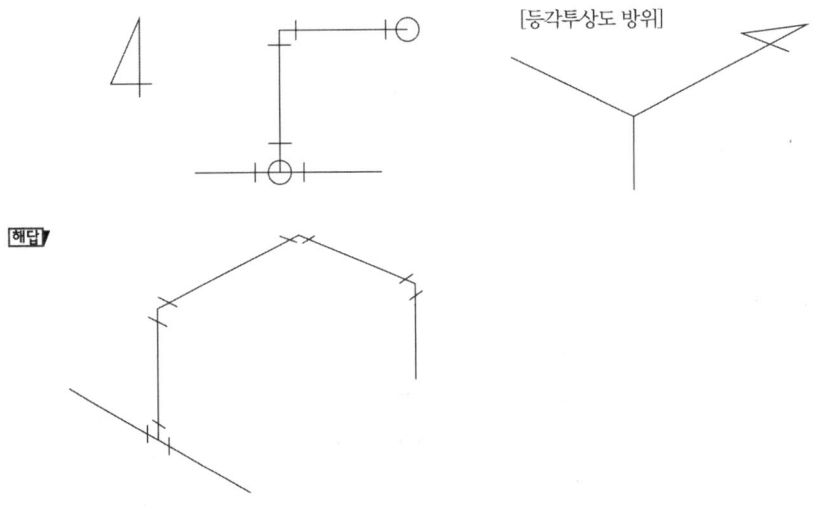

문제 10 보일러 운전 중에 가동을 멈추지 않고 전열면에 부착된 그을음이나 재를 제거하는 방법을 무엇이라 하는가?

[해답] 슈트 블로워

[해설] 슈트 블로워(soot blow)
  (1) 종류
    ① 장발형(long retractable type) 슈트 블로워 : 과열기와 같이 고온의 열가스가 통하는 부분에 사용한다.
    ② 단발형(short retractable type) 슈트 블로워 : 분사관이 짧으며 1개의 노즐을 설치하여 연소로벽에 부착되어 있는 이물질을 제거하는데 사용한다.
    ③ 정치 회전형(로터리형) : 전열면이나 절탄기에 고정 설치하여 매연을 제거하는 것으로 정지된 상태로 회전하는 분사관에 다수의 구멍이 뚫려 있고 이곳으로 증기가 분사된다.
    ④ 공기예열기 크리너 : 관형 공기예열기에 사용하는 것으로 자동식과 수동식이 있다.
    ⑤ 건타입 : 보일러의 연소로벽 등에 부착하는 타고 남은 찌꺼기를 제거하는데 적합하며 특히, 미분탄 연소 보일러 및 폐열보일러 같은 타고 남은 연재가 많이 부착하는 보일러에 사용한다.
  (2) 사용 시 주의사항
    ① 부하가 50[%] 이하일 때, 소화 후에는 사용을 금지한다.
    ② 댐퍼를 완전히 열고 통풍력을 크게 한다.
    ③ 그을음 제거를 하기 전에 분출기 내부의 응축수(드레인)를 제거한다.
    ④ 그을음 불어내기 관을 동일 장소에서 오래 동안 작용시키지 않는다.
    ⑤ 흡입(유인)통풍기가 있을 경우 흡입(유인)통풍을 늘려서 한다.

문제 11 온도변화에 따른 배관의 열팽창, 신축 등으로 발생되는 사고를 사전에 방지하기 위하여 배관 도중에 설치하는 신축이음장치 3가지를 쓰시오.

[해답] ① 루프형   ② 슬리브형   ③ 벨로즈형
④ 스위블형   ⑤ 상온스프링   ⑥ 볼조인트

문제 12 보일러 안전밸브의 증기 누설원인 4가지를 쓰시오.

[해답] ① 작동압력이 낮게 조정되었을 때
② 스프링의 장력이 약할 때
③ 밸브 디스크와 밸브 시트에 이물질이 있을 때
④ 밸브 시트가 불량일 때
⑤ 밸브 축이 이완되었을 때

문제 13 수관식 보일러의 기수 드럼에 부착하여 승수관을 통하여 상승하는 증기 중에 혼입된 수분을 분리하여 캐리오버를 방지하는 기수분리기의 종류 4가지를 쓰시오.

[해답] ① 사이클론형   ② 스크러버형
③ 건조 스크린형   ④ 배플형

문제 14 호칭 100[A] 배관이 옥내에 200[m], 옥외에 300[m]로 설치될 때 할증률을 적용한 최대 배관길이는 몇 [m]인가?

풀이 배관의 할증률을 옥내 및 옥외배관 모두 10[%]를 적용하는 것으로 계산한다.
∴ 할증 배관길이 = $(200 + 300) \times 1.1 = 550[m]$

해답 550[m]

문제 15 [보기]에서 설명하는 전기보일러 설치방법 중 틀린 것을 찾아 기호로 답하시오.

> [보기] ① 보일러는 수평으로 설치한다.
> ② 보일러실 바닥면과 일치되게 설치한다.
> ③ 상수도를 보일러에 직접 연결할 때에는 수두압 15[m] 이하로 한다.
> ④ 보일러 본체에 접지를 한다.
> ⑤ 연결된 전선은 간결하게 모아서 정리한다.
> ⑥ 전원 콘센트 간의 거리는 최소로 하고 누전의 위험이 없도록 한다.

해답 ①, ②

해설 소형 온수보일러의 일반적인 설치조건 : KSB 소형 보일러 기술규격 발췌
① 보일러는 불연성 물질의 격벽 또는 반격벽으로 구분된 장소에 수평, 수직으로 설치한다.
② 기초가 약하여 내려앉거나 갈라지지 않아야 한다.
③ 보일러는 보일러실 바닥면보다 높게 설치하여야 한다.
④ 강 구조물은 접지되어야 하고 빗물이나 증기에 의하여 부식이 되지 않도록 적절한 보호 조치를 하여야 한다.
⑤ 보일러는 바닥 지지물에 반드시 고정되어야 한다.
⑥ 보일러 동체 최상부로부터 천장, 배관 등 보일러 상부에 있는 구조물까지의 거리는 1.2[m] 이상인 것이 바람직하지만, 불가피한 경우에는 0.6[m] 이상으로 할 수 있다.
⑦ 보일러 동체에서 벽, 배관, 기타 보일러 측부에 있는 구조물까지 거리는 0.45[m] 이상인 것이 바람직하지만, 불가피한 경우에는 0.3[m] 이상으로 할 수 있다.
⑧ 보일러실은 보수, 점검 등을 원활히 할 수 있도록 조명등을 설치해야 한다.

제71회 실기 필답형 문제 (2022년 5월 7일 시행)

◆ 다음 물음의 답을 해당 답란에 답하시오.◆

문제 01 부탄 1[Nm³]를 완전 연소시킬 때 다음 물음에 답하시오.

(1) 이론산소량[Nm³]을 구하시오.
(2) 이론 공기량으로 연소될 때 습연소가스량[Nm³]을 구하시오.

풀이 (1) 부탄(C_4H_{10})의 완전연소 반응식

$C_4H_{10} + 6.5O_2 \rightarrow 4CO_2 + 5H_2O$

[C_4H_{10}]   [O_2]
22.4[Nm³] : 6.5×22.4[Nm³]

1[Nm³] : $x(O_0)$[Nm³]

$\therefore x(O_0) = \dfrac{1 \times 6.5 \times 22.4}{22.4} = 6.5[\text{Nm}^3]$

(2) ① 이론 공기량에 의한 부탄의 완전연소 반응식

$C_4H_{10} + 6.5O_2 + (N_2) \rightarrow 4CO_2 + 5H_2O + (N_2)$

② 습연소 가스량은 수증기(H_2O)가 포함된 양이고, 공기 중에 포함된 질소는 불연성이므로 연소반응에 아무런 역할을 하지 않고 배기가스로 그대로 배출되며, 공기 조성은 산소 21[v%], 질소 79[v%]이므로 질소량은 산소량의 79/21 = 3.76배이다.

③ 습연소가스량 계산 : 이론산소량을 계산한 것과 같이 기체 연료 1[Nm³]가 연소하면 필요한 산소(O_2)량[Nm³], 발생되는 이산화탄소(CO_2)량[Nm³], 수증기(H_2O)량[Nm³]은 연소반응식에서 몰(mol)수에 해당된다.

$\therefore G_{ow} = CO_2$량 $+ H_2O$량 $+ N_2$량
$= 4 + 5 + (6.5 \times 3.76) = 33.44[\text{Nm}^3]$

해답 (1) 6.5[Nm³]   (2) 33.44[Nm³]

문제 02 전극식 수위검출기 점검 주기에 관한 설명 중 ( ) 안에 알맞은 내용을 쓰시오.

(1) 검출통 내의 분출은 ( )일 1회 이상 실시한다.
(2) 검출통은 ( )개월에 1회 정도 분해하여 내부 청소를 실시한다.
(3) 통전시험 및 절연저항은 ( )년에 1회 이상 측정한다.

해답 (1) 1   (2) 6   (3) 1

해설 검출통의 내부 청소 방법
① 전극봉을 고운 샌드페이퍼로 닦는다.
② 부착물을 제거하여 전류가 쉽게 통하게 한다.
③ 굽은 부분이나 손상을 보수한다.
④ 증기의 누설방지와 전기절연성을 겸해서 테프론을 사용한 것은 피막이 파손되지 않았는지 확인한다. (테프론의 내열온도는 513[℃] 정도이므로 주의 깊게 확인하여야 한다.)

문제 03 보일러가 [보기]의 조건으로 운전될 때 물음에 답하시오.

[보기]
- 시간당 증기 발생량 : 1200[kg]
- 연료의 저위발열량 : 42[MJ/kg]
- 급수 엔탈피 : 83[kJ/kg]
- 시간당 연료 사용량 : 100[kg]
- 발생증기 엔탈피 : 2511[kJ/kg]

(1) 상당증발량[kg/h]을 구하시오.
(2) 연소효율[%]을 구하시오.

풀이 (1) ① 물의 증발잠열은 539[kcal/kg]이고, 1[kcal]는 약 4.1868[kJ]에 해당되므로 증발잠열을 SI단위로 변환하여 적용한다.
② 상당증발량[kg/h] 계산
$$\therefore G_e = \frac{G_a \times (h_2 - h_1)}{539 \times 4.1868} = \frac{1200 \times (2511-83)}{539 \times 4.1868} = 1291.097 ≒ 1291.10 [\text{kg/h}]$$

(2) $\eta = \dfrac{G_a \times (h_2 - h_1)}{G_f \times H_l} \times 100 = \dfrac{1200 \times (2511-83)}{100 \times (42 \times 1000)} \times 100 = 69.371 ≒ 69.37 [\%]$

해답 (1) 1291.1 [kg/h] (2) 69.37[%]

해설 ① SI단위로 물의 증발잠열이 별도로 제시되지 않았으므로 1[kcal]에 4.185[kJ], 4.1868[kJ], 4.2[kJ]를 물의 증발잠열 539[kcal/kg]에 적용하여 계산할 수 있으며, 최종값에서 발생하는 오차는 득점에는 영향이 없습니다.
② 문제에서 제시된 조건으로는 '연소효율'을 계산할 수 없어 '보일러 효율'로 계산했습니다.

문제 04 배관의 하중을 밑에서 위로 지지할 목적으로 사용하는 서포트(support)의 종류 3가지를 쓰시오.

해답 ① 스프링 서포트 ② 롤러 서포트 ③ 파이프 슈 ④ 리지드 서포트

해설 서포트(support)의 종류 및 역할
① 스프링 서포트 : 상하 이동이 자유롭고 파이프의 하중을 스프링이 완충작용을 한다.
② 롤러 서포트 : 배관의 신축을 자유롭게 하면서 롤러가 관을 받치면서 지지한다.
③ 파이프 슈 : 배관의 엘보 부분과 수평부분에 영구히 고정, 배관의 이동을 구속한다.
④ 리지드 서포트 : H빔으로 만든 것으로 옥외 등에 종류가 다른 여러 배관을 한 번에 지지한다.

문제 05 내압을 받는 원통형 탱크의 안지름이 1400[mm], 강판 두께가 10[mm], 최고사용압력이 1[MPa]이다. 이 탱크의 이음 효율을 80[%]라 할 때 강판의 허용인장응력[N/mm²]은 얼마인가?

풀이 ① 원통형 탱크의 두께 계산식 $t = \dfrac{PD_i}{2\sigma_a \eta - 2P} + \alpha$에서 부식여유치 α는 언급이 없으므로 생략하고, 재료의 허용인장응력[N/mm²] σ_a를 구한다.

② $10 = \dfrac{1 \times 1400}{2 \times \sigma_a \times 0.8 - 2 \times 1}$ → 공학용 계산기 'SOLVE' 기능을 이용하여 계산하면 σ_a는 88.75[N/mm²]로 계산된다.

[해답] 88.75 [N/mm²]

[별해] 원통형탱크 두께 계산식에서 허용인장응력 σ_a를 구한다.

$$\therefore \sigma_a = \dfrac{\dfrac{PD_i}{t} + 2P}{2\eta} = \dfrac{\dfrac{1 \times 1400}{10} + 2 \times 1}{2 \times 0.8} = 88.75 \,[\text{N/mm}^2]$$

문제 06 다음 주어진 배관 평면도를 제시된 방위에 맞도록 등각투상도로 나타내시오.

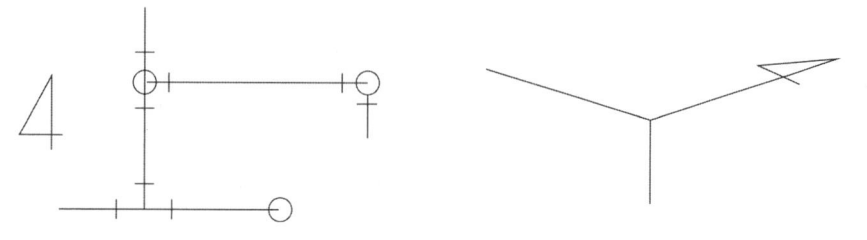

[해답]

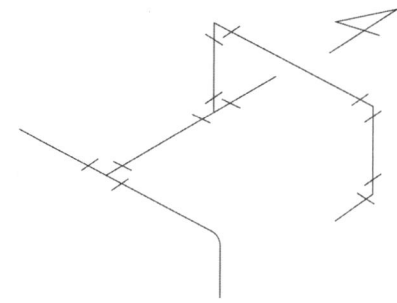

문제 07 다이헤드형 동력나사 절삭기로 작업할 수 있는 내용 3가지를 쓰시오.

[해답] ① 관의 절단 ② 거스러미 제거 ③ 나사 가공

문제 08 다음 ( ) 안에 알맞은 내용을 쓰시오.

> 급수밸브 및 체크밸브의 크기는 전열면적 10[m²] 이하의 보일러에서는 호칭 (①) 이상, 전열면적 10[m²]를 초과하는 보일러에서는 호칭 (②) 이상이어야 한다.

[해답] ① 15A ② 20A

문제 09 설비배관에서 각 장치와 유체를 명확히 구분하여 번호를 붙이는 것을 말하며, 이 번호에 의해서 배관의 성격과 위치를 명확히 구분할 수 있고 배관재료를 쉽게 파악할 수 있는 것을 무엇이라 하는가?

해답 ▶ 라인 인덱스(line index)

문제 10 보일러수 내처리제에 대한 물음에 답하시오.
(1) 경수 연화제 종류 2가지를 쓰시오.
(2) 슬러지 조정제 종류 3가지를 쓰시오.

해답 ▶ (1) ① 수산화나트륨(NaOH) ② 탄산나트륨(Na_2CO_3) ③ 인산나트륨(Na_3PO_4)
(2) ① 탄닌($C_{76}H_{52}O_{46}$) ② 리그린 ③ 전분($C_6H_{10}O_5$)

해설 ▶ 내처리제의 종류와 사용 약품 종류

내처리제 종류	사용약품의 종류
pH 및 알칼리 조정제	수산화나트륨(가성소다 : NaOH), 탄산나트륨(Na_2CO_3), 인산나트륨(Na_3PO_4), 인산(H_3PO_4), 암모니아(NH_3)
연화제	수산화나트륨(NaOH), 탄산나트륨(Na_2CO_3), 인산나트륨(Na_3PO_4)
슬러지 조정제	탄닌($C_{76}H_{52}O_{46}$), 리그린, 전분($C_6H_{10}O_5$)
탈산소제	아황산나트륨(Na_2SO_3), 히드라진(N_2H_4), 탄닌
가성취화 방지제	황산나트륨(Na_2SO_4), 인산나트륨(Na_3PO_4), 질산나트륨, 탄닌, 리그린
기포방지제(포밍 방지제)	고급 지방산 폴리아민, 고급 지방산 폴리알콜

문제 11 용접부의 잔류응력을 완화하는 방법 3가지를 쓰시오.

해답 ▶ ① 노내 풀림법 ② 국부풀림 및 기계적 처리법 ③ 저온응력 완화법 ④ 피닝(peening)법

해설 ▶ 피닝(peening)법 : 끝이 구면인 특수한 해머로서 용접부를 연속적으로 타격하여 용접 표면층에 소성변형을 주어 잔류응력을 완화시키는 방법이다.

문제 12 보일러수가 접하는 내면에 발생하는 부식 중 점식(pitting)을 방지하는 방법 3가지를 쓰시오.

해답 ▶ ① 보일러수의 용존산소를 제거한다.
② 보일러 내면에 보호피막, 방청도장을 한다.
③ 보일러 내에 아연판을 매달아 놓는다.
④ 약한 전류를 통전시킨다.

해설 ▶ 점식(pitting) : 보일러수가 접하는 내면에 좁쌀알, 쌀알, 콩알 크기의 점 상태로 생기는 양극 반응의 독특한 형태의 부식으로 공식 또는 점형부식이라 한다. 스테인리스강에서 흔히 발생하며 부식의 진행속도가 빨라 위험성이 크다.

문제 13 보일러 보존법에 대한 물음에 답하시오.

(1) 만수 보존법에 사용하는 약제의 종류 3가지를 쓰시오.
(2) 건조 보존법에 사용하는 건조제의 종류 3가지를 쓰시오.

해답 (1) ① 가성소다(NaOH) ② 아황산소다(Na_2SO_4) ③ 히드라진(N_2H_4) ④ 암모니아(NH_3)
(2) ① 생석회 ② 실리카겔 ③ 염화칼슘 ④ 활성알루미나 ⑤ 오산화인

문제 14 두께 200[mm]인 콘크리트(열전도율 1.6[W/m·K])에 두께 10[mm]인 석고판(열전도율 0.2[W/m·K])을 부착하였다. 실내측 표면열전달률 8.4[W/m²·K], 실외측 표면열전달률 23.2[W/m²·K]일 때 열관류율[W/m²·K]은 얼마인가?

풀이 $K = \dfrac{1}{\dfrac{1}{\alpha_1} + \dfrac{b_1}{\lambda_1} + \dfrac{b_2}{\lambda_2} + \dfrac{1}{\alpha_2}} = \dfrac{1}{\dfrac{1}{8.4} + \dfrac{0.2}{1.6} + \dfrac{0.01}{0.2} + \dfrac{1}{23.2}}$

$= 2.966 ≒ 2.97 \,[W/m^2 \cdot K]$

해답 2.97 [W/m²·K]

문제 15 캐리오버(carry over)에는 선택적 캐리오버(selective carry over)와 기계적 캐리오버(machine carry over)로 구분할 수 있다. 각각에 대하여 설명하시오.

해답 ① 선택적 캐리오버 : 증기 속에 용해되어 있던 실리카(무수규산) 성분이 증기와 함께 송출되는 현상
② 기계적 캐리오버 : 작은 물방울(액적) 또는 거품이 증기와 함께 송출되는 현상

제72회 실기 필답형 문제 (2022년 8월 14일 시행)

◆ 다음 물음의 답을 해당 답란에 답하시오.◆

문제 01 [보기]는 보일러 열정산에서 입열과 출열을 나열한 것이다. 입열과 출열에 해당되는 것을 번호로 나열하시오.

[보기]
① 연료의 연소열 ② 배기가스 보유열량 ③ 미연소 가스열 ④ 노내 취입증기의 입열
⑤ 발생 증기열 ⑥ 복사 열손실 ⑦ 연료의 현열 ⑧ 공기의 현열

(1) 입열 :

(2) 출열 :

해답 (1) ①, ④, ⑦, ⑧
    (2) ②, ③, ⑤, ⑥

문제 02 액체연료를 사용하는 보일러를 열정산할 때 연료사용량을 측정하는 방법 3가지를 쓰시오.

해답 ① 중량 탱크식 ② 용량 탱크식 ③ 용적식 유량계

해설 열정산 시 액체연료 측정방법
① 액체 연료는 중량 탱크식 또는 용량 탱크식 혹은 용적식 유량계로 측정한다. 측정의 허용 오차는 원칙적으로 ±1.0[%]로 한다.
② 용량 탱크식 또는 용적식 유량계로 측정한 용적 유량은 유량계 가까이에서 측정한 유온에 대하여 보정하기 위해 다음 방법으로 중량 유량으로 환산한다. 중유의 경우에는 다음 표와 같은 온도 보정계수를 사용하고 주용 이외 연료의 온도 보정계수는 1로 한다.

$$F = d \times k \times V_t$$

여기서, F : 연료의 사용량[kg/h] d : 연료의 비중
    k : 온도 보정계수 V_t : 연료 사용량[L/h]

연료(중유)의 온도(t)에 따른 체적 보정계수

중유 비중(d 15[℃])	온도 범위	보정계수(k)
1.000~0.966	15~50[℃]	1.000−0.00063(t-15)
	50~100[℃]	0.9779−0.0006(t-50)
0.965~0.851	15~50[℃]	1.000−0.00071(t-15)
	50~100[℃]	0.9754−0.00067(t-50)

문제 03 [보기]에서 설명하는 공구의 명칭을 쓰시오.

[보기] – 강관의 조립 및 분해 시 사용
  – 크기는 조(jaw)를 최대로 벌린 전 길이
  – 사이즈는 150[mm], 200[mm], 300[mm], 600[mm], 1000[mm]
  – 약한 것, 강한 것, 체인형 등 사용

해답 파이프 렌치

문제 04 다음 도면에서 지시하는 부분의 소요 부품 명칭과 규격, 수량을 해답란의 표에 각각 쓰시오.

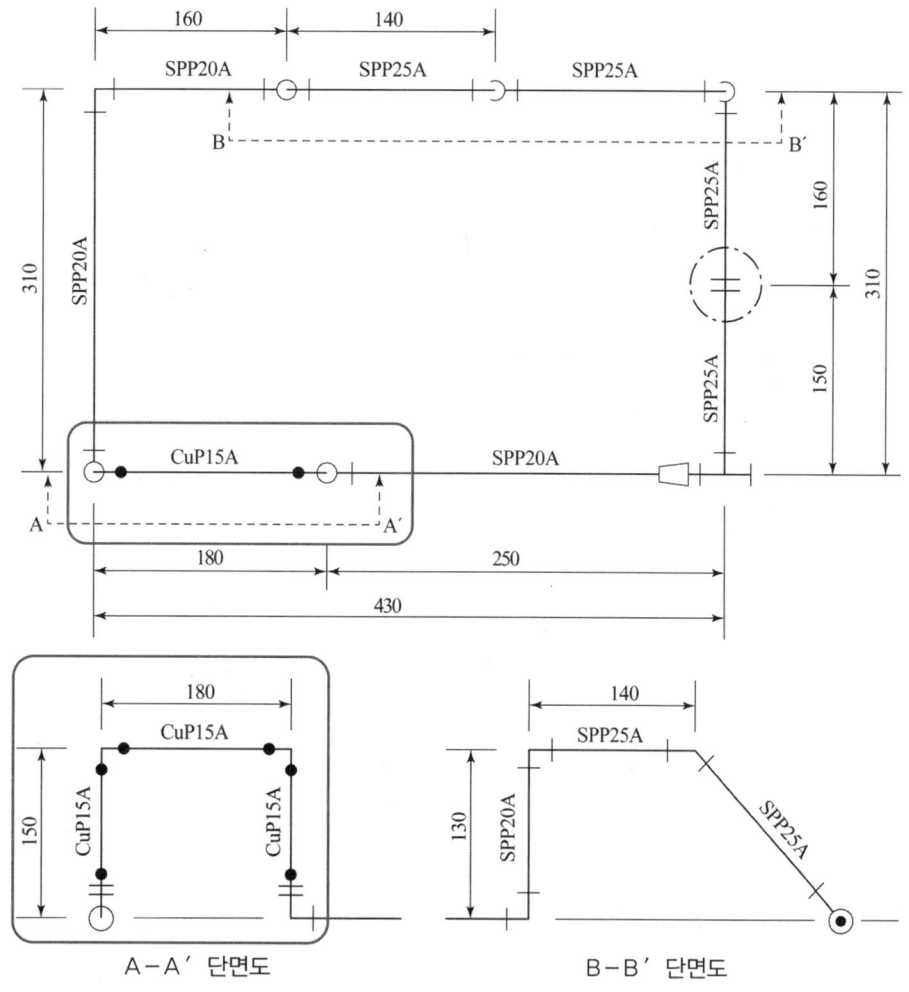

[해답]

구분	명칭	규격	수량
①	이경엘보	20×15[A]	2개
②	CM 어댑터	15[A]	2개
③	동 엘보	15[A]	2개

문제 05 보일러수 내처리제 중 탈산소제의 종류 3가지를 쓰시오.

[해답] ① 아황산나트륨(Na_2SO_3) ② 히드라진(N_2H_4) ③ 탄닌

[해설] 내처리제의 종류와 사용 약품 종류

내처리제 종류	사용약품의 종류
pH 및 알칼리 조정제	수산화나트륨(가성소다 : NaOH), 탄산나트륨(Na_2CO_3), 인산나트륨(Na_3PO_4), 인산(H_3PO_4), 암모니아(NH_3)
연화제	수산화나트륨(NaOH), 탄산나트륨(Na_2CO_3), 인산나트륨(Na_3PO_4)
슬러지 조정제	탄닌($C_{76}H_{52}O_{46}$), 리그린, 전분($C_6H_{10}O_5$)
탈산소제	아황산나트륨(Na_2SO_3), 히드라진(N_2H_4), 탄닌
가성취화 방지제	황산나트륨(Na_2SO_4), 인산나트륨(Na_3PO_4), 질산나트륨, 탄닌, 리그린
기포방지제(포밍 방지제)	고급 지방산 폴리아민, 고급 지방산 폴리알콜

문제 06 펌프가 [보기]와 같은 조건으로 운전될 때 축동력[kW]은 얼마인가?

[보기]
- 유량 : 0.96[m³/min]
- 펌프에서 필요 높이 : 14[m]
- 펌프의 효율 : 80[%]
- 펌프에서 수면까지 높이 : 5[m]
- 감쇠 높이 : 2[m]

[풀이] $\mathrm{kW} = \dfrac{\gamma \cdot Q \cdot H}{102\eta} = \dfrac{1000 \times 0.96 \times (2+5+14)}{102 \times 0.8 \times 60} = 4.117 ≒ 4.12\,[\mathrm{kW}]$

[해답] 4.12 [kW]

[해설]
① 펌프로 이송하는 유체의 비중량(γ)이 주어지지 않았으므로 물의 비중량 1000[kgf/m³]을 적용한다.
② 펌프에서 필요 높이 14[m]는 토출양정으로, 감쇠 높이 2[m]는 손실수두로 판단하여 전 양정을 적용한다.
③ 축동력 계산식에서 유량(Q)의 단위는 [m³/s]이므로 [보기]에서 주어진 유량[m³/min]을 공식에 맞도록 단위변환을 해 주기 위해 60으로 나눠준다.

문제 07 다음은 보일러를 실내에 설치하는 기준에 대한 내용이다. ( ) 안에 적당한 용어나 숫자를 쓰시오.

(1) 보일러 동체 최상부로부터(보일러의 검사 및 취급에 지장이 없도록 작업대를 설치한 경우에는 작업대로부터) 천정, 배관 등 보일러 상부에 있는 구조물까지의 거리는 ( ) 이상이어야 한다.

(2) 보일러에 설치된 계기 등을 육안으로 관찰하는데 지장이 없도록 충분한 ( )이 있어야 한다.

(3) 보일러실은 연소 및 환경을 유지하기에 충분한 (①) 및 (②)가 있어야 하며, (①)는 보일러 배기가스 덕트의 유효단면적 이상이어야 하고, 도시가스를 사용하는 경우에는 (②)를 가능한 한 높이 설치하여 가스가 누설되었을 때 체류하지 않는 구조이어야 한다.

(4) 연료를 저장할 때에는 보일러 외측으로부터 2[m] 이상 거리를 두거나 ( )을 설치하여야 한다.

해답 (1) 1.2[m] (2) 조명시설 (3) ① 급기구 ② 환기구 (4) 방화격벽

문제 08 가압수식 집진장치의 종류 2가지를 쓰시오.

해답 ① 벤투리 스크러버 ② 사이클론 스크러버 ③ 제트 스크러버

해설 • 세정식 집진장치의 종류
① 유수식 : S형, 임펠러형, 회전형, 분수형 및 나선 가이드베인형
② 가압수식 : 벤투리 스크러버, 사이클론 스크러버, 제트 스크러버, 충전탑(세정탑)
③ 회전식 : 타이젠 와셔, 충격식 스크러버
※ '충전탑(充塡塔)'을 '충진탑(充塡塔)'으로 표기하는 경우도 있음(塡 : 메울 전, 메울 진)

문제 09 두께 100[mm]의 콘크리트 벽에 두께 50[mm]의 단열재로 시공하고, 그 부분에 두께 15[mm]의 모르타르로 마무리한 벽체에서 실내측 벽면에 결로가 발생하는지 여부를 표를 이용하여 판정하시오. (단, 외기온도 -20[℃], 실내온도 20[℃]이고 이 온도에서의 이슬점 온도는 16[℃]이다.)

재질	열전도율[W/m·℃]	벽면	열전달률[W/m²·℃]
콘크리트	0.25	내측면	7.2
단열재	0.05	외측면	4.5
모르타르	0.04		

풀이 • 벽체의 단면도 및 상태

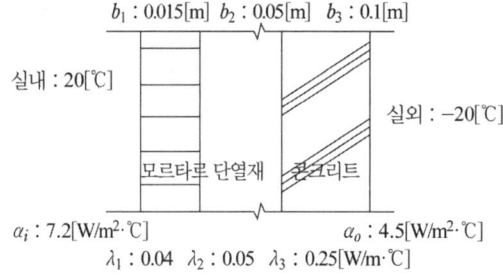

① 열관류율 계산

$$\therefore K = \cfrac{1}{\cfrac{1}{\alpha_i} + \cfrac{b_1}{\lambda_1} + \cfrac{b_2}{\lambda_2} + \cfrac{b_3}{\lambda_3} + \cfrac{1}{\alpha_o}}$$

$$= \cfrac{1}{\cfrac{1}{7.2} + \cfrac{0.015}{0.04} + \cfrac{0.05}{0.05} + \cfrac{0.1}{0.25} + \cfrac{1}{4.5}}$$

$$= 0.468 = 0.47 [W/m^2 \cdot ℃]$$

② 실내 벽체 표면온도 계산 : 벽체를 통한 전체 손실열량(Q_1)과 실내에서 실내벽까지 손실되는 열량(Q_2)은 같다.

∴ $Q_1 = Q_2$이고 벽체 면적(F)은 1[m²]이므로 생략하면
$K \times (t_i - t_o) = K' \times (t_i - t_s)$이다.

여기서 실내측 벽면 온도(t_s)를 구하는 식을 정리하면 $(t_i - t_s) = \cfrac{K \times (t_i - t_o)}{K'}$이므로

$t_s = t_i - \cfrac{K \times (t_i - t_o)}{K'}$으로 정리되고, $K' = \cfrac{1}{\cfrac{1}{\alpha_i}} = \cfrac{1}{\cfrac{1}{7.2}} = 7.2 [W/m^2 \cdot ℃]$이다.

$\therefore t_s = t_i - \cfrac{K \times (t_i - t_o)}{K'} = 20 - \cfrac{0.47 \times \{20 - (-20)\}}{7.2} = 17.388 ≒ 17.39 [℃]$

③ 판정 : 실내측 벽면온도가 17.39[℃]로 실내 이슬점 온도 16[℃]보다 높으므로 결로는 발생하지 않는다.

해답 실내 표면온도가 17.39[℃]로 실내 이슬점 온도 16[℃]보다 높으므로 결로는 발생하지 않는다.

문제 10 배관의 접합부로부터 누설을 방지하기 위하여 사용하는 것이 패킹재이다. 다음에 설명하는 플랜지 패킹재의 명칭을 쓰시오.

(1) 탄성이 크고 우수하며 흡수성이 없으나 열과 기름에 약하며 산, 알칼리에 침식이 어렵다.

(2) 천연고무의 성질을 개선시킨 것으로 내산성, 내열성, 내유성이 좋고, 기계적 성질이 양호하다.

(3) 합성수지 패킹의 대표적인 것으로 내열범위가 -260~260[℃]이며 약품, 기름에도 침식되지 않는다.

해답 (1) 천연고무 (2) 합성고무(neoprene) (3) 테프론

문제 11 보일러 연소에서 공기비가 작을 때 나타나는 문제점 3가지를 쓰시오.

해답
① 불완전연소가 발생하기 쉽다.
② 연소효율이 감소한다.
③ 열손실이 증가한다.
④ 미연소 가스로 인한 역화의 위험이 있다.

해설 공기비가 클 때 나타나는 문제점(현상)
① 연소실 내의 온도가 낮아진다.
② 배기가스로 인한 손실열이 증가한다.
③ 연료 소비량이 증가한다.
④ 배기가스 중 질소화합물(NOx)이 많아져 대기오염을 초래한다.

문제 12 보일러 수에 함유되어 있는 성분 중 Ca, Mg으로 인해 생기는 스케일 종류 5가지 쓰시오.

해답
① 중탄산칼슘[$Ca(HCO_3)_2$]   ② 중탄산마그네슘[$Mg(HCO_3)_2$]
③ 황산칼슘($CaSO_4$)   ④ 황산마그네슘($MgSO_4$)
⑤ 염화칼슘($CaCl_2$)   ⑥ 염화마그네슘($MgCl_2$)

문제 13 저위발열량이 40800[kJ/kg]인 연료를 시간당 650[kg] 사용하여 0.6[MPa] 상태의 증기를 9000[kg] 발생시키는 보일러의 효율을 증기표를 이용하여 구하시오. (단, 급수엔탈피는 84[kJ/kg], 발생증기의 건도는 0.9이다.)

증기압력[MPa·a]	포화수 엔탈피[kJ/kg]	증기 엔탈피[kJ/kg]
0.5	640.09	2748.1
0.6	670.38	2756.2
0.7	697.14	2762.7

풀이
① 습포증기 엔탈피 계산 : 건도가 0.9이므로 발생증기는 습포화증기이고, 보일러 증기압력 0.6[MPa]은 게이지 압력이므로 대기압 0.1[MPa]을 더해서 절대압력으로 변환한 후 증기표의 0.7[MPa·a]의 엔탈피 값을 적용한다.

$$\therefore h_2 = h' + (h'' - h') \times x$$
$$= 697.14 + (2762.7 - 697.14) \times 0.9$$
$$= 2556.144 ≒ 2556.14 \,[\text{kJ/kg}]$$

② 보일러 효율 계산

$$\therefore \eta = \frac{G_a \times (h_2 - h_1)}{G_f \times H_l} \times 100 = \frac{9000 \times (2556.14 - 84)}{650 \times 40800} \times 100$$
$$= 83.896 ≒ 83.9 \,[\%]$$

해답 83.9 [%]

[별해] 하나의 식으로 계산

$$\therefore \eta = \frac{G_a \times (h_2 - h_1)}{G_f \times H_l} \times 100$$
$$= \frac{9000 \times [\{697.14 + (2762.7 - 697.14) \times 0.9\} - 84]}{650 \times 40800} \times 100$$
$$= 83.896 \fallingdotseq 83.9 [\%]$$

문제 14
보일러 설치검사 기준에 따른 가스누설시험 방법에 대한 내용 중 ( ) 안에 알맞은 내용을 넣으시오.

> 내부누설시험을 자기압력기록계로 시험할 경우에는 밸브를 잠그고 압력발생기구를 사용하여 천천히 공기 또는 불활성 가스 등으로 최고사용압력의 (①)배 또는 (②)[mmH$_2$O] 중 높은 압력이상으로 가압한 후 (③)분 이상 유지하여 압력의 변동을 측정한다.

[해답] ① 1.1 ② 840 ③ 24

문제 15
보일러 운전 중에 발생하는 장해 중 프라이밍(priming) 현상을 설명하시오.

[해답] 급격한 증발현상으로 동수면에서 작은 입자의 물방울이 증기와 혼입하여 튀어 오르는 현상

제73회 실기 필답형 문제 (2023년 3월 26일 시행)

◆ 다음 물음의 답을 해당 답란에 답하시오.◆

문제 01 길이 10[m]인 강관을 외기온도가 10[℃] 상태에서 설치하였는데, 증기 사용처에 210[℃] 상태의 과열증기를 공급하면 배관에서 발생하는 열응력[MPa]은 얼마인가? (단, 강관의 선팽창계수 $\alpha = 1.15 \times 10^{-5}$[/℃], 세로탄성계수 $E = 210$[GPa]이다.)

풀이
① 신축길이[m] 계산 : 배관길이(L)는 신축길이와 같은 단위를 적용한다.
∴ $\Delta L = L \cdot \alpha \cdot \Delta t = 10 \times (1.15 \times 10^{-5}) \times (210 - 10) = 0.023$ [m]
② 응력[MPa] 계산 : 1[GPa]은 1000[MPa]이다.
∴ $\sigma = E \times \dfrac{\Delta L}{L} = (210 \times 10^3) \times \dfrac{0.023}{10} = 483$ [MPa]

해답 483[MPa]

해설
① 선팽창계수의 단위는 [m/m·℃], [cm/cm·℃], [mm/mm·℃]이지만 분모, 분자를 약분하여 [/℃]로 주어진 것이다.
② '세로탄성계수'를 탄성계수(彈性係數) 또는 종탄성계수(縱彈性係數), 영률(young's modulus)이라 하며 이것은 인장 또는 압축에 대한 재료의 저항 정도를 나타내는 값이다.

문제 02 수관보일러 드럼에 길이 방향으로 직경 56[mm]인 수관을 피치 76[mm]의 일정 간격으로 배열할 때 리거먼트 효율은 몇 [%]인가?

풀이 $\eta = \dfrac{p-d}{p} \times 100 = \dfrac{76-56}{76} \times 100 = 26.315 ≒ 26.32$[%]

해답 26.32[%]

해설
① 리거먼트(ligament) 효율 : 수관식 보일러 드럼에 수관을 연결하기 위하여 드럼 길이방향에 구멍을 아주 많이 뚫기 때문에 이 부분이 취약해져 설계 시에 용접이음 효율값 대신 적용하는 것이다.
② 길이방향으로 배치된 관 구멍부의 강도 : 열사용기자재 검사기준 제4장
㉮ 관 구멍의 피치가 같은 경우

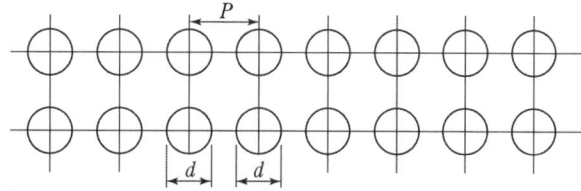

$\eta = \dfrac{p-d}{p} \times 100$

여기서, η : 효율[%], p : 관 구멍의 피치[mm], d : 관 구멍응이 지름[mm]

④ 관 구멍의 피치가 다를 경우

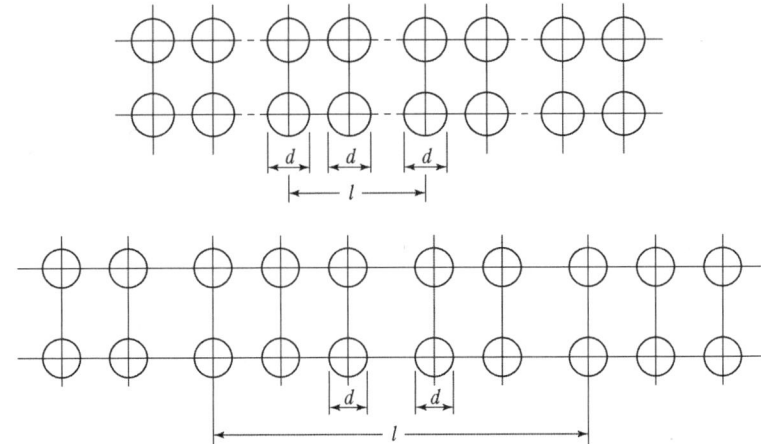

$$\eta = \frac{l - nd}{l} \times 100$$

여기서, η : 효율[%]
l : 다른 피치를 포함한 1단위를 만드는 부분의 길이[mm]
d : 관 구멍의 지름[mm]
n : l 중의 관 구멍 수

문제 03 곡관으로 만들어진 관의 가요성(可撓性)을 이용한 것으로 구조가 간단하고 내구성이 좋아 고온, 고압배관이나 옥외배관에 주로 사용하는 신축이음쇠 명칭을 쓰시오.

해답 루프형(loop type)

해설 신축이음쇠의 종류
① 루프형(loop type) : 강관을 원형으로 성형하여 원형부분(곡관)에서 배관의 신축을 흡수하는 것으로 신축곡관이라고도 한다.
② 슬리브형(sleeve type) : 슬리브와 본체 사이에 패킹을 넣어 저압증기 배관 및 온수 배관의 신축을 흡수하는데 사용한다.
③ 벨로스형(bellows type) : 온도 변화에 따른 배관의 신축을 주름통(bellows)에서 흡수하는 것으로 일명 팩리스형(packless type) 이라고도 한다.
④ 스위블(swivel) 이음 : 2개 이상의 엘보를 사용하여 이음부 나사의 회전을 이용하여 배관의 신축을 흡수하는 것으로 증기 및 온수난방용 배관에 사용되나, 누설의 우려가 크다.
⑤ 볼 조인트(ball joint) : 볼 조인트와 오프셋 배관을 이용해서 신축을 흡수하는 방법으로 설치공간이 적고, 평면상의 변위뿐만 아니라 입체적인 변위까지도 안전하게 흡수하므로 어떤 현상에 의한 신축에도 배관이 안전한 신축이음이다.

문제 04 보일러 급수 내처리제로 사용하는 히드라진(N_2H_4)의 용도 및 이때의 반응식을 쓰시오.

해답 ① 용도 : 탈산소제
② 반응식 : $N_2H_4 + O_2 \rightarrow N_2 + 2H_2O$

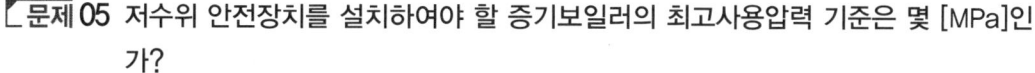

문제 05 저수위 안전장치를 설치하여야 할 증기보일러의 최고사용압력 기준은 몇 [MPa]인가?

해답 0.1 [MPa] 초과

해설 • 저수위 안전장치 설치 : 최고사용압력이 0.1[MPa]을 초과하는 증기보일러에는 다음 각 호의 저수위 안전장치를 설치하여야 한다.
① 보일러의 수위가 안전을 확보할 수 있는 최저수위(이하 "안전수위"라 한다)까지 내려가기 직전에 자동적으로 경보가 울리는 저수위 경보장치(보일러를 감시하는 장소에서 보기 쉬운 위치에 표시등을 점등하고, 또 해당 장소에서 분명하게 들을 수 있는 음을 발하는 기능이 있는 장치)를 설치하여야 한다.
② 보일러의 수위가 안전수위까지 내려가는 즉시 연소실 내에 공급하는 연료를 자동적으로 차단하는 저수위 차단장치를 설치하여야 한다.

문제 06 다음에 설명하는 공구 및 장비 명칭을 쓰시오.
(1) 강관을 필요한 길이로 절단할 때 사용하는 것으로 1개의 날에 2개의 롤러가 있는 것과 3개의 날이 있는 것의 2종류가 있다.
(2) 피팅홀(fitting hole) 거리가 200[mm], 250[mm], 300[mm]의 3종류가 있으며 강관 공작용 등에 사용한다.
(3) 강관을 절단, 거스러미 제거, 나사절삭 등의 작업을 할 수 있다.
(4) 주철관을 절단할 때 사용하는 것으로 원형의 특수 강제 커터, 링크, 핸들 및 래칫 레버고 구성된다. 150~200[A]까지는 날이 8개, 200~300[A]까지는 날이 10개인 것을 사용한다.
(5) 연관(鉛管) 표면의 산화물을 제거하는 용도로 사용된다.

해답 (1) 파이프 커터
(2) 쇠톱
(3) 다이헤드형 동력나사 절삭기
(4) 링크형 파이프 커터
(5) 드레서(dresser)

해설 • 연관(鉛管)은 납관을 의미한다.

문제 07 보일러 설치검사 기준에서 보일러에 설치하는 안전밸브 및 압력방출장치의 크기는 호칭지름 25[A] 이상이지만 호칭지름 20[A] 이상으로 할 수 있는 보일러도 있다. 20[A] 이상으로 할 수 있는 규정 중 ( ) 안에 알맞은 내용을 넣으시오.
(1) 최고사용압력이 (①)[MPa] 이하의 보일러
(2) 최고사용압력이 (②)[MPa] 이하의 보일러로 동체의 안지름이 (③)[mm] 이하이며, 동체의 길이가 (④)[mm] 이하의 것
(3) 최고사용압력이 (⑤)[MPa] 이하의 보일러로 전열면적 (⑥)[m²] 이하의 것

해답 ① 0.1 ② 0.5 ③ 500 ④ 1000 ⑤ 0.5 ⑥ 2

해설• 호칭지름 20[A] 이상으로 할 수 있는 보일러
① 최고사용압력 0.1[MPa] 이하의 보일러
② 최고사용압력 0.5[MPa] 이하의 보일러로 동체의 안지름이 500[mm] 이하, 동체의 길이가 1000[mm] 이하의 것
③ 최고사용압력 0.5[MPa] 이하의 보일러로 전열면적 2[m²] 이하의 것
④ 최대증발량이 5[톤/h] 이하의 관류 보일러
⑤ 소용량 강철제 보일러, 소용량 주철제 보일러

문제 08 1시간 동안 연료사용량이 600[kg]인 보일러의 효율을 80[%]에서 90[%]로 개선하였을 때 1개월 동안 절약되는 연료량은 몇 [kg]인지 계산하시오. (단, 1일 가동시간은 12시간, 1개월은 30일을 기준으로 한다.)

풀이• 연료절감량 = 연료절감률×1일 연료사용량×1일 가동시간×1개월 가동일 수
$$= \frac{90-80}{90} \times 600 \times 12 \times 30 = 24000\,[\text{kg}]$$

해답 24000[kg]

문제 09 가스용 보일러의 연료배관 외부에 표시하여야 할 사항 3가지를 쓰시오.

해답 ① 사용 가스명
② 최고사용압력
③ 가스흐름방향

문제 10 질량으로 탄소(C) 90[%], 수소(H) 10[%]의 조성비를 갖는 액체연료를 공기비 1.2로 완전 연소시키기 위한 실제공기량[Nm³/kg]은 얼마인가? (단, 공기 중 산소는 21[vol%] 이다.)

풀이• $A = m \times A_0 = m \times \left\{8.89\,\text{C} + 26.67\left(\text{H} - \frac{\text{O}}{8}\right) + 3.33\,\text{S}\right\}$
$= 1.2 \times (8.89 \times 0.9 + 26.67 \times 0.1) = 12.801 \fallingdotseq 12.80\,[\text{Nm}^3/\text{kg}]$

해답 12.8[Nm³/kg]

문제 11 보일러 열정산 시 연료 사용량 측정방법에 따른 해당 연료를 쓰시오. (단, 해당 연료는 고체연료, 액체연료, 기체연료 중에 하나를 선택하며, 중복으로 작성한 답안은 인정을 하지 않는다.)
(1) 중량 탱크식 또는 용량 탱크식 혹은 용적식 유량계로 측정한다.
(2) 가능한한 연소 직전에 측정하여 수분의 증발을 최대한 피하며, 저울을 일반적으로 사용한다.

(3) 용적식 유량계, 오리피스식 유량계 등으로 측정하며, 유량계 입구나 출구에서 온도와 압력을 측정하여 표준상태의 용적으로 환산하여 적용한다.

해답 (1) 액체연료 (2) 고체연료 (3) 기체연료

해설 • 열정산 시 연료 사용량 측정의 허용오차
① 고체연료 : ±1.5[%]
② 액체연료 : ±1.0[%]
③ 기체연료 : ±1.6[%]

문제 12 인젝터로 급수 시 급수 불량 원인에 대하여 4가지 쓰시오.

해답 ① 급수온도가 너무 높은 경우 (50[℃] 이상)
② 증기압력이 낮은 경우
③ 부품이 마모되어 있는 경우
④ 흡입관로 및 밸브로부터 공기유입이 있는 경우
⑤ 체크밸브가 고장 난 경우
⑥ 증기에 수분이 많은 경우

문제 13 다음은 온수온돌의 시공 순서이다. 순서에 맞게 ( ) 안에 알맞은 작업명을 아래 [보기]에서 찾아 쓰시오.

[보기] 배관작업, 수압시험, 방수처리, 골재 충진작업, 보일러 설치

"배관기초 → (①) → 단열처리 → 받침재 설치 → (②) → 공기방출기 설치
→ (③) → 팽창탱크 설치 → 굴뚝 설치 → (④) → 온수순환시험 및 경사 조정
→ (⑤) → 시멘트 몰탈 바르기 → 양생 건조 작업"

해답 ① 방수처리 ② 배관작업 ③ 보일러 설치 ④ 수압시험 ⑤ 골재 충진작업

문제 14 액체연료를 사용하는 보일러에 설치된 절탄기를 사용할 때 안전과 관련하여 주의하여야 할 사항 3가지를 쓰시오.

해답 ① 절탄기 내면의 오손상황은 급수펌프의 토출측 압력변화에 의하여 판단한다.
② 절탄기의 급수온도는 연소가스의 노점온도 이상으로 유지한다.
③ 연도 케이싱 이음부는 공기의 누입을 방지하기 위하여 주기적으로 점검한다.

문제 15 다음 평면도 및 정면도를 보고 소요부품의 명칭과 규격, 수량을 산출하여 표를 완성하시오.

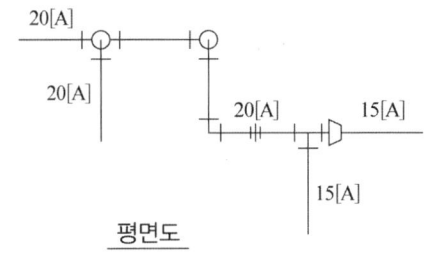

평면도

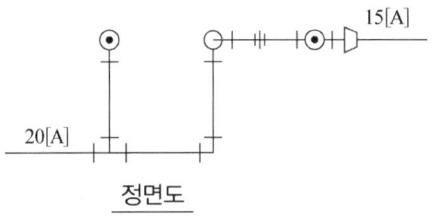

정면도

구분	명칭	규격	수량[EA]
①			
②			
③			
④			
⑤			

[해답]

구분	명칭	규격	수량[EA]
①	티	20[A]	1
②	이경 티	20[A]×15[A]	1
③	엘보	20[A]	4
④	부싱	20[A]×15[A]	1
⑤	유니언	20[A]	1

[해설] 제시된 도면의 등각투상도(축척 : NS) : 등각투상도는 부품의 종류 및 수량을 산출하는데 참고하기 위하여 작성한 것입니다.

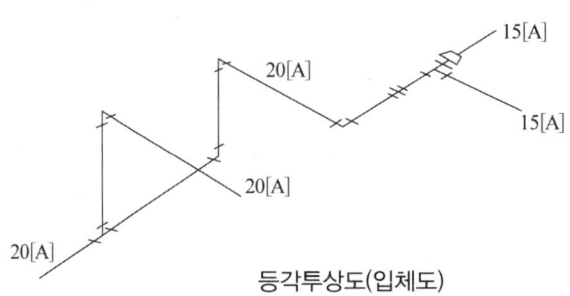

등각투상도(입체도)

제74회 실기 필답형 문제 (2023년 8월 12일 시행)

◆ 다음 물음의 답을 해당 답란에 답하시오.◆

문제 01 보일러 열정산 시 출열 항목 중 열손실에 해당되는 것 2가지를 쓰시오.

해답 ① 배기가스 보유열량 ② 불완전연소에 의한 열손실
③ 미연소분에 의한 열손실 ④ 노벽의 흡수열량
⑤ 재의 현열

해설 • 출열 항목 중 '증기의 보유열량'은 유효 출열에 해당되므로 열손실과는 관련이 없다.

문제 02 높이가 650[mm], 쪽 수(섹션 수)가 20인 5세주 방열기를 설치하고자 한다. 도면에 나타낼 도시기호로 표시하시오. (단, 유입 관경은 25[A], 유출 관경은 20[A]이다.)

해답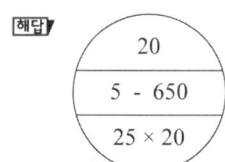

해설 • 방열기 도시법(圖示法)

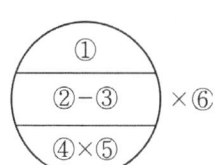

① 쪽(section) 수(섹션 수)
② 종별 : 벽걸이형은 'W'로 표시
③ 형(치수, 높이) : 벽걸이형은 'H', 'V'로 표시
④ 유입관 지름
⑤ 유출관 지름
⑥ 설치 수

문제 03 질량비로 탄소 86[%], 수소 13[%], 황 1[%]인 석탄을 공기비 1.2로 완전연소 시킬 때 단위 질량당 실제공기량은 몇 [Nm³]인가?

풀이 • $A = m A_0 = m \left\{ 8.89\,\text{C} + 26.67 \left(\text{H} - \dfrac{\text{O}}{8} \right) + 3.33\,\text{S} \right\}$
$= 1.2 \times (8.89 \times 0.86 + 26.67 \times 0.13 + 3.33 \times 0.01)$
$= 13.374 ≒ 13.37\,[\text{Nm}^3/\text{kg}]$

해답 13.37[Nm³/kg]

문제 04 다음 기체 연료 1[Nm³]가 완전연소할 때 이론공기량[Nm³]은 각각 얼마인가?
(1) 메탄 :
(2) 부탄 :
(3) 프로판 :

[풀이] 기체 1[kmol]의 체적은 22.4[Nm³]이고, 공기 중 산소의 체적비는 21[%]이다.

(1) 메탄의 완전연소 반응식 : $CH_4 + 2O_2 \rightarrow CO_2 + 2H_2O$

$$\begin{array}{cc} [CH_4] & [O_2] \\ 22.4[Nm^3] & 2\times 22.4[Nm^3] \\ 1[Nm^3] & x(A_0)[Nm^3] \end{array}$$

$$\therefore x(A_0)_{CH_4} = \frac{O_0}{0.21} = \frac{1\times 2\times 22.4}{22.4\times 0.21} = 9.523 ≒ 9.52\,[Nm^3/Nm^3]$$

(2) 부탄의 완전연소 반응식 : $C_4H_{10} + 6.5O_2 \rightarrow 4CO_2 + 5H_2O$

$$\therefore x(A_0)_{C_4H_{10}} = \frac{O_0}{0.21} = \frac{1\times 6.5\times 22.4}{22.4\times 0.21} = 30.952 ≒ 30.95\,[Nm^3/Nm^3]$$

(3) 프로판의 완전연소 반응식 : $C_3H_8 + 5O_2 \rightarrow 3CO_2 + 4H_2O$

$$\therefore x(A_0)_{C_3H_8} = \frac{O_0}{0.21} = \frac{1\times 5\times 22.4}{22.4\times 0.21} = 23.809 ≒ 23.81\,[Nm^3/Nm^3]$$

[해답] (1) 9.52[Nm³/Nm³] (2) 30.95[Nm³/Nm³] (3) 23.81[Nm³/Nm³]

[해설] 답란에 최종값 단위를 작성할 때 '[Nm³/Nm³]', '[Nm³]' 또는 문제에서 이미 제시되어 있으므로 작성하지 않아도 채점에는 영향이 없으니 선택하여 작성하길 바랍니다.

문제 05 보일러 급수 외처리 방법인 기폭장치(폭기법)로 제거하는 장해 성분 3가지를 쓰시오.

[해답] ① 탄산가스 ② 황화수소 ③ 철 ④ 망간

[해설] 기폭장치 일반사항 : 보일러 설치기술 KBI 3670
① 기폭은 원수로부터 장해가 되는 기체 즉, 탄산가스 및 황화수소(산소, 질소 제외)와 철, 망간 등을 제거하기 위하여 실시한다.
② 기폭의 원리는 수중에서 기체의 용해도는 주위에 있는 대기 중의 가스의 분압에 비례한다라는 '헨리의 법칙'을 적용한 것이다.
③ 원수 중에 기체를 제거하기 위한 필요한 조건은 다음과 같다.
　㉮ 수온이 높을수록 효과적이다.
　㉯ 기폭시간이 길수록 결과가 좋다.
　㉰ 물과 접촉하는 공기량이 많을수록 효과적이다.
　㉱ 물이 표면적이 클수록 효과적이다.
④ 기폭의 효율은 수중의 가스 농도가 높고 주위 대기 중의 가스농도가 낮을수록 커진다.
⑤ 기폭방식에는 물 속에 공기를 불어넣는 방식과 공기 중에 물을 낙하시키는 강수방식이 있으며, 현장 상황에 맞는 것을 선정한다.

문제 06 안지름 50[mm], 길이 30[m]인 배관에 중유가 90[m/min] 속도로 흐를 때 관마찰 손실에 의한 압력강하는 몇 [kPa]인가? (단, 중유의 비중은 0.96, 관마찰계수는 0.04이다.)

풀이• 중유의 비중량은 960[kgf/m³]이므로 SI단위 비중량은 960×9.8[N/m³]이다. 마찰에 의한 손실수두는 달시-바이스바하 방정식으로 구하며, 유속의 단위시간은 초(s)로 변환하여 적용한다.

$$\therefore h_f = f \times \frac{L}{D} \times \frac{V^2}{2g} \times \gamma = 0.04 \times \frac{30}{0.05} \times \frac{\left(\frac{90}{60}\right)^2}{2 \times 9.8} \times (960 \times 9.8)$$
$$= 25920 \,[\text{N/m}^2] = 25920 \,[\text{Pa}] = 25.92 \,[\text{kPa}]$$

해답 25.92[kPa]

해설• SI 단위 파스칼[Pa]은 [N/m²]이고, 뉴턴[N]은 [kg·m/s²]이다.
그러므로 파스칼[Pa] = [kg·m/s²·m²]이다.

문제 07 보일러를 옥내에 설치하는 기준에 관한 것이다. ( ) 안에 알맞은 내용을 넣으시오.

> 연료를 저장할 때에는 보일러 외측으로부터 (①)[m] 이상 거리를 두거나 (②)을[를] 설치하여야 한다. 다만, 소형보일러의 경우에는 (③)[m] 이상 거리를 두거나 반격으로 할 수 있다.

해답 ① 2　② 방화격벽　③ 1

문제 08 [보기]에 주어진 수면계 점검 방법 내용을 순서대로 번호로 쓰시오.

> [보기] ① 드레인 콕을 연다
> ② 물 콕을 닫고 증기 콕을 열어 증기가 분출되는지 확인하고 증기 콕을 닫는다.
> ③ 드레인 콕을 닫는다.
> ④ 증기 콕 및 물 콕을 닫는다.
> ⑤ 물 콕을 열어 관수가 분출되는지 확인한다.
> ⑥ 물 콕과 증기 콕을 얼어 정상수위를 확인한다.

해답 ④ → ① → ⑤ → ② → ③ → ⑥

해설• 수면계 점검 방법(기능시험) : 증기압력이 있는 경우
① 상하 콕(증기 콕, 물 콕)을 닫고, 드레인 콕을 열어 유리관(수면계) 내의 물을 드레인시킨다.
② 물 콕을 열어 물만 내보낸다(수측통로의 청소). 분출상태를 보고 물 콕을 닫는다.
③ 증기 콕을 열어 증기만을 내보낸다(증기통로의 청소). 분출상태를 보고 증기 콕을 닫는다.
④ 드레인 콕을 닫고 증기 콕을 서서히 열어 유리관(수면계)을 따뜻하게 하고 계속해서 물 콕을 연다.
⑤ 이때 수면계에 수위 상승이 정상인지 확인한다. 이상이 있을 때에는 원인을 찾아 제거하고 기능시험을 다시 한다.

문제 09 보일러 열정산 시 효율을 산정하는 방법 2가지를 공식과 함께 쓰시오.

해답 ① 입출열법

$$\eta_1 = \frac{Q_s}{H_h + Q} \times 100$$

여기서, η_1 : 입출열법에 따른 보일러 효율[%]
Q_s : 유효 출열
$H_h + Q$: 입열 합계

② 열손실법

$$\eta_2 = \left(1 - \frac{L_h}{H_h + Q}\right) \times 100$$

여기서, η_2 : 열손실법에 따른 보일러 효율[%]
L_h : 열손실 합계
$H_h + Q$: 입열 합계

문제 10 유량 0.4[m³/s]로 흐르고 있는 관의 단면적이 0.4[m²]에서 0.2[m²]로 축소될 때 손실수두는 몇 [cm]인가? (단, 저항계수 k는 0.681이다.)

풀이 ① 축소관에서의 유속 계산 : 연속의 방정식에 의하여 단면적이 변하여도 유량은 동일하며, $Q = A_2 \times V_2$에서 V_2를 구한다.

$$\therefore V_2 = \frac{Q}{A_2} = \frac{0.4}{0.2} = 2\,[\text{m/s}]$$

② 손실수두 계산 : 중력가속도(g)는 9.8[m/s²]이고, 1[m]는 100[cm]이다.

$$\therefore h_L = k\frac{V_2^2}{2g} = 0.681 \times \frac{2^2}{2 \times 9.8}$$
$$= 0.13897[\text{mH}_2\text{O}] \times 100[\text{cm/m}] = 13.897[\text{cmH}_2\text{O}] \fallingdotseq 13.90[\text{cmH}_2\text{O}]$$

해답 13.9[cmH₂O]

문제 11 보일러 과열 원인 3가지를 쓰시오.

해답 ① 이상 감수 현상이 발생하였을 때
② 동 내면에 스케일이 생성되어 전열이 불량한 경우
③ 보일러 수(水)가 농축되어 순환이 불량한 때
④ 전열면에 국부적으로 심한 열을 받았을 때
⑤ 연소실 열부하가 지나치게 큰 경우

해설 과열 방지대책
① 적정 보일러 수위를 유지한다.
② 동 내면에 스케일 생성을 방지하고, 고착되지 않도록 한다.
③ 보일러 수(水)가 농축되지 않도록 하고, 순환을 교란시키지 않도록 한다.
④ 전열면에 국부적인 과열을 방지한다.
⑤ 연소실 열부하가 너무 높지 않도록 한다.

문제 12 1일 8시간 가동하는 보일러의 관수허용농도 3000[ppm], 급수 중 고형물 30[ppm], 급수량 1000[L/h], 응축수 회수량 340[L/h]일 때 1일 분출량[kg/day]을 계산하시오.

풀이 ① 응축수 회수율(R) 계산

$$\therefore R = \frac{응축수\,회수량}{실제\,증발량(또는\,급수량)} = \frac{340}{1000} = 0.34$$

② 1일 분출량(X) 계산 : 1일 분출량[kg/day]을 계산하므로 시간당 급수량[L/h]에 1일 가동시간을 곱해 준다.

$$\therefore X = \frac{W(1-R)d}{\gamma - d} = \frac{(1000 \times 8) \times (1-0.34) \times 30}{3000-30} = 53.333 ≒ 53.33[kg/day]$$

해답 53.33[kg/day]

별해 응축수 회수율 계산과정을 1일 분출량 계산에 직접 대입하여 하나의 식으로 계산

$$\therefore X = \frac{W(1-R)d}{\gamma - d} = \frac{(1000 \times 8) \times \left(1-\dfrac{340}{1000}\right) \times 30}{3000-30} = 53.333 ≒ 53.33[kg/day]$$

해설 급수량의 단위[L/h]가 '시간당 리터[L]'인데 분출량 단위가 '킬로그램[kg]'으로 변환되는 것은 물의 비중이 1이기 때문이다. 즉, 물 1[L]은 무게는 1[kg]이 되기 때문이다.

문제 13 보일러에 설치하는 압력방출장치에 대한 내용이다. ( ) 안에 알맞은 내용을 [보기]에서 찾아 쓰시오.

[보기] 1, 2, 3, 4, 5, 10, 30, 50, 100, L, T, U, 수직, 수평

(1) 증기보일러에는 (①)개 이상의 안전밸브를 설치하여야 한다. 다만, 전열면적이 (②)[m²] 이하의 증기보일러에서는 (③)개 이상으로 하며, (④)자형 입관을 부착한 보일러는 안전밸브를 부착하지 않아도 된다.
(2) 안전밸브는 쉽게 검사할 수 있는 장소에 밸브 축을 (   )으로 하여 가능한 한 보일러의 동체에 직접 부착시켜야 한다.

해답 (1) ① 2 ② 50 ③ 1 ④ U
(2) 수직

해설 압력방출장치 : 열사용기자재 검사기준 제19장

문제 14 동관 이음을 할 때 필요한 부속을 산출한 다음 표를 보고 납땜을 하여야 할 개소(point)를 동관 규격별로 구분하여 쓰시오.

부속 명칭	규격[A]	수량[EA]
티	25×15	12
	20×15	15
엘보	20	10
	15	8
리듀서	25×20	7
	20×15	5
소켓	25	6
	20	9

(1) 25[A] :   (2) 20[A] :   (3) 15[A] :

풀이 ① 부속 종류별로 1개당 납땜 개소(point)
  ㉮ 이경 티 : 총 3개소로 큰 관 2개, 작은 관 1개
  ㉯ 엘보 : 2개소
  ㉰ 리듀서 : 총 2개소로 큰 관 1개, 작은 관 1개
  ㉱ 소켓 : 2개소

② 주어진 표를 이용하여 계산하여 합산하면 다음과 같다.

부속 명칭	규격[A]	수량[EA]	납땜 개소(point) 25[A]	20[A]	15[A]
티	25×15	12	2×12=24		1×12=12
	20×15	15		2×15=30	1×15=15
엘보	20	10		2×10=20	
	15	8			2×8=16
리듀서	25×20	7	1×7=7	1×7=7	
	20×15	5		1×5=5	1×5=5
소켓	25	6	2×6=12		
	20	9		2×9=18	
합계			43	80	48

해답 (1) 43 개소   (2) 80 개소   (3) 48 개소

문제 15 온도변화에 따른 배관의 열팽창, 신축 등으로 발생되는 사고를 사전에 방지하기 위하여 배관 도중에 설치하는 신축이음장치(신축이음쇠) 종류 3가지를 쓰시오.

해답 ① 루프형   ② 슬리브형   ③ 벨로즈형
     ④ 스위블형   ⑤ 상온스프링   ⑥ 볼조인트

해설 신축이음장치를 신축이음쇠, 신축흡수장치, 신축조인트, 익스팬션 조인트(Expansion joint) 등으로 불려지고 있다.

제75회 실기 필답형 문제 (2024년 3월 16일 시행)

◆ 다음 물음의 답을 해당 답란에 답하시오.◆

문제 01 두께 230[mm]의 내화벽돌, 114[mm]의 단열벽돌, 230[mm]의 보통벽돌로 된 노의 평면 벽에서 내벽면의 온도가 1200[℃]이고 외벽면의 온도가 120[℃]일 때, 노벽 1[m²]당 열손실[W]은? (단, 내화벽돌, 단열벽돌, 보통벽돌의 열전도도는 각각 1.2, 0.12, 0.6[W/m·℃]이다.)

풀이
$$Q = K \times F \times \Delta t = \frac{1}{\frac{b_1}{\lambda_1} + \frac{b_2}{\lambda_2} + \frac{b_3}{\lambda_3}} \times F \times \Delta t$$

$$= \frac{1}{\frac{0.23}{1.2} + \frac{0.114}{0.12} + \frac{0.23}{0.6}} \times 1 \times (1200 - 120)$$

$$= 708.196 \fallingdotseq 708.20 \,[\text{W}]$$

해답 708.2[W]

문제 02 보일러 자동급수 제어에서 수위를 검출하는 장치 종류 4가지를 쓰시오.

해답 ① 플로트식 ② 전극식 ③ 열팽창관식 ④ 차압식

문제 03 보일러 급수 중 고체 협잡물(현탁물)을 처리하는 방법 3가지를 쓰시오.

해답 ① 침강법 (또는 침전법) ② 여과법 ③ 응집법

문제 04 복사난방의 장점 3가지와 단점 2가지를 쓰시오.

해답
(1) 장점
① 실내온도 분포가 균등하여 쾌감도가 높다.
② 바닥의 이용도가 높다.
③ 방열기가 필요하지 않다.
④ 방이 개방된 상태에서도 난방효과가 있다.
⑤ 손실열량이 비교적 적다.
⑥ 공기대류가 적으므로 바닥면 먼지 상승이 없다.
(2) 단점
① 외기온도 급변에 따른 방열량 조절이 어렵다.
② 초기 시설비가 많이 소요된다.
③ 시공, 수리, 방의 모양을 변경하기가 어렵다.
④ 누수 등과 같은 고장을 발견하기 어렵다.
⑤ 열손실을 차단하기 위한 단열층이 필요하다.

문제 05 수관식 보일러 연소실에 배플판(baffle plate)을 설치하는 목적을 설명하시오.

해답 연소가스의 흐름을 조정하여 열회수와 보일러수의 순환을 양호하게 한다.

문제 06 강철제 보일러의 최고사용압력이 0.5[MPa]일 때 수압시험압력은 몇 [MPa]인가?

풀이 수압시험 압력 = (최고사용압력×1.3)+0.3 = (0.5×1.3)+0.3 = 0.95[MPa]

해답 0.95[MPa]

해설 수압시험 압력
(1) 강철제 보일러
   ① 보일러의 최고사용압력이 0.43[MPa] 이하일 때에는 그 최고사용압력의 2배의 압력으로 한다. 다만, 그 시험압력이 0.2[MPa] 미만인 경우에는 0.2[MPa]로 한다.
   ② 보일러의 최고 사용압력이 0.43[MPa] 초과 1.5[MPa]이하일 때에는 그 최고사용압력의 1.3배에 0.3[MPa]를 더한 압력으로 한다.
   ③ 보일러의 최고사용압력이 1.5[MPa]를 초과할 때에는 그 최고사용압력의 1.5배의 압력으로 한다.
(2) 가스용 온수보일러 : 강철제인 경우에는 (1)의 ①에서 규정한 압력
(3) 주철제 보일러
   ① 보일러의 최고사용압력이 0.43[MPa] 이하 일 때는 그 최고사용압력의 2배의 압력으로 한다. 다만, 시험압력이 0.2[MPa] 미만인 경우에는 0.2[MPa]로 한다.
   ② 보일러의 최고사용압력이 0.43[MPa]를 초과 할 때는 그 최고사용압력의 1.3배에 0.3[MPa]을 더한 압력으로 한다.

문제 07 증기 및 온수난방 수평배관을 시공할 때 지름이 다른 관을 연결할 때 응축수 등과 같은 물의 고임을 방지할 때 사용하는 부속 명칭을 쓰시오.

해답 편심 리듀서

해설 편심 이음(joint) 방법
   ① 온수관의 수평배관에서 올림 기울기로 할 때에는 관의 윗면을 맞추어 접속한다.
   ② 온수관의 수평배관에서 내림 기울기로 할 때에는 관의 아랫면을 맞추어 접속한다.

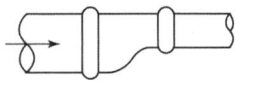   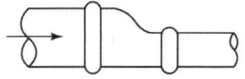

올림 기울기(구배)   내림 기울기(구배)

문제 08 내화물에서 발생하는 스폴링(spalling) 현상을 설명하시오.

해답 박락현상이라 하며 내화물이 사용하는 도중에 온도의 급격한 변화나 가열, 냉각 때문에 갈라지든지, 떨어져 나가는 현상을 말한다.

해설 내화물에서 나타나는 현상
   ① 스폴링(spalling) 현상 : 박락현상이라 하며 내화물이 사용하는 도중에 갈라지든지, 떨어져 나가는 현상을 말한다.

② 슬래킹(slacking) 현상 : 수증기를 흡수하여 체적변화를 일으켜 분화 떨어져 나가는 현상으로 염기성 내화물에서 공통적으로 일어난다.
③ 버스팅(bursting) 현상 : 크롬철광을 원료로 하는 내화물이 1600[℃] 이상에서 산화철을 흡수하여 표면이 부풀어 오르고 떨어져 나가는 현상으로 크롬질 내화물에서 발생한다.

문제 09 보일러수 내처리제 중 탈산소제의 종류 3가지를 쓰시오.

해답 ① 아황산나트륨(Na_2SO_3) ② 히드라진(N_2H_4) ③ 탄닌

해설 내처리제의 종류와 사용 약품 종류

내처리제 종류	사용약품의 종류
pH 및 알칼리 조정제	수산화나트륨(가성소다 : NaOH), 탄산나트륨(Na_2CO_3), 인산나트륨(Na_3PO_4), 인산(H_3PO_4), 암모니아(NH_3)
연화제	수산화나트륨(NaOH), 탄산나트륨(Na_2CO_3), 인산나트륨(Na_3PO_4)
슬러지 조정제	탄닌($C_{76}H_{52}O_{46}$), 리그린, 전분($C_6H_{10}O_5$)
탈산소제	아황산나트륨(Na_2SO_3), 히드라진(N_2H_4), 탄닌
가성취화 방지제	황산나트륨(Na_2SO_4), 인산나트륨(Na_3PO_4), 질산나트륨, 탄닌, 리그린
기포방지제(포밍 방지제)	고급 지방산 폴리아민, 고급 지방산 폴리알콜

문제 10 독일경도(1°dH)에 대하여 설명하시오.

해답 수중의 칼슘(Ca)과 마그네슘(Mg) 이온의 양을 산화칼슘(CaO)의 양으로 환산해서 나타내는 것으로 물 100[cc] 중 CaO가 1[mg] 포함된 것을 1°dH라 한다.

문제 11 다음에 설명하는 공구 및 기계의 명칭을 [보기]에서 찾아 쓰시오.

[보기] – 파이프 커터   – 다이헤드형 나사절삭기   – 링크형 파이프 커터
       – 사이징 툴   – 봄볼

(1) 나사가공 전용 기계로서 관의 절단, 거스러미 제거, 나사가공을 할 수 있다.
(2) 연관에서 분기관 따내기 작업 시 주관에 구멍을 뚫는데 사용한다.
(3) 동관의 끝부분을 원형으로 정형하는데 사용한다.
(4) 강관을 절단하는데 사용한다.
(5) 주철관을 필요한 길이로 절단하는데 사용한다.

해답 (1) 다이헤드형 나사절삭기 (2) 봄볼 (3) 사이징 툴
      (4) 파이프 커터   (5) 링크형 파이프 커터

해설 연관(鉛管)은 납관을 의미한다.

문제 12 인젝터로 급수 시 급수 불량 원인에 대하여 4가지 쓰시오.

해답
① 급수온도가 너무 높은 경우 (50[℃] 이상)
② 증기압력이 낮은 경우
③ 부품이 마모되어 있는 경우
④ 흡입관로 및 밸브로부터 공기유입이 있는 경우
⑤ 체크밸브가 고장 난 경우
⑥ 증기에 수분이 많은 경우

문제 13 조성이 탄소(C) 85[wt%], 수소(H) 10[wt%], 황(S) 3[wt%], 회분(ash) 2[wt%]인 석탄을 연소할 때 이론공기량[Nm³/kg]은 얼마인가?

풀이
$$A_0 = 8.89\,C + 26.67\left(H - \frac{O}{8}\right) + 3.33\,S$$
$$= (8.89 \times 0.85) + (26.67 \times 0.1) + (3.33 \times 0.03)$$
$$= 10.323 \fallingdotseq 10.32\,[Nm^3/kg]$$

해답 10.32[Nm³/kg]

문제 14 시간당 연료소모량이 400[L]인 보일러에 연료 예열기를 설치하려고 한다. 연료의 예열온도가 80[℃], 예열기 입구 온도가 50[℃]일 때 예열기 용량[kWh]을 구하시오. (단, 연료의 평균비열은 1.88[kJ/kg·℃], 비중 0.95, 예열기 효율은 80[%]이다.)

풀이 1[W]는 1[J/s]이므로 1[kW]는 1[kJ/s]이고, 3600[kJ/h]이다.
$$\therefore kWh = \frac{G_f \times C_f \times \Delta t}{3600 \times \eta} = \frac{(400 \times 0.95) \times 1.88 \times (80-50)}{3600 \times 0.8}$$
$$= 7.441 \fallingdotseq 7.44\,[kWh]$$

해답 7.44[kWh]

별해 공학단위로 계산 : 1[kJ]은 약 0.239[kcal]이다.
$$\therefore kWh = \frac{G_f \times C_f \times \Delta t}{860 \times \eta} = \frac{(400 \times 0.95) \times (1.88 \times 0.239) \times (80-50)}{860 \times 0.8}$$
$$= 7.445 \fallingdotseq 7.45\,[kWh]$$

문제 15 [보기]에서 주어진 내용으로 1일 분출량 계산식을 완성하시오.

[보기]
X : 1일 분출량[kg/day]
R : 응축수 회수율[%]
r : 관수의 고형분[ppm]
W : 1일 급수량[kg/day]
d : 급수 중의 허용 고형분[ppm]

해답 $X = \dfrac{W(1-R)\,d}{r-d}$

문제 16 도면과 같이 방열기를 이용한 온수난방에서 온수 순환량이 같도록 하기 위한 역환수관식(reverse return system)으로 환수관 배관을 완성하시오.

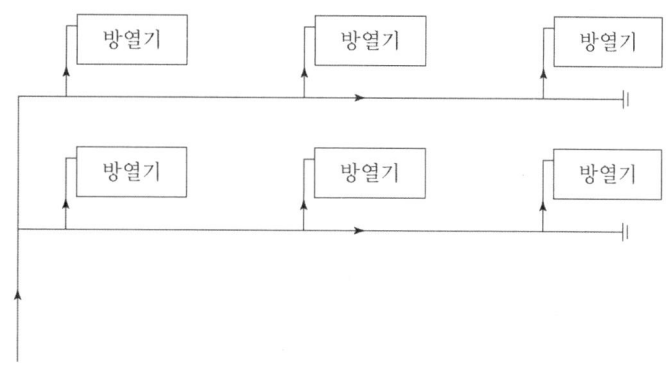

[해답] 점선으로 표시된 부분이 환수관임

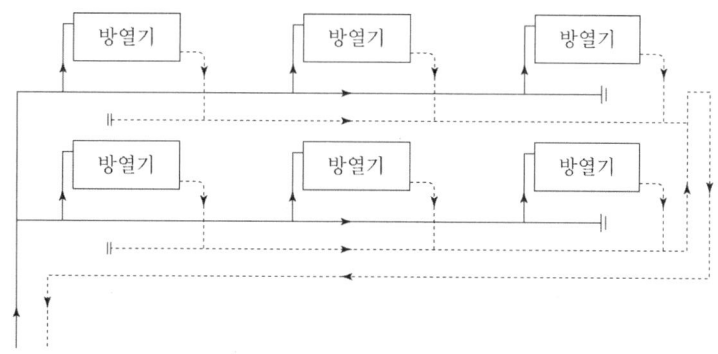

제76회 실기 필답형 문제 (2024년 8월 18일 시행)

◆ 다음 물음의 답을 해당 답란에 답하시오.◆

문제 01 가성취화에 대하여 설명하시오.

> **해답** 보일러 수중에서 분해되어 생긴 가성소다(NaOH)가 과도하게 농축되면 수산이온(OH^-)이 많아져서 알칼리도가 높아진다. 이것이 강재와 작용해서 생기는 나트륨(Na)이 강재의 결정 입계를 침해하여 재질을 열화, 취화 시키는 것으로 보일러판의 국부 리벳 연결부 등에서 발생하며, 균열이 발생하는 것으로 알 수 있다.

문제 02 보일러 운전 중 수면계에 고장이 발생하면 큰 위험을 초래하게 되는데, 수면계의 중요성을 감안하여 수시로 검사를 하여야 한다. 이때 수면계를 점검해야할 시기를 3가지 쓰시오.

> **해답** ① 보일러를 가동하기 전
> ② 압력이 상승하기 시작할 때
> ③ 2개의 수면계의 수위에 차이가 발생할 때
> ④ 수면계의 수위가 의심스러울 때
> ⑤ 보일러 운전 중에 포밍, 프라이밍 현상이 발생할 때

문제 03 보일러 사용기술(KBO)에 의한 보일러 정기 점검의 시기 4가지를 쓰시오.

> **해답** ① 계속사용안전검사 등을 하기 전
> ② 중간 청소를 한 때
> ③ 연소실, 연도 등의 내화벽돌 등을 수리한 경우
> ④ 누수 그 외의 손상이 생겨서 보일러를 휴지한 때

문제 04 복사난방 특징에 대한 내용 중 ( ) 안의 내용에서 옳은 것을 선택하여 표시하시오.
  (1) 실내 층고가 높은 경우 상하 온도차가 (크다), (작다).
  (2) 부하 변화에 대응하기 (어렵다), (쉽다).
  (3) 패널에 누수 등의 하자 발생 시 원인 부위를 찾기가 (어렵다), (쉽다).
  (4) 시공이 (어렵다), (쉽다).

> **해답** (1) 작다. (2) 어렵다. (3) 어렵다. (4) 어렵다.
>
> **해설** 복사난방의 장단점
> (1) 장점
> ① 실내온도 분포가 균등하여 쾌감도가 높다.
> ② 방열기를 설치하지 않으므로 바닥의 이용도가 높다.
> ③ 공기대류가 적으므로 바닥면의 먼지 상승이 없다.
> ④ 실내가 개방된 상태에서도 난방효과가 있다.

⑤ 실내 평균 온도가 낮아 손실열량이 비교적 적다.
(2) 단점
① 외기온도 급변에 따른 방열량 조절이 어렵다.
② 초기 시설비가 많이 소요된다.
③ 열손실을 차단하기 위한 단열층이 필요하다.
④ 시공, 수리, 방의 모양을 변경하기 어렵다.
⑤ 누수 등 고장을 발견하기 어렵다.
⑥ 예열시간이 많이 소요되어 일시적 난방에는 부적합하다.

문제 05 보일러설치 검사기준 중 가스용 보일러의 연료배관에 대한 내용이다. ( ) 안에 알맞은 용어 및 숫자를 쓰시오.

(1) 배관은 외부에 노출하여 시공하여야 한다. 다만, 동관, 스테인리스 강관, 기타 내식성 재료로서 (①) 없이 설치하는 경우에는 매몰하여 설치할 수 있다.
(2) 배관의 이음부와 전기계량기 및 (②)와의 거리는 (③)[cm] 이상, 굴뚝(단열조치를 하지 아니한 경우에 한한다)·전기점멸기 및 전기접속기와의 거리는 (④)[cm] 이상, 절연전선과의 거리는 (⑤)[cm] 이상, 절연조치를 하지 아니한 전선과의 거리는 30[cm] 이상의 거리를 유지하여야 한다.

[해답] ① 이음매 ② 전기개폐기 ③ 60 ④ 30 ⑤ 10

문제 06 판을 굽힌 다음 굽힘 하중을 제거하면 탄성이 작용하여 원상으로 회복되려는 탄력 작용으로 굽힘량이 감소되는 현상을 무엇이라 하는가?

[해답] 스프링 백(spring back)

문제 07 다음에 설명하는 트랩의 명칭을 [보기]에서 찾아 쓰시오.

[보기] 디스크식, 플로트식, 버킷식, 바이메탈식, 벨로즈식

(1) 내부에 열팽창계수가 다른 이종 금속이 접합된 구조로 온도가 상승하면 두 금속의 열팽창계수가 다르기 때문에 휘어지고, 여기에 연결된 밸브를 상승시켜 증기의 누출을 차단하고 응축수 발생으로 냉각이 되면 금속판이 펴지면서 밸브가 개방되면서 응축수를 배출한다.
(2) 고압증기의 관말 트랩이나 유닛 히터 등에 많이 사용되며 응축수를 증기압력에 의하여 밀어 올릴 수 있다. 형식은 상향식과 하향식있다.
(3) 구조가 간단하여 고장이 적고 유지보수가 용이하다. 수격현상에 강하고 과열증기에도 사용할 수 있고 겨울철 동파에 의한 피해가 없지만 소음이 발생한다.

(4) 트랩 내부에 인청동이나 박판으로 만들어진 주름진 원통형에 휘발성이 강한 에테르와 같은 액체가 봉입되어 있다. 소형으로 다량의 응축수를 배출시킬 수 있지만 부식성 물질이나 수격작용에 고장이 발생할 수 있다.

(5) 트랩 내부에 부자가 레버에 연결되어 응축수가 유입되면 부자가 부력으로 떠오르며 플로트에 연결된 밸브가 개방되면서 응축수를 배출하게 된다. 부하변동에 적응성이 좋고, 응축수를 연속적으로 배출하고 공기도 자동으로 배출하지만 겨울철에 잔류 응축수로 동파의 위험이 있다.

해답 (1) 바이메탈식 (2) 버킷식 (3) 디스크식 (4) 벨로즈식 (5) 플로트식

문제 08
[보기]는 보일러 산세척을 하는 공정이다. 산세척 순서를 번호로 나열하시오.
(단, 수세는 2회 하는 것으로 한다.)

> [보기] ① 수세 ② 전처리 ③ 중화 방청처리 ④ 산액처리

해답 ② → ① → ④ → ① → ③

문제 09
유압식 로터리 파이프 벤딩 머신의 특징 3가지를 쓰시오.

해답 ① 동일 치수의 모양을 대량 생산할 수 있다.
② 구부림 각도는 180°까지 가능하다.
③ 압력배관용 탄소강관(SPPS) 100[A]까지 가공이 가능하다.

문제 10
신설 보일러에서 내부에 부착된 유지분, 페인트류, 녹 등을 제거하기 위하여 실시하는 소다 끓이기에 사용되는 약품을 3가지 쓰시오.

해답 ① 가성소다 ② 탄산소다 ③ 인산소다

해설 가성소다($NaOH$)를 수산화나트륨으로, 탄산소다(Na_2CO_3)를 탄산나트륨으로, 인산소다(Na_3PO_4)를 제3인산나트륨으로 불려지고 있으므로 선택하여 답안을 작성하길 바랍니다.

문제 11
난방부하가 26.1[kW]인 장소에 5세주 650[mm]의 주철제 온수 방열기를 설치하는 경우 필요한 방열기 쪽수는 얼마인가? (단, 방열기 1쪽당 표면적은 0.26[m²]이고, 방열량은 표준 방열량으로 계산한다.)

풀이 온수 방열기의 표준 방열량은 523.35[W/m²]를 적용하여 방열기 쪽수를 구하며, 계산 후 발생하는 소수는 크기와 관계없이 1개로 한다.
$$\therefore N_w = \frac{H_1}{523.35\,a} = \frac{26.1 \times 1000}{523.35 \times 0.26} = 191.811 ≒ 192\,[쪽]$$

해답 192[쪽]

해설 방열기 표준방열량

구분	표준 방열량		
	[kcal/m²·h]	[kJ/m²·h]	[W/m²]
증기	650	2721.4	755.95
온수	450	1884.1	523.35

문제 12 저발열량이 46[MJ/kg]인 연료 1[kg]을 완전 연소시켰을 때 연소가스의 평균 정압 비열이 1.3[kJ/kg·K]이고 연소 가스량은 22[kg]이 되었다. 연소용 공기 및 연료의 온도가 25[℃]이었을 때 단열 화염온도는 몇 [℃]인가?

풀이 ① 연료의 저발열량은 비열과 같은 [kJ] 단위로 환산하여 화염온도를 구한다.

$$\therefore T_2 = \frac{H_l}{G_s \times C_p} + T_1 = \frac{46 \times 10^3}{22 \times 1.3} + (273 + 25) = 1906.391 \fallingdotseq 1906.39 [\text{K}]$$

② 화염온도를 절대온도[K]에서 섭씨온도[℃]로 계산

$$\therefore t_2 = 1906.39[\text{K}] - 273 = 1633.39[\text{℃}]$$

해답 1633.39[℃]

문제 13 그림과 같이 20[A] 강관을 벤딩하여 배관하고자 할 때 "B~C" 구간의 배관길이 [mm]를 계산하시오. (단, 엘보 부속중심선에서 끝면까지의 길이는 20[mm], 나사산 삽입길이는 13[mm]이고, 파이(π)는 3.14로 계산한다.)

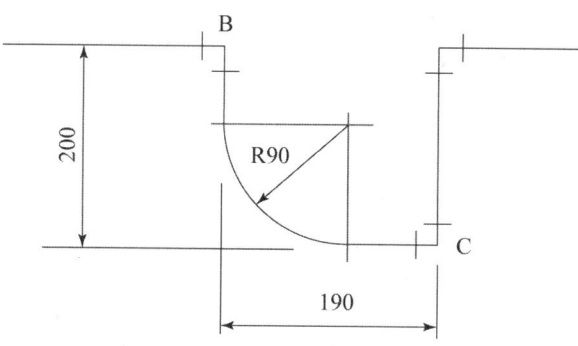

풀이 ① 곡선부 길이 계산

$$\therefore L_1 = \frac{\theta}{360} \times \pi \times D = \frac{90}{360} \times 3.14 \times (2 \times 90) = 141.3 [\text{mm}]$$

② "B"부분 엘보에 연결되는 실제 직선배관 길이 계산

$$\therefore L_2 = 직선\ 배관길이 - 부속\ 공간치수$$
$$= (200 - 90) - (20 - 13) = 103 [\text{mm}]$$

③ "C"부분 엘보에 연결되는 실제 직선배관 길이 계산

$$\therefore L_3 = 직선\ 배관길이 - 부속\ 공간치수$$
$$= (190 - 90) - (20 - 13) = 93 [\text{mm}]$$

④ B~C 부분 실제 배관길이 계산
$$\therefore L = L_1 + L_2 + L_3 = 141.3 + 103 + 93 = 337.3\,[\text{mm}]$$

해답 337.3[mm]

문제 14 연소실 용적이 2.5[m³], 전열면적이 49.8[m²]인 보일러를 가동하였을 때 연료 사용량이 197[kg/h], 사용연료의 발열량이 41030[kJ/kg], 실제 증발량이 2500[kg/h], 급수온도 40[℃], 발생증기 엔탈피가 2790[kJ/kg]일 때 물음에 답하시오.
(단, 40[℃] 급수엔탈피는 167.5[kJ/kg]이다.)
(1) 연소실 열발생률[kJ/h·m³]을 구하시오.
(2) 환산 증발량[kg/h]을 구하시오.

풀이 (1) 연소실 열발생률 $= \dfrac{G_f \times H_l}{\text{연소실 용적}} = \dfrac{197 \times 41030}{2.5} = 3233164\,[\text{kJ/h} \cdot \text{m}^3]$

(2) 환산 증발량이 상당 증발량이며 SI단위 증발잠열은 2257[kJ/kg]을 적용하여 구한다.
$$\therefore G_e = \dfrac{G_a(h_2 - h_1)}{2257} = \dfrac{2500 \times (2790 - 167.5)}{2257} = 2904.851 \fallingdotseq 2904.85\,[\text{kg/h}]$$

해답 (1) 3233164[kJ/h·m³] (2) 2904.85[kg/h]

해설 ① 환산증발배수는 다음과 같이 구한다.
$$\therefore \text{환산증발배수} = \dfrac{G_e}{G_f} = \dfrac{G_a(h_2 - h_1)}{2257\,G_f} = \dfrac{2500 \times (2790 - 167.5)}{2257 \times 197}$$
$$= 14.745 \fallingdotseq 14.75$$

② 물의 증발잠열 공학단위 539[kcal/kg]을 SI단위 [kJ/kg]으로 변환하는 방법 : 1[kcal]는 약 4.1868[kJ]에 해당된다.
∴ SI 단위 물의 증발잠열 $= 539 \times 4.1868 = 2256.685\,[\text{kJ/kg}]$ 이므로 2256 또는 2257을 적용한다.

③ [kJ/h] 단위를 왓트[W] 단위로 변환 : 왓트[W]는 [J/s]이므로 [kJ]단위에 1000을 곱한 값을 3600으로 나눠준다.
$$\therefore \dfrac{1\,[\text{kJ/h}] \times 1000\,[\text{J/kJ}]}{3600\,[\text{s/h}]} = 0.2777\,[\text{W}]$$

문제 15 보일러를 정상가동하다가 발생한 비상사태로 긴급하게 운전을 정지시키고자 한다. 가장 먼저 해야 할 동작은 무엇인가?

해답 연료 공급을 정지한다.

해설 비상정지 시의 조치사항
① 연료 공급을 정지한다.   ② 공기 공급을 정지한다.
③ 서서히 급수를 행한다.   ④ 다른 보일러와 연락을 차단한다.
⑤ 자연적으로 냉각된 후 사고 원인을 조사한다.
⑥ 전열면을 확인하여 변형 유무를 조사한다.
⑦ 이상이 없으면 급수 후 재 점화하여 사용한다.

제77회 실기 필답형 문제 (2025년 3월 16일 시행)

◆ 다음 물음의 답을 해당 답란에 답하시오.◆

문제 01 액체연료를 사용하는 보일러를 열정산할 때 연료사용량을 측정하는 방법 3가지를 쓰시오.

해답 ① 중량 탱크식 ② 용량 탱크식 ③ 용적식 유량계

해설
● 열정산 시 액체연료 측정방법
① 액체 연료는 중량 탱크식 또는 용량 탱크식 혹은 용적식 유량계로 측정한다. 측정의 허용 오차는 원칙적으로 ±1.0[%]로 한다.
② 용량 탱크식 또는 용적식 유량계로 측정한 용적 유량은 유량계 가까이에서 측정한 유온에 대하여 보정하기 위해 다음 방법으로 중량 유량으로 환산한다. 중유의 경우에는 다음 표와 같은 온도 보정계수를 사용하고 중유 이외 연료의 온도 보정계수는 1로 한다.

$$F = d \times k \times V_t$$

연료(중유)의 온도(t)에 따른 체적 보정계수

중유 비중(d 15[℃])	온도 범위	보정계수(k)
1.000~0.966	15~50[℃]	1.000−0.00063(t−15)
	50~100[℃]	0.9779−0.0006(t−50)
0.965~0.851	15~50[℃]	1.000−0.00071(t−15)
	50~100[℃]	0.9754−0.00067(t−50)

문제 02 다음 배관기호를 보고 배관 명칭을 쓰시오.
(1) SPP :
(2) SPPS :
(3) SPPH :
(4) STHA :
(5) STBH :

해답
(1) 배관용 탄소강관
(2) 압력 배관용 탄소강관
(3) 고압 배관용 탄소강관
(4) 보일러 열교환기용 합금강관
(5) 보일러 열교환기용 탄소강관

문제 03 보일러 운전 중 수면계에 고장이 발생하면 큰 위험을 초래하게 되는데, 수면계의 중요성을 감안하여 수시로 검사를 하여야 한다. 이때 수면계를 점검해야할 시기를 5가지 쓰시오.

해답
① 보일러를 가동하기 전
② 압력이 상승하기 시작할 때
③ 2개의 수면계의 수위에 차이가 발생할 때
④ 수면계의 수위가 의심스러울 때
⑤ 보일러 운전 중에 포밍, 프라이밍 현상이 발생할 때

문제 04 두께 100[mm]의 콘크리트 벽에 두께 50[mm]의 단열재로 시공하고, 그 부분에 두께 15[mm]의 모르타르로 마무리한 벽체에서 실내측 벽면에 결로가 발생하는지 여부를 표를 이용하여 판정하시오. (단, 외기온도 −20[℃], 실내온도 20[℃]이고 이 온도에서의 이슬점 온도는 16[℃] 이다.)

재질	열전도율[W/m·℃]	벽면	열전달률[W/m²·℃]
콘크리트	0.25	내측면	7.2
단열재	0.05	외측면	4.5
모르타르	0.04		

풀이 벽체의 단면도 및 상태

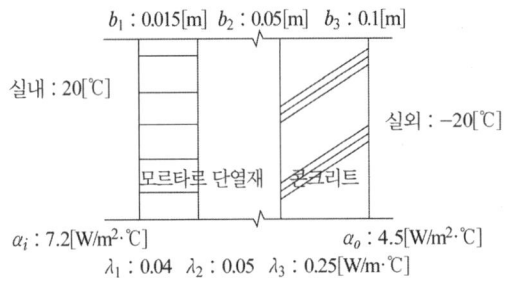

① 열관류율 계산

$$\therefore K = \cfrac{1}{\cfrac{1}{\alpha_i} + \cfrac{b_1}{\lambda_1} + \cfrac{b_2}{\lambda_2} + \cfrac{b_3}{\lambda_3} + \cfrac{1}{\alpha_o}}$$

$$= \cfrac{1}{\cfrac{1}{7.2} + \cfrac{0.015}{0.04} + \cfrac{0.05}{0.05} + \cfrac{0.1}{0.25} + \cfrac{1}{4.5}}$$

$$= 0.468 \fallingdotseq 0.47 \, [\text{W/m}^2 \cdot ℃]$$

② 실내 벽체 표면온도 계산 : 벽체를 통한 전체 손실열량(Q_1)과 실내에서 실내벽까지 손실되는 열량(Q_2)은 같다.

$\therefore Q_1 = Q_2$이고 벽체 면적(F)은 1[m²]이므로 생략하면 $K \times (t_i - t_o) = K' \times (t_i - t_s)$ 이다. 여기서 실내측 벽면 온도(t_s)를 구하는 식을 정리하면

$(t_i - t_s) = \cfrac{K \times (t_i - t_o)}{K'}$ 이므로 $t_s = t_i - \cfrac{K \times (t_i - t_o)}{K'}$ 으로 정리되고,

$K' = \cfrac{1}{\cfrac{1}{\alpha_i}} = \cfrac{1}{\cfrac{1}{7.2}} = 7.2 \, [\text{W/m}^2 \cdot ℃]$ 이다.

$\therefore t_s = t_i - \cfrac{K \times (t_i - t_o)}{K'} = 20 - \cfrac{0.47 \times \{20 - (-20)\}}{7.2} = 17.388 \fallingdotseq 17.39 [℃]$

③ 판정 : 실내측 벽면온도가 17.39[℃]로 실내 이슬점 온도 16[℃]보다 높으므로 결로는 발생하지 않는다.

해답 실내 표면온도가 17.39[℃]로 실내 이슬점 온도 16[℃]보다 높으므로 결로는 발생하지 않는다.

문제 05 보일러 청관제 중 탈산소제의 종류를 3가지 쓰시오.

해답 ① 아황산나트륨(Na_2SO_3) ② 히드라진(N_2H_4) ③ 탄닌

문제 06 연료와 공기와의 혼합을 양호하게 하고, 확실한 착화와 화염의 안정을 도모하기 위하여 설치하는 보염장치 종류를 3가지 쓰시오.

해답 ① 윈드박스 ② 보염기 ③ 버너 타일

해설 • 보염장치(保炎裝置)의 종류 및 역할
 ① 윈드박스(wind box) : 풍도(風道)에서 공기를 흡입하여 동압의 대부분을 정압으로 노내에 유입시키는 역할을 하는 것이다.
 ② 보염기(stabilizer) : 버너 팁 선단에 부착하여 착화를 원활하게 하고, 화염의 안정된 연소를 도모하는 장치로 선회기를 설치하여 연소용 공기에 선회운동을 주어 원추상으로 분사시켜 내측에 저압부분의 형성으로 저속영역을 만들어 착화를 쉽게 하는 것으로 선회기 방식, 스태빌라이저(stabilizer), 콤버스터(combuster)가 있다.
 ③ 버너타일(burner tile) : 연료와 공기를 노내에 분사하기 위하여 노벽에 설치한 목(burner throat)을 구성하는 내화재로 착화와 화염이 안정되도록 한다.

문제 07 벙커-C유는 점도를 낮추어 유동성과 무화를 양호하게 하여 연소효율을 좋게 하기 위하여 유예열기(oil preheater)를 이용하여 예열한다. 이때 예열온도가 높을 때 연소에 미치는 영향 4가지를 쓰시오.

해답 ① 관 내부에서 기름이 열분해를 일으킨다.
② 분무상태가 고르지 못하다.
③ 분사각도가 흐트러진다.
④ 탄화물(카본) 생성의 원인이 된다.
⑤ 역화의 원인이 될 수 있다.

해설 • 예열온도가 낮을 때 영향
① 무화상태가 불량해진다.
② 그을음 생성 및 분진이 발생한다.
③ 불길이 한 쪽으로 치우친다.
④ 유동성이 좋지 못하다.

문제 08 증기트랩을 작동 원리에 따라 3가지로 분류하였을 때 그 종류를 각각 1가지씩 쓰시오.

(1) 기계식 트랩 :

(2) 온도조절식 트랩 :

(3) 열역학적 트랩 :

해답 (1) ① 상향 버킷식 ② 하향 버킷식 ③ 레버 플로트식 ④ 자유 플로트식
(2) ① 바이메탈식 ② 벨로스식
(3) ① 오리피스식 ② 디스크식

해설• 작동원리에 의한 증기 트랩의 분류 및 종류

구 분	작 동 원 리	종 류
기계식 트랩	증기와 응축수의 비중차 이용 (플로트 또는 버킷의 부력 이용)	상향 버킷식, 하향 버킷식, 레버 플로트식, 자유 플로트식
온도조절식 트랩	증기와 응축수의 온도차 이용 (금속의 신축성을 이용)	바이메탈식, 벨로스식
열역학적 트랩	증기와 응축수의 열역학, 유체역학적 특성차 이용	오리피스식, 디스크식

문제 09 풍량 800[m³/min], 송풍압력 40[mmAq], 효율 65[%]인 송풍기의 소요동력은 몇 [kW]인가?

풀이• ① 송풍압력 40[mmAq]는 40[kgf/m²]이고, 풍량의 단위는 [m³/s]로 변환하여 적용한다.
② 소요동력 계산

$$\therefore \mathrm{kW} = \frac{PQ}{102\eta} = \frac{40 \times 800}{102 \times 0.65 \times 60} = 8.044 ≒ 8.04\,[\mathrm{kW}]$$

해답 8.04[kW]

문제 10 배관 내부에 흐르는 물의 속도가 14[m/s]일 때 속도수두는 몇 [mH₂O]인가?

풀이• 베르누이 방정식 $H = Z + \dfrac{P}{\gamma} + \dfrac{V^2}{2g}$ 에서 속도수두 $\left(\dfrac{V^2}{2g}\right)$를 구한다.

$$\therefore h = \frac{V^2}{2g} = \frac{14^2}{2 \times 9.8} = 10\,[\mathrm{mH_2O}]$$

해답 10[mH₂O]

문제 11 증기난방 방법을 환수관의 배관방식에 의하여 분류하면 건식 환수관식과 습식 환수관식으로 할 수 있는데 관 위치를 보일러 표준수위를 기준으로 아래쪽에 위치하는지, 위쪽에 위치하여 구분하여 쓰시오.

(1) 건식 환수관식 :

(2) 습식 환수관식 :

해답 (1) 위쪽 (2) 아래쪽

해설• 환수관의 배관방식에 의한 증기난방의 분류
① 건식 환수관식 : 환수주관을 보일러 수면보다 높게 배관하는 방식으로 생증기의 유출을 방지하기 위하여 증기트랩을 설치할 필요가 있다.
② 습식 환수관식 : 환수주관을 보일러 수면보다 아래에 배관하는 방식으로 응축수가 관내를 만수(滿水) 상태로 흐른다.

문제 12 보일러 자동제어의 조작량과 제어량에 해당되는 용어를 ( ) 안에 각각 쓰시오.

명 칭		제어량	조작량
자동연소제어	ACC	증기압력	연료량, (①)
		(②)	연소가스량
(③)	(④)	보일러 수위	(⑤)
증기온도제어	STC	증기온도	(⑥)

해답 ① 공기량 ② 노내압 ③ 급수제어 ④ FWC ⑤ 급수량 ⑥ 전열량

해설 • 보일러 자동제어(ABC)

명칭	제어량	조작량
자동연소제어(ACC)	증기압력	연료량, 공기량
	노내압	연소가스량
급수제어(FWC)	보일러 수위	급수량
증기온도제어(STC)	증기온도	전열량
증기압력제어(SPC)	증기압력	연료공급량, 연소용 공기량

문제 13 주어진 배관 평면도를 제시된 방위에 맞도록 등각투상도로 나타내시오.

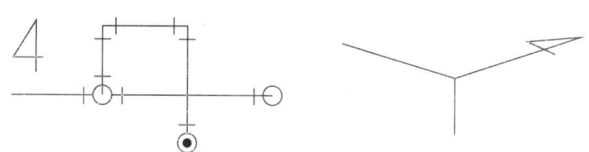

해답

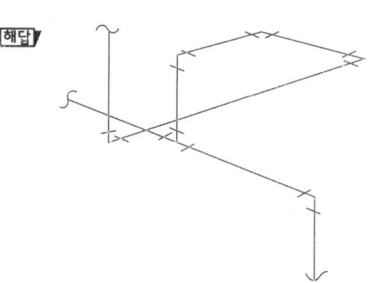

문제 14 배관 지지기구에 대한 내용 중 ( )안에 알맞은 용어를 쓰시오.

> 배관의 신축으로 인한 배관의 상하, 좌우 이동을 제한하고 구속하는 것을 리스트 레인트라 하며 종류에는 앵커, 스톱 (①)가 있다. 펌프, 압축기 등에서 발생하는 진동을 흡수하여 배관계통에 전달되는 것을 방지하는 것은 (②)라 하고 진동방지는 (③), 배관 내 워터해머와 진동해소는 (④)가 한다.

해답 ① 가이드 ② 브레이스 ③ 방진구 ④ 완충기

문제 15 탄소 84.0[%], 수소 13.0[%], 황 2.0[%], 질소 1.0[%]인 연료 1[kg]을 공기비 1.4로 완전연소시켰을 때 물음에 답하시오.

(1) 표준상태의 조건에서 실제습연소가스량[Nm³]은 얼마인가?

(2) 25[℃], 750[mmHg] 상태에서 실제습연소가스량의 체적은 몇 [m³]인가?

[풀이] (1) 표준상태는 0[℃], 1기압[atm] 조건이다.

① 이론 공기량(A_0) 계산

$$\therefore A_0 = 8.89\,C + 26.67\left(H - \frac{O}{8}\right) + 3.33\,S$$
$$= 8.89 \times 0.84 + 26.67 \times 0.13 + 3.33 \times 0.02$$
$$= 11.001 ≒ 11.00\,[Nm^3]$$

② 실제 습연소가스량(G_w) 계산

$$\therefore G_w = (m - 0.21)A_0 + 1.867\,C + 11.2\,H + 0.7\,S + 0.8\,N + 1.244\,W$$
$$= (1.4 - 0.21) \times 11.00 + 1.867 \times 0.84 + 11.2 \times 0.13 + 0.7 \times 0.02 + 0.8 \times 0.01$$
$$= 16.136 ≒ 16.14\,[Nm^3]$$

(2) 표준상태의 실제습연소가스량을 현재 조건(25[℃], 750[mmHg])의 체적으로 계산 : 표준상태의 조건을 '0', 현재 상태의 조건을 '2'로 구분하여 보일-샤를의 법칙

$$\frac{P_0 V_0}{T_0} = \frac{P_2 V_2}{T_2}$$ 에서 V_2를 구한다.

$$\therefore V_2 = \frac{P_0 V_0 T_2}{P_2 T_0} = \frac{760 \times 16.14 \times (273 + 25)}{(760 + 750) \times 273} = 8.867 ≒ 8.87\,[m^3]$$

[해답] (1) 16.14[Nm³] (2) 8.87[m³]

[해설] 현재 조건의 압력 750[mmHg]은 게이지압력에 해당되고, 보일-샤를의 법칙에서 압력은 절대압력을 적용하기 때문에 대기압(1[atm]) '760[mmHg]'를 포함시킨 것입니다.

제78회 실기 필답형 문제 (2025년 8월 30일 시행)

◆ 다음 물음의 답을 해당 답란에 답하시오.◆

문제 01 보일러의 안전한 운전을 위하여 사용하는 인터록 종류 4가지를 쓰시오.

해답 ① 압력초과 인터록 ② 저수위 인터록 ③ 불착화 인터록
④ 저연소 인터록 ⑤ 프리퍼지 인터록

해설 보일러 인터록의 종류
① 압력초과 인터록 : 증기압력이 일정압력에 도달할 때 전자밸브를 닫아 보일러의 가동을 정지시키는 것으로 증기압력 제한기가 해당된다.
② 저수위 인터록 : 보일러 수위가 안전 저수위에 도달할 때 전자밸브를 닫아 보일러 가동을 정지시키는 것으로 저수위 경보기가 해당된다.
③ 불착화 인터록 : 버너 착화 시 점화되지 않거나 운전 중 실화가 될 경우 전자밸브를 닫아 연료 공급을 중지하여 보일러 가동을 정지시키는 것으로 화염검출기가 해당된다.
④ 저연소 인터록 : 보일러 운전 중 연소상태가 불량하거나 저연소 상태로 유량조절밸브가 조절되지 않으면 전자밸브를 닫아 보일러 가동을 정지시킨다.
⑤ 프리퍼지 인터록 : 점화 전 일정시간 동안 송풍기가 작동되지 않으면 전자밸브가 열리지 않아 점화가 되지 않는다.

문제 02 온도변화에 따른 배관의 열팽창, 신축 등으로 발생되는 사고를 사전에 방지하기 위하여 배관 도중에 설치하는 신축이음장치(신축이음쇠) 종류 3가지를 쓰시오.

해답 ① 루프형 ② 슬리브형 ③ 벨로즈형
④ 스위블형 ⑤ 상온스프링 ⑥ 볼조인트

해설 신축이음장치를 신축이음쇠, 신축흡수장치, 신축조인트, 익스팬션 조인트(Expansion joint) 등으로 불려지고 있다.

문제 03 보일러를 열정산 측정결과가 [표]와 같을 때 효율[%]을 열손실법에 의하여 계산하시오.

항 목	입열[kJ/kg]	출열[kJ/kg]
연료의 발생열	37120	
공기의 현열	188	
연료의 현열	150	
발생증기 흡수열		5120
배기가스에 의한 손실열		1825
방산열에 의한 손실열		0
기타 손실		0

풀이
$$\eta = \left(1 - \frac{\text{열손실 합계}}{\text{입열 합계}}\right) \times 100$$
$$= \left(1 - \frac{5120 + 1825}{37120 + 188 + 150}\right) \times 100$$
$$= 81.459 ≒ 81.46[\%]$$

해답 81.46[%]

문제 04 배관의 지지기구 중 서포트 종류 3가지를 쓰시오.

해답 ① 스프링 서포트 ② 롤러 서포트 ③ 파이프 슈 ④ 리지드 서포트

해설 서포트(support) 종류 및 역할
① 스프링 서포트 : 상하 이동이 자유롭고, 파이프의 하중을 스프링이 완충작용을 한다.
② 롤러 서포트 : 배관의 신축을 자유롭게 하면서 롤러가 관을 받치면서 지지한다.
③ 파이프 슈 : 배관의 엘보 부분과 수평부분에 영구히 고정하여 배관의 이동을 구속한다.
④ 리지드 서포트 : H빔으로 만든 것으로 옥외 등에서 종류가 다른 여러 배관을 한 번에 지지한다.

문제 05 보일러에 설치하는 계측기에 대한 물음에 해당되는 내용을 [보기]에서 찾아 쓰시오.

[보기] 용량 탱크식, 오리피스식, 보일러 몸체 입구, 절탄기 입구,
절탄기 출구, 공기예열기 입구·출구

(1) 액체 연료 사용량 측정 유량계 종류 :
(2) 급수 온도계 설치 위치 :
(3) 배기가스 온도계 설치 위치 :

해답 (1) 용량 탱크식
(2) 절탄기 입구
(3) 공기예열기 입구·출구

해설 열정산 기준에 규정된 온도 측정 관련 내용
① 액체 연료 사용량 측정은 중량 탱크식 또는 용량 탱크식 혹은 용적식 유량계로 측정한다.
② 급수 온도의 측정 : 급수 온도는 절탄기 입구에서(필요한 경우에는 출구에서도) 측정한다. 절탄기가 없는 경우에는 보일러 몸체의 입구에서 측정한다. 또한 인젝터를 사용하는 경우에는 그 앞에서 측정한다.
③ 예열 공기온도의 측정 : 공기 온도는 공기 예열기의 입구 및 출구에서 측정한다. 터빈 추기 등의 외부 열원에 의한 공기 예열기를 병용하는 경우는 필요에 따라 그 전후의 공기 온도도 측정한다.
④ 과열증기 및 재열증기 온도의 측정
㉮ 과열기 출구온도는 과열기 출구에 근접한 위치에서 측정하지만, 출구에 온도조절장치가 있는 경우에는 그 뒤에서 측정한다.
㉯ 재열기 출구온도는 재열기 출구에 근접한 위치에서 측정하지만, 출구에 온도조절장치가 있는 경우에는 그 뒤에서 측정한다. 재열기의 경우는 그 입구에서도 측정한다.

⑤ 배기가스 온도의 측정
㉮ 배기가스 온도는 보일러의 최종 가열기 출구에서 측정한다. 가스온도는 각 통로 단면의 평균온도를 구하도록 한다.
㉯ 배기가스 중의 수증기 일부가 응축되는 절탄기나 공기 예열기의 경우에는 그 전후에서 온도를 측정한다. 또한 응축이 일어나지 않는 경우에도 필요에 따라 보일러 본체 출구 및 과열기, 재열기, 절탄기 및 공기 예열기 입구 및 출구에서도 온도를 측정한다.

문제 06 연도가스 분석결과 CO_2 12[%], O_2 2[%], CO 1[%]일 때 물음에 답하시오.

(1) 공기비(m)는 얼마인가?
(2) CO_2max는 몇 [%]인가?

풀이
(1) $m = \dfrac{21}{21 - O_2} = \dfrac{21}{21 - 2} = 1.105 ≒ 1.11$

(2) $m = \dfrac{CO_2max}{CO_2}$ 에서 CO_2max를 구한다.

∴ $CO_2max = m \times CO_2 = 1.11 \times 12 = 13.32\,[\%]$

해답 (1) 1.11 (2) 13.32[%]

별해 $CO_2\,max$값을 먼저 구한 후 공기비를 구하는 방법 : 풀이과정이 다르므로 오차가 발생하는 것은 정상적인 상황임

(1) $m = \dfrac{CO_2max}{CO_2} = \dfrac{14.08}{12} = 1.173 ≒ 1.17$

(2) $CO_2max = \dfrac{21(CO_2 + CO)}{21 - O_2 + 0.395\,CO} = \dfrac{21 \times (12 + 1)}{21 - 2 + 0.395 \times 1} = 14.075 ≒ 14.08\,[\%]$

문제 07 슐쳐(Sulzer) 보일러의 구조도에서 지시하는 부분의 명칭을 쓰시오.

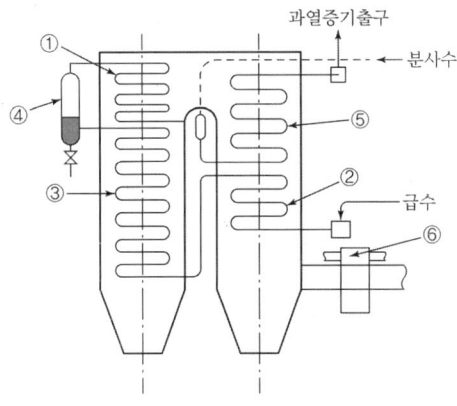

해답
① 복사과열기(또는 1차 과열기) ② 급수예열기(또는 절탄기)
③ 증발관(또는 방사 증발기) ④ 기수분리기
⑤ 대류과열기(또는 2차 과열기) ⑥ 공기예열기

문제 08 보일러 설치검사 기준에 따른 가스누설시험 방법에 대한 내용 중 ( ) 안에 알맞은 내용을 넣으시오.

> 내부누설시험을 자기압력기록계로 시험할 경우에는 밸브를 잠그고 압력발생기구를 사용하여 천천히 공기 또는 불활성 가스 등으로 최고사용압력의 (①)배 또는 (②)[mmH$_2$O] 중 높은 압력이상으로 가압한 후 (③)분 이상 유지하여 압력의 변동을 측정한다.

해답 ① 1.1 ② 840 ③ 24

해설 840[mmH$_2$O]를 SI단위로 변환하여 표시하면 8.4[kPa]이다.

문제 09 고온, 고압의 보일러 수중에서 분해되어 생긴 가성소다(NaOH)가 과도하게 농축되면 수산이온(OH$^-$)이 많아져서 알칼리도가 높아진다. 이것이 강재와 작용해서 생기는 나트륨(Na)이 강재의 결정입계를 침해하여 재질을 열화, 취화시키는 현상을 무엇이라 하는지 쓰시오.

해답 가성취화

문제 10 10[bar], 건도 0.9인 습포화증기가 감압밸브에 의하여 교축되어 압력이 2[bar]로 될 때 건도는 얼마인가? (단, 10[bar]에서 현열은 782[kJ/kg], 잠열은 2002[kJ/kg]이고, 2[bar]에서 현열은 562[kJ/kg], 잠열은 2163[kJ/kg]이다.)

풀이 ① 잠열(γ)은 포화증기 엔탈피(h'')에서 포화수 엔탈피(h')의 차에 해당하며, 제시된 현열은 각 압력의 포화수 엔탈피로 적용한다.
② 교축 후 건도 계산 : 교축과정의 증기 엔탈피는 동일하므로 다음과 같이 식을 세우고, 여기서 감압 후 건도(x_2)를 구한다.

$h_1' + \gamma_1 x_1 = h_2' + \gamma_2 x_2$
$(h_1' + \gamma_1 x_1) - h_2' = \gamma_2 x_2$
$\therefore x_2 = \dfrac{(h_1' + \gamma_1 x_1) - h_2'}{\gamma_2} = \dfrac{(782 + 0.9 \times 2002) - 562}{2163} = 0.934 ≒ 0.93$

해답 0.93

해설 건도를 백분율[%]로 구하면 풀이과정의 최종값 '0.93472'가 '93.472[%]'로 되며, 반올림하여 '93.47[%]'로 작성하면 된다.

문제 11 보일러용 도시가스 배관에 대한 물음에 답하시오.
(1) 배관 외면의 색상을 쓰시오.
(2) 배관 외부에 표시하여야 할 사항 3가지를 쓰시오.

해답 (1) 황색(또는 노란색)
(2) ① 사용 가스명 ② 최고사용압력 ③ 가스흐름방향

문제 12 연돌 높이 80[m], 배기가스 평균온도 165[℃], 비중량 1.35[kgf/m³], 외기온도 28[℃], 비중량 1.29[kgf/m³]일 때 이론통풍력은 몇 [mmAq]인가?

풀이
$$Z = 273H\left(\frac{\gamma_a}{T_a} - \frac{\gamma_g}{T_g}\right) = 273 \times 80 \times \left(\frac{1.29}{273+28} - \frac{1.35}{273+165}\right)$$
$$= 26.284 ≒ 26.28\,[\text{mmAq}]$$

해답 26.28[mmAq]

문제 13 인젝터로 급수 시 급수 불량 원인에 대하여 4가지 쓰시오.

해답
① 급수온도가 너무 높은 경우 (50[℃] 이상)
② 증기압력이 낮은 경우
③ 부품이 마모되어 있는 경우
④ 흡입관로 및 밸브로부터 공기유입이 있는 경우
⑤ 체크밸브가 고장 난 경우
⑥ 증기에 수분이 많은 경우

문제 14 보일러 산세관 시 사용하는 중화방청제의 종류 3가지를 쓰시오.

해답
① 가성소다(NaOH) ② 암모니아(NH_3) ③ 탄산나트륨(Na_2CO_3)
④ 인산나트륨(Na_2PO_4) ⑤ 히드라진(N_2H_4)

문제 15 배관도를 보고 주어진 [표]의 빈칸을 채우시오. (단, 배관이음은 나사이음이며 이음쇠의 공간치수는 고려하지 않는다.)

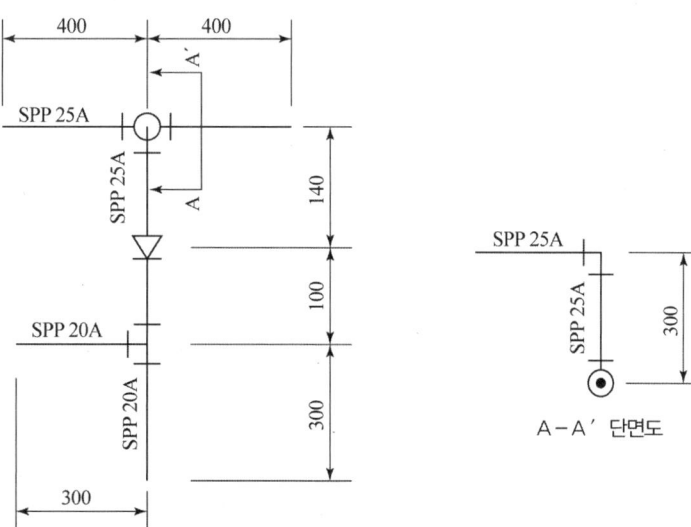

품명	규격	단위	수량
SPP 배관	25A	mm	①
SPP 배관	20A	mm	②
티	25A	개	③
티	20A	개	④
엘보	⑤	개	1
⑥	25×20A	개	1

[해답]

품명	규격	단위	수량
SPP 배관	25A	mm	① 1240
SPP 배관	20A	mm	② 700
티	25A	개	③ 1
티	20A	개	④ 1
엘보	⑤ 25A	개	1
⑥ 리듀서	25×20A	개	1

[해설] 배관 길이 계산 : 부속에 조립될 때 공간치수(여유치수)를 감안하지 않고 계산한다.
① SPP 25[A] 배관 길이 : 400 + 400 + 300 + 140 = 1240[mm]
② SPP 20[A] 배관 길이 : 100 + 300 + 300 = 700[mm]

에너지관리기능장 실기

발 행	/ 2025년 12월 1일
저 자	/ 서상희
펴낸이	/ 정창희
펴낸곳	/ 동일출판사
주 소	/ 서울시 강서구 곰달래로31길7 (2층)
전 화	/ 02) 2608-8250
팩 스	/ 02) 2608-8265
등록번호	/ 제109-90-92166호

ISBN 978-89-381-1746-5 13570
값 / 30,000원

이 책은 저작권법에 의해 저작권이 보호됩니다. 동일출판사 발행인의 승인자료 없이 무단 전재하거나 복제하는 행위는 저작권법 제136조에 의해 5년 이하의 징역 또는 5,000만원 이하의 벌금에 처하거나 이를 병과(倂科)할 수 있습니다.